U0294055

长江口河道演变规律与治理研究

主 编 王 俊

副主编 田 淳 张志林

中国水利水电出版社
www.waterpub.com.cn

内 容 提 要

  本书的基础来自于翔实的水文、泥沙、地形等实际资料，分析了长江口河道基本特征及水流泥沙运动特点，对长江口河道历史演变规律、近期演变与发展趋势、长江口口门湿地演变等进行了较全面深入的研究，阐述了长江口整治和综合开发利用工程的作用和影响，提出并探讨了长江口整治中河势控制方面的若干问题。

  本书对从事长江口河道治理、研究与开发工作的专家、学者有一定的借鉴意义，也可供大专院校的河流泥沙、河道整治、港航工程等相关专业的师生参考。

图书在版编目（C I P）数据

长江口河道演变规律与治理研究 / 王俊主编. -- 北京 ： 中国水利水电出版社，2013.11
ISBN 978-7-5170-1343-3

Ⅰ．①长… Ⅱ．①王… Ⅲ．①长江口－河道演变－研究②长江口－河道整治－研究 Ⅳ．①TV147②TV882.2

中国版本图书馆CIP数据核字(2013)第257403号

书　　名	**长江口河道演变规律与治理研究**	
作　　者	主　编　王俊	
	副主编　田淳　张志林	
出版发行	中国水利水电出版社	
	（北京市海淀区玉渊潭南路 1 号 D 座　100038）	
	网址：www. waterpub. com. cn	
	E－mail：sales@waterpub. com. cn	
	电话：(010) 68367658 （发行部）	
经　　售	北京科水图书销售中心 （零售）	
	电话：(010) 88383994、63202643、68545874	
	全国各地新华书店和相关出版物销售网点	
排　　版	中国水利水电出版社微机排版中心	
印　　刷	北京纪元彩艺印刷有限公司	
规　　格	184mm×260mm　16 开本　28.75 印张　679 千字	
版　　次	2013 年 11 月第 1 版　2013 年 11 月第 1 次印刷	
印　　数	0001—2000 册	
定　　价	**100. 00 元**	

本书章节及撰/统稿人名单

	章　目	撰稿人/统稿人
1	长江口河道演变规律与治理研究的重要性	田淳
2	长江口河道基本情况	余文畴　刘桂平
	2.1　长江河口分区及本书研究范围	张志林　王珏
	2.2　自然地理	刘桂平
	2.3　地质地貌与河道边界条件	刘桂平
	2.4　河道形态	刘桂平　李伯昌
	2.5　来水来沙特征	刘桂平　朱巧云
	2.6　咸潮特性	刘桂平
3	长江口水流泥沙运动特点	张志林　余文畴
	3.1　流量与潮量	朱巧云
	3.2　潮流	朱巧云　施慧燕
	3.3　潮汐与风暴潮	施慧燕
	3.4　比降变化特点	施慧燕　金建霞
	3.5　泥沙	朱巧云　施慧燕
	3.6　水流泥沙运动与河床演变的关系	张志林　毕军芳
4	长江口历史演变规律	张志林　余文畴
5	长江口河道近期演变	田淳　张志林　余文畴
	5.1　澄通河段	刘桂平
	5.2　徐六泾节点段	刘桂平
	5.3　白茆沙汊道段	张志林
	5.4　南支主槽段	张志林
	5.5　南北港分流段	张志林　李伯昌
	5.6　北港河段	李伯昌
	5.7　南港河段	张志林　徐骏
	5.8　北槽	张志林
	5.9　南槽	张志林
	5.10　北支河段	李伯昌　施慧燕
6	长江口口门湿地演变	侯卫国
7	长江口河道演变特征和发展趋势	田淳
8	长江口整治工程	余文畴　王珏
9	综合开发利用工程及其影响	张志林
	9.1　岸线开发利用	刘桂平
	9.2　滩涂开发利用	刘桂平
	9.3　穿越工程（桥、隧）	李伯昌
	9.4　采砂活动	刘桂平
10	长江口整治中河势控制若干问题	余文畴　侯卫国

序

    长江源远流长，汇纳百川，以其巨大的水量挟拥着巨量的泥沙注入浩瀚的东海和黄海，塑造了广袤富饶而壮美的长江口三角洲冲积平原。长江口温和湿润的气候，丰沛的水土资源，悠久的开拓历史，雄厚的工农业经济基础和锐意进取的人文精神，使得长江口地区成为我国社会经济发展最快的区域。

    长江口地区在尽享水土膏腴和舟楫之利的同时，亦深受洪、潮、涝、渍、旱之灾害。据统计，长江口地区平均 2.2 年发生一次水灾，平均 6.4 年出现一次旱灾，特大灾害约 50 年发生一次。大水之年，上有洪水过境、下有海潮顶托，若再遇风暴潮袭击，将"洪涝并袭，一淹数百里"，历史上多有一次风暴潮导致成千上万人死亡的记载。新中国成立后，长江口地区人民的生命安全得到保障，但洪涝灾害中的经济损失仍十分严重。

    "欲治国，必治水"，古今中外概莫能外。长江口治水历史悠久，三国、两晋、南北朝时期，北方多有战乱，人口陆续南迁，江淮下游商业都市迅速发展，治水兴利随之发达。唐末五代时，吴越王钱镠以水利为本，吴越地区的农业得到长足发展，太湖地区逐渐成为全国的重要经济区；北宋景祐二年，范仲淹任苏州知府，督浚塘浦，划建圩田，"旱则灌之，水则泄焉"，"数百里之内，常获丰熟"；明永乐二年，户部尚书夏原吉实施"挈淞入浏"、"浚范家浜引浦入海"，导吴淞江水至浏河和黄浦江出海，松江府遂"富冠全国，衣被天下"。

    长江口海塘，是抵御大江台风高潮的屏障。海塘工程建设始于宋代，"明兴建，清屡有修筑"，但由于当时的海塘工程标准低，薄弱环节多，人民的生命财产时遭洪潮灾害。新中国成立后，海塘工程进行了多次全面修复和加高加固，其中较大规模的整修加固工程有 1949 年冬至次年春和 1974 年冬至次年春两次，均与当年发生的台风袭击、海塘溃决有关。总结半个多世纪长江口的防汛与防台风经验，须充分考虑其地势低注、潮流往复、泥沙丰富等特殊性，在理论与实践中探索疏与堵、蓄与泄、围与导之间的辩证关系，积极寻求挡潮、泄洪、排涝、航运、供水、灌溉、抗旱等综合治水之途径。

    长江口河道宽阔，汉道洲滩众多，径流、潮流均强劲，水流动力条件异常复杂，泥沙运动十分活跃。双向水沙输移以及不稳定的边界条件，使得长江口河床冲淤多变，河道变迁频繁。历史上，长江口河段经历着主流改道、主支汊更迭的自然演变过程。径流特别是洪水对长江口造床起主导作用，巨大的潮汐动力不仅维持主槽的宽深形态，而且维系着支汊或夹槽较长时段的存在。在径潮流相互作用过程中，潮波传播受沿程阻力不均匀分布的影响，涨落潮过程中河道左右两侧的水位差，流速不同步存在的相位差，以及长江口由第四纪疏松沉积物构成的抗冲性极差的河床边界，不仅导致了长江口河道演变的复杂性，而且增加了综合治理的难度。因此，认识和掌握长江口河道演变的特点、规律和发展趋势，开展长江河口水文、河道观测与研究工作显得重要而迫切。《长江口河道演变规律与治理研究》一书，是长江口水文水资源勘测局的科研人员通过长期实践而获得的对长江口河道理性认识的积累汇著而成，对长江口综合治理有较大的支撑作用。值此付梓之际，欣为之序。

本书有以下特点：①资料系统而翔实；②内容全面，结构合理；③具体地反映了长江河口的演变规律；④初步总结了长江河口的整治经验；⑤贯穿了时空连续性、阶段总结性、分析客观性、观点包容性、实践第一性以及社会服务性等。纵览全书，除详尽地分析研究了长江口诸河段的演变特点和趋势外，本书还在以下几个方面颇有新意：一是首次根据潮差对长江河口进行分界，指出近年长江口径流、潮流力量对比的分界点已位于徐六泾附近，因此将徐六泾定为长江口的起点有一定的合理性。二是首次利用系统的潮位资料，对纵、横水位比降在长江口河道演变中的作用进行了分析，指出横比降的存在增加了长江口河床冲淤演变的复杂性。三是对长江口深水航道中下段回淤量较大的原因进行了探讨。四是较全面地分析了长江口口门五大湿地的演变，表明三峡"清水"下泄十年内，长江口湿地蚀退尚不明显，但在长江口外深5m的水域已经有侵蚀现象显现。五是以实例分析了长江口综合开发利用工程的影响，认为在规划指导下，合理、适度的圈围高滩不仅是解决经济发展与土地紧缺矛盾的需要，也是长江口河势控制的组成部分。六是利用最新的科研成果，对长江口综合整治中河势控制若干问题提出了一些新的看法。总体而言，本书信息量很大，可供从事长江河口规划、科研、建设、管理等单位的科技人员以及大专院校相关专业师生参考。

2008年3月国务院批复了《长江口综合整治开发规划》，这是今后一段时期内长江口治理开发与保护的重要依据。随着全球气候变化和人类活动的影响，海平面上升、入海水量减少且过程发生变化、入海沙量锐减、入海污染物增加等，都将对长江口产生深远的影响。而长江口的综合整治与开发，涉及防洪、航运、淡水资源利用、岸线开发、滩地围垦、沿江供排水、生态环境保护和长远河势控制等诸多方面的要求，牵涉面广，影响因素多，自然条件与社会因素均十分复杂且充满了矛盾，而随着社会经济的不断发展，兼顾各方面要求的难度也会越来越大。因此，在遵循发展规律的基础上，通过统筹规划和合理安排，使长江口向受控制的河口转化，是长江口综合整治与开发的长远方向。需要指出，与之相关的专题，如长江口水流泥沙运动规律研究、河道特性和河床演变分析研究、河工模型和数学模型研究、三峡"清水"下泄后可能引起的长江口洲滩与滨海岸滩侵蚀研究、咸水上溯影响的研究、整治工程建设的后评估等，都是需要以水文、河道的实际观测工作为基础的。因此，原型观测是一项极其重要的工作，是河道研究中一切认知的源泉，是探索客观规律的可靠途径，是检验理论、观点、治理思路的唯一标准，更是工程实施的坚实基础。

长江口水文水资源勘测局，应在以后的工作中，充分发挥自身的优势，重视基础资料的长期收集，重视新技术的开发应用，重视项目成果的研究积累，为长江口综合治理发挥更大的作用。

中国工程院院士 文伏波

2013 年 9 月

前　言

　　长江口地跨苏沪，是我国经济、文化、科技最发达的地区之一，也是我国最大的工商业和港口城市所在地。长江口江面宽阔，多级分汊，洲滩众多，在径流、潮流、波浪等多种动力因素作用下，河床演变极为复杂。历史上，长江口各河段主流改道、主支汊更迭、沙洲冲散复聚、河槽淤废又生的自然演变过程，与上游河道或口外陆架的演变均大相径庭。不了解、掌握其特殊性，在规划和整治中照搬已有的河流治理经验，往往会谬之千里。随着河道自然演变及长期护岸工程的实施，长江口河势大幅度的变化基本得到控制。而长江口地区随着沿岸经济社会的快速发展，对河势稳定、防洪安全以及水土资源的开发利用等提出了更新更高的需求，研究长江口河道演变规律及其特殊性，揭示其演变机理，是实施长江口综合治理的前提。

　　本书源于长江水利委员会的科研课题"长江口河道演变规律与对策措施专题研究"。2008年3月，国务院批准了长江水利委员会2004年修订的《长江口综合整治开发规划》（以下简称《规划》），长江口治理开发与保护有了重要的法律依据。《规划》修订后，长江口河道又有了新的变化，主要体现在以下几个方面：①《规划》中拟利用的洲滩受冲后退、沙体缩小、高程降低，部分规划中的整治方案需要进行调整；②部分整治工程已先期实施，这些工程的建设基本符合《规划》的要求，但由于局部工程的单一性，治理整体效果欠佳；③2003年三峡工程蓄水后，显著地改变了长江口的来水来沙条件，对长江口岸线稳定及洲滩控制将产生长期且深远的影响；④《规划》中制定整治方案的前提是徐六泾上游的澄通河段河势维持相对稳定状态，而徐六泾节点段上下游河段的河床演变依然剧烈。鉴于此，有必要利用最新的测验成果，继续深入研究长江口水沙运动与河道演变的规律，并加深对江阴—徐六泾之间的澄通河段的认识，为长江口实施综合治理提供基础支撑，这是本书编写的主要目的。

　　本书分3篇共10章。第1篇从第1章至第3章，系统介绍了长江口河道的基本情况和长江口水流泥沙运动特点，以实测资料计算了长江口入海水量并就其年际、年内的变化与上游大通站进行了对比分析；利用洪、枯季的测验资料分析总结了长江口各河段的水文、泥沙特性；利用多年长系列潮位资料分析了长江口纵、横比降的变化，结合长江口地区洲滩众多的地貌特征，分析了比降在河床演变中的独特作用；最后就长江口水流泥沙运动与河床演变之间的关系进行了较为深入的探讨。第2篇从第4章至第7章，分别总结了长江口河道历史演变规律，分析了节点在长江口演变中的控制作用，并用实例就不同类型节点的作用进行了对比；详细分析了长江口10个河段的近期演变，总结了各河段的演变特点并预测其发展趋势；对长江口口门五大湿地的演变进行了较为系统的分析，指出长江口地区人类活动对湿地的影响程度大于流域来水来沙的变化。第3篇从第8章至第10章，主要介绍了长江口整治工程和长江口河势控制规划；详细分析了综合开发利用工程带来的影响，指出在规划指导下，岸线、滩涂的开发利用对长江口整体河势的稳定是有利的；指出采砂活动一般对河势的影响较小，但超量、越界、禁采期开采等违规采砂活动会对局部河势产生不利影响；最后，对长江口综合整治中河势控制方面的若干问题作了进一步地探讨。

本书是集体编写的成果，从立项到完稿，历时五年，数易其稿。在编写过程中，自始至终得到余文畴教授的指导，除构拟全书框架外，很多章节都由余老师修改，甚至亲自撰写。因为全书系多人分章节编写，后期统稿的工作量巨大。长江口航道管理局总工程师范期锦教授，对第一稿进行了全面的审阅，对全书的结构提出了建议，提出了许多宝贵的修改意见。特别是"长江口水文泥沙运动"一章节。华东师范大学河口海岸国家重点实验室副主任何青教授，全面审阅了第二稿，对全书前后文整体的一致性作了批注。第三稿由田淳、张志林对全书进行了通篇订正，为本书更广泛地应用提供了基础。第四稿补充了第九章的内容即综合开发利用工程及其影响，使全文结构均衡，并由余文畴老师对各章节河床演变的结论作了提炼。第五稿请原长江口航道建设有限公司副总经理金镠教授又一次对全书进行了审阅，他以严谨的思维、细致的文风、合理的逻辑，对全书的文理结构提出了许多宝贵意见。另外，华东师范大学资深教授恽才兴、虞志英，长江水利委员会设计院规划处陈肃利处长、侯卫国主任，长江口航道管理局谈泽炜处长、高敏副处长，江苏省水利厅蒋传丰副厅长、水利工程规划办公室苏长城总工，靖江市水利局刘放局长等，均对本书的编写提出了宝贵的意见。在此，谨向他们表示衷心的感谢。

由于长江口河道演变的复杂性和多样性，本书所分析的内容，无论在深度上和广度上都有限，同时限于编者的水平，错误和疏漏之处在所难免，请读者不吝批评指正。

王俊

2013 年 9 月

目　录

序

前言

第 1 篇　长江口基本特征

第 1 章　长江口河道演变规律与治理研究的重要性 ················· 3

  1.1　长江口地区在我国社会经济发展中的重要地位 ··············· 3

  1.2　长江口河道演变研究的必要性 ······················· 4

  1.3　长江口河道演变的特殊性 ························· 5

  1.4　河道科学管理的需要 ··························· 6

  1.5　总结成果、深化研究，为长江口近期综合治理提供基础支撑 ········ 7

  主要参考文献 ······························ 8

第 2 章　长江口河道基本情况 ························· 9

  2.1　长江河口分区及本书研究范围 ······················ 9

  2.2　自然地理 ······························· 13

  2.3　地质地貌与河道边界条件 ························ 15

  2.4　河道形态 ······························· 18

  2.5　来水来沙特征 ···························· 31

  2.6　咸潮特性 ······························· 34

  主要参考文献 ······························ 35

第 3 章　长江口水流泥沙运动特点 ······················ 37

  3.1　流量与潮量 ····························· 37

  3.2　潮流 ································· 39

  3.3　潮汐与风暴潮 ···························· 61

  3.4　比降变化特点 ···························· 73

  3.5　泥沙 ································· 89

  3.6　水流泥沙运动与河床演变的关系 ····················· 112

  主要参考文献 ······························ 118

第 2 篇　长江口河道演变

第 4 章　长江口历史演变规律 ························· 121

  4.1　河口延伸规律 ···························· 121

4.2 并洲并岸河道缩窄规律 ·· 122

4.3 节点控制作用 ··· 123

4.4 近代长江口河势的主要变化 ···································· 124

4.5 河型特点和转化趋势 ··· 131

主要参考文献 ··· 133

第 5 章　长江口河道近期演变 ···································· 134

5.1 澄通河段 ··· 134

5.2 徐六泾节点段 ··· 197

5.3 白茆沙汊道段 ··· 212

5.4 南支主槽段 ··· 225

5.5 南北港分流段 ··· 234

5.6 北港河段 ··· 250

5.7 南港河段 ··· 268

5.8 北槽 ··· 285

5.9 南槽 ··· 301

5.10 北支河段 ·· 308

主要参考文献 ··· 329

第 6 章　长江口口门湿地演变 ···································· 332

6.1 长江口湿地概况 ·· 332

6.2 崇明东滩 ··· 338

6.3 横沙东滩 ··· 341

6.4 九段沙 ·· 346

6.5 南汇东滩 ··· 349

6.6 顾园沙 ·· 352

6.7 长江口湿地存在的问题及保护 ·································· 353

6.8 小结 ··· 354

主要参考文献 ··· 355

第 7 章　长江口河道演变特征和发展趋势 ······················ 357

7.1 长江口河道演变特征 ··· 357

7.2 长江口河道演变趋势 ··· 361

主要参考文献 ··· 363

第 3 篇　长江口整治开发

第 8 章　长江口整治工程 ··· 367

8.1 堤防（海塘）工程 ·· 367

8.2 保滩护岸工程 ··· 371

8.3　堵汊工程 ·· 374

8.4　保滩护岸和堵汊工程的效益及其在整治中的作用 ·········· 375

8.5　航道整治工程 ·· 376

主要参考文献 ·· 378

第 9 章　综合开发利用工程及其影响 ································· 380

9.1　岸线开发利用 ·· 380

9.2　滩涂开发利用 ·· 384

9.3　穿越工程（桥、隧） ·· 408

9.4　采砂活动 ·· 423

主要参考文献 ·· 429

第 10 章　长江口整治中河势控制若干问题 ·························· 431

10.1　澄通河段河势控制规划 ·· 431

10.2　长江口河势控制规划 ·· 435

10.3　关于长江口综合整治中河势控制若干问题的认识 ·········· 440

主要参考文献 ·· 447

第1篇

长江口基本特征

第1章 长江口河道演变规律与 治理研究的重要性

1.1 长江口地区在我国社会经济发展中的重要地位

我国江河众多，全国大小河流总长达 42 万 km，流域面积在 100km² 以上的河流有 5 万多条，流域面积在 1000km² 以上的河流约 1500 条。受地形、气候的影响，河流在地区上分布很不均匀，绝大多数河流分布在东部气候湿润多雨的季风区，西北部气候干燥少雨，河流稀少。据水利部发布[1]：2011 年我国水资源总量为 23256.7 亿 m³，其中长江水资源总量 7837.6 亿 m³（含太湖流域 193.8 亿 m³），占 33.7%，居全国第一位。

长江源远流长，全长 6300km，为我国第一、世界第三大河，流域总面积 180 多万 km²，多年平均入海水量约 9000 亿 m³。充沛的径流携带大量泥沙下泄河口，在陆海动力相互消长作用下，塑造了宽阔的河口三角洲。长江口承载着长江入海全部的水量，人类与水为邻的天性，造就了长江口地区的繁荣。

长江口地区包括上海市和江苏省的苏州市、南通市沿江地区，在长江流域及我国社会经济发展中占有举足轻重的地位。据统计[2]，2010 年长江口地区常住人口 4078 万，城镇化率达 78.12%；地区生产总值 29861 亿元，占全国的 7.44%，人均地区生产总值已接近高收入国家水平起点线；地区财政总收入 14607 亿元，占全国的 17.58%，人均财政收入是全国人均值的 5.8 倍；社会消费品零售额 9750 亿元，占全国的 6.21%，人均社会消费品零售额是全国人均值的 2.04 倍。

长江口地区是我国工业最发达、工业化程度最高的地区之一，工业是本地区拉动经济高速增长的主要动力。2010 年国有及年销售收入 500 万元以上非国有工业企业的工业总产值为 62084 亿元，占全国的 8.89%；人均工业产值约为 8.52 万元/人，是全国平均值的 2.92 倍。在工业化带动下，区内城市化水平显著提高，服务业发展迅速，2010 年区内从业人员 2144 万人，其中非农产业（第二、第三产业）从业人员高达 1998 万人，占 93.2%，已进入后工业化就业结构，达到发达国家就业结构水平。

长江口地区气候温和、雨量充沛、土地肥沃、光热资源充足，是我国重要的农业生产基地。2010 年长江口地区共有耕地面积 1313.9 万亩，占全国的 0.72%；有效灌溉面积 1229.3 万亩，占耕地面积的 93.56%。近年来随着工业化、城市化步伐加快，区内农业在国民经济中所占比重虽相对下降，但其产业化水平较高，同时，工业的迅猛发展也为反哺农业提供了有利条件。

长江口地区既是我国社会经济资源最密集的地区，也是高新技术发展的核心地带，还是我国在经济全球化进程中率先融入世界经济的重要区域。随着经济的快速增长、经济实力的显著增强，长江口地区对长江流域乃至全国的影响也进一步扩大。从地区生产总值年均增长速度来看,"十五"和"十一五"期间,上海、苏州和南通三市地区生产总值年均增长速度均在 11% 以上,高科技和高附加值产品出口大幅增加,2010 年完成外贸进出口总额 6640.2 亿美元。

长江口处于长江流域和沿海地区两条经济发展带的交汇点,对长江流域和全国的带动作用正在通过这两大经济带产生集聚与扩散效应,使长江口的经济腹地扩展到更大范围。同时,沿江和沿海两大经济发展带具有动态比较利益高和潜在市场容量大的优势,使长江口能够与两大经济发展带共同实现资源共享、产业转移、结构调整、资金融通、技术援助、信息服务等多方面的优势互补,有利于从整体上提高这一地区的产业结构层次和经济综合实力。

长江口地区临江濒海,海陆兼备,集"黄金海岸"和"黄金水道"的区位优势于一体,优良港址众多,苏州港、南通港一起组成上海国际航运中心的重要一翼。2010 年长江口三市港口共完成货物吞吐量 11.33 亿 t,占全国 14%,占全国沿海港口的 20.8%;完成集装箱吞吐量 3317 万 TEU,约占全国的 22.9%,占全国沿海港口的 25.4%;长江口港口在我国经济和港口航运发展中继续占有特别重要的地位。

优越的区位条件使得长江口地区成为我国对外联系的重要枢纽和前沿阵地,也是我国对外开放和加入 WTO 之后率先与国际接轨的重点地区。长江口地区的国际化大都市——上海,更是我国面向世界的一颗璀璨的明珠。上海开埠百年,完善的市场金融体系、先进的港口基础设施、高效的航运服务体系,以及便捷的交通运输网络,为上海发展现代服务业和先进制造业,建设国际金融中心和国际航运中心提供了良好的基础。2010 年上海港货物吞吐量达 6.53 亿 t,集装箱吞吐量完成 2907 万 TEU,首次超过新加坡港(2855 万 TEU)成为世界第一大港。

综上所述,长江口地区是长江流域和我国的精华地区,经济总量大,区位优势明显,对长江流域乃至全国的经济推动作用显著,发展潜力巨大。

1.2　长江口河道演变研究的必要性

长江口地区在获得水资源利益的同时也经受水患灾害。为了生存和发展,人们在长江口兴建了规模宏大的江堤(海塘)防洪(潮)工程体系。新中国成立后,对江堤(海塘)工程又进行了多次的全面加高加固,兴建了保滩护岸工程,防洪(潮)能力得到较大提高。但由于河势的不稳定,局部河段江岸崩塌仍较剧烈,护岸工程损坏较严重,部分江堤(海塘)工程还未达到规划标准,不能很好地适应社会经济快速发展的需要。稳定的河势是岸线稳定、堤防安全、航运畅通、各类基础设施安全运行的前提条件;良好的通航条件可更好地促进长三角地区社会经济的发展;淡水资源的有序开发可支撑社会经济的可持续协调发展。这些方面长江口地区还面临较大的社会需求。

鉴于长江口地区在国民经济发展中的重要地位,以及长江口水文条件与河道地形演变的复杂性,有必要详细分析长江口水沙输移交换的特性,深入研究长江口河道演变规律,并以此为基础制订综合整治和开发利用规划,通过长江口综合治理,进一步稳定有利河势,保障防洪(潮)安全,改善航运条件,合理开发利用淡水、岸线、滩涂资源等,为长江经济带的发展、我国综合国力和国际竞争力的提高创造条件。

1.3　长江口河道演变的特殊性

水流与河床构成矛盾的统一体,水流作用于河床,使河床发生变化,河床的变化又反过来影响水流,二者互相依存、互相影响、互相制约,永远处于变化与发展之中[3]。河道演变实质上是边界物质的冲刷、搬运和沉积过程,研究不同水流动力结构下的泥沙运动规律,旨在把握河床形态发生变化的内在机理。因此,研究河床的形态变化,既要考虑水流的动力因素,也要考虑边界条件以及地质构造运动的深刻影响,既要研究现代,也要研究历史。对于河流与海洋动力共同起作用的河口地区,随着径流、潮流相对强度的不同以及泥沙运动性质的差异,河床的动态变化千差万别。

长江口河道宽阔,汊道洲滩众多,径潮流均强劲,泥沙运动活跃,水流动力条件异常复杂。双向水沙输移以及不稳定的边界条件,使得长江口河床冲淤多变,河道变化频繁。历史上,长江口的各河段大多经历过主流改道、主支汊更迭、沙洲冲散复聚、河槽淤废又生的自然演变过程。从演变规律看,水沙条件或河势的变化,均会导致上、下游特别是下游河段发生一系列相应变化。

影响河口发育的主要因素是地壳运动、气候变化与水动力因素,以及大规模的人类活动。地壳运动和气候变化是以地质和气候年代表述的,是漫长岁月的影响,而水动力作用的影响则是在较短的历史时期内会表现出来。因此,在研究河口演变规律时,要在地质、气候变化的大框架内,主要考虑水动力的作用和大规模的人类活动[4]。

径流特别是洪水对长江口造床起主导作用,如 1954 年的大洪水,导致长江口新生汊道——北槽的形成,为长江口三级分汊、四口入海的河势格局奠定了基础;1998 年与 1999 年的大洪水,导致新浏河沙切滩并形成新宝山北水道。与洪水相对应,巨大的潮汐动力不仅维持主槽的宽深形态,而且维系着支汊或夹槽较长时段的存在,如早期的北槽、长兴水道(长兴南小泓),以及现在的北支中下段、新桥水道以及天生港水道等,均为涨潮流控制的水道。长江口径潮流相互作用过程中,潮波传播受沿程阻力不均匀分布影响,涨落潮过程中河道南北两侧水位有差异,流速过程也存在相位差,导致复式河槽形成,增加了河道演变的复杂性。

长江口河床边界由第四纪疏松沉积物构成,抗冲性差,导致长江口床沙质输移频繁。成形沙体若迎流顶冲,沙头(冲)和沙尾(淤)将同步下移,二者速率有时不一致,早期的白茆沙、中央沙、新浏河沙等沙洲的演变均如此,而河槽中的隐形淤积体——潜心滩则大多呈整体下移,下游河床在某时段随之出现淤积过程,目前南槽中段的淤积体即有此特征。活动沙洲或隐形沙体的输移路线在口内与落潮主流一致,在口门部位则易变形,河道的宽窄及涨落潮流路的分异程度是其决定因素。

长江口床沙质平均粒径与悬移质粒径差异小,垂向上存在频繁交换的条件,尤其是拦门沙地区,在波、流共同作用下,水流中的泥沙易沉降于河床上,而河床表层细颗粒泥沙也易悬浮进入水流中,沙随水输,大风天可能会在床面上形成浮泥,甚至造成航槽的骤淤。因此,突发寒潮大风和台风引起的滩槽变化、季节性的冲淤以及年际之间的周期性变化，均增加了长江口地区泥沙运动的复杂性，也进而导致了长江口河道演变的复杂性[5]。

从以上诸多影响因素可以看出，长江口河道演变十分复杂，其规律与上游河道或口外陆架均大相径庭，不了解、掌握其特殊性，在规划和整治中照搬已有的河流综合治理的经验，往往谬之千里。随着河道的自然演变，河道宽度逐渐缩窄，加上长年累月的护岸工程的实施，长江口的总体河势已基本稳定，河势大幅动荡的现象基本得到控制。而长江口地区沿岸经济社会的快速发展，对河势稳定、防洪安全以及水土资源的开发利用提出了新的更高的需求，如何协调好上下游、左右岸以及开发与治理、利用与保护之间的关系，为沿岸地区经济社会可持续发展创造有利的河势条件的要求更加迫切，研究长江口河道演变规律及其特殊性，揭示其演变机理，是实施长江口综合治理的前提。

1.4   河道科学管理的需要

河道管理涉及防洪、航运、水资源利用、岸线及滩涂开发、生态环境保护及修复等方面，长江口地区社会经济的发展，与科学的河道管理密不可分。长江口地区除流域管理机构长江水利委员会外，水务、交通、海洋、环境、国土资源等部门依行业分工也对长江口实施着管理。为了规范长江口地区河道的开发利用，地方政府在国家政策法规的基础上，相继颁布了一系列管理条例和办法。江苏省先后颁布了《江苏省防洪条例》、《江苏省水利工程管理条例》、《江苏省水资源管理条例》、《江苏省水文条例》以及《江苏省河道管理实施办法》、《江苏省长江防洪工程管理办法》、《江苏省长江河道采砂管理实施办法》等；上海市先后颁布了《上海市防汛条例》、《上海市河道管理条例》、《上海市滩涂管理条例》以及《上海市海塘管理办法》、《上海市长江河道采砂行政许可实施细则》等。

上述法规为长江口河道治理、开发和保护起到了重要作用，但仍存在一些问题：①由于经济的高速发展，涉及各地区、各部门、各行业对长江口治理开发的要求不相一致，建设不同步，彼此之间的矛盾客观存在。②长江口是世界上最复杂的河口之一，河口的规划、治理与管理涉及各方面职能与利益，而规划与整治相对滞后，一些地方、单位法制意识不强，有法不依，执法不严，使河口管理难度增大，面临的问题需进一步认真研究解决。为此，《长江口综合整治开发规划要点报告（2004 年修订）》提出如下建议：

(1) 强化流域管理和协调作用，尽快研究制定"长江口治理开发管理条例"。

(2) 建立健全取水许可证制度。

(3) 建立健全滩涂开发利用许可证制度。

(4) 制定滩涂占用费征收与使用管理办法。

(5) 加强滩涂开发利用的实施管理。

(6) 加强岸线开发利用的统一管理。

为实现"规划"目标，流域机构应加强与各地方政府的协调，在充分考虑不同地区、不同部门的治理要求基础上，在河道演变规律性方面进行细致深入的研究，加深对自然演变规律的认识，辨析人类活动的影响，评价部分先行治理措施的效果，共同促进水利管理和国民经济的协调发展。

1.5　总结成果、深化研究，为长江口近期综合治理提供基础支撑

长江口综合整治规划研究工作始于 20 世纪 50 年代，我国有关规划、设计、科研单位和高等院校对长江口进行了多学科的系统研究。上海勘测设计研究院分别于 1988 年和 1997 年，提出了两份《长江口综合开发整治规划要点报告》；2005 年 8 月，由长江水利委员会负责编制的《长江口综合整治开发规划要点报告（2004 年修订）》（本书简称《长江口规划》）通过了中国国际工程咨询公司主持的评审，2008 年 3 月，该规划获得国务院批准。《长江口规划》指出长江口主要存在以下几个方面的问题：

（1）河势尚未得到有效控制。南支河段近年来出现的一系列不利于河势稳定的变化，对沿岸重要基础设施的正常运行构成威胁；北支河段仍在不断萎缩，航运功能已基本丧失。

（2）淡水资源开发利用条件不断恶化。北支咸潮倒灌、南支咸潮上溯及近岸水域水质污染严重地影响到上海市和江苏太仓、启东、海门等地区淡水资源的开发利用。

（3）滩涂开发利用与生态环境保护矛盾突出。长江口地区社会经济发展对土地需求日益增大，而长江口的高滩资源相对匮乏，中、低滩的过度圈围将对生态环境带来较大影响。

（4）岸线开发利用缺乏统一规划与管理。

（5）部分堤段仍未达到防洪（潮）规划标准。

（6）长江口生态环境呈衰退趋势。

2005 年以来，长江口又有了新的变化，主要体现在以下几个方面：

（1）《长江口规划》中拟利用的洲滩受冲后退、沙体缩小（如白茆小沙、白茆沙、新浏河沙包、瑞丰沙等），部分规划中的整治方案需要进行调整。

（2）部分整治工程已先期实施，如徐六泾节点段新通海沙、常熟边滩圈围工程；南北港分流段的青草沙、中央沙圈围工程，新浏河沙护滩工程，南沙头通道限流工程；北支中下段崇明岛侧的三处高滩部位圈围工程；北槽深水航道治理工程等。这些工程的建设基本符合《长江口规划》要求，但由于局部工程的单一性，导致治理效果整体性欠佳。如徐六泾节点段整治工程，目的在于增强徐六泾河段的束流、导流作用，使出徐六泾的主流能较为稳定地北偏，从而有利于白茆沙北水道的发展。该项工程主要包括北侧的新通海沙围堤工程以及南侧的白茆小沙护滩潜堤和围堤工程，但由于仅实施了新通海沙圈围工程，白茆沙北水道并未出现预期中的发展。因此，有必要了解长江口新的变化情况，加深认识，为后续工程提供经验。

（3）2003 年三峡工程蓄水后，对长江口水沙条件产生了重大影响，对长江口的综合影响是长期且深远的，有必要进一步作针对性分析，为未来开展三峡工程对长江口的影响评估铺垫基础。

另外，当时规划范围为徐六泾以下，《长江口规划》中制定整治方案的前提是徐六泾上游的澄通河段河势维持相对稳定状态。《长江口规划》批复后，徐六泾节点段上下游河段河势变化仍然较大，如：新开沙尾冲淤变化频繁；狼山沙左缘持续冲刷后退，导致主流

进入徐六泾后南偏；白茆小沙下沙体冲刷严重，基本失去圈围基础；白茆沙北水道进口深槽又重新断开。这些变化导致的后果有的已经显现，有些还不明显，需要进一步的观察。另外，澄通河段近年也出现了一些不利于河势稳定的新变化，如福姜沙右汊进口段沙头南偏，对福南水道演变可能带来不利影响；双铜沙串沟的生成发展，影响福北水道如皋港区的前沿水深；九龙港缩窄段顶冲点仍有冲刷下移的态势，对通州沙汊道段可能产生新的影响；通州沙东水道上段仍在调整，中下段因河道宽阔，潜心滩发展，航道中出现碍航浅点；福山水道的总体萎缩已不利于望虞河引排设施的运行等。上述情况说明，无论是从长江口徐六泾以下河段的治理角度，还是从澄通河段的治理角度，均需要继续深入研究长江口河道演变机理，实施综合治理，稳定优良河势，控制和改善不良河势，降低其对下游河势的影响。同时，有必要加强对江阴—徐六泾之间的澄通河段的认识。

综上所述，长江口沿岸社会经济高速发展对航运发展、淡水资源、岸线资源及滩涂资源等开发利用以及科学管理提出了新的要求，而历史资料和丰富的研究成果也需要总结提炼，去粗取精。本书旨在汇集前人研究的成果，重点以近期实测资料为基础，探讨长江口水沙运动与河道演变的规律，为长江口实施综合治理提供基础支撑。

主 要 参 考 文 献

[1] 中华人民共和国水利部.2011 年中国水资源公报 [M]. 北京：中国水利水电出版社，2012.

[2] 长江水利委员会长江勘测规划设计研究院. 长江口经济社会基础资料及预测 [R]. 2012.

[3] 周志德.20 世纪的河床演变学 [J]. 中国水利水电科学研究院学报，2003，1 (3)：226-231.

[4] 钱宁，张仁，周志德. 河床演变学 [M]. 北京：科学出版社，1989.

[5] 恽才兴. 从水沙条件及河床地形变化规律谈长江河口综合治理开发战略问题 [J]. 海洋地质动态，2004，20 (7)：8-14.

第 2 章 长江口河道基本情况

2.1 长江河口分区及本书研究范围

长江河口作为河流与海洋的过渡地带，兼具河流与海洋两种属性。根据水动力条件与地貌形态等综合特征，一般将长江河口分成 3 个区段：①近口段；②河口段；③口外海滨段（图 2.1-1）。由于研究的角度不同，长江河口段的划分出现了两种观点：第一种[1-3]认为近口段介于潮区界—洪季潮流界，大概位置在安徽大通—江苏江阴之间，由径流控制着河床演变；河口段介于洪季潮流界—拦门沙浅滩之间，径、潮流往复运动、相互消长；口外海滨段介于拦门沙浅滩—口外 30～50m 等深线附近，该区段潮流动力起主导作用，也是入海径流扩散与泥沙沉积区。第二种[4-6]与第一种的区别在于河口段起点位置，认为河口段介于徐六泾—口外拦门沙浅滩（或原口外 50 号灯标）之间。因此，两种观点的不同之处主要在于是否将澄通河段（鹅鼻嘴—徐六泾）划归为长江河口段（即长江口段）。

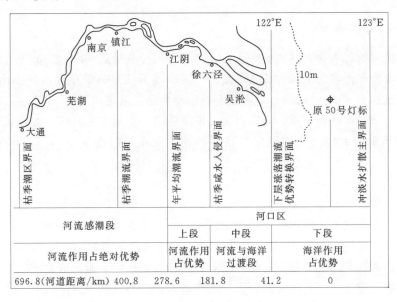

图 2.1-1 长江河口区分段图

2.1.1 河口的定义

不同的专业对河口有不同的定义。我国《辞海》沿用了苏联学者萨莫伊诺夫 1952 年提出的定义，即"河口是河流注入海洋、湖泊或其他河流的河段。入海河口一般分为河流近口段、河口段及口外海滨段。"河流近口段以河流特性为主，口外海滨段以海洋特性为主，河口段则河流因素与海洋因素强弱交替地相互作用，愈向上游，径流作用愈显著，反之则潮流作用增强。

欧美则采用 Pritchard 在 1967 年提出的河口定义，认为"河口是一个半封闭的海岸水体，它可自由地与开放的海洋相连接，在它之内，海水可以被内陆排出的淡水所稀释，而稀释的程度是可以被量测的。"依此定义，河口为盐淡水相互作用和混合的区域，亦即连接河流和海洋的盐度变化介于 0.1‰～30‰ 之间的由冲淡水覆盖的水域。

水动力是河口演变过程最活跃的因素。海洋动力因素影响河口造床作用的标识性界线为潮区界、潮流界、潮差交替界和盐水入侵界；河流动力因素影响河口造床作用的边界条件为流域的来水来沙量、特大洪水波展平带、床沙输移下界以及冲淡水外界[7]。国内的学者多从水动力条件和地貌特征来定义河口，如严恺和陈吉余等[1-3]从径、潮流两种力量的消长及其对河床演变的影响出发，将长江河口分成 3 段：潮区界—潮流界为近口段；潮流界—口门拦门沙为河口段；拦门沙外—口外三角洲前缘急坡（水深约 30～50m）为口外海滨段。

1958 年长江口徐六泾人工节点开始形成，至 1970 年江面缩窄至 5.7km，上游河势的变化对下游河势的影响显著减小，因此，长江水利委员会在《长江流域综合利用规划（1990 年修订）》中，将长江口的起点定在徐六泾。近几年，通过对北岸新通海沙的圈围，徐六泾节点段最窄处河宽已进一步缩减至 4.7km，节点段河势得到进一步控制，对下游的影响进一步减小。本章尝试从潮差的沿程变化与盐水入侵界面两个方面来说明该分段方法的相对合理性。

2.1.2 潮差的沿程变化

长江是世界第三大河，我国第一大河，多年平均径流量近 9000 亿 m^3，丰沛的径流入海，可使近海海平面显著上升。长江径流洪、枯季差异明显，最小径流量多出现在 1 月，洪峰一般出现在 7—9 月，通常一年内最大与最小月径流量之比可达 4～6 倍，因此，径流对长江口平均海平面的影响洪、枯季有别。据统计[1]，江阴以上的潮位站，其平均海平面逐月变化及年平均水位与长江径流有良好的相关关系，但在江阴以下，相关关系逐渐变弱。

1978 年月平均潮差统计显示[1]，江阴以上河段径流与月平均潮差具有负相关，而江阴以下为正相关，说明江阴以上河段径流作用强劲，削弱了潮波的上溯传播，因此出现了洪季潮差小，枯季潮差大的现象。其中南京站枯季、洪季平均潮差分别为 81cm 和 45cm，枯季大于洪季，比值为 1.8；江阴站枯季、洪季平均潮差分别为 169cm 和 181cm，枯季小于洪季，比值为 0.93，接近于 1；江阴以下，洪季由于径流下泄量增大，促使潮波变形加剧，潮波性质从前进波逐渐向驻波转变，潮差增大，以高桥站为例，枯季、洪季的平均潮差分别为 229cm 和 251cm，比值为 0.90，小于江阴附近。从 1978 年的资料可以看出，当时的潮差交替界线位于江阴上游。

20 世纪 80 年代以来，长江口在自然演变与人工控制的双重作用下，继续延续着历史上河道缩窄并向东南延伸的演变规律，潮汐特征也随之发生相应变化，潮差分界线有下移的趋势。2009 年长江南京以下各站月均潮差见表 2.1-1，其中南京站、镇江等站示意位置见图 2.1-1，江阴以下各站示意位置见图 3.2-1。

表 2.1 - 1　　　　　　　　　　　长江南京以下各站月平均潮差　　　　　　　　单位：cm

月份 站位	1	2	3	4	5	6	7	8	9	10	11	12
南京	84.2	90.1	60.1	58.9	42.7	37.4	32.1	33.0	42.3	77.0	83.6	86.6
镇江	112.5	119.3	95.6	94.5	75.6	67.8	58.8	59.1	72.8	110.8	119.6	119.6
江阴	173.1	178.4	169.7	170.6	166.1	163.4	156.6	155.5	171.9	185.7	187.6	182.9
天生港	197.0	203.0	198.3	196.4	194.2	193.1	187.2	187.2	200.1	211.7	213.1	201.3
营船港	200.2	204.3	200.7	200.5	201.2	202.3	197.5	193.7	208.5	217.9	218.4	207.5
徐六泾	197.9	202.2	199.2	197.7	198.3	199.1	195.8	198.9	209.0	216.1	216.4	206.4
杨林	204.4	207.0	207.4	204.0	203.7	205.0	203.6	207.4	217.6	221.2	218.5	209.7
石洞口	213.0	223.8	221.8	222.8	216.3	210.4	215.3	228.8	230.3	228.6	219.6	213.7
吴淞	224.3	234.8	233.6	234.4	228.7	221.2	226.0	239.8	241.4	239.8	231.7	225.2
横沙	239.6	246.0	241.7	245.1	244.2	239.4	242.5	250.8	252.3	251.3	245.5	241.1
北槽中	263.0	272.7	269.4	269.4	264.2	261.4	269.8	281.5	285.4	278.4	266.7	263.4
牛皮礁	272.8	284.1	281.3	277.0	272.4	268.5	278.5	293.1	293.9	286.9	273.7	270.3
鸡骨礁	244.8	249.7	247.2	252.5	251.3	245.9	246.8	254.2	255.7	258.6	253.9	250.0
绿华	248.1	260.2	255.6	251.9	243.9	241.2	250.3	264.4	263.1	257.2	245.6	243.1

注　南京、镇江、江阴、天生港潮差根据《2009年水文年鉴》第6卷第6册统计；营船港、徐六泾、杨林的潮差根据2009年长江口水文水资源勘测局实测潮位统计；石洞口以下各潮位站潮差根据"2009年上海港及杭州湾潮汐表"统计。

以1—3月为枯季，7—9月为洪季，各站洪季、枯季平均潮差变化见图2.1-2。

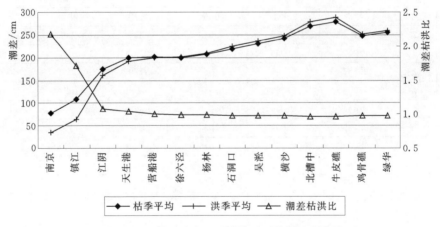

图 2.1 - 2　长江南京以下洪枯季平均潮差变化图

潮差交替界线是长江河口地貌演变中的一个重要判断标志[2]，在这一界线之上，江中洲滩形成后基本呈单向下移运动（受水流切割分裂除外），形状相对稳定；界线以下，由于潮流强劲，洲滩存在上下移动的动力条件，位置及形状不稳定。1978年长江口潮差交替界线尚位于江阴之上，从图2.1-2可以看出，近年来长江口洪、枯季潮差交替界线已有所下移。2009年，镇江、江阴、天生港、徐六泾以及石洞口等站枯、洪季平均潮差之比分别为1.72、1.08、1.04、0.99、0.98，说明近年长江口径、潮流力量的分界点已下移至徐六泾附近。因此，长江口以徐六泾为界，从径、潮流的动力条件方面考虑是合理的。

2.1.3 盐水的入侵界面

在河口区域，盐度的时空变化是河流与海洋两大动力因素在不同地貌条件下综合作用的结果。长江河口枯季大潮汛的咸潮入侵，不但改变水质，而且由于咸潮中带有比较丰富的电解质，在一定的温度条件下，促使水流中挟带的物质絮凝沉降，因而也影响着河床演变。长江口枯季北支盐水倒灌南支，增加了长江口盐水入侵过程的复杂性。

国内对长江口盐水入侵的研究始于 20 世纪 80 年代[8-9]，其后大量学者及科研院所就长江河口盐水入侵方式、途径、时空变化等开展了许多研究[10-15]，虽然研究的手段与目的不一，但众多的研究成果表明：徐六泾河段涨潮初期盐度普遍相对较低，垂向分层不明显，说明受长江下泄冲淡水影响，涨潮时外海经北支上溯的盐水主要倒灌南支，对徐六泾及其以上河段影响相对较弱。虽然有历史记载，1979 年春季大潮期（1979 年 1 月 31 日前后），位于徐六泾上游常熟望虞河口曾受到盐水入侵的影响[7]，但近年来，即便在极枯年，如 2006 年，大通站年径流总量为 6934 亿 m^3，仅占多年平均来水量的 77%，为有实测资料以来的长江第二特枯水文年，当年的长江河口盐水上溯锋面亦未越过徐六泾河段（表 2.1-2）。

表 2.1-2 　　　　　　　　徐六泾水文断面枯季盐度观测值

时 间		盐 度/‰			对应大通流量/(m³/s)		
年	月	大潮	中潮	小潮	大潮	中潮	小潮
1987	2	0.122	0.017	0.013	7330	7380	7480
2004	1	0.057	0.056	0.056	10200	10100	10300
	2	0.537	0.061	0.056	9180	9840	9410
	3	0.056	0.056	0.059	14100	10900	17600
	4	0.056	0.056	0.055	18800	19200	16500
	12	0.139	0.054	0.054	14000	14100	14900
2005	2	0.053	0.052	0.048	28100	26200	20300
	12	0.054			18700		
2006	2	0.095	0.060	0.059	15100	12000	11500
	12	0.061			16500		
2007	2	0.667	0.266	0.062	12100	13300	13800
	12	0.064			11000		
2008	2	0.162	0.065	0.066	11600	18100	19400
	12	0.056			16800		
2009	11	0.036	0.002	0.000	14000	14500	14700
	12	0.000	0.000	0.000	12500	12300	11500
2010	1	0.000	0.000	0.000	11400	12600	12400
	2	0.000	0.000	0.000	17100	16400	15300
	11	0.020	0.010	0.008	22700	19500	16300
	12	0.031	0.000	0.000	18500	19700	16700

表 2.1-2 中，2008 年以前（含 2008 年）为采用现场取样以硝酸银滴定方式获得的盐度资料，2009 年以后，为采用 SCT1122-1 型水质盐度在线监测仪器收集的资料，两种方式所得成果有细微的区别。

2.1.4　本书的研究范围

从以上潮汐特性与盐水上溯上界的分析看，将徐六泾定义为长江口的起点有一定的合理性。然而，考虑到澄通河段（江阴—徐六泾）受涨、落潮双向水流的影响，台风、大潮组合下往往形成该河段最高潮位，以及徐六泾节点控制作用还不是很强等因素，人们将长江口的起点定在江阴亦有其一定的道理。鉴于此，本书分析研究的范围定为：上起江阴鹅鼻嘴，下至长江口拦门沙，包括澄通河段（江阴—徐六泾）、南支河段（徐六泾—南北港分流段）、北支河段（崇头—连兴港）、南港河段（南北港分流段—南北槽分汊段）、北港河段（南北港分流段—北港拦门沙）、南槽、北槽以及口门湿地等，分析示意范围见图 2.2-1。澄通河段、南支河段、北支河段高程系统采用 1985 国家高程基准，基面以下为负值；南北港、南北槽河段高程系统，采用理论深度基准（即理论最低潮面），基面以下为正值。

2.2　自然地理

长江河口潮区界在安徽大通，距入海口 624km，潮流界在江阴与镇江之间，距入海口 200～300km。在 20 世纪 50～70 年代徐六泾节点形成以前，长江河口段上界在江阴，徐六泾节点形成后，多数观点认为，徐六泾作为长江河口段的上界更为合理，江阴—徐六泾则变为近口段的一部分。因江阴—徐六泾河段位于江阴（澄）和南通（通）之间，也称为澄通河段。长江口现状河势见图 2.2-1。

澄通河段上起江阴鹅鼻嘴，下至常熟徐六泾，河道全长约 96.8km。澄通河段南岸隶属无锡市的江阴市、苏州市的张家港市和常熟市，北岸隶属泰州市的靖江市，以及南通市的如皋市、通州区、港闸区、崇川区。澄通河段位于长江三角洲地区新三角洲地貌区，地质条件较稳定，自然地貌较为简单。澄通河段南、北两岸及江中沙岛地面高程一般为 2.00～5.00m，除黄山、肖山、长山、狼山、龙爪岩等山丘外，地势平坦。

长江河口段上起徐六泾，下至口外原 50 号灯标，全长约 181.8km，行政区划分属江苏省南通市、苏州市，以及上海市。徐六泾以下江中有崇明岛、长兴岛和横沙岛，崇明岛为长江上最大的江心洲，面积达 1267km^2，为上海市崇明县所在地，其北缘部分区域为江苏省的海门市、启东市所辖；长兴岛、横沙岛面积分别为 88km^2 和 56km^2，原隶属上海市宝山区，2005 年 5 月划归崇明县。

长江河口段平面形态呈喇叭形，为三级分汊、四口入海的河势格局。进口徐六泾江面宽 4.7km，出口启东嘴至南汇嘴展宽至 90km。徐六泾以下，崇明岛将长江分成南支和北支；南支在吴淞口附近由长兴岛和横沙岛将河道分为南港和北港；南港在横沙岛尾附近由九段沙分为南槽和北槽两个汊道，从而形成北支、北港、北槽、南槽 4 个入海通道。

长江口位于长江三角洲地区，为第四纪海陆交互相冲积平原，地貌总的特征是南北两大碟形洼地，形成两大碟形洼地的主要原因是由于南北两大沙嘴的发展。南岸沙嘴由于伸

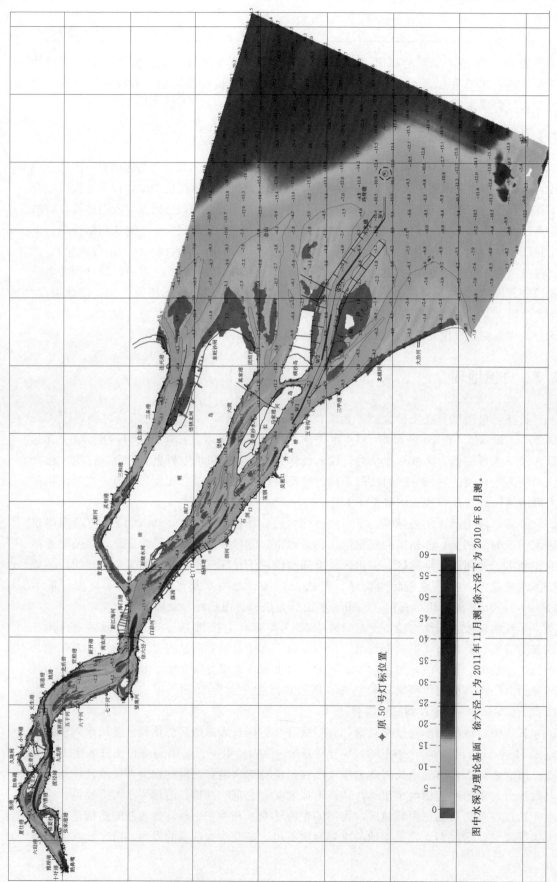

◆ 原 50 号灯标位置

图中水深为理论理论基面。徐六泾上为 2011 年 11 月测，徐六泾下为 2010 年 8 月测。

图 2.2-1　长江口现状河势图

展反曲而造成海湾、泻湖，最后封淤成为太湖平原；北岸沙嘴与岸外沙堤结合，形成里下河洼地区。2000 年前的海岸线以外地区，是近代江海冲积而成，为新三角洲地区，地势较高，土壤沙性较重。兴建海塘、开挖河道、促淤圈围等人类活动改变了自然面貌，形成了局部地区的人为地貌。南、北两岸及江中沙岛地面高程一般为 2.00～5.00m（1985 国家高程基准，本章除特别注明外均为该基面），地形平坦，沿江堤防堤顶高程一般 6.00～7.50m。长江两岸的地下水与江水、沟渠内水系交换频繁。

长江口是中等强度的潮汐河口，既受长江径流的影响，又受海洋潮汐的影响。两岸通江河道众多，为典型的感潮平原河网地区。澄通河段北岸通江河道有 40 条，较大的有夏仕港、焦港、如皋港、九圩港、通吕运河、营船港（通启运河）；南岸有 33 条，较大的有白屈港、张家港、十字港、一干河、九龙港、农场河、七干河、福山塘、望虞河、常浒河；徐六泾以下长江两岸主要通江水道有 22 条，其中南岸入江支流有 14 条，属江南太湖水系，较大的有白茆河、七浦塘、杨林塘、浏河、黄浦江、川杨河、大治河等；北岸较大入江支流有新江海运河、圩角港、三和港等，除黄浦江外，长江口沿岸各通江口门均已建闸控制。福姜沙、长青沙以及崇明、长兴、横沙三岛内的河道各自独立成系。长江口南岸通江湖泊主要有太湖、阳澄湖和淀山湖等，其中以太湖最大，湖泊四周均有许多河港贯穿其间，湖港相通，构成"河网"，是著名的"江南水乡"。

长江口地区属亚热带季风气候，气候温和，四季分明，雨水丰沛，日照充足。受地理位置和季风影响，气候具有海洋性和季风性双重特征。冬季寒冷干燥、夏季雨热同季、春季冷暖干湿多变、秋季秋高气爽，构成了长江口地区的气候特点。

据区内各气象站资料统计，长江口地区年平均气温为 15～16℃，最高气温为 40.2℃（1934 年 7 月），最低气温为 −12.1℃（1983 年 1 月）。多年平均年降水量 1100mm 左右，多年平均年降水日数约 125d，夏季降水量占全年降水量的 45%，尤以梅雨期降水日数多，雨量大且多暴雨，冬季降水量仅占全年降水量的 10% 左右。该地区光照充足，年平均日照时数 2000～2100h。年平均蒸发量 1200～1400mm，年平均相对湿度为 80%。长江口多年平均风速为 3～4m/s，风向有明显的季节性变化，全年以东南风出现频率最高，冬季盛行西北风或偏北风，夏季以东南风或偏南风为主，月平均风速以冬春两季（各月）较大，最大风速大多发生在夏季的台风期。

长江口属于台风影响频繁的区域，台风具有来势猛、速度快、强度大、破坏力强的特点。长江口的台风一般出现在每年的 5—10 月，主要集中在 7—9 月，台风出现的频次约占全年的 90%。

2.3 地质地貌与河道边界条件

2.3.1 地质构造

长江口地区位于江南古陆的东北延伸地带，在大地构造上位于扬子准地台的东北边缘。江南古陆具有很大的活动性，震旦纪以来经常表现为垂直升降运动。莫干山地区为古陆轴带，呈北东—南西向延伸。在漫长的地质历史中，长江口地区经历地槽、地台及大陆边缘活动三大发展阶段。晋宁、加里东、燕山、喜马拉雅等地质运动奠定了长江口地区构造和地层分布的基本格局。

元古代晚期的前晋旋回和晋宁旋回为地槽发展阶段，形成了由变质岩系组成地台的褶皱基底。元古代晚期至古生代的加里东旋回为准地台发展阶段，构造层发育齐全，为海相、浅海相连续沉积，并继续沿基底造线，发育一些舒缓型褶皱。古生代末期至中生代早期的印支旋回使在加里东旋回中发育的舒缓形向背斜进一步发展成为紧密的复式线形褶皱，并伴生有北东向及北西向断裂构造。中生代的燕山旋回，构造变动和岩浆活动十分活跃，为长江口地区地质构造史上最具特色的发展阶段。晚侏罗世由于中酸性岩浆强烈喷发，形成广布全区的沉积岩系；白垩纪以中酸性岩浆的侵入作用为主，除原有的断裂构造表现为继承性活动外，北北东向断裂形成；晚白垩纪快断运动明显，发育了数个沉积巨厚、相变剧烈、中心向主断裂单向迁移的箕状红色盆地，红盆沉积一直持续到古新世。新生代的喜马拉雅旋回，地壳振荡运动频繁，老构造复活，中生代形成的断陷盆地进一步下陷扩张，早期基本继承了燕山晚期的地质构造特征，在断陷盆地中，继续堆积了以陆相为主的红色碎屑岩及砂、泥松散层。晚第三纪地壳上隆、引张，导致玄武岩浆沿断裂交汇处广泛喷溢。至第四纪，则表现为缓慢下沉阶段，从而在第三纪末的古地面上堆积了200～400m厚的河湖相、河口三角洲相、海陆交互相松散沉积，150m以下层次主要由河流和湖泊带来的砂和黏土物质交替组成，以陆相沉积为主，150m以上层次主要由滨海河口处海水和河水带来的黏土、砂等物质组成，以滨海河口相沉积为主。长江口地区基岩地层有志留系、侏罗系流纹岩类火山岩、燕山期花岗岩及石英闪长岩，以侏罗系流纹岩类火山岩分布最为广泛。长江口地区地震烈度为Ⅵ度，相应地震动峰值加速度为0.05g。

控制长江口河段的构造线主要取决于该河段的断裂。河口地区的断裂构造比较发育，对长江口河段起主要控制作用的是北东—南西向和近于东—西向的断裂，此外尚有北西—东南向的断裂。呈北东—南西向的主要有无锡、常熟—庙镇—启东大断裂和苏州—昆山—嘉定—宝山大断裂；呈东西向的主要有崇明—苏州断裂。从较长的时段和较大的空间看，地质构造对河道的走向控制作用明显。从区域构造而言，长江贯穿于扬子准地台中的中新带凹陷，如苏北凹陷；从断裂构造而言，长江口的流路几乎与断裂积压破碎带的方向吻合，主要受北北东和近东西向断裂的控制。虽然大多数断裂被深厚的第四纪沉积物所覆盖，但长江口的总体走向仍然是沿断裂带发育的。

长江三角洲新构造运动沉降区覆盖着深厚的第四纪疏松沉积物。长期以来，在江、湖、海的交互作用下，经历了沉积、冲刷、再沉积的反复作用过程，沉积了150～400m厚的疏松沉积层，由西向东沿程增厚。其沉积物为亚黏土、亚砂土、淤泥质土和粉细砂互层；土层性质主要为灰色、灰褐色和黄色粉细砂及亚黏土。从上至下垂直分布为：①全新世，埋深0～60m，为黄褐色亚黏土和粉砂，灰色淤泥质黏土和亚黏土夹砂及泥炭层。②新更新世，埋深15～30m，为暗绿色黏土和黄褐色亚黏土夹砂。③晚更新世，埋深30～60m，为黄色细砂、粉砂和青灰色细砂；埋深45～75m，为灰色淤泥质、亚黏土夹砂及砂；埋深75～110m，为灰色含砾中砂夹粗砂，底部有砂砾石层；埋深90～135m，由上向下为暗绿色黏土、灰色细粉砂、黄褐色亚黏土夹砂。④中更新世，埋深110～145m，为灰色含砾粗中砂，局部细砂层；埋深145～175m，为黄褐色杂色黏土。⑤早更新世，埋深

175～270m，为灰色粗砂砾石和含砾细中砂夹黏土层；埋深 180～300m，为黄褐色、杂色黏土层。⑥古更新世，埋深 270～350m，为黄褐色含砾细中砂，局部黏土层，底部泥砾层；埋深 350～400m，为灰绿色、杂色黏土。

2.3.2　地貌形态

长江河口段位于近代江海冲积而成的长江新三角洲上。除少数岛状孤丘外，整个河段地势平坦，一般海拔 2～5m，地形西高东低。区域内河渠纵横，江中沙洲发育，两岸有河漫滩和防汛大堤。

2.3.2.1　两岸地貌分区

根据长江口平原地貌的发育过程，可以分为 6 个区：通吕水脊区、启海平原区、马蹄形海积平原区、江口沙洲区、碟缘高地区、滨海新冲积平原区。

（1）通吕水脊区。南通—吕四之间有一狭长的高地，地面高程 5.00m 左右。

（2）启海平原区。在通吕水脊之南，地势较低，土层疏松，盐分较重，为长江河口淤积的产物。

（3）马蹄形海积平原区。西至范公堤，南及沈公堤，北到鲁家汀子，呈马蹄形。该区原为古长江入海的一个海湾，11 世纪范公堤建筑后，逐渐淤积成陆。一般地面高程介于3.40～3.50m，整个地面从西向东倾斜。

（4）口门沙洲区。南通以下，为河口主要消能区，泥沙淤积成诸多沙洲，其中以崇明岛为最大。崇明岛近百年来变化的主要特点是南塌北涨。

（5）碟缘高地区。一般地面高程在 4.00～5.00m 之间，由近代江海共同冲积而成，组成物质较粗。

（6）滨海新冲积平原区。川沙、南汇、奉贤和钦公塘一线以外，为近千年内冲积而成，地势在 4.00～4.50m 之间，土质沙性高，含盐量大。人民塘外现代海滩部分也在该区范围以内。

2.3.2.2　节点对河势的控制作用

除鹅鼻嘴、龙爪岩等少数天然节点外，江阴以下河段节点多为人工节点。

鹅鼻嘴节点由前第四系基岩组成，突立右岸江中。龙爪岩节点由抗冲性很强的狼山系变质岩和第三纪红土组成，龙爪岩伸入江中，水流行至黄泥山附近，在山体阻挡和龙爪岩挑流作用下，主流脱离左岸转向贴近狼山沙左缘下行，至徐六泾后，在古海塘及古三角洲硬黏土层河岸的控制下，水流转向东去。

人工节点由护岸、码头和人工矶头等建筑物构成。河口段为长江新三角洲区，临近东海，地势低而平坦，长期以来，人类为了抵御洪水和海潮的侵袭、控制河势、开发利用岸线及滩涂资源等，修筑人工矶头与护岸工程，实施了大量的河道整治、促淤圈围等工程。同时，由于长江口区域经济及航运业发达，沿江两岸修建有大量的码头。上述人类活动在部分区域形成了人工节点，如九龙港、徐六泾等江段，其中徐六泾节点作用最为明显。由于长江河口段水量大，江面宽阔，人工节点对水流的控导作用不如长江中下游河道节点那么强。详细分析见第 4 章 4.3 节。

2.3.3　河道边界条件

长江口河段处于苏北凹陷的边缘部分，由淤泥及淤泥质土、砂质粉土和黏质粉土、粉砂及含黏性土粉砂组成的第四纪疏松沉积物构成了现代长江口河床的直接边界，抗冲性差，河床冲淤多变，20 世纪 90 年代前，河岸坍塌时有发生。

长江口两岸为冲积平原，地势平坦，除澄通河段进口段右岸的黄山山壁和中段左岸的狼山外，其余无山体和丘陵。近百年来，为防御水害，在两岸陆续修筑海塘保滩护岸工程，以及因发展经济的需要实施的边滩圈围工程、码头工程等，形成了总体较为稳定的岸线条件，在一定程度上起到稳定河势的作用。长江口河道与边界现状见图 2.2 - 1。

2.4　河道形态

2.4.1　概述

长江自江阴鹅鼻嘴以下，河道以弯曲、分汊、展宽为主要表现形态。江阴至徐六泾为澄通河段，由福姜沙汊道、如皋沙群汊道和通州沙汊道三河段组成，相互间呈 S 形或反 S 形藕节状弯曲相连，连接段河宽相对较窄，区间河道宽窄相间。口门处有鹅鼻嘴—炮台圩对峙节点，末端有徐六泾人工节点，中间还有九龙港、龙爪岩准节点控制，整个河段两端较窄。澄通河段走向大致为东北—西东—东南向，中段向北弯曲，河段内洲滩群生，有福姜沙、双铜沙、民主沙、长青沙、泓北沙、横港沙、通州沙、狼山沙、新开沙、铁黄沙等江心洲（俗称沙洲）沿程分布于江中，其中福姜沙、民主沙、长青沙、泓北沙等先后建有洲堤，还有一些潜心滩（俗称暗沙）散布于水下。江心洲将河道分为主汊和支汊，潜心滩使河道形成复式河槽。

长江主流自鹅鼻嘴至肖山傍南岸，过肖山后主流脱离南岸向福姜沙左汊过渡。福姜沙右汊为支汊（也称福南水道），长 16km，河道窄深，外形向南弯曲，弯曲系数约 1.49，分流比约为 20%。福姜沙左汊为主汊，长约 11km，分流比约为 80%，河道相对宽浅，外形顺直，其下段有双铜沙自下向上伸入，形成"W"形复式河槽，并将左汊下段分为福北水道和福中水道，福中水道和福南水道在福姜沙尾汇合与如皋沙群右汊即浏海沙水道相连。

如皋沙群汊道上起护漕港，下至十三圩，为多分汊河道，河道内洲滩罗列。双铜沙、民主沙和长青沙将河道分为如皋中汊和右汊（浏海沙水道上段），两股水流汇合进入九龙港—十一圩顺直段（浏海沙水道下段）后贴右岸下行，至十二圩港后脱离右岸过渡到左岸南通姚港至任港一带，进入通州沙左汊—通州沙东水道。如皋中汊分流比近 30 年稳定在 30% 左右；浏海沙水道下段左侧泓北沙已与长青沙通过工程措施连为一体，其下游为横港沙，沙尾为向下游延伸的沙嘴，低潮时局部露滩，高潮时淹浸于水下。长青沙、横港沙北侧的夹槽为天生港水道，上接如皋中汊，下与通州沙东水道相连，长度约 26.2km，因进口段与如皋中汊几近垂直，入流不畅，落潮分流量仅占长江总流量的 1% 左右，水道内涨潮动力大于落潮动力，枯季大潮时涨潮量大于落潮量，涨潮输沙量大于落潮输沙量。

通州沙汊道上起十三圩，下至徐六泾，全长约 39km。进出口河宽相对较窄，中间放宽，最大河宽约 13.1km。通州沙河段为多分汊河道，江中有通州沙、狼山沙、新开沙及铁黄沙等江心洲。长江主流进入通州沙东水道后傍左岸下行，至龙爪岩后右转脱离左岸，贴通州沙和狼山沙左缘向东南至徐六泾节点段。通州沙左汊是以落潮流为主的长江主流通道，目前分流比为 90% 左右，右汊即通州沙西水道，中间存在浅段；通州沙以下河段被自左而右的新开沙、狼山沙和铁黄沙分为新开沙夹槽、狼山沙东、西水道和福山水道，目前，狼山沙东水道、狼山沙西水道、新开沙夹槽、福山水道分流比分别为 65%、27%、7% 及 1%。

徐六泾至原口外 50 号灯标全长约 181.8km，河段平面呈喇叭形，呈三级分汊、四口入海的河势格局，北支、北港、北槽、南槽为四个入海通道。

长江在白茆河口附近被崇明岛分为南、北两支，北支为支汊，南支为主汊。南支河段以七丫口为界分为上、下两段。上段为徐六泾节点段和白茆沙汊道段，下段由扁担沙分成南支主槽段与新桥水道。徐六泾节点段上承澄通河段，下接白茆沙分汊段，自浒浦至白茆河口，全长约 15.0km，左岸新通海沙整治工程实施后，徐六泾节点段缩窄至 5.0km 左右，最窄处位于团结闸上游约 400m 处，宽约 4.7km，往下游有所展宽，至白茆河口—海太汽渡处江面展宽至 6.7km；白茆沙右汊又称白茆沙南水道，分流比约 65%，在七丫口附近和白茆沙左汊即北水道汇合，主流经南支主槽至浏河口，再经多汊分流后进入南、北港。

新石洞水闸以下，中央沙和长兴岛将南支分为南港和北港，南港自中央沙头至南北槽分汊口长约 31km，北港自中央沙头至拦门沙外长约 80km，南、北港皆为顺直河槽，分流比约各占 50%。南北港分流段以洲滩、汊道众多且复杂多变为特点。南港河段因有瑞丰沙的存在局部形成复式河槽，北港中下段因近左岸有堡镇沙（又称六效沙脊）纵卧其间而形成偏"W"形复式河槽。在横沙岛东南，九段沙将南港分为南、北两槽，南槽自南北槽分汊口至南汇嘴长约 45km，北槽自南北槽分汊口至深水航道北导堤头长约 59km。北槽为长江口深水航道工程所在；南槽水域宽阔，其分流比和分沙比均大于北槽。目前，长江口南支—南港—北槽为主要通海航道。

北支河段是长江出海的一级汊道，西起崇明岛头，东至连兴港，全长约 83km，河道平面形态上段弯曲，下段呈喇叭形展宽，弯顶在大洪河至大新河之间，弯顶上下游河道均较顺直。上口崇头断面宽约 3.0km，下口连兴港断面宽约 12.0km，河道最窄处在崇明庙港北闸上游约 800m 附近，河宽仅 1.6km。北支河段局部江段涨、落潮流路分离，利于洲滩发育，现分布有新村沙、兴隆沙群（又称黄瓜沙群）等洲滩。北支河段平均水深较小，洲滩罗列，滩槽易位频繁。

本节中，澄通河段、徐六泾节点段、南支上段以及北支采用 2011 年实测资料，1985 国家高程基准，统计值以高程表示；南北港、南北槽河段，采用 2010 年实测资料，理论深度基准（即理论最低潮面），统计值以深度表示，基面以下为正值。

2.4.2　河宽沿程变化

2.4.2.1　平滩河宽沿程变化（0m）

长江口各河段平滩河宽沿程变化见图 2.4 - 1，统计区间为两岸 0m 高程之间，其中北支、北港、南港以及北槽和南槽的分析断面位置分别见第 5 章图 5.10-6、图 5.6-1、图 5.7-6 及图 5.8-11。

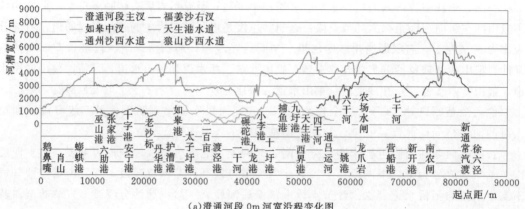

(a)澄通河段 0m 河宽沿程变化图

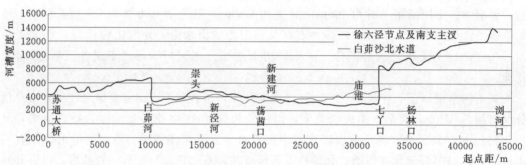

(b)徐六泾节点段及南支上段 0m 河宽沿程变化图

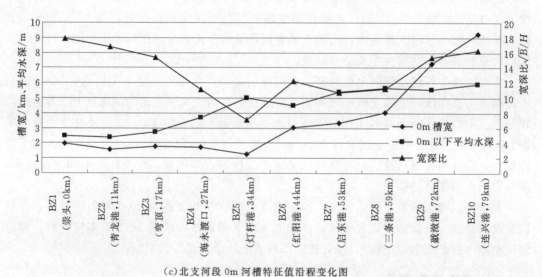

(c)北支河段 0m 河槽特征值沿程变化图

图 2.4-1（一） 长江口各河段 0m 平滩河宽沿程变化

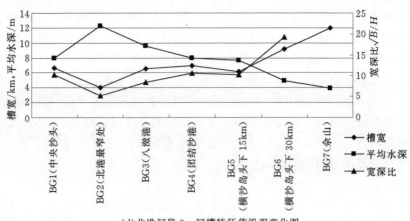

(d)北港河段 0m 河槽特征值沿程变化图

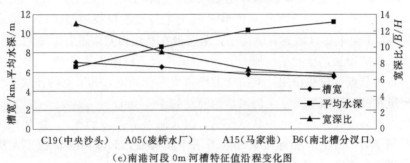

(e)南港河段 0m 河槽特征值沿程变化图

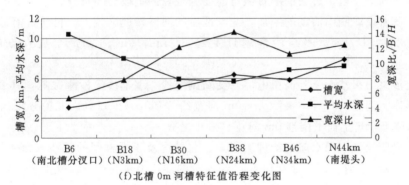

(f)北槽 0m 河槽特征值沿程变化图

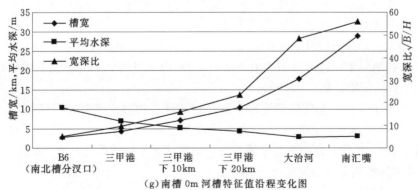

(g)南槽 0m 河槽特征值沿程变化图

图 2.4-1（二）　长江口各河段 0m 平滩河宽沿程变化

澄通河段进口—江阴鹅鼻嘴宽约 1.4km，向下游河宽逐渐展宽，至福姜沙汊道分汊点附近河宽增大至 4.4km，福姜沙河段宽度最大处位于其鹅头形弯道顶部附近，约 8.3km；福姜沙汊道左右汊汇合后向右弯曲进入如皋沙群汊道段，汇合处护漕港一带河宽约 7.0km。如皋沙群汊道段太字圩港一带河宽为 6.4km 左右，最宽处在一干河附近，河宽达到 10.5km，随后河宽逐渐缩窄，至通州沙汊道进口西界港附近河宽缩窄至 5.5km 左右。进入通州沙汊道后河宽又逐渐增加，至长沙河闸一带河宽增至 10.9km 左右，最宽处位于望虞河口附近，河宽达到 13.1km，随着河道左转进入徐六泾节点段，河宽逐渐缩窄，至新通常汽渡附近河宽缩减为 5.9km。

徐六泾节点段为人工缩窄河段，北岸新通海沙整治工程实施后，河宽进一步缩窄，最窄处约为 4.7km，位于团结闸上游约 400m 处，团结闸以下有所展宽，白茆河口附近增至 6.7km。白茆河以下河道又逐渐增宽，至崇明岛头部河宽增大至 10.6km；由于南岸近期实施了边滩圈围工程，自新泾河上游 2.9km 至七丫口江段岸线调整，该段岸线平均外推 1.0km，崇头以下至七丫口河宽有所减小，最窄处在新建河闸附近，河宽约 7.9km，新建河以下河宽又逐渐增加，至七丫口河宽达 9.7km。七丫口附近因北侧扁担沙沙体高且宽阔而具备一定的节点性质和作用，但由于北侧边界未能固定，其节点的作用非常有限。七丫口以下河道宽度又逐渐增大，至浏河口河宽达到 14.6km。

北港是崇明岛与长兴岛及横沙岛之间的二级入海通道。20 世纪 90 年代以来，随着社会经济的不断发展，对土地和港口岸线的需求不断增加，北港两岸实施了大量的圈围工程。北港的平面形态已由过去的顺直微弯演变为现在的上段为缩窄段，中、下段为展宽段的哑铃形。随着岸滩圈围活动的增加，北港两岸的河漫滩逐渐减少。目前，河道入口中央沙头 0m 河宽约 6.7km，团结沙港附近宽约 6.9km，0m 河宽最窄处在堡镇港附近约 4.0km。

南港上段（中央沙头—外高桥电厂）受新浏河沙、瑞丰沙等沙滩影响，其 0m 以下河槽呈复式形态。南港上口（中央沙头）0m 河宽约 7.0km，下口（南北槽分汊口）0m 河宽约 6.6km。总体上，自上而下南港 0m 河宽呈减小之势。

北槽是介于长江口深水航道治理工程南、北导堤及丁坝群间的长江入海主河槽之一。在北导堤 N24km 上游，南、北坝田存在着大量的浅于 0m 的边滩。从北槽 0m 河宽平面形态看，自上而下呈逐渐放宽之势。目前，进口（南北槽分汊口）0m 河宽约 3.1km，弯段宽约 5.2km，出口（南堤头）宽约 7.8km。

南槽河槽宽浅，河槽内分布有江亚南沙、九段沙及南汇边滩，0m 河槽平面形态呈向东海方向扩张的喇叭形，进口（南北槽分汊口）0m 河槽宽约 2.8km，浦东机场附近宽约 7.2km，出口（南汇嘴）宽约 28.9km。

北支河段水深较浅，主流偏靠北岸，河段内心滩、边滩（尤其是崇明边滩）发育旺盛。总体上，河段内 0m 河槽宽度自上而下呈增大之势。目前，0m 河宽最窄处为 540m，位于青龙港下游约 2.7km 处的过江电缆位置；最宽连兴港断面处达到 9.2km。

2.4.2.2 基本河槽宽度沿程变化（-5m）

长江口各河段基本河槽宽度沿程变化见图 2.4-2。

澄通河段单一河道或主汊的 -5m 基本河槽宽度总体呈自上而下逐渐展宽，最窄处位于鹅鼻嘴附近，宽度为 1.2km 左右，最宽处在新开港及新通常汽渡一带，宽度分别为 5.9km 和 6.1km。在节点位置基本河槽宽度明显缩窄，比如：鹅鼻嘴节点、九龙港准节点、龙爪岩准节点等，−5m 基本河槽宽度均较窄，一般都小于 2km，节点对水流及河势控制作用明显。除狼山沙西水道外，支汊−5m 基本河槽宽度一般均小于 1km，且沿程变化幅度不大。

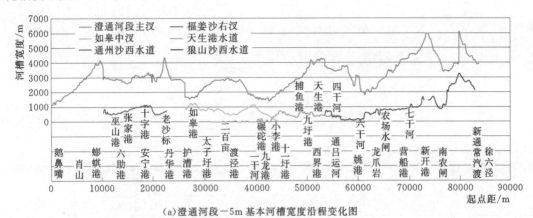

(a)澄通河段−5m 基本河槽宽度沿程变化图

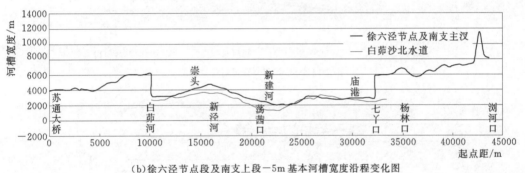

(b)徐六泾节点段及南支上段−5m 基本河槽宽度沿程变化图

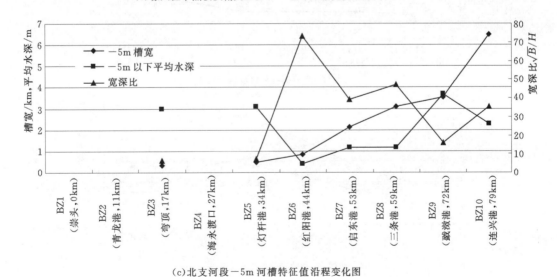

(c)北支河段−5m 河槽特征值沿程变化图

图 2.4-2（一）　长江口各河段基本河槽宽度沿程变化

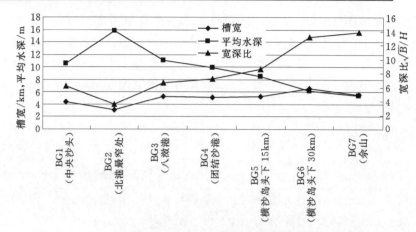

(d)北港河段 5m 河槽特征值沿程变化图

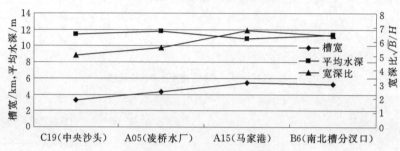

(e)南港河段 5m 河槽特征值沿程变化图

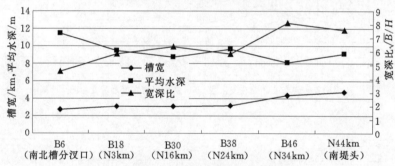

(f)北槽 5m 河槽特征值沿程变化图

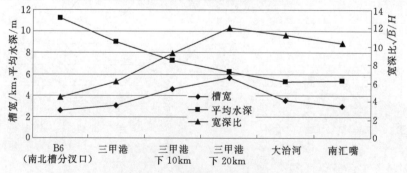

(g)南槽 5m 河槽特征值沿程变化图

图 2.4-2（二）　长江口各河段基本河槽宽度沿程变化

徐六泾节点段及南支河段河道形态沿程变化相对较小,其−5m 基本河槽宽度沿程变化亦相应较小,除白茆沙南、北水道外,基本河槽宽度一般介于 4~6km 之间,最窄处在荡茜口和崇明新建河口一带,宽约 2km,最宽处位于浏河口附近,宽达 11.5km,基本河槽呈自上而下放宽态势。

北支水深较浅,灯杆港以上长约 33km 河段−5m 槽未贯通。灯杆港以下河段−5m 槽宽呈迅速扩大之势。

北港、南港、北槽三河段 5m 槽总体上自上而下呈增大之势。南槽 5m 槽在大治河附近不连续,大治河以上 5m 槽偏南,大治河以下 5m 槽偏北。近期南槽 5m 槽呈中间宽,上下游窄的态势。

2.4.3 水深沿程变化

2.4.3.1 平滩水深沿程变化 (0m)

长江口各河段平滩水深沿程变化见图 2.4−3 及图 2.4−1。

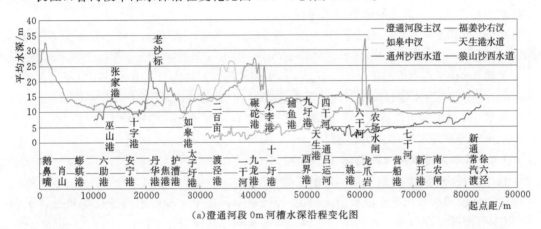

(a)澄通河段 0m 河槽水深沿程变化图

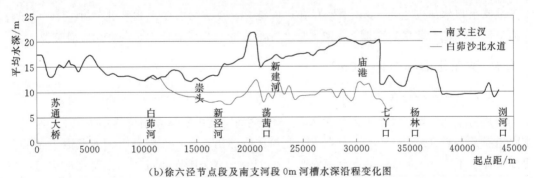

(b)徐六泾节点段及南支河段 0m 河槽水深沿程变化图

图 2.4−3 长江口各河道 0m 河槽水深沿程变化

随着河道宽度的逐渐放宽,澄通河段自上而下 0m 以下水深总体呈减小趋势,但节点位置由于河槽窄深,断面形态单一,其 0m 以下平均水深明显大于其他部位。最深处位于鹅鼻嘴、九龙港和龙爪岩等节点位置附近,平均深度达到 30m 以上,其余主流区平均水深一般在 10~15m 之间;天生港水道和通州沙西水道水深较小,深度一般在 5m 左右或以下；福姜沙右汊和如皋中汊在支汊中河道尺度相对较大，其最大平均水深可达 25m 以上，分别位于老沙标和如皋中汊中段一带。

随着河道宽度的变化，徐六泾节点段和南支河段 0m 以下水深也呈现明显变化。苏通大桥下游侧至新泾河江段，水深总体呈减小趋势，该段河道水深在 12～17m 之间，最深处位于苏通大桥下游 3.5km 附近，平均深度达到 17.2m，崇头附近最浅，平均水深为 12.7m；自崇头至七丫口，河道水深总体呈增大态势，最深处位于荡茜口上游 1km 附近，其 0m 以下平均水深达到 21.5m，至荡茜口减小为 14.9m，荡茜口至七丫口水深又逐渐加大，七丫口以下河道宽度增加，0m 以下河槽深度明显减小，最浅处平均水深小于 10m，位于杨林口下游 3km 至浏河口一段。白茆沙北水道水深明显小于主汊——白茆沙南水道。

北支河段 0m 槽平均水深自上而下呈递增之势，上口崇头平均水深在 2.5m 左右，弯顶在 2.7m 左右，启东港在 5.4m 左右，入海口连兴港在 5.9m 左右。

北港自中央沙头至佘山外，0m 槽平均水深在 3.9～12.3m 之间变化。进口中央沙头平均水深为 6.7m，河宽最窄处的堡镇港附近平均水深最深达到 12.3m，越往下游受拦门沙影响水深越浅，至佘山附近平均水深仅为 3.9m。

南港 0m 槽平均水深，自上游中央沙头至南北槽分汊口呈增大之势，变幅介于 6.5～11.2m 之间。

北槽 0m 槽平均水深总体呈上、下游深而中间浅的状态。进口南北槽分汊口平均水深为 10.4m；中间拐弯段水深较浅，平均水深不足 5m，出口 N44km 处平均水深为 7.2m。

南槽 0m 槽平均水深自上而下呈减小之势，进口南北槽分汊口平均水深为 10.4m，出口南汇嘴附近平均水深在 3.0m 左右。

2.4.3.2 基本河槽水深沿程变化（−5m）

长江口各河段基本河槽平均水深沿程变化见图 2.4−4 及图 2.4−2。

澄通河段和徐六泾节点段及南支河段 −5m 基本河槽平均深度沿程变化趋势总体上和 0m 以下河槽深度沿程变化相类似，即河槽窄处水深，江面阔处水浅。

北支上口水深较浅，−5m 槽不存在；南港 5m 槽平均水深沿程变化较小，在 11.4m 左右波动；北港、北槽、南槽 5m 槽平均水深沿程变化趋势总体上也与 0m 河槽类似。

2.4.4 宽深比沿程变化（0m）

长江口各河段宽深比（$\sqrt{B/H}$）沿程变化见图 2.4−5 及图 2.4−1 和图 2.4−2。

澄通河段 0m 河道宽深比大多在 2.5～5.0 之间，其中鹅鼻嘴附近最小为 1.2，通州沙东水道新开港附近最大为 9.6，节点附近宽深比值都比较小，如鹅鼻嘴、九龙港、龙爪岩等断面都小于 2.0，龙爪岩以下至南农闸下游 1km，宽深比逐渐增大，且变化不均匀，特别是龙爪岩至其下游 1.5km 范围内宽深比值变化起伏较大，表明该段河床断面形态较为复杂。福姜沙右汊宽深比值在 0.9～4.7 之间，平均为 2.78，如皋中汊宽深比值在 0.9～5.5 之间，平均为 2.56；天生港水道和通州沙西水道宽深比沿程变化起伏较大。

徐六泾节点段及南支河段宽深比值在 2.5～13.3 之间，其中荡茜口上游侧附近最小为 2.5，浏河口附近最大为 13.3，其中徐六泾至七丫口河道宽深比值大多小于 5.0，七丫口以下河道宽深比值都大于 5.0，其中徐六泾至白茆河口平均宽深比为 5.1，白茆河口至七

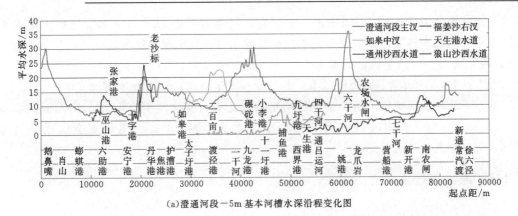

(a)澄通河段 −5m 基本河槽水深沿程变化图

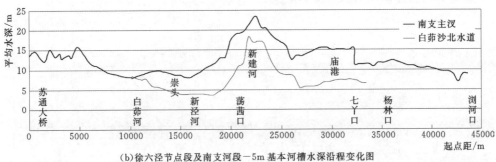

(b)徐六泾节点段及南支河段 −5m 基本河槽水深沿程变化图

图 2.4−4　长江口各河段 −5m 基本河槽水深沿程变化

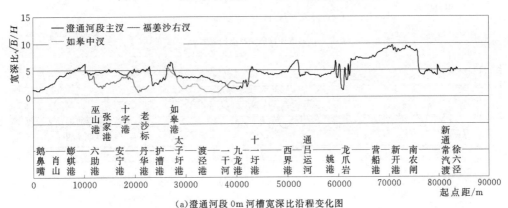

(a)澄通河段 0m 河槽宽深比沿程变化图

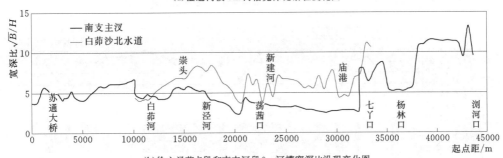

(b)徐六泾节点段和南支河段 0m 河槽宽深比沿程变化图

图 2.4−5　长江口各河段宽深比沿程变化

丫口平均宽深比为 3.8；由于河道进一步展宽，杨林口下游 2km 以下宽深比值大都大于 10.0。白茆沙北水道宽深比值明显大于白茆沙南水道，且沿程起伏变化较大，其最小值为 3.8，最大值为 11.1，平均值为 6.8。

北支崇头至启东港宽深比逐渐减小，由 17.9 减小至 7.1，至连兴港宽深比又增大为 16.2。

北港、北槽、南槽自上而下宽深比均呈增大之势，变化范围分别为 5.1～19.2、5.3～14.1、5.1～56.0；南港自上而下宽深比呈减小之势，上口中央沙头宽深比最大为 12.9，下口南北槽分汊口最小为 6.6。

2.4.5　深泓纵剖面

长江口各河段深泓纵剖面见图 2.4-6。

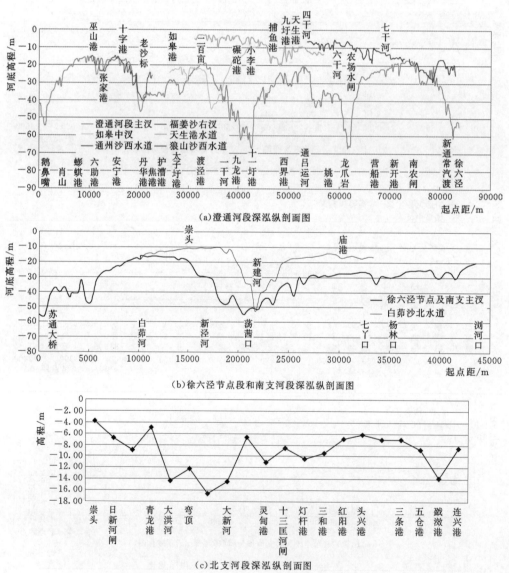

(a) 澄通河段深泓纵剖面图

(b) 徐六泾节点段和南支河段深泓纵剖面图

(c) 北支河段深泓纵剖面图

图 2.4-6（一）　长江口各河段深泓纵剖面图

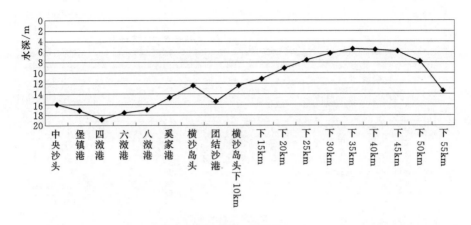

(d)北港河段深泓纵剖面图

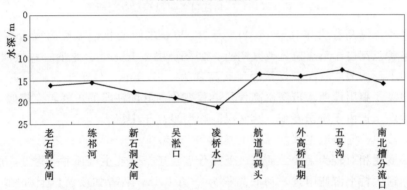

(e)南港河段深泓纵剖面图

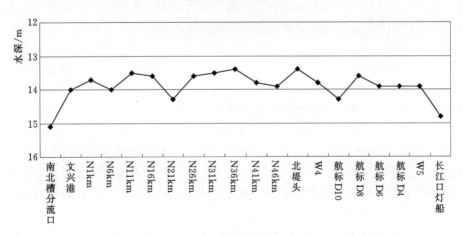

(f)北槽深泓纵剖面图

图 2.4-6（二）　长江口各河段深泓纵剖面图

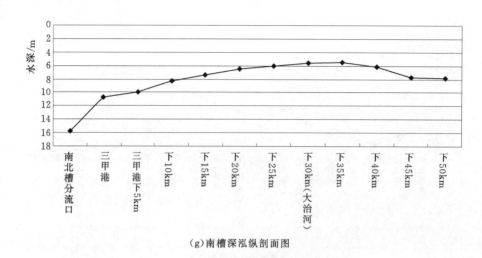

(g)南槽深泓纵剖面图

图 2.4-6（三） 长江口各河段深泓纵剖面图

澄通河段深泓高程大多在−15.00～−40.00m 之间变化，深泓高程沿程起伏较大。河床极低高程点都位于节点位置或其附近，如鹅鼻嘴、九龙港、龙爪岩及徐六泾节点等，在纵剖面图上形成漏斗状深潭，最深河底高程为−67.00m，位于十一圩附近。福姜沙右汊、如皋中汊及狼山沙西水道深泓高程及沿程变化与其同江段的主汊较为相似，天生港水道及通州沙西水道由于淤积萎缩，其深泓高程明显高于主汊。

南支河段单一河道或主汊深泓高程大多在−15.00～−35.00m 之间变化，且深泓高程沿程起伏变化相对较为平缓。河床极低高程点位于节点或主流顶冲点附近，前者如徐六泾节点段苏通大桥上游侧附近，河底高程为−56.00m，后者如荡茜口上游侧，河底高程为−55.00m；最浅处位于白茆河口附近，河底高程为−16.00m，由于白茆河～崇头段断面宽阔，江中无阴沙浅滩，多股水流并行，水流动力分散，导致该段深泓高程明显高于其他位置。白茆沙北水道除新建河附近深泓高程较低外，其他位置深泓高程均明显高于白茆沙南水道。

北支沿程深泓高程在−3.80～−16.60m 之间变化，其中最浅处位于上口崇头附近，最深处位于主流顶冲区段的大洪河—大新河之间。

由北港、南港、北槽、南槽深泓纵剖面图可见，在长江口水域，受人类活动影响较小的入海水道，均存在较长的拦门沙段，如北港横沙岛头下 30km 处至佘山（横沙岛头下45km）以及南槽三甲港下 25km 处至三甲港下 40km 处均存在长约 15km、水深在 6m 左右的拦门沙段；北港深泓水深介于 5.5～19.0m 之间，且自上而下深泓水深呈减小之势，其中最深处位于堡镇港—四滧港段附近；南港深泓水深介于 12.7～21.4m 之间，沿程变幅在 8.7m 左右，最深处位于凌桥水厂附近，最浅处位于五号沟附近；受长江口深水航道整治工程影响，北槽深泓水深沿程变幅较小，在文兴港至 W5 段长约 70km 的范围内，深泓水深在 13.8m 附近上下小幅波动；与北港类似，南槽深泓水深自上而下也呈减小之势，其变化范围为 5.6～15.9m，最浅处在大治河附近。

2.5　来水来沙特征

长江口水域广阔，是一个陆海双向来沙，径、潮流共同作用的潮汐河口，水流动力因素复杂。径流量及潮流量均很大，潮汐作用较强，同时季节性风浪的作用也较为强烈，水体含沙量及盐度的时空分布也十分复杂。本节主要阐述长江口来水来沙方面的特性。

2.5.1　径流

大通站是长江干流最后一个径流控制站，距长江口约 624km，集水面积 170.5 万 km²。大通站以下较大的入江支流北岸主要有裕溪河、滁河、淮河等，南岸主要有青弋江、水阳江、秦淮河以及以黄浦江为主的太湖水系等，大通以下集水面积仅占大通以上集水面积的 5%，入汇流量约占长江总流量的 3%～5%，故大通站的径流情况可以代表进入长江口的径流。

据 1950—2010 年资料统计，大通站多年平均流量为 28400m³/s。由图 2.5-1 与表 2.5-1 可知，大通站径流年内分配不均匀，5—10 月水量占全年的 70.8%，最大洪峰流量为 92600m³/s（1954 年 8 月 1 日），最小流量 4620m³/s（1979 年 1 月 31 日），平均洪季流量为 39600m³/s，平均枯季流量为 16400m³/s。4 月和 11 月为中水期。

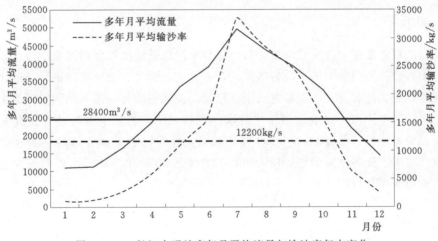

图 2.5-1　长江大通站多年月平均流量与输沙率年内变化

表 2.5-1　　　　　　　　　大通水文站多年月平均流量年内分配表

月　　份	1	2	3	4	5	6
流量/(m³/s)	11116	11962	16364	23914	33440	40077
径流量/亿 m³	297.7	291.5	438.3	619.9	895.6	1038.8
分配比/%	3.32	3.25	4.89	6.92	9.99	11.59
月　　份	7	8	9	10	11	12
流量/(m³/s)	49730	43848	40055	32463	22662	14192
径流量/亿 m³	1332.0	1174.4	1038.2	869.5	587.4	380.1
分配比/%	14.86	13.10	11.58	9.70	6.55	4.24

由图 2.5 - 3 可知，大通站径流年际变化较小，多年平均径流量 8965 亿 m³，历年最大年径流量为 1954 年的 13590 亿 m³，历年最小为 1978 年的 6760 亿 m³。7 月径流量最大为 1332.0 亿 m³，占年径流总量的 14.86%；2 月径流量最小为 291.5 亿 m³，仅占年径流总量的 3.25%。

2003 年 6 月三峡工程运行后，对大通站径流量的年内分配起到蓄洪补枯作用。由图 2.5 - 2 可见，大通站洪季的 7—10 月月平均分配比下降，其中，7 月分配比由蓄水前（1985—2002 年）的 15.9% 下降到蓄水后的 14.2%，降低了 1.7%；枯季的 2—4 月平均分配比上升，其中，3 月上升了 0.75%，径流量的年内分配呈坦化现象。

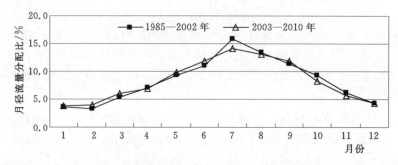

图 2.5 - 2　三峡蓄水前后大通站径流量年内分配比变化

2.5.2　泥沙

长江口的泥沙来源包括流域来沙、口外海域来沙以及滨海沙洲的风浪掀沙，其中口外海域来沙来自口外及内陆架沉积泥沙随潮流进入北支、北港、北槽和南槽，通过北支河段上溯的泥沙部分又经北支上口倒灌进入南支河段。长江三峡等一系列水利工程的实施对长江口流域来沙产生了重大影响，多年实测水沙资料表明，长江干流各站年径流量相对稳定，变化趋势不明显，但自 20 世纪 90 年代以来，寸滩以下干流各站的年输沙量有所减少，自宜昌以下干流各站减少趋势较为明显，尤其是 2003 年三峡蓄水以后减少更巨。大通站年输沙总量变化过程见图 2.5 - 3。

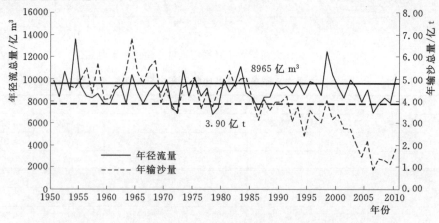

图 2.5 - 3　长江大通站年径流总量与输沙总量变化过程线

根据大通站 1950—2010 年实测资料统计，多年平均年含沙量 0.437kg/m³，多年平均年输沙量 3.9 亿 t。历年最大年平均含沙量为 0.697kg/m³（1963 年），最小年平均含沙量为 0.123kg/m³（2006 年）；历年最大含沙量为 3.24kg/m³（1959 年 8 月 6 日），历年最小含沙量为 0.016kg/m³（1999 年 3 月 3 日）。年最大输沙量 6.78 亿 t（1964 年），年最小输沙量 0.848 亿 t（2006 年）。

由于长江的输沙量与降水和径流有直接关系，输沙量的年际年内变化特性与径流的变化特性相应。大通站多年月平均输沙率及含沙量见表 2.5-2 及图 2.5-1，可见，大通站流量与输沙量在水文年内的变化过程基本同步，且沙量的年内分配比水量更集中。

表 2.5-2　　　　　　　　大通水文站多年月平均输沙率年内分配表

月　份	1	2	3	4	5	6
输沙率/(kg/s)	1101	1169	2434	5564	10982	15596
输沙量/万 t	294.9	279.2	651.9	1430.4	2941.3	4006.2
分配比/%	0.76	0.72	1.68	3.68	7.57	10.32
月　份	7	8	9	10	11	12
输沙率/(kg/s)	33638	28136	24829	15145	6321	2377
输沙量/万 t	9009.7	7536.0	6369.6	4056.4	1626.2	636.6
分配比/%	23.20	19.40	16.40	10.44	4.19	1.64

注　输沙率根据 1951 年、1953—2010 年共 59 年资料统计。

20 世纪 90 年代以来，在水土保持、植被固沙和大坝拦沙等影响下，长江上、中游沙量减少，长江下游大通水文站 20 世纪 50～80 年代平均年输沙量为 4.68 亿 t/a，而 90 年代年均值为 3.52 亿 t/a，减少了约 25%。2003 年后，三峡工程蓄水对长江中、下游含沙量与输沙率变化的影响巨大，由表 2.5-3 可知[16]，与蓄水前相比，大通站多年平均输沙量减少了 64.4%，为 1.52 亿 t，多年平均含沙量降至 0.181kg/m³，仅为蓄水前的 2/5。流域来水来沙的变化，对长江口地区的综合影响是一个长期的、复杂的、递进的过程，对长江河口区含沙量的影响将在今后数年甚至数十年内逐渐体现。鉴于工程影响的不可逆转性，以及上游还将建设一定数量的水库，因此，长江口流域来沙减少的趋势将会持续。

表 2.5-3　　　长江干流部分控制站三峡水库蓄水运用前、后泥沙年平均值比较

控制水文站		宜　昌	沙　市	汉　口	大　通
多年平均年输沙量/亿 t	蓄水前	4.95（1950—2002 年）	4.34（1956—2002 年）	3.98（1954—2002 年）	4.27（1951—2002 年）
	蓄水后	0.54（2003—2010 年）	0.77（2003—2010 年）	1.18（2003—2010 年）	1.52（2003—2010 年）
多年平均含沙量/(kg/m³)	蓄水前	1.13（1950—2002 年）	1.10（1956—2002 年）	0.558（1954—2002 年）	0.474（1951—2002 年）
	蓄水后	0.136（2003—2010 年）	0.205（2003—2010 年）	0.175（2003—2010 年）	0.181（2003—2010 年）

长江径流输沙多以悬移质为主，推移质所占比例极小。进入河口段的泥沙受到径流、

潮流、盐淡水混合以及电化学作用，呈现极为复杂的输移和沉积过程，入海泥沙的迁移扩散还受口外风浪场的变化及沿岸流的影响。据估算，长江口泥沙来量的 60% 主要淤积在东经 123°以西的水下三角洲地带，20%～25% 的泥沙沿南汇边滩向南淤积在杭州湾，并随东海沿岸流向南输移沉积，15%～20% 的泥沙向北越过崇明浅滩淤积在北支口外，少量随苏北沿岸流向北输移沉积。

2.6　咸潮特性

2.6.1　咸潮影响概况

长江口咸潮是因潮汐活动引起的、长期存在的自然现象，一般发生在长江的枯水年和枯水期（11 月至次年 4 月），1—3 月含氯度超过 250mg/L 的天数较多。

长江口咸潮上溯给长江口水源地及两岸的工农业生产和人民生活带来严重影响。据记载[2]，1979 年初，咸潮上溯曾波及常熟市的望虞河口，徐六泾以下江段遭受咸潮侵袭时间长达 5 个月之久，北港堡镇和南港高桥两站含氯度超标天数分别达 170d 和 146d。1987 年枯季，大通实测流量 7040m³/s（2 月 25 日），受北支盐水倒灌影响，宝钢水域的含氯度连续 13d 大于 250mg/L。1996 年枯季，大通实测流量 7990m³/s（3 月 1 日），北支口门的崇头站测得含氯度达 8400mg/L，宝钢水域的含氯度连续 8d 大于 250mg/L。1999 年枯季，大通实测流量 8450m³/s（2 月 25 日），崇头站测得含氯度达 11400mg/L，宝钢水域的含氯度连续 25d 大于 250mg/L。

2.6.2　咸潮上溯途径

长江口的 4 条入海通道构成咸潮上溯的通道。北支含氯度居 4 条入海通道之首，南支咸潮影响程度较北支轻。

北支咸潮上溯界枯季一般可达北支上段，洪季一般可达北支中段；南支咸潮上溯界枯季一般可达南北港中段，洪季一般在拦门沙附近。在特大洪水与小潮组合下，南支拦门沙以内可全为淡水占据。

在特定枯水与大潮组合下，北支咸潮上溯可达南北支分流口并倒灌南支。统计资料[17]显示，北支咸潮倒灌进入南支的条件为：大通站流量低于 25000m/s，青龙港潮差大于 2.0m。咸潮倒灌影响范围主要在杨林至宝钢河段，且影响在大潮汛过后 1～2d 内出现，影响程度取决于南支落潮水流的走向，以及北支与南支的潮位差。

南支河段主要受 3 个咸潮源的影响，即外海盐水经南、北港直接进入和北支向南支倒灌。在 3 个咸潮源的共同作用下，南支河段在石洞口—浏河口一带存在一个高含氯度带。

2.6.3　长江口盐度时空变化规律

盐度随时间的变化规律为：①盐度日变化过程与潮位过程基本相似，在一天中出现两高两低，具有明显的日不等现象。②日平均盐度在半月中也有一次高值和一次低值。③盐度和径流一样呈季节变化。如口门处的引水船站月平均盐度与大通站月平均流量有良好的负相关，一般是 2 月最高、7 月最低，6—10 月为低盐期，12 月至翌年 4 月为高盐期。④丰水年盐度低，枯水年盐度高。

盐度随空间的变化规律为：①长江口盐度一般是由上游向下游逐渐递增，过口门后急剧增加。②各汊道相近断面盐度的高低主要受径流分配的影响。径流分流量大，盐度就低，反之则高。在复式河槽中，同一断面上涨潮槽的盐度比落潮槽高。在同一河槽中，始涨时岸边盐度比中泓高，一般北岸盐度比南岸高。涨急和涨憩时中泓盐度比岸边高，落急时又是岸边比中泓高。③盐淡水混合在垂向上有强混合型、缓混合型和弱混合型 3 种类型。同一测站的混合强度大潮期比小潮期强，径流量小时比径流量大时强。

长江口咸潮上溯主要受河口形态、潮差和上游径流量等因素的影响。其中潮差和上游径流量是影响的主要因素，大通站枯水期流量在 $10000\text{m}^3/\text{s}$ 以下时，长江口各站的氯化物浓度都普遍升高。当大通站枯水期流量在 $15000\text{m}^3/\text{s}$ 以上时，吴淞口、高桥基本可免遭咸潮侵袭，其余各站盐度也大幅度下降。

长江口北支枯季大潮期高潮位高于南支，低潮位低于南支。北支高含盐度的涨潮流随潮进入南支，而含盐度低的南支水流在低潮位时进入北支，南、北支水流的交换，导致崇头盐度大幅度的变化，并影响南支河段的水质。

根据实测资料分析，北支咸潮倒灌南支的主要特点为：①南支凌桥、堡镇上游水域的氯化物浓度主要受北支倒灌的盐水团影响。②南支新建、南门和陈行水库以及北港六滧和南港马家港氯化物浓度峰值分别出现在大潮期、中潮期、小潮期。南支氯化物浓度峰值迁移过程表明北支咸潮倒灌是南支水域咸潮上溯的主要来源。

主 要 参 考 文 献

[1] 陈吉余，沈焕庭，恽才兴，等. 长江河口动力过程和地貌演变 [M]. 上海：上海科学技术出版社，1988.
[2] 恽才兴. 图说长江口演变 [M]. 北京：海洋出版社，2010.
[3] 严恺. 中国海岸工程 [M]. 南京：河海大学出版社，1992：288-295.
[4] 长江水利委员会. 长江口综合整治开发规划要点报告（2004 年修订）[R]. 2005.
[5] 黄胜. 长江河口演变特征 [J]. 泥沙研究，1986 (4)：1-12.
[6] 陈沈良，胡方西，胡辉，等. 长江口区河海划界自然条件及方案探讨 [J]. 海洋学研究，2009，27（增刊），1-9.
[7] 恽才兴. 长江河口近期演变规律 [M]. 北京：海洋出版社，2004.
[8] 沈焕庭，茅志昌，谷国传，等. 长江河口盐水入侵的初步研究——兼谈南水北调 [J]. 人民长江，1980 (3)：20-26.
[9] 韩乃斌. 长江口南支河段氯度变化分析 [J]. 水利水运科学研究，1983 (1)：74-81.
[10] 徐建益，袁建忠. 长江口南支河段盐水入侵规律的研究 [J]. 水文，1994，83 (5)：1-6.
[11] 茅志昌，沈焕庭，姚运达. 长江口南支南岸水域盐水入侵来源分析 [J]. 海洋通报，1993，12 (3)：17-25.
[12] 吴辉，朱建荣. 长江河口北支倒灌盐水输送机制分析 [J]. 海洋学报，2007，29 (1)：17-25.
[13] 沈焕庭，茅志昌，顾玉亮. 东线南水北调工程对长江口咸水入侵影响及对策 [J]. 长江流域资源与环境，2002，11 (2)：150-154.
[14] 朱慧峰，吴今明，邵志刚. 上海市长江口水源地盐水入侵影响及对策研究 [J]. 水利经济，2004，22 (5)：48-49.

[15]　戴志军，李为华，李九发，等．特枯水文年长江河口汛期盐水入侵观测分析 [J]．水科学进展，2008，119（16）：835－840．

[16]　水利部长江水利委员会．长江泥沙公报（2010）[M]．武汉：长江出版社，2011．

[17]　关许为，顾伟浩．长江口咸水入侵问题的探讨 [J]．人民长江，1991，22（10）：51－54．

第3章 长江口水流泥沙运动特点

长江河口是丰水、多沙、中等潮汐强度，有规律分汊的三角洲河口，径流、潮流是影响长江口发育的两大动力因素，径流和潮流两股动力在时间、空间范围内的复杂变化及相互消长，是导致长江口演变复杂的主要原因。

3.1 流量与潮量

徐六泾水文站是长江干流距入海口门最近的综合性水文站，2005年起开展潮流量自动观测并取得了整编成果。本节主要根据徐六泾断面2005—2010年潮流量资料和2010年的输沙量的短期资料来分析长江口河段水、沙特征，并与大通站进行比较。

3.1.1 大通站径流量与徐六泾站涨、落潮潮量

徐六泾站历年统计资料表明：年平均净泄量为8524亿 m³，年平均涨潮量为4043亿 m³，年平均落潮量为12567亿 m³，年平均落潮量是涨潮量的3.1倍，净泄量比同期大通站年平均径流量大2.4%，即徐六泾断面过境水量的97.6%来自大通站的径流量，表明大通站的来水量基本能代表长江河口入海水量（图3.1-1）。

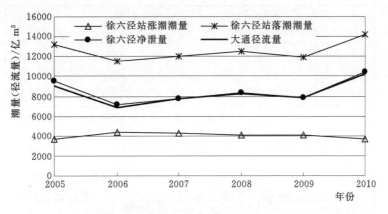

图3.1-1 徐六泾站年涨、落潮量与大通站年径
流量变化过程（2005—2010年）

徐六泾站的净泄量年内分配不均匀（图3.1-2），洪季5—10月的净泄量占全年的67.8%（其中7—9月占全年的39.7%），枯季11月至次年4月的净泄量占全年的32.2%。7月为输水高峰季节，其净泄量占全年13.9%，1月为输水最小月份，占全年的3.96%，净泄量年内分配比与大通站基本一致。

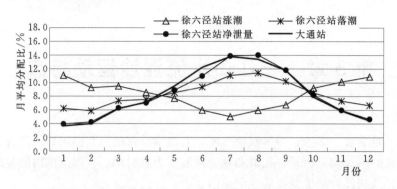

图 3.1-2　徐六泾站与大通站月均年内分配比（2005—2010 年）

3.1.2　大通站月平均流量与徐六泾站涨、落潮流量

徐六泾站涨、落潮流量变化过程（图 3.1-3）与前述的涨、落潮潮量年内变化相似，洪季（5—10 月），上游来水量较大，落潮与涨潮流量之比值亦大，平均为 1.5 倍，而枯季（11 月至次年 4 月），上游来水量减小，落潮与涨潮流量之比值降为 1.1 倍，见表 3.1-1。

根据现有资料统计，徐六泾站多年平均涨潮流量为 43000m³/s，多年平均落潮流量为 55700m³/s。最大落潮流量为 124000m³/s（2005 年 9 月 6 日 8：00），最大涨潮流量为 153000m³/s（2006 年 10 月 9 日 14：00）。

表 3.1-1　　　　　　　　　徐六泾站涨、落潮月平均流量统计表　　　　　　　　单位：m³/s

潮别 \ 月份	1	2	3	4	5	6	7	8	9	10	11	12
涨潮	45900	44400	45200	43300	39700	36400	36200	42100	44000	46600	46700	46100
落潮	46500	46400	50400	52500	56200	60700	65100	67700	64400	56600	53200	49000

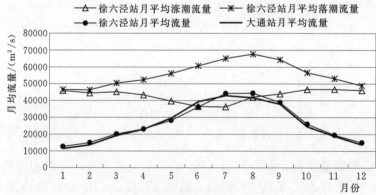

图 3.1-3　徐六泾站月平均涨、落潮流量与大通站月平均
流量变化过程图（2005—2010 年）

3.2　潮流

　　长江口潮流在口内为往复流，出口外拦门沙后逐渐向旋转流过渡，旋转方向多呈顺时针向。由于受径流、地形等因素的影响，潮位和潮流过程存在一定的相位差，一个潮周期过程中有涨潮落潮流、涨潮涨潮流、落潮涨潮流、落潮落潮流 4 个阶段。

　　在长江口，潮流界的位置随天文潮和上游径流的强弱组合而上下变动，径流大、潮差小，潮流界下移；径流小、潮差大，潮流界上推。枯季潮流界可上溯到镇江附近，洪季潮流界则下移至西界港附近。据实测资料统计分析，当大通流量在 $10000\text{m}^3/\text{s}$ 左右时，潮流界在江阴以上，当大通径流在 $40000\text{m}^3/\text{s}$ 左右时，潮流界在如皋沙群一带，大通流量在 $60000\text{m}^3/\text{s}$ 左右时，潮流界将下移到芦泾港—西界港一线附近。

　　除特别说明外，本节澄通河段主要根据 2004 年 8 月（洪季）和 2005 年 1 月（枯季）水文测验资料分析，徐六泾以下河段主要根据 2010 年 8 月（洪季）和 2011 年 2 月（枯季）水文测验资料分析。测流点位见图 3.2－1。

3.2.1　潮流性质

　　一般采用比值 $F=(W_{O1}+W_{K1})/W_{M2}$ 比值来划分潮流性质（F 为潮流性质判据，W_{O1}，W_{K1} 和 W_{M2} 分别为太阴日分潮流，太阴太阳赤纬日分潮流和主太阴半日分潮流的振幅，即椭圆长半轴长度）。当 $F\leqslant0.5$ 时为正规半日潮流，$0.5<F\leqslant2.0$ 时为不正规半日潮流，$2.0<F\leqslant4.0$ 时为不正规日潮流，$F>4.0$ 时为正规日潮流。根据实测资料计算的长江口区各河段 F 值基本小于 0.5（图 3.2－2），澄通、北支、南支、北港、南港、横沙通道、南槽、北槽各河段 F 值的平均值分别为 0.30、0.27、0.35、0.41、0.31、0.33、0.24、0.33，因此，长江口河段潮流可称为正规半日潮流。半日分潮进入本区后，受到岸边反射，振幅增大，而相应的日分潮波振幅较小，而同一断面上水深大的测站 F 值较大，说明水深大，正规半日潮流性质则较弱。

　　由于长江口河段大部分水深不足 20m，甚至小于 10m，浅水分潮效应相当明显，通常以 W_{M4}/W_{M2}（W_{M4} 为倍潮流振幅，W_{M2} 为半日分潮流振幅）来表征。长江口口内各河段，W_{M4}/W_{M2} 比值无论洪、枯季均大于 0.10，澄通、北支、南支、北港、南港、横沙通道、南槽、北槽各河段 W_{M4}/W_{M2} 的平均值分别为 0.35、0.19、0.20、0.17、0.15、0.17、0.30、0.18，自东向西，比值有增大的趋势，说明口内的浅水分潮流成分由下游向上游增强。且水深越浅，摩阻越大，浅水分潮比越大，如通州沙西水道水深小于 10m，浅水分潮比达 0.42。因此，确切地说，长江口内各河段是属于非正规半日潮流，长江口河段一天之中的两个潮的潮差不等，涨潮时间和落潮时间也不等。

3.2.2　潮流运动形式

　　潮流运动形式通常可分为旋转流和往复流，后者是近岸、河口和海湾地区潮流运动的主要形式。鉴于长江口河段半日潮流占支配地位，而半日潮中又以 M_2 分潮流占优势，因此基本上可以用 M_2 分潮流的 K 值（椭圆短轴与长轴之比）来反映长江口地区潮流运动的形式，见图 3.2－3 和图 3.2－4。

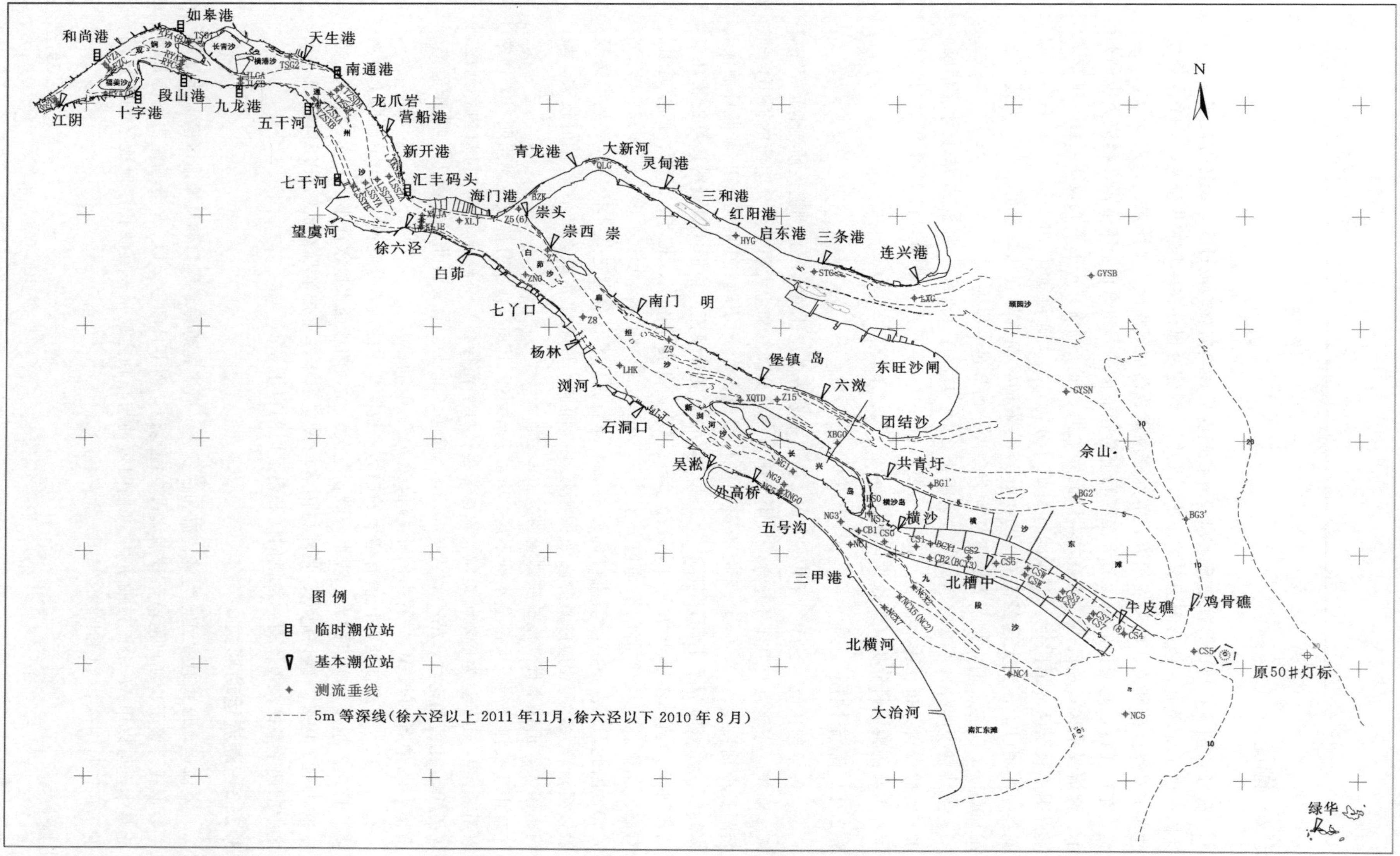

图 3.2-1 长江口潮位站与测流站点位置图

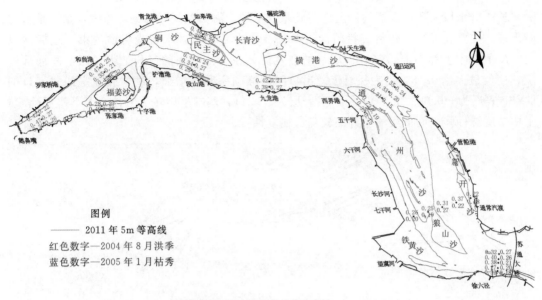

（a）澄通河段潮流性质 F 值分布图

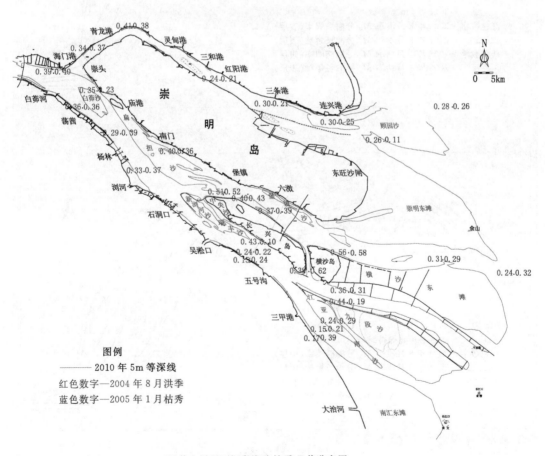

（b）徐六泾以下河段潮流性质 F 值分布图

图 3.2-2　长江口各河段潮流性质 F 值分布

　　长江口水域大致可以拦门沙为界。其东侧水域，海面宽阔，岛屿屏障少，水下地形比较平缓，主要表现为旋转流。拦门沙以西长江口内各河段，水流受河槽约束，在横沙以上，K 值基本上都小于 0.10，呈明显的往复流；在九段沙头的三角地带，因水面局部展宽，K 值最大达 0.18，仍为往复流。出口门后椭圆率明显增加，洪季椭圆率如北支口的 GYSB 表层为 −0.60、北港口的 BG3′ 表层为 −0.41，基本呈旋转流特性。上下水层比较，上中层旋转性强，而下层潮流椭圆较扁，往复性强。

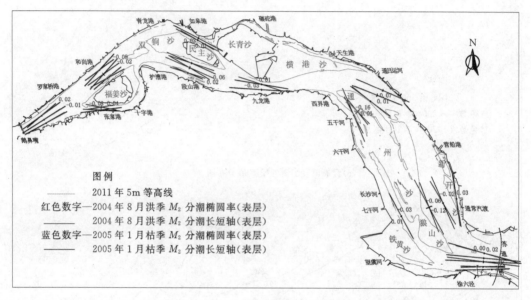

（a）表层

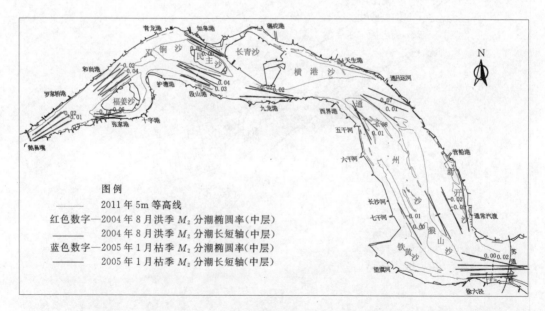

（b）中层

图 3.2-3（一）　澄通河段 M_2 分潮椭圆率和流矢旋转方向分布图

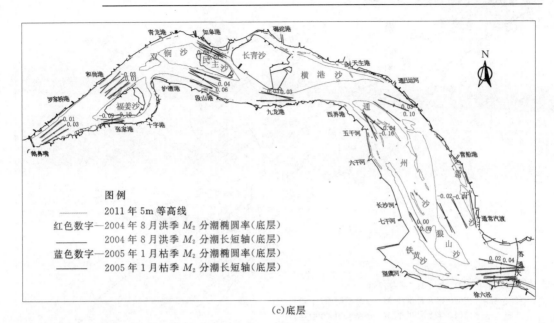

（c）底层

图 3.2-3（二）　澄通河段 M_2 分潮椭圆率和流矢旋转方向分布图

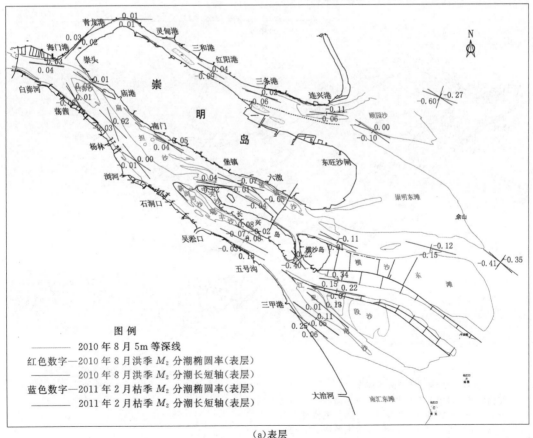

（a）表层

图 3.2-4（一）　徐六泾以下河段 M_2 分潮椭圆率和流矢旋转方向分布图

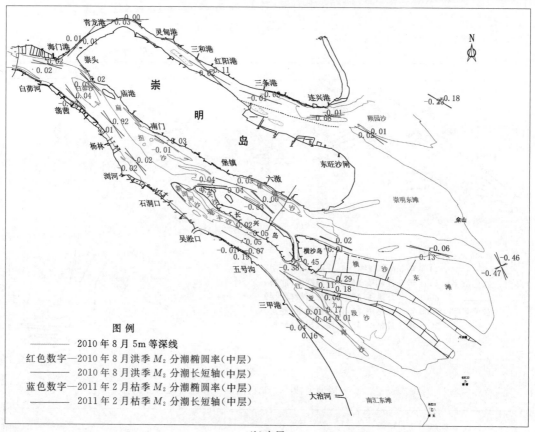

（b）中层

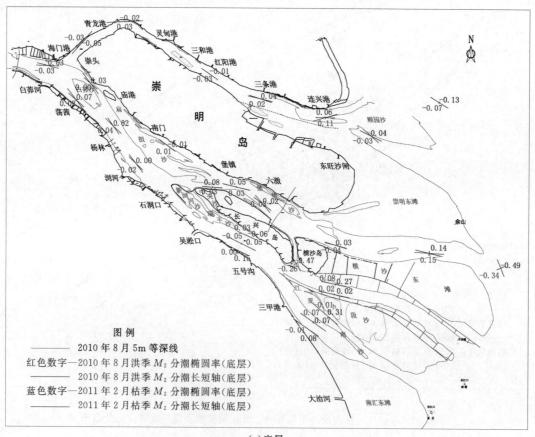

（c）底层

图 3.2-4（二） 徐六泾以下河段 M_2 分潮椭圆率和流矢旋转方向分布图

由于长江口为半日潮流区，故该河段以 M_2 分潮流最强，它基本上可反映出总体潮流的大小和方向。由图 3.2－3 和图 3.2－4 可知，M_2 椭圆长轴方向受边界地形控制，各水域的长轴方向存在变化，主槽 M_2 椭圆长轴方向基本与河槽方向一致；近岸或近沙体处与岸线或沙体的走向一致。洪、枯季相比，M_2 椭圆长轴方向基本一致，但洪季由于受径流影响大，洪、枯季方向有偏差（在 $10°$ 以内）。

往复流在一个潮周期内有两个方向的变化，转流过程为憩流，憩流时间与潮型有关，大潮流速大、转流快，因此憩流时间短；小潮流速小、转流慢，因此憩流时间稍长，因为径流的作用，落转涨比涨转落要长一点，长江口内一般 10min 内即完成涨落转换。往复流输水输沙的方向比较集中，与之相对应，旋转流在一个潮周期内流向不断变化，只有相对小流速阶段，没有憩流阶段，因此水流和泥沙易扩散，沉积结构较往复流复杂。

3.2.3　涨落潮流速和历时

由于实测流速除天体引力所引起的流动外，还包括有径流、风海流、密度流等，因此，实测流与潮流有一定的差异。长江口内存在着分汊，同一汊道内滩槽相间，水下地形复杂，深槽内涨、落潮流路基本一致，而与边滩或潜心滩流路不尽相同，因此，长江口每一河段的每一水域的流场，均有其自身的特点。本节利用实测资料，简述长江口各河段的潮流特性。

3.2.3.1　澄通河段

澄通河段离口门较远，上段处在洪季潮流界移动的范围内，流态较为复杂，潮流作用相对于径流要小。总体看，本河段枯季为双向流；洪季，有时为双向流，有时为单向流，流态的变化，取决于上游径流和天文潮的强弱对比。

2004 年 8 月洪季测验期间大通平均流量为 35000m³/s。大潮时，江阴站最大涨潮潮差为 2.90m，最大落潮潮差为 2.97m，呈现双向流；中潮时，江阴站最大涨潮潮差为 2.19m，最大落潮潮差为 2.12m，高高潮所在时段均呈现双向流，低高潮所在时段九龙港至徐六泾之间有涨潮流，九龙港以上则均为落潮流；小潮时，江阴站最大涨潮潮差为 1.14m，最大落潮潮差为 1.02m，江阴至九龙港河段为单向落潮流，九龙港至徐六泾河段仅在高高潮所在时段出现涨潮流。

2005 年 1 月枯季测验期间大通流量平均为 12000m³/s，上游径流量小，本河段涨潮流历时增长，无论大潮汛还是小潮汛均呈现双向流。

以上两测次流速统计见表 3.2－1、涨落潮历时见表 3.2－2。大潮期实测涨落潮平均流速沿程变化见图 3.2－5。以下以断面潮平均流速来叙述本河段的潮流特征。

表 3.2－1（1）　　　　澄通河段各断面各站点潮平均流速及最大值统计（洪季）　　　　单位：m/s

断面	站点	潮　平　均						垂线平均最大值					
		涨　潮			落　潮			涨　潮			落　潮		
		大潮	中潮	小潮	大潮	中潮	小潮	大潮	中潮	小潮	大潮	中潮	小潮
肖山	XSA	0.22	0.01	—	1.06	0.89	—	0.47	0.030	—	1.51	1.39	1.13
	XSB	0.34	0.00	—	1.05	0.93	—	0.52	0.020	—	1.50	1.42	1.16
	XSC	0.24	0.00	—	1.10	0.96	—	0.54	0.030	—	1.54	1.52	1.27

断面	站点	潮 平 均						垂线平均最大值					
		涨 潮			落 潮			涨 潮			落 潮		
		大潮	中潮	小潮	大潮	中潮	小潮	大潮	中潮	小潮	大潮	中潮	小潮
福姜沙左	FZA	0.33	0.14	—	0.87	0.81	—	0.68	0.32	—	1.32	1.24	1.11
	FZB	0.31	0.12	—	0.91	0.87	—	0.63	0.27	—	1.37	1.31	1.32
	FZC	0.42	0.38	—	0.78	0.75	—	0.78	0.77	—	1.19	1.06	0.94
福姜沙右	FYA	0.38	0.32	—	0.67	0.62	—	0.57	0.63	—	0.88	0.93	0.87
	FYB	0.38	0.11	—	0.90	0.86	—	0.88	0.39	—	1.29	1.36	1.32
如皋中汊	RZA	0.30	0.06	—	1.57	1.36	—	0.57	0.69	—	3.01	2.33	1.83
	RZB	0.29	0.03	—	1.21	1.04	—	0.54	0.08	—	1.99	2.17	0.76
如皋右汊	RYA	0.53	0.30	—	1.16	1.10	—	1.12	0.54	—	1.69	1.56	1.23
	RYB	0.51	0.26	—	1.15	1.04	—	1.01	0.57	—	1.76	1.48	1.27
	RYC	0.60	0.44	0.001	0.64	0.53	0.41	1.28	0.88	0.16	1.19	0.73	0.67
九龙港	JLGA	0.53	0.33	0.012	1.06	1.00	0.76	1.01	0.85	0.030	1.53	1.50	1.09
	JLGB	0.57	0.27	—	1.19	1.12	0.90	1.12	0.56	—	1.58	1.60	1.23
通州沙东	TZSDA	0.48	0.32	0.034	0.90	0.82	0.53	0.82	0.53	0.070	1.22	1.13	0.77
	TZSDB	0.47	0.38	—	0.91	0.86	0.62	0.93	0.64	—	1.25	1.17	0.95
	TZSDC	0.67	0.51	0.061	0.78	0.71	0.49	1.12	0.88	0.11	1.19	0.97	0.70
通州沙西	TZSXA	0.55	0.32	0.065	0.66	0.54	0.40	1.13	0.77	0.11	1.03	0.83	0.65
	TZSXB	0.83	0.54	0.095	0.99	0.77	0.54	1.46	1.00	0.17	1.49	1.08	0.79
新开沙[①]	XKS	0.64	0.58	0.084	1.04	0.91	0.51	1.29	1.08	0.14	1.48	1.19	0.79
狼山沙东	LSSZA	0.62	0.48	0.10	0.93	0.70	0.48	1.23	0.92	0.16	1.33	1.09	0.76
	LSSZB	0.66	0.43	0.11	1.09	1.05	0.63	1.11	0.83	0.22	1.62	1.54	0.97
狼山沙西	LSSYA	0.40	0.22	0.16	0.84	0.79	0.55	0.72	0.42	—	1.29	1.21	0.82
	LSSYB	0.62	0.38	0.17	0.84	0.77	0.43	1.05	0.71	0.43	1.21	1.13	0.72
徐六泾	XLJA	0.86	0.48	0.21	0.91	0.65	0.51	1.67	0.96	0.62	1.20	0.91	0.81
	XLJB	0.91	0.48	0.18	1.27	0.98	0.63	1.66	0.93	0.44	1.79	1.43	1.18
	XLJC	0.67	0.39	0.11	1.29	0.92	0.69	1.58	0.92	0.29	1.79	1.49	1.31
	XLJD	0.42	0.32	0.13	0.79	0.61	0.47	1.23	0.56	0.58	1.09	0.96	0.78
	XLJE	0.66	0.38	0.19	0.88	0.69	0.52	1.26	0.65	0.51	1.12	0.97	0.87

① 指新开沙夹槽，本章同。

表 3.2 - 1(2)　澄通河段各断面各站点潮平均流速及最大值统计（枯季）　单位：m/s

断面	站点	潮 平 均						垂线平均最大值					
		涨 潮			落 潮			涨 潮			落 潮		
		大潮	中潮	小潮	大潮	中潮	小潮	大潮	中潮	小潮	大潮	中潮	小潮
肖山	XSA	0.33	0.37	0.22	0.50	0.57	0.52	0.60	0.68	0.41	0.69	0.76	0.73
	XSB	0.33	0.36	0.17	0.61	0.68	0.63	0.64	0.72	0.33	0.89	0.95	0.91
	XSC	0.29	0.31	0.15	0.61	0.70	0.63	0.55	0.61	0.28	0.90	1.04	0.96
福姜沙左	FZA	0.27	0.31	0.17	0.51	0.59	0.53	0.51	0.58	0.30	0.76	0.85	0.82
	FZB	0.22	0.23	0.15	0.54	0.60	0.55	0.38	0.48	0.29	0.81	0.87	0.84
	FZC	0.38	0.40	0.27	0.35	0.39	0.37	0.69	0.74	0.46	0.48	0.55	0.51

续表

断面	站点	潮 平 均						垂线平均最大值					
		涨 潮			落 潮			涨 潮			落 潮		
		大潮	中潮	小潮	大潮	中潮	小潮	大潮	中潮	小潮	大潮	中潮	小潮
福姜沙右	FYA	0.31	0.36	0.29	0.22	0.26	0.23	0.61	0.63	0.56	0.30	0.38	0.32
	FYB	0.25	0.29	0.16	0.53	0.58	0.51	0.55	0.54	0.33	0.78	0.87	0.78
如皋中汊	RZA	0.28	0.30	0.13	0.71	0.79	0.72	0.52	0.59	0.25	1.11	1.24	1.12
	RZB	0.30	0.35	0.21	0.54	0.64	0.56	0.52	0.65	0.40	0.92	1.04	0.80
如皋右汊	RYA	0.37	0.39	0.21	0.60	0.71	0.65	0.70	0.80	0.41	0.92	1.04	1.03
	RYB	0.39	0.41	0.26	0.52	0.64	0.58	0.67	0.76	0.40	0.84	0.90	0.81
	RYC	0.38	0.41	0.31	0.25	0.28	0.25	0.72	0.81	0.55	0.38	0.41	0.35
九龙港	JLGA	0.47	0.51	0.38	0.54	0.64	0.56	0.86	1.09	0.71	0.74	0.89	0.81
	JLGB	0.51	0.56	0.33	0.71	0.82	0.74	0.92	1.10	0.64	1.06	1.18	1.05
通州沙东	TZSDA	0.49	0.51	0.34	0.57	0.64	0.57	0.91	0.92	0.62	0.82	0.93	0.83
	TZSDB	0.38	0.47	0.32	0.60	0.65	0.59	0.70	0.84	0.52	0.89	0.97	0.87
	TZSDC	0.48	0.54	0.38	0.47	0.54	0.47	0.88	1.06	0.61	0.67	0.71	0.64
通州沙西	TZSXA	0.30	0.32	0.24	0.39	0.44	0.40	0.53	0.59	0.44	0.52	0.52	0.51
	TZSXB	0.46	0.50	0.37	0.44	0.47	0.45	0.79	0.86	0.58	0.60	0.65	0.61
新开沙	XKS	0.49	0.51	0.38	0.56	0.60	0.61	0.91	0.93	0.63	0.73	0.77	0.83
狼山沙东	LSSZA	0.44	0.52	0.32	0.56	0.62	0.56	0.76	0.97	0.55	0.80	0.87	0.80
	LSSZB	0.39	0.44	0.29	0.51	0.60	0.51	0.68	0.70	0.51	0.77	0.83	0.75
狼山沙西	LSSYA	0.28	0.33	0.25	0.38	0.44	0.37	0.51	0.53	0.38	0.60	0.65	0.61
	LSSYB	0.45	0.48	0.37	0.52	0.55	0.50	0.80	0.82	0.59	0.74	0.79	0.71
徐六泾	XLJA	0.83	0.69	0.41	0.77	0.76	0.57	1.47	1.16	0.63	1.01	1.03	0.77
	XLJB	0.84	0.69	0.36	0.78	0.78	0.59	1.75	1.25	0.63	1.09	1.06	0.84
	XLJC	0.69	0.61	0.42	0.88	0.89	0.68	1.26	1.09	0.74	1.29	1.27	1.03
	XLJD	0.40	0.34	0.24	0.55	0.55	0.43	0.82	0.66	0.47	0.80	0.81	0.61
	XLJE	0.52	0.48	0.30	0.57	0.56	0.44	0.93	0.89	0.46	0.77	0.76	0.59

表 3.2－2   澄通河段各断面各站点平均涨落潮历时   单位：h

断面	站点	洪 季						枯 季					
		涨 潮			落 潮			涨 潮			落 潮		
		大潮	中潮	小潮	大潮	中潮	小潮	大潮	中潮	小潮	大潮	中潮	小潮
肖山	XSA	1.88	0.10	—	10.50	11.92	12.42	4.25	3.87	3.27	8.00	8.38	9.20
	XSB	1.32	—	—	12.65	12.42	12.42	4.07	3.68	2.75	8.22	8.58	9.77
	XSC	2.17	0.02	—	10.25	11.97	12.42	3.78	3.47	2.62	8.42	8.77	9.97
福姜沙左	FZA	2.48	1.55	—	10.02	10.83	12.42	4.07	3.87	3.00	8.15	8.47	9.48
	FZB	2.40	1.73	—	10.00	10.58	12.42	3.85	3.37	2.72	8.38	8.97	9.77
	FZC	3.22	2.88	—	8.98	9.17	12.42	4.83	4.52	3.87	7.40	7.82	8.45

续表

断面	站点	洪季						枯季					
		涨潮			落潮			涨潮			落潮		
		大潮	中潮	小潮	大潮	中潮	小潮	大潮	中潮	小潮	大潮	中潮	小潮
福姜沙右	FYA	3.28	2.72	—	8.87	9.58	12.42	5.87	4.78	5.08	6.50	7.62	7.98
	FYB	2.40	0.50	—	10.02	11.72	12.42	3.72	3.72	2.33	8.35	8.70	10.20
如皋中汊	RZA	1.38	0.62	—	12.20	11.67	12.42	3.78	3.45	2.60	8.40	8.77	9.83
	RZB	0.95	0.12	—	12.90	11.90	12.42	3.80	3.77	3.28	8.28	8.55	9.15
如皋右汊	RYA	2.97	2.07	—	9.50	10.18	12.42	4.10	3.97	3.22	8.12	8.27	9.37
	RYB	2.93	1.95	—	9.48	10.17	12.42	4.43	4.07	3.37	7.83	8.20	8.95
	RYC	3.47	3.18	0.13	8.93	9.03	13.37	4.98	4.60	4.22	7.28	7.75	8.13
九龙港	JLGA	2.70	2.70	0.15	9.78	9.70	13.43	4.30	3.87	3.48	7.98	8.38	8.88
	JLGB	2.93	2.23	—	9.50	9.93	12.42	4.38	4.20	3.32	7.87	8.08	8.95
通州沙东	TZSDA	3.20	2.80	0.68	9.02	9.27	12.98	4.73	4.38	3.82	7.53	7.95	8.53
	TZSDB	3.13	2.83	—	9.28	9.33	12.42	4.20	3.87	3.53	8.03	8.43	8.80
	TZSDC	3.57	3.20	1.02	8.92	8.97	12.82	4.42	4.08	3.98	7.82	8.12	8.37
通州沙西	TZSXA	3.52	2.93	1.08	8.95	9.18	12.82	4.02	3.72	3.53	8.32	8.52	8.83
	TZSXB	3.50	3.37	1.13	8.93	9.03	12.80	4.00	3.63	3.42	8.27	8.70	9.07
新开沙	XKS	2.92	3.32	1.38	9.42	8.88	12.73	4.30	3.92	3.98	7.92	8.45	8.33
狼山沙东	LSSZA	3.37	3.40	1.45	8.92	8.65	12.87	4.50	4.30	4.07	7.63	8.00	8.42
	LSSZB	3.53	3.43	1.30	8.75	8.73	12.78	4.50	4.30	3.85	7.70	8.00	8.53
狼山沙西	LSSYA	3.37	2.83	—	8.88	9.18	12.42	4.75	4.33	4.20	7.63	8.03	8.02
	LSSYB	3.87	3.80	1.58	8.37	8.30	12.60	4.95	4.87	4.55	7.03	7.52	7.72
徐六泾	XLJA	3.80	3.72	3.28	8.33	8.63	9.20	4.65	4.32	4.77	7.55	8.03	8.42
	XLJB	3.73	3.15	1.63	8.38	9.13	12.77	4.87	4.38	4.75	7.38	7.92	8.50
	XLJC	3.38	2.93	1.42	8.75	9.35	13.28	4.48	4.23	4.48	7.82	8.12	8.88
	XLJD	3.35	3.15	2.77	8.87	9.20	11.62	3.95	3.88	4.07	8.22	8.42	9.13
	XLJE	3.73	3.33	3.20	8.52	8.98	9.18	4.37	4.08	4.57	7.93	8.18	8.68

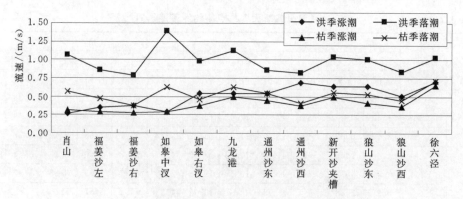

图 3.2-5　澄通河段大潮期实测涨落潮平均流速沿程变化

澄通河段最大落潮流速出现在洪季大潮，全河段平均为 0.98m/s 以上；洪季小潮涨潮流最弱，仅能到达九龙港断面附近。该河段（不含徐六泾断面）涨、落潮垂线平均最大流速，洪季分别为 1.46m/s 和 3.01m/s，分别出现在 TZXSB（通州沙西水道右侧）、RZA（如皋中汊左侧）两个站点的大潮期；枯季分别为 1.10m/s 和 1.24m/s，分别出现在 JLGB（九龙港断面右侧）、RZA（如皋中汊左侧）两个站点的中潮期。

（1）纵向变化。落潮流最大的断面位于如皋中汊，大潮期断面平均流速洪、枯季分别为 1.39m/s 和 0.63m/s，与之相对应，该断面涨潮流基本为该河段最小。从潮流纵向变化看，落潮流除枯季大潮外，其余测次从上游向下游逐渐减弱；涨潮流则无论洪枯季大小潮，上游向下游逐渐增强。涨落潮流速差异，上游大于下游。落潮流较弱的站点为 FYA、RYC、TZSXA，分别位于福姜沙右汊的左侧、浏海沙水道右侧的渡泾港倒套以及通州沙上部右缘的汊道内，均是河势较不稳定的区域。

（2）洪枯季比较。落潮流速，全河段平均洪季大、中、小潮分别为 0.98m/s、0.87m/s 和 0.51m/s，枯季分别为 0.53m/s、0.59m/s 和 0.47m/s，洪季大、中潮落潮流速远大于枯季，小潮则比较接近；涨潮流速，全河段平均洪季大、中、小潮分别为 0.51m/s、0.31m/s 和 0.08m/s，枯季分别为 0.40m/s、0.43m/s 和 0.28m/s，洪季大潮涨潮流速稍大于枯季，中、小潮则小于枯季，小潮尤甚。

（3）大小潮比较。洪季无论涨落潮，大、中、小潮差异明显，各断面流速均为大潮最大，小潮最小，涨潮期相差尤大。枯季涨潮时段流速，除徐六泾依然表现为大潮大于中潮大于小潮外，全河段平均流速中潮（0.43m/s）略大于大潮（0.40m/s）；枯季落潮时段流速，大、中、小潮差异不大，中潮稍大（0.59m/s），大潮（0.53m/s）与小潮（0.47m/s）基本相当。之所以出现中潮流速大于大潮的现象，与测验时中潮潮差较大有关，经统计，此次测验澄通河段平均涨潮潮差，大潮为 1.94m，中潮为 2.11m。

（4）涨落潮比较。所有断面的流速落潮均大于涨潮，即落潮流在本河段起主要控制作用，部分副槽有涨潮流大于落潮流的现象，如通州沙西水道断面，枯季中潮期，涨落潮流速分别为 0.41m/s 和 0.45m/s，涨潮流稍大于落潮流。

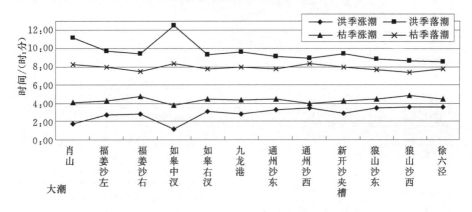

图 3.2-6　澄通河段大潮期实测涨落潮历时沿程变化

澄通河段涨落潮历时有如下规律：

（1）纵向变化。越向上游涨潮流历时越短，落潮流历时越长，涨、落潮流的历时差值越大。以洪季大潮为例，从江阴→福姜沙左汊→九龙港→通州沙东水道→狼山沙东水道→徐六泾，主槽断面平均涨潮历时分别为 1.78h→2.70h→2.82h→3.30h→3.45h→3.60h，从上游向下游沿程递增，而落潮历时与之相反呈沿程递减。横向比较，涨潮流历时一般近岸长于中泓。

（2）洪枯季比较。洪季涨潮历时小于枯季，全河段涨潮历时，洪季大、中、小潮分别为 3.28h、3.03h、1.13h，枯季大、中、小潮分别为 4.42h、4.13h、3.88h，枯季大于洪季，相差约 1.33h。

（3）大小潮比较。各断面一般涨潮历时大潮大于中潮大于小潮，只有个别站点个别测次例外，如新开沙夹槽，涨潮历时洪季大潮为 2.92h，小于中潮的 3.32h；枯季中潮（3.92h）与小潮（3.98h）相当，而落潮历时与之相反。

（4）涨落潮比较。落潮历时远大于涨潮历时，以全河段平均计，洪季大、中、小潮落潮历时平均为 9.05h、9.15h、12.55h，涨潮历时平均为 3.28h、3.03h、1.13h。枯季大、中、小潮落潮历时分别为 7.80h、8.18h、8.58h，涨潮历时分别为 4.42h、4.13h、3.88h，历时差小于洪季。

3.2.3.2　徐六泾以下河段

以 2010 年 8 月（洪季）和 2011 年 2 月（枯季）水文测验成果为依据，对徐六泾以下各河段水文要素进行分析。测验期间大通流量 2010 年 8 月在 52000m³/s 左右，2011 年 2 月在 13900m³/s 左右。后文徐六泾以下余流与泥沙的分析资料来源同本节。

徐六泾以下河段各站点垂线潮平均流速及最大值统计见表 3.2-3，垂线平均涨落潮历时统计见表 3.2-4，大潮期实测涨落潮平均流速沿程变化见图 3.2-7，历时沿程变化见图 3.2-8。

表 3.2-3(1)　徐六泾以下河段各断面各站点潮平均流速及最大值统计（洪季）　　　单位：m/s

河段	站点	潮　平　均						垂线平均最大值					
		涨　潮			落　潮			涨　潮			落　潮		
		大潮	中潮	小潮	大潮	中潮	小潮	大潮	中潮	小潮	大潮	中潮	小潮
北支	BZK	1.39	0.67	0.01	1.23	0.96	0.56	2.63	1.04	0.04	1.74	1.45	1.16
	QLG	1.11	0.59	0.15	1.60	1.22	0.56	1.87	0.94	0.22	2.41	1.93	1.45
	HYG	1.25	0.84	0.32	1.10	0.79	0.39	2.15	1.36	0.62	1.82	1.18	0.90
	STG	1.07	0.71	0.23	1.06	0.84	0.41	1.81	1.56	0.46	1.61	1.32	1.00
	LXG	0.88	0.63	0.25	0.92	0.73	0.27	1.66	1.03	0.48	1.45	1.35	0.59
	GYSN	0.93	0.63	0.33	0.75	0.50	0.15	1.63	1.18	0.69	1.31	0.86	0.36
	GYSB	0.60	0.49	0.27	0.73	0.50	0.22	0.97	0.89	0.65	1.14	0.91	0.43
南支	XLJ	0.42	0.32	—	1.24	0.96	0.69	0.85	0.48	—	1.81	1.68	1.23
	Z7	0.40	0.22	0.03	1.25	0.93	0.66	0.82	0.40	0.06	1.79	1.63	1.14
	ZN0	0.61	0.35	0.15	0.76	0.66	0.49	0.99	0.63	0.24	1.05	1.00	0.77
	Z8	0.62	0.35	0.07	0.93	0.73	0.49	1.08	0.72	0.16	1.40	1.19	0.91
	LHK	0.36	0.24	0.03	0.95	0.79	0.53	0.65	0.46	0.05	1.42	1.33	0.97
	Z9	0.72	0.47	0.19	0.80	0.68	0.44	1.26	0.97	0.38	1.25	1.02	0.77

河段	站点	潮 平 均						垂线平均最大值					
		涨 潮			落 潮			涨 潮			落 潮		
		大潮	中潮	小潮	大潮	中潮	小潮	大潮	中潮	小潮	大潮	中潮	小潮
北港	XQTD	0.46	0.28	0.04	1.08	0.86	0.63	0.86	0.45	0.07	1.75	1.63	1.17
	Z15	0.86	0.52	0.20	1.24	1.03	0.70	1.57	0.99	0.44	1.85	1.76	1.24
	XBG0	0.63	0.38	0.15	0.92	0.77	0.48	1.05	0.71	0.27	1.45	1.30	0.92
	BG1′①	0.44	0.33	—	1.28	0.98	—	0.95	0.54	—	2.21	2.04	1.48
	BG2′	0.92	0.58	0.32	1.28	0.91	0.51	1.70	1.12	0.62	2.48	1.89	0.93
	BG3′	0.57	0.46	0.27	0.70	0.60	0.15	0.98	0.77	0.56	1.39	1.14	0.84
南港	XNG0	0.91			1.20			1.59			1.68		
	NG3	0.83			1.15			1.59			1.78		
北槽	CB1	0.89			0.93			1.54			1.39		
	CB2	0.75			1.34			1.51			1.93		
	CSW	1.01			1.53			2.22			2.48		
	CS7′	1.05			1.27			1.55			2.22		
	CS5	0.82			0.91			1.58			1.66		
南槽	NC1	1.11			1.64			1.68			2.47		
	NC2	0.98			1.57			1.62			2.39		
	NC4	0.88			1.17			1.73			2.07		
	NC5	0.92			0.91			1.77			1.55		

注 部分站点对应的地名：BZK 为北支口、QLG 为青龙港、HYG 为红阳港、STG 为三条港、LXG 为连兴港、
GYSN 为顾园沙南、GYSB 为顾园沙北、XLJ 为徐六泾、LHK 为浏河口、XQTD 为新桥通道，见图 3.2-1。
① BG1′洪季小潮测验时前半潮涨潮期因故障缺测，未统计该测次涨落潮流速。

表 3.2-3(2)　徐六泾以下河段各断面各站点潮平均流速及最大值统计（枯季）　　　　单位：m/s

河段	站点	潮 平 均						垂线平均最大值					
		涨 潮			落 潮			涨 潮			落 潮		
		大潮	中潮	小潮	大潮	中潮	小潮	大潮	中潮	小潮	大潮	中潮	小潮
北支	BZK	0.87	0.62	0.30	0.36	0.27	0.30	1.44	1.20	0.48	0.57	0.51	0.57
	QLG	0.81	0.69	0.35	0.74	0.69	0.51	1.57	1.55	0.59	1.16	1.15	1.11
	HYG	0.93	0.83	0.37	0.89	0.75	0.33	1.47	1.56	0.63	1.56	1.26	0.69
	STG	0.91	0.75	0.31	0.89	0.78	0.36	1.49	1.40	0.54	1.31	1.16	0.79
	LXG	0.74	0.64	0.23	0.74	0.62	0.29	1.23	1.11	0.42	1.15	1.01	0.66
	GYSN	0.90	0.79	0.28	0.78	0.64	0.23	1.67	1.49	0.58	1.22	1.02	0.49
	GYSB	0.65	0.51	0.23	0.59	0.56	0.27	1.04	0.85	0.48	1.03	0.91	0.53

续表

河段	站点	潮 平 均						垂线平均最大值					
		涨 潮			落 潮			涨 潮			落 潮		
		大潮	中潮	小潮	大潮	中潮	小潮	大潮	中潮	小潮	大潮	中潮	小潮
南支	XLJ	0.70	0.58	0.27	0.75	0.67	0.44	1.13	1.04	0.51	1.05	0.98	0.81
	Z7	0.68	0.62	0.13	0.72	0.69	0.23	1.19	1.19	0.25	1.02	0.98	0.37
	ZN0	0.77	0.74	0.30	0.83	0.73	0.43	1.22	1.34	0.54	1.10	1.11	0.78
	Z8	0.80	0.69	0.27	0.68	0.69	0.48	1.28	1.20	0.53	1.05	1.04	0.90
	LHK	0.74	0.69	0.28	0.85	0.76	0.43	1.21	1.26	0.58	1.24	1.12	0.80
	Z9	0.74	0.67	0.26	0.55	0.50	0.31	1.31	1.35	0.52	0.76	0.75	0.58
北港	XQTD	0.64	0.52	0.25	0.88	0.81	0.49	1.22	1.07	0.43	1.37	1.32	0.91
	Z15	1.00	0.89	0.42	0.98	0.98	0.49	1.65	1.68	0.69	1.41	1.47	1.08
	XBG0	0.67	0.64	0.29	0.87	0.77	0.34	1.17	1.19	0.42	1.46	1.17	0.73
	BG1′	0.75	0.62	0.32	1.09	0.97	0.49	1.31	1.30	0.56	1.83	1.65	0.95
	BG2′	0.82	0.70	0.36	1.06	0.94	0.39	1.40	1.20	0.76	1.71	1.60	0.74
	BG3′	0.61	0.50	0.28	0.55	0.60	0.35	0.96	0.82	0.62	0.92	0.93	0.68
南港	XNG0	0.88			0.94			1.70			1.40		
	NG3	0.73			0.93			1.48			1.48		
北槽	CB1	0.76			0.85			1.42			1.35		
	CB2	0.85			0.98			1.70			1.58		
	CSW	1.02			1.16			2.16			1.69		
	CS7′	0.90			1.19			1.57			2.09		
	CS5	0.64			0.57			1.31			1.12		
南槽	NC1	1.07			1.14			1.74			1.61		
	NC2	1.11			1.03			1.90			1.45		
	NC4												
	NC5												

表 3.2－4　　　　徐六泾以下河段各断面各站点平均涨落潮历时　　　　单位：h

河段	站点	洪 季						枯 季					
		涨 潮			落 潮			涨 潮			落 潮		
		大潮	中潮	小潮	大潮	中潮	小潮	大潮	中潮	小潮	大潮	中潮	小潮
北支	BZK	4.25	3.70	0.37	7.92	8.58	12.68	4.28	4.03	6.23	7.88	8.15	6.72
	QLG	4.43	4.23	1.62	7.75	8.13	12.18	4.53	4.58	6.10	7.60	7.53	6.72
	HYG	4.83	4.95	4.98	7.30	7.47	8.08	4.53	4.70	6.53	7.75	7.57	6.73
	STG	5.02	4.93	4.70	7.17	7.42	8.32	4.70	5.05	5.87	7.35	7.23	6.97
	LXG	5.23	5.30	6.22	7.00	7.25	6.83	5.12	5.52	6.47	7.05	6.77	6.30
	GYSN	6.18	6.10	7.87	5.90	5.90	4.85	6.05	6.10	8.12	6.20	6.15	5.25
	GYSB	5.40	5.78	7.05	6.85	6.67	5.45	5.82	5.73	6.18	6.45	6.52	7.05

续表

河段	站点	洪季						枯季					
		涨潮			落潮			涨潮			落潮		
		大潮	中潮	小潮	大潮	中潮	小潮	大潮	中潮	小潮	大潮	中潮	小潮
南支	XLJ	3.13	1.58	—	9.00	10.83	12.42	4.70	4.75	4.12	7.47	7.42	8.62
	Z7	3.38	1.55	0.82	8.77	10.63	11.88	4.60	4.50	4.97	7.68	7.70	7.93
	ZN0	4.32	3.57	1.65	7.87	8.63	11.05	5.35	5.35	4.47	6.90	6.93	8.18
	Z8	4.12	3.70	1.67	8.05	8.48	10.95	5.43	5.37	5.07	6.82	6.83	7.83
	LHK	3.75	3.07	0.95	8.33	9.30	12.23	5.27	5.20	4.32	6.95	7.02	8.22
	Z9	4.28	4.13	1.98	7.70	8.18	10.42	5.02	5.17	5.73	7.17	7.00	7.27
北港	XQTD	3.18	1.82	1.15	8.93	10.52	12.20	4.35	4.17	3.48	7.85	7.93	11.60
	Z15	4.03	3.48	1.97	8.17	8.78	11.17	4.87	4.82	3.63	7.23	7.35	11.20
	XBG0	4.07	3.62	1.60	8.05	8.73	11.22	4.98	5.20	3.68	7.15	7.05	10.97
	BG1′[①]	3.52	1.88	—	8.60	10.43	—	4.62	4.82	4.65	7.58	7.27	9.93
	BG2′	4.40	4.25	4.05	7.83	8.08	8.45	5.07	5.23	5.73	7.27	7.00	7.05
	BG3′	5.43	5.72	6.87	6.88	6.58	6.25	6.03	5.80	6.33	6.18	6.30	6.80
南港	XNG0	4.62			7.77			5.50			6.98		
	NG3	4.48			7.77			5.07			7.30		
北槽	CB1	4.08			8.30			4.87			7.55		
	CB2	4.65			7.70			5.20			7.22		
	CSW	4.58			7.73			5.03			7.28		
	CS7′	5.20			7.13			4.55			7.87		
	CS5	5.73			6.32			5.68			6.25		
南槽	NC1	4.65			7.70			5.67			6.72		
	NC2	4.72			7.57			5.70			6.77		
	NC4	5.00			7.28								
	NC5	6.03			6.18								

①　BG1′洪季小潮测验时前半潮涨潮期因故障缺测，未统计该测次涨落潮历时。

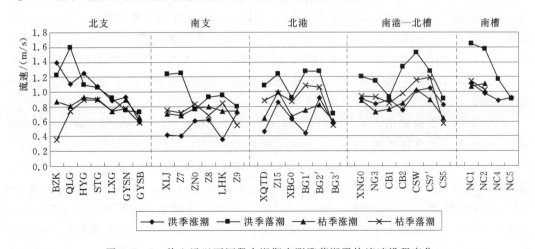

图 3.2-7　徐六泾以下河段大潮期实测涨落潮平均流速沿程变化

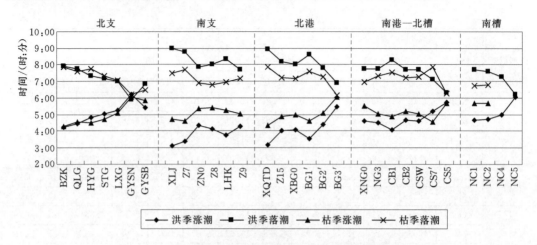

图 3.2-8　徐六泾以下河段大潮期实测涨落潮历时沿程变化

1. 北支河段

北支河段潮平均流速最大值，涨、落潮洪季分别为 1.39m/s（BZK）和 1.60m/s（QLG），枯季分别为 0.93m/s（HYG）和 0.89m/s（HYG、STG），垂线平均最大值涨、落潮洪季分别为 2.63m/s（BZK）和 2.41m/s（QLG），枯季分别为 1.57m/s（QLG）和 1.56m/s（HYG），均出现在大潮期（该段最大值统计不含口外的 GYSN、GYSB 两站点）。

（1）流速。纵向变化，洪季涨潮从下游向上游逐渐增加，至红阳港（HYG）达到最大，到青龙港（QLG）略有减小，抵北支上口（BZK）又有所增加；洪季落潮流青龙港处最大，向下游逐渐减小。枯季涨潮纵向分布与洪季类似，落潮时北支上口最小，向下游至青龙港有所增加，其下至三条港差异较小，再下至连兴港又有所减小。洪枯季比较，涨潮流速洪枯季差异不大，落潮流速从北支口（BZK）—连兴港（LXG），均为洪季大于枯季，差异最大处在北支口（BZK），向下游逐渐减小，口外顾园沙北（GYSB）洪枯季涨落潮流相当，顾园沙南（GYSN）则为枯季大于洪季。涨落潮比较，洪枯季有别。洪季北支尚能分泄部分径流，故北支沿程除红阳港（HYG）落潮略小于涨潮外，其余站点落潮流均大于涨潮流；枯季，北支口（BZK）涨潮流速远大于落潮流速，其余站点基本相当。北支口外，无论洪枯季，顾园沙南（GYSN）涨潮均大于落潮，顾园沙北（GYSB）则涨落相当。大小潮比较，北支流速与潮差相关度极高，无论洪枯季，流速均为大潮大于中潮大于小潮。

（2）历时。纵向变化，从上游向下游，落潮历时逐渐减小，涨潮历时逐渐增大，涨落潮历时相当的点位在连兴港（LXG）—顾园沙南（GYSN）之间。洪枯季比较，洪季落潮历时大于枯季，与之相对应，枯季涨潮历时大于洪季。涨落潮比较，洪枯季有别，洪季涨潮历时平均为 4.32h（不含口外），落潮历时 8.27h，相差达 4h；枯季则分别为 5.22h 和 7.22h，仅相差 2h。大小潮比较，枯季北支河段大、中、小潮涨、落历时差异分明，各站点落潮历时基本上大潮大于中潮大于小潮，涨潮历时变化反之。洪季比较复杂，涨潮历时，北支上段红阳港（HYG）以上，大潮大于中潮大于小潮，中段相当，下段三条港

（STG）以下则为小潮大于中潮大于大潮，落潮历时变化与之相反。

2. 南支河段

本河段潮平均流速最大值，涨、落潮洪季分别为 0.72m/s（Z9）和 1.25m/s（Z7），枯季分别为 0.80m/s（Z8）和 0.85m/s（LHK）；垂线平均最大值洪季分别为 1.26m/s（Z9）和 1.81m/s（XLJ），枯季分别为 1.35m/s（Z9，中潮）和 1.24m/s（LHK），除枯季涨潮最大出现在位于新桥水道的 Z9 站点中潮期外，其余均出现在大潮期。

（1）流速。因南支河段水面宽阔，涨落潮差异较大，此次测验测点分布的代表性尚不足。纵向变化，涨潮 ZN0 站点处最大，Z7 处最小，出白茆沙后至浏河口（LHK），涨潮流逐渐减弱，落潮流逐渐增强，落潮则洪枯季有别，洪季从 XLJ—ZN0 逐渐减小，ZN0—LHK 逐渐增加；枯季从 XLJ—ZN0 逐渐增加，ZN0 以下变化不大。洪枯季比较，洪季落潮流速大于枯季，枯季涨潮流速大于洪季，差异最大处位于白茆沙北水道的 Z7 站点，平均落潮流速差 0.40m/s，涨潮差 0.26m/s；位于新桥水道的 Z9 站点差异最小，落潮洪季比枯季大 0.19m/s，涨潮枯季则比洪季大 0.10m/s。涨落潮比较，基本为落潮流速大于涨潮流速，Z9 站点平均涨潮流速略大于落潮。大小潮比较，无论洪枯季，流速均为大潮大于中潮大于小潮。

（2）历时。纵向变化，从上游向下游，落潮历时逐渐减小，枯季规律性强于洪季，落潮历时最长均在徐六泾（XLJ）站点，洪、枯季分别为 10.43h、7.83h。洪枯季比较，洪季落潮历时明显大于枯季，涨潮历时则反之；全河段平均，落潮历时洪、枯季分别为 9.72h、7.43h，涨潮历时洪、枯季分别为 2.77h、4.97h，涨、落历时洪、枯季差异达 2h 以上。涨落潮比较，落潮历时均大于涨潮历时，洪季差异大，枯季差异小。大小潮比较，洪季大、中、小潮涨、落历时差异分明，各站点落潮历时基本上大潮大于中潮大于小潮，涨潮历时变化与之相反。枯季比较复杂，落潮历时，大、中潮相当，小潮除 Z7、Z9 与大、中潮几乎相等外，其余站点均长于大、中潮；涨潮历时，大、中潮亦相当，小潮除 Z7、Z9 站点稍长于大、中潮历时外，其余站点均小于大、中潮。

3. 北港河段

潮平均流速最大值，涨、落潮洪季分别为 0.92m/s（BG2′）和 1.28m/s（BG1′、BG2′），枯季分别为 1.00m/s（Z15）和 1.09m/s（BG1′）；垂线平均最大值洪季分别为 1.70m/s（BG2′）和 2.48m/s（BG2′），枯季分别为 1.68m/s（Z15，中潮）和 1.83m/s（BG1′），除枯季涨潮最大出现在 Z15 的中潮期外，其余均出现在大潮期。

（1）流速。纵向变化，流速沿程变化呈马鞍形，Z15 和 BG2′ 为落潮势能最大的两个区域，XBG0 为两站点之间的"马鞍底"；涨潮流沿程分布与落潮类似。Z15 位于青草沙水库的外侧，工程后河道大幅度束窄，涨落潮流速均增加。洪枯季比较，落潮洪季大于枯季，涨潮枯季大于洪季，差异最大处位于新桥通道（XQTD），向下游差异逐渐减小，至口外 BG3′ 洪、枯流速几无差异。涨落潮比较，基本为落潮流速大于涨潮流速。大小潮比较，无论洪枯季，流速均为大潮大于中潮大于小潮。

BG3′ 位于长江口拦门沙外，水流运动方向基本不受地形的约束，呈旋转流特性，洪枯季流速差异不大，落潮流略大于涨潮流，该站点涨、落潮主轴方向平均分别为 326°、139°，偏差 7°。落潮中潮（0.60m/s）大于大潮（0.55m/s），其余时段流速大潮大于中潮大于小潮。

（2）历时。纵向变化，从上向下，落潮历时沿程逐渐减小，枯季规律性强于洪季，洪季 BG1'落潮历时长于上下游。落潮历时最长均在新桥通道（XQTD）站点，洪、枯季分别为10.55h、9.12h。洪枯季比较，洪季落潮历时明显大于枯季，涨潮历时则反之；全河段平均（不含 BG3'，本段同），落潮历时洪、枯季分别为9.48h、8.28h，涨潮历时洪、枯季分别为2.93h、4.62h。涨落潮比较，本河段落潮历时均大于涨潮历时，洪季差异大，枯季差异小。大小潮比较，洪季北港河段大、中、小潮涨落历时差异分明，各站点落潮历时基本上大潮大于中潮大于小潮，涨潮历时变化与之相反。枯季比较复杂，落潮历时，大、中潮相当（平均7.37h），小潮（平均10.15h）则远长于大、中；涨潮历时，大、中潮亦相当（平均4.82h），小潮（平均4.23h）小于大、中潮。口外 BG3'，涨潮历时洪季小潮大于中潮大于大潮，枯季依然是小潮涨潮历时最长。

4. 南港—北槽段

大潮期潮平均流速最大值，涨、落潮洪季分别为1.05m/s（CS7'）和1.53m/s（CSW），枯季分别为1.02m/s（CSW）和1.19m/s（CS7'）；涨、落潮垂线平均最大值洪季分别为2.22m/s和2.48m/s，均出现在 CSW 站点，枯季分别为2.16m/s（CSW）和2.09m/s（CS7'）。涨落流速最大值均出现在北槽中下段，说明北槽中下段潮流动力强劲。

（1）流速。纵向变化，总体而言，南港（XNG0）至北槽上段（CB1）流速逐渐减小，CB1—CSW 流速逐渐增大，过 CSW 后向下游，又逐渐减小。洪枯季比较，落潮流速洪季大于枯季，涨潮除 CB2 站点外，洪季亦大于枯季，但差异小于落潮。涨落潮比较，大多为落潮流速大于涨潮流速。

（2）历时。纵向变化，从南港（XNG0）至北槽上段（BC1），落潮历时沿程增加，过 CB1 后又逐渐减小。洪枯季比较，洪季落潮历时明显大于枯季，涨潮历时则反之；全河段平均，落潮历时洪、枯季分别为7.73h 和7.37h（大潮期，不含口外 CS5，本段同），涨潮历时洪、枯季分别为4.60h 和5.03h。涨落潮比较，落潮历时均大于涨潮历时，洪季差异大，枯季差异小，差异最大处在 CB1，洪季落潮历时达8.30h，而涨潮历时仅为4.08h，向下游差异逐渐减小，至 CS5 处，涨、落潮历时平均分别为5.72h 和6.28h，仅差0.56h，该站点实际上已是口外旋转流特性。

5. 南槽河段

大潮期潮平均流速最大值，洪季涨、落潮分别为1.11m/s 和1.64m/s，均在上口的 NC1 站点；垂线平均最大值洪季分别为1.77m/s（NC5）和2.47（NC1）m/s，下口涨潮最大，上口落潮最大。

（1）流速。纵向变化，以洪季为例，涨、落潮流从上向下沿程均减小，落潮减小幅度大。涨落潮比较，基本为落潮流速大于涨潮流速，差异沿程减小，上口 NC1 洪季涨、落潮平均流速分别为1.11m/s 和1.64m/s，相差达0.53m/s，至口门 NC5 已为旋转流，涨、落潮平均流速分别为0.92m/s 和0.91m/s，基本相等。

（2）历时。纵向变化，从上口（NC1）至口门（NC5），落潮历时沿程减小，涨潮历时沿程增加，NC1 洪季涨、落历时分别为4.65h 和7.70h，至 NC5 则分别为6.03h 和6.18h，差异大幅度减小。洪枯季比较，洪季落潮历时长于枯季，枯季涨潮历时长于洪季，洪季差异大于枯季。涨落潮比较，本河段落潮历时均大于涨潮历时，从上口向口门差异逐渐减小，洪季差异大，枯季差异小。

3.2.4　余流

长江口的水流运动非常复杂，若将其中周期性流动的潮流消去，便得到其他非周期性的流动，这种流动谓之余流。余流主要由径流、风海流、潮汐余流和盐淡水异重流等组成，径流是长江口内余流的重要组成部分。余流与泥沙运移方向关系密切，分析余流的分布和变化规律，对研究河口的河槽冲淤变化、泥沙运移方向等具有重要意义。

长江口的余流具有复杂的时、空变化：在平面分布上口内与口外不一样，在垂直结构上表层与底层不一样，在时间变化上不同季节不一样。现根据余流分布和变化的特征分澄通河段、徐六泾以下河段分别进行讨论。资料来源同第 3 章 3.2.3 小节涨落潮流速和历时。

3.2.4.1　澄通河段

澄通河段余流统计见图 3.2-9。因径流作用相对较大以及河槽约束的影响，各层次的余流流向比较一致，基本上循落潮流的方向，流速值也较大，但福姜沙右汊和浏海沙水道近右岸侧枯季余流指向上游，表现出涨潮槽性质。根据 2004 年 8 月洪季该河段大潮期实测资料统计，余流流速表层介于 24～155cm/s，平均为 70cm/s；中层介于 23～141cm/s，平均为 61cm/s；底层介于 18～96cm/s 间，平均为 42cm/s。根据 2005 年 1 月枯季该河段大潮期实测资料统计，余流流速表层介于 5～45cm/s，平均为 21cm/s；中层介于 5～40cm/s，平均为 19cm/s；底层介于 4～26cm/s，平均为 13cm/s。

澄通河段的余流主要受径流影响，主槽由表至底均指向下游，洪季大于枯季，在余流作用下，泥沙净向下游输送。

(a)表层

图 3.2-9（一）　澄通河段大潮期余流矢量分布图

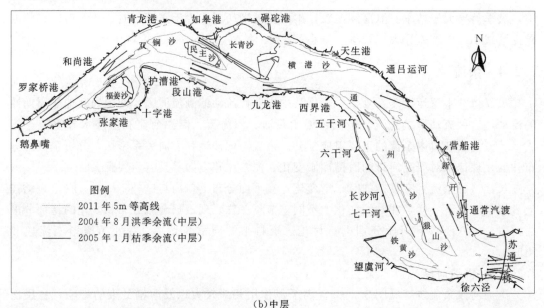

(b)中层

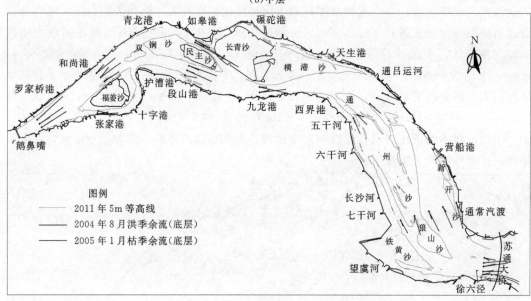

(c)底层

图 3.2-9（二） 澄通河段大潮期余流矢量分布图

3.2.4.2 徐六泾以下河段

徐六泾以下各站点余流资料见图 3.2-10。洪季资料为 2010 年 8 月所测，枯季资料为 2011 年 2 月所测。结论如下：

（1）北支河段。洪季北支口余流指向下游，其余站点余流指向上游；枯季余流流向均与涨潮流方向一致，指向上游，在此种流态下涨潮带进的泥沙，下泄流没有能力全部带出，使北支河床不断淤浅束窄（特别是枯季），同时，有部分泥沙随着涨潮流越过北支上口，进入南支，出现泥沙倒灌现象。

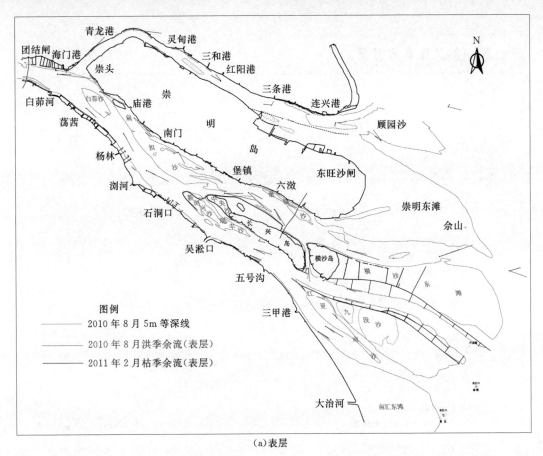

(a)表层

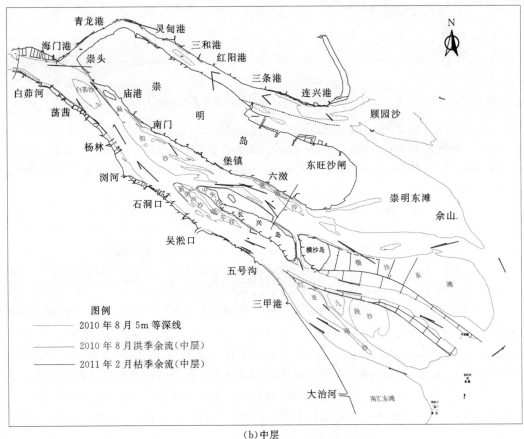

(b)中层

图 3.2-10(一)　徐六泾以下河段大潮期余流矢量分布图

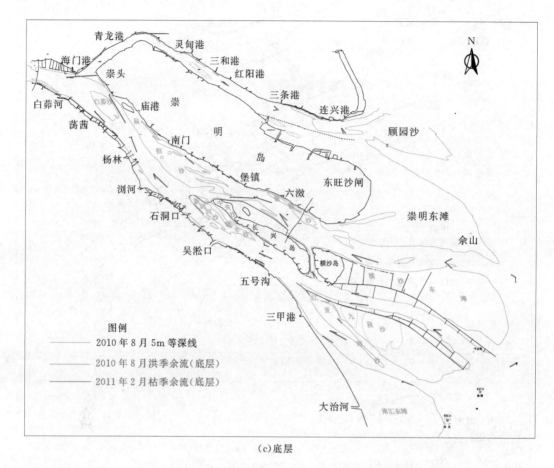

（c）底层

图 3.2-10（二）　徐六泾以下河段大潮期余流矢量分布图

北支河段余流流速，洪季表层介于 11～73cm/s，平均为 36cm/s；中层介于 4～64cm/s，平均为22cm/s；底层介于 5～50cm/s，平均为 15cm/s；枯季，表层介于 7～30cm/s，平均为18cm/s；中层介于 2～26cm/s，平均为11cm/s；底层介于 2～19cm/s，平均为 12cm/s。

（2）南支河段。南支主槽无论洪、枯季余流均指向下游，而扁担沙左侧的新桥水道，洪季余流指向下游，枯季则指向上游，底层更为明显，说明本河段主槽与副槽（新桥水道）具有不同的特性，主槽为落潮槽，新桥水道在枯季具有涨潮槽性质。

该河段余流流速表、中和底层洪季分别介于 33～89cm/s、24～76cm/s、21～53cm/s，枯季分别介于 14～36cm/s、7～23cm/s、4～16cm/s。

（3）南、北港。南、北槽和横沙通道的主槽余流方向都与落潮流一致。主槽内表层余流流速，南港最大为 48cm/s，北港上段的新桥通道最大达 84cm/s，南槽上段最大为 54cm/s，北槽上段最大为 49cm/s；南槽的江亚南沙北槽（NCX2）洪季余流指向下游，枯季则指向上游，表明该槽在不同的来水来沙条件下，存在落潮槽和涨潮槽的转换。

长江口门附近由于盐、淡水交汇比较强烈，余流还与盐水入侵引起的密度流有关，由图可知，同步观测资料中，北港上段余流方向指向下游，而下段枯季的中、底层余流指向上游，北槽外 CS5 和南槽外 NC5 两站点也是如此。

由上可见，长江口内徐六泾以下河槽受两岸约束，影响余流的因素比较简单，除表层受到风的一些影响外，余流方向与强度主要取决于径流和潮流力量的对比和潮波变形程度。以落潮流作用为主的落潮槽中，余流流向与落潮流方向一致，指向下游，而在涨潮槽中及盐水入侵的区段，如北支和北港下段，余流流向（主要是底层）与涨潮流方向一致，指向上游。本区余流流速比较大，主要是由径流组成，洪季大于枯季，且由上游向下游，余流中的径流成分逐渐减少，其他成分增加，余流流速减小。

3.3 潮汐与风暴潮

3.3.1 长江口潮位站分布

长江口多年来各单位先后布设有几十个潮位站，截至 2010 年底，长江水利委员会水文局在长江口共设有 9 个潮位站，分别为营船港、徐六泾、白茆、崇头、杨林、六滧、共青圩、灵甸港、连兴港，其中灵甸港站由于淤积严重，于 1990 年撤销，后又于 2009 年恢复。江阴以下潮位站相关信息统计见表 3.3 - 1，位置见图 3.2 - 1。

表 3.3 - 1　　　　　　　　　　江阴以下长江沿岸基本潮位站信息

序号	站名	位　置		隶 属 单 位	设立时间
		纬度	经度		
1	江阴	31°57′	120°18′18″	江苏省水文水资源勘测局	1915 年 2 月
2	天生港	32°02′	120°45′	江苏省水文水资源勘测局	1918 年 7 月
3	营船港	31°55′	120°54′	长江水利委员会水文局	2004 年 7 月
4	徐六泾	31°44′54″	120°55′12″	长江水利委员会水文局	1953 年 12 月设立 1961 年 4 月停测 1981 年 9 月恢复
5	崇头	31°47′	121°10′	长江水利委员会水文局	1987 年 7 月
6	崇西	31°46′	121°12′	上海市水文总站	2005 年 1 月
7	青龙港	31°51′42″	121°14′06″	江苏省水文水资源勘测局	1950 年 8 月
8	灵甸港	31°50′22″	121°24′50″	长江水利委员会水文局	1987 年 11 月设立 1990 年 11 月停测 2009 年 7 月恢复
9	三条港	31°43′	121°48′	江苏省水文水资源勘测局	1958 年 5 月
10	连兴港	31°41′	121°52′	长江水利委员会水文局	1987 年 1 月
11	白茆	31°43′	121°03′	长江水利委员会水文局	2004 年 7 月
12	杨林	31°35′	121°16′	长江水利委员会水文局	1985 年 1 月
13	南门	31°37′	121°23′	上海市水文总站	1964 年 6 月
14	堡镇	31°31′35″	121°35′47″	上海市水文总站	1925 年 6 月
15	六滧	31°30′	121°43′	长江水利委员会水文局	1987 年 1 月

续表

序号	站名	位 置		隶 属 单 位	设立时间
		纬度	经度		
16	共青圩	31°23′	121°50′	长江水利委员会水文局	1988 年 1 月
17	石洞口	31°27′42″	121°24′42″	上海市水文总站	1965 年
18	吴淞	31°23′30″	121°30′30″	上海市水文总站	1947 年 11 月
19	外高桥①	31°22′	121°35′	上海市水文总站	1950 年 11 月
20	马家港	31°22′54″	121°40′54″	上海市水文总站	1963 年 2 月
21	横沙	31°17′36″	121°50′18″	上海海事局	
22	北槽中	31°14′00″	122°00′30″	上海海事局	
23	牛皮礁	31°08′12″	122°15′06″	上海海事局	
24	鸡骨礁	31°10′24″	122°22′54″	上海海事局	
25	绿华	30°49′12″	122°36′30″	上海海事局	

① 对应水文年鉴中的高桥（二），"外高桥"是地理位置，更能体现现状河势上下游关系的一致性，本文采用"外高桥"名称。

长江口水准网采用Ⅰ临无 132、Ⅰ临无 139 - 1 基、Ⅰ国测宁沪佘山基岩点作为起算点，采用一等水准施测靖吕线、江佘线，过江采用一等跨河水准测量。长江委各潮位站的水准基点均采用国家刊布的二等水准网成果，逢 0、5 年份引测，其他年份按照自校每年检测一次，各站的校核水准点每年都进行检测。本节中除"平均海平面"中采用当地理论最低潮面作为基准外，其余分属于不同单位的潮位站，在利用其潮位资料时，均统一转换成 1985 国家高程基准成果。

3.3.2 潮汐

长江口是中等强度的潮汐河口，口外属正规半日潮，口内属非正规半日浅海潮。一日内两涨两落，一涨一落平均历时 12.42h，日潮不等现象明显。每年春分至秋分为夜大潮，秋分至次年春分为日大潮。

3.3.2.1 年平均潮位

年平均潮位是某潮位站潮位在一年内变化的平均值。选用徐六泾、杨林、连兴港、六滧、崇头、共青圩站的特征值进行统计分析，表 3.3 - 2、图 3.3 - 1 为各潮位站历年年平均潮位统计成果。

表 3.3 - 2　　　　　　　长江口部分潮位站历年年平均潮位统计成果表

(1985 国家高程基准面)　　　　　　　　　　　　　　　　　单位：m

年份　　站名	徐六泾	崇头	杨林	六滧	共青圩	连兴港
1984	0.83					
1985	0.81		0.58			
1986	0.73		0.50			

续表

年份 \ 站名	徐六泾	崇头	杨林	六滧	共青圩	连兴港
1987	0.81		0.57	0.37		0.12
1988	0.79	0.66	0.52	0.37	0.29	0.13
1989	0.90	0.76	0.62	0.43	0.34	0.18
1990	0.88	0.74	0.60	0.42	0.33	0.18
1991	0.92	0.79	0.65	0.44	0.34	0.21
1992	0.82	0.72	0.58	0.42	0.34	0.21
1993	0.85	0.75	0.58	0.41	0.34	0.20
1994	0.82	0.72	0.61	0.43	0.35	0.23
1995	0.82	0.76	0.58	0.40	0.32	0.16
1996	0.82	0.78	0.61	0.43	0.39	0.21
1997	0.77	0.75	0.58	0.47	0.38	0.27
1998	1.01	0.87	0.77	0.58	0.47	0.33
1999	0.88	0.89	0.68	0.58	0.44	0.30
2000	0.87	0.88	0.67	0.55	0.44	0.29
2001	0.83	0.79	0.66	0.48	0.43	0.27
2002	0.90	0.87	0.70	0.54	0.50	0.28
2003	0.92	0.89	0.68	0.52	0.51	0.31
2004	0.80	0.84	0.63	0.52	0.45	0.31
2005	0.85	0.78	0.67	0.51	0.45	0.28
2006	0.78	0.74	0.65	0.48	0.44	0.34
2007	0.80	0.73	0.67	0.44	0.44	0.37
2008	0.82	0.73	0.67	0.48	0.41	0.34
2009	0.81	0.74	0.68	0.50	0.42	0.32
2010	0.91	0.84	0.68	0.56	0.46	0.25
2011	0.71	0.68	0.68	0.47	0.42	0.24

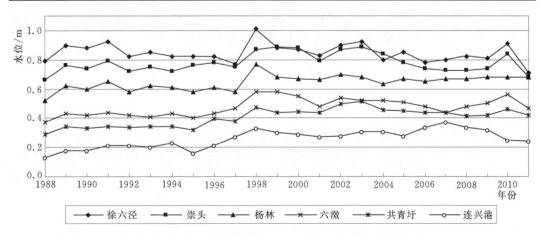

图 3.3-1　徐六泾等潮位站历年年平均潮位变化统计

统计时段内，年平均潮位徐六泾站在 0.71～1.01m 之间，崇头站在 0.66～0.89m 之间，杨林站在 0.50～0.77m 之间，六滧站在 0.37～0.58m 之间，共青圩站在 0.29～

0.51m 之间，连兴港站在 0.12～0.37m 之间，各站潮位年平均值变化幅度介于 0.21～0.30m，变化最大的是徐六泾站 0.30m，变化最小的是六滧站 0.21m。

年平均潮位成果显示：随着潮位站离河口距离的增加，潮位平均值也越高。因洪水作用，1998 年和 1999 年平均水位较其他年份高，从大通站的大流量出现天数的变化可以看到，1988—2010 年间大通站每年超过 5 万 m³/s 流量平均为 33d，而 1998 年和 1999 年大通站超过 5 万 m³/s 流量的天数分别达到了 102d 和 93d，远超平均天数；年径流量 1998 年和 1999 年分别为 12440 亿 m³ 和 10370 亿 m³，分别超过多年平均值 38.8% 和 15.7%。上游径流的增大引起长江口水位一定程度的抬升，相对来说，杨林以下，径流影响逐渐减小。

从统计图表可以看出，下游崇头站在 1999 年、2000 年和 2004 年 3 次年平均值超过上游约 18km 的徐六泾站，不考虑两站可能的多年沉降不同步因素，分析其原因可能在于崇头站所处的南北支分、汇流的特殊站位，落潮分流壅水，涨潮汇流受北支倒灌南支影响潮位二次升高，后文 3.3.2.6 小节相邻站潮位特性将以具体资料详细论述崇头站水位二次升高现象，壅水和二次升高导致崇头站潮位的普遍升高，甚至个别年份的年平均潮位高于徐六泾站。

3.3.2.2 潮波

长江口的潮波是由外海传进的潮汐引起的谐振波。长江口外存在着东海的前进潮波和黄海的旋转潮波两个系统，东海的前进潮波对长江口影响较大。长江口地区由于受地形反射和摩擦等因素的作用，潮波既不是典型的前进波，也不是典型的驻波，而是两者兼而有之。长江口外绿华山站基本上为前进波；北支三和港以上，潮波性质向驻波型转化；南支、南北港和南北槽的主槽属于前进波为主的变态潮波，而涨潮流作用为主的副槽具有驻波的特点。

口内潮波在口门附近的传播方向约 305°，多年来比较稳定。当潮波进入河口后，受到河槽约束，传播方向基本上与主河槽轴线一致。潮波传播的速度，口外与口内，波峰与波谷，大潮与小潮均不一样。口外高潮潮波速度为 10.6～11.9m/s，低潮为 6.9～8.1m/s；口内高潮潮波速度为 6.3～16.0m/s，低潮为 3.5～14.3m/s[1]。根据长江委下属测站的潮位资料，选取 1997 年的汛、枯季对潮波速度进行统计，成果见表 3.3-3。由表可知，高潮潮波速度在 6.8～10.2m/s 之间，低潮潮波速度在 5.4～7.4m/s 之间，与多年统计成果相符。

表 3.3-3　　　　　　　　　　长江口潮波速度统计表

河段	站　别	距离/km	1997 年 3 月 2—13 日				1997 年 8 月 15—26 日			
			高潮时差/h	潮波速度/(m/s)	低潮时差/h	潮波速度/(m/s)	高潮时差/h	潮波速度/(m/s)	低潮时差/h	潮波速度/(m/s)
南支	杨林—徐六泾	37.5	1.52	6.9	1.40	7.4	1.02	10.2	1.53	6.8
	六滧—杨林	38.8	1.13	9.5	1.77	6.1	1.58	6.8	1.65	6.5
	共青圩—杨林	57.4	1.75	9.1	2.52	6.3	2.15	7.4	2.48	6.4
	六滧—崇头	61.4	1.85	9.2	2.53	6.7	1.73	9.8	2.52	6.8
	共青圩—六滧	19.6	0.77	7.1	0.80	6.8	0.55	9.9	0.90	6.0
北支	连兴港—崇头	76.0	2.52	8.4	3.93	5.4	2.32	9.1	3.85	5.5

表 3.3－4　　　　　　　　　　长江口左右岸潮波速度统计

站　　名		间　距 /km	2005 年 1 月 25 日			
			高潮时差 /h	潮波速度 /(m/s)	低潮时差 /h	潮波速度 /(m/s)
左岸	共青圩—六滧	19.6	0.20	24.50	0.70	7.71
	六滧—堡镇	11.7	0.65	5.22	0.35	9.07
	堡镇—南门	21.9	0.43	13.41	0.93	6.53
	南门—崇西	19.2	1.02	5.10	0.98	5.43
	崇西—汇丰码头	26.7	0.65	13.42	0.72	10.28
	汇丰码头—营船港	12.2	0.45	8.49	0.50	6.79
	营船港—南通港	13.4	0.42	18.09	0.25	16.70
	南通港—天生港	6.1	0.33	5.09	0.67	2.55
	天生港—如皋港	23.5	0.33	19.55	0.38	17.29
	如皋港—和尚港	14.7	0.25	15.25	0.45	8.95
右岸	吴淞—石洞口	12.5	0.42	8.94	0.42	8.68
	石洞口—浏河口	20.1	0.45	15.35	0.53	12.10
	杨林—白茆	26.3	0.95	7.76	0.92	8.24
	白茆—徐六泾	11.3	0.42	7.85	0.37	8.48
	徐六泾—七干河	13.6	0.42	14.21	0.50	7.58
	七干河—五干河	14.2	0.45	8.68	0.45	26.05
	五干河—九龙港	14.5	0.33	12.10	0.45	8.87
	九龙港—段山港	9.5	0.17	15.78	0.12	23.68
	段山港—十字港	14.7	0.37	12.27	0.45	9.00
	十字港—江阴	13.5	0.37	10.40	0.28	13.22

由表 3.3－4，长江口左、右两岸同潮时下潮波传播速度不一致，与地形起伏度、河道弯曲半径、断面形状等参数有关，一般而言，上游大于下游，深水大于浅水，顺直河段大于弯曲河段。相关潮位站见图 3.2－1。

3.3.2.3　高低潮时差

根据 1997 年 3 月和 8 月的资料统计（表 3.3－3），长江口河段各处高、低潮时差，杨林至徐六泾，汛期高潮时差为 1.02h，低潮时差为 1.53h，枯季分别为 1.52h、1.40h；六滧至杨林，汛期高潮时差为 1.58h，低潮时差为 1.65h，枯季分别为 1.13h、1.77h；共青圩至杨林，汛期高潮时差为 2.15h，低潮时差为 2.48h，枯季分别为 1.75h、2.52h；连兴港至崇头，汛期高潮时差为 2.32h，低潮时差为 3.85h，枯季分别为 2.52h、3.93h。除枯季杨林至徐六泾低潮时差小于高潮时差外，其余各站各时段均为高潮时差小于低潮时差。

3.3.2.4　涨落潮历时

据 1983 年刊印资料统计，长江口外涨潮历时和落潮历时基本相等，当潮波进入长江口后，由于受到河床的阻力和径流的顶托而发生变形，愈向上游前坡愈陡，后坡愈缓，涨潮历时愈向上游愈短，而落潮历时愈长。北支由于地形的约束涨潮历时比南支长，而落潮历时较南支要短。由于资料的局限，某一时段长江口左、右两岸各站涨、落潮历时及其比值统计见表3.3-5，多年平均涨落潮历时只统计长江委的6个潮位站，见表3.3-6。

表 3.3-5　　　　　　　　　　　　　　长江口左右两岸涨落潮历时及其比值

站名	涨潮/h	落潮/h	涨潮/落潮	站名	涨潮/h	落潮/h	涨潮/落潮
共青圩	5.08	7.35	0.69	吴淞	4.72	7.70	0.61
六滧	4.78	7.65	0.63	石洞口	4.67	7.75	0.60
堡镇	4.85	7.57	0.64	杨林	4.43	7.98	0.56
南门	4.48	7.93	0.57	白茆	4.68	7.73	0.61
崇西	4.53	7.88	0.58	徐六泾	4.55	7.87	0.58
汇丰码头	4.55	7.87	0.58	七干河	4.47	7.97	0.56
营船港	4.47	7.95	0.56	五干河	4.35	8.08	0.54
南通港	4.47	7.95	0.56	九龙港	4.20	8.23	0.51
天生港	4.37	8.05	0.54	段山港	4.17	8.27	0.50
如皋港	4.12	8.30	0.50	十字港	4.00	8.43	0.47
和尚港	4.03	8.38	0.48	江阴	3.98	8.45	0.47

注　统计时间为2005年1—2月。

表 3.3-6　　　　　　　　　　　　　　长江口多年平均涨落潮历时表　　　　　　　　　　单位：h

地点 历时	涨 潮 历 时	落 潮 历 时
徐六泾	4.25	8.17
崇头	4.22	8.20
杨林	4.25	8.18
六滧	4.75	7.68
共青圩	5.02	7.42
连兴港	5.38	7.03

注　统计时间为1988—2010年。

3.3.2.5　潮差

口外潮波传入长江口后逐渐变形，因河槽形态、径流大小以及河床边界的不同，潮波变形情况有很大差异，导致长江口潮位、潮差和潮时沿程发生变化。

南槽—南港—南支及北港—新桥水道为长江口潮波传播方向基本一致的两条主要途径，潮波类型属前进波。在河床阻力及径流阻力双重影响下，潮波变形反映为涨落潮历时不对称和潮差沿程减小（表3.3-5和表3.3-7）。从长江左右两岸涨、落潮潮差沿程变化图（图3.3-2）可以看到，越接近口门，大潮和小潮间的潮差差值越大，越往上游各站大小潮之间的潮差差值越小，南支河段各测站大小潮之间的潮差差值明显大于澄通河段各站，且不同潮型涨落潮潮差表现出不同的特点。大潮期，南支河段各站为落潮潮差略大于涨潮潮差，而澄通河段各站则为涨潮潮差大于落潮潮差；小潮期则正好相反，交界处约位于徐六泾附近。

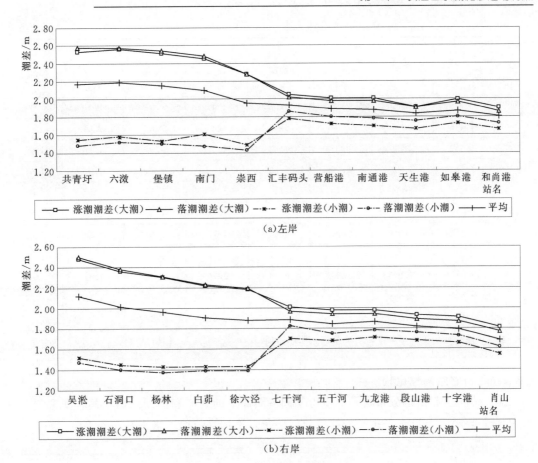

（a）左岸

（b）右岸

图 3.3 - 2　长江口潮差沿程变化

表 3.3 - 7　　　　　　　　　　　　长江左右两岸各潮位站的潮差统计　　　　　　　　　单位：m

站名	项目	大　潮		小　潮		月　平　均		
		涨潮潮差	落潮潮差	涨潮潮差	落潮潮差	涨潮潮差	落潮潮差	平均
左岸	共青圩	2.53	2.58	1.55	1.48	2.17	2.17	2.17
	六溆	2.56	2.57	1.58	1.52	2.19	2.19	2.19
	堡镇	2.51	2.54	1.53	1.50	2.15	2.15	2.15
	南门	2.45	2.48	1.61	1.47	2.11	2.09	2.10
	崇西	2.28	2.28	1.49	1.43	1.96	1.95	1.96
	汇丰码头	2.05	2.02	1.78	1.86	1.94	1.92	1.93
	营船港	2.01	1.98	1.72	1.80	1.90	1.88	1.89
	南通港	2.01	1.98	1.70	1.78	1.89	1.87	1.88
	天生港	1.91	1.91	1.67	1.75	1.84	1.83	1.84
	如皋港	2.00	1.97	1.73	1.80	1.87	1.86	1.87
	和尚港	1.90	1.86	1.66	1.73	1.81	1.80	1.81

续表

项目 站名		大 潮		小 潮		月 平 均		
		涨潮潮差	落潮潮差	涨潮潮差	落潮潮差	涨潮潮差	落潮潮差	平均
右岸	吴淞	2.48	2.50	1.52	1.47	2.12	2.12	2.12
	石洞口	2.36	2.38	1.45	1.40	2.02	2.01	2.02
	杨林	2.30	2.31	1.43	1.37	1.97	1.96	1.97
	白茆	2.22	2.23	1.43	1.39	1.91	1.90	1.91
	徐六泾	2.18	2.19	1.43	1.39	1.89	1.87	1.88
	七干河	2.01	1.97	1.70	1.82	1.89	1.88	1.89
	五干河	1.98	1.94	1.68	1.75	1.85	1.84	1.85
	九龙港	1.98	1.94	1.71	1.78	1.87	1.86	1.87
	段山港	1.93	1.89	1.68	1.76	1.82	1.81	1.82
	十字港	1.91	1.87	1.66	1.73	1.79	1.79	1.79
	江阴	1.81	1.77	1.55	1.62	1.68	1.68	1.68

注 大潮统计时间为 2005 年 1 月 24—26 日；小潮统计时间为 2005 年 2 月 1—3 日；月平均统计时间为 2005 年 1 月 17 日—2 月 12 日

3.3.2.6 相邻站潮位比较

崇头站和白茆站是分布在长江口南支同一断面上的北岸和南岸的两个站，图 3.3-3、图 3.3-4 显示，不论是多年平均潮位值，还是月平均潮位值，崇头站均高于白茆站。

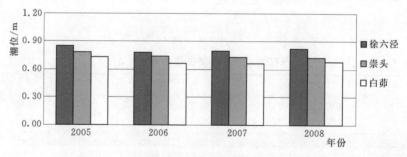

图 3.3-3 相邻潮位站年平均潮位变化（2005—2008 年）

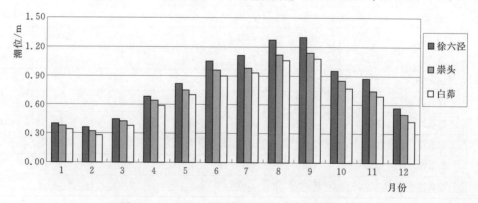

图 3.3-4 2008 年相邻潮位站月平均潮位统计

崇头站潮位低于徐六泾但高于白茆，不考虑沉降的不均匀，首要原因在于崇头站所处的特殊位置。崇头站位于南、北支分汊口头部，分汊口头部迎流顶冲，水位局部壅高；第二个原因在于，涨潮过程中，南支流路较北支顺畅，崇头受南支水流的影响，先到高潮，之后随着北支涌潮出现，倒灌南支，促使崇头水位二次升高，这也可从崇头高平潮时段长于白茆得到印证（图 3.3 - 5），以白茆站为基准，从高潮前 1h 到高潮位时，升高同样的水面（本例中升高 23cm 达到最高潮位），徐六泾用时 0.67h，白茆站用时 1.08h，崇头站用时 1.57h，徐六泾最少，崇头站最长，崇头站在高潮位的时间明显长于白茆站。以上两个原因可能导致了崇头站平均潮位高于白茆站。

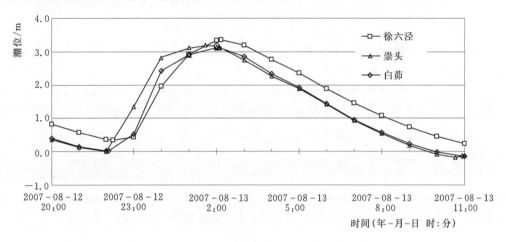

图 3.3 - 5 徐六泾 白茆 崇头三站潮位过程比较

3.3.2.7 平均海平面

平均海平面是潮汐现象中的一个重要的参考面。引起海平面变化的因素很多，如气压、风、降水、水温、盐度、海流等，在长江口地区，巨大的径流量也对海平面的变化起较大作用。本节以理论最低潮面为基准，分析长江口徐六泾和连兴港两站的平均海平面成果，见图 3.3 - 6、图 3.3 - 7。

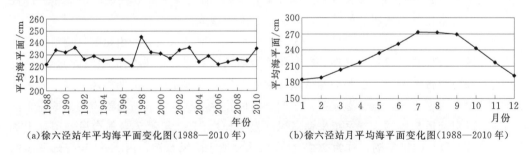

(a)徐六泾站年平均海平面变化图(1988—2010 年)　　(b)徐六泾站月平均海平面变化图(1988—2010 年)

图 3.3 - 6 徐六泾站年、月平均海平均变化图 (1988—2010 年)

徐六泾年平均海平面介于 221～245cm，平均为 229cm，年际变幅为 24cm。多年月均呈单峰型，7 月最高达 273cm，1 月最低为 185cm，月际变幅达 88cm。

连兴港年平均海平面介于 260～284cm，平均为 273cm，年际变幅也为 24cm。多年月

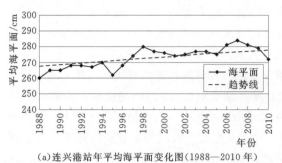
(a)连兴港站年平均海平面变化图(1988—2010年)

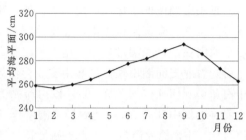
(b)连兴港站月平均海平面变化图(1988—2010年)

图 3.3-7 连兴港站年、月平均海平均变化图(1988—2010年)

平均也呈一峰一谷型,其中 9 月最高达 294cm,2 月最低为 257cm,月际变幅为 37cm,略大于东海水域的月平均海平面 25~35cm 的变幅。

两站海平面多年月变幅的不同与所在位置有关,徐六泾站位于长江口节点段,受径流和潮流的共同作用,洪高枯低明显;连兴港潮位站位于长江北支的口门,径流弱潮汐强,潮位变化受东海潮波的影响显著。因此,连兴港月平均海平面的变幅较徐六泾小很多。

因气候变暖,海平面上升成为全球关注的焦点。IPCC 等国际机构预测,21 世纪全球海面将上升 0.66m;国家海洋局研究表明,我国沿海海平面近几年上升速率加快。图 3.3-7 显示,1988 年至今,连兴港年平均海平面呈逐渐升高的趋势,值得关注。

3.3.3 风暴潮与潮位极值

3.3.3.1 长江口风暴潮特性

风暴潮指由强烈大气扰动,如热带气旋(台风、飓风)、温带气旋(寒潮)或气压骤变等引起的海面异常升高现象。沿海验潮站或河口水位站所记录的海面升降,通常为天文潮、风暴潮、(地震)海啸及其他长波振动引起海面变化的综合特征。如果风暴潮恰好与天文高潮相叠(尤其是与天文大潮期间的高潮相叠),加之风暴潮夹狂风恶浪而至,溯江河而上,则常常使其影响所及的滨海区域潮水暴涨,酿成巨大自然灾害。

国内外学者较多按照诱发风暴潮的大气扰动特性,把风暴潮分为由热带气旋所引起的台风风暴潮(或称热带风暴风暴潮,在北美称为飓风风暴潮,在印度洋沿岸称为热带气旋风暴潮)和由温带气旋等所引起的温带风暴潮两大类。我国是世界上两类风暴潮灾害都非常严重的少数国家之一,风暴潮灾害一年四季均可发生,从南到北所有沿岸均无幸免。国内外通常以引起风暴潮的天气系统来命名风暴潮,如由 1980 年第 7 号强台风(国际上称为 Joe 台风)引起的风暴潮,称为 8007 台风风暴潮或 Joe 风暴潮,由 1969 年登陆北美的 Camille 飓风引起的风暴潮,称为 Camille 风暴潮等。

长江口地区风暴潮绝大部分是由台风所引发,较强的风暴潮灾害全为台风所致,常伴有大浪、暴雨以及 10 级以上大风,具有来势猛、速度快、强度大、破坏力强的特点。影响长江口地区的台风平均每年 2~3 次,5—10 月均可能出现,并集中发生在 7—9 月,占全年的 90%以上。根据台风资料统计,自 1884—2005 年共 121 年间,影响长江口地区的台风共发生 225 次，平均每年发生约 2 次，一年最多出现 7 次（1990 年），最少一次也无（1950 年）。风向以偏 N 风为主（包括 NNW 和 NNE 向），偏 E 风和 S 风其次，风力不小于 8～9 级最多，风力不小于 10 级也占有一定比例，其中 1949—2005 年间共发生 14 次。台风影响下瞬时风速最大可达 44m/s，出现在 1915 年 7 月 28 日。一次台风影响长江口的时间平均持续 2～3d，长的可达 5～6d，短的为 1d。

长江口的台风，登陆型约占 40%，其中 90% 为长江口以南登陆，海上转向型约占 60%。风暴潮所引起的最大增水在空间分布上有南支大于北支，同一河段南岸大于北岸的特点，但差异不明显，基本上呈口外增水大，向上游增水逐渐减小的格局。

3.3.3.2　风暴潮的形成条件

长江口地区风暴潮的形成条件主要有以下 3 点：

（1）地形条件。即海岸线或海湾地形呈喇叭口状，有些呈半封闭型，海滩平缓，当水体向湾内输送时，使海浪直抵湾顶，不易向四周扩散导致水位急剧上升。长江口、杭州湾的湾口形状和朝向，均有利于发生严重的风暴潮。

（2）水文气象条件。出现强烈而持久的向岸大风。长江口沿海地区经常出现秋冬季强寒潮的东北风、夏季台风以及温带气旋带来的东南风。由于强风或气压骤变等强烈的天气系统对海面作用，导致海水位急剧升降。台风的增水强度与其登陆地点、路径、强度（最大风速、最低气压）、风向变化、大风持续时间等多种因素有关。

（3）潮汐条件。逢农历初一、十五的天文大潮，是形成风暴潮的主体。当天文大潮与持续的向岸大风遭遇时，两者叠加，潮位更高，就形成了破坏性的风暴潮，造成更重的灾害。

3.3.3.3　潮位极值

根据徐六泾、杨林、六滧、崇头、外高桥、共青圩、连兴港等站资料，统计各潮位站的历年高低潮极值见表 3.3-8，历年最高和最低潮位沿程变化见图 3.3-8。

表 3.3-8　　　　　　　　长江口代表站实测潮位特征值统计表

站名	最高高潮位/m	出现日期（年-月-日）	最低低潮位/m	出现日期（年-月-日）	最大潮差/m	最小潮差/m	平均潮差/m	统计时段/年
徐六泾	4.83	1997-08-19	-1.26	1999-02-04	4.49	0.02	2.02	1982—2010
崇头	4.68	1997-08-19	-1.33	1988-01-06	4.78	0.04	2.16	1988—2010
杨林	4.50	1997-08-19	-1.47	1990-12-01	4.90	0.01	2.17	1985—2010
吴淞	4.36	1997-08-18	-1.88	1969-04-05	4.45	0.02	2.35	*
外高桥	4.36	1997-08-18	-1.62	1990-12-03	5.42	0.01	2.35	*
六滧	3.95	1997-08-19	-1.77	1990-12-03	5.21	0.01	2.39	1987—2010
共青圩	3.91	2000-08-31	-1.76	1990-12-03	4.90	0.03	2.37	1988—2010
青龙港	4.68	1997-08-18	-2.13	1961-05-04	5.05	0.05	2.68	*
三条港	4.57	1997-08-18	-2.39	1969-04-05	5.63	0.06	3.07	*
连兴港	4.19	1997-08-18	-2.84	2006-03-29	5.80	0.06	2.94	1987—2010

注　表中备注栏带"*"的该行数据摘自文献 [1]。

从表 3.3-8 可以看出，长江口 10 个潮位站多年资料系列中，最高潮位大多出现在 1997 年的温妮台风（Winnie，编号 9711）期间，只有共青圩站最高潮位出现在 2000 年 8 月 31 日（派比安台风期间），共青圩站 1997 年 8 月 18 日 23：40 的最高潮位为 3.89m，与 2000 年 8 月 31 日的最高潮位 3.91m 相比仅差 0.02m。

1997 年 8 月 17 日，温妮台风抵达日本冲绳岛附近海域时，浙江沿海的涨水进程即开始，而此时正值农历七月十五，在望月的帮助下天文大潮与温妮台风叠加，伴随着台风的移动由南向北肆虐福建、浙江、上海、江苏、山东、河北、天津、辽宁沿海，是我国有记录以来破历史潮位记录最多、经济损失最大的一次风暴潮灾害，其影响范围更是只有波利台风（Polly，编号 9216）能与之相提并论。

1997 年 8 月 18 日，温妮台风登陆后从上海西南方经过，最近时中心离上海只有 400km，是一次明显的台风、暴雨、天文大潮三碰头过程，其时风助雨势，雨潮齐临，伴随着一整夜的狂风怒吼。8 月 19 日凌晨，杭州湾沿岸（芦潮）、黄浦江（黄埔公园）及内河（大治河口）沿线、长江口沿线（外高桥）几乎同时达到最高潮位且全部破历史记录。根据潮汐预报表，外高桥站 1997 年 08 月 19 日 0：47 预报高潮位 2.69m，外高桥站实测高潮位出现在 1997 年 8 月 18 日 23：30，潮位高达 4.36m，比预报值升高 1.67m，且提前了 1 小时 17 分；徐六泾站实测值比预报值高 1.96m；青龙港站实测值比预报值高 1.61m。据统计[2]，温妮台风增水大于 50cm 共 4d 7 个潮次，台风影响过程历时亦居长江口历次台风之首。

2000 年受第 12 号派比安台风（PRAPIROON）外围影响，2000 年 8 月 30—31 日，江苏沿海出现了一次特大的暴雨和风暴潮灾害过程，导致共青圩潮位站出现最高潮位。

表 3.3-8 还显示，长江口最高潮位由下游向上游逐渐增大。南支共青圩站为 3.91m，徐六泾为 4.83m；北支连兴港为 4.19m，青龙港为 4.68m。

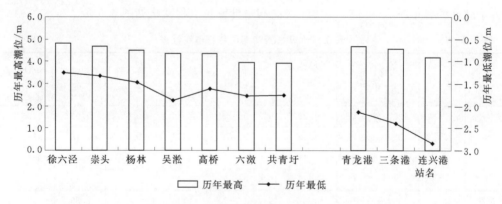

图 3.3-8 各潮位站高低潮极值沿程变化

各潮位站最低潮位出现时间各有不同，徐六泾潮位站近年最低潮位出现在 1999 年 2 月，南支河段的杨林站、北港的六滧站和共青圩 3 站最低潮位均出现在 1990 年 12 月，而布设在崇明洲头的崇头站和北支的连兴港站最低潮位的出现时间分别为 1988 年 1 月和 1987 年 2 月。各站潮位的最大年变幅，北支大于南支，同一河段下游大于上游。

长江中下游河段，大径流是形成高水位的决定性因素，而在长江口河段，水位因天文潮的作用而呈周期性的变化，且由台风产生的风增水明显大于江阴以上的河段（江阴以下台风引起的增水可达 0.9～1.0m）。长江出江阴以后，江面骤然展宽，河槽蓄泄洪水的能力大为增强，从而使得下泄径流对水位的抬高能力大大减弱，因此在长江口，大径流只是形成高水位的基础性条件，稀遇高潮位主要由天文大潮和台风共同作用引起。天文潮在年最高潮位中所占比重最大；风暴潮对河口地区年最高潮位的发生起着"加强"以至形成特高潮位的作用。根据研究，徐六泾站高潮位与大通流量的关系不紧密，相关系数为 0.2，而与台风增水的相关系数为 0.7。

表 3.3-8 中统计的各站有记录以来的最高水位，多数发生在天文大潮遭遇台风之际，相对而言，1998 年是长江近 60 年来发生的仅次于 1954 年的全流域性大洪水，大通流量高达 82300m³/s，淮河入江流量也有 3000～4000m³/s，但由于洪水期间无台风入侵长江口地区，所以该年份徐六泾以下各潮位站并未出现历史最高潮位。当然洪水历时较长时，也会抬升长江口的平均海平面，如徐六泾站，1984—2010 年间的多年平均潮位为 0.84m，而 1998 年达到 1.01m，超过多年平均值 17cm。

3.4　比降变化特点

水面比降，也称水面坡降、坡度，指水面水平距离内垂直尺度的变化，间接地反映势能大小，以千分率或万分率表示。河段水面沿河流方向的高程差与相应的河流长度相比，称之为水面的纵比降。由于河道弯曲处离心力的作用，河道横断面的水面也不平，左右岸水面的高程差与之相应断面的河宽之比，称为水面的横比降。比降可用下式计算：

$$I = \frac{H_{上} - H_{下}}{L}$$

式中　　I——水面比降；

　　　　L——上、下游水尺断面间的河段长度，m；

$H_{上}$、$H_{下}$——上、下游断面水位值，m。

河道横断面左、右岸水面的高程差与相应的河宽之比，称为水面横比降。

河流水面比降，可以根据上、下游的相应水位进行推算。感潮段的水面比降，由于受到潮汐影响，可以通过选择合适的潮位站，利用其相应特征潮位观测资料进行推算。

3.4.1　纵比降的年际变化

一般而言，河流上游，河道比降大，水面比降也大；河流中游，河道比降和水面比降均减小；河流下游，河道比降平缓，水面比降也小。

通过对长江口徐六泾、崇西、杨林、外高桥、六滧、共青圩、青龙港、连兴港等站的年平均潮位、年平均高潮位和年平均低潮位分别进行统计分析，计算不同年份的水面比降。成果见表 3.4-1 和表 3.4-2，其变化过程见图 3.4-1～图 3.4-7。1998 年长江遭遇特大洪水，对各站的潮位均有不同程度的影响，其中徐六泾站的影响要大于下游其他站。

下文 I_1、I_2、I_3 三项比降成果分别表示：I_1 由相邻两潮位站的年平均高潮位推求；I_2 由年平均低潮位推求；I_3 由年平均潮位推求。

表 3.4-1 白茆沙河段部分潮位站间历年比降成果

年 份	徐六泾—杨林			徐六泾—崇西			崇西—杨林		
	I_1	I_2	I_3	I_1	I_2	I_3	I_1	I_2	I_3
1988	0.044	0.108	0.072	0.055	0.128	0.073	0.011	0.039	0.043
1989	0.049	0.110	0.075	0.065	0.124	0.081	0.008	0.051	0.039
1990	0.057	0.108	0.075	0.069	0.122	0.080	0.019	0.047	0.039
1991	0.046	0.105	0.072	0.058	0.119	0.078	0.012	0.046	0.037
1992	0.052	0.092	0.064	0.057	0.101	0.064	0.025	0.044	0.040
1993	0.044	0.084	0.061	0.061	0.098	0.065	0.003	0.032	0.034
1994	0.041	0.076	0.056	0.054	0.109	0.064	0.008	0.001	0.024
1995	0.054	0.081	0.064	0.042	0.080	0.050	0.050	0.053	0.060
1996	0.046	0.068	0.056	0.039	0.071	0.043	0.039	0.038	0.054
1997	0.041	0.062	0.051	0.027	0.068	0.034	0.044	0.031	0.055
1998	0.041	0.081	0.064	0.076	0.102	0.085	−0.023	0.021	0.012
1999	0.038	0.065	0.053	0.021	0.042	0.027	0.047	0.073	0.070
2000	0.038	0.062	0.053	0.028	0.024	0.027	0.037	0.093	0.070
2001	0.030	0.062	0.045	0.042	0.058	0.043	0.002	0.045	0.032
2002	0.036	0.065	0.053	0.032	0.059	0.042	0.027	0.049	0.049
2003	0.037	0.087	0.064	0.034	0.066	0.044	0.027	0.082	0.067
2004	0.022	0.068	0.045	0.005	0.040	0.016	0.037	0.080	0.069
2005	0.026	0.068	0.047	0.043	0.079	0.054	−0.006	0.027	0.021
2006	0.023	0.057	0.036	0.030	0.084	0.042	0.004	−0.002	0.014
2007	0.028	0.052	0.035	0.039	0.082	0.053	0.001	−0.010	−0.003
2008	0.036	0.054	0.040	0.047	0.078	0.060	0.006	0.001	−0.003
2009	0.029	0.048	0.035	0.039	0.074	0.053	0.005	−0.005	−0.004
2010	0.056	0.077	0.061	0.043	0.097	0.056	0.053	0.021	0.045

注 1. 比降单位为万分率。
　　2. 崇西站除 2005 年为实测值外，其余年份均为插补值（由崇头站相关插补）。

表 3.4-2 南、北港及北支河段部分潮位站间历年比降成果

年份	崇西—六滧			六滧—共青圩			杨林—外高桥		崇头—青龙港		青龙港—连兴港	
	I_1	I_2	I_3	I_1	I_2	I_3	I_1	I_2	I_1	I_2	I_1	I_2
1988	0.004	0.055	0.042	0.018	0.013	0.013	−0.015	0.047	−0.152	0.223	0.057	0.091
1989	0.012	0.068	0.047	0.016	0.012	0.014	−0.009	0.053	−0.136	0.207	0.058	0.104
1990	0.005	0.065	0.046	0.018	0.015	0.015	−0.026	0.053	−0.152	0.183	0.048	0.100
1991	0.013	0.070	0.051	0.019	0.016	0.016	−0.009	0.058	−0.128	0.175	0.054	0.112
1992	0.007	0.060	0.043	0.011	0.015	0.011	−0.029	0.047	−0.128	0.167	0.043	0.104
1993	0.010	0.065	0.049	0.011	0.015	0.011	−0.012	0.067	−0.128	0.191	0.046	0.110
1994	0.005	0.050	0.041	0.014	0.019	0.014	−0.023	0.067	−0.152	0.175	0.046	0.098
1995	0.014	0.071	0.053	0.013	0.016	0.013	−0.034	0.067	−0.144	0.246	0.060	0.104

续表

年份	崇西—六滧			六滧—共青圩			杨林—外高桥		崇头—青龙港		青龙港—连兴港	
	I_1	I_2	I_3	I_1	I_2	I_3	I_1	I_2	I_1	I_2	I_1	I_2
1996	0.019	0.062	0.051	0.011	0.016	0.006	−0.034	0.061	−0.120	0.223	0.048	0.107
1997	0.013	0.045	0.039	0.009	0.018	0.015	−0.045	0.044	−0.160	0.167	0.046	0.100
1998	−0.006	0.069	0.038	0.026	0.010	0.017	−0.026	0.050	—		—	
1999	0.011	0.057	0.042	0.023	0.022	0.023	−0.017	0.058	—		—	
2000	0.007	0.073	0.045	0.021	0.015	0.018	−0.017	0.056	—		—	
2001	0.005	0.064	0.043	0.011	0.006	0.007	−0.026	0.056	—		—	
2002	0.016	0.058	0.046	0.005	0.005	0.007	−0.020	0.061	—		—	
2003	0.017	0.072	0.052	0.005	−0.005	0.001	−0.014	0.057	−0.078	0.286	0.037	0.093
2004	0.012	0.058	0.043	0.016	0.007	0.011	0.002	0.060	−0.021	0.284	0.019	0.089
2005	0.008	0.050	0.037	0.006	0.006	0.010	0.017	0.081	−0.099	0.235	0.028	0.099
2006	0.011	0.038	0.036	0.005	0.006	0.007	0.004	0.073	−0.130	0.207	0.020	0.083
2007	0.020	0.042	0.041	0.005	0.000	0.000	0.016	0.081	−0.136	0.231	0.025	0.069
2008	0.015	0.039	0.033	0.012	0.012	0.011	0.016	0.078	−0.097	0.254	0.020	0.071
2009	0.015	0.036	0.031	0.012	0.018	0.013	0.017	0.079	—		—	
2010	0.020	0.036	0.037	0.014	0.017	0.016	−0.006	0.062	—		—	

注　1. 外高桥站只有高、低潮。

2. 青龙港站只有高、低潮资料，且青龙港站1998—2002年高低潮位部分数据经考证有误，未参加统计。

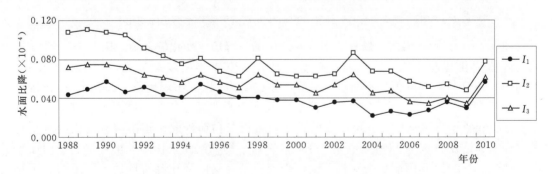

图 3.4－1　徐六泾—杨林（徐六泾节点段，白茆沙南水道）水面比降变化

由图 3.4－1 可以看到，历年来徐六泾至杨林，I_1、I_2、I_3 的变化趋势都较一致，从 1988 年至 2009 各比降值均呈逐渐减小的趋势，其中 I_1 在 2004 年达到最低值后呈逐渐增加的趋势。由前文分析可知，三峡蓄水后上游来水总量略有减小，汛期坦化明显，其对徐六泾站的年平均潮位的影响大于下游，如 2010 年上游来水明显增加，大通站超过 5 万 m^3/s 的流量达 56d，超过 6 万 m^3/s 流量的天数达 24d，年径流量超过多年平均值（8965

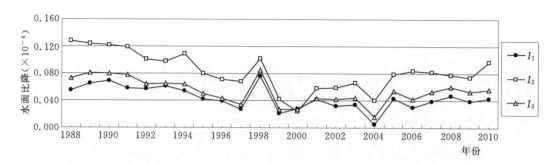

图 3.4-2 徐六泾—崇西（白茆沙北水道上段）水面比降变化

亿 m³）约 14%。上游来水的增大对徐六泾水位的抬升明显高于下游的杨林站，故 2010 年该段比降明显增加。

由图 3.4-2 可以看到，徐六泾至崇西的水面比降，I_1、I_2 和 I_3 的变化趋势基本一致，从 1988—2010 各比降值先是呈逐渐减少的趋势，在 2000 年 I_2 达到最小值后，各比降值又呈逐渐增加的趋势（2004 年例外）。1998 年的突变，其原因在于当年全流域发生大洪水，导致徐六泾与崇西之间的比降陡增。

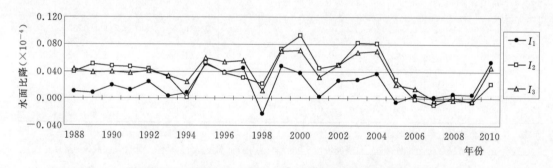

图 3.4-3 崇西—杨林（白茆沙北水道下段）水面比降变化

图 3.4-3 显示，崇西—杨林站 I_1、I_2、I_3 的比降历年变化较复杂。从 1988—1994 年间比降值变化比较平缓，略呈减小趋势，1995—2004 年间波动较大，I_2、I_3 值较大，2004—2008 年则各比降值呈不断减小趋势，并在 2005 年 I_1 出现负值，2006 年 I_2 出现负值，2007 年 I_2、I_3 均出现负值，负比降的出现在于崇西站近年来的高潮平均潮位、低潮平均潮位和年平均潮位均有一定程度的下降，可能与白茆沙北水道落潮分流比的减小有关，而杨林站在 2005 年以后潮位并未降低。崇西—杨林站间负比降的出现不利于白茆沙北水道泄流。2010 年因流域来水量大增，崇西—杨林站间的比降有所增大，说明大水年应有利于白茆沙北水道下段的发展。

图 3.4-4 显示，崇西—六滧站 1988—2003 年间 I_1、I_2、I_3 的比降历年变化较小；2003—2006 年间 I_2、I_3 略呈下降趋势，年平均高潮位比降（I_1）变化不大；2006 年后，3 个比降值基本稳定，该时段新桥水道和北港上段的发展比较平稳。

受资料限制，杨林—外高桥段仅计算 I_1、I_2。图 3.4-5 显示，杨林—外高桥 1988—2010 年间 I_2 历年变化比较平缓，即两站间的年平均低潮位比降变化不大，略呈上升趋

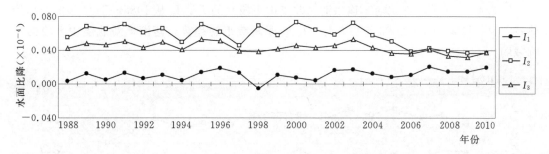

图 3.4-4　崇西—六滧（新桥水道及北港上段）水面比降变化

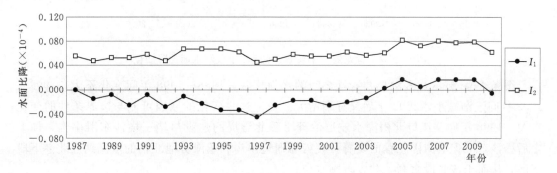

图 3.4-5　杨林—外高桥（南支主槽及南港上段）水面比降变化

势。I_1 历年变化，1987—1997 年间 I_1 略有起伏，总体呈下降趋势；而 1997 年后直至 2009 年，则明显呈上升趋势。从数据可知，1998 年前杨林和外高桥站的年平均高潮位呈同步上升趋势，1998 年后两站的年平均低潮位又呈同步下降趋势，相对而言，两潮位站的年平均高潮位的变化大于年平均低潮位的变化，故 I_1 较 I_2 波动大。

南北港分流段是长江口地区水下地形变化最复杂的区域河段之一，水面纵横比降的变化也显得少有规律。

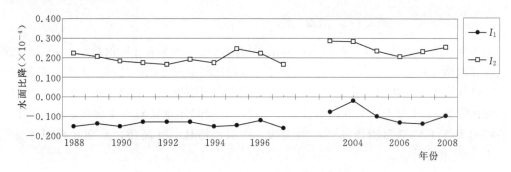

图 3.4-6　崇头—青龙港（北支上段）水面比降变化

受资料限制，北支河段也采用高潮平均和低潮平均来分析比降的历年变化趋势。图 3.4-6 显示，崇头—青龙港段（北支上段），1988—1997 年间 I_1、I_2 小于 2004—2008 年间，即近几年北支上段比降略有增大，而 I_1 长期呈负值，说明高潮时段青龙港潮位高于崇头，涨潮倒灌南支。I_2 近年增大，有利于维持北支上段的水深。

图 3.4-7 显示，青龙港—连兴港（北支中下段）的 I_1、I_2 从 1988—1997 年的变化趋势较一致，稳定少变。2003 年后，I_1、I_2 有逐渐减小的趋势，落潮流对北支中下段的影响减弱。

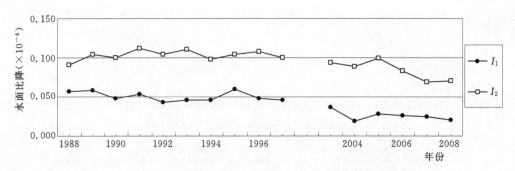

图 3.4-7　青龙港—连兴港（北支中下段）水面比降变化

图 3.4-8 显示，六潋与共青圩之间的水面比降，1988—1998 年间变化不大，1998—2003 年间逐渐减小，2003 年后又逐渐增大。发生这些变化的原因可能与边界条件的变化有关。1998 年底长江口北槽深水航道治理工程北导堤的建设封堵了横沙东滩串沟，加上之后横沙东滩促淤圈围工程的实施，使得原通过串沟和越滩分泄北槽的水流纳入北港下段下泄，从而于该时段壅高了共青圩站水位。

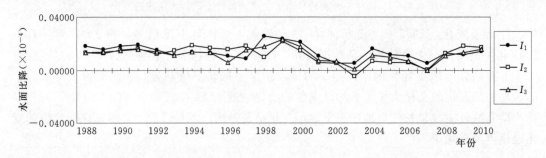

图 3.4-8　六潋—共青圩（北港下）水面比降变化

上述统计图表表明，同一时段内由高潮平均潮位统计的水面比降值最小，低潮平均潮位统计的水面比降值最大，年平均潮位统计的水面比降值介于两者之间。大洪水对各河段水面比降的影响不尽相同，越往下游，径流对潮位的影响越小。如徐六泾—崇西—杨林间的水面比降受 1998 年大洪水的影响较大，比降值与相邻年度比较产生突变，洪水对徐六泾的影响大于下游崇西和杨林站；而崇西—六潋、杨林—外高桥，水面比降基本未受 1998 年大洪水的影响。

3.4.2　纵比降的年内变化

上节可知，长江口纵比降存在年际变化，一般洪水年大于平（枯）水年，离口门越近，洪水对比降的影响越小，但会抬升平均潮位。1998 年长江口口门 3 站的年内汛、枯季潮位差异见表 3.4-3，共青圩、六潋、连兴港 7—9 月的月平均水位比 2 月分别高 0.33m、0.39m、0.21m。

　　长江口水面纵比降无时无刻不在变化之中，年内不但有汛、枯季的差异，不同潮型（大、中、小潮）之间亦有不同。以大通年径流量为参考，选取 1998 年、2005 年、2006 年分别为洪、平、枯水年，统计年内大、中、小潮期间南支上段徐六泾与杨林两站的纵比降变幅见表 3.4 - 4，比降与同期潮位的变化过程见图 3.4 - 9～图 3.4 - 11，图 3.4 - 12 为平水年大、中、小潮期两站的潮位、比降、流速变化过程线。

表 3.4 - 3　　　　　　　　　　长江口口门三站洪水年汛枯季潮位比较　　　　　　　　单位：m

测　次	观测项目 / 站名	共　青　圩			六　滧			连　兴　港		
		月平均	高潮平均	低潮平均	月平均	高潮平均	低潮平均	月平均	高潮平均	低潮平均
观测时间（年-月）	① 1998 - 02	2.12	3.41	0.93	2.34	3.58	1.20	2.30	3.78	0.82
	② 1998 - 07	2.45	3.69	1.28	2.74	4.16	1.40	2.53	4.01	0.99
	③ 1998 - 08	2.40	3.62	1.25	2.54	3.97	1.20	2.45	3.94	0.91
	④ 1998 - 09	2.50	3.77	1.32	2.91	4.40	1.51	2.55	4.10	0.99
潮位差	②－①	0.33	0.28	0.35	0.40	0.58	0.20	0.23	0.23	0.17
	③－①	0.28	0.21	0.32	0.20	0.39	0.00	0.15	0.16	0.09
	④－①	0.38	0.36	0.39	0.57	0.82	0.31	0.25	0.32	0.17
	平均	0.33	0.28	0.35	0.39	0.60	0.17	0.21	0.24	0.14

表 3.4 - 4　　　　　　　　不同水情组合下徐六泾与杨林站间纵比降统计　　　　　　　　$\times 10^{-4}$

观测时间（年-月）	潮　型	负　比　降		正　比　降		最大变幅
		最大	最小	最大	最小	
1998 - 09	大潮	−0.1550	−0.5317	0.2992	0.0027	0.8309
	中潮	−0.0080	−0.3420	0.2912	0.0641	0.6332
	小潮	−0.0027	−0.1256	0.1737	0.0053	0.2992
2005 - 05	大潮	−0.0053	−0.3874	0.2244	0.0187	0.6118
	中潮	−0.0214	−0.2324	0.1924	0.0080	0.4248
	小潮	−0.0321	−0.1202	0.1282	0.0027	0.2485
2006 - 01	大潮	−0.0053	−0.3206	0.1710	0.0294	0.4916
	中潮	−0.0401	−0.2779	0.1576	0.0454	0.4355
	小潮	−0.0134	−0.1416	0.0908	0.0160	0.2324

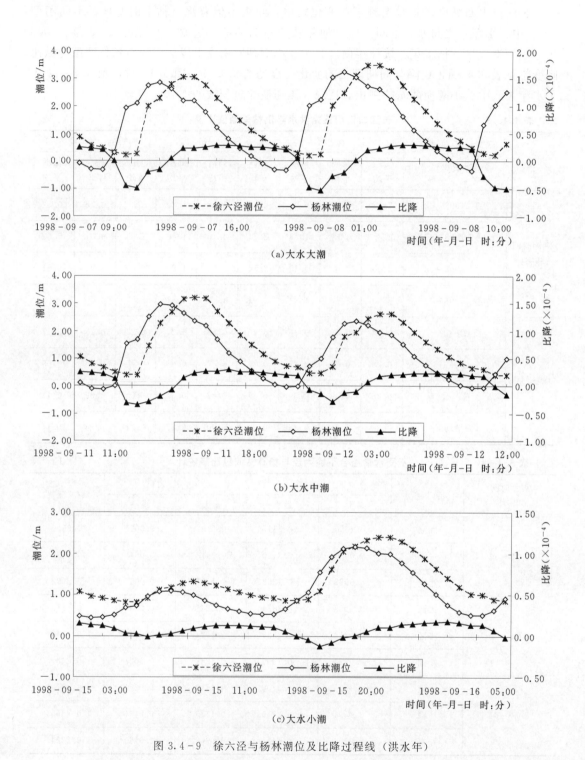

(a)大水大潮

(b)大水中潮

(c)大水小潮

图 3.4-9　徐六泾与杨林潮位及比降过程线（洪水年）

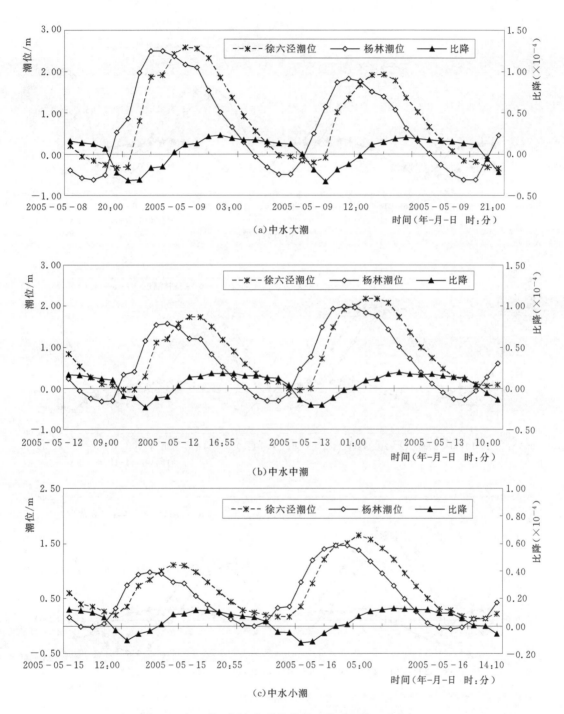

（a）中水大潮

（b）中水中潮

（c）中水小潮

图 3.4-10　徐六泾与杨林潮位及比降过程线（平水年）

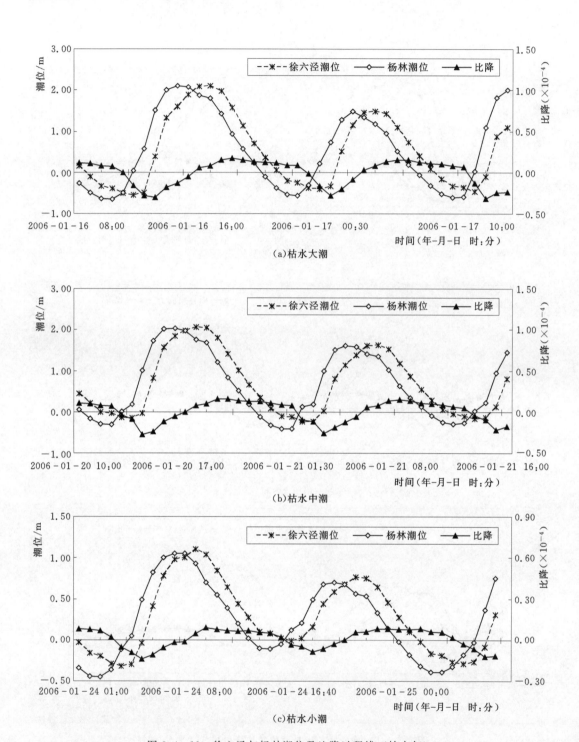

(a)枯水大潮

(b)枯水中潮

(c)枯水小潮

图 3.4-11　徐六泾与杨林潮位及比降过程线（枯水年）

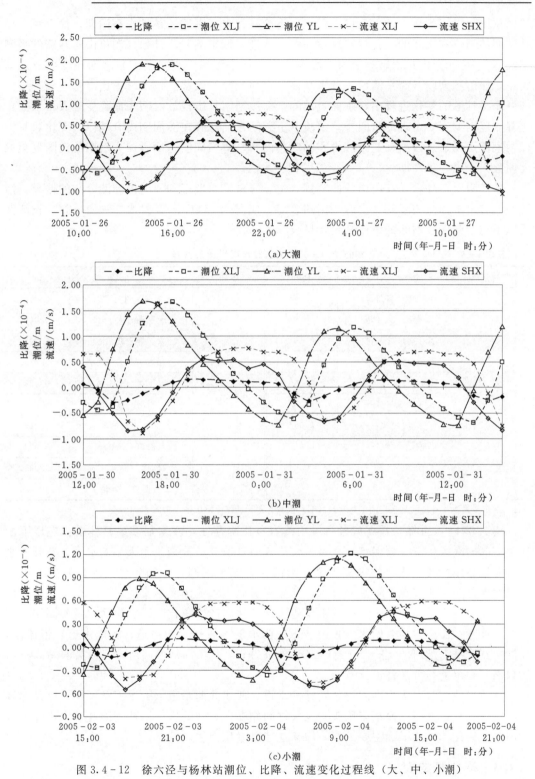

图 3.4-12 徐六泾与杨林站潮位、比降、流速变化过程线（大、中、小潮）

注 图 3.4-12 中流速变化取落潮期为正。数据系列含义：比降为徐六泾—杨林；潮位 XLJ 为徐六泾站潮位；潮位 YL 为杨林站潮位；流速 XLJ 为靠近徐六泾潮位站附近站点的同期潮流成果；流速 SHX 为靠近杨林站附近站点的同期潮流成果。

从图 3.4-9～图 3.4-12 可以看出，不论是大水大潮期还是枯水小潮期，徐六泾—杨林站间的潮位和比降的变化规律均较一致。从进入低平潮阶段开始（潮位由落转涨的平潮期间），水位比降由正值转为负值，涨潮期间（低平潮后—高平潮前）水面比降由负逐渐转正，而落潮期间（高平潮后—低平潮前）水面比降一般都是正值（正比降）。一涨一落，即一个半日潮的变化过程中，水面负比降（涨潮期间）出现的时间短而且变幅大，水面正比降（落潮期间）出现的时间长。河段上下游间水面比降在潮周期内有规律的变化，是河段内潮流运动、悬沙活动、床沙推移的动力因素。对不同潮型而言，大潮期的比降变化幅度明显大于中、小潮期。

从江阴至口外，长江河道江面宽阔，由于河道平面形态和河床内洲滩分布的差异，河道左、右岸水面纵比降特性也有一定的差异。根据 2005 年 1—2 月水文观测资料，长江江阴以下左右两岸各站间的纵比降统计见表 3.4-5。

表 3.4-5　　　　　　　2005 年 1—2 月长江口水面纵比降统计　　　　　　　$\times 10^{-4}$

岸别	站　名	比降	岸别	站　名	比降
左岸	和尚港—如皋港	0.041	右岸	江阴—十字港	0.007
	如皋港—天生港	−0.021		十字港—太子圩	0.016
	天生港—南通港	0.192		太子圩—九龙港	0.008
	南通港—营船港	−0.023		九龙港—五干河	0.079
	营船港—汇丰码头	0.099		五干河—七干河	0.029
	汇丰码头—崇头	−0.034		七干河—徐六泾	−0.021
	崇头—南门	0.054		徐六泾—白茆	0.017
	南门—堡镇	0.018		白茆—杨林	0.023
	堡镇—六滧	−0.043		杨林—石洞口	0.025
				石洞口—吴淞	−0.026

注　表中成果采用各站的月平均潮位（含高低潮）推算。太子圩位于段山港上游约 2km 处。

由表 3.4-5 可知，长江口各河段内均有负比降存在，左岸居多。具体看，左岸下游比上游高的有天生港、营船港、六滧、崇头 4 站，前 3 站分别位于天生港水道、新开沙水道、北港堡镇沙北汊内，均为涨潮槽，涨潮动力强于落潮；崇头站位置比较特殊，位于南、北支分、汇流交点，落潮易壅水，涨潮则受北支水流倒灌南支的影响，产生二次水位抬升，导致其平均潮位高于上游的汇丰码头站，从而产生负比降。右岸徐六泾站高于七干河站，可能在于徐六泾为四水（狼山沙东、西水道、通州沙西水道、福山水道）汇流段，而断面宽度从七干河的 10.8km 急剧缩窄至 5.7km，水位局部壅高所致；而吴淞站高于石洞口站，则可能与黄浦江汇流有关。

从地形演变看，天生港水道、新开沙水道、通州沙西水道（七干河站所在）以及北港北汊均处于衰退之中，而汇丰码头与崇头之间亦存在宽阔的新通海沙，因此，纵比降为负的河段，往往非径流下泄主要河段，河床往往以淤积为主。

3.4.3　横比降的变化

在长江口河床洲滩交织、水流泥沙运动复杂等诸多因素形成的沿程阻力和局部阻力情况下，长江口左、右岸在一个潮周期中同一断面上总存在水位差，导致水面产生横比降。本节的横比降以水位北高南低为"＋"、南高北低为"－"表示。

以 2005 年 1 月 24 日—2 月 4 日进行的大、中、小 3 个代表潮水文测验资料为基础，选取如皋港—太字圩、营船港—七干河、汇丰码头—徐六泾、南门—杨林 4 个观测断面，对不同潮型下各断面水面横比降的变化进行统计分析，见表 3.4 - 6 和图 3.4 - 13。需要说明的是，营船港—七干河、汇丰码头—徐六泾、南门—杨林并不完全处于同一横断面的左右侧。

图表显示，长江口下游横比降变化幅度大于上游。不论大潮、中潮还是小潮，下游断面（汇丰码头—徐六泾和南门—杨林两断面）的比降变幅均较上游断面（如皋港—太字圩、营船港—七干河）大。另外，横比降的变化还与潮差有一定的对应关系，潮差大，横比降亦大；而小潮期，潮差小，横比降相应较小。由表 3.4 - 6 可见，此次测验，澄通河段中潮时的潮差大于大潮，因而中潮的横比降极值也大于大潮。

表 3.4 - 6　　　　　　　　大、中、小潮期部分观测断面水面横比降统计

断面名称	潮型	比降（×10⁻⁴）		
		最小值	最大值	变幅
如皋港—太字圩	大潮	−0.0437	0.1020	0.1457
	中潮	−0.0874	0.1311	0.2186
	小潮	−0.0583	0.0729	0.1311
营船港—七干河	大潮	0.0087	0.1482	0.1395
	中潮	−0.0087	0.1482	0.1569
	小潮	0.0262	0.1569	0.1308
汇丰码头—徐六泾	大潮	−0.3231	0.0850	0.4081
	中潮	−0.4591	0.1870	0.6461
	小潮	−0.2891	0.1020	0.3911
南门—杨林	大潮	−0.1866	0.2222	0.4088
	中潮	−0.1866	0.1689	0.3555
	小潮	−0.2311	0.1244	0.3555

注　表中潮差均为断面左侧测站的潮差。

2005 年 1 月大潮期间涨急、涨憩、落急、落憩 4 个时刻的长江口左右两岸的水面横比降统计见表 3.4 - 7。

表 3.4 - 7　　　　　　2005 年 1 月大潮期长江口左右两岸水面横比降　　　　　　×10⁻⁴

序号	测站名称	涨急	涨憩	落急	落憩
1	和尚港—十字港	0.073	0.158	0.085	0.073
2	如皋港—太字圩	0.226	0.014	−0.028	0.028
3	南通港—五干河	0.028	0.180	0.180	0.055
4	汇丰码头—七干河	−0.074	0.131	0.123	−0.049
5	崇头—白茆	0.034	0.358	0.222	0.077
6	南门—杨林	−0.142	0.151	0.151	−0.027
7	堡镇—吴淞口	0.059	−0.041	−0.117	−0.035

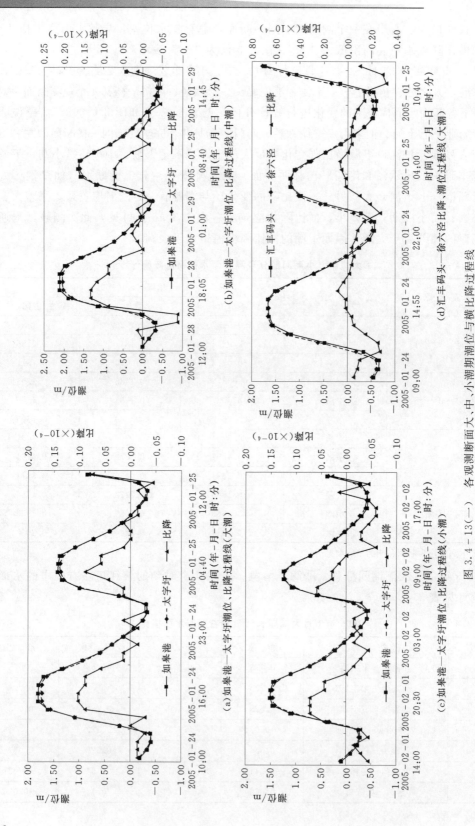

图 3.4-13（一） 各观测断面大、中、小潮期潮位与横比降过程线

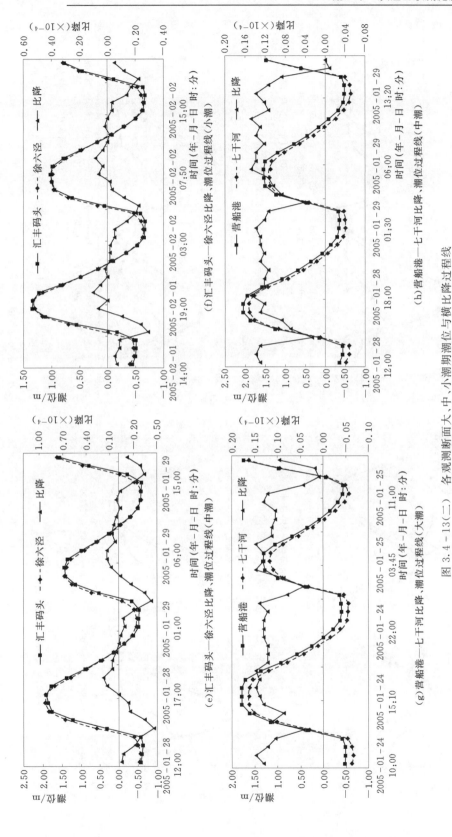

图 3.4-13（二）　各观测断面大、中、小潮期潮位与横比降过程线

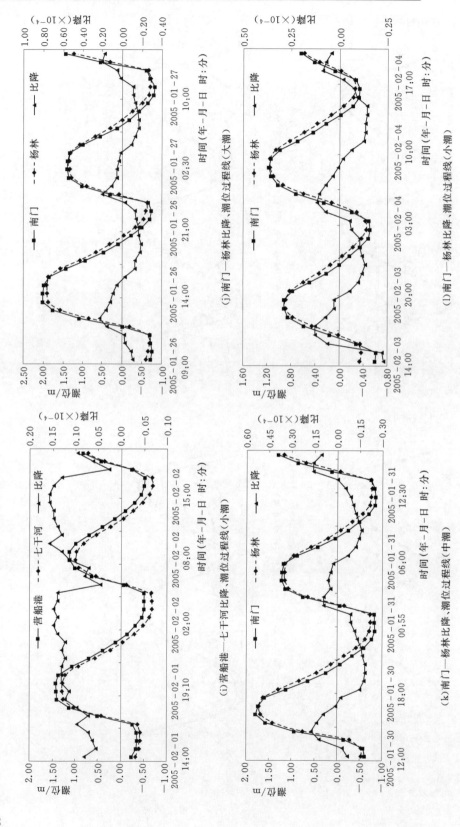

(j)南门—杨林比降、潮位过程线（大潮）

(l)南门—杨林比降、潮位过程线（小潮）

(i)营船港—七干河比降、潮位过程线（小潮）

(k)南门—杨林比降、潮位过程线（中潮）

图 3.4-13（三） 各观测断面大、中、小潮期潮位与横比降过程线

长江口水面横比降的存在，助长了河道内横向汊道的发育。表 3.4 - 7 表明：

（1）澄通河段主要受径流作用，福左、福右水道横比降（参照和尚港—十字港）的存在，产生由左向右横向水流，是双铜沙滩面串沟形成的动力条件。相对而言，涨憩时刻比降最大，虽然纵向水流流速较小，但横向水流对串沟发育有较大贡献。

（2）通州沙东西水道水面横比降（南通港—五干河）的存在为通州沙横向串沟的形成提供了动力条件，涨憩与落急时段水面横比降最大。

（3）狼山沙东西水道间洲滩众多，从汇丰码头—七干河的水面横比降可以看出，大潮期间在落憩至涨急时段，狼山沙西水道的水流越过狼山沙进入狼山沙东水道，而在涨憩至落急时段，狼山沙东水道的水面高于狼山沙西水道，该河段东西水道的水流交换，为沙体上横向串沟的形成与发育提供了动力条件。

（4）南支中上段（南门—杨林），落憩至涨急时段南支主槽的水面高于新桥水道，涨憩至落急时段新桥水道的水面高于南支主槽，给扁担沙上横向串沟的形成与发育创造了条件。

（5）地处南北港分流段以下的堡镇—吴淞之间的比降表明，大潮周期内的大部分时段南港水面高于北港，只有在涨急时段北港水面高于南港。

3.5　泥沙

长江河口受径、潮流共同作用，导致上游来沙在长江口各汊道的输移量各不相同且不断变化，泥沙分布复杂。一般认为，空间上，落潮流占优势的河段，含沙量的变化主要受径流控制，落潮含沙量大于涨潮，且含沙量垂向分布梯度大；涨潮流占优势的河段，含沙量的变化除受上游来水来沙条件影响外，主要受潮流控制，涨潮含沙量大于落潮，尤其在大潮期，而含沙量垂向分布差异也小于径流控制的河段。时间上，长江口水域含沙量主要呈枯季小、洪季大的特性，但在时/天/月的短周期内，含沙量与潮汐要素密切相关，表现为潮差大，含沙量高，即大潮期含沙量明显高于小潮期；而大风天的风浪掀沙可造成河口水域含沙量明显增加。

本节选取有代表意义的部分水文测验测次的泥沙资料来分别表述长江口澄通河段、徐六泾节点段以及徐六泾以下各河段泥沙的时空分布及变化，测流站点见图 3.2 - 1。

3.5.1　澄通河段

3.5.1.1　含沙量

长江平均每年（1950—2010 年，本节同）有约 3.9 亿 t 的泥沙下泄进入河口，洪季输沙量占全年输沙量的 81%，其中 7 月输沙量最多，月平均输沙量为 0.86 亿 t，月平均含沙量为 0.64kg/m³；2 月输沙量最少，月平均输沙量为 251 万 t，月平均含沙量为 0.093kg/m³。澄通河段为径流控制河段，因此上游来沙的多寡直接影响着本河段输沙的多少以及含沙量的大小。根据 2004 年 8 月（洪季）和 2005 年 1 月（枯季）两测次的资料，统计各断面各站点的潮平均含沙量见表 3.5 - 1，断面潮平均含沙量沿程变化见图 3.5 - 1。

表3.5－1 澄通河段各断面各站点潮平均含沙量统计

断面	站点	洪季/(kg/m³)						枯季/(kg/m³)					
		涨潮			落潮			涨潮			落潮		
		大潮	中潮	小潮	大潮	中潮	小潮	大潮	中潮	小潮	大潮	中潮	小潮
肖山	XSA	0.131	0.080	—	0.205	0.153	0.107	0.051	0.062	0.052	0.052	0.062	0.062
	XSB	0.089	—	—	0.164	0.143	0.109	0.037	0.053	0.037	0.045	0.060	0.047
	XSC	0.080	0.081	—	0.116	0.119	0.083	0.025	0.048	0.037	0.028	0.046	0.041
福姜沙左	FZA	0.127	0.076	—	0.164	0.147	0.104	0.025	0.037	0.021	0.025	0.042	0.039
	FZB	0.103	0.063	—	0.140	0.150	0.110	0.043	0.041	0.037	0.041	0.045	0.040
	FZC	0.127	0.102	—	0.128	0.115	0.090	0.042	0.045	0.047	0.039	0.047	0.045
福姜沙右	FYA	0.089	0.082	—	0.095	0.101	0.068	0.033	0.038	0.042	0.031	0.039	0.039
	FYB	0.069	0.059	—	0.080	0.083	0.057	0.033	0.042	0.027	0.047	0.039	0.030
如皋中汊	RZA	0.242	0.154	—	0.176	0.119	0.111	0.070	0.067	0.136	0.061	0.068	0.067
	RZB	0.593	0.133	—	0.272	0.177	0.114	0.057	0.069	0.059	0.061	0.072	0.055
如皋右汊	RYA	0.142	0.132	—	0.155	0.134	0.120	0.042	0.053	0.045	0.043	0.050	0.050
	RYB	0.094	0.106	—	0.115	0.111	0.063	0.041	0.053	0.037	0.047	0.059	0.039
	RYC	0.099	0.100	0.045	0.118	0.110	0.063	0.039	0.053	0.044	0.041	0.055	0.041
九龙港	JLGA	0.230	0.265	0.119	0.288	0.218	0.141	0.085	0.078	0.061	0.064	0.068	0.057
	JLGB	0.139	0.133	—	0.169	0.145	0.119	0.045	0.049	0.035	0.045	0.052	0.040
通州沙东	TZSDA	0.150	0.107	0.074	0.143	0.129	0.080	0.046	0.044	0.032	0.038	0.041	0.034
	TZSDB	0.129	0.090	—	0.123	0.114	0.075	0.036	0.048	0.043	0.037	0.032	0.045
	TZSDC	0.216	0.177	0.047	0.174	0.142	0.070	0.047	0.075	0.038	0.034	0.049	0.036
通州沙西	TZSXA	0.365	0.254	0.057	0.182	0.155	0.068	0.050	0.076	0.026	0.029	0.033	0.025
	TZSXB	0.359	0.212	0.048	0.258	0.164	0.067	0.082	0.107	0.072	0.060	0.078	0.054
新开沙	XKS	0.254	0.146	0.045	0.186	0.137	0.057	0.068	0.059	0.044	0.062	0.043	0.036
狼山沙东	LSSZA	0.175	0.148	0.055	0.194	0.146	0.075	0.063	0.089	0.036	0.051	0.076	0.046
	LSSZB	0.161	0.107	0.035	0.160	0.148	0.075	0.061	0.067	0.050	0.060	0.065	0.055
狼山沙西	LSSYA	0.176	0.118	—	0.155	0.108	0.059	0.055	0.067	0.040	0.051	0.064	0.036
	LSSYB	0.165	0.118	0.041	0.195	0.156	0.043	0.050	0.045	0.030	0.047	0.041	0.028
徐六泾	XLJA	0.251	0.131	0.076	0.252	0.134	0.079	0.184	0.084	0.042	0.090	0.069	0.042
	XLJB	0.249	0.154	0.096	0.321	0.187	0.110	0.135	0.077	0.035	0.114	0.089	0.054
	XLJC	0.227	0.143	0.076	0.194	0.119	0.067	0.116	0.068	0.038	0.061	0.053	0.033
	XLJD	0.244	0.099	0.069	0.191	0.095	0.048	0.089	0.071	0.031	0.065	0.055	0.024
	XLJE	0.195	0.065	0.050	0.152	0.075	0.053	0.066	0.063	0.036	0.048	0.043	0.023

1. 洪枯季变化

由于上游来沙的季节性变化，澄通河段含沙量变化也有季节性特点，即无论涨落潮洪季均大于枯季，大潮期尤甚。垂线平均含沙量涨、落潮最大值洪季分别为 0.681kg/m³ 和

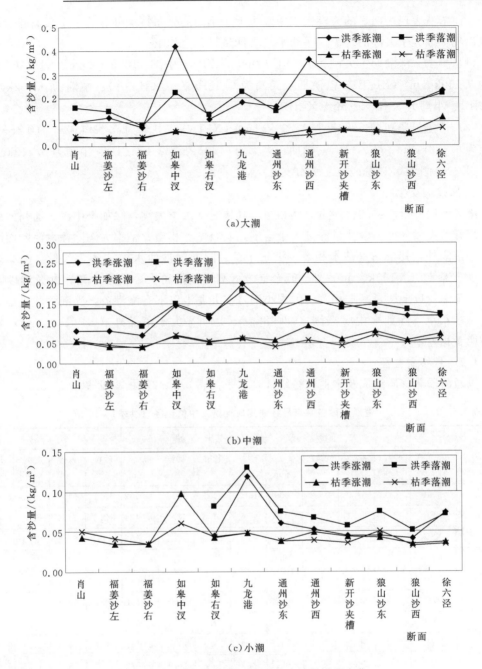

图 3.5 - 1　澄通河段断面潮平均含沙量沿程变化

$0.601kg/m^3$，分别位于如皋中汊断面右侧和九龙港断面左侧；枯季分别为 $0.299kg/m^3$ 和 $0.145kg/m^3$，位于徐六泾断面左侧的 A、B 两站点，均出现在大潮期。

2. **大小潮变化**

澄通河段洪季小潮期涨潮流约抵达九龙港附近（如皋沙群一带）。洪季不同潮型含沙量差异明显，该河段含沙量均为大潮大于中潮更大于小潮。枯季由于含沙量比较小，除徐六泾断面依然表现为明显的大潮大于中潮更大于小潮的分布特点外，有多个断面涨潮期含沙量出现中潮大于大潮的现象。垂线平均含沙量最大值如下。

（1）洪季。涨潮期：大潮为 0.681kg/m³（RZB）、中潮为 0.520kg/m³（JLGA）、小潮为 0.150kg/m³（XLJB）；落潮期：大潮为 0.601kg/m³（JLGA）、中潮为 0.352kg/m³（XLJB）、小潮为 0.150kg/m³（XLJB）。

（2）枯季。涨潮期：大潮为 0.299kg/m³（XLJA）、中潮为 0.139kg/m³（TZSXB）、小潮为 0.189kg/m³（RZA）；落潮期：大潮为 0.145kg/m³（XLJB）、中潮为 0.119kg/m³（XLJB）、小潮为 0.137kg/m³（RZA）。

3. 涨落潮变化

澄通河段涨落潮平均含沙量总体相当。具体为：洪季大潮，除如皋中汊、通州沙西水道、新开沙夹槽 3 处的含沙量涨潮大于落潮，其余站点相当；枯季大潮除徐六泾断面涨潮稍大于落潮外，其余站点基本相等。洪季中潮，除通州沙西水道涨潮含沙量（0.233kg/m³）大于落潮（0.160kg/m³）外，其余地方落潮含沙量稍大；枯季中潮，九龙港以下涨潮大于落潮，以上两者基本相等。洪季小潮，仅九龙港以下有涨潮流，涨潮含沙量小于落潮；枯季小潮，除如皋中汊涨潮（0.098kg/m³）明显大于落潮外（0.061kg/m³），其余地方两者相差不大。

3.5.1.2 悬移质粒径

澄通河段悬移质组成及中值粒径统计，洪季见表 3.5-2，枯季见表 3.5-3。

表 3.5-2　　　　　　澄通河段各站点悬移质组成比例及中值粒径（洪季）

断面	站点	大　潮				中　潮				小　潮			
		砂粒/%	粉砂/%	黏粒/%	D_{50}/mm	砂粒/%	粉砂/%	黏粒/%	D_{50}/mm	砂粒/%	粉砂/%	黏粒/%	D_{50}/mm
肖山	XSA	8.8	67.0	24.2	0.0096	13.2	71.1	15.7	0.0182	10.1	69.2	20.7	0.0107
	XSB	12.1	64.1	23.9	0.0150	8.6	77.8	13.6	0.0134	12.2	64.4	23.4	0.0118
	XSC	9.3	60.5	30.3	0.0083	7.8	80.0	12.2	0.0152	7.7	67.2	25.1	0.0090
福姜沙左	FZA	5.3	65.2	29.4	0.0077	9.5	63.0	27.5	0.0087	9.1	63.9	27.0	0.0084
	FZB	4.0	63.0	33.0	0.0068	9.9	60.0	30.1	0.0087	7.2	66.3	26.6	0.0085
	FZC	5.7	65.3	29.0	0.0078	3.2	69.1	27.7	0.0078	6.5	62.7	30.7	0.0076
福姜沙右	FYA	6.0	72.9	21.0	0.0109	2.3	67.1	30.7	0.0071	3.5	73.3	23.3	0.0089
	FYB	6.7	75.2	18.1	0.0118	4.9	73.5	21.6	0.0101	8.3	64.6	27.1	0.0079
如皋中汊	RZA	5.3	66.2	28.5	0.0081	3.1	70.8	26.1	0.0092	3.7	76.8	19.5	0.0101
	RZB	8.7	67.8	23.5	0.0105	4.9	67.6	27.4	0.0082	5.2	68.2	26.6	0.0088
如皋右汊	RYA	2.4	72.8	24.8	0.0084	3.9	67.1	29.0	0.0078	2.8	71.8	25.4	0.0090
	RYB	8.9	74.3	16.1	0.0156	5.6	66.0	28.4	0.0086	4.1	72.4	23.5	0.0091
	RYC	—	—	—	—	—	—	—	—	—	—	—	—
九龙港	JLGA	10.2	54.5	35.4	0.0156	9.7	68.6	21.7	0.0116	4.3	68.4	27.2	0.0080
	JLGB	4.8	68.1	27.1	0.0083	4.7	72.7	22.6	0.0093	3.4	73.3	23.3	0.0088

续表

断面	站点	大潮				中潮				小潮			
		砂粒/%	粉砂/%	黏粒/%	D_{50}/mm	砂粒/%	粉砂/%	黏粒/%	D_{50}/mm	砂粒/%	粉砂/%	黏粒/%	D_{50}/mm
通州沙东	TZSDA	3.9	73.3	22.9	0.0097	7.9	67.6	24.5	0.0097	7.2	71.2	21.6	0.0140
	TZSDB	3.9	73.3	22.9	0.0097	4.1	70.8	25.2	0.0086	5.3	66.2	28.6	0.0086
	TZSDC	12.1	65.8	22.1	0.0122	11.3	66.3	22.5	0.0111	0.3	66.7	32.9	0.0064
通州沙西	TZSXA	7.1	69.4	23.5	0.0113	5.9	69.8	24.3	0.0110	2.2	74.3	23.4	0.0086
	TZSXB	22.1	61.1	16.9	0.0244	12.0	68.0	20.0	0.0150	2.2	68.0	29.8	0.0073
新开沙	XKS	7.7	70.9	21.4	0.0116	4.9	68.6	26.5	0.0089	4.3	75.3	20.4	0.0101
狼山沙东	LSSZA	9.4	70.9	19.7	0.0120	11.0	59.2	29.8	0.0099	3.2	68.6	28.3	0.0077
	LSSZB	10.3	64.7	25.0	0.0100	9.1	65.3	25.6	0.0096	3.7	70.2	26.2	0.0081
狼山沙西	LSSYA	7.1	64.9	28.0	0.0097	4.7	66.3	28.9	0.0083	1.7	70.0	28.2	0.0075
	LSSYB	1.8	68.7	29.5	0.0078	1.7	66.4	31.9	0.0072	1.2	69.6	29.2	0.0070
徐六泾	XLJA	11.6	75.2	13.2	0.0178	2.9	68.0	29.2	0.0077	2.1	75.6	22.3	0.0085
	XLJB	14.4	65.1	20.4	0.0145	3.5	66.3	30.2	0.0075	3.7	66.0	30.4	0.0077
	XLJC	17.3	67.3	15.4	0.0180	5.3	73.9	20.8	0.0104	7.2	79.9	13.0	0.0144
	XLJD	5.3	75.9	18.8	0.0127	2.2	69.6	28.2	0.0079	2.3	56.9	40.7	0.0065
	XLJE	7.9	68.4	23.7	0.0100	7.5	81.2	11.3	0.0177	10.2	62.7	27.1	0.0093

注　砂粒（2～0.062mm），粉砂（0.062～0.004mm），黏粒（<0.004mm）。

表 3.5－3　　　　　澄通河段各站点悬移质组成比例及中值粒径（枯季）

断面	站点	大潮				中潮				小潮			
		砂粒/%	粉砂/%	黏粒/%	D_{50}/mm	砂粒/%	粉砂/%	黏粒/%	D_{50}/mm	砂粒/%	粉砂/%	黏粒/%	D_{50}/mm
肖山	XSA	6.1	67.0	26.9	0.0084	4.2	68.5	27.3	0.0081	6.3	64.9	28.7	0.0079
	XSB	8.7	63.9	27.4	0.0081	4.0	68.5	27.4	0.0079	6.3	67.2	26.5	0.0081
	XSC	4.1	66.0	29.9	0.0071	6.8	66.5	26.7	0.0081	1.7	68.1	30.2	0.0070
福姜沙左	FZA	5.0	69.5	25.6	0.0082	6.0	68.3	25.8	0.0082	2.9	65.8	31.3	0.0068
	FZB	5.7	69.2	25.0	0.0088	5.6	64.9	29.5	0.0074	4.5	64.3	31.2	0.0072
	FZC	5.9	64.9	29.2	0.0077	2.0	69.7	28.3	0.0074	3.1	65.7	31.2	0.0070
福姜沙右	FYA	3.7	72.3	24.0	0.0099	9.6	73.3	17.1	0.0123	9.7	68.1	22.2	0.0103
	FYB	3.7	70.0	26.3	0.0085	14.7	63.9	21.4	0.0110	10.0	68.7	21.2	0.0113
如皋中汊	RZA	10.0	75.8	14.2	0.0134	5.8	68.9	25.3	0.0088	7.1	63.5	29.4	0.0079
	RZB	7.8	67.0	25.2	0.0090	8.4	64.5	27.2	0.0088	10.5	63.6	25.9	0.0089
如皋右汊	RYA	7.3	63.0	29.7	0.0078	7.3	64.7	27.9	0.0080	5.1	65.4	29.5	0.0075
	RYB	1.9	71.9	26.2	0.0082	5.5	67.6	26.9	0.0082	2.7	71.3	26.0	0.0083
	RYC	1.0	67.4	31.7	0.0067	6.1	78.7	15.2	0.0129	7.5	72.3	20.3	0.0118

续表

断面	站点	大　潮				中　潮				小　潮			
		砂粒/%	粉砂/%	黏粒/%	D_{50}/mm	砂粒/%	粉砂/%	黏粒/%	D_{50}/mm	砂粒/%	粉砂/%	黏粒/%	D_{50}/mm
九龙港	JLGA	12.7	71.4	16.0	0.0136	10.2	65.8	24.0	0.0099	7.1	72.5	20.4	0.0099
	JLGB	12.3	69.9	17.8	0.0118	6.8	77.8	15.4	0.0121	10.4	73.3	16.3	0.0121
通州沙东	TZSDA	8.6	74.9	16.6	0.0120	9.7	67.5	22.7	0.0094	1.0	74.5	24.4	0.0085
	TZSDB	5.3	65.2	29.4	0.0075	8.4	64.3	27.3	0.0084	12.8	63.8	23.3	0.0125
	TZSDC	13.3	68.8	17.9	0.0138	12.3	65.6	22.2	0.0123	3.7	71.1	25.2	0.0090
通州沙西	TZSXA	7.1	67.0	25.9	0.0100	9.6	75.8	14.6	0.0138	4.8	66.6	28.7	0.0079
	TZSXB	9.1	70.2	20.7	0.0110	11.3	75.8	12.8	0.0157	5.6	69.2	25.2	0.0093
新开沙	XKS	5.5	71.2	23.3	0.0087	10.7	64.7	24.5	0.0100	5.6	65.0	29.4	0.0075
狼山沙东	LSSZA	10.9	65.0	24.1	0.0095	20.2	64.4	15.4	0.0186	6.1	66.4	27.5	0.0081
	LSSZB	8.8	64.4	26.8	0.0086	16.2	60.8	22.9	0.0115	7.5	66.0	26.5	0.0085
狼山沙西	LSSYA	6.1	67.1	26.8	0.0088	11.5	65.1	23.3	0.0113	4.8	65.8	29.4	0.0076
	LSSYB	7.6	67.0	25.5	0.0086	6.0	70.2	23.8	0.0095	6.2	68.7	25.1	0.0087
徐六泾	XLJA	23.6	58.2	18.3	0.0242	9.7	66.1	24.2	0.0108	7.7	63.9	28.5	0.0079
	XLJB	19.2	60.6	20.2	0.0171	7.4	67.5	25.1	0.0094	10.3	58.8	30.9	0.0069
	XLJC	20.9	59.9	19.1	0.0185	9.2	66.8	24.0	0.0105	6.1	67.5	26.4	0.0081
	XLJD	14.6	65.9	19.5	0.0146	13.8	65.1	21.1	0.0132	8.3	59.2	32.5	0.0072
	XLJE	11.0	66.9	22.1	0.0103	7.0	67.9	25.1	0.0095	5.0	65.6	29.4	0.0075

（1）悬移质中值粒径均小于 0.025mm，中值粒径范围洪季大、中、小潮分别介于 0.0068～0.0244mm、0.0071～0.0182mm、0.0064～0.0144mm，枯季大、中、小潮分别介于 0.0067～0.0242mm、0.0074～0.0186mm、0.0068～0.0125mm。由图 3.5-2 可以看出，澄通河段悬移质中值粒径随洪枯季与大小潮的变化不大，沿程纵向差异亦小。

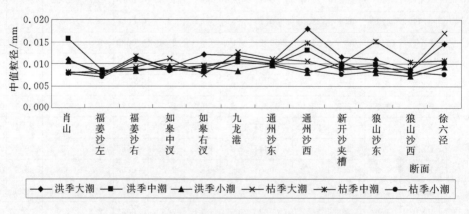

图 3.5-2 澄通河段悬移质平均中值粒径沿程变化

（2）由图 3.5-3 可见，无论洪枯季，澄通河段悬移质组成中 60％以上为粉砂，砂粒

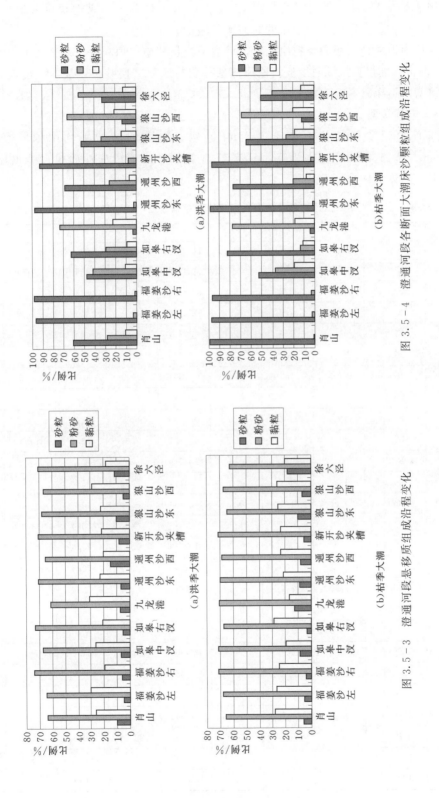

图 3.5-4　澄通河段各断面大潮床面沙颗粒组成沿程变化

图 3.5-3　澄通河段悬移质组成沿程变化

所占比例基本在 10% 以下；黏粒占 20%～30%，可见悬移质中黏性颗粒占相当的比例。各断面中，夹槽、支汊或水深较小的断面颗粒略细。

（3）从中值粒径大小和颗粒组成看，澄通河段悬移质中值粒径平均约为 0.01mm，比床沙的 0.1mm 细很多，说明澄通河段河槽悬移质与床沙交换甚少，基本以过境为主，很少参与河槽内造床。

3.5.1.3　床沙级配

澄通河段床沙粒径基本小于 0.25mm，洪、枯季的床沙平均中值粒径分别为 0.1110mm、0.1108mm，基本相等。图 3.5-4 显示，本河段床沙砂粒占沙重比大多在 50% 以上，总体上枯季大于洪季。

表 3.5-4　　　　　　　　　澄通河段各断面大潮床沙颗粒组成及中值粒径

断面	站点	洪　季				枯　季			
		砂粒/%	粉砂/%	黏粒/%	D_{50}/mm	砂粒/%	粉砂/%	黏粒/%	D_{50}/mm
肖山	XSA	82.6	13.7	3.7	0.1209	99.5	0.5		0.1782
	XSB	4.7	66.3	29.0	0.0088	99.2	0.8		0.1489
	XSC	95.7	4.0	0.3	0.2239	98.0	2.0		0.1517
福姜沙左	FZA	96.4	3.6	0.0	0.1721	99.4	0.6		0.1496
	FZB	96.7	3.2	0.1	0.2673	94.1	5.9		0.1581
	FZC	97.5	2.5	0.0	0.1871	99.2	0.8		0.1589
福姜沙右	FYA	99.0	1.0	0.0	0.2047	96.9	3.1		0.1549
	FYB	96.9	2.8	0.3	0.2580	96.3	3.7		0.2109
如皋中汊	RZA	5.0	73.7	21.3	0.0121	7.3	73.4	19.3	0.0123
	RZB	90.5	9.1	0.4	0.1219	98.6	1.4		0.1466
如皋右汊	RYA	12.7	65.0	22.3	0.0144	99.5	0.5		0.1660
	RYB	98.8	1.2	0.0	0.2264	99.8	0.2		0.1563
	RYC	75.1	20.7	4.2	0.1019	49.5	39.4	11.1	0.0607
九龙港	JLGA	3.5	73.7	22.8	0.0129	5.6	75.5	18.9	0.0116
	JLGB					2.5	79.5	18.0	0.0117
通州沙东	TZSDA	97.9	2.1	0.0	0.1318	97.4	2.6		0.1306
	TZSDB	95.7	4.1	0.2	0.1921	99.1	0.9		0.1754
	TZSDC	99.3	0.7	0.0	0.2117	99.7	0.3		0.1629
通州沙西	TZSXA	70.5	23.6	5.9	0.1506	58.3	34.6	7.1	0.0969
	TZSXB	65.5	27.5	7.0	0.1331	95.3	4.7		0.1828
新开沙	XKS	92.1	7.7	0.2	0.1168	96.8	3.2		0.1306
狼山沙东	LSSZA	98.3	1.7	0.0	0.1542	96.1	3.9		0.1892
	LSSZB	6.6	64.4	29.0	0.0092	32.5	49.3	18.2	0.0191
狼山沙西	LSSYA	17.3	65.1	17.6	0.0167	14.5	66.3	19.2	0.0168
	LSSYB	8.6	67.2	24.2	0.0113	8.5	70.4	21.1	0.0128

续表

断　面	站　点	洪　季				枯　季			
		砂粒/%	粉砂/%	黏粒/%	D_{50}/mm	砂粒/%	粉砂/%	黏粒/%	D_{50}/mm
徐六泾	XLJA	46.9	43.9	9.2	0.0573	46.3	40.0	13.7	0.0484
	XLJB	95.8	2.9	1.3	0.1210	91.6	8.2	0.2	0.1231
	XLJC	8.5	67.1	24.4	0.0161	96.1	3.9		0.1250
	XLJD	4.7	81.3	14.0	0.0209	11.2	73.6	15.2	0.0206
	XLJE	7.2	79.5	13.3	0.0196	6.8	74.2	19.0	0.0165

3.5.2　徐六泾节点段

　　徐六泾水文站为国家基本站，泥沙资料丰富，故单列本节，详细分析该河段含沙量、悬移质颗分以及床沙级配的分布特征。

　　徐六泾水文站从 2002 年下半年开始开展含沙量与颗分方面的观测及分析工作，并在左边滩、主槽、右边滩各布置了一些代表线。2002—2008 年间布置的测次和站点不尽相同，见图 3.5-5。本节以 1 号浮和 2 号浮代表左边滩，3 号浮和 4 号浮代表主槽，2 号平台代表右边滩；选取 2 月和 8 月代表枯季和洪季。

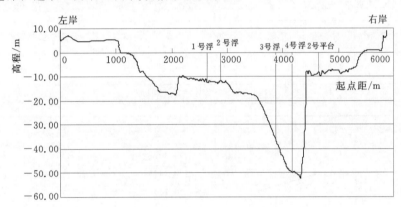

图 3.5-5　徐六泾断面图及取样站点布置

3.5.2.1　含沙量

1. 洪枯季变化

　　由于上游来水来沙有明显的季节性变化，故徐六泾站的含沙量也呈现相应的洪枯季变化，洪季的含沙量大于枯季（表 3.5-5 和图 3.5-6），多年月平均含沙量枯季（2 月）涨潮为 0.135kg/m³，落潮为 0.104kg/m³；洪季（8 月）则分别为 0.174kg/m³ 和 0.156kg/m³。涨潮含沙量，洪季约是枯季的 1.29 倍；落潮含沙量，洪季约是枯季的 1.5 倍。

表 3.5-5　　徐六泾站多年（2002—2008 年）涨、落潮平均含沙量统计表　　单位：kg/m³

月　份	左　边　滩		主　槽		右　边　滩		平　均	
	涨潮	落潮	涨潮	落潮	涨潮	落潮	涨潮	落潮
2	0.146	0.125	0.152	0.109	0.108	0.080	0.135	0.104
8	0.182	0.206	0.196	0.152	0.143	0.110	0.174	0.156

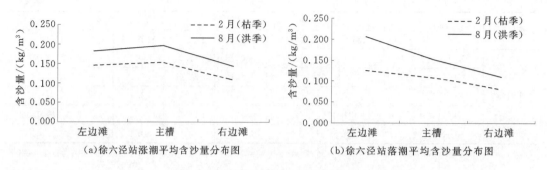

(a)徐六泾站涨潮平均含沙量分布图　　　　(b)徐六泾站落潮平均含沙量分布图

图 3.5-6　徐六泾站涨、落潮平均含沙量洪、枯季变化

2. 大小潮变化

徐六泾断面无论枯季（2 月）还是洪季（8 月），多年涨落潮平均含沙量按大、中、小潮逐渐递减（表 3.5-6 和图 3.5-7），其中，大潮期介于 $0.143\sim0.238\text{kg/m}^3$ 间，中潮期介于 $0.067\sim0.166\text{kg/m}^3$ 间，小潮期介于 $0.032\sim0.142\text{kg/m}^3$ 间。

表 3.5-6　　　　　　　　　徐六泾多年涨落潮平均含沙量统计表　　　　　　　　单位：kg/m^3

月份	左 边 滩			主 槽			右 边 滩		
	大潮	中潮	小潮	大潮	中潮	小潮	大潮	中潮	小潮
2	0.238	0.106	0.053	0.232	0.099	0.041	0.167	0.067	0.032
8	0.211	0.166	0.142	0.195	0.147	0.102	0.143	0.104	0.080

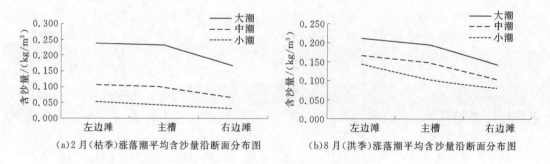

(a)2 月(枯季)涨落潮平均含沙量沿断面分布图　　　(b)8 月(洪季)涨落潮平均含沙量沿断面分布图

图 3.5-7　徐六泾站涨落潮平均含沙量沿断面分布图

3. 涨落潮变化

涨落潮流的交替和流速大小的变化使含沙量呈现明显的周期变化。表 3.5-7 显示：枯季整个断面上均是涨潮含沙量大于落潮含沙量。潮平均含沙量最大值均出现在 2007 年 2 月，其中，涨潮为 0.268kg/m^3，出现在主槽处；落潮为 0.159kg/m^3，出现在左边滩。表 3.5-8 显示：洪季整个断面上涨、落潮含沙量变化不一致，其中，左边滩落潮含沙量大于涨潮含沙量，主槽和右边滩涨潮含沙量大于落潮含沙量。潮平均含沙量最大值，涨潮为 0.322kg/m^3，落潮为 0.394kg/m^3，均出现在 2002 年 8 月左边滩。

表 3.5 - 7　　　　　徐六泾站历年 2 月（枯季）涨、落潮平均含沙量统计表　　　　单位：kg/m³

时间	左 边 滩			主 槽			右 边 滩		
（年-月）	涨潮	落潮	落/涨	涨潮	落潮	落/涨	涨潮	落潮	落/涨
2003 - 02	0.080	0.079	0.98	0.090	0.078	0.87	0.085	0.064	0.75
2004 - 02	0.183	0.151	0.83	0.197	0.135	0.68	0.152	0.102	0.67
2005 - 02	0.149	0.143	0.96	0.113	0.107	0.94	0.085	0.080	0.95
2006 - 02	0.118	0.091	0.77	0.093	0.077	0.84	0.077	0.046	0.60
2007 - 02	0.201	0.159	0.79	0.268	0.146	0.54	0.142	0.109	0.77
2008 - 02	0.137	0.131	0.95	0.133	0.083	0.62	0.084	0.065	0.78

表 3.5 - 8　　　　　徐六泾站历年 8 月（洪季）涨、落潮平均含沙量统计表　　　　单位：kg/m³

时间	左 边 滩			主 槽			右 边 滩		
（年-月）	涨潮	落潮	落/涨	涨潮	落潮	落/涨	涨潮	落潮	落/涨
2002 - 08	0.322	0.394	1.23	0.314	0.243	0.77	0.193	0.175	0.91
2003 - 08	0.146	0.165	1.13	0.178	0.153	0.86	0.134	0.100	0.75
2004 - 08	0.238	0.226	0.95	0.257	0.160	0.62	0.181	0.114	0.63
2005 - 08	0.268	0.349	1.30	0.322	0.248	0.77	0.219	0.179	0.82
2006 - 08	0.085	0.081	0.95	0.073	0.071	0.97	0.057	0.057	0.99
2007 - 08	0.174	0.211	1.21	0.149	0.126	0.84	0.126	0.102	0.81
2008 - 08	0.083	0.120	1.44	0.134	0.076	0.57	0.066	0.056	0.85

4. 横向变化

多年涨潮平均含沙量，主槽最大，其次是左边滩，右边滩最小；多年落潮平均含沙量，整个断面上从左向右逐渐减小（图 3.5 - 8）。多年涨潮平均含沙量最大为 0.196kg/m³，多年落潮平均含沙量最大为 0.206kg/m³。

5. 最大值

最大值一般出现在枯季。测点含沙量最大值，涨潮为 2.37kg/m³，落潮为 1.67kg/m³；垂线平均含沙量最大值，涨潮为 1.12kg/m³，落潮为 0.858kg/m³，均出现在 2007 年 2 月断面主槽处（表 3.5 - 9）。

表 3.5 - 9　　　　　　　　徐六泾站悬移质含沙量最大值统计表　　　　　　　单位：kg/m³

月份	项目	测 点 最 大			垂 线 平 均 最 大			统计年份
		含沙量	时间（年-月）	位置	含沙量	时间（年-月）	位置	
2	涨潮	2.37	2007 - 02	主槽	1.12	2007 - 02	主槽	2003—2008
	落潮	1.67	2007 - 02	主槽	0.858	2007 - 02	主槽	
8	涨潮	1.48	2002 - 08	左边滩	0.530	2002 - 08	右边滩	2002—2008
	落潮	1.70	2002 - 08	左边滩	0.666	2002 - 08	左边滩	

3.5.2.2　悬移质粒径

（1）徐六泾站中值粒径均小于 0.062mm，枯季介于 0.0485～0.013mm，洪季介于 0.0249～0.0057mm，枯季粒径远粗于洪季（表 3.5-10 和图 3.5-8）。

表 3.5-10　　　　　　　　　徐六泾站悬移质最大中值粒径统计表　　　　　　　单位：mm

时间（年-月）	左边滩	主槽	右边滩	时间（年-月）	左边滩	主槽	右边滩
				2002-08	0.0249	0.0131	0.0057
2003-02	0.0365	0.0209	0.0360	2003-07	0.0146	0.0096	0.0102
2004-02	0.0326	0.0216	0.0274	2004-08	0.0092	0.0088	0.0087
2005-02	0.0188	0.0130	0.0164	2005-08	0.0096	0.0079	0.0082
2006-02	0.0485	0.0366	0.0285	2006-08	0.0222	0.0132	0.0143
2007-02	0.0434	0.0289	0.0334	2007-08	0.0121	0.0111	0.0099
2008-02	0.0374	0.0221	0.0237	2008-08	0.0082	0.0083	0.0071

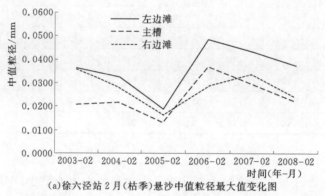

(a)徐六泾站 2 月（枯季）悬沙中值粒径最大值变化图

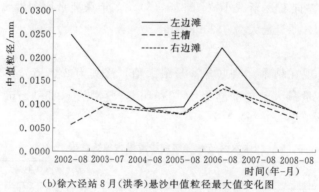

(b)徐六泾站 8 月（洪季）悬沙中值粒径最大值变化图

图 3.5-8　徐六泾站悬移质中值粒径最大值变化图

（2）徐六泾站与大通站相比（表 3.5-11 和图 3.5-9），枯季徐六泾站悬移质粒径明显比大通站粗，而洪季相当。这与洪、枯季泥沙来源不同有关，洪季大通和徐六泾的悬移质主要是流域来沙，粒径相当且较细；枯季徐六泾站受潮汐及寒潮大风的影响较大，本地泥沙易再悬浮进入水体，特别是涨潮过程从河口区洲滩上起悬的泥沙粒径较粗，因此徐六泾枯季悬移质粒径是大通站的数倍。

表 3.5 - 11　　　　　　　　　　　悬移质平均中值粒径统计表　　　　　　　　　　单位：mm

时间 （年-月）	徐六泾站主槽	大通月平均	时间 （年-月）	徐六泾站主槽	大通月平均
			2002 - 08	0.011	0.010
2003 - 02	0.017	0.008	2003 - 07	0.009	0.010
2004 - 02	0.017	0.003	2004 - 08	0.008	—
2005 - 02	0.011	0.008	2005 - 08	0.007	0.008
2006 - 02	0.023	0.004	2006 - 08	0.010	0.006
2007 - 02	0.019	0.005	2007 - 08	0.010	0.007
2008 - 02	0.019	0.002	2008 - 08	0.007	0.009

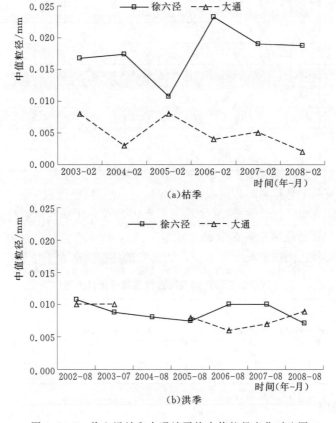

图 3.5 - 9　徐六泾站和大通站平均中值粒径变化对比图

（3）枯季悬移质颗分主要由粉砂组成（表 3.5 - 12 和表 3.5 - 13），粉砂所占沙重百分比平均介于 57.8%～81.9%，砂和黏粒所占沙重百分比均约介于 10%～20%。洪季粒径相对较细，主要由黏土质粉砂组成，其中，粉砂所占沙重百分比介于 60%～70%、黏粒大约占 30%，砂占 10% 以下。悬移质颗分的物质组分随时间的变化差异不大，2006 年枯水年的粒径相对粗些。

表 3.5-12　　　　　　徐六泾站大潮期 2 月（枯季）悬移质颗粒组成　　　　　　　　%

时间（年-月）	左			主　槽			右		
	砂粒	粉砂	黏粒	砂粒	粉砂	黏粒	砂粒	粉砂	黏粒
2003-02	22.8	67.8	9.4	5.3	81.9	12.8	11.6	77.5	10.9
2004-02	5.5	79.3	15.3	5.3	76.6	18.1	5.7	79.6	14.8
2005-02	11.7	62.2	26.2	7.2	62.3	30.5	9.1	65.0	25.9
2006-02	25.7	57.8	16.5	16.2	64.1	19.7	15.1	64.5	20.3
2007-02	15.6	66.8	17.6	8.0	67.8	24.2	10.2	68.5	21.3
2008-02	14.9	65.3	19.9	11.9	64.7	23.4	11.7	65.2	23.2

表 3.5-13　　　　　　　徐六泾站大潮期 8 月（洪季）悬移质颗粒组成　　　　　　　　%

时间（年-月）	左			主　槽			右		
	砂粒	粉砂	黏粒	砂粒	粉砂	黏粒	砂粒	粉砂	黏粒
2002-08	4.6	62.6	32.9	1.8	68.2	30.0	1.3	48.1	50.6
2003-07	2.1	73.6	24.3	3.5	67.0	29.6	3.7	63.7	32.5
2004-08	2.4	64.8	32.8	2.2	64.5	33.4	2.6	62.9	34.5
2005-08	2.3	62.7	35.0	2.1	62.4	35.6	2.3	57.2	40.5
2006-08	14.1	61.9	24.0	5.9	65.4	28.6	4.6	65.7	29.7
2007-08	4.8	67.1	28.2	4.2	66.5	29.4	3.9	64.8	31.3
2008-08	2.8	57.9	39.4	3.1	57.7	39.3	1.8	55.1	43.1

（4）徐六泾断面上悬移质颗粒组成基本相同，左边滩粒径较粗。洪季从左向右颗粒粒径逐渐细化，具体为粉砂（0.062～0.004mm）所占的百分比从左向右递减，黏粒（小于0.004mm）所占的百分比由左向右递增（表 3.5-14，图 3.5-10）。多年平均粒径枯季粗于洪季，砂粒和粉砂比例枯季均大于洪季，而黏粒的比例洪季大于枯季。

表 3.5-14　　　　　　　徐六泾站悬移质粒径所占沙重百分比（大潮）　　　　　　　　%

月　份	左			主　槽			右		
	砂粒	粉砂	黏粒	砂粒	粉砂	黏粒	砂粒	粉砂	黏粒
2	16.0	66.5	17.5	9.0	69.5	21.4	10.6	70.1	19.4
8	4.7	64.4	30.9	3.2	64.5	32.3	2.9	59.7	37.5

3.5.2.3　床沙级配

床沙级配分布能综合反映水动力状况、泥沙来源、输移路径及河床冲淤状况。徐六泾站受径、潮流影响比较大，从表 3.5-15 和图 3.5-11 可看出徐六泾断面床沙有如下特点：

（1）洪枯季相比。整个断面总体上历年平均粒径枯季粗于洪季。其中，左边滩砂粒所占沙重百分比，枯季为 79.4%，洪季为 59.8%，枯季比洪季高约 20%，粉砂和黏粒所占比例则为洪季大于枯季；主槽，砂粒占比洪季（44.5%）大于枯季（35.1%），粉砂占比

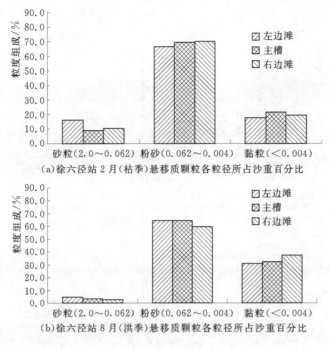

（a）徐六泾站 2 月（枯季）悬移质颗粒各粒径所占沙重百分比

（b）徐六泾站 8 月（洪季）悬移质颗粒各粒径所占沙重百分比

图 3.5－10　徐六泾站悬移质粒径占沙重比例变化图

枯季（51.8%）大于洪季（44.0%），黏粒比例接近；右边滩砂粒占比枯季略大于洪季，粉砂占比接近均稍大于 80%，黏粒占比接近。

（2）横向比较。从历年平均粒度组成看，砂粒所占沙重百分比从左向右递减，粉砂和黏粒占比递增，说明徐六泾断面床沙粒径由左"粗"逐渐向右"细"过渡。

（3）与悬移质比较。床沙粒径虽然远大于悬移质粒径，但两者物质组成比例之间存在相当比例的重叠，无论洪枯季，床沙与悬沙之间均存在较大程度的交换。

表 3.5－15　　　　徐六泾站床沙及悬移质组成历年平均占比及中值粒径

地点项目及月份		粒度成分	砂粒 /%	粉砂 /%	黏粒 /%	多年平均中值 粒径/mm
左边滩	床沙	2	79.4	17.5	3.2	0.1051
		8	59.8	32.6	7.5	0.0682
	悬移质	2	16.0	66.5	17.5	—
		8	4.7	64.4	30.9	—
主槽	床沙	2	35.1	51.8	13.0	0.0738
		8	44.5	44.0	15.9	0.0744
	悬移质	2	9.0	69.6	21.5	0.0177
		8	3.3	64.5	32.3	0.0085
右边滩	床沙	2	5.0	81.0	14.0	0.0224
		8	1.7	80.8	17.5	0.0203
	悬移质	2	10.6	70.1	19.4	
		8	2.9	59.6	37.5	

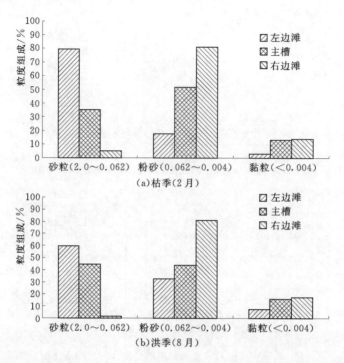

图 3.5-11 徐六泾站床沙颗粒各粒径级占比变化图

3.5.3 徐六泾以下河段

本节资料来源同本章 3.2.3.2 节，各观测站点的位置见图 3.2-1。

3.5.3.1 含沙量

本节以垂线潮平均含沙量来表述各河段含沙量特征，统计见表 3.5-16，各河段大潮期含沙量沿程变化见图 3.5-12。

表 3.5-16　　　　　　徐六泾以下河段各断面各站点潮平均含沙量统计　　　　单位：kg/m³

河段	站点	洪　季						枯　季					
		涨　潮			落　潮			涨　潮			落　潮		
		大潮	中潮	小潮	大潮	中潮	小潮	大潮	中潮	小潮	大潮	中潮	小潮
北支	BZK	0.434	0.177	0.064	0.448	0.210	0.124	0.837	0.368	0.111	0.342	0.160	0.123
	QLG	0.746	0.216	0.047	0.998	0.356	0.186	2.350	1.550	0.112	1.550	0.866	0.239
	HYG	2.190	0.571	0.143	1.830	0.641	0.235	2.240	2.070	0.451	2.030	1.790	0.417
	STG	2.040	0.676	0.199	2.120	1.070	0.333	2.350	1.840	0.458	1.930	1.760	0.490
	LXG	0.441	0.124	0.069	0.325	0.110	0.076	1.360	0.963	0.099	1.280	0.958	0.107
	GYSN	0.245	0.069	0.035	0.209	0.063	0.037	0.599	0.485	0.219	0.744	0.530	0.111
	GYSB	0.039	0.031	0.052	0.047	0.028	0.027	0.331	0.308	0.158	0.356	0.298	0.140

续表

河段	站点	洪　季						枯　季					
		涨　潮			落　潮			涨　潮			落　潮		
		大潮	中潮	小潮	大潮	中潮	小潮	大潮	中潮	小潮	大潮	中潮	小潮
南支	XLJ	0.107	0.083	—	0.133	0.141	—	0.084	0.033	0.020	0.080	0.047	0.044
	Z7	0.155	0.077	0.093	0.165	0.147	0.134	0.234	0.173	0.079	0.231	0.143	0.090
	ZN0	0.127	0.117	0.122	0.178	0.165	0.177	0.069	0.059	0.028	0.096	0.078	0.032
	Z8	0.120	0.097	0.068	0.157	0.171	0.101	0.080	0.076	0.028	0.086	0.081	0.036
	LHK	0.091	0.068	0.067	0.121	0.104	0.095	0.085	0.081	0.040	0.104	0.091	0.048
	Z9	0.200	0.145	0.236	0.230	0.229	0.093	0.265	0.235	0.052	0.236	0.203	0.059
北港	XQTD	0.149	0.124	0.066	0.227	0.153	0.115	0.242	0.224	0.042	0.263	0.217	0.103
	Z15	0.150	0.094	0.098	0.162	0.107	0.101	0.236	0.335	0.040	0.231	0.231	0.095
	XBG0	0.199	0.131	0.065	0.325	0.195	0.139	0.293	0.223	0.033	0.336	0.181	0.092
	BG1′	0.142	0.066	—	0.289	0.182	—	0.687	0.514	0.149	0.504	0.303	0.095
	BG2′	1.800	0.284	0.118	0.866	0.265	0.061	1.160	0.728	0.291	0.789	0.781	0.110
	BG3′	0.042	0.025	0.025	0.077	0.032	—	0.377	0.313	0.090	0.449	0.346	0.092
南港	XNG0	0.352			0.372			0.487			0.472		
	NG3′	0.409			0.380			0.886			0.742		
北槽	CB1	0.580			0.475			0.589			0.505		
	CB2	0.554			0.461			0.681			0.547		
	CSW	2.110			1.310			1.220			1.270		
	CS7′	1.760			1.540			0.813			1.270		
	CS5	0.228			0.298			0.357			0.740		
南槽	NC1	0.328			0.317			0.927			0.721		
	NC2	0.712			0.611			1.040			0.938		
	NC4	1.610			1.610								
	NC5	0.614			0.597								

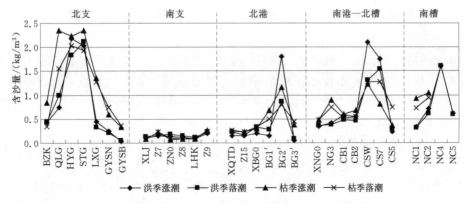

图 3.5 - 12　徐六泾以下河段各站点大潮期潮平均含沙量沿程变化

1. 北支河段

（1）纵向变化。上口门含沙量较小，沿程逐渐增加，至红阳港（HYG）—三条港（STG）之间达到最大，然后再逐渐减小，口外最小；最大值洪季涨潮为 2.19kg/m³（HYG）、落潮为 2.12kg/m³（STG）；枯季涨潮为 2.35kg/m³（QLG 和 STG）、落潮为 2.03kg/m³（HYG）。洪枯季比较，枯季含沙量大于洪季，大潮接近，中小潮尤甚。

（2）涨落潮比较。口外顾园沙南、北（GYSN 和 GYSB）含沙量均较小，随潮型变化的差异不大；其余站点枯季大、中潮期涨潮明显大于落潮，小潮期红阳港（HYG）以上落潮大于涨潮，红阳港至连兴港（HYG—LXG）段基本相等，而洪季中、小潮期落潮含沙量明显大于涨潮，大潮期两者相差不大。

（3）大小潮比较。北支河段含沙量受潮型的影响显著，含沙量普遍大潮大于中潮更大于小潮，中段差异大，口门和口外差异小，其中顾园沙北（GYSB）站点含沙量较小（相对于北支河段其他位置），几乎不随潮型和涨落而变化。垂线平均最大值均出现在大潮期，其中洪季涨、落潮分别为 4.87kg/m³ 和 9.19kg/m³，均出现在三条港（STG）站点；枯季涨落潮分别为 3.40kg/m³ 和 2.74kg/m³，分别出现于青龙港（QLG）和三条港（STG）站点。

由北支含沙量沿程变化可以看出，北支中段青龙港（QLG）—三条港（STG）之间，为高含沙地带，这既是潮流运动的结果，又是河床冲淤幅度较大的条件。在进口落潮分流比无趋势性增大的动力环境下，该段将以淤积为主。

2. 南支河段

它是徐六泾以下河段中含沙量最小的一个河段。

（1）纵向变化。从徐六泾至白茆沙北水道（XLJ-Z7），含沙量逐渐增加，枯季尤其明显；南支主槽，从 ZN0—Z8—LHK，沿程洪季微减、枯季微增。横向变化，枯季白茆沙北水道（Z7）含沙量大于南水道（ZN0），洪季总体上南水道（ZN0）大于北水道（Z7）；新桥水道（Z9）含沙量无论洪枯季大小潮，均大于南支主槽的浏河口（LHK）。

（2）洪枯季比较。南支主槽（ZN0、Z8、LHK），总体洪季大于枯季；白茆沙北水道（Z7），总体枯季大于洪季；新桥水道（Z9）含沙量涨潮洪季小于枯季，落潮洪、枯季相当。

（3）大小潮比较。各站点含沙量洪枯季均表现为大潮大于中潮更大于小潮。

3. 北港河段

（1）纵向变化。北港上段，从 XQTD-Z15-NBG0，含沙量洪枯季沿程变化不大，洪季甚至到 BG1′ 含沙量都较小，平均基本在 0.3kg/m³ 以下；北港下段，从 BG1′—BG2′—BG3′，经过拦门沙内滩—拦门沙—外滩，从内向外，含沙量经历了升高和降低两个过程，BG2′ 位于拦门沙地带，含沙量陡然升高，涨落平均大潮期枯季达 0.975kg/m³，洪季达 1.333kg/m³，底层（离河床 0.5m 处）最大含沙量甚至达到 12.6kg/m³；至口外 BG3′，含沙量又急剧减小，洪季小于 0.08kg/m³，枯季小于 0.45kg/m³。

（2）洪枯季比较。除 BG2′ 洪季大潮极大（涨落平均 1.33kg/m³）外，其余站点枯季大、中潮含沙量均大于洪季，小潮期拦门沙内含沙量洪季大于枯季，拦门沙及其外，枯季大于洪季。

（3）大小潮比较。各站点含沙量洪枯季基本均表现为大潮大于中潮更大于小潮。

4. 南港—北槽河段

该河段测次以大潮为主，以大潮潮平均含沙量来分析。

（1）纵向变化。南港—北槽内，含沙量洪季沿程逐渐增大，至北槽拐弯段 CSW 附近达到最大；洪季 CB2 涨落潮平均为 0.508kg/m³，而 CSW 则达到 1.71kg/m³，涨潮增加尤甚，高含沙一直持续到 CS7′（1.65kg/m³），向口外快速降低，CS5 涨、落平均含沙量为 0.263kg/m³；枯季具有同洪季类似的现象，即 CSW - CS7′ 之间含沙量最大，不同之处在于，NG3′含沙量稍高于上下游。

（2）洪枯季比较。北槽中下段（CSW、CS7′）洪季大于枯季，CS7′尤甚；其余区段（含口外 CS5），均为枯季略大于洪季。

（3）涨落潮比较。除枯季 CS7′ 与 CS5 两个站点落潮含沙量大于涨潮外，该河段一般涨潮含沙量大于落潮。

5. 南槽

以大潮潮平均含沙量分析。

（1）纵向变化。南槽含沙量沿程逐渐增加，洪季大潮，涨、落潮平均含沙量从 NC1 的 0.323kg/m³ 增至 NC2 的 0.662kg/m³，至位于拦门沙的 NC4 达到最大值 1.61kg/m³，向口外又逐渐减小，NC5 为 0.606kg/m³ 与 NC2 相当。

（2）洪枯季比较。根据南槽上段 NC1、NC2 两个站点比较，枯季含沙量大于洪季。

（3）涨落潮比较，大潮涨潮含沙量略大于落潮，南槽下段（NC4、NC5），涨落潮含沙量基本相当。

3.5.3.2　悬移质粒径

长江口以下河段悬移质组成比例及中值粒径统计见表 3.5 - 17，中值粒径的沿程变化见图 3.5 - 13，物质组成沿程变化见图 3.5 - 14。

表 3.5 - 17　　　　　　徐六泾以下河段各站点悬移质组成比例及中值粒径

河　段	站　点	洪　季				枯　季			
		砂粒 /%	粉砂 /%	黏粒 /%	D_{50} /mm	砂粒 /%	粉砂 /%	黏粒 /%	D_{50} /mm
北支	BZK	9.0	75.2	15.9	0.0143	2.1	71.7	26.2	0.0081
	QLG	3.8	74.9	21.4	0.0101	7.4	71.8	20.8	0.0121
	HYG	1.9	60.6	37.6	0.0065	3.2	75.2	21.6	0.0097
	STG	0.5	74.9	24.6	0.0077	3.1	72.3	24.6	0.0090
	LXG	0.6	80.4	19.0	0.0090	3.0	74.4	22.6	0.0094
	GYSN	1.4	77.5	21.1	0.0088	3.0	73.3	23.6	0.0089
	GYSB	3.9	84.6	11.5	0.0133	1.3	74.6	24.2	0.0088

续表

河 段	站 点	洪 季				枯 季			
		砂粒/%	粉砂/%	黏粒/%	D_{50}/mm	砂粒/%	粉砂/%	黏粒/%	D_{50}/mm
南支	XLJ	4.9	73.9	21.2	0.0092	16.3	68.4	15.2	0.0169
	Z7	2.2	76.0	21.8	0.0087	8.5	73.9	17.5	0.0124
	ZN0	3.8	78.5	17.7	0.0101	10.4	73.5	16.1	0.0142
	Z8	1.5	79.8	18.7	0.0098	8.8	73.5	17.7	0.0125
	LHK	3.0	76.2	20.8	0.0093	9.0	74.6	16.4	0.0132
	Z9	6.7	75.1	18.2	0.0112	6.2	76.8	17.0	0.0127
北港	XQTD	3.6	76.0	20.4	0.0098	10.3	73.3	16.3	0.0146
	Z15	4.3	75.9	19.8	0.0097	6.3	74.0	19.8	0.0110
	XBG0	2.0	78.0	20.0	0.0097	5.5	75.2	19.4	0.0114
	BG1′	2.6	71.8	25.5	0.0081	3.8	73.8	22.4	0.0101
	BG2′	1.9	77.7	20.4	0.0096	8.0	71.0	21.0	0.0119
	BG3′	3.1	81.3	15.6	0.0107	5.9	71.5	22.6	0.0100
南港	XNG0	3.2	75.8	21.0	0.0096	9.4	73.9	16.6	0.0152
	NG3′	3.1	77.1	19.9	0.0100	4.1	76.8	19.1	0.0113
北槽	CB1	4.2	76.4	19.4	0.0112	3.3	76.9	19.8	0.0105
	CB2	4.2	77.5	18.3	0.0112	6.3	73.1	20.6	0.0105
	CSW	1.1	76.5	22.3	0.0089	2.6	76.7	20.7	0.0097
	CS7′	1.6	79.0	19.4	0.0094	7.4	74.6	18.1	0.0116
	CS5	1.2	84.1	14.7	0.0106	2.0	78.5	19.6	0.0100
南槽	NC1	3.8	76.6	19.6	0.0103	4.6	75.6	19.8	0.0113
	NC2	6.0	77.4	16.6	0.0121	3.5	76.1	20.4	0.0100
	NC4	0.5	76.2	23.3	0.0085				
	NC5	3.7	75.5	20.8	0.0101				

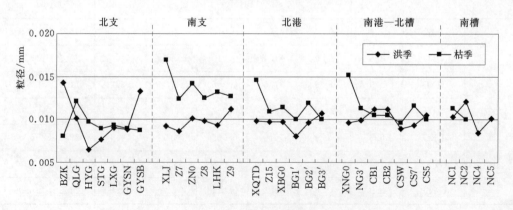

图 3.5 - 13 徐六泾以下河段各站点悬移质中值粒径沿程变化

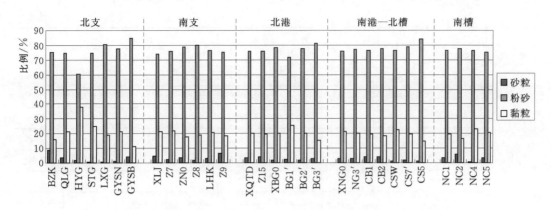

图 3.5-14　徐六泾以下河段各站点悬移质组成沿程变化（洪季）

从图 3.5-13 可以看出，徐六泾以下河段悬移质粒径很细，介于 0.0065～0.0169mm 之间，平均 0.0106mm，总体枯季大于洪季。具体来看，北支从青龙港（QLG）—连兴港（LXG），悬移质平均中值粒径洪季为 0.0083mm，枯季为 0.0100mm；南支洪季平均为 0.0097mm，枯季为 0.0136mm；北港（不含口外 BG3′）洪季平均为 0.0094mm，枯季为 0.0118mm；南港—北槽河段（不含口外 CS5），悬移质中值粒径比较接近，洪、枯季平均分别 0.0100 和 0.0115mm，差异很小。长江口外 GYSB、BG3′、CS5，中值粒径洪枯季基本相当，均在 0.010mm 左右，处同一个量级。

由图 3.5-14 可以看出，徐六泾以下河段悬移质组成洪季以粉砂为主，粉砂占沙重比除北支红阳港（HYG）为 60.6%外，其余站点基本都在 70%以上；砂粒占比最大的北支口（BZK）为 9.0%，最小三条港（STG）为 0.5%，平均为 3.1%；黏粒占比最小顾园沙北（GYSB）为 11.5%，最大红阳港（HYG）为 37.6%，平均为 20.2%。枯季悬移质中砂粒、粉砂和黏粒分布情况与洪季类似，总体平均分别为 5.9%、74.1%和 20.0%。

3.5.3.3　床沙级配

长江口以下河段各站点床沙组成及中值粒径统计见表 3.5-18，中值粒径沿程变化见图 3.5-15。

表 3.5-18　　　　　　　徐六泾以下河段各站点床沙组成比例及中值粒径

河　段	站　点	洪　季				枯　季			
		砂粒 /%	粉砂 /%	黏粒 /%	D_{50} /mm	砂粒 /%	粉砂 /%	黏粒 /%	D_{50} /mm
北支	BZK	72.2	23.1	4.7	0.0949	46.5	43.8	9.7	0.0556
	QLG	92.3	6.7	1.0	0.1230	57.0	36.1	6.9	0.0701
	HYG	52.2	40.7	7.0	0.0644	61.0	29.5	9.5	0.0781
	STG	10.0	68.4	21.6	0.0103	12.1	66.2	21.7	0.0115
	LXG	34.6	50.4	15.0	0.0320	24.1	55.4	20.5	0.0183
	GYSN	22.1	57.1	20.8	0.0182	8.9	65.9	25.2	0.0097
	GYSB	15.5	64.4	20.1	0.0151	11.6	66.5	21.9	0.0144

续表

河 段	站 点	洪 季				枯 季			
		砂粒 /%	粉砂 /%	黏粒 /%	D_{50} /mm	砂粒 /%	粉砂 /%	黏粒 /%	D_{50} /mm
南支	XLJ	54.1	36.9	9.0	0.0729	88.1	10.3	1.6	0.1200
	Z7	78.8	19.0	2.2	0.0896	91.2	7.6	1.2	0.1380
	ZN0	76.2	18.4	5.3	0.1050	88.4	10.6	1.0	0.1520
	Z8	55.6	36.2	8.2	0.0758	82.1	15.0	2.9	0.1330
	LHK								
	Z9	75.7	20.5	3.8	0.0980	87.2	10.9	2.0	0.1450
北港	XQTD	46.7	41.3	12.0	0.0863	89.2	9.3	1.5	0.1350
	Z15	10.1	67.9	22.0	0.0129	29.2	52.9	17.8	0.0281
	XBG0	94.1	5.1	0.8	0.2040	81.2	16.2	2.6	0.1640
	BG1′	8.9	65.8	25.2	0.0102	25.8	57.3	16.9	0.0286
	BG2′	18.8	65.0	16.2	0.0221	30.9	58.9	10.2	0.0388
	BG3′	33.2	50.5	16.3	0.0296	67.9	29.9	2.2	0.0809
南港	XNG0	12.4	65.5	22.1	0.0115	42.3	48.6	9.1	0.0744
	NG3′	12.0	65.0	23.0	0.0118	27.3	57.1	15.6	0.0271
北槽	CB1	19.9	64.9	15.2	0.0246	18.2	62.1	19.7	0.0372
	CB2	2.9	66.3	30.8	0.0076	39.9	41.5	18.6	0.0667
	CSW	15.7	64.6	19.7	0.0139	23.9	60.8	15.3	0.0244
	CS7′	32.9	52.8	14.3	0.0277	36.9	47.9	15.2	0.0380
	CS5	2.3	72.4	25.3	0.0106	7.1	63.8	29.1	0.0076
南槽	NC1	17.4	67.4	15.2	0.0214	37.2	45.8	17.0	0.0758
	NC2	4.6	69.1	26.3	0.0092	74.8	21.2	4.0	0.1049
	NC4	8.4	70.0	21.6	0.0116				
	NC5	1.5	67.4	31.1	0.0074				

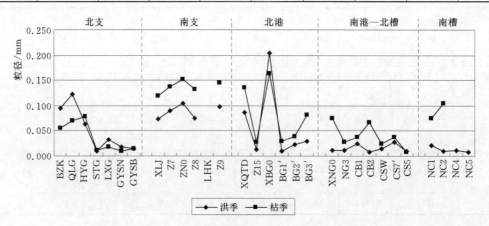

图 3.5-15　徐六泾以下河段各站点床沙中值粒径沿程变化

长江口以下河段床沙中值粒径，总体枯季大于洪季。北支河段床沙中值粒径红阳港（HYG）以上较粗，洪季平均 0.094mm，三条港（STG）以下较细，洪季平均 0.0189mm，枯季也有类似特点，床沙中值粒径最大处位于北支的中上段，洪季在青龙港（QLG）站点，为 0.123mm，枯季在红阳港（HYG）站点，为 0.0781mm。南支河段床沙中值粒径洪细枯粗明显，洪、枯季平均分别为 0.0883mm 和 0.1376mm。北港河段，XBG0 明显大于上下游，可能跟该时段青草沙水库建成后，主泓右偏刷低河床导致床沙颗粒变粗有关。其余站点洪枯季平均分别为 0.0322mm、0.0623mm。南港—北槽段，洪细枯粗，中值粒径洪、枯季平均分别为 0.0154mm 和 0.0393mm。南槽河段床沙中值粒径洪、枯季平均分别为 0.0124mm 和 0.0904mm，枯季远大于洪季。

从南支—南港—北槽的纵向分布看，床沙粒径沿程逐渐变细，与悬移质平均粒径的差异从上游向下游由较大变成逐渐相近，到口门处则基本相当（如 GYSN、GYSB、BG1′、CS5 等站点），说明本河段悬移质泥沙沿程参与河床演变的渐进过程。南槽河段洪季、北支三条港（STG）以下也有类似特点。

以洪季大潮为例（图 3.5 - 16）来叙述徐六泾以下各河段的床沙组成。

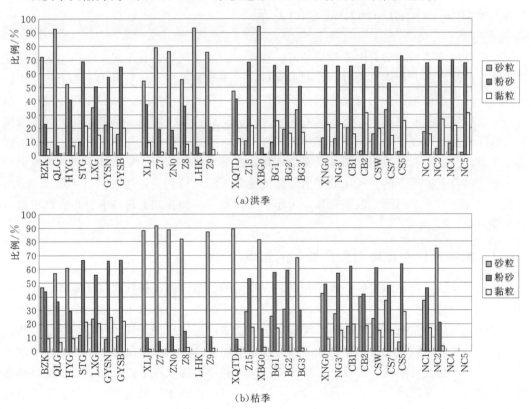

图 3.5 - 16　徐六泾以下河段各站点床沙组成沿程变化

（1）北支河段。砂粒、粉砂、黏粒的占比，分别为 42.7%、44.4%、12.9%，砂和粉砂相当，其中砂粒占比从青龙港（QLG）的 92.3% 向下沿程减少，至顾园沙北（GYSB）减少至 15.5%；与之相对应，黏土与粉砂占比逐渐增加。

（2）南支河段。砂粒比例均在 50％以上（枯季均在 80％以上），全河段平均，砂粒、粉砂、黏粒的占比分别为 68.1％、26.2％、5.7％。

（3）北港河段。床沙组成上、下段有别，以 BG1′为界，以上河段砂粒为主，平均占比为 50.3％；以下粉砂为主，平均占比 60.4％。全河段平均，砂粒、粉砂、黏粒的占比分别为 35.3％、49.3％、15.4％。

（4）南港—北槽段。床沙组成以粉砂为主，占比均在 50％以上，上下游差异不大。全河段平均，砂粒、粉砂、黏粒的占比分别为 14.0％、64.5％、21.5％。

（5）南槽河段。床沙组成也以粉砂为主，占比均在 65％以上，总体而言，从上游向下游，砂粒占比逐渐减小，黏粒占比逐渐增加。全河段平均，砂粒、粉砂、黏粒的占比分别为 8.0、68.5、21.5％。

与洪季相比，枯季部分河段床沙变粗，砂粒占比增加，最明显的是在南支河段以及北港上段，其余河段变化较小。

总体而言，长江口地区床沙颗粒级配枯季粗于洪季，且沿程逐步细化。

3.6　水流泥沙运动与河床演变的关系

长江口河床演变的动力因素包括径流、潮汐、波浪和风等，其中起主要作用的是径流和潮汐。长江口属大径流、中等潮差潮汐河口，河床纵坡平缓，潮量巨大。在上述动力因素和河床边界条件相互作用以及科氏力长期作用下，导致长江口涨、落潮流路分歧，这是宽浅河段中形成落潮主槽和涨潮副槽的重要原因。长江口口内河段，落潮流动力强于涨潮流，涨潮流在上溯过程中，循阻力较小的区域上溯，即避离落潮主流路。径流和潮流两股动力在时、空上周期性地相互消长及复杂变化，是导致长江口河床复杂演变的主要原因。

长江口自上游至下游，河床演变由受径流控制逐渐过渡到受潮流控制，由第 2 章 2.1 节长江河口分区及本书研究范围可知，近年来长江口径、潮流动力转换的分界点已下移至徐六泾附近。

3.6.1　纵向水流与比降对河床冲淤的影响

径流对长江口河床演变的作用是长期的、持续的、渐进的。长江口江面宽阔，江中洲滩众多，洲滩的自然演变总体表现为沙头后退，沙尾延伸，大洪水下冲散，平、枯水年再生的过程，如处于南支上段的白茆沙汊道历史上就多次经历这种周期性往复的演变过程。

长江口大的地貌变化与调整，如河口分汊、沙洲生成、河槽成形等，无不与大洪水有关，且大多变化是短期的、快速的。洪水塑造河床的动力因素在于洪峰过境，水位显著抬高，落潮时水面纵比降增大，水流挟沙能力提高。以外高桥水位站为例[3]，大水年汛期各月平均高潮位和平均低潮位比平水年高出 20cm 左右，最高潮位比正常年份高出 40～90cm。水面纵比降的增大，助长落潮水流的输沙下泄能力；而洪水趋直，若泄流不畅，将在阻碍过流的浅滩处冲刷出纵向的串沟。如 1954 年大洪水，北槽上段冲开，与下段涨潮槽相连，北槽诞生；1998 年大洪水，新浏河沙与新浏河沙包之间的串沟迅速冲深延长，其后形成新宝山北水道。

洪水除引起长江口入海汊道的更迭外，对长江口地形演变也有着重大影响。虽然1998 年、1999 年长江流域相继发生大洪水，但因长江口大部分江堤海塘保滩护岸工程得到加固，对长江口堤防设施的破坏极小，河床仅小区域发生较大变化，如白茆沙南水道冲刷展宽、新浏河沙下移变形、新浏河串沟夺流发展、新桥通道增深偏转等。相对而言，1954 年的大洪水，来水量近百年第一，其时长江口堤防护岸工程尚较薄弱，洪水对长江口的影响显著，在宏观方面造就了现在"三级分汊、四口入海"的河势。该年大洪水引起的河势变化，从江阴至河口还有以下方面：

福姜沙进口段变化较小[4]，福姜沙北双铜沙形成并发育，福姜沙北水道与中水道双汊分流[5]。如皋沙群段海北港沙并岸，又来沙发展，又来沙南水道加深扩大，水流趋直，浏海沙水道出西界港后顶冲点下移至南通龙爪岩以下，横港沙沙尾相应向下游延伸；通州沙西水道衰退，东水道发展[6]；徐六泾段深槽南移，主槽增深（其后通海沙和江心沙北靠成陆，江面缩窄至 5.7km，徐六泾节点初成）；北支入流角度加大，涨潮流逐渐占据主导地位，是北支趋向萎缩的转折时段；南支上段白茆沙受冲严重，仅剩一个小沙包，大水过后，河床自行调整，新白茆沙生成，南水道成行洪主槽，北水道逐渐淤浅，中水道逐渐发展成新的北水道；南支下段浏河沙和中央沙相连，封堵南港口门，宝山水道迅速淤积缩窄，南港入流不畅，中央沙北水道扩大增深，北港分流量加大，河势发展，重夺主汊地位；北港堡镇以上壅水，南北港横向比降加大，其后于中央沙和石头沙之间切滩生成新崇明水道；南港下段北槽生成，九段沙和铜沙浅滩分离，成为南港的心滩[1]。

如上所述，洪水对长江口河床演变起着重要作用，随着长江流域水利枢纽的建设，尤其三峡工程的运行，未来长江出现特大洪水的可能性降低。前文分析表明，三峡蓄水后，长江入海径流量年内分配呈现枯季增加、洪季减小的"坦化"现象，因此汛期洪峰流量对长江口河床稳定性的不利影响有所减弱。但当发生全流域大洪水时，三峡大坝的调蓄能力尚有限，如 2010 年，大通流量超过 60000m³/s 的天数达 36d，有学者认为长江口的造床流量略大于 60000m³/s[7-8]，因此，三峡工程后对长江口造床起作用的大洪水效应依然存在。

前已表明，长江口床沙颗粒普遍较细，起动流速低，槽内泥沙也不断沉积和掀扬，在垂向和纵向上交换。当长江口水面纵向比降为正时，泥沙向下游输移，河槽冲刷发展；而当纵比降为负时，泥沙随水流向上游输移，河槽趋于淤积，发展会受到限制。如表 3.4－5 所示，某时段内，长江口部分涨潮槽纵向上存在负比降，与之相对应，该水道一般处于衰退之中。

3.6.2　横比降的形成及其作用

因离心力作用引起的垂直于主流向的横向水面坡度称为横比降。影响横比降变化的因素较多，在长江口地区，主要的影响因素还是水流动力条件和地形的变化[9]。

长江口洲（滩）的组成物质主要是现代沉积物，以细粉砂为主，疏松易冲，在横向水流的作用下，容易发育串沟，当径潮流动力增强时，冲刷作用加剧，串沟发展成新的通道。新通道形成后，落潮水流顶冲通道上口的下边界，造成通道的下移和逆时针偏转；当与主流的交角加大时，泄水不畅，通道开始淤积，到一定程度通道衰亡。在边界条件不变的情况下，随着老通道的衰亡，横比降的增加，过滩水流的增强，下一个"串沟—通道—发展—衰亡"的演变周期又将开始。历史上，长江口南支河段的南门通道、崇明通道等，均遵循这种存亡轮回的演变。

由于长江口江心洲、心滩或潜心滩往往大而长，如南支河段白茆沙长近 10km，面积大于 20km²（按 −5m 等高线统计，本节同），扁担沙长超过 30km，面积超过 90km²，因此漫滩水流的强弱不等，滩面地形高低起伏，横向串沟众多，有时候数股通道并存，此兴彼衰。江心滩的漫滩水流为局部河势的突发性变化提供了触发条件，当横比降增大到一定程度，在其他因素综合作用下，可能会引起切滩，如现北港进口的新新桥通道，曾一度切滩而发育成新的汊道。

横比降是长江口河床演变中的一股必不可少的次级力量，横比降作用下水流的刷滩冲沟，实际上也是一种滩槽之间水沙交换的模式。滩面泥沙为越滩流冲刷，带向滩侧或深水区，实现滩槽之间的泥沙交换。长江口的大沙洲，如通州沙、新通海沙、白茆沙、扁担沙、浏河沙、崇明东滩、横沙东滩等，均有横向潮沟发育，而漫过滩面的水流则是这些洲滩难以淤高成陆的原因。

横比降的存在，增加了河床冲淤演变的复杂性，也增加了河口治理的难度，但若因势利导，在整治工程控导下，或可调节汊道水沙分配的比例，或可增加港口或航道的水深。因此，深入研究横比降在长江口河床演变中的作用，弃弊趋利，对长江口综合治理具有重大意义。

3.6.3 泥沙运动形式与河床可动性分析

河口地区的泥沙运动主要受径流、潮流、盐水楔、波浪和增减水的影响[10]。长江口地区宽阔江面的水沙运动模式，一般有涨潮漫滩、落水归槽现象。涨落潮流的往复运动、滩槽间的水沙交换以及泥沙沉降和河床冲刷时差使河口泥沙运动呈现复杂的形式。泥沙纵向往复搬运的结果是部分较细的泥沙被输送入海，较粗的一部分则沉积在口外三角洲区域，地貌上表现为河口的不断向外海延伸。相关统计表明[11]：长江流域来沙的 19% 淤积在南支口外的水下三角洲，12% 淤积在北支口外的水下三角洲，40% 淤积在杭州湾及其近海，占 11% 左右泥沙沉积在浙闽沿海近岸区域，极少量扩散至深海。

长江口落淤的泥沙来自于流域，主槽落潮流携带泥沙输送至口门沉积或向口外扩散，涨潮流又将沉积的一部分带回口内。一般情况下，河口口门潮滩是泥沙落淤场所，而大潮汛、风浪又将滩面细颗粒泥沙掀起再悬浮，搬运至主槽。2000 年 4 月实测资料显示[8]，九段沙北侧 3.1m 水深处，涨潮流大于落潮流，涨潮含沙量大于落潮含沙量；而同时期相近点北槽南缘 6.1m 水深处落潮流大于涨潮流，落潮含沙量大于涨潮含沙量，一个潮周期内，两测站的单宽流量和单宽输沙量表现为滩进槽出。类似现象还出现在南槽和南汇东滩之间，表明长江口地区滩槽水沙交换存在平面环流模式，而滩槽之间的转折处为动力平衡带。

长江口悬浮泥沙在小范围内存在着滩槽交换，大范围还存在一个较大的输沙循环，根据 2002 年 9 月为长江口综合整治规划而开展的大规模同步水文测验成果，可知长江来沙主体进入南支，通过白茆沙南、北水道下泄，至二级分汊时，分泄入南、北港水道，其中南港又分南、北槽入海，输移途中进行着频繁的局部滩槽交换。而从北支下口上溯的海域泥沙，大部分沿程淤于河槽内，逐渐形成涨潮槽的形态，小部分被挟带至崇头倒灌入南支，和长江来沙汇合后又经白茆沙北水道下泄，悬移质输移整体上构成南支→南、北港（南港又分成南、北槽）→海域→北支→南支大循环。

长江口悬移质泥沙属黏性细颗粒范畴，其粒径变化范围为 0.0012～0.05mm。据 2005 年 1 月实测资料统计，南支河段大、中、小潮中值粒径最大值分别为 0.0168～0.0269mm、0.0132～0.0377mm、0.0098～0.0144mm，平均在 0.0142～0.0263mm 之间，其中白茆沙南水道悬移质粒径相对较粗。南支河段洪、枯季床沙平均中值粒径分别为 0.0442mm、0.0711mm，枯季偏粗。悬移质级配与床沙级配有部分重合，说明长江口河段悬移质泥沙与床沙之间存在着频繁的交换。

底沙输移是长江口泥沙运动的另一种重要形式。洪水造床切滩的同时，冲刷下来的泥沙除就近于原沙尾淤积外，大部分的泥沙以床沙质的方式下移，形成新的淤积体或淤积带。长江口南港是底沙输移的敏感河段，1962—1963 年间，南港上口浏河沙和中央沙之间切滩发育出新宝山水道，南北港分流口中央沙和浏河沙节节蚀退，河床冲刷约 6.0 亿 m³ 泥沙，其中有 3.2 亿 m³ 淤积于南港，瑞丰沙扩大延伸，南港主槽普遍淤厚 2～5m，断面形态由 U 形向 W 形复式河槽发展[8]；1998 年及 1999 年连续两年大流量洪水过境，南北港分流口河床地形出现明显的冲淤变化，新浏河沙串沟加深扩大，南港主槽出现 3 个活动淤积沙体，淤积体泥沙即来源于临近上游的局部冲刷，淤积厚度平均为 4.06m，最大淤积幅度达 5.52m[3]。1998 年 9 月 8～9 日于南支、南港连接段开展的两天外业现场调查表明[12]，大洪水期间长江口区河床表面呈较大尺度波状起伏的韵律形态，底形沙波波长在 20～300m 之间的占 85%，波长大于 100m 以上者占 7%，其波长与波高均远大于枯季时（枯季时 5～15m 之间占 85%），并大于一般洪季时的形态，而沙波的平均迁移速度亦远大于平常水情下的速度。

由此可见，长江口的泥沙运动，有常态纵向往复不平衡输沙导致的河床冲淤（其中包含断面上不平衡的横向交换），还有一定条件下横向和斜向越滩流冲刷形成切滩从而导致串沟、支汊的兴衰交替，而口外沉积的小部分泥沙通过北支倒灌南支的循环输运，以及局部范围内的底沙输移等，都不同程度地影响着长江口的槽滩发育，从而增加了长江口泥沙运动复杂性，也给河口治理带来困难。

3.6.4　分水分沙对河床演变的影响

长江口在巨量径流和潮流的相互作用下，发育成复杂多变的分汊型河口，目前呈三级分汊、四口入海格局。通常分流量大的汊道成为主汊，趋于发展；反之，则为副槽，趋于萎缩。泥沙随水流进入汊道，在分流多而分沙少的情况下，水体挟沙能力不饱和，汊道易冲刷，反之，则易淤积。

分水分沙比计算方法有：①汊道落潮水、沙量与总落潮水、沙量之比。②汊道净泄水、沙量与总净泄水、沙量之比。采用第①种方法，表示的为落潮时汊道的分水分沙比，不能体现涨潮水体及其携带的泥沙对河道演变的影响；第②种方法能总体把握分汊水道的发展趋势，但不能体现涨落潮过程的不同作用。本节分别以落潮、涨潮、净泄 3 种分流分沙比来表述（表 3.6-1、表 3.6-2）。

表 3.6 - 1   长江口南、北支分流比

施测日期 (年-月-日)	潮型	潮别	南北支 总潮量 /亿 m³	南支 /%	北支 /%	净泄水量 /亿 m³	南支 /%	北支 /%
2002 - 09 - 22～ 09 - 30 (洪季)	大潮	涨	20.83	86.0	14.0	34.98	101.9	-1.9
		落	55.81	95.9	4.1			
	中潮	涨	13.97	90.1	9.1	33.51	97.8	2.2
		落	47.48	95.8	4.2			
	小潮	涨	5.40	92.9	7.1	31.94	96.8	3.2
		落	37.34	96.2	3.8			
2005 - 01 - 24～ 02 - 04 (枯季)	大潮	涨	20.44	95.0	5.0	10.86	102.7	-2.7
		落	31.28	97.6	2.4			
	中潮	涨	16.32	95.3	4.7	14.67	100.8	-0.8
		落	31.00	97.9	2.1			
	小潮	涨	11.09	95.8	4.2	15.09	98.3	1.7
		落	26.17	97.2	2.8			

表 3.6 - 2   长江口南、北支分沙比

施测日期 (年-月-日)	潮型	潮别	南北支 总输沙量 /万 t	南支 /%	北支 /%	净输沙量 /万 t	南支 /%	北支 /%
2002 - 09 - 22～ 09 - 30 (洪季)	大潮	涨	52.70	52.2	47.8	59.30	121.1	-21.1
		落	112.00	88.6	11.4			
	中潮	涨	25.20	57.6	42.4	45.67	104.5	-4.5
		落	70.87	87.8	12.2			
	小潮	涨	4.92	84.7	15.3	25.24	92.7	7.3
		落	30.16	91.4	8.6			
2005 - 01 - 24～ 02 - 04 (枯季)	大潮	涨	45.08	79.9	20.1	3.27	330.3	-230.3
		落	48.35	96.8	3.2			
	中潮	涨	27.95	83.8	16.2	15.58	124.3	-24.3
		落	43.53	98.3	1.7			
	小潮	涨	4.72	91.7	8.3	5.56	99.3	0.7
		落	10.28	95.8	4.2			

注 测验期间大通平均流量，2002 年测次为 33756m³/s，2005 年测次为 12350m³/s。

2002 年测次为汛期后期的成果，测时大通流量大于多年平均 28000m³/s 约 20%，可近似看成汛期，2005 年测次则为枯水期成果。从表 3.6 - 1 可以看出，南支分流占绝对的主导地位，洪季北支大潮有约 1.9% 的水量倒灌南支，中、小潮仅约 2%～3% 的净泄量；枯季仅小潮有 1.7% 的净泄量，大、中潮则均有水量倒灌南支。北支分流量少，即便其中、下段河床近年有一定的发展，但衰退是大趋势。

由表 3.6-2 可知，北支仅小潮期能分泄部分流域来沙，大、中潮期均有大量的泥沙倒灌南支，尤其是枯季。第 5 章 5.3.3 小节白茆沙南、北水道中的分析表明，北支倒灌南支的泥沙，大部分淤积在北支上口门，形成舌状堆积体，在水流冲刷搬运下，给白茆沙北水道河床的淤浅提供了物质基础。

南、北港河段分流分沙部分测次成果见表 3.6-3、表 3.6-4。

表 3.6-3　　　　　　　　　　　　长江口南、北港分流比

施测日期 （年-月-日）	潮型	潮别	南北港 总潮量 /亿 m³	南港 /%	北港 /%	净泄水量 /亿 m³	南港 /%	北港 /%
2002-09-22～ 09-30	大潮	涨	38.81	52.2	47.8	33.74	43.3	56.7
		落	72.55	48.1	51.9			
	中潮	涨	30.83	52.3	47.7	31.35	38.3	61.7
		落	62.18	45.2	54.8			
	小潮	涨	12.86	56.0	44.0	30.55	41.8	58.2
		落	43.41	46.0	54.0			
2010-08-10～ 08-11	大潮	涨	41.87	57.2	42.8	42.2	40.8	59.2
		落	84.07	48.9	51.1			
2012-08-31～ 09-01	大潮	涨	39.30	59.4	40.6	38.49	32.0	68.0
		落	77.79	45.9	54.1			

表 3.6-4　　　　　　　　　　　　长江口南、北港分沙比

施测日期 （年-月-日）	潮型	潮别	南北港 总输沙量 /万 t	南港 /%	北港 /%	净输沙量 /万 t	南港 /%	北港 /%
2002-09-22～ 09-30	大潮	涨	108.0	50.8	49.2	105.0	39.1	60.9
		落	213.0	45.0	55.0			
	中潮	涨	68.3	57.0	43.0	92.7	31.3	68.7
		落	161.0	42.2	57.8			
	小潮	涨	15.2	55.0	45.0	44.0	35.8	64.2
		落	59.2	40.8	59.2			
2010-08-10～ 08-11	大潮	涨	144.4	57.8	42.2	201.6	31.1	68.9
		落	346.0	42.2	57.8			
2012-08-31～ 09-01	大潮	涨	101.9	57.2	42.8	114.7	30.8	69.2
		落	216.6	43.2	56.8			

注　测验期间大通平均流量，2002 年测次为 33756m³/s，2010 年测次为 56650m³/s，2012 年测次为 43150m³/s

表 3.6-3 显示，总体看，南港平均分流比为 51.1%，南北港处均衡发展态势。从不同潮别的分流比看，南港落潮介于 45.2%～48.9% 之间，平均 46.8%；涨潮介于 52.2%～59.4% 之间，平均 55.4%，说明从南港进入的涨潮量大于北港，而从北港分泄

的落潮量大于南港。再从净泄量看，北港占比平均 60.8％，明显大于南港。

表 3.6 - 4 显示，涨潮平均从南港带入 55.6％的泥沙，落潮平均从北港下泄 57.3％泥沙，净泄量北港平均占 66.4％，北港为承接南支河段输沙的主要通道。

水流泥沙运动决定着河床演变的发展趋势。从水沙输运占比看，北港水沙的净泄比例均已大于 60％，虽然目前净泄沙比例（66.4％）大于净泄水比例（60.8％），但鉴于南、北港历史上此强彼弱、交替更迭的往复性，北港未来的发展及其带来的影响需要及早重视。

总之，通过水流泥沙运动的分析研究，可以解释河道冲淤变化的原因，同时又体现着变化的结果，长江口演变规律的研究工作需要在这方面不断丰富和深化。

主 要 参 考 文 献

[1]　余文畴，卢金友.长江河道演变与治理［M］.北京：中国水利水电出版社，2005.

[2]　沈振芬.9711 号台风与黄浦江暴潮［J］.上海水利，1997，49（4）：10 - 11.

[3]　巩彩兰，恽才兴.长江河口洪水造床作用［J］.海洋工程，2002，20（3）：94 - 97.

[4]　朱慧芳，徐海根，周思瑞.福姜沙河段水文、河槽演变分析及南支汊建港探讨//陈吉余，沈焕庭，恽才兴，等.长江河口动力过程和地貌［M］.上海：上海科学技术出版社，1988：340 - 357.

[5]　杜永红，郭必祥，陈德胜.长江如皋沙群演变与整治［J］.人民长江，2002，33（12）：11 - 13.

[6]　恽才兴，胡嘉敏，邹德森.长江口南通河段河床演变//陈吉余，沈焕庭，恽才兴，等.长江河口动力过程和地貌［M］.上海：上海科学技术出版社，1988：358 - 374.

[7]　高进.长江河口演变规律与水动力作用［J］.地理学报，1998，53（3）：264 - 269.

[8]　恽才兴.长江河口近期演变规律［M］.北京：海洋出版社，2004.

[9]　孙英，金如义.横比降在长江口河演中的作用［J］.东海海洋，1985，3（4）：1 - 10.

[10]　钱宁，张仁，周志德.河床演变学［M］.北京：科学出版社，1989.

[11]　吴华林，沈焕庭，严以新，等.长江口入海泥沙通量初步研究［J］.泥沙研究，2006（6）：75 - 81.

[12]　程和琴，李茂田.1998长江全流域特大洪水期河口区床面泥沙运动特征［J］.泥沙研究，2002（1）：36 - 42.

第 2 篇

长江口河道演变

第2章

第2章

劳动合同法

第4章 长江口历史演变规律

长江口河段，江面宽阔，洲滩发育，河道变化频繁。两千年前，长江镇江、扬州以上为河流形态，镇扬以下，洲滩罗列。随着沙洲并岸，江面束窄，潮区界下移，河口由陆向海延伸。纵观历史发展过程，长江口呈单向演变性质。有关研究表明，长江口历史演变具有：南岸河漫滩推展南偏、北岸沙洲并岸岸滩外推、河口束窄、河道成形、河槽加深等5个演变过程[1]。综合长江口历史演变，概括其具有如下的演变规律和特征。

4.1 河口延伸规律

长江河口历史变迁见图4.1-1[2]。

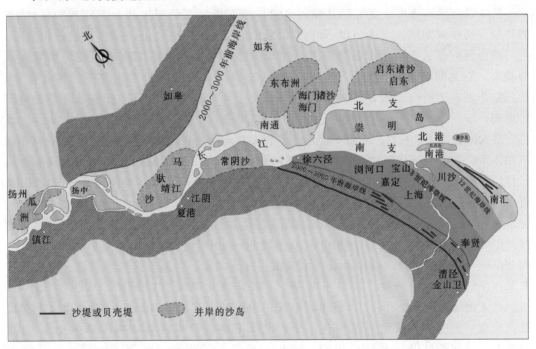

图4.1-1 长江河口岸线的历史变迁

长江三角洲是在古长江口漏斗湾中经泥沙淤积逐渐形成，经历了一个由海到陆的变迁，其过程可分3个历史阶段[1-8]：第一阶段为距今6000~7000年的最大海侵期，当时长江口为一漏斗型海湾，湾顶西端在镇江、扬州一带，由于湾内海潮顶托作用显著，河口淤积强烈，形成不同时期的拦门沙，逐渐堆积了江北的古沙嘴和江南的古沙堤；第二阶段为距今6000~7000年至2000~3000年的4000年内，由于当时流域垦殖能力低，水土流失

121

轻，泥沙来源少，加之海平面上升的影响，河床基面调整，中下游河道发生淤积，因而河流搬运到河口的泥沙较少，长江口岸线推进缓慢，较长时间内保持相对稳定；第三阶段为距今 2000～3000 年以来至 17 世纪，由于长江流域人口迅速增长，沿流域土地开垦强烈，长江来沙增多，三角洲淤积加快，长江口不断向外推移，这一时期形成的潮滩塑造了南通—如东—启东一带广袤平原（三角洲北翼），而南边滩拓展，现代三角洲的绝大部分面积是这段时间内生成的。据陈吉余等[1]估算，公元前 3000～4000 年间，长江口岸线推展速度缓慢，每百年仅 100～300m。公元 300～400 年以后，由于山地开垦导致水土流失加剧，长江口海岸向外推展的速度逐渐加快，至近代，甚至达 1km/40a。

长江口的沙岛在未采取护岸措施之前，均有南冲北淤、沙岛北移的规律。经黄胜计算[3]，若水体流速达到 2m/s 时，长江口地区因科氏力的作用将产生 0.158×10^{-4} 的横比降，认为在科氏力长年累月的作用下，使长江口形成的河槽总体上南倾，南岸岸线逐渐向东南方向推展，而苏北岸线的形成则均来自于沙洲的向北并岸[4-5]。

4.2 并洲并岸河道缩窄规律

长江口河段河道形成发育的过程，呈河口湾充填，三角洲进积，河口束窄延伸[6-8]的特征。历史时期镇江、扬州以下的古长江水流多汊，沙洲漫漫，泥沙堆积作用显著，拦门沙由西向东展布，主泓游移多变。主水流多向右偏，靠南的汊道因侵蚀增宽，水势较大，靠北的汊道逐渐淤浅、束窄，最终导致河口诸多洲滩并入北岸。如此往复，长江三角洲在不断向东南延伸的同时，不断发生并洲并岸的过程，直至形成今天的河势形态。

最大海侵以来，长江三角洲共经历了 6 个发育阶段，在北岸相应形成了 6 期亚三角洲沉积体系，自老至新分别称为红桥期、黄桥期、金沙期、海门期、崇明期和长兴期[4,6]。长江口在向东南延伸的同时，通过上述沉积体的并洲和并岸过程，而使河道不断地缩窄。近 1000 多年来，长江河口又出现 7 次重要的沙岛并岸[9]：公元 7 世纪东布洲并岸；8 世纪瓜洲并岸；17 世纪马驮沙并岸；18 世纪海门诸沙并岸；19 世纪末至 20 世纪初启东诸沙并岸；20 世纪 20 年代常阴沙并岸；20 世纪 50～70 年代通海沙、江心沙并岸。7 次沙洲并岸中，除常阴沙并入南岸外，其余 6 次均并入北岸。伴随着这些沙洲的并岸，长江口北岸岸线不断向南伸展，河口不断缩窄，并向东南外海方向延伸。马驮沙并岸后，江阴以上河道平面形态于 17 世纪逐步形成；通海沙、江心沙并岸后，徐六泾以上河段逐渐向宽窄相间的分汊型河道转化，徐六泾以下则以沿程展宽的喇叭形态分汊入海。当然，自然演变过程是十分缓慢的，因势利导的人类活动，加速了河道缩窄的演变进程。

历史资料表明，两千多年前，长江口北角称廖角嘴（或牛角梢），在小洋口附近；南角位于现杭州湾王盘山附近，南北角相距 180km；现代长江出海口介于启东嘴和南汇嘴之间，相距约 90km。同理，长江河口段的起点，也从扬州下移 200km 至徐六泾，其下长江口呈喇叭型展宽（表 4.2-1[1]）。

表 4.2-1　　　　　　　　　　长江河口地区各段束窄情况

河　　段	水面宽/km	现在宽度/km	主要发生时间
镇扬河段	12	2.3	公元 8 世纪
江阴河段	11	3.5	17 世纪
十一圩	18	7.5	20 世纪初
徐六泾	13	5.7	20 世纪中叶
河口口门	180	90	公元前后至现在

4.3　节点控制作用

从长江口几千年的演变可见，古代长江河口演变过程中，节点起重要控制作用[10]。节点段河宽大大缩窄，限制了主流和主槽的大幅摆动，也抑制了海洋动力的传入，节点上游河段涨落潮流路分离减弱，流路逐渐转为单一，促使上游河道较快地向径流河型转化，同时也为下游河势的稳定创造有利条件。

长江口节点的形成有两类。第一类是依赖天然的坚固边界条件形成。在长江河道的发育过程中，长江主泓的摆动若遇到了坚硬的山体、矶头或阶地硬土层，抑制了长江主流的冲刷，控制了主流和主槽的摆动，崩岸的进一步发展和河道的进一步弯曲受到极大的限制，在动态平衡中，节点初步形成，江阴鹅鼻嘴节点即为此特征的典型，南通河段的龙爪岩江段，也有形成此类节点的自然条件。第二类为人工节点，即通过沙洲并岸与人工护岸相结合，逐渐控制长江主流的走向，长江口徐六泾段和澄通河段的九龙港段，即为此类节点，南支河段的七丫口段，未来也有可能形成类似的节点。以下以鹅鼻嘴节点和徐六泾节点，对比强弱不同的节点对水流控制的影响。

公元 1 世纪后，长江河口推进到江阴以下，该河段南岸江阴一线有黄山、长山等山体岩基岸壁，阻止了长江主流向南冲刷，但由于北岸无山体阻挡，土质结构松散，在水流冲击下崩塌后退，因此主泓在本段摆动较大，河势长期不稳定，直至 17 世纪马驮沙并北岸，形成微弯单一河道，河势才渐趋稳定。鹅鼻嘴对岸炮台圩在清代原有 3 座炮台，2 座坍入江中，1 座控制着 1.25km 宽的江面，随时有被冲掉的危险[11]，在人工护岸工程下，稳定了炮台，窄而长的鹅鼻嘴节点因此而逐渐形成。

徐六泾河段左岸为凸岸，利于泥沙淤积，至 20 世纪 30 年代，-5m 以上的浅区宽度已达 9km，河床断面形成南槽北滩不对称形态，20 世纪 50～60 年代，南通市先后围垦了该河段左岸的南通农场、江心沙农场和东方红农场，使江面从 13km 缩窄至 5.7km 左右（围垦位置及时间见图 5.2-1）。徐六泾河段右岸为凹岸，素为水流顶冲，历史上即有堤坝工程护岸，如现沿江大堤即系清乾隆二十年（1755 年）所筑，当时堤外尚有 1km 多的高滩，但被水流淘刷逐年内坍，为保护江堤，清同治年间曾在最险段野猫口一带加筑桩坝，使岸滩得到一定的控制。北岸围垦后，该河段主流进一步南逼，20 世纪 70 年代，常熟县采取了一系列护岸工程措施，如浆砌块石和干砌块石护坡、增高拓宽加固沿江大堤、加筑滩肩护坎、抛筑丁坝群等，稳定了南岸江堤，徐六泾人工节点逐渐形成。近 100 年来，上游南通河段大冲大淤，但徐六泾以下岸线始终稳定，徐六泾河段顶住了长江主流的向南冲刷，避免了主流大幅摆动，护岸工程和水下抛石坝的共同作用是主要原因。

江阴鹅鼻嘴节点和徐六泾节点，分别反映了强控制节点和弱控制节点的特性。强控制节点段的出流比较稳定，没有大的摆动，通常节点段比较窄长，长宽比大，宽深比相对较小，且河道单一，无分汊。江阴鹅鼻嘴节点段为一条窄通道，长宽比为 10∶1，除上游来水来沙量变化影响外，上游河道的演变和主泓摆动对节点下游河段的演变影响较小，故江阴鹅鼻嘴节点为强控制节点。弱控制节点段短，出流不稳定，主泓摆动大，下游河道易分汊。徐六泾节点江面宽达 5.7km，北有新通海沙，南有白茆小沙心滩及汊道，主泓摆动达 1.4km 左右，节点对河势和长江主流的控制作用较弱，上游河势的变动和主流摆动将传导到节点下游河段，从而影响白茆沙和南北两汊的变化，故该节点为弱控制节点。因此，对现代长江口来说，稳定澄通河段下段的主流走向，强化徐六泾节点对河势的控制作用，同时稳定白茆沙河段，对控制长江口的基本河势是至关重要的。

4.4　近代长江口河势的主要变化

4.4.1　澄通河段

澄通河段为宽窄相间的江心洲分汊河道。历史上，澄通河段主流多次改道，河道冲淤频繁，自马驼沙于 17 世纪 20 年代（明天启年间）并岸后，江阴鹅鼻嘴节点逐渐形成。鹅鼻嘴节点以下，河道宽阔，逐渐淤涨出多个沙体，19 世纪末至 20 世纪初淤涨扩大连成南沙、东兴沙和常阴沙 3 个沙洲，1917 年夹江西口筑老海坝，三沙洲连成一体，江水归槽[1]。经过长期的自然演变和人类活动的影响，特别是在堤防及护岸工程作用下，澄通河段主泓、洲滩变化幅度逐渐减小，河道向相对稳定的双分汊河道演变。19 世纪中后期以来，澄通河段主流变迁及相应的河势变化统计见表 4.4-1。

表 4.4-1　　　　　　　　澄通河段主流变迁及其相应的河势变化统计表

时期（年）	如皋沙群汊道段	通州沙水道	白茆沙河段
1861—1900	主流走海北港沙北水道	由通州沙东水道逐步转为通州沙西水道	由白茆沙北水道逐步转为白茆沙南水道
1900—1921	主流从海北港沙北水道过渡到南水道	由通州沙西水道逐步转为通州沙东水道	由白茆沙南水道逐步转为白茆沙中水道，水流切断白茆沙尾形成浏河沙
1921—1941	海北港沙南水道发展，南北水道汇流后顶冲左岸山沙，切割沙体形成横港沙	横港沙向南淤涨，沙体挤压水流使通州沙水道主流又由东水道逐步转为通州沙西水道	由白茆沙中水道逐步转为白茆沙南水道，中水道以北的白茆沙并岸
1941—1958	海北港沙北水道淤塞并岸，又来沙形成，主流从又来沙北水道逐渐向南水道过渡，1948 年南水道发展为主汊	由通州沙西水道逐步转为通州沙东水道	有转为北水道的迹象，但仍为南水道
1958—1980	双铜沙形成，主流走浏海沙水道	由通州沙东水道为主流逐渐形成通州沙东水道—狼山沙西水道为主流	水流出徐六泾后北偏，弯道顶冲点在立新闸上游，南水道上口深槽中断

上游主流摆动，下游主流相应变动，河床顺（面）主流处冲刷，背（侧）主流处淤积。从澄通河段主泓的变化及其影响看，其冲淤多变的主因在于如皋沙群段。

20 世纪 60 年代以来，如皋沙群大量小沙体并洲、并岸[12]，分别为：①70 年代民主沙、友谊沙、驷沙等沙体合并形成民主沙，跃进沙并入北岸。②80 年代又来沙并入北岸。③80 年代后，随着民主沙的合并，如皋中汊形成、发展。④60—80 年代，由上林案、下林案、张案、薛案沙和开沙逐步合并形成现在的长青沙，1960 年左右如皋沙群洲滩河势图见图 5.1-5。随着沙洲并岸，出如皋中汊水流与浏海沙水道主流汇合后，顶冲点下移至九龙港以下并基本稳定；天生港水道进流恶化，演变成涨潮沟性质的水道。

总体看，随着如皋沙群段沙洲并岸，澄通河段的福姜沙左汊—浏海沙水道—通州沙东水道—狼山沙东水道—徐六泾南侧的反 S 形主流线逐渐趋稳，对下游河势的影响逐渐减小。

4.4.2　南支河段

南支河段河势近代的主要变化情况见表 4.4-2。

表 4.4-2　　　　　　　　　　近代南支河段河势主要变化

时期（年）	白茆沙河段	南北港分流段
1860	老白茆沙浅滩零星分布于江中，南水道顺直，北水道微弯，长江主流走北水道	扁担沙下段形成暗冲浅滩，老崇明水道生成、发展，北港为入海主汊
1900—1912	白茆沙完整，主泓从北水道转为南水道	北港入口淤浅，南港分流顺畅
1920—1931	南水道淤浅，北水道恶化，中水道形成、发展；1926 年，老白茆沙并靠崇明岛	扁担沙横向通道切滩，老崇明水道消亡，中央沙北水道生成
1950—1953	老白茆沙南部切滩，白茆沙中水道发展，新白茆沙雏形生成	中央沙北水道将扁担沙与中央沙分离，北港入流顺畅；老浏河沙与中央沙相连，老宝山水道萎缩，南港入流受阻。南北港分流口上提至浏河口，南支主槽淤积
1958	南水道成行洪主槽，老白茆沙再次并靠崇明岛，扁担沙成南支中段复式河槽分界线	中央沙北水道扩大加深，新崇明通道生成，南北港分流口下移至长兴岛西侧石头沙

径流是塑造了南支河段的主要动力，而巨大的潮量是维持南支河槽断面面积和形态的重要动力因素。南支中段演变成复式河槽，右侧南支主槽为落潮槽，左侧新桥水道为涨潮槽，中间发育宽阔的扁担沙。20 世纪 70 年代，白茆沙北水道萎缩，南水道强劲发展，出七丫口后主泓北偏，冲击扁担沙，使南门通道和新桥通道发育。南门通道存在的时间不长（6 年），但扁担沙受冲易动的特性展露无遗，若无工程措施，扁担沙的冲淤变化，将是影响南、北港分汊态势的重要因素。

4.4.3　南北港河段

从南支河段近代演变可知，南支上段因白茆沙而分汊，随着徐六泾主流的摆动，白茆沙时聚时散。在白茆沙较为稳定存在后，南、北水道汇合使涨落潮流动能集中，冲刷河床形成深槽，江面宽度束窄，形成七丫口准节点窄河段，但因左侧扁担沙边界的不稳定，以及江面依然宽阔，该节点控制作用弱于徐六泾节点，下游南北港分流段常受其主流摆动和冲淤变化的影响。

南北港河段是长江口三级分汊的第二级汊道。南支河段七丫口江面宽度 9km，下行至浏河口江面宽度拓展为 13km，再下行 25km 至吴淞口，江面宽度达 17km。宽阔的江面，分离的流路，为形成江心洲和滋生潜心滩创造了条件。自上而下，河床内分别有扁担沙、浏河沙、中央沙、瑞丰沙、青草沙、堡镇沙等洲滩，其间还散布一些小心滩，洲滩之间汊道众多，演变复杂，可以说，南北港分流段是长江口地貌演变最为复杂的区段。

历史上，在长江洪水作用下，长江主流在南、北港之间摆动，造成入海航道的更迭。1860 年至今，南、北港分流口位置上提下挫各 3 次，在浏河口至长兴岛西端石头沙之间 25km 范围内移动。近代南北港分流通道变化及其影响统计见表 4.4-3。

表 4.4-3　　　　　　　　　　　近代南北港分流通道变化及其影响

时期（年）	分　流　段	南　港　河　段	北　港　河　段
1860—1865	老崇明水道，港阔水深；老宝山水道生成	南港淤浅，入口处有瑞丰沙浅滩	为长江入海主汊，1870 年辟为上海港通海航道
1900—1927	老崇明水道入流不畅，逐渐淤废；老宝山水道上口出现老浏河沙沙包	分流增加，水深恢复，为入海汊道。1927 年为上海港通海航道	上口封堵，中央沙北水道逐渐生成
1943—1948	1931 年大洪水，引起扁担沙中部切滩生成中央沙水道和新桥水道。分流口上提至浏河口	进口受中央沙和老浏河沙群阻挡，老宝山水道淤浅	进口段中央沙北水道顺畅，长江口主泓改走北港入海
1949—1958	中央沙北水道扩大增深，新崇明水道生成，中央沙与长兴岛分离，南北港分流口下移至石头沙西侧	进口段沙群受冲后退南压，入流不畅，但中下段淤积较小，上海港尚能通航。期间瑞丰沙逐渐生成	进口水深加深，为入海主汊
1963—1965	新崇明水道萎缩，新宝山水道生成，并发展成南港进口入流主要通道	入流顺畅，与北港成均势	相对稳定
1973—1983	新南门通道生成，中央沙北水道淤废，新桥通道发展，并逐渐发展成分流北港主通道	新浏河沙生成，新宝山水道淤浅，南港主槽淤积	因南门通道，新桥通道的发展，入流加大

从南北港历史演变可知，上游主泓摆动和分流通道的上下移动使南、北港交替兴衰。当进口通道恶化，阻力加大，纵比降亦增加，过滩水流增强，为水流越滩切出新的串沟或通道提供了动力条件，而抗冲性弱、活动性大的河床沉积层提供了有利于串沟或通道发展的边界条件，因此，南北港的此兴彼衰也顺理成章。唯有分流分沙相对稳定，以及分汊口位置相对固定，南北港才能相互制衡，并总体向相对好的方向发展。

4.4.4　南北槽河段

南北槽是长江口的最后一级分汊。南槽原是南港入海的下段，1954 年大洪水切割铜沙浅滩生成北槽，切割体生成九段沙，分南港成南、北槽。北槽生成后，吸引南港水流下泄，主泓过小九段后北挑，其下南港南岸成缓流区，易于泥沙落淤，江亚南边滩初步形成。20 世纪 60 年代南港上段发生了强烈的洲滩冲蚀，为江亚南边滩带来丰富的沙源，使其呈弓形北凸淤涨；1973 年长江洪水切割该沙体，江亚南槽 5m 等深线与南槽相通，原南槽上口演变成江亚北槽，江亚南边滩演变成江亚南沙；1992 年江亚北槽淤积，江亚南沙接近九段沙；1998 年底，长江口深水航道治理工程南导堤封堵江亚北槽、鱼嘴固定江亚南沙，南北槽分流口渐趋稳定。

4.4.5　北支河段

长江口北支系长江出海的第一级汊道，上起崇头，下至启东市连兴港，河道全长 83km，历史上曾是长江入海主泓。1915 年长江径流经徐六径节点后能较顺直地进入北支，其时北支下泄长江径流总量的 25%。20 世纪 50 年代中后期，江心沙尚未并岸，但滩面较高，进入北支的水流有两股：一股从崇明西沿向北，是主要入流区；另一股为江心沙北汊，约占崇明西沿来水的 30%，两股水流在圩角港附近汇合后沿北岸下行。1960 年冬海门江心沙围垦，1970 年 1 月江心沙北汊封堵，到 1979 年全部淤积成陆，上游径流仅能从崇明西沿进入北支，与大江主流成近 90°交角，入流不畅，进入北支的落潮量不断减少，使北支由落潮槽向涨潮槽转化。

北支上段的深泓线演变是自然界"三十年河东，三十年河西"的真实写照。1958 年起自东向西移动，到 1974 年移动约 5km，从紧靠崇头移到江心沙东南沿而下到青龙港；1974 年后，受白茆沙河段演变的影响，进入北支的长江主流线自西向东转移，于 1978 年移动了约 3km，又从崇头直趋青龙港；随着崇头至牛棚港一线边滩不断淤涨，近岸夹槽宽度缩窄，进入北支的长江主流又从崇头向西移动到海门市一侧贴岸下行。

随着北支的萎缩淤浅，尤其是进口段的江面缩窄、河床抬高，北支出现净潮量倒灌南支的现象。该现象约始于 1959 年，20 世纪 70 年代倒灌现象最为严重[13]，北支上口口门处出现舌状淤积体，严重影响了白茆沙北水道的发展。

影响北支河道演变的因素较为复杂，根据北支演变过程分析，其主要影响因素如下[14]：①动力条件是引起北支淤积萎缩的最根本因素。由于落潮量的不断减小，北支已成为涨潮流占优的河槽，涨潮流上溯挟带的泥沙，落潮时不能全部带出，泥沙向上输移，导致北支河道淤积萎缩。②1958 年以前，上游澄通河段通州沙水道的演变，是促进北支淤积萎缩的重要因素。随着澄通河段的河势趋向稳定，北支河段受上游河道变化的影响逐渐减小。③北支分泄径流量的大小一定程度地影响北支的冲淤变化，当进入北支的径流有所改善，会导致北支上段河床产生冲刷现象。随着北支分流比的减小，径流对北支的影响逐渐减小。④北支上段圩角沙的圈围进一步恶化了北支的进流条件，加剧了北支的潮波变形，加速了北支的淤积萎缩。

4.4.6　近代人类活动对长江口河势的影响

长江口地处冲积平原，人类与水为邻，在利用水资源繁衍生息的同时，亦深受洪、潮、涝、渍、旱等灾害之苦。长江口治水历史悠久，为求生存、谋发展，兴塘筑堤、浚河置闸、开埠建港，也使河势得到相应控制。从宏观方面来看"三级分汊、四口入海"的河势格局,乃由崇明岛、长兴岛、横沙岛的筑堤固塘、分流江水而成;从局部来看,澄通河段又来沙的并岸,形成如皋沙群双汊分流的格局,天生港沦为涨潮槽;通海沙、江心沙的并岸,形成了徐六泾人工节点等,改变了局部河势,也对下游河势的稳定起到关键作用。

江阴鹅鼻嘴束窄段是长江河口段的起始节点。北岸炮台圩基础实为受冲易动的岸滩,在 20 世纪 70 年代末进行了抛石护岸,维护了节点,控制了河势。经过多年运行,炮台圩水下抛石有部分损失。为保障该节点的稳定性,应对该段护岸进行加固,进一步发挥其对河势的控制作用。

如皋沙群是河口段变化频繁、对河势影响较大的地区。1916 年,浏海沙与南岸相连,河道缩窄,水流冲刷加剧。为此,江阴、常熟两县沿江部分地区(现张家港市),从 1923 年起在十圩港到十三圩港之间兴建了 9 座丁坝守护该段。北岸的海北港沙 1939 年淤涨靠岸,1948 年,又来沙形成,江流分成北、中、南 3 个水道。1954 年长江大洪水,长江南岸的 9 座丁坝全部坍入江中,河道冲深扩大,加快了南岸的崩塌。当老海坝一带大量崩退时,原浏海沙东端迅速淤涨。从 20 世纪 70 年代起,对本段南岸严重坍江段进行了重点治理,先后在东端老海坝 17km 长和西段 7km 长的地段,修建丁坝 15 座,平顺抛石护岸 5km 多,初步稳定了福姜沙右汊和浏海沙水道南岸边界的河势条件。

通州沙是 20 世纪初因南通市区江岸坍塌形成弯道凹岸时,坍塌的大量泥沙在弯道水流作用下于凸岸淤积而成。1915 年,长江主流走通州沙东水道,南通市天生港至狼山一线江岸崩塌;1916—1926 年间,在天生港至姚港段兴建了 18 座丁坝,但在随后的 5 年内,其中的 6 座丁坝坍入江中。1921—1941—1958 年间,长江主流在通州沙东、西水道之间反复变迁(表 4.4-1),狼山以下江岸不断崩塌,狼山沙东水道逐渐发展,崩塌区也不断下移,自 1974 年起到 1981 年在该段兴建丁坝 15 座,并在丁坝群的上下游建沉排抛石护坎 4km,虽然崩岸仍未停止,但初步稳定了本段左岸边界的河势条件。

徐六泾节点段,由于长江主流出狼山沙东水道后南偏,顶冲点上移至野猫口,本河段南冲北淤。所幸该段历史上南岸即有堤坝工程护岸,20 世纪 70 年代,常熟县采取了一系列护岸工程措施(见本章"4.3 节点控制作用"),稳定了南岸边界,徐六泾人工节点得以巩固。

北支北岸历史上一直受冲严重,与 20 世纪初相比,北岸共坍失土地 30 余万亩,其中江岸线海门平均后退 1.7km,启东平均后退 2.6km。1965 年起,启东、海门两县有计划的分期建丁坝护岸工程。起初,由于海门 1964 年所建丁坝太短,仅长 30m,护岸作用不明显,从 1969 年起,两县兴建长度在 100m 以上的土芯丁坝 138 座,护岸 86km。启、海岸滩在丁坝群的防护下,变化甚小,20 世纪 80 年代后北支北岸边界基本稳定。

苏南海塘(即江堤)位于常熟、太仓两县,历来修建频繁。《江苏水利全书》称:太仓海塘在明代全线贯通。民国初,太仓海塘险工较多,岁有修葺。1931 年 8 月,受风暴潮影响,太仓、常熟塘工相继出险,土石崩溃,桩木冲折,损失惨重。1946 年,两县又大举修建,常熟工段修建两桩夹石工程,太仓工段修建一桩两石和两桩三石工程[11],暂保一方平安。同时,使徐六泾以下的苏南边界条件得到一定的防护。

江苏太仓界至上海吴淞口,俗称宝山海塘。清雍正十年(1732 年)七月的潮灾,导致宝山沿海庐舍无存,清雍正十二年(1734 年)起修建宝山海塘。鉴于土堤不足以抵御

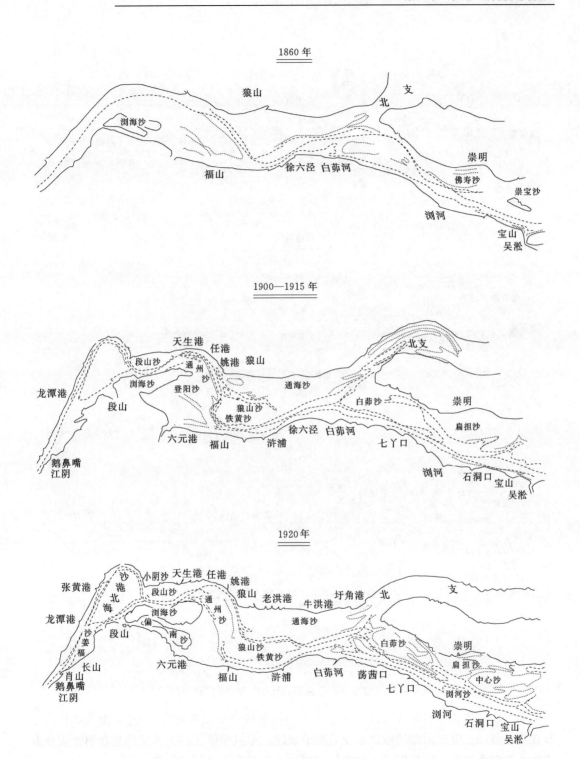

图 4.4-1（一）　长江河口段江阴—吴淞口历史变迁图

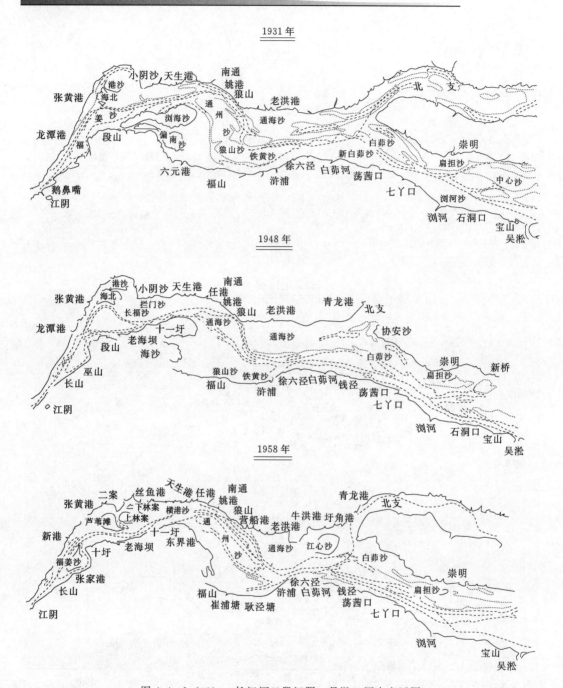

图 4.4-1（二） 长江河口段江阴—吴淞口历史变迁图

潮流的冲刷，清乾隆五年（1740 年）在土塘内侧加筑"护城石塘"，后经多次大修，成今日江堤之基础。宝山海塘的修建以及后期的加固，不但保障了广大人民的生命财产安全及当地的工农业生产，而且促进了水流的归顺，稳定了上海沿江的河势。

崇明岛由众多沙洲逐步相连成岛。初期海塘（亦称圩堤）随沙洲的涨坍而兴废，在潮流的作用下，崇明岛南坍北涨，1352 年以后，位于南沿的县城因海岸内坍，先后 5 次迁移，清代以来海塘工程加强，尤其清后期以来不断加强南沿海塘，才使明万历十一年（1583 年）迁筑于今址的县城不再迁移[15]。崇明成岛后，似一个巨大的春蚕以东南、西北向横亘于江中，将长江分为南支和北支，即长江口一级分汊的河势格局。

长兴岛由鸭窝沙、石头沙、瑞丰沙、潘家沙、金带沙、圆圆沙 6 个小沙，经 1958 年后陆续人工堵泓促淤，至 1972 年合并成岛。在成岛前，早在清道光年间就有人在石头沙等小沙洲上陆续围垦，所筑圩堤极为简陋，灾害不断。1949 年 7 月台灾后，先在地势较高的鸭窝沙、圆圆沙两地修筑圩堤，以后又逐年培修，并陆续遍及其他 4 沙。横沙岛位于长兴岛东，与长兴隔水相望，19 世纪中叶露出水面，1886 年起陆续围垦，始有圩堤，但简陋不堪，1949 年台灾后，1950 年重修圩堤 7.61km，以后又逐年加修，1960 年始建丁坝、护坎等保滩工程，保护横沙海塘。长兴岛和横沙岛的形成，将长江南支分成南港和北港，即长江口二级分汊的河势格局。

由以上近代于长江口开展的人类活动可以看出，长江口地区人类的生存史，是与水患的斗争史紧密相连的，长江口两岸边界条件的相对稳定和大河势格局就是在这个基础上形成的。人类在治水的初期，皆为水患所迫，即都是被动的修建和防护，又由于始筑海塘堤身以土芯为主，缺乏石工，难御风潮，而较陡的断面坡度亦经不住人马牛畜的践踏和水流的冲击，一次次的潮灾也引起了对保滩护岸工程的重视。当社会生产力水平发展到一定程度并进一步提高时，人类治水的主动性和前瞻性会不断提升，综合性的规划治理代替了被动的防御。水利工程一次次的修建与完善，就像一部沉淀的历史，帮助人类在江河治理方面的技术与理念上越来越成熟。多得水利之便，少受水患之苦，是人类永恒的追求。这就是长江口河势格局逐渐形成的时代背景。

4.5　河型特点和转化趋势

4.5.1　近河口段河型为江心洲分汊型河道

江阴至徐六泾（即澄通河段）为近河口段，目前河型为宽窄相间的江心洲分汊型河道。按平面形态特点，近河口段又可分为上、中、下 3 段。上段福姜沙汊道为弯曲分汊型：进口为鹅鼻嘴节点；左汊是主汊，为河床内有边滩和心滩的顺直型河道；右汊是支汊，为具有边滩的弯曲型河道。中段如皋沙群段 20 世纪 70 年代前是洲滩罗列的多汊河道，经 30 多年的自然演变和人工整治，又来沙并入左岸，双铜沙与民主沙并连，海北港沙、薛案沙、开沙并入长青沙，其尾部横港沙伸入通州沙左汊，如考虑天生港水道已淤积萎缩成涨潮槽，对河床演变影响处于边缘化状态，则如皋沙群现已成为右汊浏海沙水道为主汊、如皋中汊为支汊的双汊河段，其河型也为弯曲分汊型。其中，进口段因双铜沙的特殊形态而形成三槽并流的条件；右汊为含边滩的顺直型河道；如皋中汊为含边滩的弯曲型河道；出口段九龙港至十一圩为宽深比较小的稳定节点段，对下游也具有一定的控制作用。下段通州沙汊道宏观上仍为弯曲分汊型：其进口与上游河势衔接较好；右汊（通州沙西水道）为含边滩和心滩的顺直型河道；左汊（通州沙、狼山沙东水道）宏观上为弯曲型，但近期调整为以龙爪岩束窄段为中部节点，进一步分为上、下两个汊道单元，龙爪岩以上为江心洲洲体较小的弯曲分汊型，龙爪岩至徐六泾之间目前已形成具有江心洲和潜心滩的顺直分汊型。

4.5.2　长江口河段为三级分汊、四口入海，沿程展宽的喇叭型河道

长江口自徐六泾节点以下，南岸至南汇嘴，北岸至启东嘴，分别构成整个长江口河道的南、北岸。长江口的河道形态，经过近百年来的演变和人工整治，逐步形成"三级分汊、四口入海"的基本格局，即由崇明岛、长兴岛和九段沙的头部分别将长江口河道分为第一、第二、第三级分汊，并由"三岛"边界组成河槽，分别构成北支、南支、北港、南港、北槽、南槽等主要流路和相应的 4 个入海通道。这一宏观形态连同河道内其他诸多的洲滩及相应的支汊一起，构成长江口河道的总体河势格局。

长江口河床地貌形态有两个显著的特点：一是洲滩很多，且基本上沿纵向呈长条形，相应的纵向支槽也非常发育，他们之间有的还有横向串沟；二是基本河槽内，深槽、浅滩、潜心滩、潜边滩、拦门沙（指支汊口门的拦门沙浅滩形态）、倒套以及大小沙包非常发育。这种河床地貌特点是在巨大径流和潮汐动力的共同作用下形成的。以下对长江口河道的平面形态及其河床地貌分段进行阐述。

（1）徐六泾节点至白茆沙汊道段包括 3 部分：徐六泾节点段，宽达 5.7km，属含边滩、心滩、潜心滩、潜边滩的顺直微弯型河道；白茆沙汊道段为微弯分汊型，其右汊为主汊，系含心滩和边滩的顺直型河道，左汊为支汊，为进出口均具有拦门沙浅滩的弯曲型河道；汇流段，即七丫口准节点段，为两汊出口交角小，河宽相对较大，河床内含洲尾沙埂和边滩，具有两个深槽的顺直型河道。

（2）南港为河宽很大，河床内含有江心洲、心滩、边滩、潜心滩和潜边滩的顺直型河道。

（3）北港上段为河宽很大，河床内含江心洲、心滩、边滩、潜心滩和潜边滩的微弯型河道；下段（自横沙头、团结沙以下）为含边滩、江心洲、拦门沙浅滩的微弯展宽段。

（4）北槽整治前南北两侧边界为横沙东滩和九段沙，滩槽水沙交换频繁，下端口门处有拦门沙浅滩，上下 5.5～6.0m 水深的河槽基本贯通。

（5）南槽为河宽很大，河床内具有边滩、江心洲、心滩、潜心滩和潜边滩的顺直型河道，下端口门处有拦门沙浅滩。

（6）北支可分为 3 段：上段崇头至灵甸港为河宽沿程变化不大，具有进口拦门沙和边滩的单一弯曲型河道；中段灵甸港至启东港也为河宽沿程变化不大，但河宽较上段大，具有江心洲的顺直分汊型河道；启东港以下则为河宽较大，具有较多心滩的顺直展宽段，口门处有江心洲分两槽通海。

4.5.3　长江口河型转化趋势

徐六泾节点在相当长的时段内，将保持目前深槽靠南侧的形态。白茆沙汊道在一定时段内将维持"南主北支"的双汊河型格局，白茆沙南、北水道汇流段如不及时整治，右汊深槽还将向北扩移，汇流段拓宽发展，不利于下游河势的稳定和控制。南港可能进一步朝"一主一支"发展。北槽经过整治后，虽然槽中单宽流量增加有利于航槽水深的维护，但

分流减小，总体趋势可能进一步淤积；南槽将相应受到冲刷发展，应预防南槽冲刷拓宽产生新的江心滩。北港上段将保持目前河势，但下段新团结沙发生切割，对北港口门河势带来不利影响。若干年后，长兴岛、横沙岛可能形成"第二崇明岛"。北支对于长江口而言，已经边缘化，将随着束窄方案的实施而持续淤积萎缩，在这个过程中需维持深槽靠北岸的河势。

主 要 参 考 文 献

［1］ 陈吉余，沈焕庭，恽才兴，等 . 长江河口动力过程和动力地貌 ［M］. 上海：上海科技出版社，1988.

［2］ 长江水利委员会长江勘测规划设计研究院 . 长江口综合整治开发规划要点报告图册（2004 年修订）［R］. 2005.

［3］ 黄胜 . 长江河口演变特征 ［J］. 泥沙研究，1986，（4）：1 - 12.

［4］ 陈吉余 . 中国河口海岸研究与实践 ［M］. 北京：高等教育出版社，2007.

［5］ 凌申 . 沙洲并陆与长江口北部岸线的演变 ［J］. 台湾海峡，2001，20 （4）：484 - 489.

［6］ 高进 . 长江河口的演变规律与水动力作用 ［J］. 地理学报，1998，53 （3）：264 - 268.

［7］ 曹光杰，王建，屈贵贤 . 全新世以来长江河口段河道的演变 ［J］. 人民长江，2006，37 （2）：25 - 36.

［8］ 赵庆英，杨世伦，刘守祺 . 长江三角洲的形成和演变 ［J］. 上海地质，2002，（4）：25 - 30.

［9］ 王永忠，陈肃利 . 长江口演变趋势研究与长远整治方向探讨 ［J］. 人民长江，2009，40 （8）：21 - 29.

［10］ 夏益民 . 长江河口段的演变规律研究和徐六泾节点整治 ［C］//第十四届中国海洋（岸）工程学术讨论会论文集 . 北京：海洋出版社，2009：952 - 956.

［11］ 江苏省地方志编纂委员会 . 江苏省志·水利志 ［M］. 南京：江苏古籍出版社，2001.

［12］ 仲志余，王永忠 . 论长江澄通河段的综合治理与开发 ［J］. 人民长江，2009，40 （11）：1 - 4.

［13］ 陆洲，陆凌宏，陆近，等 . 长江河口区南、北支会潮点初析 ［C］//第十三届中国海洋（岸）工程学术讨论会论文集 . 北京：海洋出版社，2007：599 - 602.

［14］ 水利部长江水利委员会 . 长江口综合整治开发规划要点报告（2004 年修订）［R］. 2005.

［15］ 《上海水利志》编纂委员会 . 上海市水利志 ［M］. 上海：上海社会科学院出版社，1997.

第5章 长江口河道近期演变

5.1 澄通河段

江阴至徐六泾之间的澄通河段是长江河口区的上段，见图2.1-1。

公元238—250年，马驼沙（现靖江市）在江中形成，江流分汊，马驼沙演变的结果为南槽发展，北槽逐渐淤积，约在明朝天启年间（1621—1627年），马驼沙并入北岸，与泰兴、如皋连成一片，江阴河道也由多汊河道演变成为顺直微弯的单一河道，河宽缩窄为3~4km左右，平面型态与近代河道基本一致。江阴河段的稳定对下游澄通河段进口段的稳定起到关键的控制作用。

长江出江阴的鹅鼻嘴后，江面放宽，水流扩散，流速降低，水流挟沙能力下降，泥沙堆积，形成心洲。心洲促使水流分汊，水流流路的分离又助长了心洲的淤积发展，逐渐形成露出水面的江心洲——福姜沙雏形。鹅鼻嘴节点矶头挑流作用形成的冲刷槽走向约为64°，河道在节点断面以下形成不对称放宽，因而福姜沙没有发育在河道的中央部位[1]。约在19世纪末，福姜沙露出水面，1910年开始围垦成陆，至1915年上移到现在的部位。福姜沙形成初期为一菱形江心洲，左汊顺直为主汊，右汊微弯为支汊，自福姜沙生成以来左右汊主次格局未曾改变。右岸巫山以下地质结构疏松，抗冲刷性差，岸线受水流侵蚀不断南移，1917—1958年向南移动2.2km，此时段福姜沙淤涨，面积由14km²增加到18km²，1960年福姜沙开始修筑洲堤。

南通河段在1915年宽度尚有18.0km，1917年浏海沙和偏南沙之间修建了老海坝，1920年在偏南沙与南岸之间修筑了新海坝，沙洲并右岸，江面缩窄至7.0km左右。如皋沙群一带多次出现的裁弯取直，导致了下游主流摆动不定。19世纪末，海北港沙形成，位于如皋凹岸一侧，在主流顶冲和弯道水流的作用下，如皋江岸崩塌，冲刷的泥沙一部分搬运至对岸的海北港沙淤积，一部分挟带至下游凸岸发育成段山沙边滩（长青沙及横港沙的前身）。由于水道曲率较大，主流返回南岸顶冲浏海沙后又折向南通狼山，导致北岸南通江岸坍塌。1920年海北港沙水道裁弯取直，水流切滩形成又来沙，海北港沙北汊开始萎缩，主流改走南汊，同时段山沙边滩被水流切割，江中部分即为横港沙的前身，而沿北岸仍留有一条水道—天生港水道。又来沙的发展过程与海北港沙相似，沙洲将水流分为南北两支，北汊弯曲，南汊顺直，随着北汊的弯曲萎缩，下游顶冲点上提，至1934年，右岸顶冲点从十一圩移至老海坝，左岸顶冲点从狼山移至天生港外青天礁附近。1940年后，又来沙南水道发育，并呈裁弯取直之势，1943年海北港沙并岸，1948年长江大洪水导致又来沙南水道冲深、扩大并成为主流。

20世纪初，长江主流出如皋沙群后经通州沙东水道进入老狼山沙西水道下泄。

1920—1931 年，通州沙西水道和老狼山沙西水道进一步萎缩，通州沙东水道发展。随后由于上游落潮主流南偏，通州沙西侧大量冲刷，通州沙东水道上口淤浅，顶冲点下移，横港沙尾迅速由天生港伸展至任港前，长江主流顶冲点移向狼山龙爪岩。经 1931 年和 1935 年长江大水，通州沙西水道逐渐发展成主水道，长江主流走通州沙西水道、老狼山沙东水道下泄。1948—1954 年，又来沙北水道发展成鹅头型弯道，弯曲系数达 1.63，阻力加大，北水道萎缩。长江主流沿浏海沙北侧而下，经南兴镇附近北偏，脱离通州沙西水道，通州沙西水道衰退，横港沙开始受冲，南通及狼山以下沿岸崩塌，切滩、崩岸泥沙进入通州沙东水道，形成新的狼山沙，并逐渐发育南移，狼山沙东、西水道随之发展，此时的主流经通州沙东水道进入徐六泾河段。

澄通河段近代演变过程见图 4.4-1。

5.1.1　河道基本情况

澄通河段由福姜沙、如皋沙群、通州沙 3 个汊道河段组成，河道宽窄相间，平面形态弯曲，江中洲滩发育，河段内有福姜沙（又称双山岛）、双铜沙、民主沙、长青沙、泓北沙（已与长青沙合并）、横港沙、通州沙、狼山沙、新开沙、铁黄沙等洲滩。

澄通河段起点鹅鼻嘴江面宽 1.4km，至福姜沙渐次展宽至 4.8km 左右，该段为福姜沙进口段，长约 9.5km。福姜沙右汊（福南水道）为支汊，长 16km，平均河宽近 1.0km，河床窄深，外形向南弯曲，弯曲系数约为 1.49，分流比在 20% 左右；左汊为主汊，长约 11km，平均河宽 3.1km 左右，分流比约为 80%，河床较宽浅，外形顺直。主流自江阴鹅鼻嘴至肖山傍南岸，过肖山后脱离南岸呈微弯之势向福姜沙左汊过渡，左汊下游有双铜沙自下向上伸入，形成"W"形复式河槽，傍北岸为福北水道，向下经双铜沙北水道与如皋中汊相连；傍福姜沙为福中水道，在福姜沙尾与福姜沙右汊汇合后与浏海沙水道相连。

如皋沙群汊道段由浏海沙水道、如皋中汊及天生港水道组成。浏海沙水道长约 22.4km，分流比在 70% 左右，平面形态微弯，右岸为凹岸，主流紧贴右岸，与如皋中汊水流汇合后，过十二圩主流逐渐脱离南岸，顺横港沙向左岸的任港至姚港一带过渡，进入通州沙东水道。如皋中汊长约 10km，江面宽约 850～1000m，分流比为 30% 左右。天生港水道由于落潮分流严重不足，分流比仅为 1% 左右，成为依靠涨潮动力维持的河道，上段处于缓慢淤积状态。

通州沙汊道段上起十三圩，下至徐六泾，全长约 39km。河道进出口河宽相对较窄，约 5.7km 左右，中间放宽，最大河宽达 13.1km。通州沙汊道段为多滩多分汊河道，通州沙将河道分为东、西两水道，沙体滩面串沟众多。自 20 世纪 50 年代以来，通州沙东水道一直为主汊，经过几十年的演变，目前东水道进口分流比稳定在 90%～93%。龙爪岩以下通州沙东水道内分布有狼山沙，形成狼山沙东、西水道，20 世纪 90 年代初狼山沙下移至通州沙尾附近，目前，两沙趋于淤连，狼山沙东、西水道分别与通州沙东、西水道相连。近 30 年来，随着狼山沙下移、西偏，左岸新开港一带又逐渐形成了新开沙，该沙与左岸之间形成新开沙夹槽，目前南通市江海港区位于该夹槽内。右岸七干河以下分布有铁黄沙，该沙洲在福山塘以下与南岸之间相隔一条上口淤塞、涨潮流占优势的福山水道，太湖流域重要的引排口—望虞河口位于该水道内。

5.1.2　岸线和沙洲（江心沙）的演变

5.1.2.1　岸线变化

20 世纪 50 年代以来，澄通河段岸线变化较大。澄通河段进口段左岸，20 世纪 60 年代尚余 1 座炮台，70 年代，右岸江阴兴建澄西船厂时，围垦了大块江滩，影响了炮台圩节点的安全，70 年代末交通部门对炮台圩进行抛石护岸，虽然标准较低，但初步稳定了节点段河势[2]。

福姜沙河段左岸因受水流顶冲，弯段上下历年来均有崩坍区。1990 年后，在崩坍较为严重、滩地较窄的和尚港—夏仕港之间先后实施了 6 期节点整治护岸工程，初步稳定了该段岸线。福姜沙河段右岸土质抗冲刷性较差，自 20 世纪 70 年代起，张家港市在右岸弯顶西五节桥—老沙码头段（五节桥位于老套港内），以及下游的段山—十圩港段，平顺抛石护岸 11km，建设丁坝 14 座，基本抑制了右岸岸线的崩退和右汊的进一步坐弯[3]。

如皋沙群是澄通河段变化剧烈的区域。1948 年又来沙形成，江中分为北、中、南 3 个水道，随着 20 世纪 70 年代后期如皋中汊的迅猛发展，岸线崩退。1980 年对长青沙西南角崩塌段开展沉排、沉辊、平顺抛石护岸护坎工程，完成抛石 51.26 万 t，护岸 2.8km，有效抑制了岸线崩退，稳定了中汊河势。澄通河段右岸，从 1978 年起，对严重坍塌江段进行了重点治理，先后在东段老海坝 17km 长和西段拦门沙 7km 长的地段（老海坝位于一干河上游约 1.5km，拦门沙位于老沙标上游，见图 5.1-1），共修建丁坝 15 座，平抛块石护岸 5km 多，至 1987 年，累计护岸 11km，抛石 231 万 t，初步稳定了该段岸线[2]。

通州沙河段自 1948 年通州沙东水道成为主流后，狼山以下江岸不断崩塌，20 世纪 60 年代江岸崩塌区抵达南通农场闸下 10km。此后，由于狼山东水道的不断发展，崩塌区不断下移，新开港以下到南通农场段岸线崩退最为严重。自 1974 年起到 1981 年在该段兴建丁坝 15 座，并在丁坝群的上下游建沉排抛石护坎 4km，共抛石 67 万 t，护岸 9km，但崩岸仍未得到完全控制，崩岸区继续向下游延伸，到 1987 年东方红农场（现一德公司处）凸角处已崩退 1550m。1990 年南通市对江堤实施达标工程，1992 年，又对东方红农场进行二期人工整治，新建丁坝一座，平顺抛石护岸 1593m，初步稳定了该段岸线。此段时间，西水道成为支流后淤积萎缩，岸线变化不大。

1997 年 8 月 18 日，"9711" 台风在浙江省温岭市登陆后，北移袭击江苏，苏州、南通的最大风力达到 11 级，台风过处的沿江水位绝大部分创了新高，人民群众的生命财产遭到严重损失[4]。在抗御 "9711" 台风过程中，江苏沿线的江海堤防工程发挥了重要的抗灾减灾作用，但未达标堤段损毁严重，如南通市江海堤防建设虽然土方达标，但防护工程标准低，风浪作用在没有防护设施的土方达标堤段，造成土体先淘空，再破坏有防护工程的堤段，因此，1997 年底江苏省政府提出 3 年完成江堤达标工程。1998 年，长江遭遇流域性大洪水，江苏省委、省政府作出 "关于进一步加快防洪保安基础设施建设的决定"，要求两年内完成江堤达标建设。至 2001 年，江苏省江堤达标工程基本完成。

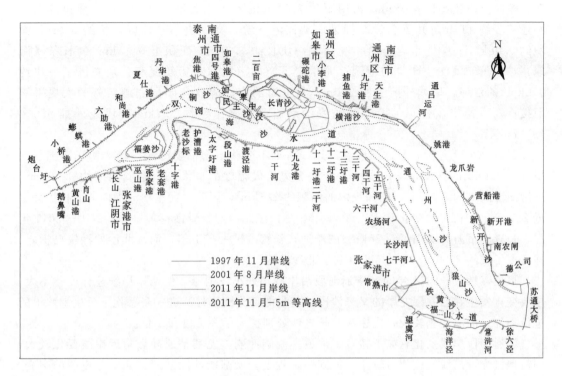

图 5.1-1 澄通河段岸线近期变化图 (1997—2011 年)

1997—2001 年间，澄通河段岸线，有以下几个地方发生了较大变化（图 5.1-1）。右岸：①福姜沙右汊十字港上下约 3.7km 的江段围滩约 0.41km²，岸线平均向江中移动了近 110m；②渡泾港上下游有小块围滩，面积约 0.33km²；③九龙港至十一圩港之间，围滩约 0.40km²；④张家港市与常熟市交界处，实施了福山塘改道工程，岸线有一定调整。左岸：①如皋港下游的又来沙外侧修建了堤防，有约 6.0km² 的高滩成为陆地；②新开港上下 2.4km 范围内围滩约 0.36km²。江中沙洲：①长青沙头部 1.5km 范围围滩约 0.21km²，长青沙北侧分别围了约 1.0km² 和 0.25km² 两块，另一处位于天生港水道的弯顶凸岸，另一处位于其下碾砣港斜对面；②长青沙南侧的泓北沙圈围成陆，面积约 1.64km²。

2001—2011 年间，澄通河段右岸岸线变化较大的地方，从上游向下游分别有：①张家港长山与巫山港之间的老港上游，张家港久盛船业公司和锦隆重件码头公司共占用了约 1.15km 的岸线，围建了 6 个船坞；②一干河与九龙港之间，沙钢集团新建了海力 6～9 号 4 个码头，占用岸线约 2.3km，圈围高滩约 0.33km²；③张家港与常熟分界处，继福山塘改造后，其下游崔浦塘亦延伸，占用福山水道上游的"盲肠"段近 1.7km² 的高滩；④望虞河口至常浒河口，圈围边滩约 4.5km²。左岸：①焦港下游，靖江三峰钢材加工配送公司和靖江敦丰拆船公司共占用了约 1.4km 的岸线和约 0.70km² 的高滩，含一个长约 400m，宽约 180m 的挖入式港池；②又来沙在 2001 年的基础上，又向外利用了约 300m 的江滩，面积近 0.40km²，建造了 6 个大小不等的船坞，进一步恶化了天生港水道分泄径流的条件；③天生港水道内捕鱼港上游，明德重工、金德船舶钢构、韩通船舶重工集团及江苏蛟龙重工集团四家公司，占用了约 2.8km 的岸线，面积约 0.68km²，捕鱼港向下游迁移了约 115m，并更名为新捕港，新捕港下游，有一块小吹填区，长约 600m，面积约 0.08km²；④龙爪岩上游，圈围了一块长约 1.3km，面积近 0.18km² 的长条状滩地，扩大了"滨江公园"的范围；龙爪岩下游的南通远洋船舶配套公司圈围了一块约 0.2km² 的江滩，岸线外推了约 240m，与上游的南通鹏欣花园国宾酒店外的大堤平顺衔接；⑤一德实业公司下游，新通海沙南通段圈围岸线约 2.7km²，堤线外推 680～1300m 不等。

2001—2011 年间，澄通河段沙洲岸线有如下变化：①福姜沙尾，华实鹅场圈围了一块近 0.36km² 的狭长高滩；②民主沙洲堤边界大幅度的扩大，上游圈围了约 0.38km²，下游圈围高滩约 5.8km²，原洲堤内的面积约 2.3km²，因此，民主沙洲堤内的面积扩大了近 2.7 倍；③长青沙变化甚大，2004 年 5 月，泓北沙与长青沙连成一体，2001—2011 年间，长青沙下游共圈围了约 26km² 的滩地，长青沙扩大了 1 倍，而泓北沙原洲堤已拆除，并开挖了长约 2000m，宽约 560m 的泓北沙港池。

可见，1997—2011 年间，澄通河段沿岸有多处小块围滩，但两岸岸线总体变化不大，主要变化发生在已并靠左岸的又来沙段，其高滩部分圈围外凸进一步恶化了天生港水道的进流条件；洲滩变化较大，民主沙和长青沙分别扩大了 2.7 倍和 1 倍。

澄通河段岸线变化有如下特点：河道主流侧冲刷，尤其是顶冲点附近岸线变化较大；弱流侧淤涨，岸线变化相对较小，但到一定程度，淤涨的沙洲并岸，会引起岸线的突变。由以上分析可知，澄通河段岸线变化可分为两个阶段，大致以 1997 年为界，1997 年以前，岸线以防护为主，开发利用较少；1997 年以后，在岸线整体基本稳定的前提下，开发与防护相结合，进一步稳定了岸线。

5.1.2.2　洲滩演变

澄通河段内沙洲众多，沙洲的形成、发展、切割及并岸等变化对河道演变产生了重要的影响。图 5.1-2、图 5.1-3 是澄通河段 0m、−5m 等高线近期变化图。

1. 福姜沙

福姜沙外形呈鹅头型，沙体长 8.5km，最大宽度为 3.9km（0m）。福姜沙自 1960 年开始筑堤围垦，目前围堤长 20.7km，堤顶高程在 6.90～7.70m 之间。

福姜沙露出水面后，右汊在弯道水流的作用下，右岸不断崩退，福姜沙右侧淤涨，河道坐弯，福姜沙尾向下游淤涨，当福姜沙右汊弯顶崩退减缓，沙尾淤涨的速度也随之减小。据文献统计[3]，1953—1970 年右汊右岸处于自然发展崩退时期，沙尾平均每年淤涨 75m；1970 年护岸工程实施后右岸崩退减缓，1970—1977 年沙尾平均每年淤涨 29m；1977—1990 年平均每年淤长 19m。1990—1998 年沙尾呈上下来回移动态势；1998—2011 年，沙尾平均每年淤涨约 9.5m，先快后慢趋于稳定。福姜沙沙头在 1977—1998 年间平均每年向上游淤涨约 20m，1998—2004 年转为冲刷，平均每年后退约 40m；2004 年后，先淤后冲，至 2011 年，总计后退 85m，年平均下移约 12m。福姜沙沙体面积 1997 年前逐年增大，1998 年以后逐年减少，目前略大于 25km²（表 5.1-1）。

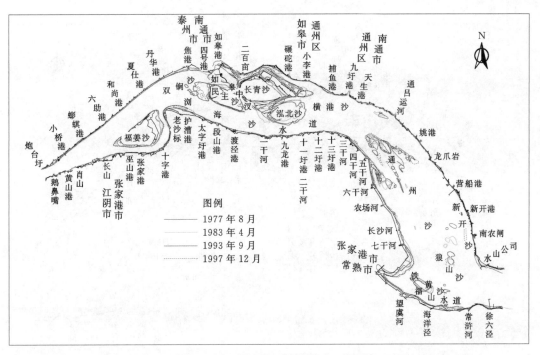

(a)1977—1997 年

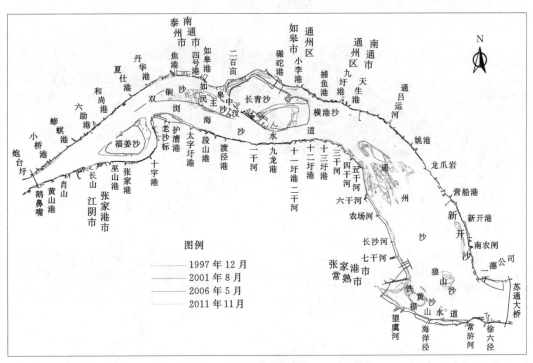

(b)1997—2011 年

图 5.1-2　澄通河段 0m 等高线近期变化图

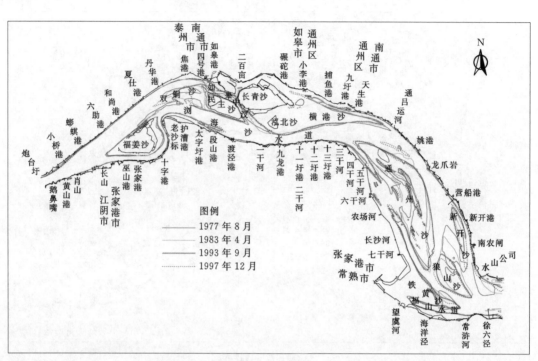

(a)1977—1997年

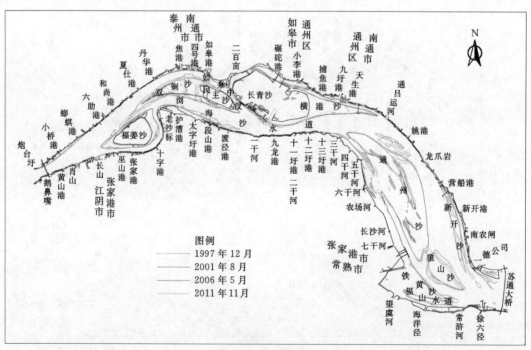

(b)1997—2011年

图 5.1-3 澄通河段-5m 等高线近期变化图

表 5.1-1 福姜沙沙体特征值统计表 （-5m）

时间（年-月）	1977-08	1983-04	1990-02	1994-08	1997-12	1998-11	2001-08	2004-03	2006-05	2011-11
面积/km²	25.0	25.6	26.3	26.8	26.9	26.9	26.5	25.3	25.1	25.2
沙头移动/m	124	23	103	79	100	-127	-103	+31	-116	
沙尾移动/m	-130	-122	53	-31	70	-31	-57	-18	-5	

注 "-"表示向下游移动，"+"表示向上游移动。

2. 双铜沙

20 世纪 50 年代末至 60 年代初，又来沙西南处开始形成双铜沙心滩，随后逐渐发育，沙体呈三角形，-5m 沙体面积达 6.8km²。70 年代，长江主流走双铜沙北侧水道，再通过双铜沙水道汇入右汊（图 5.1-5），由于双铜沙水道进口与双铜沙北水道的交角近 90°，水流不畅，双铜沙水道渐渐淤塞，成夹槽状并趋向衰亡，到 1989 年夹槽基本淤平，双铜沙与民主沙连成为一体，而双铜沙沙头不断向上延伸。由于双铜沙沙体的分隔，福姜沙左汊被分为福北和福中两个汊道。90 年代以后，双铜沙沙头向上淤长延伸速度加快，年均达 390m，2006 年已延伸至千斤港（位于福姜沙北侧中部，见图 5.1-4）以上约 1.1km 处；双铜沙在向上淤涨的同时，沙头逐渐南靠，一度与福姜沙左缘几乎淤连，导致福中水道萎缩，福北水道则进一步刷深。

表 5.1-2 双铜沙沙体特征值统计表 （-5m）

时间（年-月）	1977-08	1983-04	1993-09	1997-12	2001-08	2006-05	2011-11
长度/km	11.0	6.0	4.8	8.0	11.7	13.9	8.5
面积/km²	7.6	11.0	11.8	13.0	17.5	19.6	14.3
体积/万 m³	1359.8	1886.9	4548.1	3576.6	4091.1	5500.7	5431.9

注 双铜沙的下边界以如皋四号港-张家港太子圩港断面为界，沙体长度是沙脊线的长度。

双铜沙长度、面积、体积的变化并不同步（表 5.1-2）。以面积为例，2006 年前，双铜沙持续淤大，其后冲刷减小；而-5m 以上的体积，1993 年前增大，1997 年减小到 3576.6 万 m³（比 1993 年减小了 21.4%），之后又持续增大，虽然面积 2011 年比 2006 年大幅度减小了 27.0%，但体积仅仅减小了 1.3%，说明虽然双铜沙面积减小，但沙滩却在增高。

双铜沙沙体的变化对如皋沙群各汊道的分流形势产生重要影响。2003 年以前双铜沙沙头淤涨南偏，福中水道进口淤浅，河槽缩窄，福北水道有所发展；2006 年以后，双铜沙沙体上、中段受到冲刷，-5m 串沟形成后发展迅速，改变了福北、福中水道的分流形势，对下游如皋沙群诸汊道的稳定产生影响。2011 年测图显示（图 5.1-3、图 5.1-4），双铜沙上横向越滩流在夏仕港上游及丹华港附近冲刷出串沟，将沙体分成 3 块，即丹华港以下为下沙体，正对夏仕港附近为中沙体，正对和尚港附近为上沙体。

2012 年 6 月 6—7 日，双铜沙水域的分流分沙比统计成果显示（表 5.1-3，断面位置见图 5.1-4），福姜沙左右汊分流比约为 4∶1，左汊占明显优势；当水流下行至丹华港附近，双铜沙左右侧分流比调整为约 4∶6，说明总水量的 41.5%（约占福姜沙左汊 50%）

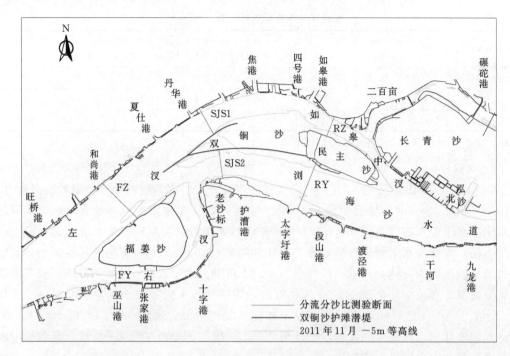

图 5.1-4 双铜沙水域分流分沙测验断面布置图

在丹华港以上越过双铜沙滩脊进入浏海沙水道；再至太子圩港断面，左右汊分流比调整为约3:7，说明在丹华港至民主沙头，又有约6.8%的水量越滩进入浏海沙水道。因双铜沙下沙体滩面高大，虽然水路流程（沙体长度）相当于中、上沙体的总和，但越滩分流量减小。

表 5.1-3　　　　　　　　　　双铜沙上下游落潮分流分沙比

断　面	汊　道	潮量/亿 m³	分流比/%	沙量/万 t	分沙比/%
福姜沙	FZ	31.0	80.7	43.2	85.2
	FY	7.4	19.3	7.5	14.8
双铜沙	SJS1	15.5	39.2	19.3	37.8
	SJS2	24.1	60.8	31.8	62.2
如皋沙	RZ	13.1	32.4	20.5	39.9
	RY	27.3	67.6	30.9	60.1

从图 5.1-12 可以看出，落潮时，双铜沙上的越滩水流在串沟处的运动轨迹。可见，双铜沙的演变影响着福北、福中水道的稳定。

3. 民主沙

1958 年，长江主流走又来沙北水道，因河槽弯曲度过大，在又来沙上形成过滩水流，将又来沙切割成南北两个部分，北侧沙体仍称又来沙，南侧沙体又被越滩水流冲成几个散滩，即民主沙、友谊沙、驷沙、胜利沙等，见图 5.1-5。之后，民主沙的头部和左侧又分割为和平沙和骥沙。这些沙洲分割合并，演变十分频繁，到 20 世纪 70 年代，又来沙南各沙体合并为一个沙体，统称民主沙。

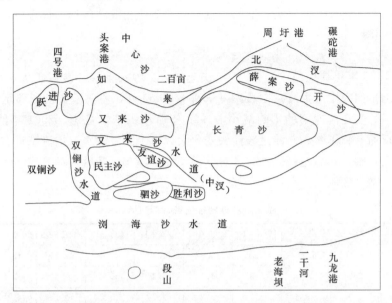

图 5.1-5　20 世纪 60 年代如皋沙群洲滩形势图

民主沙与双铜沙之间的水道称为双铜沙水道，民主沙头的变化与双铜沙水道的冲淤变化息息相关。1977 年双铜沙尚未充分发展，南北水道皆宽大；1983 年，双铜沙成形，双铜沙与民主沙之间有一条平均宽度约 350m 左右的河槽，即双铜沙水道；1993—1998 年之间该河槽淤浅；2001 年，双铜沙与民主沙又逐渐脱离，双铜沙水道再次出现，形状更加弯曲；至 2011 年，该河槽复淤浅，双铜沙下沙体与民主沙相连（图 5.1-3）。

民主沙沙尾（-5m）的变化相对较小，1998 年以前沙尾持续上提，1998 年，民主沙上建筑洲堤，堤顶高程在 6.80~7.40m 之间，洲堤约束水流，对民主沙的稳定起到积极的作用。1998 年后沙尾持续小幅度下移，1998—2003 年仅下延了 78m，2003 年以后则逐渐上提，先快后慢（表 5.1-4）。因双铜沙与民主沙之间的 -5m 等高线时断时连，沙体边界难以界定，因此，未统计沙体的长、宽及面积的变化。至 2011 年 11 月，民主沙洲堤内的面积约 8.9km²，沙体长约 6.5km［图 5.1-3（b）］。

表 5.1-4　　　　　　　　　　　　民主沙尾位置变化（-5m）

时间（年-月）	1977-08	1983-04	1993-09	1997-12	1998-11	2001-08	2003-03	2004-04	2006-05	2011-11
沙尾移动距离/m	-269	-415	-85	-152	+46	+32	0	-96	-44	

注　"-"表示上移，"+"表示下移。

4. 长青沙

长青沙是如皋沙群最大的沙洲，现在的长青沙实际上包括原来的长青沙、薛案沙、开沙，沙洲通过长青沙大桥和华沙大桥与左岸相连。长青沙 1964 年筑堤围垦，堤顶高程在 7.00m 左右，2004 年 5 月，泓北沙并入长青沙，为下游横港沙与长青沙的淤连创造了条件。目前长青沙洲堤的长度达 20km 左右，大堤内的面积约 28km²，若含下游横港沙新围区，至 2011 年 11 月，沙体长度约 12km，面积达 53km²。在长青沙头部及一些险段处，修建有抛石护岸工程，这些工程对如皋沙群及各汊道的稳定起了积极的作用。随着如皋市沿江开发的不断深化，一批码头、造船项目及配套产业相继"落户"长青沙，对其堤线稳定起到了积极作用。

5. 泓北沙

泓北沙1977年初具规模，至1993年快速淤大，沙头下移，沙尾扩大，1993年后发展趋缓，原因是如皋中汊主流指向右岸一干河下700m处，泓北沙头已下移至中汊主流正面作用区以下，受径流冲刷的影响减小，1998年后沙头基本稳定，2001年的测图显示，泓北沙沙头反而上移了90m。沙尾较沙头变化大，由于浏海沙水道主流贴近右岸，泓北沙沙尾下游水面宽阔，水流趋缓，沙体不断淤大。表5.1-5显示，2001年至2004年泓北沙面积增大，增大区域主要在沙体尾部。

表 5.1-5　　　　　　　　泓北沙沙体特征值统计表 （0m）

时间（年-月）	1977-08	1983-04	1988-10	1993-09	1997-12	1998-11	2001-08	2003-03	2004-04
面积/km²	2.87	6.91	7.21	12.63	11.75	13.58	12.87	16.0	16.40
最大长度/km	3.2	5.0	5.3	6.1	5.1	6.5	6.1	6.3	6.9
最大宽度/km	1.1	1.9	2.1	3.3	3.2	3.3	3.5	3.9	3.5
沙尾下移/km	1.2	0.9	1.4	0.5	1.4	-0.5	0.7	-0.3

注　"一"表示上移，"＋"表示下移。

2004年5月，长青沙东南角至泓北沙西北角的导流堤工程建成，泓北沙与长青沙连成一体，该工程的实施稳定了如皋中汊出口，巩固了该段河势控制成果，加强了下游河势的稳定。

6. 横港沙

横港沙是浏海沙水道与天生港水道之间的水下暗沙，原为段山沙的一部分。20世纪20年代，由于上游如皋沙群诸汊道的变化，导致通州沙河段主流从西水道过渡到东水道，水流切割段山沙，切割下的沙体即为横港沙的前身，其外形呈锥形，全盛时期的横港沙尾延伸至龙爪岩下游的营船港附近。1957年横港沙尾被切断，使得沙尾大幅上提，1958年较1957年沙尾上提12km。

早期横港沙沙体宽度变化较为频繁，随着老海坝—十一圩一线护岸工程的实施，该段岸线渐趋稳定，横港沙右缘展宽的趋势也有所减缓，沙体尺度及位置总体较为稳定。近年来（图5.1-3），横港沙-5m等高线与长青沙的-5m等高线连成一体，九龙港—十二圩之间，横港沙右边缘-5m等高线呈现南北小幅摆动状态，2001年前向南，2001年后则向北，总体较为稳定；十二圩以下，由于主流向左岸过渡，顶冲横港沙尾，沙尾左移，沙体缩窄。

20世纪80年代初期横港沙沙尾上提（即后退）速度较快，80年代后期至90年代初沙尾后退速度减慢，2001年以后，沙尾位置虽仍有小幅上提，但上提距离不到50m（表5.1-6）。横港沙尾的横向变化亦很小（图5.1-3）。横港沙尾这种变化的主因在于，20世纪80年代以前，如皋沙群水道变化频繁且幅度较大，由此造成下游河道的相应变化，80年代后，如皋沙群水道演变为基本稳定的分汊型河道，主流从浏海沙水道过渡至通州沙东水道的路径逐渐稳定，横港沙尾随之长期稳定在通吕河口附近。

表 5.1－6　　　　　　　　横港沙尾－5m 等高线距通吕运河下口的距离

时间（年-月）	1977-08	1983-04	1993-09	1997-12	2001-08	2006-05	2011-11
距离/m	0	1002	1465	1424	1555	1556	1601

7. 通州沙

通州沙位于三干河（西界港）至福山新闸之间。20 世纪 50 年代后期出现的新狼山沙（今狼山沙的前身）在下移增大过程中，不断向通州沙靠近，沙尾向右摆动。由于通州沙西水道的衰退，到二十世纪 80 年代，沙体西侧中段已与右岸淤连，沙体呈海螺状，现通州沙滩面高程大多在 0～－5m 之间。通州沙形状及近期演变见图 5.1－3。

20 世纪 60 年代末至 80 年代初，通州沙沙体面积增大了近 1.5 倍，其后仍以较快的速度增长，进入 90 年代后变化速度放慢，2001 年后趋于稳定，沙洲面积、长度、宽度小幅减小，滩顶淤高（表 5.1－7）。

表 5.1－7　　　　　　　　通州沙沙体特征值统计表（－5m）

时间（年-月）	1958 年	1977-08	1983-04	1993-09	1997-12	1998-11	2001-08	2006-05	2011-11
面积/km²	38.4	53.9	64.9	86.9	86.4	84.7	84.3	84.0	83.4
最大长度/km	19.4	20.8	21.1	21.4	21.5	21.3	21.5	21.4	21.2
最大宽度/km	3.4	4.5	5.4	6.0	6.0	6.1	6.1	6.0	6.0
滩顶高程/m	－0.10	1.20	2.00	1.30	0.30	1.00	1.20	2.00	2.80

注　表中滩顶高程为沙洲实测水下部分。

由图 5.1－3 可以看出，通州沙－5m 等高线 2001 年与 1997 年相比，沙体左侧变化不大，沙体右侧上段－5m 河槽略为萎缩，宽度和长度略有减小，下段－5m 河槽向上延伸了近 800m；2001—2011 年，除主沙体左侧上游的小沙体下移较快外，通州沙总体变化不大。从图 5.1－3 中还可以看到，沙体上存在大小不等的纵向串沟，说明滩面局部纵向水流动力较强。

8. 狼山沙

通州沙东水道在发展过程中，主流顶冲点不断变化。1954 年主流顶冲点在狼山以下的营船港一带，1957 年上提到龙爪岩附近，左岸受到主流顶冲，岸线不断崩坍后退，造成龙爪岩以下江面不断向北扩宽，被冲刷下的泥沙一部分随水流向下输送，一部分则就近堆积，形成水下心滩，即狼山沙雏形。同时，1957 年长江汛期来水将横港沙尾部冲刷切断，其切割体向下移动并入狼山沙。1958 年狼山沙已初具规模，沙体呈条状，－5m 以上沙体面积近 1.0km²，此后，狼山沙持续发展并冲刷后退，可分两个阶段，即 1983 年前的发展阶段和 1983 年后的萎缩阶段。第一阶段演变主要表现为：沙头后退、沙尾下延，沙尾下延速度大于沙头后退速度，沙体淤涨。1983 年较 1958 年狼山沙沙体面积增大19.1km²，扩大了 19 倍，同时沙头后退 9.1km，沙尾下延 10.4km，最大宽度达 3.0km，滩顶高程由－2.20m 抬高到 0.80m。（图 5.1－3 和表 5.1－8）。

表 5.1-8　　　　　　　　　　狼山沙沙体面积历年变化（-5m）

时间（年-月）	1958年	1977-08	1983-04	1993-09	1997-12	1998-11	2001-08	2006-05	2011-11①
面积/km²	1.0	13.7	20.1	15.7	14.4	13.7	12.4	12.6	12.9
最大长度/km	3.2	7.6	9.5	7.8	7.3	7.2	7.1	7.0	7.2
最大宽度/km	0.5	2.6	3.0	3.0	3.1	2.9	3.1	3.3	3.0
滩顶高程/m	-2.20	0.50	0.80	0.60	0.60	0.90	0.80	1.10	1.40

① 含与通州沙淤连的部分

狼山沙发展的第二阶段主要表现为：沙头继续受冲后退，沙尾下移速度减缓，沙头后退速度大于沙尾下移速度，沙体下移西偏，沙体萎缩。1998年较1983年，沙体面积缩小6.4km²，沙头后退3.5km，沙尾下延0.65km，最大宽度减小2.3km，但滩顶高程变化不大，基本稳定在0.80m左右。1998年后，沙尾出现上提现象，至2011年上提达0.66km。2001年以来，狼山沙沙头向上淤长，目前沙头-5m等高线已与通州沙沙尾相接，减弱了通州沙中水道的过流能力，增大了通州沙西水道涨潮的进潮量，这一变化有利于通州沙西水道下段深槽的维持。2011年测图显示，狼山沙沙体东侧依然受冲西退，因狼山沙与通州沙之间-5m河槽（原狼山沙西水道，又称通州沙中水道）淤积，沙体头部面积有所增大，但沙体中、下段面积进一步缩小。

9. 新开沙

新开沙形成于20世纪80年代初。在狼山沙东水道发展过程中，狼山沙头部和左侧受冲后退，沙体不断下移西偏，使得新开港一带近岸水域江面展宽，河槽过水断面扩大，涨、落潮流路分离，在其交界地带形成缓流区，泥沙于此落淤，形成心滩，成为新开沙的雏形。

新开沙形成后，由于狼山沙受冲继续下移西偏，给新开沙的迅速发育提供了空间，新开沙头部上提，尾部下移、展宽（表5.1-9和图5.1-3）。至1999年9月，沙尾-5m下移至新通常汽渡附近，新开沙夹槽亦因此而产生。受多种因素影响，近期新开沙尾大幅上提，与2006年相比，2011年沙尾上提了约4.6km，沙尾距南农闸仅1.5km，这一变化除与新通海沙圈围后涨潮流南移顶冲新开沙尾有关外，还与附近采砂活动频繁、采砂量较大有一定关系（图9.4-1）。

表 5.1-9　　　　　　　　　新开沙沙体特征值统计表（-5m）

时间（年-月）	1978-08	1983-04	1991-06	1993-09	1997-12	1998-11	2001-08	2006-05	2011-11
面积/km²	0.0	1.9	3.1	5.7	7.3	7.0	8.4	7.0	5.1
最大长度/km	0.0	4.3	5.2	6.9	9.7	10.3	12.9	14.6	10.0
最大宽度/km	0.0	0.4	0.9	1.2	1.0	1.0	1.0	1.1	1.0
滩顶高程/m	-5.80	0.00	-0.20	0.20	0.40	0.80	0.80	0.80	0.60

10. 铁黄沙

铁黄沙位于狼山沙西水道与福山水道之间，它是随着通州沙西水道和福山水道的衰退而生成的，滩顶早已露出水面，到 2001 年出水面积约有 2.6km²。随着狼山沙西水道动力轴线顺时针偏转，沙体下部受到持续冲刷，与 2006 年相比，2011 年沙尾上提 1.8km，导致福山水道－5m 河槽相应缩短（图 5.1－3）。统计显示，铁黄沙的面积正逐渐减小（表 5.1－10）。近期将要实施的"福山水道及铁黄沙整治工程"总体方案布置见图 5.1－25。

表 5.1－10 　　　　　　　铁黄沙沙体特征值统计表（－5m）

时间（年-月）	1983－04	1991－06	1993－09	1997－12	1998－11	1999－08	2001－08	2003－03	2006－05	2011－11
面积/km²	25.7	25.0	24.1	23.2	23.3	23.0	23.3	22.6	22.1	21.2
最大长度/km	10.2	10.1	9.9	9.7	10.2	10.1	10.6	9.5	10.0	8.3
最大宽度/km	1.80	2.50	1.70	2.50	2.40	2.40	2.20	2.20	2.20	2.50

5.1.3 深泓线的变化

澄通河段深泓线平面变化见图 5.1－6。

澄通河段为弯曲分汊型河段，主流呈现弯曲型河道特性，深泓线位置随河道走势在左、右汊之间变换，一般在分汊点或汇流点附近，深泓线会因分汊点或汇流点位置的变动而出现明显摆动，此外，洲滩切割、汊道更替也会引起深泓线位置出现大的变化。

长江出鹅鼻嘴—炮台圩节点后，进入福姜沙进口段，右岸有黄山、肖山控制，抗冲性强，北岸为现代三角洲相沉积物，抗冲性较弱。上游江阴水道主流顺直微弯，平面摆动很小，使得福姜沙进口段深泓历年来傍靠南岸，平面位置变化不大。肖山以下河道由福姜沙分为左、右两汊，左汊为主汊，右汊为支汊，此为一级分汊；进入左汊的主流又被下游的双铜沙分为福北水道和福中水道，形成二级分汊。深泓一级分汊的分汊点在肖山—大河港间 1.5km 范围内变动，1977—1993 年间，分汊点在肖山附近，1998 年和 1999 年大洪水后，分汊点下移至大河港上游附近，之后，分汊点逐步上移，2011 年又回到肖山附近。

福姜沙右汊在发展过程中，上半段比较稳定，下半段在弯道水流作用下，江岸不断崩塌后退，深泓向鹅头型弯道发展。20 世纪 70 年代凹岸（右岸）一侧完成丁坝护岸和抛石护岸，80 年代弯顶一带又实施了护岸工程，弯道发展得到控制，近年来深泓线基本稳定。

进入福姜沙左汊的主流在螃蜞港下分成偏北和偏南两股水流，分别进入主泓福北水道和副泓福中水道。福姜沙左汊深泓线变化相对较大，由于河床顺直、主流摆动、滩槽变化，其分汊点的位置呈往复式逐渐下移。近年来，福姜沙左汊由于江中心滩的变化及双铜沙的变化，福北水道深泓线仍处于变化中。福中水道的深泓线近年来也在摆动之中，但幅度较北侧主泓小。

总体看，近年来福姜沙右汊深泓线基本保持稳定，左汊深泓线变化相对较大，另外，螃蜞港一带低边滩的冲刷、切割、下移，在和尚港附近江中形成淤积心滩，引起主、副泓位置在心滩左右变化。

福姜沙河段下游为如皋沙群多分汊弯曲型河段，主泓位于浏海沙水道。如皋中汊是20 世纪 70 年代初期由又来沙滩面串沟发展而成。1977 年，如皋中汊四号港附近的深泓线靠近现民主沙一侧；1989 年，民主沙与双铜沙合并后，如皋中汊与双铜沙北水道平顺衔

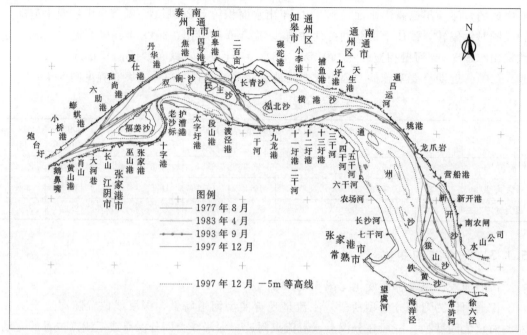

(a)1977—1997年

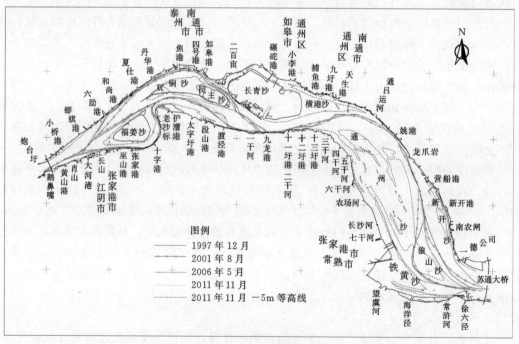

(b)1997—2011年

图5.1-6 澄通河段深泓线变化图

接，基本承泄了双铜沙北水道的全部下泄水流；其后，如皋中汊向微弯发展，1997年后，如皋中汊深泓线基本稳定。浏海沙水道一直是主流水道，护漕港—朝东圩段河道微弯，双铜沙与民主沙一侧处于弯道的凹岸，河床以缓慢冲刷为主，其深泓线呈左移趋势，2006

年后，深泓线左移速度趋缓。

受如皋中汊与浏海沙水道两汊汇流位置变动影响，近年来如皋中汊和浏海沙水道下段深泓线摆动相对较大。1986年后，如皋中汊发展趋缓，1993年，两汊汇流点在九龙港上游附近，受1998年、1999年长江大洪水影响，浏海沙水道渡泾港——干河淤积，汇流点上移至一干河下游附近，如皋中汊和浏海沙水道下段深泓线右移。2001年后，浏海沙水道渡泾港——干河有所冲刷发展，汇流点重新下移至九龙港附近，近年来基本保持稳定，但有下移趋势。

长江主流过十二圩后进入通州沙河段。通州沙东水道进口段任港（姚港上游3.5km）附近深泓线受横港沙沙尾冲刷影响而有所摆动，多年来摆动范围在500m内；通州沙东水道姚港—营船港附近，受龙爪岩控制，多年来深泓基本处于稳定状态；通州沙东水道营船港以下以及狼山沙东西水道的主泓，受狼山沙冲刷下移影响，近年来变化较大。

由图5.1-6可见，1977年主泓走通州沙东水道、狼山沙西水道，随着狼山沙冲刷下移，狼山沙西水道逐渐萎缩，至1980年长江主流走通州沙东水道和狼山沙东水道。龙爪岩以上深泓贴左岸下行，摆幅不大，在龙爪岩的挑流作用下，龙爪岩至营船港深泓逐步右偏，但深泓位置一直较为稳定。营船港以下深泓分成两支，狼山沙东水道为主泓，狼山沙西水道为副泓。狼山沙下移西偏，深泓线明显右移，分汊点也随之下移，1977—1993年下移约2120m。1993年以后，狼山沙下移趋缓，主要表现为沙体西偏、尾部有所上提，进而导致狼山沙东西水道上游分汊点下移，下游汇合点上提，东西水道深泓线向右摆动。因徐六泾节点的控制作用，2004年以后狼山沙下移受到限制，主要表现为沙体缓慢西移、尾部缓慢上提，导致狼山沙东水道深泓向西摆动；狼山沙西水道（即通州沙西水道中下段）深泓相对稳定。

5.1.4 近期河床冲淤概况

近30多年来，澄通河段总体以冲刷为主（表5.1-11）。从时段上看，2001年以前冲淤相间，河床总体以淤积为主，2001年以后则转为以冲刷为主，0m以下河床冲刷了近2.1亿m³，这跟2003年三峡蓄水，流域来沙锐减有一定关系。从冲淤深度区间看，2001年后，冲刷部位集中在-5～-15m深度区间内，冲刷量达1.9亿m³，-15～-20m之间微冲，-20～-25m之间冲淤基本平衡，0～-5m之间以及-25m以下微淤。

表5.1-11　　　　　　　　　　　澄通河段河床冲淤量统计成果表

项目 时段（年）	冲淤量/万 m³						
	0m以下	0～-5m	-5～-10m	-10～-15m	-15～-20m	-20～-25m	-25m以下
1977—1983	-2854	4550	1998	-4494	-3059	233	-2083
1983—1993	11701	5566	1307	750	868	263	2946
1993—1977	-3295	-2001	889	1172	-892	-1673	-791
1997—2001	1155	2129	3679	-1079	90	-761	-2903
2001—2006	-8644	-632	-3583	-3086	-1131	954	-1167
2006—2011	-11982	1742	-5523	-7024	-2441	-1054	2318
累计	-13919	11355	-1232	-13760	-6565	-2037	-1681

注　本表统计范围为鹅鼻嘴—徐六泾。

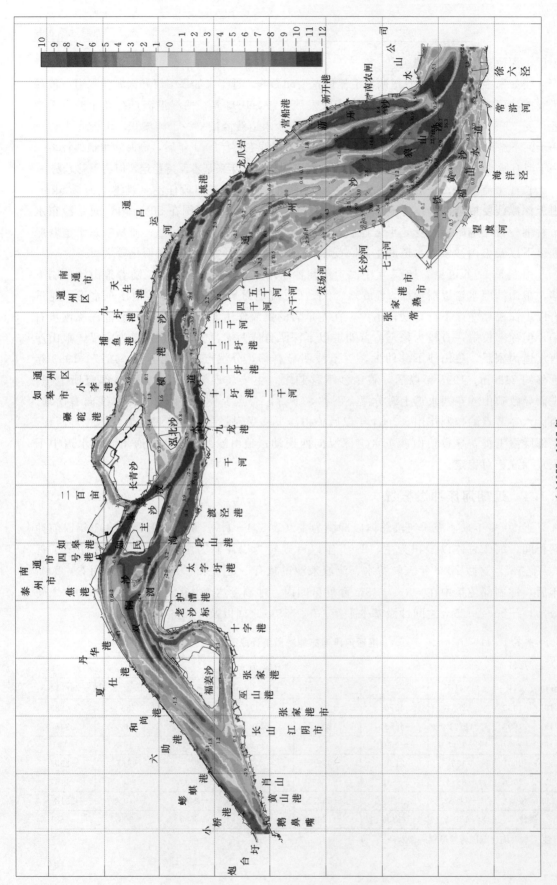

（a）1977—1997 年

图 5.1-7（一）　澄通河段冲淤变化图

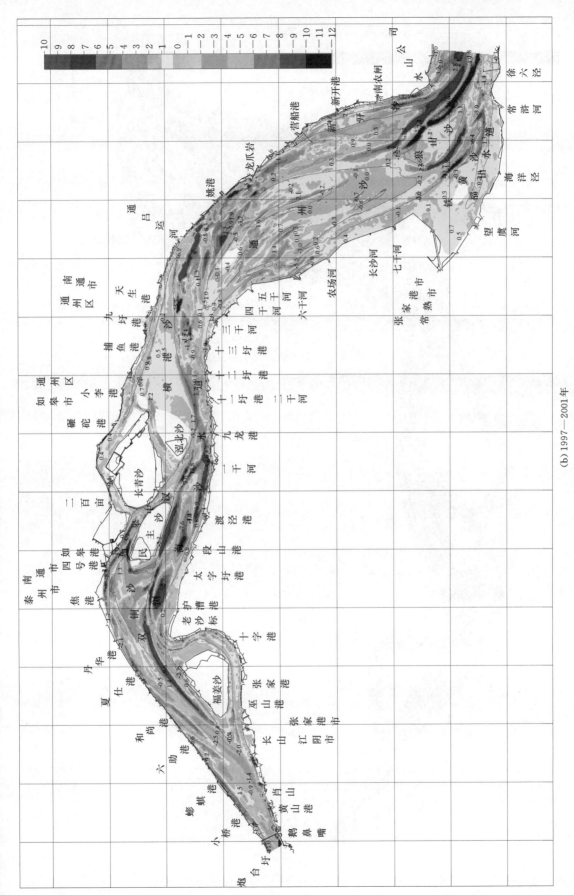

图 5.1-7(二)　澄通河段冲淤变化图

(b) 1997—2001 年

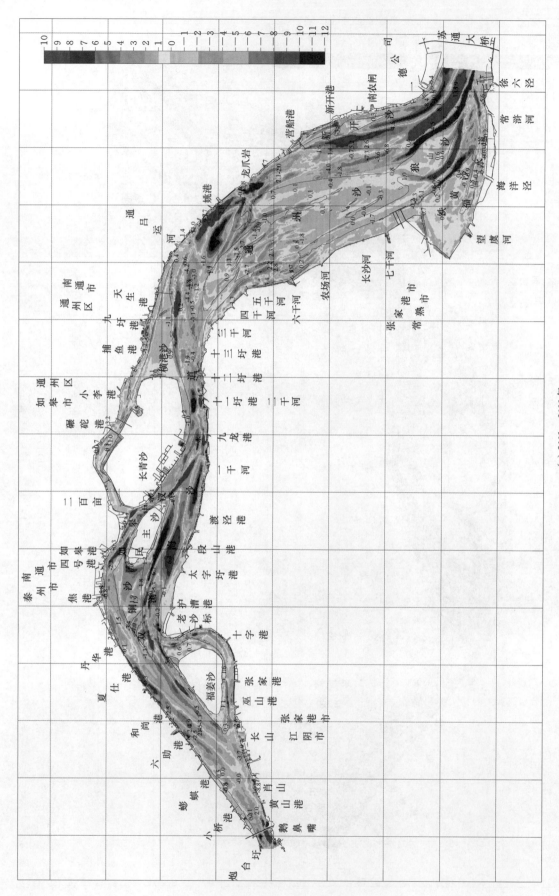

（c）2001—2011年

图 5.1-7(三)　澄通河段冲淤变化图

澄通河段冲淤变化十分剧烈，冲淤幅度最大的地方甚至达 20m 以上（图 5.1-7）。如 1977 年至 1997 年间，如皋中汉迅猛发展，河槽刷深 20m 以上，因如皋中汉的发展引起顶冲点下移后，浏海沙水道主流动力轴线随之改变，导致下游河床发生相应冲淤变化，原顶冲点南岸渡泾港附近淤积，新顶冲点九龙港以下冲刷，冲淤幅度均在 20m 以上，横港沙下游右缘冲刷，北岸侧通吕运河至姚港一带冲刷，龙爪岩以下，随着狼山沙的持续下移西偏，东水道扩大冲深，新开沙淤涨壮大，狼山沙左缘冲刷，右缘大幅度淤积。

从图 5.1-7 可见，近 10 年来，澄通河段大部分河床冲淤变化较小，变化比较剧烈的地方依然集中在如皋沙群浏海沙水道、通州沙水道姚港以及狼山沙 3 处。随着上游双铜沙滩面上串沟分流，护漕港附近冲刷，下游民主沙侧冲刷，太子圩港侧淤积，至渡泾港附近转为左淤右冲，冲淤幅度均在 10m 以上；姚港一带，近岸淤积，通州沙上部左缘冲刷；狼山沙附近，延续着左冲右淤的趋势，东水道继续扩大，但原东水道主槽内淤积。

以上分析可见，即便在澄通河段总体河势基本稳定的状态下，河道内的冲淤变化依然是十分频繁而剧烈的。

5.1.5　福姜沙河段

福姜沙河段上起江阴鹅鼻嘴，下至福姜沙尾，全长约 20km。福姜沙 1910 年露出水面时为一菱形江心洲，左汉顺直为主汉，右汉微弯为支汉，两汉长度相近。因右汉河岸组成物质抗冲性差，在弯道水流作用下，江岸不断发生侧蚀，汉道日益弯曲，福姜沙洲体逐渐向东南方向淤涨，洲头也略有上延，演变成为目前的鹅头型江心洲汉道，右汉河道由于弯曲而比左汉长 5km 左右。左汉受水沙条件及上下游河床冲淤变化的影响，经历了海北港沙、又来沙和双铜沙及近岸水下低边滩下移等诸多变化。自 20 世纪 70 年代以来，左、右两岸先后多次实施护岸工程，岸线相对稳定，河势总体得到控制。

5.1.5.1　福姜沙汉道进口段

自江阴鹅鼻嘴断面至福姜沙洲头，为福姜沙汉道进口段，鹅鼻嘴与炮台圩节点控制着该段河势，过节点后江面逐渐展宽，河床断面形态由窄深型向相对宽浅型过渡。该段右岸有黄山、肖山和长山等山岩，抗冲性强；左岸为现代三角洲相沉积物，抗冲性较弱。由于上游江阴水道主流微弯偏南，使得该段长江主流及深泓长期傍靠南岸，过肖山后深槽才逐渐向福姜沙左汉过渡。

在长江大水年份，上游北岸低边滩受大水切割，切割体以暗沙形式下移，由此造成蟛蜞港以上水下低边滩发育，如图 5.1-9 所示，20 世纪 90 年代以来，北岸炮台圩以下 −10m 低边滩演变频繁。

根据该段河道形态及变化特点，选取 3 个横断面进行分析，断面位置见图 5.1-8，断面图见图 5.1-10。

CK2 位于福姜沙进口段的上段。断面左侧受上游低边滩淤积下移的影响，1993 年前持续淤积，−10m 等高线向江中移动了约 300m，1993 年后基本稳定；断面右侧，2006 年前以冲刷为主，深槽刷深且持续右偏，2011 年深槽略有淤积。

CK4 位于福姜沙进口段的中段。1993 年前，断面左侧存在底高程近 −14m 的次深槽，随着左岸边滩的淤涨，该次深槽消失；断面中间偏右侧为主槽，2001 年前持续刷深，

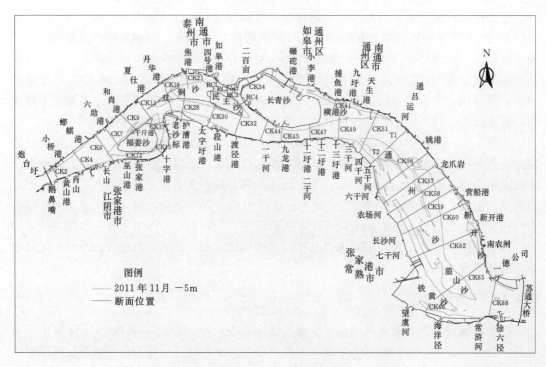

图 5.1-8 澄通河段横断面布置图

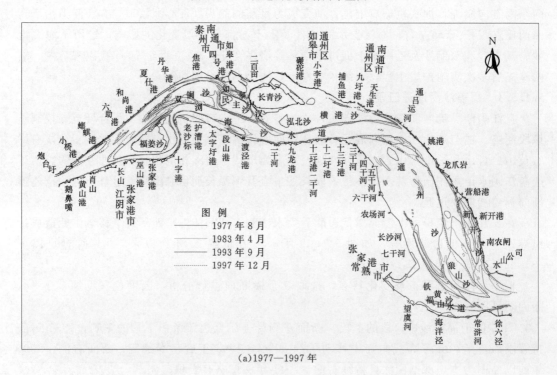

(a)1977—1997 年

图 5.1-9（一） 澄通河段—10m 等高线近期变化图

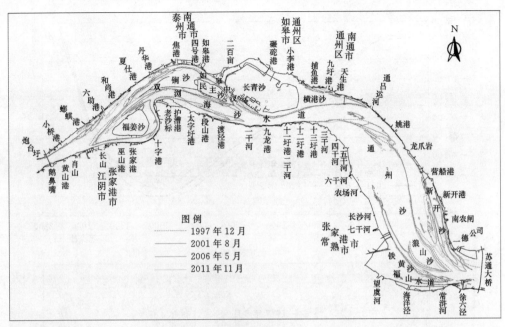

(b)1997—2011 年

图 5.1-9（二）　澄通河段－10m 等高线近期变化图

2001 年后基本稳定。

CK6 位于福姜沙汊道分汊口附近，又是主流自右向左过渡区，河床断面形态呈冲淤多变状态。具体看，断面左侧次深槽淤浅后，地形冲淤互现；江中地形起伏不定；右侧为福姜沙右汊的口门段，呈左淤右冲态势。

统计显示（表 5.1-12），福姜沙进口段－5m 以下的断面面积从上游向下游逐渐减小。

表 5.1-12　　　　　　福姜沙进口段－5m 等高线以下断面积变化表　　　　　　单位：m²

时间 （年-月） 断面	1977-08	1983-04	1993-09	1997-12	2001-08	2006-05	2011-11	平均
CK2	31737	32474	25324	28242	30204	28158	30688	29547
CK4	27646	26416	23213	27214	28607	28640	27849	27083
CK6	25601	25362	21249	20767	22164	23257	25853	23465

表 5.1-13　　　　　　鹅鼻嘴—福姜沙洲头段河床冲淤量统计成果表

时段 （年）	冲淤量/万 m³						
	0m 以下	0～－5m	－5～－10m	－10～－15m	－15～－20m	－20～－25m	－25m 以下
1977—1983	265	－29	60	657	－7	－153	－264
1983—1997	2999	407	1427	1447	－177	－169	64
1997—2001	－2100	365	227	－709	－675	－504	－805
2001—2006	887	－174	108	－40	197	94	702
2006—2011	－3141	－136	－349	－947	－305	－380	－1024
累计	－1090	433	1473	409	－967	－1111	－1326

注　统计范围为鹅鼻嘴—旺桥港。"＋"为淤积，"－"为冲刷。计算方法为加密地形断面河槽容积法，以下相同。

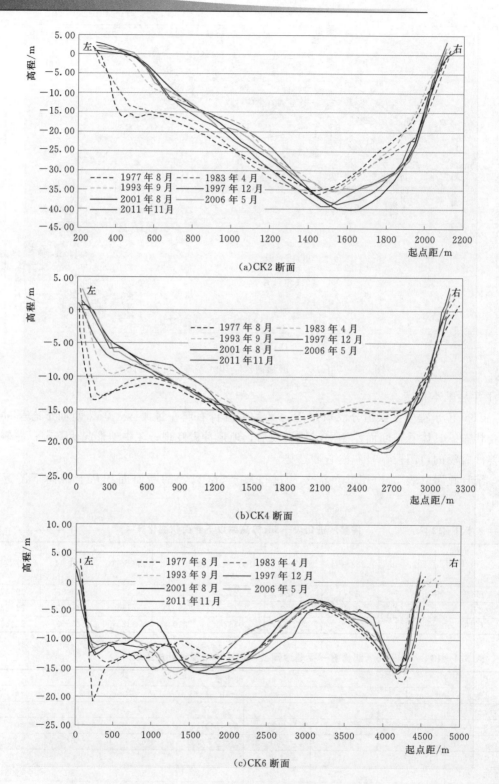

(a)CK2 断面

(b)CK4 断面

(c)CK6 断面

图 5.1－10　福姜沙水道进口段断面近期变化图

冲淤量统计结果表明（表 5.1－13），1977—2011 年的 30 多年间，江阴—福姜沙洲头段 0m 以下河床冲淤互现，总体呈微冲态势，冲刷总量不大，但河床冲淤量在时空分布上的变化差异较大。该段河床 1997 年以前以淤积为主，1997—2011 年以冲刷为主；从冲淤变化幅度看，1997—2011 年累计冲刷量达 4350 多万 m³；其中 2001—2006 年河床出现小幅淤积，2006—2011 年则出现一个明显的冲刷过程，且冲刷强度较大，冲刷量达 3140 多万 m³。从冲淤部位看，－10m 以下以冲刷为主，特别是－15m 以下的深槽，冲刷量较大，1997—2001 年－15m 以下的深槽冲刷量达 1980 多万 m³，而淤积部位主要在－10m 以上区域；2006—2011 年间，该段河床各主要深度区间均表现为冲刷。

总体来说，福姜沙进口段深槽傍右岸，过肖山后逐渐向左汊过渡，深槽呈微弯走势，和福北水道平顺相接，决定了下游河段"左主右支"的河势格局。

5.1.5.2　福姜沙右汊

福姜沙右汊又称福南水道，为弯曲型河道，1976 年起被辟为海轮航道，发展过程右汊上半段比较顺直，下半段向鹅头型弯道发展，引起福姜沙尾部洲滩淤长，见图 5.1－2、图 5.1－3。自 20 世纪 80 年代弯顶一带护岸工程实施后，弯道发展基本得到控制，形成人工控制型河弯。此后，由于分流比减小，福姜沙右汊表现为缓慢淤积状态，1977—1997 年间河槽容积减小 3.2%。

表 5.1－14　　　　　　　　　福姜沙右汊河床冲淤量统计成果表

时段 （年）	冲淤量/万 m³						
	0m 以下	0～－5m	－5～－10m	－10～－15m	－15～－20m	－20～－25m	－25m 以下
1977—1983	12	224	126	45	－41	－94	－249
1983—1997	1426	336	210	388	250	100	142
1997—2001	－75	34	－2	70	－85	－42	－51
2001—2006	－334	－138	－133	177	－130	－101	－11
2006—2011	950	281	401	146	31	32	59
累计	1978	738	602	827	24	－104	－109

注　统计范围为老港—老沙标下 500m。20 世纪 90 年代以来，为改善航道通航条件，长江航道部门每年都对福姜沙右汊进行维护性疏浚，疏浚时段在每年的 4—6 月或 8—10 月，疏浚区一般位于上口和中部，年均疏浚量为 73 万 m³（2006—2011 年）。表中未剔除疏浚量。

河床变化冲淤量统计结果显示（表 5.1－14），1977—2011 年间，福姜沙右汊总体表现为淤积，0m 以下河床共淤积了 1978 万 m³，其中淤积量较大的时段发生在 1983—1997 年间，共淤积了 1426 万 m³，占总淤积量的 72%，淤积的主要原因是当时右汊口门段福姜沙一侧，大片木排置于江面之上，导致口门处分流比大幅减小至 17.5%（表 5.1－19，1989 年测次）。随着水上木排的清除，福姜沙右汊分流比逐渐恢复，河床容积亦随之恢复，河床冲淤基本平衡，河床也趋于稳定。1998 年长江大洪水虽然导致福姜沙右汊出现一定程度的淤积，但随后的河床自然调整又使大水期间淤积的泥沙全部冲走。

由于多年来福姜沙右汊不断坐弯，福姜沙左、右汊汇流角不断增大，致使右汊出口水流流路不够平顺，福姜沙左、右汊的汇流角已近垂直（表 5.1－15），导致下游护漕港边滩的发育。近期涨潮流对福南水道的影响逐渐减小，汇流角基本保持原有状态。

表 5.1-15   福姜沙左、右汊道出口汇流角变化

年份	1953	1967	1970	1977	1992
汇流角/(°)	26	53	68	71	78

为进一步分析福姜沙右汊河床断面变化情况，布置 3 个分析断面，断面位置见图 5.1-8，断面变化见图 5.1-11。图中可见，近年来福姜沙右汊断面变化有如下特点：右汊口门段（CK12）左侧岸坡淤积，右侧河槽冲刷；弯顶处（CK15）河道左侧总体表现为缓慢刷深，中间河床缓慢抬高，深槽逐渐逼近右岸，断面中间淤积，右侧冲刷；出口段（CK17），近福姜沙一侧滩地略有淤高，岸坡淤积外推，河槽向右侧移动，深槽逐渐刷深。福姜沙右汊-5m 以下的断面面积，中间段最小，口门段次之，出口段最大。1998 年大洪水后福姜沙右汊中、上段微淤，下段冲刷（表 5.1-16）。

表 5.1-16   福姜沙右汊-5m 等高线以下断面积变化表   单位：m²

时间（年-月）／断面	1977-08	1983-04	1993-09	1997-12	2001-08	2006-05	2011-11	平均
CK12	6584	6923	6230	6079	5932	7115	6989	6550
CK15	6834	7181	6426	6599	6324	5665	5516	6363
CK17	7947	7350	7478	7596	8563	8424	8635	7999

断面成果显示，自 20 世纪 70 年代后期以来，福姜沙右汊河床有冲有淤，但总体表现为缓慢淤积，口门段及弯道段淤积量较大，张家港港区及出口段淤积较少。由于口门段的淤积相对较强，河槽宽度缩窄，致使航道条件时常不满足要求，航道部门每年需对右汊进行维护性疏浚。

从图 5.1-7 可见，近 10 年来，福姜沙右汊有 3 个明显淤积的地带，上段偏左，中段偏右，下段集中于福姜沙尾。随着福姜沙右汊分流比的恢复并趋于稳定，目前右汊河床进入了一个冲淤变化相对较小的状态，总体稳定。

5.1.5.3 福姜沙左汊

福姜沙左汊是一条顺直汊道，一直居主汊地位，宽深比相对较大。多年来福姜沙左汊主流摆动较为频繁，主副槽并存，靠近福姜沙的深槽为福中水道，傍北岸一侧为福北水道，福北水道过双铜沙北水道后与如皋中汊相连，福中水道汇集约一半福北水道的越滩流量后，与右汊在福姜沙尾汇合后进入浏海沙水道，两水道均为副（江轮）航道。历史上双铜沙在夏仕港到护漕港一带受大水切割形成江中心滩并逐年南靠，因此福北、福中两水道受双铜沙变化的影响很大，见图 5.1-3、图 5.1-9。

福姜沙水道分汊前进口段主槽与福北水道的深槽呈微弯衔接，福北水道自六助港至夏仕港一带-10m 深槽贴靠左岸，由于双铜沙淤长增大而向窄深方向发展，造成北岸靖江段江岸崩塌出险，需不断采取工程措施进行护岸。20 世纪 90 年代后，崩岸段下移至章春港、夏仕港一带，同时下游的双铜沙向上淤长，沙头向福姜沙洲头方向靠近，致使福中水道明显萎缩，福中水道-10m 深槽 1986 年后曾一度贯通，1997 年又中断，威胁到江轮航道的通航安全。

由于下游如皋中汊发展受到控制，涨落潮阻力增大，落潮时福北水道水位高于福中水

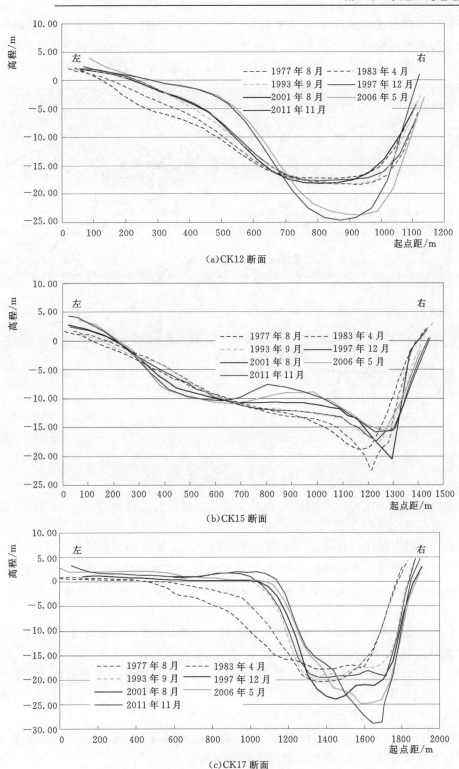

(a)CK12 断面

(b)CK15 断面

(c)CK17 断面

图 5.1-11 福姜沙右汊断面近期变化图

道，双铜沙上存在横向越滩水流（图 5.1-12），大量水流汇入福中水道及浏海沙水道，成为双铜沙不稳定的一个主要因素。上游冲刷下的泥沙一部分沿福北水道通过如皋中汊下泄，另一部分则在越滩流的作用下进入福中水道，引起福中水道及护漕港边滩的淤积。

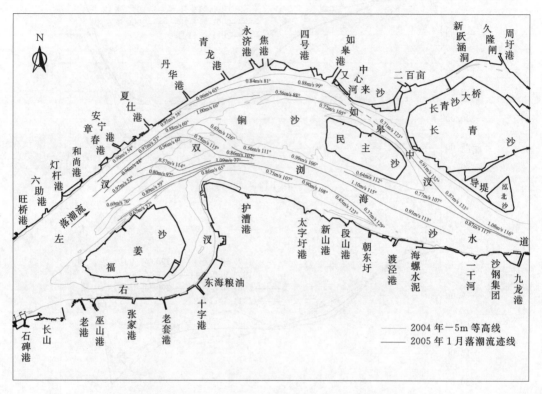

图 5.1-12　2005 年 1 月双铜沙落潮表层流迹线图

为分析福姜沙左汊河床断面近期冲淤变化，在福姜沙左汊布置 4 个断面，位置见图 5.1-8，历年变化见图 5.1-13。

CK7（六助港断面）显示，除中间心滩淤高外，总体刷深。2011 年与 2006 年相比，近福姜沙侧的双铜沙头普遍刷深约 4m，且形状规则，有疏浚痕迹；福北水道河床断面冲深扩大，左岸出现贴岸深槽；福中水道上段同样增深扩大，近福姜沙侧边坡变陡。

CK9（和尚港断面）显示，2006 年前福北水道冲刷，至 2011 年，上游心滩于此处已贴近北岸，致近岸深槽淤浅了 7m，双铜沙右移，主槽增深扩大，福中水道淤浅，福姜沙近岸侧次深槽发展。

CK11 断面位于福姜沙尾附近，断面变化显示近北岸深槽底部淤积抬高，主槽冲深扩大，2006 年前双铜沙头左冲右淤，至 2011 年断面中间冲刷。从前文分析可知，该断面正处于双铜沙串沟附近，断面右侧福中水道过水面积有所扩大。

CK19 断面位于福中水道和福姜沙右汊汇流处，为浏海沙水道的上口，该断面双铜沙淤高，福北水道有所冲刷，福中水道以右移增深为主。

由河床冲淤图可见［图 5.1-7（c）］，近 10 年来，福北水道近北岸总体淤浅，双铜沙中、上段明显冲刷，福中水道左淤右冲。图 5.1-2 显示，双铜沙沙体的长度与面积近年均有不同程度的减小。

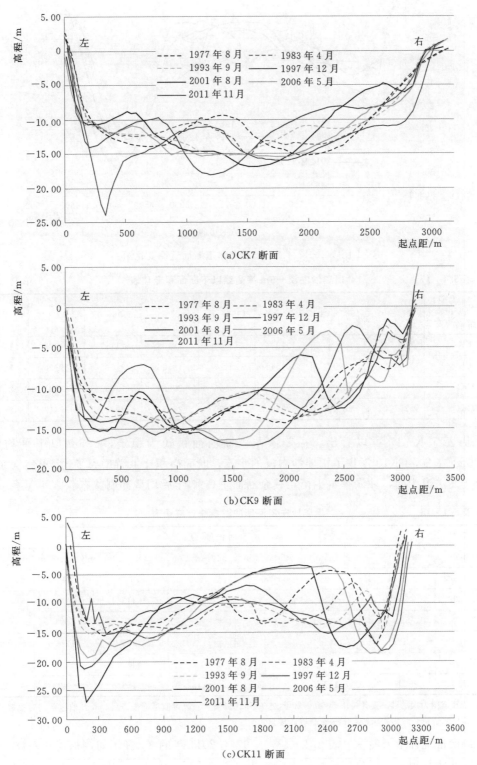

（a）CK7 断面

（b）CK9 断面

（c）CK11 断面

图 5.1 - 13（一）　福北水道断面近期变化图

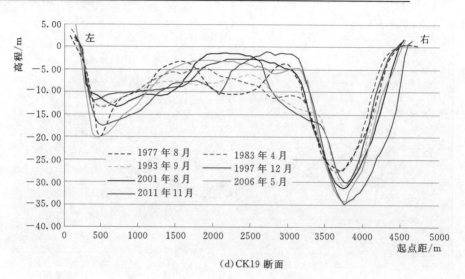

（d）CK19 断面

图 5.1-13（二）　福北水道断面近期变化图

表 5.1-17　　　　　　　福姜沙左汊－5m 等高线以下断面积变化表　　　　　　　单位：m²

断面 \ 时间（年-月）	1977-08	1983-04	1993-09	1997-12	2001-08	2006-05	2011-11	平均
CK7	18769	18134	19194	18049	18108	21157	24438	19693
CK9	19431	19772	19154	20177	18126	21035	19100	19542
CK11	17573	20868	21399	20495	20984	19582	23731	20662
CK19	27794	26318	30078	27060	28351	29941	37417	29566

从表 5.1-17 可以看出，福姜沙左汊断面面积较为稳定，－5m 以下平均约在 20000m² 左右，CK19 汇集了福姜沙右汊的水流，断面面积比上游增大了约 48%。CK9 断面位于北水道中间，冲淤基本平衡，其余断面，1997 年后均呈冲刷状态。

表 5.1-18　　　　　　　　福姜沙左汊河床冲淤量统计成果表

时段（年） \ 项目	冲淤量/万 m³						
	0m 以下	0～－5m	－5～－10m	－10～－15m	－15～－20m	－20～－25m	－25m 以下
1977—1983	－1051	－109	－532	－493	61	22	0
1983—1997	615	－43	100	864	－415	16	93
1997—2001	554	139	1588	－422	－455	－220	－76
2001—2006	－1251	184	－37	－1248	－379	171	59
2006—2011	－2033	－318	－1963	－140	433	－31	－14
累计	－3166	－147	－844	－1439	－755	－42	62

注　统计范围为六助港—夏仕港下 500m。20 世纪 90 年代以来，为改善航道通航条件，长江航道部门对福姜沙左汊福中水道进行过多次疏浚，表中未剔除疏浚量。

冲淤量统计结果显示（表 5.1-18），1977—2011 年的 30 多年间，福姜沙左汊 0m 以下河床冲淤互现，河床总体呈冲刷态势，累计冲刷 3166 万 m³。河床冲淤在时间和空间上的分布差异较大，1977—2001 年间，河床总体呈冲淤基本平衡态势，淤积量略大于冲刷量，且淤积部位主要出现在 $-5\sim-10\text{m}$ 深度区间，淤积量总计达 1156 万 m^3；2001 年以后，河床总体呈冲刷态势，冲刷部位基本位于 $0\sim-15\text{m}$ 的深度区间。

由于福姜沙左汊宽浅顺直，河床活动性大，不同径流条件下，水流动力轴线变动范围较大，既受上游来水的影响，又受双铜沙演变的影响。2001 年以前双铜沙沙头淤涨南偏，福中水道进口淤浅，河槽缩窄，福北水道有所发展；2006 年以后，双铜沙沙体中、上段均受到不同程度的冲刷，-5m 串沟迅速发展，目前已发展成两条南北斜向通道，见图 5.1-3。双铜沙的不稳定是造成福北、福中水道发展或淤积的重要因素之一。

5.1.5.4　汊道分流比变化

河流汊道流量分配的变化是判断汊道兴衰的重要指标。20 世纪 80 年代后期，由于右汊进口有大片的木排长期漂浮堆积于水面，流路受阻导致福姜沙右汊分流比一度下降至 17.5%，除此以外右汊分流比大多保持在 20% 左右（表 5.1-19）。可见，福姜沙左、右汊道分流形势较为稳定，维系了该段河势的总体稳定。

表 5.1-19　　　　　　　　　　福姜沙左、右汊分流比统计表

项目 时间 （年-月-日）	南（右）汊			北（左）汊			比例	测量单位
	落潮量 /万 m^3	流量 /(m³/s)	分流比 /%	落潮量 /万 m^3	流量 /(m³/s)	分流比 /%		
1967-05-30～31		10100	21.2		37600	78.8	1:3.7	长江委下游局
1977-05-23		10300	20.2		40800	79.8	1:4.0	长江委下游局
1985-06-27～28	73324		21.3	270534		78.7	1:3.7	华东师范大学
1989-08-31			17.5			82.5	1:4.7	长江委长江口局
1997-01-07		7100	23.9		22900	76.1	1:3.2	长江委长江口局
2001-08-13～14	67606		21.5	243171		78.5	1:3.7	长江委长江口局
2004-03-23～24		6782	20.3		26608	79.7	1:3.9	长江委长江口局
2009-03-28～29	48150	7570	21.7	173300	27200	78.3	1:3.6	长江委长江口局
2011-05-03～04	38440		20.1	152400		79.9	1:4.0	长江委长江口局

5.1.5.5　福姜沙河段河床冲淤变化

总体看，福姜沙进口段以冲刷为主，冲刷部位集中在 -15m 以下的深槽，$0\sim-15\text{m}$ 之间总体淤积；福姜沙左汊亦呈冲刷状态，冲刷部位集中于 $-5\sim-20\text{m}$ 深度区间，其余部位微冲；右汊则整体呈缓慢淤积状态，-20m 以下微冲。

从冲淤图可以看出，1977—1997 年 20 年间 [图 5.1-7（a）]，福姜沙进口段北淤南冲，北岸淤积带顺延至和尚港，而南岸侧深槽冲刷带过肖山后向左汊过渡，直至夏仕港；左汊两侧深槽冲刷，其中福中水道冲刷尤烈，并与下游浏海沙主槽的冲刷带相连，双铜沙淤积；福姜沙头淤积；右汊中上段及下段傍南岸侧微冲，傍福姜沙侧淤积，而弯顶附近傍南岸侧淤积。1997—2001 年间 [图 5.1-7（b）]，在 1998 年大洪水作用下，福姜沙河段总体呈冲刷状态，冲刷幅度最大在北岸夏仕港—丹华港之间，冲刷最深达 10m 以上；淤积的部位主要有两处，一处为双铜沙沙脊，淤高最大近 10m；另一处为上游近北岸的低边

滩，幅度较小。2001—2011 年 10 年间［图 5.1 - 7（c）］，滩槽冲淤易位，具体为炮台圩下的低边滩冲刷，肖山—夏仕港之间的深槽淤积；双铜沙冲刷，福中水道淤积。

5.1.5.6　福姜沙河段演变特征

福姜沙河段上游江阴水道顺直微弯，深槽傍抗冲性强的南岸，深泓稳定少变，河势基本稳定。在鹅鼻嘴和炮台圩对峙节点的控制下，上游河势变化对福姜沙河段演变的影响减弱。径流是该河段主要造床动力，上游来水来沙条件的变化是引起本河段冲淤变化的主要原因。

该河段进口右岸有黄山山体临江形成导流岸壁，将长江主流导向福姜沙左汊，使得左汊一直处于主汊地位。然由于北岸水流分散和河床结构疏松，上游常形成活动性边滩，大水年易发生切滩，或顺岸下移，或切割成江中心滩下移，与由下而上的双铜沙，一起影响着左汊河床的冲淤变化，并导致左汊主泓游移不定。

福姜沙右汊岸滩由松散沉积物组成，抗冲性差，在弯道水流作用下，弯道发展很快，20 世纪 60 年代前弯道顶点以 40～60m/a 速度后退，20 世纪 70 年代，实施了丁坝及抛石护岸工程，弯道发展得到控制，2001 年后弯曲比稳定于 1.49 左右（表 5.1 - 20）。

表 5.1 - 20　　　　　　　　　　福姜沙右汊弯曲比历年变化

年份	1918	1936	1948	1960	1967	1974	1976	1978	2001
弯曲比	1.10	1.17	1.27	1.40	1.43	1.43	1.44	1.45	1.49

由于弯道的发展，弯曲比的增大使得汊道阻力增大，而 20 世纪 80 年代以后，沿岸码头群的增多进一步增大了河道的阻水作用，增加了福姜沙右汊的淤积效应，20 世纪 80—90 年代后，福姜沙右汊河床一直处于缓慢的淤积状态。

5.1.6　如皋沙群河段

5.1.6.1　又来沙北汊的衰亡

又来沙北汊即原海北港沙南水道，下与天生港水道相连，见图 5.1 - 5。20 世纪 50 年代初至 60 年代末，其−10m 深槽断断续续可直达下游头案港，河宽在 300～900m 之间，南通—张家港—江阴客班轮在此通航。1970 年以后，长江主流逐渐走又来沙南水道，北汊进口处跃进沙不断淤长，靖江县（现靖江市）和如皋县（现如皋市）在跃进沙北支槽筑坝断流，加之四号港向外延伸 2km，进一步恶化了又来沙北汊的进流条件，致使北汊严重淤积萎缩，到 1979 年北汊已完全成为涨潮流控制的浅水道，小潮分流仅占长江总量的 1.1‰（表 5.1 - 26）；中潮期水沙倒灌，涨潮最大测点流速是落潮最大测点流速的 3 倍，底层涨潮最大含沙量达 20 kg/m³。此时的又来沙北汊已基本丧失下泄径流的能力。

1986 年冬，又来沙北汊上口被全部封堵，致使北汊成为一个很浅的盲肠河段。1989 年至 1991 年间，如皋市在又来沙及其北汊进行大规模的围垦，又来沙并岸，北汊从此消失。

5.1.6.2　双铜沙北水道

双铜沙北水道上起夏仕港，下至如皋四号港，全长约 10km，河势成弓背状弯曲，弯顶附近水流动力具有明显的弯道水流性质，自然条件下河床冲淤变化受上游水沙条件变化的影响较大，断面形态在 U 形和 V 形之间转换。20 世纪 70 年代末至 80 年代初，由于上游福姜沙左汊主流动力轴线向北偏移，受此影响，北岸岸坡不断受冲，岸线后退，顶冲点下移，弯道不断发展，导致弯顶焦港一带堤防多次出险，防汛大堤位置不得不向后调整，近年来弯道北岸通过整治（抛石护岸）和开发利用，岸线得以稳定，河势得到控制。

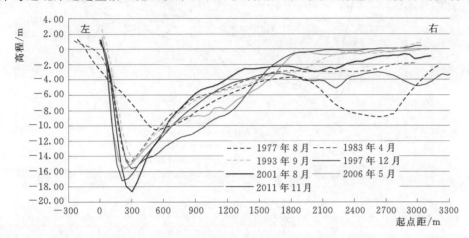

图 5.1-14 双铜沙北水道 CK21 断面近期变化图

图 5.1-14 可见，1977 年，双铜沙焦港断面（CK21）最深点（−10.5m）距左岸在 600m 以上；1983 年，最深点已刷深至 −15m 以下，并向左移动了 270m，左侧岸坡变陡；1998 年大洪水曾导致该断面快速淤浅，洪水过后，淤积体下移，河槽刷深，2001 年最深至 −18.7m；近 10 年，在护岸工程守护下断面深槽左侧趋于稳定，右侧双铜沙北侧持续冲刷。

表 5.1-21　　　　　　　　　　双铜沙北水道断面面积变化表

时间（年-月）	0m 以下				−5m 以下			
	面积/m²		占比/%		面积/m²		占比/%	
	CK21	CK28	CK21	CK28	CK21	CK28	CK21	CK28
1977−08	13550	30282	30.9	69.1	3587	20665	14.8	85.2
1983−04	13562	30067	31.1	68.9	4571	20512	18.2	81.8
1993−09	13241	28639	31.6	68.4	4563	20376	18.3	81.7
1997−12	14402	31833	31.1	68.9	5385	22888	19.0	81.0
1998−11	13435	30771	30.4	69.6	3701	21813	14.5	85.5
2001−08	13544	28475	32.2	67.8	5579	19850	21.9	78.1
2006−05	15192	33347	31.3	68.7	6919	25336	21.5	78.5
2011−11	16734	32824	33.8	66.2	8822	25017	26.1	73.9

双铜沙北水道焦港断面（CK21）−5m 以下面积（表 5.1-21）显示，除受 1998 年大洪水影响曾大幅度减小外，历年来都是逐渐增加的，2011 年比 1977 年增大了约 1.7 倍。与浏海沙水道进口段护漕港断面（CK28）相比，双铜沙北水道所占比例呈逐年增大态势，由 1977 年的不足 15% 增大至 2011 年的 26%，表明双铜沙北水道处于发展过程中。

5.1.6.3　如皋中汊

如皋中汊 4 个分析断面位置见图 5.1-8，其断面近期变化见图 5.1-15。

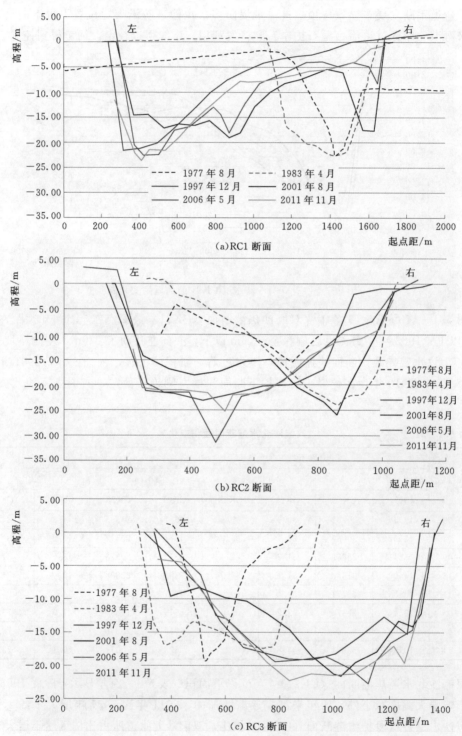

图 5.1-15（一）　如皋中汊断面近期变化图

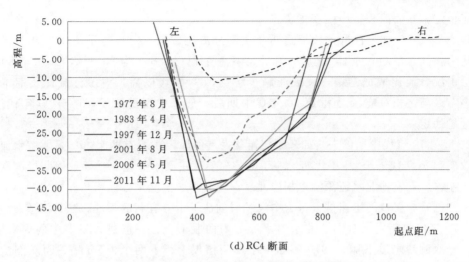

（d）RC4 断面

图 5.1 - 15（二）　如皋中汊断面近期变化图

　　如皋中汊即又来沙（已并左岸）、长青沙与民主沙之间的汊道。20 世纪 60 年代末至 70 年代初，中汊仅是浅滩上一条很小的串沟，1970 年－5m 等高线为两个上下间隔 600m 的小河槽，平均槽宽 50m 左右，上游双铜沙北水道经又来沙北汊和双铜沙水道（双铜沙与民主沙之间，见图 5.1 - 5）分流。随着又来沙北汊逐渐萎缩，泄流能力不断减弱，双铜沙北水道绝大部分水流经双铜沙水道汇入浏海沙水道。由于双铜沙水道与双铜沙北水道平面形态几乎成 90°急拐，河势不顺，水流不畅，迫使部分水流经串沟趋直下泄，这是如皋中汊得以发展的最初动力。对于双铜沙北水道的下泄水流，如皋中汊的阻力明显要小于双铜沙水道的阻力，使得如皋中汊过水断面拓展增深，过流量快速增加，1977 年－5m 高程以下平均河宽为 330m，1983 年为 530m，比 1977 年增加了 58.6％，1993 年又增大到 710m，其后，－5m 高程下的河宽渐趋稳定，除 2001 年增大至 910m，其余年份基本稳定在 800m 左右。随着护岸工程的实施，如皋中汊的发展受到控制，其河槽变化总体趋于稳定。

表 5.1 - 22　　　　　　　　如皋中汊－5m 等高线以下断面积变化表　　　　　　　单位：m²

时间 （年-月） 断面	1977 - 08	1983 - 04	1993 - 09	1997 - 12	2001 - 08	2006 - 05	2011 - 11	平均
RC1	6580	6530	11000	6770	10600	8600	8580	8380
RC2	2420	6060	10670	10080	9710	10340	10110	8480
RC3	1850	5550	6190	8760	8530	9810	10750	7350
RC4	1180	6910	10790	11030	11610	11130	9980	8950

　　1977—1983 年是如皋中汊快速发展期，－5m 河槽迅速扩大，RC2、RC3、RC4 断面面积均大幅增加（表 5.1 - 22），平均增大 4350m²（2.4 倍），此后河槽继续冲刷发展，1993 年 RC1、RC2、RC4 断面面积仍然大幅增加，RC3 断面面积小幅增加，平均增幅仍达 3040m²。1993 年以后，为控制中汊进一步发展，守护严重冲刷部位，在长青沙西南角、民主沙西北角、又来沙西北角等处修建护岸工程，如皋中汊的发展得到控制，河道逐

渐趋于稳定，断面面积呈小幅变化状态。

表 5.1-26 为如皋沙群上段汊道历年实测分流比成果，统计显示，1979 年如皋中汊分流比为长江总量的 9.6%，之后分流量大幅度增加，1986 年为 26.8%，20 世纪 80 年代中期后中汊分流比增加趋缓，发展亦趋于缓慢，90 年代以后，中汊分流比长期维持在 30% 左右。与之相对应，20 世纪 70 年代中期后，如皋中汊迅速发展，至 90 年代后期，中汊渐趋稳定。

20 世纪 70 年代中期以来，如皋中汊迅猛发展的原因主要有两个：一是上游水流动力轴线改变。70 年代末至 80 年代初，由于上游福姜沙左汊水流偏北，导致傍北岸的深槽不断扩大左移，双铜沙北水道深泓也相应北靠，使其下游的又来沙西南角和民主沙西北角遭受严重冲刷，中汊口门迅速扩大，为中汊发展创造了十分有利的条件。二是汊道发生自然调整。70 年代中期后，双铜沙北水道水流分为两股下泄：一股进入发展中的如皋中汊；另一股经双铜沙水道下泄。1970 年如皋中汊河槽仅上、下两个 −5m 槽，而双铜沙水道 −5m 等高线平均槽宽 1200m，其下有 −30m 深槽长达 2km 以上，双铜沙北水道绝大部分水量经双铜沙水道下泄。此后，由于双铜沙水道与双铜沙北水道的衔接几呈直角态势，弯曲半径仅 2km，水流流势不顺，阻力加大，而双铜沙北水道进入中汊，水流微弯平顺衔接，沿程阻力小，河槽易于发展。因此，随着双铜沙水道的不断萎缩，中汊则迅猛发展。1980 年测图显示，双铜沙水道 −5m 河槽平均宽度由 1970 年的 1200m，缩减为 600m 左右，原来双铜沙水道下游顺接的 −30m 深槽消失。双铜沙水道的萎缩促进了中汊加速发展，而中汊的发展夺流又导致双铜沙水道加速萎缩，如此造成如皋中汊和双铜沙水道盛、衰两种截然不同的变化结果。双铜沙水道的萎缩，也符合如皋沙群河段河道整治要求，对如皋沙群河段整体稳定是有利的。

如皋中汊上段及长青沙西南部护岸工程和近年来港口工程建设对岸线稳定起到积极作用。1995—2001 年，如皋四号港以下连续实施抛石护岸工程，初步控制了坍势，中汊河槽变化也日趋稳定。2004 年 5 月长青沙至泓北沙导流堤工程建设完成，进一步稳定了如皋中汊出流，巩固了该段河道整治的成果，对维护下游河势的稳定起到了积极作用。

5.1.6.4　天生港水道

天生港水道上起长青沙头，下至通吕运河，全长 26.7km，小李港以上呈反 S 形弯曲，小李港以下较为顺直。

1918 年前后，海北港沙北水道水流切穿段山沙边滩，形成了天生港水道。随着离岸部分的段山沙——即后来的横港沙不断向下淤长，天生港水道也相应向下延伸。1956 年 5 月测图显示横港沙尾已达营船港附近，此时天生港水道全长 42.8km。1957 年横港沙尾被水流切穿，天生港水道缩短 11km，其后横港沙尾不断受到主流冲刷后退，天生港水道下口相应上提，2001 年后，横港沙沙尾趋于稳定，平面变化很小。

由于进口条件的变化，天生港水道经历了冲刷发展、淤积萎缩和现阶段的基本维持 3 个不同的阶段。天生港水道形成初期进口位于海北港沙北水道，水流顺畅下泄，此阶段为天生港水道发展期；海北港沙北水道淤塞后天生港水道改接海北港沙南水道，当南水道逐渐萎缩后，天生港水道进口下移至二百亩与如皋中汊相接，约 1983 年前后，进口又上移至又来沙南侧与如皋中汊相连，此时两水道不但垂直相交，而且两者河床高程相差10.00m多，呈逆坡，进一步加大了口门的进流难度，这一阶段为天生港水道的淤积萎缩期。

2011年11月地形资料反映，天生港水道进口段狭窄，堤脚间距约600m，断面呈左槽右滩形态，其中−5m槽宽约100m，最深点高程−6.70m，而右侧0m以上高滩宽近400m（与堤脚的距离）。弯顶上650m处最窄（新跃河附近，见图5.1−12），两岸护堤间宽仅320m，涨潮水流顶冲凹岸，在该处形成一个扁长的深槽，从−5m等高线的变化可以看出（图5.1−3），该槽1983年时尚小，到1997年该槽长1100m，宽150m，最深处靠近北岸边，2001年为长1300m，宽180m，最深处距北岸145m，2006年与2001年相比，深槽下端向下延伸了约1.2km，2006年以后，该深槽出现淤积，2011年11月，原先长约3.1km的−5m槽已淤断为4个纵向排列的断槽。冲淤图显示［图5.1−7（c）］，2001—2011年间，天生港水道上、下段微冲，中段微淤，总体呈基本维持状态。

大、中潮期，天生港水道的涨潮流速大于落潮流速（表5.1−23），虽然因为涨潮流时间短，流量依然为净泄，但涨潮量大势猛，逐渐成为维持天生港水道的主要动力。

表 5.1−23　　　　　　　　　　天生港水道碾砣港断面水流流速　　　　　　　　单位：m/s

测验时间（年-月-日）	大潮		中潮		小潮		备注
	涨潮	落潮	涨潮	落潮	涨潮	落潮	
2012−03−08～17	0.45	0.34	0.41	0.33	0.15	0.20	枯季
2012−07−20～28	0.54	0.44	0.41	0.40	0.23	0.33	洪季

天生港水道分析断面布置见图5.1−8，断面近期变化见图5.1−16。

CK34断面位于天生港水道进口段。1993年前断面变化剧烈，河槽1977年时位于断面右侧，1983年转向断面左侧；1993年后，断面形状基本稳定，左侧滩地有冲有淤，右侧河槽逐渐加深，2011年0m河宽为227m，最深点高程为−2.40m，总体较浅。

CK36断面位于天生港水道弯顶段。和进口段断面一样，1993年前河槽尺度及位置变化较大，1993年后，河槽逐渐向左侧发展且加深。至2011年，断面最深点高程为−4.20m，0m河宽约270m。

CK41断面位于天生港水道下段，1993年后断面形状趋于稳定。断面右侧为横港沙，1993年前，横港沙左侧向左（北）淤涨，2001年后，沙体左侧十分稳定。

CK51位于天生港水道出口段，断面图显示［图5.1−16（d）］，本断面天生港水道部分形状稳定，最深点高程变化较小，但断面历年来向左移动，移动速度右侧大于左侧，1977—2011年间，−1m河宽缩窄近100m。

天生港水道进口段（CK34）和弯顶段（CK36）的断面面积变化趋势是一致的，即1993年前大幅度的减小，1993年后逐渐增大，2011年略有减小（表5.1−24）。下段（CK41）2006年前持续增大，至2011年则略有减小。出口段（CK51）断面面积波动变化，总体呈减小趋势。

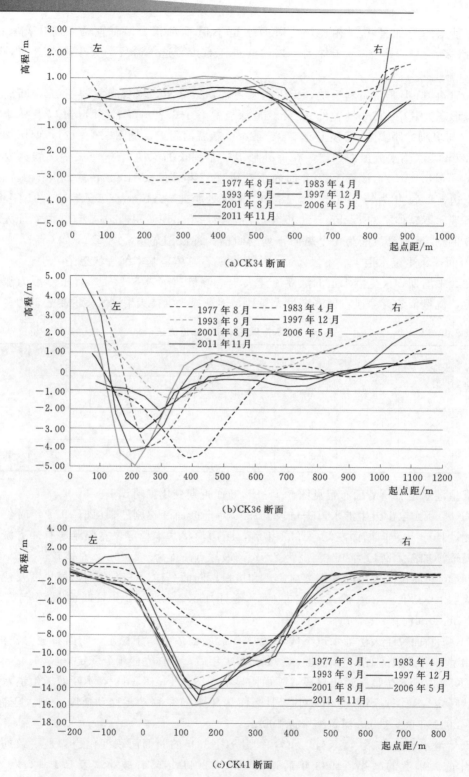

(a)CK34 断面

(b)CK36 断面

(c)CK41 断面

图 5.1-16（一）　天生港水道断面近期变化图

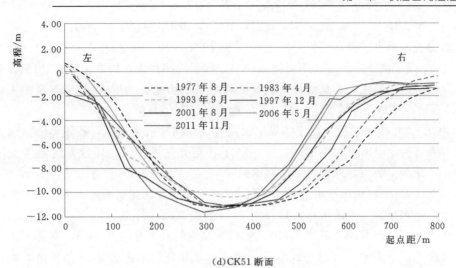

（d）CK51 断面

图 5.1-16（二）　天生港水道断面近期变化图

表 5.1-24　　　　　　　　天生港水道特征等高线以下断面积变化表　　　　　　　　单位：m²

时间（年-月）断面	1977-08	1983-04	1993-09	1997-12	2001-08	2006-05	2011-11	备注
CK34	1437	858	77	272	281	362	339	0m 以下
CK36	1358	644	263	461	571	729	695	0m 以下
CK41	3293	3755	4262	4482	4569	4727	3922	−1m 以下
CK51	4709	4527	3890	4207	4264	3558	3870	−1m 以下

由前面的分析可知，天生港水道径流下泄不畅，涨潮流逐渐成为维持天生港水道的主要动力。天生港水道弯顶至小李港水面平均宽度约 800m，小李港向上河宽缩窄，在窄而弯曲的平面形态下，涨潮水流上行不畅，大潮时可形成涌潮，潮头过后形成一高含沙量带，泥沙沿河槽向上输移，而落潮流不足以带走涨潮流带进的泥沙，因此，自 20 世纪 70 年代后期以来，天生港水道河床演变趋势总体呈上段淤积萎缩、中下段靠涨潮流维持的局面。

小李港下水面陡然开阔，−5m 河槽长期保持，平均宽度在 400m 左右，较为稳定；−10m 以下河槽在捕鱼港附近及其下游长期存在，但长期不能贯通，其中断处位于九圩港及华能南通电厂附近，见图 5.1-3 和图 5.1-9。

从图 5.1-7（c）可见，2001—2011 年间，天生港弯顶以上略有冲刷，该段两岸分布数家船厂，因新船出港水深要求，各船厂于此段时有疏浚；弯顶以下，以捕鱼港为界，其上以淤积为主，其下以冲刷为主。总体而言，天生港以萎缩为主，但因有横港沙大量漫滩流汇入，天生港水道中下段的水深条件有一定保障。

5.1.6.5　浏海沙水道

浏海沙水道自护漕港至十三圩港，长约 22.4km，为长江主泓所在。浏海沙水道上接福姜沙水道、下连通州沙汊道，历史演变较为剧烈，其变化对下游河势产生了直接影响。历史上南岸老海坝一带岸线明显外突，受长江主流顶冲，段山—十一圩约 17km 范围内江岸遭受不同程度的冲刷后退，其中老海坝段冲刷较为严重。据《江苏水利志》统计，自 1924 年以来，老海坝江岸最大崩坍宽达 3.8km，原沙洲县的茅竹镇、新桥镇、南兴镇等 7

个集镇全部坍入江中，坍失农田 3.6 万亩，其中 50 年代以后坍失 1.6 万亩。

为防御长江洪水威胁，保护堤岸，20 世纪 70 年代初，在老海坝—九龙港一带严重坍塌段共建 11 条丁坝护岸。由于丁坝间距较大，坝根淘刷严重，因此 1974 年以后，除了对已建丁坝进行维护加固外，新的护岸工程全部采用平顺抛石的形式，至 20 世纪末，累计护岸 13.8km，基本上控制了这一带江岸的崩退，稳定了河势。

20 世纪 70 年代中期后，由于如皋中汊发展，双铜沙水道消亡，致使浏海沙水道顶冲点由老海坝（一干河上游约 1.7km）一带，下移至九龙港以下，导致九龙港以上江段河槽淤积，九龙港—十一圩近岸河槽冲刷增强。

图 5.1-3 显示，浏海沙水道右侧上段 −5m 等高线变化主要表现为由护漕港边滩向下淤涨形成的朝东圩倒套不断下移，1983 年时倒套尚在太字圩港上游 900m 附近，2001 年护漕港边滩已下移至渡泾港下游 1.5km 处，20 多年间共下移约 6.5km，倒套下边界随之下移；渡泾港以下至十三圩港一线右岸一侧 −5m 等高线平面位置一直变化不大；左侧 −5m 等高线平面位置随双铜沙、民主沙、横港沙等沙体右缘的冲淤变化呈小幅变化，主要表现为：1983—2001 年双铜沙水道出口上游以淤长为主；双铜沙水道出口—如皋中汊出口逐年冲刷，冲刷强度逐年减弱；九龙港断面左侧近 30 年来的变化总体表现为微冲，1983—2001 年共向左后退了约 90m。

图 5.1-9 显示，1983—1997 年间浏海沙水道右岸护漕港一带 −10m 等高线平面位置变化不大；随着双铜沙水道萎缩，段山港以下 −10m 等高线相继下移，逐渐在右岸深槽左侧形成一水下沙埂，1983 年沙尾（−10m）在段山港口下游侧，1993 年下移至渡泾港上游约 480m，1997 年又下移至渡泾港下游 2.1km，渡泾港以上近岸成为倒套，2001 年沙尾在渡泾港下游 3.3km 处，此后沙尾冲刷上提，2011 年其位置基本稳定在渡泾港下游约 0.9km 附近。十二圩港—西界港 −10m 等高线 30 多年来的变化特点是：右岸冲淤互现，−10m 等高线位置呈现周期性南北小幅摆动；主槽左侧为横港沙沙体南缘，其 −10m 等高线变化以冲刷为主，1977 年以来，−10m 等高线平面位置逐年向左移动，至 2001 年，最大移动距离达 450m，2001 年以后，−10m 等高线平面变化很小。总体来看，浏海沙水道 −10m 等高线上段变化大于下段，十二圩港以下变化较小，表明该段 −10m 河槽具有较好的稳定性。

在护漕港—十三圩港江段布置 7 个断面，断面位置见图 5.1-8，根据断面图，近期浏海沙水道河床变化有如下主要特征：

CK28 断面位于护漕港，是福姜沙右汊、福中水道以及福北水道部分越滩流的交汇处，为浏海沙水道进口段。该断面形态总体稳定，断面最深点由 1983 年的 −26.1m 冲刷至 2011 年的 −39.4m，平面位置摆动较小，最深点左右两侧河床演变以 1998 年为界，1998 年以前，主要呈左（双铜沙南侧）冲右（护漕港边滩）淤，1998 年后则呈左淤右冲。表 5.1-21 显示，护漕港断面 −5m 以下的面积 1997 年后变化甚小，然由于双铜沙北水道的发展，护漕港断面的面积所占比例下降。

CK30 断面位于太子圩港下约 0.5km 处，该断面左侧上游为原双铜沙水道（双铜沙与民主沙之间的汊道）出口位置。1977 年时，双铜沙水道尚为双铜沙北水道进入浏海沙水道的主要通道，其出口位置河槽底高程达 −29m 左右，随着如皋中汊的发展，双铜沙水道迅速淤积衰退，至 1983 年，其出口位置河床底高程抬高至 −5.00m 以上，1997 年后，在 0～−6m 之间冲淤交替，再未刷深至 −6m 以下。由断面图可见，2001 年前，CK30 断面总体呈左淤右冲态势，2001 年后，又呈左冲右淤态势，其变化与上游河势的变化密切相关。当双铜沙水道发展，该断面中间河槽冲刷，而当双铜沙滩面的串沟发展，冲刷下来的泥沙将在本断面江中偏右侧淤积，随着淤积体的下移，断面水深又逐渐恢复。最深点高程，1977 年时为 −32.6m，偏断面左侧，1997 年逐渐淤浅至 −23.0m 左右，居断面中，此后又逐年刷深，至 2011 年达约 −35.1m，又偏断面左侧。

CK32 为渡泾港断面。受如皋中汊发展、双铜沙水道衰亡的影响，该断面变化剧烈。2001 年前，总体呈左冲右淤态势，右岸护漕港边滩下移，沙埂高程抬高，近右岸次深槽（倒套）淤浅；2001 年后，两岸变化很小，右岸次深槽基本稳定，护漕港边滩刷低，最浅点高程，从 2001 年的 −1.50m，至 2011 年刷深为约 −7.00m。

CK44 位于一干河上游，为如皋中汊和浏海沙水道的汇流断面。该断面总体呈左冲右淤态势。受如皋中汊发展、南岸顶冲点下移影响，近右岸深泓底高程抬高，1993 年时最深点高程在 −44.70m，2006 年抬升至 −27.50m，2011 年时又有所刷深。断面中、左部分以刷深为主，断面形态与上游河势适应调整比较迅速。

CK45 为九龙港断面。断面冲淤交替，总体呈左冲右淤态势，最深点高程 2001 年为 −54.90m 左右，2011 年淤浅至 −43.80m。断面形态总体稳定，对下游河势起到"准节点"的控制作用。

CK47 断面位于十一圩下游。受浏海沙水道顶冲点下移的影响（顶冲点位于本断面上游），2001 年前，断面左淤右冲，2001 年后，本断面变化不大。深泓历年紧靠右岸，最深点高程，2011 年为 −45.30m。

CK49 位于十三圩下游，为浏海沙水道的出口断面。1983 年前后，断面中间有较深的深潭，1993 年后淤浅消失，平面图上可见该槽为一孤立的深潭，经了解为一沉船常年沉没于该断面位置，在水流冲击下，导致水深异常。撇除沉船影响，该断面形状总体稳定，尤其是左侧横港沙，滩面十分稳定，右缘 1993 年前冲刷，1993 年后变化很小。受如皋中汊顶冲点下移影响，断面右侧历年冲刷，但幅度减小。

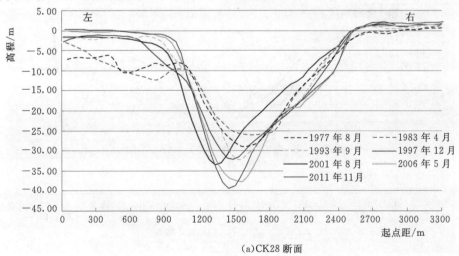

(a)CK28 断面

图 5.1−17（一）　浏海沙水道断面近期变化图

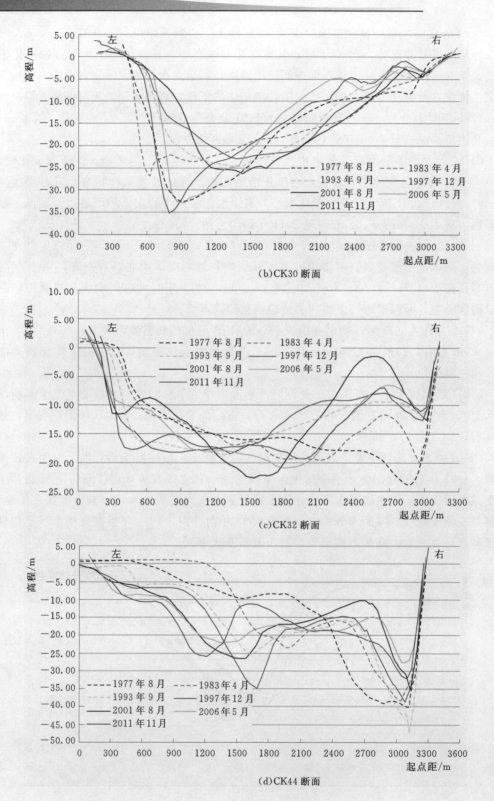

(b)CK30 断面

(c)CK32 断面

(d)CK44 断面

图 5.1-17（二）　浏海沙水道断面近期变化图

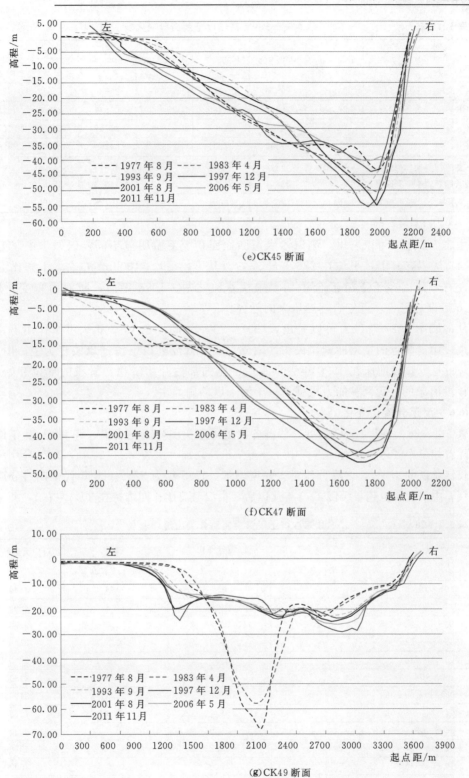

（e）CK45 断面

（f）CK47 断面

（g）CK49 断面

图 5.1-17（三）　浏海沙水道断面近期变化图

表 5.1-25 浏海沙水道-5m 等高线以下断面积变化表 单位：m²

时间（年-月） 断面	1977-08	1983-04	1993-09	1997-12	2001-08	2006-05	2011-11	平均①
CK28	20665	20512	20376	22888	19850	25336	25017	22693
CK30	31373	29516	25069	23286	25654	22874	24864	24349
CK32	29059	27565	24128	22385	21698	25741	27662	24323
CK44	30620	31200	37482	38251	33636	34769	36999	36228
CK45	34418	38594	34474	37143	35340	36614	37501	36214
CK47	26878	31133	33364	34476	31562	34348	36394	34029
CK49	47461	46443	29681	32051	33716	32726	35499	32735

① 为 1993 年后的平均值。

由表 5.1-25 可以看出，浏海沙水道断面面积上下游明显不同，以如皋中汊汇流段（CK44）为界，其上，平均在 23800m² 左右，其下，平均 34800m² 左右，下游比上游大 46% 左右，其因在于下游汇合了如皋中汊水流之故。1993 年前，断面面积变化剧烈，1993 年后渐趋稳定，近年有逐渐增大的趋势。

从冲淤图 5.1-7（b）可以看出，1997—2001 年间，在 1998 年大洪水作用下，浏海沙水道段山港附近的主槽冲刷，民主沙南侧淤高，渡泾港以下深槽以淤积为主。图 5.1-7（c）可见，该段河床在 1998 年大洪水后冲刷的部位开始淤积，淤积的部位开始冲刷，说明该段河床的自我调整能力很强，一干河下以冲刷为主。

5.1.6.6 汊道分流比变化

表 5.1-26、表 5.1-27 为如皋沙群各汊道历年实测分流比成果。20 世纪 70 年代中期后，随着如皋中汊迅速发展，进入中汊分流量迅速增加。由表 5.1-26 知，1979 年中汊分流量为长江总量的 9.6%，之后分流量大幅度增加，1985 年为 22%，80 年代中期后分流比增加趋缓，中汊发展也趋于缓慢，90 年代以后，中汊分流比长期维持在 30% 左右。

表 5.1-26 如皋沙群上段汊道实测分流比统计表

项目 测验时间（年-月-日）	各汊道分流比/%			对应大通站流量/(m³/s)
	又来沙北汊	如皋中汊	浏海沙水道	
1979-08-06	1.1	9.6	89.3	38400
1985-07-26	0.7	22.0	77.3	46000
1986-10-28	0.2	26.8	73.0	23500
1987-07-22		29.2	70.8	51500
1995-10-20		29.9	70.1	30000
2001-08		30.0	70.0	29800
2004-08-30—09-08		33.5	66.5	34900
2005-01-24—02-02		28.7	71.3	12550
2006-03		30.0	70.0	20800
2007-07-14—07-25		33.2	66.8	43200
2010-03-31		30.0	70.0	20000
2012-06-06—07		32.4	67.6	47800

注 浏海沙水道测流断面位于太子圩港，见图 5.1-4。

表5.1-27　　　　　　　　如皋沙群下段汊道实测分流比统计表

年份	项目	分流比/%	
		天生港水道上段	浏海沙水道
1992		0.80	99.20
2000		1.36	98.64
2004		1.01	98.99
2008		0.60	99.40
2010		0.72	99.28

注　浏海沙水道测流断面位于九龙港。

由表5.1-27可知，天生港水道上段落潮分流量占长江总量不到1%，而据2010年3月实测资料，天生港水道下段涨潮分流比为10.6%，落潮分流比为4.6%（测流断面位于捕鱼港—十二圩港），涨潮分流比明显大于落潮分流比，在这样一种河势条件及水流动力环境下，天生港水道上、中段河道难以有大的发展，其下段河道水深条件目前也主要依靠涨潮流动力来维持，由于落潮时横港沙大量漫滩流汇入，天生港水道中下段的水深条件有一定保障。

5.1.6.7　如皋沙群河段河床冲淤变化

冲淤量统计结果（表5.1-28）显示，1977—2011年的30多年间，如皋沙群河段0m以下河床冲淤互现，以冲刷为主，累计冲刷量约为1.17亿 m^3。河床冲淤量在时空上的分布为：1977—1997年和2001—2011年河床总体呈冲刷状态，且冲刷量较大，总计达1.36亿 m^3；1997—2001年，河床总体呈淤积状态，总淤积量达0.18亿 m^3，2001年以后，河床冲刷强度增大，2001年后10年间冲刷量达0.82亿 m^3。从不同深度区间河床的冲淤变化看，-5m等高线以上部位总体呈淤积状态，-5m等高线以下部位总体呈冲刷状态，其中-10~-15m深度区间冲刷强度最大，累计冲刷量达到0.58亿 m^3。

表5.1-28　　　　　　　　如皋沙群河段河床冲淤量统计成果表

项目 时段（年）	冲淤量/万 m^3						
	0m以下	0~-5m	-5~-10m	-10~-15m	-15~-20m	-20~-25m	-25m以下
1977—1983	-3288	2071	-970	-2583	-1078	-148	-581
1983—1997	-2040	-1635	-951	-1036	-305	293	1594
1997—2001	1841	466	874	494	128	-264	143
2001—2006	-4393	572	-892	-1617	-1595	-478	-383
2006—2011	-3838	984	-1090	-1072	-383	-846	-1431
累计	-11718	2457	-3029	-5813	-3233	-1442	-658

注　统计范围为福姜沙左右汊汇合处（CK18）—西界港。

从冲淤图5.1-7（c）可见，2001—2011年间，如皋中汊以冲刷为主；浏海沙水道上段（渡泾港以上）北冲南淤，最大冲淤幅度都在 10m 以上，中段（渡泾港－十一圩港）两侧冲刷，中间淤积，下段（十一圩港以下）以冲刷为主；天生港水道弯顶以下北侧冲刷，南侧淤积；横港沙，南侧有一长约 12km 的狭长淤积带，最大淤强在 5m 以上，沙体本身以微冲为主。

5.1.7　通州沙河段

5.1.7.1　通州沙东水道

1900 年左右，水流切割浏海沙尾形成通州沙汊道。通州沙汊道的演变与上游如皋沙群河段的变化密切相关，遵循如皋沙群南水道为主汊、通州沙东水道发展，如皋沙群北水道为主汊、通州沙西水道发展的规律。1948 年以后，经过多年的自然演变及人为治理，如皋沙群段河宽大幅缩窄，主流逐渐稳定在右汊浏海沙水道，通州沙河段主流也相应一直稳定在东水道。现状河势条件下，通州沙东、西水道主、支汊地位发生变更的可能性很小。

通州沙东水道分流比近年介于 90%～96% 之间，多年平均为 91.6%（表 5.1 - 29），占绝对主导地位。

表 5.1 - 29　　　　　　　　　　通州沙东、西水道分流比变化表

项目 测验时间（年-月）	分流比/%		对应大通站流量/(m³/s)
	东水道	西水道	
1987 - 07	90.7	9.3	49400～51500
1995 - 01	96.1	3.9	29100～32400
1999 - 11	91.6	8.4	26000
2004 - 09	90.4	9.6	34000～39000
2007 - 07	89.0	11.0	43200
2010 - 01	90.6	9.4	11800
2010 - 07	90.7	9.3	62000
2011 - 01	90.0	10.0	24000
2012 - 03	93.0	7.0	22500
2012 - 07	91.5	8.5	48400

1. 口门段

表 5.1 - 30 为东、西水道口门段 0m 以下河床断面面积变化情况，断面位置见图 5.1 - 8，断面变化分别见图 5.1 - 18（a）和图 5.1 - 19（a）。由表可知，通州沙东水道口门段过水断面积远大于西水道，其中 1977—1997 年间，东水道快速增加了 27.0%，而西水道则减少了 22.6%，1998 年受大洪水影响，东、西水道进口断面积均增加，洪水过后河床自然调整，断面面积又逐渐恢复到洪水前的水平。由于通州沙东水道主流地位的增强，总体看，通州沙西水道口门段的断面面积占比持续减小。

表 5.1-30　　　通州沙东、西水道口门段断面面积（0m 以下）变化表

时间（年-月）	面积/m²		面积占比/%		起点距起止范围/m
	东水道（T1）	西水道（T2）	东水道（T1）	西水道（T2）	
1977-08	46177	10409	81.6	18.4	
1983-04	51020	10070	83.5	16.5	
1993-09	55811	8056	87.4	12.6	
1997-12	58630	8055	87.9	12.1	东水道：0～4500
1998-11	60353	8840	87.2	12.8	西水道：0～2800
2001-08	54499	7629	87.7	12.3	
2006-05	55469	6985	88.8	11.2	
2011-11	58368	6420	90.1	9.9	

2. 中段

通州沙东水道在发展过程中，其主流动力轴线不断北移、弯曲，顶冲点上提。1958 年至 1986 年北移幅度达 1.4～1.5km，弯曲半径由 1958 年的 25km 减小到 1986 年的 12km 左右。1986 年以后，中远船厂（通吕河口下游 2km）以下主流动力轴线变动不大，这是由于主流轴线进一步北移受到北岸制约，但中远船厂以上，由于横港沙外侧不断受冲后退，主流轴线明显北移，1986—1998 年，平均北移距离在 300m 左右，期间主流顶冲点从姚港附近（1986 年），上提至中远船厂中部（1998 年），顶冲点上提约 3.5km。

东水道主流动力轴线的这种变化，使得处于凹岸的任港—龙爪岩一带岸线受冲后退，岸坡变陡，深泓逼岸，而处于凸岸的通州沙左边滩则向左淤长，河床向窄深方向发展，见图 5.1-18 中的 CK56、CK58 断面。1990 年前后水流在通州沙左侧切滩形成串沟，分泄了主槽部分水流，减轻了主流对北岸的压力，切割体成江中心滩，在水流作用下逐渐下移、扭曲，2011 年与 1997 年相比，切割体头部下移了 3.9km，图 5.1-3 部分反映了该沙体形成、发育、下移、偏转的过程。至 2011 年 11 月，通州沙左缘的串沟已与滩面中间的纵向串沟相通，若继续发展，可能会导致通州沙左侧的大块沙体脱离通州沙，继而对南通港区以及通州沙东水道下段的河势产生不利影响。

从 -10m 等高线演变可以看出（图 5.1-9），从龙爪岩至营船港，左岸及通州沙左缘均十分稳定，-10m 等高线的平面位置多年来贴靠在一起。

表 5.1-31　　　　　　断面面积计算区间划分表

断面名	位置	起点距范围/m		
		东水道	西水道	全断面
CK56	通州沙水道中段	0～2600	5500～9100	0～9100
CK58	通州沙水道中段	0～2500	7400～9400	0～9400
CK60	通州沙水道中段	0～4800	7500～9500	0～10200
CK62	通州沙水道下段	0～7000	8200～9800	0～10600
CK65	狼山沙水道	0～4300	4700～8200	0～8700
CK66	福山水道			0～1200

表 5.1-32　　　　　　　通州沙河段中段断面面积（0m 以下）变化表

时间（年-月）	CK56			CK58			CK60		
	东水道	西水道	全断面	东水道	西水道	全断面	东水道	西水道	全断面
1977-08	42898	9934	58598	44254	4277	64091	51596	15146	76909
1983-04	42020	4890	57127	45991	5126	66268	52868	12164	73983
1993-09	42622	7102	58283	44995	5939	64913	54796	12525	75717
1997-12	43046	5627	56030	45526	7514	66687	56150	13340	78642
1998-11	41889	6022	55621	44431	6818	64126	57176	12731	79413
2001-08	47774	7026	60758	42768	6862	62687	56580	13285	79521
2006-05	42785	6533	57845	47836	7035	68591	55128	12948	77525
2011-11	40839	5911	56973	48164	7204	68252	57333	13699	80903

通州沙东水道中段上断面（CK56），主深槽逼近左岸，断面左侧较为稳定，右侧变化较大。深槽部位，1983—1998 年间淤积，1998—2001 年间冲刷，2006—2011 年间又淤积，最深点高程变化均在 10m 以上。0m 以下断面面积，1977—1997 年间较为稳定，2001 年达到近年的最大值，其后逐渐减小，2011 年与 2001 年比较，断面面积减小了 −14.5%，减小的主要部位在深槽。

通州沙东水道中段中断面（CK58），主深槽以刷深为主，1977—2011 年间，最深点累计刷深 10m 以上，深槽右侧通州沙左缘十分稳定。东水道 0m 以下断面面积，1977—1997 年间较为稳定，1997—2001 年略有减小，其后逐渐增大，2011 年与 2001 年比较，断面面积总体增大了 12.6%。

通州沙东水道中段下断面（CK60），主深槽左、右侧变化均较大，最深点的位置 1983—2011 年间变化不大。东水道 0m 以下断面面积，历年来波动增大，1997—2011 年间共增大了 10.8%。

从断面图和面积变化可以看出（表 5.1-32 和图 5.1-19），通州沙东水道中段，上、中、下的演变差异较大，上断面深泓逼近左岸，左岸岸坡稳定，右侧河床起伏较大，近年趋于淤积；中断面位于龙爪岩下游，深泓稳定，断面左侧有一定的变化，右侧通州沙比较稳定；下断面位于营船港下，江面开阔，主槽左侧河床呈锯齿状变化，右侧 −10m 以上十分稳定，−10m 以下则变化较大。

3. 下段

通州沙东水道演变剧烈的地方，除通州沙左上切割体外，主要集中在营船港以下，与新开沙、狼山沙的演变息息相关。

从 −5m 等高线变化可以看出（图 5.1-3），随着狼山沙的下移、西偏，通州沙东水道下段展宽，而随着东水道的展宽，水流动力减弱，通州沙左侧下段和新开沙均向槽中淤涨，1997 年后，通州沙左侧下段平面位置基本稳定，而新开沙则在水流的冲击下出现了串沟，中下沙体向狭长方向发展。从 −10m 等高线变化可以看出（图 5.1-9），1997 年后，通州沙东水道下段右侧沙体变化较小，左侧新开沙则剧烈变化，以向江中淤涨为主，东水道内出现了碍航心滩，心滩的演变详见5.1.7.4小节的分析。

通州沙东水道下段演变剧烈［图5.1-18（e）］。1977年，狼山沙尚位于通州沙东水道内，0m以上的宽度约1.6km；随着狼山沙的下移西偏，至1983年，本断面处的狼山沙迅速缩小，−5m以上的沙体宽已不足400m，东水道扩大增深，最深点达−20.3m；随着狼山沙的进一步下移，至1993年，狼山沙已下移出本断面，因江面开阔（−5m等高线宽度大于4km），水流动力分散，河床向宽浅型发展；在1998年大洪水作用下，断面左侧新开沙体冲刷，江中形成心滩雏形；此后随着上游主流动力轴线西偏，本断面主槽左淤右冲。

通州沙东水道断面面积变化较大（表5.1-33），1993年后以增大为主，−5m以下的面积1997年后平均为3.14万m²。

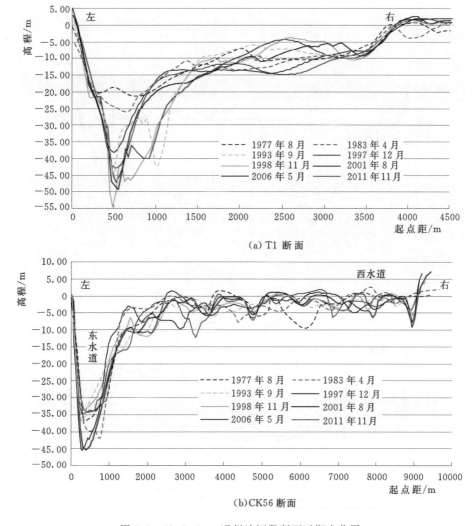

(a) T1断面

(b) CK56断面

图5.1-18（一）　通州沙河段断面近期变化图

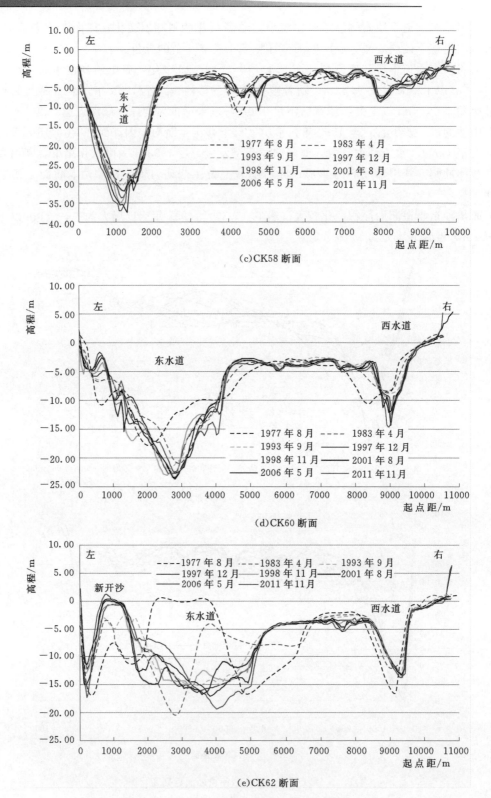

(c)CK58 断面

(d)CK60 断面

(e)CK62 断面

图 5.1-18（二）　通州沙河段断面近期变化图

表 5.1 - 33　　　　　　　　　通州沙河段下段断面（CK62）面积变化表

时间 （年-月）	0m 以下				-5m 以下			
	面积/m²		占比/%		面积/m²		占比/%	
	东水道	西水道	东水道	西水道	东水道	西水道	东水道	西水道
1977 - 08	54957	13714	80.0	20.0	30022	7259	80.5	19.5
1983 - 04	64912	11342	85.1	14.9	30935	4759	86.7	13.3
1993 - 09	59590	10210	85.4	14.6	27973	4250	86.8	13.2
1997 - 12	60616	10705	85.0	15.0	30597	4474	87.2	12.8
1998 - 11	59995	10743	84.8	15.2	29549	4408	87.0	13.0
2001 - 08	61739	11197	84.6	15.4	31798	4664	87.2	12.8
2006 - 05	63321	10897	85.3	14.7	33663	4406	88.4	11.6
2011 - 11	60778	11340	84.3	15.7	31630	4753	86.9	13.1

注　表中东水道过水面积包括新开沙夹槽。

5.1.7.2　通州沙西水道

自通州沙东水道成为主汊以来，西水道进流条件恶化，分流减少。1995 年 1 月，通州沙西水道分流比曾降到 3.9%，这一时期，西水道上、中段边滩呈向左淤涨态势，上、中段河道容积大幅减小，河槽明显萎缩。随着通州沙汊道分汊段主流位置逐渐稳定，分流比亦渐趋稳定，1999—2012 年，通州沙西水道分流比平均为 9.2%（表 5.1 - 29）。

通州沙西水道潮流特性上、中、下段不一致。以涨、落潮流速、历时、平均单宽流量、平均单宽潮量 4 个指标分析，西水道口门段五干河处、出口段七干河处，以及狼山沙西水道，落潮流均占绝对优势，唯中段农场河附近，大、中潮期，涨潮流速和单宽流量均大于落潮，然因落潮历时约为涨潮历时的近 2 倍，落潮量仍大于涨潮量（表 5.1 - 34）。通州沙西水道独特的水流特性，决定了西水道上、下段水深条件尚可，中段为浅滩的地貌特征。根据动力条件及河床形态，通州沙西水道可分 3 段，即口门段（五干河口以上约3km），中间浅滩段（五干河口—农场河口，约 4km）和下段深槽（农场河口以下约12km），见图 5.1 - 3。

表 5.1 - 34　　　　　　　　　通州沙西水道沿程水流特征

时间 （年-月）	断面或 垂线	流速/(m/s)						历时/h					
		大潮		中潮		小潮		大潮		中潮		小潮	
		涨	落	涨	落	涨	落	涨	落	涨	落	涨	落
2010 - 04	TS1—D①	0.45	0.71	0.34	0.67	0.13	0.38	6.93	17.78	5.93	18.83	8.47	16.90
	TS2—D①	0.63	0.53	0.52	0.47	0.17	0.25	8.75	15.65	7.93	16.28	11.02	14.52
	TS3	0.40	0.58	0.39	0.51	0.16	0.36	7.97	16.42	9.23	15.47	7.87	13.60
	TS4	0.38	0.61	0.39	0.54	0.18	0.42	8.17	16.45	8.70	15.85	6.70	12.17
2012 - 03	TZSY6	0.51	0.55	0.4	0.57	0.18	0.45	7.50	17.45	6.47	18.27	2.98	22.62
	NCH10	0.56	0.44	0.47	0.41	0.17	0.27	9.17	15.57	8.07	16.82	6.42	18.90
	AD2R	0.41	0.62	0.35	0.58	0.18	0.48	7.35	17.28	6.60	17.98	4.62	20.83
	LSSX	0.47	0.56	0.38	0.63	0.09	0.44	9.27	15.45	7.98	16.73	3.63	21.67

时间 (年–月)	断面或 垂线	平均单宽流量/[m³/(s·m)]						平均单宽潮量/(m³/m)					
		大潮		中潮		小潮		大潮		中潮		小潮	
		涨	落	涨	落	涨	落	涨	落	涨	落	涨	落
2010–04	TS1–D[①]	−3.3	4.8	−2.6	4.5	−1.2	2.7	−8.3	30.0	−5.5	31.0	−3.7	17.0
	TS2–D[①]	−5.2	4.0	−4.0	3.2	−1.4	1.9	−17.0	22.0	−11.0	19.0	−5.4	9.9
	TS3	−2.3	3.3	−2.8	3.1	−1.0	2.0	−7.4	19.6	−9.0	17.8	−2.8	11.2
	TS4	−5.0	8.5	−5.8	9.3	−3.3	8.2	−14.2	51.8	−17.6	54.1	−6.8	32.0
2012–03	TZSY6	−3.2	3.2	−2.7	3.3	−1.2	2.6	−8.8	20.4	−6.2	21.6	−1.3	21.1
	NCH10	−3.3	2.4	−2.8	2.4	−0.9	1.6	−10.9	13.6	−7.6	15.7	−2.1	11.2
	AD2R	−4.8	6.7	−4.0	6.2	−2.1	5.1	−12.5	42.2	−9.5	40.7	−3.4	38.8
	LSSX	−6.9	8.3	−5.6	8.9	−1.4	5.3	−22.6	47.3	−16.0	53.7	−2.1	42.7

①　为固定垂线；TS1–D、TZSY6 位于五干河，TS2–D、NCH10 位于农场河，其中 NCH10 的测验时间为 2012 年 7 月；TS3、ADR2 位于七干河，TS4、LSSX 位于狼山沙西水道；走航断面水流特征统计的范围为 −5m 等高线内的西水道。

从现状河势看（图 5.1–3），通州沙西水道上段两汊分流，右侧为主汊，左侧为串沟；五干河—农场河段堤线向内凹进，近岸有一长条形冲刷坑，江中通州沙体上分布有多条串沟，导致该段形成浅区，−5m 槽不能贯通；农场水闸下至福山新闸段顺直，槽宽逐渐增大，水深逐渐增深。

1. 口门段

1977 年以来，通州沙西水道口门段河床变化剧烈，除 1998 年因大洪水过后断面扩大外，其余测次过水断面积不断减小，深槽萎缩。1997 年较 1977 年，进口断面河床深槽抬高约 3m，过水面积减小 22%，−5m 槽宽减小 350m；1997 年以后口门段河床高程和断面面积仍有减少，但速度趋缓。左侧串沟 1997 年后，断面形状变化较小（表 5.1–30 及图 5.1–19）。

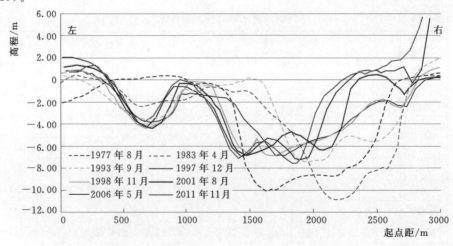

图 5.1–19　通州沙西水道进口 T2 断面近期变化图

2. 中间浅滩段

如图 5.1 - 18（b）所示，在水流散乱的情况下，该段河床宽浅，滩槽变化不定。1977 年时，西水道尚宽阔，最深点达 -9.4m，深槽离右岸约 3.3km；至 1983 年，断面已无深于 -5m 的河槽；至 1997 年，近右岸有冲刷槽发展，断面其他部位高低不平，无明显河槽；至 2011 年，断面起伏依旧，近右岸冲刷槽最深点高程约 -6.7m。

西水道中间浅滩段 0m 以下断面面积（CK56），1977—1983 年间，大幅度减小了 51%；1983 年后则波动变化，平均为 6370m² （表 5.1 - 32）。

3. 下段深槽

由 CK58 可见 [农场河，图 5.1 - 18（c）西水道部分]，1993 年前该断面宽浅，最深点高程小于 -5.00m；1997 年，西水道河槽成型，最深点高程达 -7.80m；其后河槽形状相对稳定，呈深槽刷深，浅滩淤高现象。

由 CK60 可见 [图 5.1 - 18（d）西水道部分]，西水道下段的中段，通州沙右缘持续向右侧淤涨，先快后慢；河槽先随沙体向右移动，1997 年后河槽向窄深型发展，最深点高程由 1997 年的 -12.20m，2011 年刷深至 -14.60m，并向左移动了 110m；右岸边坡 1993 年后基本稳定。总体看，1998 年后，该断面尚算稳定。

由 CK62 可见 [七干河断面，图 5.1 - 18（e）西水道部分]，1993 年前，河槽向右移动，并有所淤浅，1993 年后，断面已十分稳定。

通州沙西水道下段深槽断面面积从上游向下游逐渐增大，但变化不一致（表 5.1 - 35）。槽头部（CK58）-5m 以下河床面积较小，1998 年后逐渐增大；槽中部（CK60），1977—1983 年间，-5m 以下面积缩小了 51%，1983 年后总体增加，至 2011 年达 4024m²，是 1983 年的 1.6 倍；槽下部（CK62），1993 年前缩小，1993 年后基本稳定，平均约 4500m²。

表 5.1 - 35 通州沙西水道下段 -5m 以下断面积变化表 单位：m²

时间（年-月）断面	1977 - 08	1983 - 04	1993 - 09	1997 - 12	1998 - 11	2001 - 08	2006 - 05	2011 - 11
CK58	0	0	1	694	572	688	966	1154
CK60	5342	2567	2753	3117	3198	3663	3441	4024
CK62	7259	4759	4250	4474	4408	4664	4406	4753

1998 年的大洪水使西水道进口断面面积增加了 10%（表 5.1 - 30），但对西水道下段的造床作用并不大，洪水过后，通州沙西水道下段河槽断面面积总体略有减少（表 5.1 - 35），说明现有河势条件下，西水道口门段径流（落潮流）量的变化对西水道下段深槽的影响有限。

形成通州沙西水道上、下段相对较深，中段为浅滩的三段式河床形态的原因在于：在通州沙东水道发展为主汊的过程中，通州沙水道口门段主流偏离通州沙头指向河道左侧通吕运河—姚港一带，西水道进流条件恶化，分流减少，又由于通州沙滩面串沟的发育，分流了相当一部分流量，造成西水道内沿程上下落潮流量不平衡，在六干河口附近的宽阔地带，水流动力分散，河槽淤积，就逐渐形成了通洲沙西水道上、下段水深维持较好，而中段附近出现明显的浅段的河势特征。

5.1.7.3 通州沙滩面串沟

图5.1-3显示，1977年，通州沙外形呈海螺状，西水道上下相隔不连通，沙体中间有一从西水道下段引出呈弓形的-5m槽，长达8.5km、平均宽度约500m，此为通州沙左侧串沟的雏形；1983年，该槽与西水道下段分离，槽形整体左移，上段槽头略向左偏转，下段走势顺直，成一纵向卧于沙体中间的长约7.1km、平均宽度约470m的独立槽沟，此时右侧亦有3段纵向独立槽沟，总体规模小于左侧；1997年，左侧独立槽槽头继续左偏，中下段变化不大，全槽几成"一"字形，右侧原3个独立槽消失，取而代之的是位于不同位置的另外3个小槽，规模小于1983年；1998年大洪水对通州沙东、西水道口门段河槽影响较大，但对沙体中间的串沟影响不明显，2001年与1997年相比，左侧串沟几无变化，仅右侧独立槽与西水道上段相通，范围很小；至2006年，左侧独立槽头部略有退缩，但由于通州沙上端左侧小沙体的冲刷下移，其与通州沙之间的水道也随之下移，左侧串沟与通州沙东水道-5m槽之间的最短距离有所缩短，右侧串沟则上下相通成一长近6km、宽约200m的略倾东南向的狭长微弯水道；至2011年，右侧串沟有所萎缩，上端与西水道隔离，下端上提，而左侧串沟-5m槽与东水道相通，通州沙左侧中段呈割裂状，若任其发展，可能导致左侧约16km²的大块沙体割离母体，将在水流的顶冲下形成一个新的活动心滩，给东水道的河势带来重大影响，需要引起足够的重视。

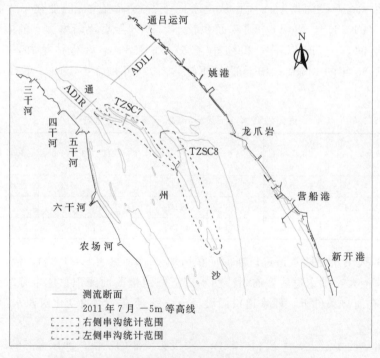

图5.1-20 通州沙滩面串沟统计范围及测流断面布置

-5m等高线包围的面积，通州沙左侧串沟在1997年达到最大4.68km²，此后逐年减小，至2011年只有2.31km²，不足鼎盛期的一半；右侧串沟1997年后逐年增大，至2006年达到最大值1.14km²，2011年则略有缩小（表5.1-36）。可见，自然条件下，通州沙滩面右侧串沟有所发展，而左侧串沟总体呈逐渐萎缩态势，从横断面面积变化来看（图 5.1-21，断面布置见图 5.1-8），左侧串沟进口断面（CK56）以冲刷发展为主，上段（CK57）略有冲刷，而中下段（CK58、CK59）2006 年后则淤积萎缩。

表 5.1-36　　　　　　　　　通州沙滩面串沟面积变化（—5m）　　　　　　　　　单位：km²

时间（年-月）	1977-08	1983-04	1993-09	1997-12	1998-11	2001-08	2006-05	2011-11
左侧串沟	4.64	3.73	3.95	4.68	4.16	4.30	3.19	2.31
右侧串沟	—	—	0.47	0.40	0.49	0.72	1.14	0.94

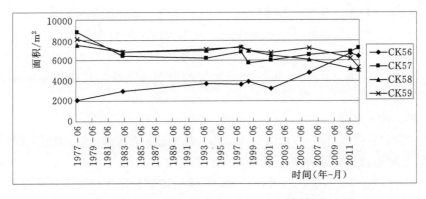

图 5.1-21　通州沙滩面串沟 0m 以下断面面积变化图

2012 年 3 月 8—17 日，在通州沙东、西水道进口及左、右串沟布置 4 个测流断面进行大、中、小潮水文测验，其中左侧串沟断面（TZSC8）位于龙爪岩西侧，右侧串沟断面（TZSC7）位于五干河东侧（见图 5.1-20），测验期间各断面的潮流量要素统计见表 5.1-37。

表 5.1-37　　　　　　　　　通州沙东、西水道及串沟潮流量要素统计

潮型	断面名称	历时/h	涨潮平均流量/(m³/s)	潮量/万 m³	历时/h	涨潮平均流量/(m³/s)	潮量/万 m³	净泄量/万 m³
大潮	AD1L	7.98	−29700	−85230	16.80	42500	256900	171600
	AD1R	7.68	−3670	−10150	17.17	3290	20330	10180
	TZSC8	8.12	−2090	−6122	16.70	2060	12390	6265
	TZSC7	7.80	−1790	−5020	16.77	1510	9125	4104
中潮	AD1L	6.20	−17000	−37820	18.65	44700	299900	262100
	AD1R	6.67	−2790	−6698	18.13	3370	21980	15280
	TZSC8	6.75	−1750	−4250	17.97	2120	13710	9462
	TZSC7	6.83	−1320	−3255	17.65	1480	9415	6161
小潮	AD1L	—	—	—	—	—	296300	296300
	AD1R	3.00	−1190	−1288	22.52	2660	21530	20240
	TZSC8	2.88	−546	−566	22.63	1640	13330	12760
	TZSC7	3.45	−616	−764	22.15	1050	8404	7639

由表可知：通州沙河段部分落潮水流由东、西水道分流至通州沙串沟再扩散进入浅滩。右侧串沟（TZSC7）大潮落潮平均流量达 1510m³/s，分泄西水道（AD1R）近一半的落潮流量；涨潮时通州沙部分涨潮流经串沟进入西水道，右侧串沟大潮平均涨潮流量为1790m³/s，占西水道进口涨潮量的 1/2，潮动力对串沟内水动力强弱影响较大，大潮动力明显大于小潮。

通州沙左侧串沟（TZSC8）落潮流由通州沙东水道（AD1L）分流进入串沟，落潮时平均流量大潮为 2060m³/s，中潮为 2120m³/s，小潮为 1640m³/s；涨潮时平均流量大潮为2090m³/s，中潮为 1750m³/s，小潮为 546m³/s，由于上游径流的作用，大、中、小潮比较，落潮动力差异较小，涨潮动力逐渐减弱，小潮时涨潮流量大幅度减小。

经统计[5]，涨潮时通州沙滩面涨潮流进入两串沟的流量约为 30％左右，落潮时串沟流量大致为通州沙滩面流量的 50％；以平均落潮量比较，左侧串沟约占东水道的 4.6％，右侧串沟约占西水道的 42.2％，可见串沟水流动力在通州沙河段滩槽演变中起到重要作用。

5.1.7.4　狼山沙东水道

狼山沙形成后，将通州沙东水道分为狼山沙东水道、西水道。狼山沙形成初期，沙体偏靠左岸，西水道较为顺直为主流通道，东水道则向北微弯，1958 年东、西水道断面面积比为 0.44∶1。因狼山沙变化较大，其东、西水道的变化也相应较大，近年来，狼山沙东水道的分流比介于 70％～75％，犹有增大的趋势（表 5.1-38，测流位置位于南农闸下，约在图 5.1-8 的 CK65 断面附近）。

表 5.1-38　　　　　　　　　狼山沙东、西水道分流比变化表

项目 测验时间（年-月-日）	分流比/％			对应大通站流量/（m³/s）	备注
	东水道	西水道	福山水道		
2007-07-16—25	70.4	28.4	1.2	44050	大、小潮
2010-04-08—17	69.7	28.9	1.4	25600	大、中、小潮
2010-07-04—15	69.7	28.7	1.6	59600	大、小潮
2012-03-08—18	75.2	23.3	1.5	29900	大、中、小潮
2012-06-20—21	73.0	25.2	1.8	48800	大潮

注　本表为落潮分流比，东水道包括新开沙夹槽；新开沙夹槽的分流比，2007 年 7 月测次为 7.1％；2010 年 7 月测次为 3.5％。

狼山沙东、西水道的演变深受上游通州沙东水道变化的影响。通州沙东水道在发展过程中，上段主流不断左移，在龙爪岩挑流作用增强下，下段主流不断向西移动，导致狼山沙在受冲下移的同时不断西偏（图 5.1-3、图 5.1-9），由于进流条件改善，狼山沙东水道不断发展，而西水道则逐渐萎缩，东水道过水断面面积逐渐超过西水道，并成为主流通道。至 1983 年，东水道的过水面积已经超过西水道，1993 年后，狼山沙东水道-5m 以下断面面积比例一直稳定在 70％以上（表 5.1-39），可见东水道的主流地位。1993 年后，东水道 0m、-5m 以下的面积平均分别约为 5.3 万 m² 和 3.6 万 m²。

表 5.1 - 39   狼山沙东、西水道断面（CK65）面积变化

时间 （年-月）	0m 以下				−5m 以下			
	面积/m²		比例/%		面积/m²		比例/%	
	东水道	西水道	东水道	西水道	东水道	西水道	东水道	西水道
1977 - 08	33895	41066	45.2	54.8	14460	24054	37.5	62.5
1983 - 04	41306	30899	57.2	42.8	24816	15764	61.2	38.8
1993 - 09	52876	25944	67.1	32.9	37053	13589	73.2	26.8
1997 - 12	49735	25602	66.0	34.0	33935	13113	72.1	27.9
1998 - 11	50974	26121	66.1	33.9	35946	13998	72.0	28.0
2001 - 08	52064	25802	66.9	33.1	35459	14206	71.4	28.6
2006 - 05	53117	24522	68.4	31.6	36003	13411	72.9	27.1
2011 - 11	57011	24017	70.4	29.6	37348	13251	73.8	26.2

注　表中东水道过水面积包括新开沙夹槽。

近期东水道在继续向西（右）偏移的同时，河槽底部宽度加大，高程逐渐抬高，断面形态由 V 形向 U 形发展（见图 5.1 - 22）。

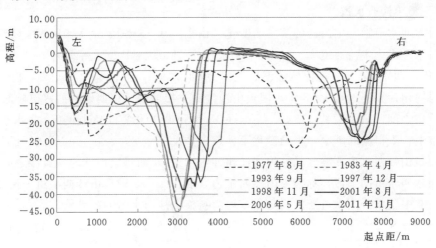

图 5.1 - 22　狼山沙东、西水道 CK65 断面近期变化图

从 −10m 等高线的演变可见（图 5.1 - 9），1977 年，狼山沙西水道除上口一块不足 0.7km² 的区域水深浅于 −10m 外，整个西水道有平均宽度达 1.2km 的 −10m 槽，此时的东水道，与新开沙夹槽交错排列，中间阴沙相隔，−10m 槽与下游也不相通；至 1983 年，随着狼山沙下移西偏，西水道衰退，−10m 槽隔断，东水道迅猛发展，新开沙尾上提，南农闸下近北岸皆深水，−10m 槽宽南农闸处达 2.3km，向下逐渐缩窄，至狼山沙尾，宽约 1.4km；至 1997 年，随着上游通州沙东水道主流偏转，狼山沙继续受冲西偏，新开沙发展壮大，−10m 夹槽淤积，仅在新开港和南农闸近岸存在两个各长约 3.0km、宽约 0.3km 的断槽，而东水道主槽内在南农闸附近出现零星的浅于 −10m 的心滩，其中最大的一块长约 1.7km、宽约 0.4km，面积约 0.5km²；至 2001 年，狼山沙继续西偏，新开沙

尾下延，新开沙夹槽下段又与下游主流相通，上与新开沙附近的断槽相隔约 0.7km，狼山沙东水道内，有数个总长约 3.0km 的纵向排列的浅于 −10m 的狭长心滩，但不同于1997 年心滩的位置；至 2006 年，狼山沙略西偏，新开沙尾则大幅下延，新开沙夹槽上下贯通，槽头上延至新开港上游约 1.0km 处，此时的东水道内，从营船港往下，存在如珍珠串般纵向分布于航道内的浅于 −10m 的心滩，最大的一个依然位于南农闸附近，纵向长约 6.7km，最大宽约 1.2km，面积约 3.1km²；至 2011 年，狼山沙再西偏，新开沙尾却被冲刷上提，新开沙夹槽因而缩短，但夹槽头部位置和槽宽几乎未变，如前文分析，新开沙尾的变化，既有因下游新通海沙围垦，水流冲刷所致，又有工程采沙的影响；东水道内，原营船港下的零星心滩皆与新开沙相连，导致新开沙中上部横向展宽，南农闸下，依然存在连串浅于 −10m 的心滩，最大的两块，面积分别为 0.5km² 和 1.5km²。

从以上分析可知，狼山沙东水道内南农闸附近的心滩，自 1997 年后出现，有时在深槽左侧，有时在右侧，说明该段心滩既有水流切割上游沙体下移所致，也有因上游主流向西偏转，导致该段江面展宽，动力减弱，涨落潮流路分离，泥沙落淤所致。因此，开展通州沙与狼山沙守护工程，避免狼山沙继续冲刷西移，对保持该段河势稳定与航道水深，是有积极意义的。

5.1.7.5　狼山沙西水道

狼山沙西水道随着狼山沙的演变而变化。由图 5.1−3 和图 5.1−9 可见，1977 年时，狼山沙西水道尚为主流通道，−5m 宽平均大于 2.0km，−10m 宽平均也在 1.2km 左右；至 1983 年，西水道 −5m 槽依然通畅，上口宽约 2.3km，下口宽约 1.5km，但 −10m 等高线已与通州沙相连；至 1997 年，因狼山沙沙头大幅度的下移西偏，西水道顺时针偏转，与通州沙尾之间，只余宽约 1.3km，长不足 3.0km 的短槽；至 2006 年，西水道在 1997年的基础上，上口略有缩窄，平面变化不大；至 2011 年，狼山沙 −5m 等高线已与通州沙尾相连，狼山沙西水道萎缩（又被称为通州沙中水道），而将狼山沙与铁黄沙之间的水道，即原通州沙西水道的下段，称为狼山沙西水道。表 5.1−38 中狼山沙西水道分流变化以及表 5.1−39 中狼山沙西水道断面积变化，均为新狼山沙西水道的统计值。

断面图显示了新狼山沙西水道的剧烈变化（图 5.1−22）。1983 年前，主槽偏左，1997 年后主槽偏右，近年来依然处于持续右偏中，1977 年 2011 年间，最深点向右移动了约 1.8km。−5m 以下的断面面积 1977—1997 年间大幅度减小了 45.5%（表 5.1−39），其中减小速率最大的时段在 1997—1983 年间，平均每年约减少 1500m²；1998 年后变化减小，至 2011 年，平均面积为 13716m²。

由 2012 年 3 月于通州沙中水道上口断面开展的水文测验分析成果可知（断面坐标：3523072，583777；3525560，582288），该断面落潮流均大于涨潮流，落潮流沿断面分布均匀，涨潮流靠通州沙尾端大，向狼山沙头逐渐减小，受地形影响，该断面水流呈半旋转流特征，无论涨落，水流方向均指向该断面的右侧（西南侧），即落潮时，由通州沙东水道过狼山沙向狼山沙西水道分流，涨潮时，由狼山沙东水道过通州沙向通州沙西水道分流。

新狼山沙西水道的落潮分流比，介于 23%～29% 之间，有减小的趋势（表 5.1−38）。

5.1.7.6　新开沙夹槽

新开沙夹槽是伴随着新开沙的出现及发展而产生及演变的，夹槽内涨、落潮动力均较强。新开沙形成后迅速扩大，沙头上提，沙尾下延、展宽，沙体与左岸之间形成夹槽，其演变逐渐脱离主槽。新开沙夹槽－10m 等高线的演变过程详见 5.1.7.4 小节的分析内容。

夹槽内断面形态的变化，分见 CK60 ［图 5.1－18（d）］、CK62 ［图 5.1－18（e）］、CK65（图 5.1－22），分别位于新开沙夹槽的头部、中间和下段。由 CK60 可见，1993 年前，新开沙头部尚未延伸到该断面，近岸水深向中泓逐渐加大；1997 年新开沙头部于该断面隆起，浅点高程为－4.7m，此后逐渐淤高，至 2011 年，浅点高程为－1.5m，累计淤高了 3.4m；新开沙头部在淤高的同时向左岸靠拢，1997—2011 年间，约移动了 100m，头部河槽向 V 形转换，最深点高程在－5.00m 左右。从 CK62 可以看出，1993 年前，新开沙中部逐渐淤高左移，至 1997 年后，滩顶展宽，高程变化较小，水深 1993 年前逐年淤浅，2001 年后又逐渐刷深，2011 年最深点为－17.2m，略深于 1977 年的－17.0m。由 CK65 可以看出，新开沙夹槽下段随着新开沙的剧烈变化而极不稳定，时冲时淤，1993—2006 年间，新开沙下段淤高，河槽向 V 形发展，至 2011 年，随着沙体下段的冲刷（原因见 5.1.2.2 小节），河槽向扁 L 形发展。

随着新开沙的淤涨发育，平面位置不断向左侧移动，夹槽宽度不断缩窄，由于夹槽左侧－10m 等高线逼岸，移动空间有限，故多年来江海港区前沿－10m 等高线平面位置较为稳定。新开沙夹槽的长度随着新开沙尾的向下淤长或冲刷上提而变化。近年来，由于沙头上延，影响到夹槽进流，夹槽上段河槽容积有所淤减，而新开沙夹槽中、下段则时常呈冲刷态势，其主要原因在于新开沙中部出现了切滩串沟，增加了中、下段的落潮量。2010 年以前，新开沙夹槽的落潮分流比以减小为主，从 2004 年的 9.62% 减小到 3.53%；2010 年后，随着新开沙沙尾的上提以及滩面串沟水流的汇入，落潮分流比又逐渐增加，至 2012 年增加至 5.77%（表 5.1－40）。

表 5.1－40		新开沙夹槽落潮分流比变化表		%
时间（年-月）	大潮	中潮	小潮	平均
2004－08	10.05	9.22	9.60	9.62
2005－01	6.62	6.61	5.70	6.31
2007－07	7.10	—	7.00	7.05
2010－07	4.16	—	2.89	3.53
2011－10	3.94	4.50	4.72	4.39
2012－07	5.50	6.30	5.50	5.77

近 30 年来，为满足经济社会发展的需要，新开沙夹槽内建有大量的万吨级以上码头，沿岸临港工业发展也十分迅速，已发展成为南通港十分重要的江海港区，是目前南通经济技术开发区水路运输的唯一通道。由于新开沙自形成以来一直未稳定，新开沙夹槽的水域条件时好时坏，特别是沙体滩面串沟的形成或封闭以及沙尾的上提和下延，影响着新开沙夹槽水域条件的稳定。因此，有必要采取工程措施，稳定新开沙沙体及夹槽，为本段河势稳定及江海港区的正常运行创造有利条件，规划治理方案简介见第 10 章 10.1 节。

5.1.7.7　福山水道

　　福山水道上起福山塘下至浒浦口，是太湖主要通江口门之一望虞河的引、排通道。福山水道历史上曾经是长江的主要水道，20 世纪初福山水道上接老狼山水道，下与通州沙水道相汇，自 20 世纪 30 年代老狼山沙涨接常阴沙后上游水道隔断，福山水道落潮流来源大幅度减少，现福山水道的落潮流主要来自铁黄沙上、下边滩的漫滩流。由表 5.1 - 38 可知，目前福山水道的落潮分流比约在 1.5% 左右。

　　由于过徐六泾深槽的涨潮流强劲，使得福山水道长期以来依靠涨潮流动力维持着稳定少变的状态。虽然福山水道落潮流历时约为涨潮流历时的 2 倍，但涨潮期的平均流速、平均流量均大于落潮，大、中潮期间涨、落潮量基本相当（表 5.1 - 41），显示了涨潮流在福山水道演变中的主导作用。"福山水道及铁黄沙整治工程"实施后（布置见图 5.1 - 25），落潮流对福山水道的影响将进一步削弱，涨潮流地位将进一步增强。

表 5.1 - 41　　　　　　　　　　福山水道主要水文要素统计

测验时间 （年-月-日）	潮型	涨　潮				落　潮			
		历时/h	平均流速/ (m/s)	平均流量/ (m³/s)	潮量/ 万 m³	历时/h	平均流速/ (m/s)	平均流量/ (m³/s)	潮量/ 万 m³
2007 - 07 - 16—25	大	8.80	0.38	−2090	−6630	15.68	0.22	1150	6500
	小	9.23	0.11	−555	−1840	17.00	0.11	484	2960
2012 - 03 - 08—17	大	9.30	0.31	−2140	−7172	15.32	0.18	1240	6817
	中	8.35	0.25	−1990	−5972	15.32	0.17	1150	6518
	小	9.12	0.10	−758	−2489	16.00	0.10	480	2769
2012 - 06 - 20—21	大	8.28	0.30	−2120	−6331	16.40	0.22	1430	8412

　　福山水道断面左侧（铁黄沙右缘）逐年淤高，断面右侧坡度逐渐变陡，中间河床冲淤交替，最深点高程，从 1977 年的 −14.50m，淤至 2011 年的 −10.40m，并向右侧移动了约 360m（图 5.1 - 23）。

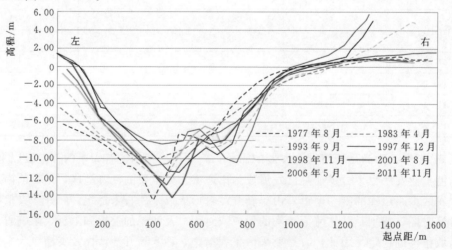

图 5.1 - 23　福山水道 CK66 断面近期变化图

由图 5.1-3 可知，多年来福山水道的平面变化较小，-5m 河槽头部在望虞河口附近以 23m/a 的速度逐渐下移，深槽偏靠右岸。由于落潮流动力不强，河槽总体以淤积萎缩为主，上段淤积速度快于下段。福山水道中上段（CK66）断面面积总体呈减小的趋势，2001 年虽然有所增加，但应是疏浚之力而非自然之功，2001—2011 年，CK66 断面 0m 以下面积减少了 15.5%，而-5m 以下的面积则减少了 32.4%（表 5.1-42），河槽的淤积速度大于边滩。

表 5.1-42　　　　　　　　福山水道 CK66 断面面积变化表　　　　　　　　单位：m²

时间 （年-月）	1977-08	1983-04	1993-09	1997-12	1998-11	2001-08	2006-05	2011-11
0m 以下	6925	6673	7267	6352	6059	6476	5812	5473
-5m 以下	2832	2148	2757	2351	1976	2625	2186	1776

5.1.7.8　通州沙河段河床冲淤变化

冲淤量统计成果（表 5.1-43）显示，1977—2011 年的 30 多年间，通州沙河段河床冲淤互现，以冲刷为主，0m 以下河床累计冲刷量近 1 亿 m³。河床冲淤时空上的变化为：1977—1993 年总体冲淤基本平衡，淤积量略大于冲刷量，但冲淤变化在深度区间分布上极不平衡，其中 0～-10m 的浅水区域呈淤积状态，淤积量达 0.98 亿 m³，-10m 以下的深水区域呈冲刷状态，冲刷量为 0.91 亿 m³；1993 年以后，本河段进入持续冲刷期，1993—2011 年 0m 以下河床冲刷量累计达 1.05 亿 m³，从河床冲淤变化深度分布看，在 0～-20m 深度区间河床冲刷，其中在-10～-15m 深度区间冲刷强度最大，冲刷量达到 0.53 亿 m³；-20m 以下区域呈淤积状态，淤积量约为 0.15 亿 m³，相对较小。2006—2011 年冲刷强度最大，冲刷总量达到 0.43 亿 m³，年均近 870 万 m³，这种变化与三峡工程蓄水运行后，上游来沙量明显减少有一定关系，就河床变化规律而言，上游水沙条件的改变对下游河床演变的影响在时间上存在滞后效应，滞后时间长短与上下游区间长度及沿程河床变化程度有关。

表 5.1-43　　　　　　　　通州沙河段河床冲淤量统计成果表

时段（年）	冲淤量/万 m³						
	0m 以下	0～-5m	-5～-10m	-10～-15m	-15～-20m	-20～-25m	-25m 以下
1977—1983	30	2191	4031	-1100	-1922	-256	-2915
1983—1993	709	1333	2269	-226	-282	-1759	-627
1993—1977	-2444	-885	-451	-288	213	-510	-522
1997—2001	-2676	-127	-192	-1847	233	220	-964
2001—2006	-1073	-739	-2313	171	740	666	402
2006—2011	-4341	-298	-694	-3321	-2246	-22	2240
累计	-9795	1475	2650	-6611	-3264	-1661	-2386

注　统计范围为西界港—新通常汽渡上游 1.2km，统计河道长度约为 28.2km。

从冲淤图可以看出，1977—1997 年 20 年间［图 5.1-7（a）］，通州沙河段口门段主流偏北，横港沙右侧受冲，冲刷带顺势下延至姚港附近；通州沙头淤积，滩面上冲淤互现；龙爪岩下主槽冲刷。随着狼山沙的下移西偏，东水道下段扩展刷深，新开沙发展壮大，西水道下段河槽亦相应西偏。该时段内最大冲、淤幅度均在 20m 以上，可谓滩槽易位。1997—2001 年间［图 5.1-7（b）］，在 1998 年大洪水作用下，沙滩以冲刷为主，分别表现在口门段通州沙左侧小沙包被冲下移，通州沙滩面刷低，新开沙右缘冲刷，狼山沙继续下移西偏，但幅度减小，东水道下段主槽淤积。2001—2011 年间［图 5.1-7（c）］，口门段通州沙左缘小沙包被冲，沙体下移、缩小并扭曲，姚港一带出现淤积，狼山沙依然下移西偏，营船港以下东水道内淤积加大，航道内出现了碍航淤积体，新开沙下段冲刷，沙尾上移，沙体缩小，通州沙滩面冲淤互现，总体呈上淤下冲态势。

5.1.7.9　通州沙河段实施的整治工程

2011 年后在通州沙河段正在或即将开展以下整治工程（布置见图 5.1-24）。

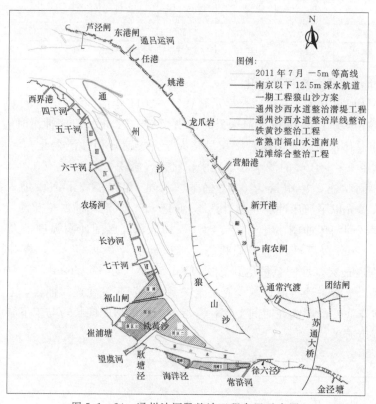

图 5.1-24　通州沙河段整治工程布置示意图

1. 南京以下 12.5m 深水航道一期工程

该工程通过实施长江太仓至南通河段内洲滩关键部位整治工程并结合疏浚措施，为实现 12.5m 深水航道由太仓（荡茜闸）上延至南通（天生港区），并为深水航道的稳定畅通运行和继续上延创造条件。一期工程建设内容包括通州沙和白茆沙整治工程、航道疏浚工程、助导航设施、锚地工程和相关护岸加固工程等。通州沙整治工程包括从营船港到狼山沙尾总长 18km 的洲缘潜堤，高程介于 0～－5.00m 之间，以潜堤为坝根建丁坝 8 座，每座长度在 330～500m 之间。

2. 通州沙西水道整治工程

通州沙西水道整治工程是通州沙汊道河势控制工程的重要组成部分，该工程的主要内容是：改善通州沙西水道水域条件，使通州沙汊道向稳定的双分汊方向发展；消除六干河上、下游近岸冲刷坑，保障堤防安全；改善西水道水域条件，为西水道南岸岸线的开发利用创造条件。

该整治工程包括：①西水道右岸边滩整治工程。对通沙汽渡（西界港）—七干河下游2km长约20km的岸线进行调整，整治线基本沿－2.0m等高线布置，以达到束水归槽，增加涨落潮水流动力，刷深河槽的目的。考虑到西水道南岸边滩岸线形成后港区及码头布置的需要，南岸边滩整治前沿线后退200m。②通州沙右缘上段潜堤工程。从通州沙洲头开始，沿右缘往下至农场河对岸布置潜堤。工程的目的之一是堵塞洲体上段的分流串沟，将水流归顺到西水道主河槽内；目的之二是配合南岸岸线调整工程，缩窄西水道河宽，增加涨落潮水流动力，刷深河槽。潜堤平面位置依据南岸调整后的岸线，基本按照1.6km的整治河宽布置。③西水道上中段疏浚工程。对通沙汽渡—七干河口长约20km的主河槽进行疏浚，以舒缓西水道束窄对过流能力的影响。

3. 常熟市福山水道南岸边滩综合整治工程

该工程为稳定福山水道南岸边滩、平顺岸线、归顺涨落潮流路，以及合理开发利用岸线、保障常熟市供水安全、保证地区经济可持续发展的迫切需要而开展。

工程包括围区Ⅰ、围区Ⅱ、围区Ⅲ 3部分，项目综合整治利用长江岸线7.8km，新建堤防（堤坝）12363m，其中围区Ⅰ新建堤防3413m、围区Ⅱ新建堤防3653m、围区Ⅲ新建堤防5297m。工程吹填形成陆域共6372亩。围区Ⅲ应急水源地水库死库容54万m^3、有效库容508万m^3、总库容561万m^3。

4. 铁黄沙整治工程

铁黄沙整治工程方案为：铁黄沙圈围加尾部拦沙潜堤工程、福山水道疏浚至－12m（含望虞河口以上区域）及福山水道南岸边滩小圈围工程，详见图5.1－25。

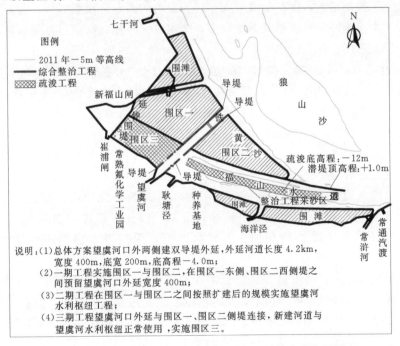

图 5.1－25　福山水道及铁黄沙整治工程总体方案布置图

5.1.8　小结

(1) 澄通河段由福姜沙、如皋沙群、通州沙 3 个汊道河段组成。河道宽窄相间，平面形态弯曲，鹅鼻嘴节点和九龙港准节点分别对其下游河段的河势稳定起着十分重要的控制作用。近半个世纪以来，以护岸工程和码头建设为主的岸线整治及开发利用使本河段边界大部分得以稳定，从而大大限制了河道横向演变的空间，各汊道现有主、支汊格局基本不会改变。随着河段整治工程的不断实施，未来整体河势将进一步向稳定的方向发展。

(2) 福姜沙汊道为较稳定的江心洲分汊河型，目前该段河势总体较为稳定。右汊呈鹅头型，河道弯曲度大，分流量长期维持在 20% 左右，主流贴靠右岸，弯顶部位水流动力较强，河床时有冲刷。由于右汊水流动力相对较弱，河道窄而弯曲，总体表现为缓慢淤积。

(3) 福姜沙左汊宽浅顺直，河床活动性较大，双铜沙分左汊为福北水道和福中水道，福北水道深槽贴左岸下行，福中水道深槽靠近福姜沙北侧。双铜沙沙体稳定性较差，冲淤变化频繁，是影响福北、福中水道稳定及下游邻近汊道分流比变化的主要因素之一。2006 年后，双铜沙体被大幅冲刷分割为 3 段，邻近汊道分流和河床出现了相应变化，如任其发展，将给福姜沙左汊以及下游河势的稳定带来不利影响。目前，已建的护滩潜堤对双铜沙沙体左右缘进行了守护，为该段河势的稳定及深水航道的建设创造了条件。

(4) 如皋沙群段为多分汊河型，历史上曾是演变剧烈的江段。由于汊道多，水道弯曲度大，动力条件多变，在自然演变下，汊道数度裁弯取直，成为反复多变的河段。后在因势利导的整治工程作用下，逐渐形成了现在较为稳定的微弯分汊型河势，目前总体趋于相对稳定态势。由于该段河道汊道及洲滩众多，地貌单元多样，河道边界及水流动力条件复杂，河道冲淤变化仍存在不稳定因素。

(5) 20 世纪 70 年代后期，如皋中汊逐渐取代双铜沙水道成为福北水道通往浏海沙水道的主要通道，进入 90 年代以后，如皋中汊渐趋稳定，分流比在 30% 左右，而 2004 年泓北沙导流堤工程的实施进一步稳定了如皋中汊出口流路的摆动，加强了下游河势的稳定。浏海沙水道上护漕港边滩冲刷，民主沙南沿下段岸滩受冲后退，九龙港—十一圩港一带水流顶冲点有所下移。目前九龙港—十一圩作为新河势的控制节点（准节点），对下游通州沙汊道的影响值得关注。

(6) 天生港水道由于径流下泄不畅，潮流动力强劲，泥沙向上输送，中下段在横港沙漫滩流汇入的情况下，水深维护较好。自 20 世纪 70 年代后期以来，总体呈上段淤积萎缩，中下段基本维持的局面。自然状态下，天生港水道仍将延续上述演变的特点。

(7) 通州沙汊道东、西水道分流比长期保持在 9∶1 左右，目前河势总体基本稳定。东水道平面形态顺直微弯，弯顶位于龙爪岩附近，左岸边界总体稳定，但右侧通州沙及狼山沙左缘局部稳定性较差，主要不稳定部位位于龙爪岩以上和新开港以下，目前诸多不利变化包括：通州沙左缘上段的切割体可能影响下游河段河势的稳定；狼山沙持续下移西偏；新开沙中部出现切滩串沟，夹槽呈现上段淤积、下段冲刷的态势；东水道下段出现碍航心滩等，都有可能对当前局部河势带来不利影响。

（8）20 世纪 40 年代起，由于进口入流不顺，通州沙西水道不断淤积萎缩，分流比及过水断面面积逐年减小，由主流水道逐渐演变成为支汊水道。西水道下段与徐六泾深槽衔接较为平顺，有利于涨潮流顺利进入西水道。由于通州沙滩面串沟发育，分流了部分水量，在六干河口附近的宽阔水域，水流动力分散，河槽淤积，逐渐形成了通洲沙西水道上、下段水深维持较好，而中段为浅段的地貌特征。

（9）虽然目前澄通河段总体河势基本稳定，但局部河段变化依然剧烈。20 世纪 70 年代后期以来，澄通河段河床总体呈冲刷状态，且有逐渐加大之势。随着上游水土保持的作用以及三峡工程建成后拦沙作用的显现，未来上游来沙量仍会处于较低的水平，因此，澄通河段河床总体仍将以冲刷为主，但冲淤部位依然存在不确定变化。

（10）澄通河段沿江岸线开发利用程度较高，航道条件总体较好。近期正在进行或将要开展的河道整治和航道整治工程将有利于增强现有河势的稳定。

5.2 徐六泾节点段

5.2.1 基本情况

南支河段自徐六泾至吴淞口，河道顺直微弯，呈东南走向，全长约 70.5km。以七丫口为界分为南支上段和南支下段。南支上段长约 35km，其中徐六泾节点段为单一河槽，河道顺直，白茆沙汊道段为双汊型河型，白茆沙为上层由较薄的河漫滩相泥沙覆盖的江心洲。南支下段含南支主槽段、南北港分流段以及南港河段上段，内有上、下扁担沙、新浏河沙、新浏河沙包、中央沙等洲滩交错排列，形成了多分汊的河势特点。

长江主流于徐六泾节点段贴靠右岸下行，过白茆小沙后进入白茆沙汊道段，白茆沙南、北水道在七丫口附近汇合后进入南支主槽段，再由南、北港分流段分泄进入南港、北港。本书徐六泾节点段、白茆沙汊道段、南支主槽段以及南北港分流段均独立成节，南港上段则融入南港河段整体分析。

5.2.2 节点形成过程及近期整治工程概述

1958 年以前，徐六泾段左岸在新开港、牛洪港一带，分布有通海沙、江心沙等洲滩，水流分散，江面宽约 13km，其中 7km 为 0m 以上边滩或河漫滩。1958—1966 年，南通市对通海沙分期实施了围垦，并左岸形成南通农场，1962 年对江心沙实施了围垦，1970 年又筑立新坝封堵了江心沙北水道，江心沙完全并入北岸，河宽缩窄至 5.7km，徐六泾节点段现代左岸岸线基本形成。右岸徐六泾以西 1.8km 处为通州沙水道下泄水流的顶冲点，为保护堤岸，1956—1976 年实施了抛石护岸工程，至此徐六泾节点形成。图 5.2-1 显示了 1958—1999 年徐六泾节点北岸岸线的演化过程[1]。

徐六泾节点形成以后，河宽明显缩窄，水流归顺，河势走向得到初步控制，节点的

"钳制"作用控制了通州沙河段洲滩的下移，影响下游河势稳定的因素基本消除；而深泓稳定南靠，也控制了进入白茆沙水道主流左右摆动的幅度，为下游白茆沙汊道段提供了相对稳定的进口条件。

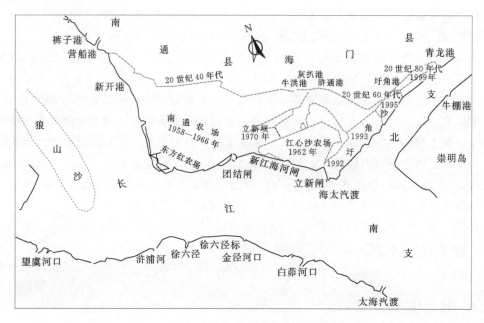

图 5.2-1　徐六泾节点形成过程示意图

2007 年，徐六泾节点段开始分阶段实施综合整治工程。根据《长江口规划》，长江口徐六泾节点整治工程主要包括北岸的新通海沙圈围工程、南岸白茆小沙护滩围堤成岛工程及常熟边滩整治工程，工程的主要目的为：通过圈围南、北两岸洲滩，进一步缩窄南支进口段的河宽，使水流动力相对集中，从而有利于白茆沙汊道的稳定。

2007—2010 年，南通市经济技术开发区、海门市和常熟市根据《长江口规划》，在徐六泾节点段先后实施了新通海沙海门段岸线调整工程、新通海沙南通段（Ⅰ、Ⅱ区）岸线综合整治工程、常熟边滩整治工程。其中新通海沙南通段岸线综合整治工程位于徐六泾节点段左岸长江干堤外侧，上自新通常汽渡，下至团结闸（其中苏通大桥保护区段暂未实施），工程治理长江岸线约 6.5km；海门段岸线综合整治工程上起通州市和海门市分界线，下至立新河，全长约 6.2km；常熟边滩整治工程治理长江岸线 5.3km，各工程布置见图5.2-2。

随着徐六泾节点两岸岸线综合整治工程的先后建成，徐六泾节点段河宽进一步缩窄，其宽度减小幅度最大处位于海门、通州交界处，工程后河宽缩减至 4.9km，减小了约 2.8km。目前本河段最窄处河宽约为 4.7km，位于团结闸上游约 400m 处。

5.2.3　断面变化

在徐六泾节点段布置 6 个分析断面，断面编号为 CK69～CK74，见图 5.2-2。表 5.2-1 和表 5.2-2 分别为各断面-5m 以下河槽面积和宽度的变化。

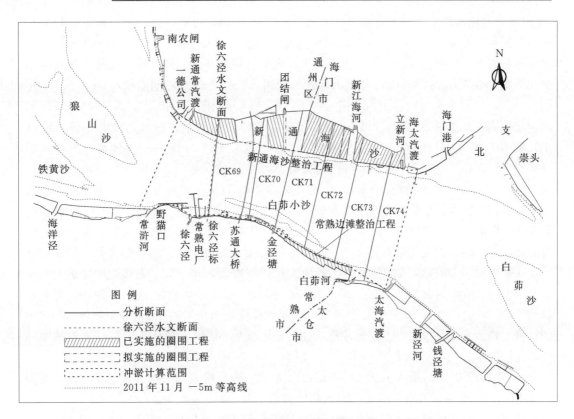

图 5.2-2　徐六泾节点段两岸边滩圈围及整治工程布置图

表 5.2-1　　　　　　　　徐六泾节点段-5m以下断面面积变化表　　　　　　　　单位：m²

时间（年-月） 断面	1978-08	1984-08	1992-07	1998-11	2001-03	2006-05	2008-05	2011-11	平均
CK69	42544	50404	49496	46575	46334	46001	45089	55769	47776
CK70	39724	38755	44168	38399	40995	51432	50819	54989	44910
CK71	44418	43065	43348	44460	43891	47149	48082	50083	45562
CK72	47786	35494	39003	47962	46200	47433	49089	50800	45471
CK73	46015	43304	40150	49979	46332	47946	48422	52424	46822
CK74	44358	40240	44972	50901	49705	49406	48489	49996	47258

表 5.2-2　　　　　　　　徐六泾节点段-5m断面宽度变化表　　　　　　　　单位：m

时间（年-月） 断面	1978-08	1984-08	1992-07	1998-11	2001-03	2006-05	2008-05	2011-11	平均
CK69	4416	3391	4162	3939	2990	3551	3652	3915	3752
CK70	4041	3667	3422	3744	3866	3841	4124	4022	3841
CK71	4676	4416	3516	3839	3782	3851	3832	3960	3984
CK72	5672	4849	4113	4584	4527	4580	4666	4824	4727
CK73	6922	6562	4436	4806	5291	5321	5788	5820	5618
CK74	6963	4968	6428	5612	5718	5813	5974	5873	5919

CK69（徐六泾水文断面下游 50m）：由图 5.2 - 3（a）可见，该断面深槽位置较为稳定，最深点历年来在不到 300m 的范围内摆动，其高程 1992 年 7 月最浅为 -37m，2006 年 5 月最深近 -60m。深槽右侧的边滩较为稳定，历年来冲淤幅度较小；深槽左侧边滩则变化频繁，表现在 1978—1992 年间大幅度的冲刷，1992—2001 年间淤积，2001—2011 年间复冲刷，尤其是新通海沙上段（南通段 Ⅰ 区）2010 年圈围后，围堤外 200～2200m 范围内剧烈冲刷，最大冲深达 11.5m。断面 -5m 以下的断面面积，1984—2008 年间持续减小，而 2011 年 11 月达到历年的最大值 55769m²（表 5.2 - 1）。断面 -5m 槽宽，2001 年后逐年增大，多年平均值为 3752m（表 5.2 - 2）。

CK70（苏通大桥下游约 400m）：由图 5.2 - 3（b）可见，该断面 2001 年前主槽左淤右冲，深槽向右移动；左岸次深槽向左发展，最深点向左移动了近 200m；右岸次深槽刷深，最深点高程由 -7.7m 冲深至 -13.3m，但断面整体形状变化不大。2001 年后，随着苏通大桥的建设（2003 年 6 月主墩基础开工；2004 年 7 月主墩群桩完成；2005 年 7 月全桥所有钻孔灌注桩完成），断面深槽部位发生了较大变化，表现为深槽下切、右移，槽宽扩大，与 2001 年相比，2006 年本断面深泓点从 -33.8m 冲深至 -38.8m，刷深了 5m，深槽位置向右移动了近 400m，-25m 槽宽扩大了 530m，原深槽部位则出现了近 8m 高的淤积体。2006—2011 年，断面左侧 -10m 以上滩地冲刷，右侧变化不大，最深点则淤积了 2.8m，深槽中部的隆起淤积体消失，深槽向"V"形转换。断面 -5m 以下的过水面积，1998 年后持续增大，2011 年 11 月达历年的最大值为 54989m²，比历年平均值增大 20.9%（表 5.2 - 1）。断面 -5m 槽宽，1992 年后亦逐年增大，2008 年达到最大为 4124m（表 5.2 - 2）。

CK71（金泾塘断面）：断面北部新通海沙段，位于拟圈围的南通 Ⅲ 区内。由图 5.2 - 3（c）可见，断面 1978—1992 年间左淤右冲，深槽略向右移动；1992—2011 年，除左侧次深槽左移淤浅、右侧次深槽刷深外，断面形态整体变化不大。最深点位置 1992 年后在 120m 范围内摆动，十分稳定。断面 -5m 以下过水面积历年来稳定增大，但幅度较小，与该断面的多年平均值相比，除 2011 年增大近 10% 外，其余测次在 -5.5%～5.5% 之间变化。断面 -5m 槽宽，与上游 CK70 断面变化类似，1992 年后逐年增大，2011 年达到最大值 3960m。

CK72（海门上段围堤中部）：由图 5.2 - 3（d）可见，断面 1978—1984 年间变化较大，河槽整体向右移动，左坡右移约 1.1km，深槽右移约 700m，右岸次深槽淤浅，由图 5.2 - 4（a）亦可见，1984 年白茆小沙内的金泾塘水道 -5m 等高线于此断面上下断开。1984 年后，本断面主河槽两侧均冲刷，右侧次深槽（金泾塘水道）复冲深。1998—2011 年，断面形状基本稳定。因两岸整治工程的实施，0m 河宽由原来的多年平均 7630m 缩窄至 5560m（2011 年，见表 9.2 - 5），缩窄了 27%。断面 -5m 以下过水面积 1984—1998 年间急剧增大了 35%，1998 年后平稳增加，至 2011 年达到最大值 50801m²。断面 -5m 槽宽，1998—2006 年间稳定在 4560m 左右，2006 年后逐年增大，2011 年达到近年的最大值 4824m。

CK73（新江海河下游 500m）：由图 5.2 - 3（e）可见，本断面 1978—1992 年间变化较大，河槽整体向右移动，左坡和深槽均右移了约 1.6km，右岸次深槽随着白茆小沙的淤涨而缩小；1992—1998 年间，主河槽左侧冲刷左移了约 500m，深泓点亦随之左移；1998—2006 年间，主河槽左侧 -15m 以下淤积；2007 年后两岸实施的圈围工程使本断面

0m 以下的河宽由工程前的平均 7550m 缩窄至 6070m，减小了近 20%。右侧次深槽，1998年后，由于白茆小沙的冲刷，过水面积逐年增大。断面-5m 以下过水面积 2006 年后小幅增大，至 2011 年达到最大值 52424m²。断面-5m 槽宽，1992 年后稳定增大，2011 年达到近年的最大值 5820m。

CK74（白茆河下游 700m）：由图 5.2-3（f）可见，本断面历年来演变剧烈，深泓点左右摆动。1978—1998 年间，主河槽总体上呈左淤右冲；1998 年后，河床形态总体稳定，主深槽部位以淤积为主，右侧白茆小沙则持续冲刷。2007 年后实施的海门段圈围工程使断面 0m 以下的河宽由工程前的平均 7200m 缩窄至 6720m，减小了近 7%。断面-5m 以下过水面积 1984—1998 年间逐渐增大，1998 年达到最大值 50900m²，1998 年后则基本稳定在 49400m²。本断面-5m 槽宽，1998 年后亦变化甚微，基本在 5800m 左右波动。

表 5.2-3　　　　　　　　　徐六泾节点段 0m 以下断面宽度变化表　　　　　　　　　单位：m

断面 \ 时间（年-月）	1978-08	1984-08	1992-07	1998-11	2001-03	2006-05	2008-05	2011-11	平均 工程前	平均 工程后
CK69	5296	5649	5419	5418	5583	5646	5628	4558	5520	4558
CK70	5439	5807	6044	5871	5997	5889	5954	6012	5877	
CK71	7142	6802	6963	6939	6869	6838	6874	6903	6916	
CK72	7518	7708	7683	7658	7605	7738	7502	5561	7630	5561
CK73	7649	7623	7667	7553	7461	7359	6084	6060	7552	6072
CK74	7412	7367	7424	7181	6966	6857	6415	6722	7043	

由以上分析可知，徐六泾节点段 1992 年前河槽整体向右移动，1992 年后，深泓总体稳定。-5m 断面面积总体增大，与 2008 年前的平均值相比，2011 年平均增大了 13%，其中增幅最大为苏通大桥下的 CK70 断面，增大了 20.9%，最小增幅为白茆河口下的 CK74 断面，仅增大 6.3%。-5m 河宽亦以增大为主，但幅度较小。0m 以下河宽受两岸岸线整治的影响较大，平均缩窄了 1.5km（见表 5.2-3）。本河段河床断面形态变化的影响是多方面的，除上游河势变化的因素外，主要与工程建设有关，苏通大桥的影响限于其上下游的局部范围，岸线整治直接缩窄 0m 河宽，但对-5m 槽宽影响不大。后文第 9 章，专文分析本段两重大工程的具体影响。

5.2.4　新通海沙的变化

由于徐六泾以下河道放宽，泥沙易落淤形成洲滩。由图 5.2-4 可见，1978 年，水山公司（原东方红农场部位，见图 5.2-1）外侧有上游下延的大块舌状沙体与新通海沙相连，1978 年以后，随着狼山沙东水道发展为主流，东方红农场西南角不断坍塌，致使新通海沙上端冲刷，至 1984 年新通海沙头最大左移了 1.3km；1992 年，新通海沙头又继续后退了 1.0km。新通海沙头在左移后退过程中，新通海沙中、下段则不断向江中淤长，与 1984 年相比，1992 年于新江海河处的沙体向外淤涨了约 1.0km。1984 年，新通海沙-5m 等高线面积为 22.5km²，最高高程-0.2m；1992 年新通海沙-5m 等高线面积为

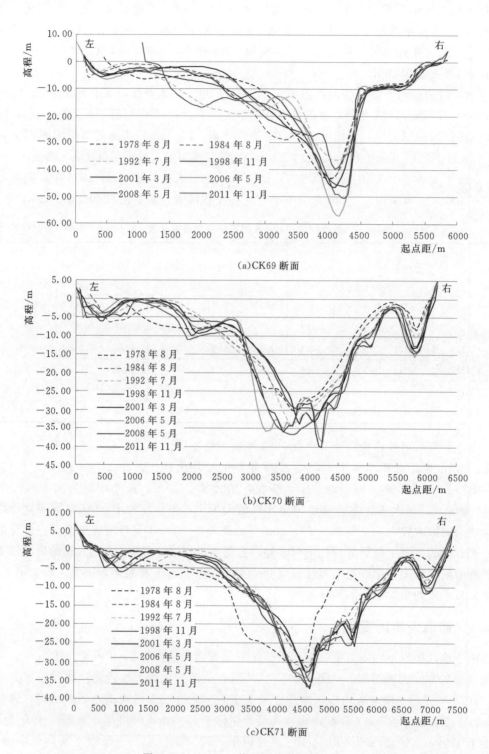

(a)CK69 断面

(b)CK70 断面

(c)CK71 断面

图 5.2-3 (一) 徐六泾节点段断面图

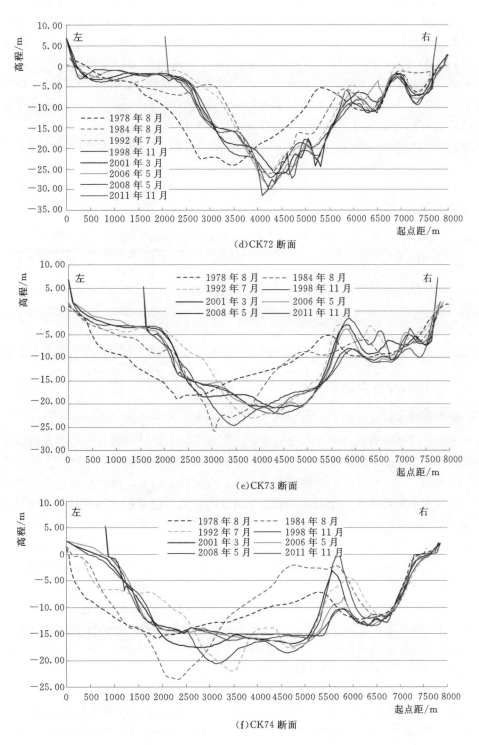

(d)CK72 断面

(e)CK73 断面

(f)CK74 断面

图 5.2 - 3（二）　徐六泾节点段断面图

25.9km²，最高高程 0.10m。1992 年以后，海门市对北支口门的圩角沙实施了圈围，立新河下岸线外凸，新通海沙于此处受冲内缩，其余部位基本处于稳定状态。1998 年后，受上游河势的影响，苏通大桥以上的新通海沙或延伸或上缩，但苏通大桥以下新通海沙－5m 外缘十分稳定。2007—2010 年间，先后实施了新通海沙海门段岸线调整工程、新通海沙南通段（Ⅰ、Ⅱ区）岸线综合整治工程，共治理岸线约 12.7km（图 5.2－2）。在岸线调整工程作用下，新通海沙受到直接的影响，高滩部分（－2m 以上）成陆，新堤外侧河床则发生冲刷，至 2011 年，－5m 等高线略向左岸移动。

新通海沙内有一夹槽（－5m）。该夹槽 1984 年长约 6.4km，面积达到 2.36km²，至 1992 年迅速缩小，1998—2001 年间，又有所增大，至 2006 年，夹槽因淤积断成 3 个不连通的串沟，总面积仅 0.35km²。至 2011 年，整治工程实施后，该夹槽被圈围成陆（表 5.2－4 和图 5.2－4）。

表 5.2－4　　　　　　　新通海沙内夹槽特征值统计表（－5m）

特征值 ＼ 时间（年-月）	1978－08	1984－08	1992－07	1998－11	2001－03	2006－05	2011－11
面积/km²	0.00	2.36	0.46	1.44	1.54	0.35	0.00
长度/km	—	6.4	2.6	5.1	6.5	—	—
－5m 槽个数		2	1	1	1	3	

5.2.5　白茆小沙及夹槽的变化

白茆小沙位于徐六泾标—白茆河口之间的河槽内，由南岸边滩切割而成。徐六泾上游数股水道的汇流点在野猫口和徐六泾标之间上下移动，水流呈东偏北方向进入白茆沙汊道段（图 5.2－5），其下右岸为缓流区，泥沙落淤，形成边滩沙嘴，并与右岸之间形成落潮倒套，洪水期，倒套和沙嘴上游侧水位差加大，水流切割边滩，沙嘴脱离边滩，形成江中心滩，即白茆小沙，而倒套也因此而成上下贯通的夹槽。白茆小沙及夹槽的演变见图 5.2－4、图 5.2－6。

20 世纪 70 年代，徐六泾段深槽出口指向白茆沙北水道上口，其－10m 深槽与白茆沙南、北水道均未贯通，徐六泾—白茆河口－5m 以上边滩与右岸相连，－10m 低滩与白茆沙头右缘连为一体；80 年代后，由于上游狼山沙不断下移、西偏，主流由通州沙东水道—狼山沙西水道转为通州沙东水道—狼山沙东水道，导致右侧岸滩顶冲点位置下移，徐六泾深槽开始顺时针向右偏移，1984 年－10m 深槽率先与白茆沙北水道－10m 深槽贯通，此时白茆小沙上沙体（－5m）仍未脱离右岸，下沙体只是上下两个不相连的小沙包；1992 年，在徐六泾深槽前端继续右偏的作用下，除进入白茆沙北水道的－10m 槽宽扩大外，其与白茆沙南水道－10m 亦贯通，与此同时，白茆小沙上沙体（－5m）脱离右岸，形成相对独立的沙体，白茆小沙与南岸之间形成夹槽（－5m），白茆小沙下沙体上、下两块连为一体，长度达 5.3km，上、下沙体之间横向间距约 530m。由此可见，白茆小沙主要是由于徐六泾深槽出口段在右移及与白茆沙南水道贯通的过程中，水流切割水下边滩而成，且以落潮流作用为主。白茆小沙形成后，上游下泄的泥沙易于在此落淤，沙体逐渐变大、下移。

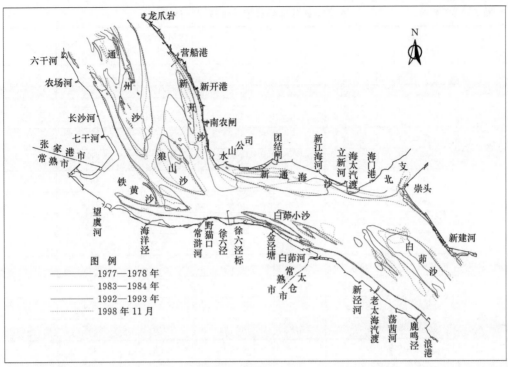

(a) 1977—1998 年

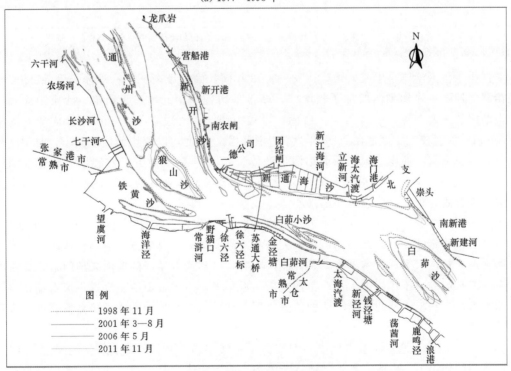

(b) 1998—2011 年

图 5.2 - 4　徐六泾节点段 -5m 等高线变化图

表 5.2－5　　　　　　　　　　白茆小沙沙体特征值统计表（－5m）

沙体	时间（年-月）	面积/km²	长度/m	平均宽度/m	滩顶高程/m	沙头距离/m	沙体数目
上沙体	1978－08	3.37	7080	476	−0.4	489	1
	1984－08①	3.35	7581	442	−0.1	450	1
	1992－08	3.07	7931	387	0.6	777	2
	1998－11	2.76	8213	336	0.6	813	1
	2001－03	2.63	7971	330	0.0	610	1
	2006－05	2.76	9223	299	0.0	569	2
	2008－05	2.67	7926	337	0.0	560	1
	2011－11	2.29	6996	327	−1.3	938	1
下沙体	1978－08	0.31	1733	179	−3.8	4440	1
	1984－08	2.06	—		−1.7	5831	2
	1992－08	2.22	5342	415	−0.8	6091	1
	1998－11	2.26	5302	425	0.5	6608	1
	2001－03	2.01	4869	413	−0.6	6321	1
	2006－05	1.18	4464	265	−0.8	5328	1
	2008－05	0.08			−4.2		4
	2011－11	—			−7.5		—

① 1984 年 8 月，上沙体−5m 等高线与右岸浅滩相连，浅于−5m 的面积统计到白茆小沙夹槽的中轴线。
注　沙头距离指−5m 等高线头部离徐六泾水文断面（图 5.2－2）的距离。

白茆小沙上沙体自生成以来，1978—2008 年间，面积逐渐减小；沙体长度除 2006 年在沙尾延伸了一块切割体增加了长度外，多年平均近 7.8km，较为稳定；沙头距徐六泾水文断面的距离在 450～813m 之间波动，也较为稳定；滩顶高程，1992～2008 年间均不低于 0m。发生较大变化是在 2008 年后，沙体面积、长度均以较快的速度减小，滩顶高程刷低，沙头下移，沙尾上提。白茆小沙下沙体，30 多年来，经历了发展增大和逐渐消失两个时期，1978—1998 年是其发展期，1998—2006 年是其衰退期，2008 年后下沙体快速冲失，成为高程很低，形态较小的潜心滩（表 5.2－5 和图 5.2－4）。

白茆小沙夹槽（又称金泾塘水道）是伴随白茆小沙的形成而生成的。该槽自形成后，一直处于较稳定的发展状态。白茆小沙夹槽的落潮流动力主要来自于通州沙西水道、狼山沙西水道和福山水道 3 股落潮流，其汇流区在野猫口到徐六泾标的前沿滩地附近，受狼山沙东水道水流的挤压作用进入白茆小沙夹槽。近年来，由于狼山沙东水道主流右偏，迫使通州沙西水道和狼山沙西水道下泄的落潮流更多地进入白茆小沙夹槽，该夹槽有进一步发展的可能。

2007 年以来，徐六泾节点两岸相继实施了岸线整治工程，河宽缩窄，在水流冲刷和采砂活动的作用下，白茆小沙上沙体逐渐缩小，而下沙体冲蚀严重，使得长江口综合整治开发规划中将白茆小沙护滩围堤成岛方案失去基础，而−10m 等高线沙尾冲刷上提，使得徐六泾节点下段连接白茆沙汊道的−10m 主槽宽度大幅增加，主槽中心位置也相应右移，导致白茆沙南水道水流动力进一步加强。

可见，白茆小沙及其夹槽演变的主因在于上游河势的变化，辅因为人类活动的影响，主因持续影响，辅因强烈但短暂，两者结合，导致白茆小沙上沙体逐渐缩小，下沙体快速消失，增强了下游白茆沙河段南、北水道"南强北弱"的演变趋势。

5.2.6　深泓线变化

100 多年来徐六泾节点段上游水道主流左右摆动频繁，洲滩变化剧烈，但徐六泾节点段进口的主流位置一直稳定在常浒河—徐六泾标一线。

20 世纪 50 年代后期，通州沙东、西水道汇合于浒浦以东的野猫口附近，深槽距南岸650m 左右。此后狼山沙开始形成并不断发展，主流走狼山沙西水道。狼山沙在发展过程中不断下移西偏，使主流逐渐西移，狼山沙东、西水道及通州沙西水道水流汇流点虽仍在野猫口附近，但深槽明显南移，1978 年以后狼山沙东水道逐渐成为主流通道，到 1981 年狼山沙东、西水道的汇流点下移至徐六泾标附近。分析表明，狼山沙东水道的发展，导致狼山沙沙体的西移后退以及狼山沙西水道的日益萎缩，至 1993 年 9 月东、西水道 0m 以下的过水面积之比已经发展到 2∶1，狼山沙东水道占绝对主流地位，其深槽也与徐六泾深槽平顺衔接。狼山沙东水道主槽深泓线的西移使徐六泾节点段主流动力轴线继续南靠，加强了常浒河—徐六泾标一线的主流地位。

由图 5.2 - 5 可见，1998 年前，由于汇流点的上提下挫，徐六泾节点段没有明显的分流段；1998 年后，随着上游汇流点逐渐上提和下游分流点逐渐下移，节点段形成上起徐六泾、下至白茆河的长约 10km 的较为稳定的水流集中段。随着两岸岸线整治工程的实施，徐六泾段河宽进一步缩窄，徐六泾节点的控制作用进一步增强。受苏通大桥主墩的影响，2006 年后苏通大桥附近的深泓线北移了近 500m，虽然引起了深槽北部河床一定范围的冲刷（见图 5.2 - 7 中 2001—2006 年冲淤图），但主流下行至白茆河口附近又以原有的路径分泄进入白茆沙南北水道。由第 9 章 9.3 节分析亦可知，该段深泓局部有限的北摆，未对下游白茆沙河段的分流产生较大影响。

5.2.7　深槽（−10m）变化

徐六泾节点段深槽（−10m）变化见图 5.2 - 6。

图 5.2 - 6 中可见，1978—1992 年间，徐六泾节点段−10m 等高线的变化较大，而左岸变化幅度又大于右岸。左岸−10m 等高线以团结闸为界，其上总体向左岸后退，其下则总体向河槽推进，呈顺时针偏转态势；右岸−10m 等高线以金泾塘为界，其上多年小幅摆动，中心线几乎不变，其下则亦呈向右偏转态势。即整个−10m 槽呈顺时针向右偏转的态势，这应是导致白茆沙南水道发展的主因，使得 1992 年南水道−10m 冲开并与徐六泾节点段的−10m 槽相贯通。

1998 年后，−10m 等高线的变化幅度明显减小。左岸，苏通大桥上游摆动较大，尤其是 2011 年，南通Ⅰ区围滩前沿，形成了一个−10m 的冲刷槽，由 CK69 断面分析可知，该槽的形成与采砂活动有关。而苏通大桥下，−10m 等高线多年来几乎并行而下，过团结闸后略向左移动。右岸，金泾塘以上同样变化很小，金泾塘以下，白茆小沙下沙体外缘

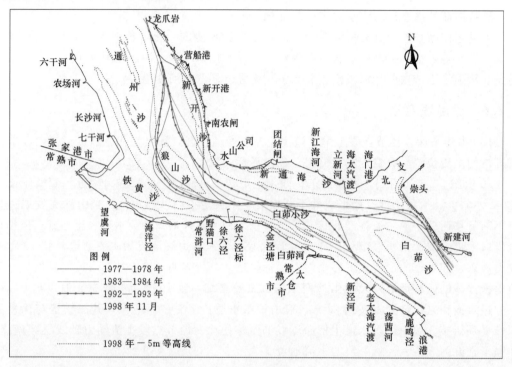

(a) 1977—1998 年

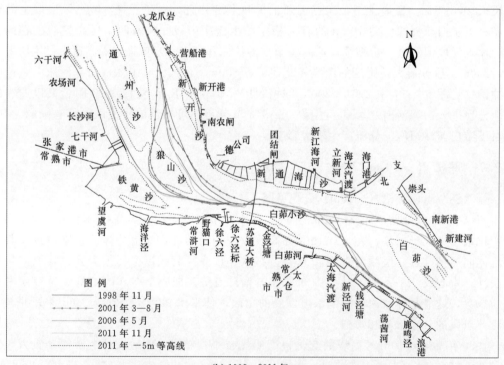

(b) 1998—2011 年

图 5.2-5　徐六泾节点段深泓线变化图

受冲，白茆小沙上下沙体之间的－10m槽冲刷发展。

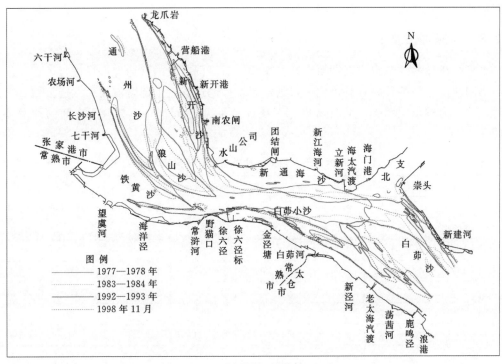

(a) 1977—1998 年

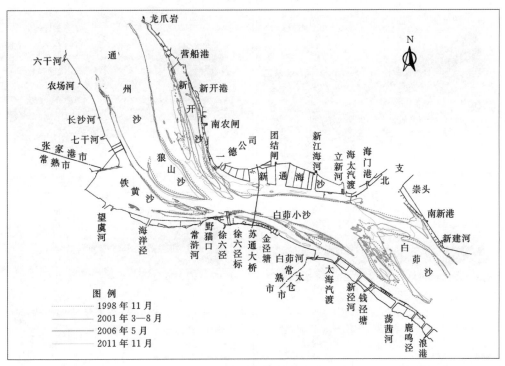

(b) 1998—2011 年

图 5.2－6 徐六泾节点段－10m 等高线变化图

从-10m等高线的演变可以看出,出徐六泾节点段的深槽逐渐向右偏转,促进了下游白茆沙南、北水道的"南强北弱"现象。

5.2.8　河床冲淤变化

为了分析徐六泾节点段近期河床冲淤变化,对不同时段的河床冲淤量进行了统计。考虑到不同测次之间的资料具有可比性,划定了统一的边界,上起常浒河——德公司,下至太海汽渡——海螺水泥码头,见图5.2-2,统计结果见表5.2-6,部分测次间的冲淤部位见图5.2-7。

表 5.2-6　　　　　　　　　　徐六泾节点段河床冲淤量统计成果表

项目 时段（年）	冲淤量/万 m³						
	0m 以下	0～-5m	-5～-10m	-10～-15m	-15～-20m	-20～-25m	-25m 以下
1977—1984	-17	604	2367	-546	-2344	-961	863
1983—1993	-2113	-544	-1952	-2109	-3	1800	694
1992—1998	-3130	116	69	-1178	-1548	-1193	605
1998—2001	2767	254	-10	559	1983	1275	-1294
2001—2006	-3753	-291	-425	405	1054	-691	-3805
2006—2011	-7478	-771	-3917	-2544	-258	-232	244
累计	-13725	-632	-3868	-5414	-1116	-2	-2693

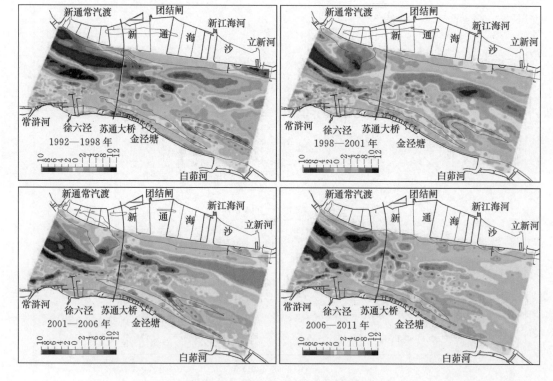

图 5.2-7　徐六泾节点段河床冲淤图

由表 5.2 - 6 可见，徐六泾节点段 0m 以下河床，除 1998—2001 年间淤积外，其余时段均呈冲刷状态，1977—2011 年间，共计冲刷了 1.37 亿 m³，冲刷部位主要集中在 -5 ~ -15m 之间的河床，共计冲刷 9282 万 m³，占总冲刷量的 67.6%，其中冲刷速度最快的时段为 2006—2011 年间，共冲刷 7478 万 m³，年均冲刷近 1500 万 m³。具体冲淤时空分布为：20 世纪 80—90 年代冲刷，但冲刷强度不大；1998 年大洪水刷深了本段 -10m 以下的河槽（1992—1998 年）；大洪水后（1998—2001 年），徐六泾节点段除 -25m 以下深槽略冲外，其余各高程区间均淤积，淤积最大的区间在 -15 ~ -25m 之间；2006 年以后，徐六泾节点段 -25m 以上的高程区间全面冲刷，集中于 -5 ~ -15m 之间，这与本段两岸岸线整治河宽缩窄及江砂开采有关，也不排除三峡蓄水后，上游来沙减少的影响。

由图 5.2 - 7 可知，徐六泾节点段河床冲淤较为频繁，且幅度较大。淤积较大的区域位于苏通大桥上游新通海沙上沙体的外侧，2001 年后，该淤积带逐渐向江中移动，原狼山沙东水道下段淤积，而近新通海沙侧则出现冲刷，2006—2011 年间最大冲刷幅度在 10m 以上，其中包含了人工采砂的影响。1992—2011 年间，冲刷幅度较大的有 2 处，一处为苏通大桥下新通海沙（-5m）外 1.5km 范围内，一处为白茆小沙区域，2001 年后由原来的淤积转为冲刷，尤其是白茆小沙下沙体，2011 年 -5m 等高线已不存在（图 5.2 - 4）。1998 年大洪水对本段河床的影响显著，由 1998—2001 年间的冲淤图可见，大洪水后，河道两侧的河床冲刷，而江中深槽部位则有所淤积。

5.2.9　小结

（1）徐六泾节点形成以后，河宽明显缩窄，水流集中，控制了进入白茆沙水道主流的摆动幅度，有利于下游白茆沙汊道段形成相对稳定的进口条件。近年来，随着徐六泾节点两岸岸线综合整治工程的先后建成，徐六泾节点段河宽进一步缩窄，上游河势的变化对下游河势的影响将进一步减小。

（2）随着狼山沙东水道渐成主流，上游诸水道的汇流点下移至徐六泾标附近，导致徐六泾节点深槽右移，常浒河—徐六泾标一线的主流地位得以加强，深槽出口位置由指向崇头偏南部位顺时针偏转而指向下游新建河附近，白茆沙北水道槽宽逐渐缩窄。2008 年后，白茆沙北水道进口 -10m 等高线中断，出徐六泾节点的主流更多的通过白茆沙南水道下泄。

（3）1998 年前，徐六泾节点段的汇流点和分流点上下移动，没有明显的分流段；1998 年后，随着上游汇流点的逐渐上提和下游分流点的逐渐下移，徐六泾节点段出现了一段上起徐六泾、下至白茆河的长约 10km 的较为稳定的水流集中段。随着两岸岸线整治工程的实施，徐六泾段 0m 以下河宽平均缩窄了 1.5km，徐六泾节点段的控制作用进一步增强。受苏通大桥的影响，2006 年后苏通大桥附近的深泓线北摆了近 500m，但下行至白茆河口附近又以原有的路径进入白茆沙南北水道，未对下游分流产生较大影响。

（4）白茆小沙夹槽自生成以来，一直处于较稳定的发展状态。受上游狼山沙东水道主流右偏挤压影响，进入白茆小沙夹槽的落潮流有加强的趋势，夹槽有进一步发展的可能。与此同时，近年白茆小沙下沙体冲失严重，长江口综合整治开发规划中将白茆小沙护滩围堤成岛方案基本丧失了基础。徐六泾节点下段连接白茆沙汊道的 -10m 主槽逐渐向右偏转且宽度大幅增加，促进了白茆沙水道"南强北弱"的发展态势。

5.3　白茆沙汊道段

白茆沙汊道段为双汊河型，上起白茆河口，下至七丫口，全长约 22km。现今的白茆沙为头部接近圆弧形、尾部狭长，整体呈菱形的江心洲，滩顶高程在 1.0m 以上。白茆沙南水道为主汊，分流比约占 70％左右，北水道为支汊。

5.3.1　白茆沙

白茆沙原是河道中间的一块马蹄形心滩，作用于沙体的动力以落潮流为主。白茆沙历史久远，19 世纪中期的地形图上即有老白茆沙，现在的白茆沙是 20 世纪 60 年代初逐渐形成的。1954 年大洪水后，老白茆沙受到严重冲刷，沙体逐步北移，至 1958 年，老白茆沙向北并靠崇明岛，其后，由于江面宽阔，泥沙来源丰富，涨落潮流路分离，中间缓流区易淤积形成浅滩的动力因素没有改变，白茆沙南水道中央又产生了新的心滩，随着心滩不断扩大，逐渐形成了现今的白茆沙。1983 年，长江流域发大水，水流将部分白茆沙体切割，1984 年的地形图上，白茆沙体分为 7 个小沙体，随后分散的小沙体逐步淤长合并，至 80 年代末逐渐发育为较完整的沙体，并迅速淤高扩大。1998 年、1999 年长江大洪水后，白茆沙总体呈冲刷态势，沙体面积明显减小，沙头后退，沙尾上提，近年冲刷速度趋缓，但趋势不变（表 5.3－1）。

表 5.3－1　　　　　　　　　白茆沙沙体特征值统计表　（－5m）

时间 （年－月）	面积/ km²	长度/ km	平均宽度/ km	沙头后退/ km	沙尾至七丫口 断面距离/km	滩顶高程/ m	沙体个数
1978－08	9.59	9.53	1.01	－0.53	6.99	－1.4	1
1984－08	7.30	—	—	－2.12	3.39	－0.8	7
1992－07	33.80	17.85	1.89	1.34	1.17	0.0	4
1998－11	30.23	13.33	2.27	0.95	4.44	0.5	2
2001－03	28.34	12.13	2.34	0.89	4.80	0.4	2
2006－05	21.65	10.87	1.99	0.32	5.22	0.7	2
2011－11	21.70	9.09	2.39		6.71	1.3	1

注　表内沙头后退栏，负值表示沙头上提。七丫口断面见图 5.3－1。

由表 5.3－1 和图 5.3－1 可见，20 世纪 90 年代以后，白茆沙头在水流的顶冲作用下持续后退，沙尾也经历了大幅上提及切割的演变过程。1992 年白茆沙发育至其鼎盛阶段，沙体面积最大，长度最长，1992 年 7 月至 1998 年 11 月，白茆沙头－5m 等高线总计后退 1.34km，1998 年 11 月至 2001 年 3 月又后退 0.95km，下移速度分别为 211m/a 和 407m/a，随后的 2001—2006—2011 年间，沙头下移速度逐渐减小，分别为 172m/a 和 58m/a。沙尾上提最快的时段为 1998—2001 年间，速度为 516m/a，可见 1998 年、1999 年大洪水对白茆沙的冲刷是整体性的。

1992 年，白茆沙体右侧存在 3 块小沙体，面积达 3.53km²，至 1998 年，被冲刷成仅剩一块面积为 1.37km² 的小沙体。在水流的进一步冲刷下，沙体缩小，小沙体与洲体之间的串沟不断发展，至 2001 年 3 月，该串沟－10m 槽完全贯通，串沟中最深点高程达－17.20m，至 2006 年，右侧小沙体（－5m）已冲刷消失。目前，上述串沟仍呈进一步发展的态势，小沙体－10m 以上部分已接近消失，白茆沙南水道－10m 槽宽进一步扩大。

从白茆沙的演变过程可以看出，沙体形成初期总是偏向于河槽右侧，白茆沙南水道往往淤浅，下泄主流走北水道，北水道冲刷发展；当白茆沙被冲下移北靠，南水道逐渐发展，北水道相应萎缩，在这一过程中，存在一段河势相对均衡期，即白茆沙沙体完整、位置适中，南、北水道皆优良；当白茆沙继续下移北靠，南水道过流能力持续增强，北水道继续萎缩，"南强北弱"显现；当白茆沙并靠崇明岛，因形成浅滩的水流动力因素依然存在，新的白茆沙又将形成并开始新一轮周期循环，这一特点与长江中下游江心洲的演变极为相似。

目前，在自然状况下，白茆沙头下移的速度虽然趋缓，但继续冲刷后退的趋势依然存在。鉴于白茆沙双分汊河势对下游的控制作用，应继续禁止在白茆沙上违规采砂，尤其是沙头部位，并通过工程措施控制白茆沙头的冲刷后退，减少白茆沙滩面的漫滩流以调整南、北水道的分流量，力求恢复并稳定南、北水道－10m 槽皆贯通的优良河势，减缓"南强北弱"趋势，为下游河势的稳定提供基础。

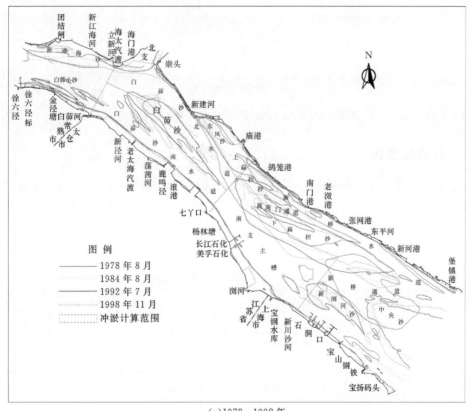

(a)1978—1998 年

图 5.3-1（一） 南支河段－5m 等高线变化图

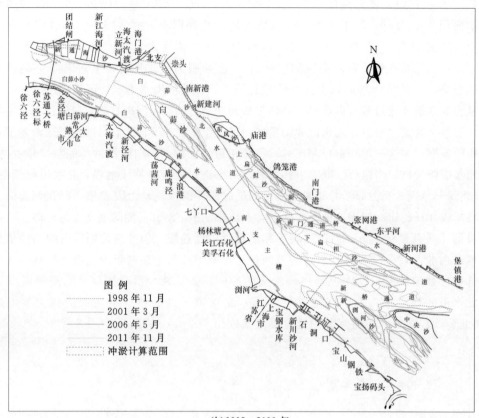

(b)1998—2011 年

图 5.3-1（二）　南支河段-5m 等高线变化图

5.3.2　分流比变化

　　近年来白茆沙北水道涨潮分流比变化不大，多年平均近 30%，但落潮分流比持续减小，2002 年 9 月大、中、小潮平均为 39.3%，至 2012 年 12 月，大、小潮平均为 29.5%，对应的净泄量分流比分别为 42.8% 和 27.3%（表 5.3-2）。过流能力的减弱，反映了北水道的衰退。

表 5.3-2　　　　　　　　　　　白茆沙南、北水道潮量及分流比变化

测验时间 （年-月-日）	潮型	潮量/亿 m³				分流比/%					
		涨潮		落潮		涨潮		落潮		全潮净泄	
		北水道	南水道	北水道	南水道	北水道	南水道	北水道	南水道	北水道	南水道
2002-09-22 —09-30	大	−5.78	−12.13	21.63	31.92	32.3	67.7	40.4	59.6	44.5	55.5
	中	−3.43	−9.27	17.86	27.61	27.0	73.0	39.3	60.7	44.0	56.0
	小	−1.44	−3.58	13.79	22.15	28.6	71.4	38.4	61.6	40.0	60.0
	平均					29.3	70.7	39.3	60.7	42.8	57.2

测验时间（年-月-日）	潮型	潮量/亿 m³				分流比/%					
		涨潮		落潮		涨潮		落潮		全潮净泄	
		北水道	南水道	北水道	南水道	北水道	南水道	北水道	南水道	北水道	南水道
2004-08-30—09-10	大	-5.38	-14.31	18.94	34.01	27.3	72.7	35.8	64.2	40.8	59.2
	中	-2.36	-6.94	15.05	26.59	25.4	74.6	36.1	63.9	39.2	60.8
	小	-0.95	-2.26	12.27	22.30	29.6	70.4	35.5	64.5	36.1	63.9
	平均					27.4	72.6	35.8	64.2	38.7	61.3
2005-01-24—02-4	大	-6.01	-13.40	10.23	20.31	31.0	69.0	33.5	66.5	37.9	62.1
	中	-4.86	-10.69	10.33	20.01	31.3	68.7	34.0	66.0	37.0	63.0
	小	-3.37	-7.25	8.67	16.77	31.7	68.3	34.1	65.9	35.8	64.2
	平均					31.3	68.7	33.9	66.1	36.9	63.1
2007-07-16—07-25	大	-2.74	-10.24	20.06	37.27	21.1	78.9	35.0	65.0	39.1	60.9
	小	-0.08	-0.23	17.41	34.54	25.7	74.3	33.6	66.4	33.6	66.4
	平均					23.4	76.6	34.3	65.7	36.3	63.7
2009-5-09—05-15	大	-4.59	-9.96	14.46	28.17	31.5	68.5	33.9	66.1	35.2	64.8
	小	-1.91	-3.92	11.72	24.03	32.8	67.2	32.8	67.2	32.8	67.2
	平均					32.2	67.8	33.4	66.6	34.0	66.0
2012-12-8—12-15	大	-7.23	-14.90	11.51	27.44	32.7	67.3	29.6	70.4	25.5	74.5
	小	-2.69	-6.21	9.03	21.67	30.2	69.8	29.4	70.6	29.1	70.9
	平均					31.4	68.6	29.5	70.5	27.3	72.7

注　分流断面位于新建河—荡茜河上游。

5.3.3　白茆沙南、北水道

白茆沙南水道顺直，与下游主槽平顺连接，且涨落潮流路基本一致，水流较为顺畅，除进口位置河槽不太稳定外，大部分河槽长期维持着较好的水深。历史上白茆沙河段的演变受上游澄通河段影响较大，徐六泾节点形成前，崇头断面主流的平面摆动幅度最大可达 6km。徐六泾节点形成后，上游河段的变化对白茆沙河段的影响减弱。但由于徐六泾河段的河宽仍然较宽，上游河势的变化，依然影响出徐六泾节点的主流方向，继而影响下游白茆沙河段的河势稳定。

白茆沙南、北水道的演变与上游徐六泾节点段出口主流的方向休戚相关。由图 5.3-2 可以看出，1978 年，徐六泾段-10m 深槽与白茆沙南、北水道-10m 尚未贯通，此时通州沙水道主流走狼山沙西水道，顶冲点位于徐六泾以上的野猫口附近，主流过徐六泾后向白茆沙北水道过渡，指向崇头偏南附近，北水道进口段（也是徐六泾主槽出口段）-10m 深槽平均宽度达 3.4km 左右；1984 年徐六泾-10m 深槽率先与白茆沙北水道-10m 深槽贯通，北水道进口段深槽平均宽度缩窄至 2.4km 左右，深槽显现右偏趋势，此时的北水道-10m 未全槽贯通，在东风沙附近上下隔断约 5.8km；1992 年，徐六泾节点上段深槽平面位置较稳定，但下段继续右偏，与白茆沙南水道−10m 深槽相通，此时进入白茆沙南、北水道的−10m 平均槽宽分别为 1.0km、2.5km，而北水道−10m 槽全槽贯通；1998 年，白茆沙北水道的顶冲点下移并指向新建河上游，进口段−10m 槽宽缩窄至 1.6km，北水道过流开始减少，白茆沙南水道的进口段−10m 则明显展宽；2001 年，随着北水道进口深槽继续右偏，北水道进口段槽宽缩窄至 1.3km 左右，北水道的进流条件向不利的方向发展，此时的南水道−10m 槽分成两汊，白茆沙与从其南侧冲刷分离的心滩之间−10m 槽的宽度约 1km，为中汊，傍右岸的为南汊，两汊合称南水道；2006 年，北水道进口−10m 槽宽继续缩窄，槽尾出现零星的拦门沙埂，2008 年后北水道−10m 槽与上游中断，形成上口拦门沙浅滩，北水道继续萎缩，至 2011 年，北水道槽尾−10m 的拦门沙埂长近 5km，又有封闭北水道下口门的趋势；此期间，虽然白茆沙−10m 右缘边界变化很小，但其右侧心滩逐渐缩小，浅于−10m 的面积由 2001 年的 5.8km² 缩小为2011 年的 0.2km²，南水道−10m 槽宽相应持续展宽。

　　−5m 以下河槽容积，白茆沙南水道 1978—1984 年间变化不大，1984 年后持续增大，1992 年后增大速率在 1000 万 m³/a 以上。其中，2006—2008 年间，达 1630 万 m³/a，2008—2011 年间增速减缓为 1280 万 m³/a；变动速率最快的时段为 1992 年前后，从 190万 m³/a 猛然增加到 1045 万 m³/a，而从−10m 等高线的演变亦可看出，1992 年连接白茆

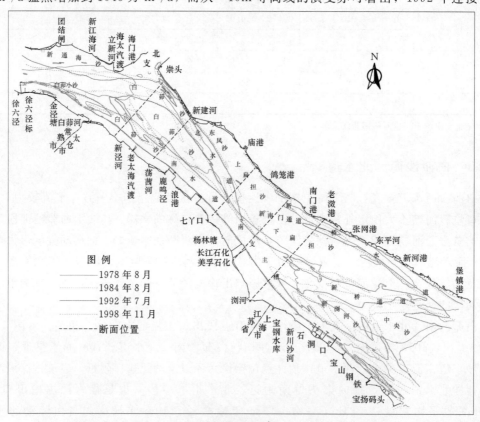

(a)1978—1998 年

图 5.3−2（一） 南支河段−10m 等高线变化图

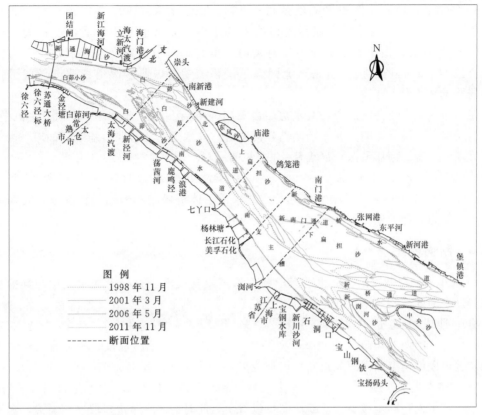

(b)1998—2011 年

图 5.3-2（二）　南支河段-10m 等高线变化图

沙头与徐六泾边滩的水下低滩被切穿，南水道-10m 深槽与徐六泾主泓衔接，水流顺畅，南水道冲刷发展速度加快。白茆沙北水道，1978—1992 年间-5m 以下容积逐渐增大，冲刷发展的速度远大于南水道，但 1992 年后，由于出徐六泾河段的主流持续向右偏转，北水道趋于萎缩，河槽容积逐渐减小，速率先快后慢，由 1992—1998 年间的 810 万 m³/a 逐渐减缓为 2008—2011 年间的 120 万 m³/a（表 5.3-3）。

表 5.3-3　　　　　　　　白茆沙南、北水道河槽容积变化统计

时间（年-月）	-5m 以下/亿 m³			-10m 以下/亿 m³		
	南水道	北水道	南：北	南水道	北水道	南：北
1978-08	6.41	2.73	70：30	3.17	0.28	92：8
1984-08	6.38	3.55	64：36	3.46	1.00	78：22
1992-07	6.53	4.74	58：42	3.89	2.04	66：34
1998-11	7.20	4.23	63：37	4.27	1.78	71：29
2001-03	7.44	4.08	65：35	4.31	1.63	73：27
2006-05	8.26	3.80	69：31	4.95	1.40	78：22
2008-05	8.54	3.69	70：30	5.17	1.31	80：20
2011-11	8.99	3.64	71：29	5.60	1.29	81：19

注　统计范围为白茆河至七丫口，南、北水道以白茆沙沙脊分界，见图 5.3-1。

30 多年来，白茆沙汉道段的演变可以 1992 年为分界。1992 年以前，南、北水道皆发展，但由于出徐六泾的主流指向白茆沙北水道，北水道冲刷发展速度远大于南水道；1992 年以后，由于出徐六泾主流持续向右偏转，南水道发展速度加快，且与徐六泾节点段的主流顺畅衔接，而北水道则趋于淤积萎缩，白茆沙汉道段逐渐形成了"南强北弱"的演变格局。

在白茆沙南水道持续发展、北水道缓慢萎缩的格局下，白茆沙右侧冲刷，左侧淤长，沙体向北移动。受此影响，左岸崇明新建河附近，北水道河槽弯曲、缩窄，凹岸一侧河床出现大强度冲刷，河床最深点高程从 1992 年的 -31.7m，冲深至 2001 年的 -43.8m，并继而持续冲刷至 2006 年的 -63.9m，2011 年略有淤积，但最深点高程仍然达到 -52.80m，近岸形成局部深槽。可见，在北水道总体缓慢淤积萎缩的情况下，其局部河床因水流动力条件的变化也会出现大幅度的冲刷。

5.3.4 断面变化

30 多年来，白茆沙南、北水道河槽断面形态及其尺度一直处于变化之中，且槽宽的变化与过水断面面积的增减并不相应（见表 5.3 - 4，断面布置见图 5.3 - 2）。

白茆沙北水道进口断面，1978—1992 年 -5m 槽宽由 4279m 减少至 3748m（-12.4%），断面面积却由 14710m² 增至 22947m²（+56.0%），该时段为北水道快速发展期，进口段河槽全面刷深，近左岸岸坡变陡，江中白茆沙淤高，南、北水道明显分离；1998 年，在大洪水作用下，白茆沙沙头大幅后退，头部向左摆动，北水道进口段 -5m 槽宽缩小，过水面积同步减小，从断面图可以看出，此时的北水道进口段左淤右冲，深泓点偏靠河槽的右侧，即白茆沙左缘；2001 年，随着白茆沙头部的继续冲刷下移，北水道进口段 -5m 槽宽增大，过水面积亦有所增大；2006 年后，随着上游徐六泾节点段的主流的持续右偏，北水道进口段北侧淤积，断面左侧出现了宽约 850m 的浅于 -5m 的淤积区，由图 5.3 - 1 可知，该淤积区实为北支口门的新生淤积体，由北支高含沙涨潮水流倒灌南支时于口门处淤积生成，其舌部有继续向下淤涨的趋势。2006—2011 年间，北水道进口段 -5m 槽宽仅增加 68m，不足 2.0%，但 -5m 以下的过水面积却增加了 17.4%，从断面图可以看出，该时段进口段河床延续着左淤右冲的态势，淤积小于冲刷，近白茆沙头部的左缘，最大冲刷了 4m（表 5.3 - 4 和图 5.3 - 3）。

北水道中段断面形态变化较大，-5m 槽宽 1978—1984 年间略有增加，1984—2006 年间则大幅度缩窄，由 3308m 缩窄至 1076m，减小了 67.5%，其中有两个快速缩窄的时段，分别为 1984—1992 年和 1998—2001 年，减小速率分别为 188m/a 和 183m/a，2006 年后，-5m 槽宽略有增大。过水面积与槽宽的变化不同步，表现在 1978—1992 年间面积持续增大，断面主河槽最深点高程从 -13.00m 刷深至 -25.00m；1992—2001 年间，白茆沙中段向左弯曲，北水道右侧淤积，深槽左侧变化不大，过水面积减小。2006 年，北水道中段 -5m 河槽宽度为近年来的最小值 1076m，但在水流顶冲下，近凹岸一侧的河床出现强冲刷，深槽大幅刷深，由 2001 年的 -27m 刷深至 -61m，-5m 以下的过水面积则达到 23442m²，比 2001 年增大了 60.9%，中段河槽向窄深方向发展。2006—2011 年间，过水面积又逐渐减小，河槽亦逐步淤浅（表 5.3 - 4 和图 5.3 - 4）。

表 5.3-4　　　　　　白茆沙南、北水道断面槽宽及面积统计（-5m 以下）

断面位置	时间（年-月）	北水道		南水道		面积比例/%	
		槽宽/m	面积/m²	槽宽/m	面积/m²	北水道	南水道
进口	1978-08	4279	14710	4245	19922	42.5	57.5
	1984-08	3627	18164	4299	18779	49.2	50.8
	1992-07	3748	22947	3210	20003	53.4	46.6
	1998-11	3401	18603	4115	27259	40.6	59.4
	2001-03	4382	20631	4333	32992	38.5	61.5
	2006-05	3426	11810	4338	31248	27.4	72.6
	2008-05	3453	12612	4326	34010	27.1	72.9
	2011-11	3494	13866	4321	37677	26.9	73.1
	平均	3726	16668	4149	27736	37.5	62.5
中段	1978-08	3077	13214	3015	40414	24.6	75.4
	1984-08	3308	14500	3969	43149	25.2	74.8
	1992-07	1822	20335	2913	32974	38.1	61.9
	1998-11	1647	17965	2097	38453	31.8	68.2
	2001-03	1220	14567	2599	48741	23.0	77.0
	2006-05	1076	23442	2593	52634	30.8	69.2
	2008-05	1218	23617	2430	52402	31.1	68.9
	2011-11	1277	19909	2526	48535	29.1	70.9
	平均	1831	18444	2768	44663	29.2	70.8

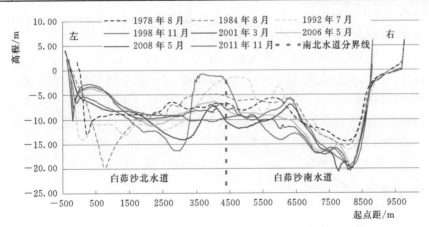

图 5.3-3　白茆沙汊道进口断面变化图

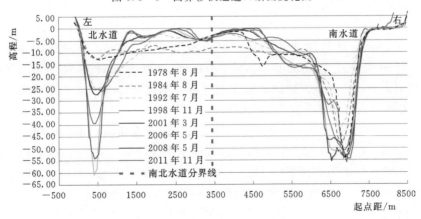

图 5.3-4　白茆沙汊道中段断面变化图

白茆沙南水道进口段断面变化同样剧烈。1984—1992 年间，白茆沙发展扩大，南水道－5m 槽宽缩窄，但因地形起伏均位于白茆沙右缘的浅滩地带，有冲有淤，主槽形状不变，因而过水面积变化不大。1998 年大洪水对白茆沙河段产生了重大影响，白茆沙右缘冲刷，南水道－5m 槽宽和过水面积均急剧增大，1998—2001 年间，－5m 槽宽增大近 220m（＋5.3%），但过水面积却增大了 21.0%，从断面图可以看出，冲刷部位集中于白茆沙头部。此后，随着出徐六泾主流向右持续偏转，南水道过水面积持续增大，2001—2011 年间，南水道－5m 槽宽稳定在 4330m，但面积却从 32992m² 增至 37677m²，增大了 14%。从断面图可以看出，1998—2011 年，南水道进口断面深槽右侧变化不大，但左侧持续冲刷，白茆沙头和心滩均大幅度的刷低，过水面积持续增大。2006 年后本断面右岸岸线调整外移，0m 以上的高滩减少了约 900m，但未对－5m 以下的槽宽产生影响。

南水道中段断面，1978—1992 年间，白茆沙和深槽均淤积，－5m 槽宽及面积均减小。在 1998 年大洪水作用下，南水道迅猛发展，1998—2001 年间，－5m 槽宽扩大了 502m（＋23.9%），－5m 以下过水面积扩大了 10288m²（＋26.8%），从断面图可以看出，扩大区域主要集中在深于－30m 的深槽部位，白茆沙右缘略有冲刷。2001—2006 年间，断面形状基本不变，但由于白茆沙右缘的持续冲刷，在－5m 槽宽变化不大的情况下，过水面积增大了 8.0%。2006—2011 年间，断面形状依然稳定，但－30m 以下的深槽部位发生淤积，过水面积减小了 7.4%，槽宽和面积均与 2001 年相当。2006 年后本断面右岸高滩围垦，同样未对主槽过水面积产生较大影响。

30 多年来，北水道与南水道断面面积比有明显的变化，1992 年，为北水道的鼎盛期，南、北水道进口断面面积比为 46.6∶53.4，此后，南、北水道虽然各有发展，但面积比却单向变化，2011 年为 73.1∶26.9，显示白茆沙汊道南（水道）强北（水道）弱的格局呈逐步加强的趋势。中段，1978—1992 年间为北水道发展期，北水道过水面积所占比例持续增大，1998 年后，南水道面积除 2001 年占 77% 较大外，其余测次在 70% 上下波动，多年平均为 70.8%，较为稳定。

5.3.5　深泓线变化

图 5.3-5 为南支河段近期深泓线变化图，白茆沙汊道段深泓变化有以下主要特点：

（1）分流点纵向变化幅度大，横向变化幅度小。1978—1992 年间分流点下移了 3840m，速率＋274m/a；1992—1998 年间分流点继续下移 1987m，速率＋331m/a；1998—2001 年，分流点纵向变化甚微，但向右偏转了 830m，促进了南水道的发展；2001—2006 年分流点上提 1890m，速率 378m/a；2006—2011 年又下移 650m，速率 130m/a。可以看出，白茆沙汊道段的分流点上下移动幅度较大，近 5 年趋缓，横向变化幅度较小，基本在河床轴线方向上左右摆动。

（2）汇流点 2006 年以前同样纵向变化幅度大，横向变化幅度小。1978—1984 年，汇流点上提 1620m，位于七丫口外；1984—1992 年汇流点下移 4400m，位于长江石化码头前沿；1992—1998 年汇流点再下移 780m，1998—2006 年又下移 740m，横向上向右移动 320m。2008 年以后，七丫口—浏河口段河道深泓线出现了明显的左移，2011 年与 2006 年相比，横向上平均左移达 1.7km，水流冲刷扁担沙右缘，造成扁担沙尾部淤积并向南扩展。目前，这一新的变化对下游河势的影响尚在持续中，产生这一现象的原因见南支主槽段的 5.4.5 小节的分析。

（3）白茆沙北水道深泓持续左移，南水道深泓变化较小。1978—1998 年间，出徐六泾深泓右偏，顶冲点下移至新建河上游的南新港附近，新建河下深泓左移了约 500m，崇明岛右侧近岸河床产生较大冲刷，尤其是新建河上下游 [图 5.3-6 (a)]；1998 年后，深泓左移幅度减小，至 2011 年，出徐六泾节点的深泓继续右偏，顶冲点正对新建河，但在护岸工程的作用下，新建河下深泓仅左移 50m。南水道在 1984—2011 年间，新泾河—七丫口之间的深泓在约 300m 范围内摆动，十分稳定。

白茆沙南、北水道深泓线的变化，主要受长江来水量大小及出徐六泾节点段的落潮主流方向的影响，同时护岸工程也起制约作用。洪水年长江主流趋直下泄，冲刷白茆沙，对南、北水道会产生有利或不利的影响；而影响出徐六泾后长江主流的方向，在于上游水道汇流顶冲点位置的变动。顶冲点下移，出徐六泾节点的主流方向右偏，下游顶冲点位置同步下移；当水流方向指向崇头附近，则有利于北支和白茆沙北水道入流条件的改善，但当水流方向右偏到一定程度，北水道分流将减小，南水道则顺势发展。

从白茆沙分汊段深泓的演变可知，徐六泾节点尚不能完全控制上游主流摆动的影响，其原因在于节点的束流控制作用并不充分。2008 年前，徐六泾节点段仅上口口门缩窄至小于

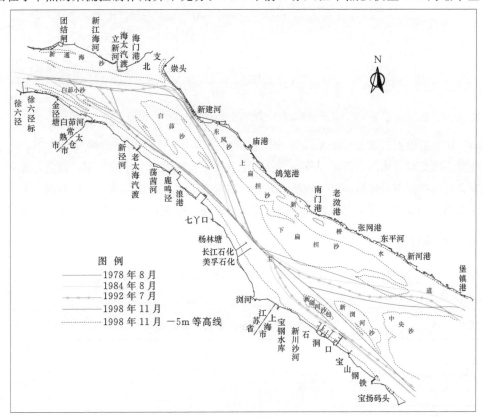

(a)1978—1998 年

图 5.3-5 （一）　南支河段近期深泓线变化图

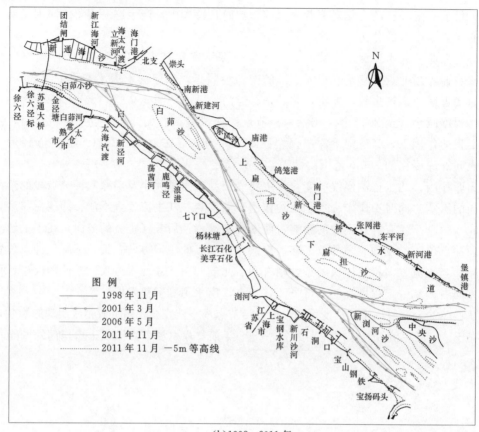

(b)1998—2011 年

图 5.3 - 5（二）　南支河段近期深泓线变化图

5.7km，其下左岸为松软易冲的新通海沙，右岸的白茆小沙也起到一定的导流作用，当上游入流角发生改变时，该两处河床边界尚不能完全有效地起到束流、导流作用。目前，徐六泾节点左岸新通海沙圈围及岸线调整工程基本完成，左岸岸线位置已基本确定，而右侧白茆小沙因冲刷失去圈围的基础，需要寻求合理的整治方案，并进一步研究工程对白茆沙汊道的影响。

5.3.6　河床冲淤变化

白茆沙河段的冲淤统计范围介于白茆河口与七丫口之间，见图 5.3 - 1，部分测次的冲淤分布见图 5.3 - 6。

表 5.3 - 5　　　　　　　白茆沙河段河床冲淤量统计成果表

项目 时间（年）	冲淤量/万 m³						
	0m 以下	0～−5m	−5～−10m	−10～−15m	−15～−20m	−20～−25m	−25m 以下
1978—1984	−10557	−2644	2223	−2989	−1728	−1787	−3631
1984—1992	−8841	4610	1263	−8871	−3773	−1392	−679
1992—1998	319	1766	−257	−1306	−1655	75	1697

续表

时间（年）	冲淤量/万 m³						
项目	0m 以下	0～−5m	−5～−10m	−10～−15m	−15～−20m	−20～−25m	−25m 以下
1998—2001	−239	770	−2173	−1202	2087	970	−693
2001—2006	−6169	−887	−1109	2855	−1160	−2183	−3686
2006—2008	−939	811	−402	−482	404	−505	−764
2008—2011	−3042	1043	−35	−2702	−368	−572	−408
累计	−29467	5470	−492	−14696	−6193	−5394	−8163

　　总体看，白茆沙河段 0m 以下河床，除 1992—1998 年间微淤外，其余时段均呈冲刷状态，1978—2011 年间，共计冲刷了 2.95 亿 m³，冲刷部位集中在 −10m 以下的河床，−5～−10m 之间冲淤基本平衡，0～5m 则总体淤积（见表 5.3-5）。其中，冲刷速度最快的时段为 1978—1984 年间，年均冲刷 1760 万 m³，另外 3 个时段，1984—1992 年、2001—2006 年以及 2008—2011 年间，年均冲刷分别为：1120 万 m³、1190 万 m³ 和 870万 m³，速率均较快。

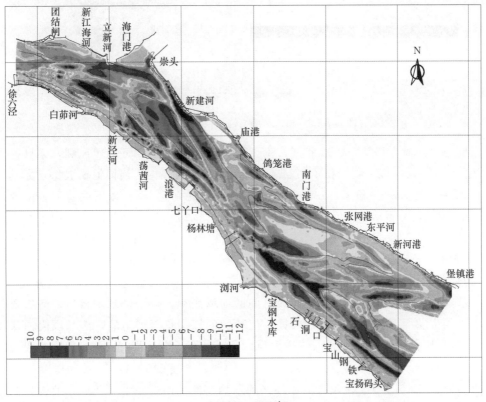

(a)1984—1998 年

图 5.3-6（一）　南支河段河床冲淤变化图

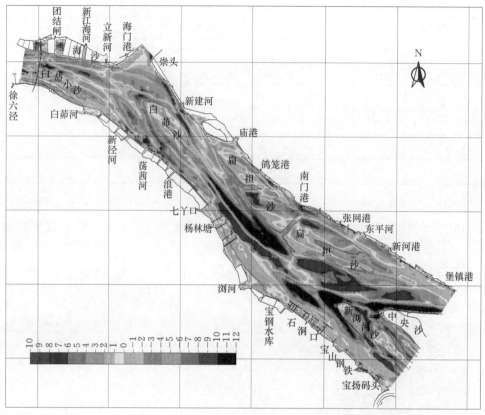

(b)1998—2011 年

图 5.3-6（二）　南支河段河床冲淤变化图

从时空分布看，1978—1992 年间，南支河段河床－10m 以下全面冲刷，累计冲刷了2.49 亿 m³，－10m 以上则淤积了 0.55 亿 m³，说明该时段内，河段河槽成型，尤其是白茆沙北水道，表 5.3-3 显示，1992 年 7 月，白茆沙北水道－5m 以下的容积占南北水道总容积的 42％，为历年最大值。1992—1998 年间，河段微淤，淤积部位集中于北支口门及白茆沙，1992 年 7 月和 1998 年 11 月，白茆沙－5m 以上的面积分别为 33.80km² 和30.23km²，远大于此前的 1978 年、1984 年，而 2001 年后白茆沙面积又逐渐减小（表5.3-1）。1998 年大洪水后（1998—2001 年），河段 0～－5m 之间的浅滩淤积，－5～－15m 之间的河槽冲刷，－15～－25m 之间的河槽淤积，冲淤量基本相当，河床自行调整。2001 年后，河段进入普遍冲刷时段，但冲刷的部位是不均匀的，该时段内白茆沙南水道－5m 以下的容积由 7.44 亿 m³ 增大为 8.99 亿 m³，扩大了 20.8％，但同时段内北水道容积却缓慢缩小，由 4.08 亿 m³ 减小为 3.64 亿 m³（表 5.3-3）。

冲淤图 5.3-6 反映了本河段河床冲淤的不均衡性：1984—1998 年间，北支口门、白茆沙以及白茆沙南水道内的一块心滩淤积，尤其是白茆沙最大淤积厚度达 10m 以上，白茆沙南水道进口段及北水道则冲刷发展；1998 年后，白茆沙南水道持续发展，北水道进口段则持续淤积，北水道除新建河附近局部冲刷外，总体萎缩，白茆沙头尾皆冲刷，沙体长度缩短。

5.3.7　小结

（1）历史上白茆沙河段的演变受上游澄通河段影响较大。徐六泾节点形成后，上游河段的变化对白茆沙河段的影响虽然减弱，但由于节点的束流作用并不充分，上游河势的变化依然影响着出徐六泾节点的主流方向，继而影响着下游白茆沙河段的河势变化。

（2）20 世纪 90 年代以来，白茆沙头在水流的顶冲作用下持续后退，沙尾也经历了大幅上提及切割的演变过程。1992 年左右是近代白茆沙发育的鼎盛期，1998 年大洪水后，白茆沙总体呈冲刷态势，沙体面积明显减小，沙头后退，沙尾上提，近年来变动速度趋缓。

（3）白茆沙南、北水道的演变与上游徐六泾节点段出口主流的方向休戚相关。1992年以前，南、北水道皆发展，但由于出徐六泾的主流指向白茆沙北水道，北水道冲刷发展速度远大于南水道；1992 年以后，出徐六泾主流持续向右偏转，白茆沙南水道与徐六泾节点段的主流顺畅衔接，南水道发展速度加快，而北水道则渐趋萎缩，白茆沙汊道段逐渐形成了"南强北弱"的河势格局。近年来白茆沙北水道落潮分流比持续减小，目前在30% 以下，过流能力的减弱，反映了北水道的衰退。

（4）白茆沙河段分流点与汇流点均表现为纵向变化幅度大，横向变化幅度小的特点；白茆沙北水道深泓下行逼岸，崇明岛右侧近岸河床产生较强冲刷，但随着出徐六泾节点深泓的持续右偏，顶冲点下移，北水道弯曲，以淤积萎缩为主；南水道深泓变化较小，多年来在约 300m 范围内摆动，十分稳定。

（5）白茆沙南、北水道进口段的断面面积变化表明，1992 年后南、北水道虽然各有发展，但面积比却呈单向变化，1992 年为 46.6∶53.4，北水道占优，至 2011 年则为73.1∶26.9，"南强北弱"的河势格局逐步形成并加强。但在中段，1992 年前北水道面积比增大，1992—1998 年间，面积比明显减小，北水道中段虽然缩窄，但近左侧河床刷深，1998 年后，北水道面积比多年平均约为 29%，与分流能力相当。

（6）白茆沙河段总体以冲刷为主，1978—2011 年间，共计冲刷了 2.95 亿 m³。有 2个主要影响因素：一是长江来水量的大小；二是出徐六泾节点段的落潮主流方向。洪水年长江主流趋直下泄，冲刷白茆沙，对南、北水道的河槽形态产生影响；出徐六泾节点的主流右偏，下游顶冲点位置同步下移，当指向崇头附近，则有利于白茆沙北水道及北支的入流，但当右偏到一定程度，北水道分流将减小，南水道则顺势发展。当然，三峡工程蓄水，流域来沙量显著减小，以及白茆沙河段的采砂活动，也是影响本河段河床冲刷的因素。

5.4　南支主槽段

南支主槽段位于白茆沙汊道汇流点和南北港分流点之间，近 30 年来在七丫口至新川沙河之间上下摆动，长度在 10～20km 之间变化，自上而下逐渐展宽，由南支主槽、扁担沙及新桥水道组成。南支主槽是以落潮流为主要动力塑造的单一河槽，平面形态顺直微弯，因受白茆沙南北水道水流动力强弱交替变化及汇流点上下变动的影响，扁担沙右缘冲淤频繁，使得南支主槽左侧河床多变，加之区段内水流动力变化复杂，其河槽尺度及河床形态的变化时常显得较为强烈。新桥水道介于扁担沙与崇明岛之间，上起鸽龙港，下至堡镇港，全长约 33km，该水道演变分析见 5.6.9 小节。

5.4.1　扁担沙

扁担沙位于南支河段左侧，是纵亘于南支河段中形成南支主槽左边界和新桥水道右边界的巨大江心洲，头尾窄，中间宽，总体呈长条形，与白茆沙交错排列，洲头上接已圈围的东风沙，洲尾是北港进口段的上边界，介于新河港和堡镇港之间。以崇明南门港为界，以西称上扁担沙，以东称下扁担沙。按 −5.00m 高程计算，2006 年洲体总长 33.5km，最大宽度 6.6km，占河宽一半以上，滩面自上游向下游倾伏。

1860 年，扁担沙下段在崇明岛中部南岸水域形成大片心滩，1900—1912 年，心滩中部出水成洲，洲体长 9km，宽度为 2km。上扁担沙的形成与发展和白茆沙河段息息相关，1931—1934 年上扁担沙形成雏形，中心部位在庙镇一带，地貌形态属边滩沙嘴，1958 年老白茆沙（时称老鼠沙）北靠崇明岛后，扁担沙上、下两部分遂连成一体，南支主槽段形成由新桥水道、扁担沙及南支主槽组成的偏 "W" 形复式河槽[1]。

近期扁担沙的平面变化见图 5.3 − 1。由图可见，扁担沙左缘南门港以上以淤积为主，右缘呈周期性冲淤变化，表现出淤积、冲刷、再淤积的过程，洲体变化具有上段冲刷、下段淤积的特点。

扁担沙右缘，1978—1984 年鸽龙港以上向左蚀退，鸽龙港以下向右淤长，洲尾向下大幅延伸。1984—1992 年间，上扁担沙滩面多处出现横向串沟或切滩槽，在鸽笼港附近，由西北向东南形成一条几乎贯穿整个扁担沙、长约 5.7km、平均宽约 0.5km 的 −5m 串沟，该串沟的形成与该时段内白茆沙北水道迅速冲刷发展有关，若非 1992 年以后白茆沙北水道河床从冲刷转为淤积，该串沟将可能取代新南门通道成为南支连接新桥水道最上游的通道。下扁担沙右缘仍向右小幅淤长，洲尾与中央沙头之间有新的堆积体出现。1978—1992 年间，白茆沙北水道 −5m 以下河床冲刷了 2.0 亿 m³，是南支主槽段下扁担沙及其下游沙洲的堆积和淤长重要的泥沙来源。1992—1998 年间，上扁担沙右缘继续受冲左移，下扁担沙尾部出现了面积近 9.0km² 分离的切割体。1998 年大洪水后，至 2001 年，上扁担沙略向右淤涨，下扁担沙沙头下移，新南门通道贯通，右缘局部小幅淤积，原洲尾切割体变形下移，其上游右侧又新生一块面积约 1.6km² 的切割体，使得扁担沙尾与新桥通道之间河床变化及水流动力更趋复杂，进而影响到北港入流路径。2006 年后，上扁担沙沙尾向下淤长，下扁担沙头受冲后退，导致新南门通道下移并逆时针偏转，入流渐趋困难，而下扁担沙尾的 2 块切割体继续下移，大的冲刷变小，小的淤涨增大。2011 年，新南门通道继续逆时针偏转，中轴线几与南支主槽垂直，−5m 平均槽宽减小为约 500m，预计在不长的时间内将消亡，而此时鸽笼港附近的冲刷槽又产生，可能取代新南门通道成为南支主槽与新桥水道上端水沙交换的新通道，而此时的下扁担沙洲尾也出现较大的变化，其南侧继续顺水流向下延伸，沙体中间出现了 2 条平均宽约 800m 的纵向冲刷槽，该现象可能与下游青草沙水库建设缩窄河宽，增强了涨潮流上溯的动力使扁担沙尾受冲有关。

从扁担沙近期面积变化（表 5.4-1）可以看出，1992 年左右为扁担沙鼎盛期，浅于 −5m 的面积达 105.3km²；在 1998 年大洪水作用下，扁担沙遭受冲刷，面积缩小了 8.3km²（−7.9%），尤其是南门港以上 [图 5.3-6 (a)]；1998—2006 年间，扁担沙面积变化不大，平均约 98.0km²，2011 年缩小至 94.8km²。

表 5.4-1　　　　　　　　　　　　　扁担沙面积变化（−5m）

时间（年-月）	1978-08	1984-08	1992-07	1998-11	2001-03	2006-05	2011-11
面积/km²	76.0	100.5	105.3	97.0	98.1	99.1	94.8

注　上边界为 3510037，332833；3509252，336522

扁担沙所处水域江面宽阔，涨、落潮流路分歧，因左、右侧河床阻力的差异导致涨落潮相位不同步，形成利于泥沙堆积的缓流带。河床演变分析表明，扁担沙洲体总体上较为稳定，但又存在不稳定的一面，即沙体右缘时有蚀淤。由于落潮横比降的作用，扁担沙滩面常被横向水流切割出数条浅水串沟，在主流北偏或上游来水量增加的条件下，这些浅水串沟中就可能发育成横向或斜向水深较大的通道；沙尾也常常受水流切割而分裂，从而形成江中心滩，增加了南支主槽段河床变化及其对下游河势影响的复杂性[6]。目前的新南门通道及新新桥通道都是因此而形成，长江口长条形洲滩都有相似的演变特点，但发育的阶段与规模有所不同。作为南支主槽的左边界，扁担沙右缘及沙尾变化频繁，与白茆沙及白茆沙北水道的演变密切相关，主要表现在以下方面：① 当白茆沙体被冲刷，沙头后退，或沙尾受水流冲刷上提，部分冲蚀下移的泥沙成为扁担沙淤高扩大的沙源。② 当出徐六泾节点主流指向白茆沙北水道上口，北水道冲刷发展，深槽贯通，白茆沙沙尾向下延伸，扁担沙右缘上段受水流冲刷后退，北水道冲刷下的泥沙补给到扁担沙下段，导致下段沙体向右淤涨，而当出徐六泾主流向右偏转到一定程度，白茆沙北水道萎缩，上扁担沙右侧淤积。③ 20 世纪 70 年代开始，北支泥沙倒灌南支强度增大，北支倒灌的泥沙通过白茆沙北水道向南支中下段输送，为扁担沙右缘淤积扩大提供了一定的沙源。

扁担沙右缘"凸点"（扁担沙向右侧河床突出的部位），近 30 年来呈持续下移态势，"凸点"之上，一般受冲后退，"凸点"之下，一般淤涨延伸。1978 年"凸点"位于七丫口与杨林塘之间，1992 年已至杨林塘下游，下移了 2.2km；1998 年继续下移 7.5km 至浏河口，为下移速度最快时段；2001 年与 1998 年相比，下移幅度不大，但横向向右移动了约 300m；至 2006 年，"凸点"继续下移约 4.0km 至新川沙河附近，2011 年，"凸点"未再向下移动，而是向左横向后退了约 700m，"凸点"的左、右移动，分别代表着扁担沙右缘的冲刷和淤积。

扁担沙的作用主要体现在有效缩小了主槽的宽度及其横向冲淤变化的空间，为南支主槽段提供了相对稳定的北边界，从而使本段河势保持总体稳定的局面。随着扁担沙"凸点"的持续下移，沙尾淤涨南扩，新桥通道逆时针偏转，对北港入流已产生了不利影响。2011 年下扁担沙上出现的纵向冲刷槽，与新桥通道趋于萎缩，落潮水流寻找新的进入北港的下泄通道有一定的关系。目前，因新浏河沙护滩工程、南沙头通道限流潜堤工程、中央沙和青草沙圈围工程等先后实施，南北港分流段下边界基本固定，但作为上边界的扁担沙尾仍处于自然演变之中。因此，有必要研究扁担沙护滩方案，以稳定南北港分流，进而稳定下游河势。

5.4.2 南门通道

由于横向越滩水流的作用，扁担沙上一直存在或大或小的冲刷槽。1973—1975 年，扁担沙中上部位生成串沟，至 1978 年形成一个宽 1.5km 的南门通道，分泄径流进入北港，致使南港淤浅，为防止南门通道在洪季再度发展扩大，从而影响南港右岸岸线的开发利用，1979 年 4 月 30 日起在南门通道中部设置了一条抛石潜坝，坝轴线与水流方向基本垂直，设计的最终坝顶标高为 −6.00m（实际 −5.45m），最终建设总长 1823m，工程未获得预期效果。后因河势变化，该通道于 1982 年自然衰退[7]。

1992 年，扁担沙沙体上出现了 3 个纵向槽，分别位于鸽笼港和南门港附近，呈东西略偏南方向平行排列，但均未贯通南支主槽与新桥水道；1998 年，原 3 个冲刷槽于南门港附近合并成一个，槽中最深点高程已达 −7.5m，但依然未贯通；至 2001 年 3 月该新南门通道形成，−5m 平均槽宽约 900m，槽长近 5.0km，呈东西走向，由七丫口指向南门港。新南门通道的存在有利于扁担沙左侧新桥水道的稳定，但如果过度发展，将增加南支下段河势的不稳定，因此在《长江口规划》中，规划对此通道采取护底工程措施，以防止冲深扩大。2001 年后，新南门通道下移，但上下口移动速度不一致，至 2006 年，上口下移约 1.6km，下口下移约 4.5km，槽宽变化不大，但通道顺时针偏转，通道长度增长至 8.0km；至 2011 年，通道上口下移，下口上移，宽度缩窄至约 500m，长度缩短至 4.5km，轴线与南支主槽几乎垂直，入流不畅预示着该通道将淤积萎缩。

5.4.3 主槽平面变化

南支主槽段左右两侧分别为扁担沙和太仓边滩。太仓边滩长期以来一直较为稳定，其高程和平面位置变化不大，近年来太仓边滩大部分实施了圈围工程，岸线平均外推约 1km，除河道尺度改变外，其对本段及下游河床及河势的影响较小，详见第 9 章 9.2.3 小节。

南支主槽是一个顺直且向南微弯的单一河槽，涨落潮流路基本一致，主流偏南，水深长期保持在 15m 以上。从图 5.3−2 可以看出，−10m 主槽左侧受扁担沙右缘及白茆沙沙尾冲淤变化影响，平面位置变化较为频繁，且有时变化幅度较大，如 1998—2001 年，因白茆沙 −10m 沙尾被冲刷切断，沙尾上提约 6.7km，致使扁担沙右缘 −10m 向左冲刷后退约 950m，主槽 −10m 槽宽相应大幅增大；南支主槽右侧 −10m 等高线一直较为稳定，历年来平面位置变化不大。因此，北侧扁担沙右缘频繁冲淤以及白茆沙沙尾向下淤长或冲刷上提等，是该段 −10m 主槽平面位置变化的主要原因。

5.4.4 断面变化

在南支主槽段七丫口、石化码头、浏河口布置 3 个横断面，断面位置见图 5.3−2，分析如下：

（1）七丫口断面。该断面位于白茆沙南、北水道汇流位置附近，河道断面宽度相对较窄，对下游河床变化能起一定的控制作用。由图 5.4−1 可见，1978—2011 年右岸边坡和深泓线平面位置基本稳定。1992 年该断面主槽冲刷，河槽底部大幅下切，最大水深接近 40m，−15m 槽宽缩窄；1998 年大洪水后，该断面主槽淤积，深槽底部抬高，深槽形态基本恢复至 1984 年时的状态；此后深槽形态及尺度变化不大，但扁担沙右缘持续冲刷后退，先快后慢，−10m 槽宽扩大，受白茆沙尾沙埂延伸的影响，−10m 以下河槽有向"多槽"发展的现象。左岸扁担沙 2006 年后逐渐淤高。

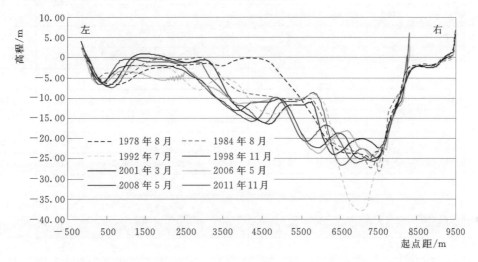

图 5.4−1　七丫口断面变化图

七丫口断面−10m 槽宽逐年扩大，从 1978 年的 2554m 增大至 2008 年的 4777m（87％），2011 年略有缩小；−15m 槽宽则波动增大，1978—2011 年间共增大了 53％。七丫口断面面积曾经于 1992 年达到一个较大值，1998 年大洪水造成本断面河槽淤积，此后随着主槽左侧扁担沙右缘的冲刷，−10m 以下的过水面积又逐渐增大。断面最深点历年来摆动的幅度达 1.1km（表 5.4−2），可见七丫口断面面积及形态并不稳定，距成为对下游河势起控制作用的"节点"还有相当差距。

表 5.4−2　　　　　　　　　　南支主槽段河床断面特征值统计表

断面	时间（年-月）	−10m 以下			−15m 以下			最深点	
		槽宽/m	面积/m²	平均水深/m	槽宽/m	面积/m²	平均水深/m	高程/m	起点距/m
七丫口	1978−08	2554	25096	9.8	1973	13839	7.0	−25.2	7258
	1984−08	3112	24074	7.7	1712	14144	8.3	−28.4	7502
	1992−07	3475	36028	10.4	1632	23451	14.4	−38.1	7000
	1998−11	4039	28723	7.1	2116	14473	6.8	−26.7	6567
	2001−03	4357	29148	6.7	2466	12025	4.9	−24.1	6365
	2006−05	4494	30626	6.8	2526	15392	6.1	−24.3	7309
	2008−05	4777	32820	6.9	2523	16424	6.5	−25.4	7276
	2011−11	4594	35836	7.8	3026	16897	5.6	−26.1	6896
	历年平均	3925	30294	7.7	2247	15831	7.4	−27.3	7022

续表

断面	时间 （年-月）	−10m 以下			−15m 以下			最深点	
		槽宽/m	面积/m²	平均水深/m	槽宽/m	面积/m²	平均水深/m	高程/m	起点距/m
长江石化	1978 – 08	2995	25609	8.6	2350	12234	5.2	−24.4	7946
	1984 – 08	2184	25322	11.6	1733	15558	9.0	−32.7	8152
	1992 – 07	2055	33086	16.1	1737	23701	13.6	−48.1	8290
	1998 – 11	3063	27147	8.9	1657	16934	10.2	−31.2	8527
	2001 – 03	3672	27468	7.5	1658	16194	9.8	−31.9	8610
	2006 – 05	4053	32842	8.1	3476	14111	4.1	−23.2	8635
	2008 – 05	3756	32925	8.8	3364	15114	4.5	−22.3	6867
	2011 – 11	4050	37477	9.3	3438	18681	5.4	−25.2	7124
	历年平均	3228	30234	9.4	2427	16566	7.7	−29.9	8019
浏河口	1978 – 08	5042	15657	3.1	463	326	0.7	−16.2	8531
	1984 – 08	3673	17177	4.7	1428	4932	3.5	−20.7	8312
	1992 – 07	3864	21498	5.6	1543	6891	4.5	−23.1	8947
	1998 – 11	3399	32082	9.4	2620	16623	6.3	−29.2	8616
	2001 – 03	3218	30886	9.6	2517	16155	6.4	−29.8	8630
	2006 – 05	4103	27102	6.6	2465	9951	4.0	−27.9	9080
	2008 – 05	4374	27112	6.2	2810	7475	2.7	−21.5	9362
	2011 – 11	4653	32233	6.9	3275	11696	3.6	−20.8	8453
	历年平均	4041	25468	6.3	2140	9256	4.0	−23.6	8742

（2）长江石化码头断面。该断面位于南支主槽段的中部。由图 5.4-2 可见，1978—2011 年右岸−7m 以上的边滩基本稳定。1978—1992 年，断面左侧扁担沙右缘向槽中淤涨约 1km，本段淤积与上游扁担沙右缘大强度冲刷有关；主槽大幅冲刷下切，最大冲深达 25m，最深点高程接近−50m；1998 年大洪水后，深槽部位出现淤积，最深点高程淤高近 17m。1992 年后，扁担沙右缘持续冲刷后退，2006 年后，主槽中部有纵向沙埂，河槽分化，左深槽在断面中的权重大于右深槽，断面形态由 V 形向相对较宽浅的 W 形发展。

表 5.4-2 可见，长江石化断面−10m 槽宽于 1992—2006 年间逐年增大，从 2055m 增大至 4053m，扩大了近 1 倍；−15m 槽宽 1984—2001 年间较为稳定，平均 1.7km，2001—2006 年间急剧增大，从 1658m 增大至 3476m，扩大了 1.1 倍，从断面图可以看出，此时段主槽左侧−10m 低滩大范围冲刷，−15m 槽宽增大；2006—2011 年间−10m 及−15m 槽宽均变化不大。长江石化断面−10m 以下面积与七丫口断面变化一致，即均于 1992 年达到近年的较大值，1998 年减小，其后再增大，并超过 1992 年。断面深泓点 1978—2006 年间平面变化不大，在不到 700m 的范围内摆动，但 2008 年后断面深槽部位左冲右淤，白茆沙尾下延沙埂使主槽出现双深槽，深泓点移位于左侧深槽内，相对于原右侧深泓点，左移了 1.3km，其影响尚有待观察。

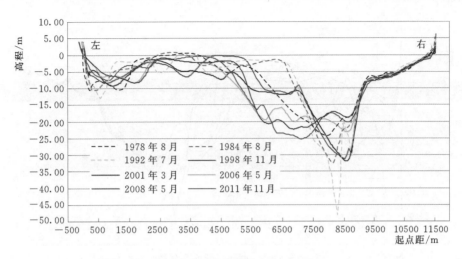

图 5.4 - 2　长江石化码头断面变化图

（3）浏河口断面。该断面位于本河段中下段，比较靠近南北港分流段，河床在水流的分离、交汇等复杂动力作用下，常常发生剧烈变化。由图 5.4 - 3 可见，1978—2011 年断面呈犬齿交错状，显示着多种流态的水流共同强烈作用的结果。1978—1998 年断面主槽刷深，下扁担沙右缘持续淤积；1998—2001 年主槽断面形状变化不大，但扁担沙右缘又向右淤涨了约 200m；2001 年后，断面右侧依然变化不大，但左侧由淤转冲，深槽淤积，槽宽扩大。新南门通道自形成以后逐渐下移，2006 年下移至本断面附近，因此，断面上可以看到南支主槽、新南门通道和新桥水道 3 条河槽同时存在。

表 5.4 - 2 可知，浏河口断面 -10m 槽宽以 2001 年为界，前减后增，平均达 4.0km；-15m 槽宽则逐渐增大，说明断面主槽有向相对宽浅方向发展的趋势。-10m 及 -15m 以下的断面面积变化趋势一致，即 1998 年均达到较大值，其后逐步减小，近年又有增大的迹象。

本断面河道宽阔，主槽形态与上游相比已有较大不同，深槽底部时有堆积体出现。表 5.4 - 2 可见，七丫口与长江石化码头断面，-10m 与 -15m 以下的过水面积，多年平均分别为：30294m²、30234m² 和 15831m²、16566m²，差异不大，而至浏河口断面，则分别为 25468m²、9256m²。-10m 以下缩小了近 16%，-15m 以下则缩小了 43%，可见至浏河口一带主槽水流动力已不如本段上游集中，有较多的水量通过扁担沙以漫滩的形式下泄。

从本节断面分析可知，南支主槽目前处于"主槽拓宽、深槽分化"阶段，由于纵向沙埂发育，河槽有向双槽或多槽发展的趋势。白茆沙及扁担沙右缘"凸点"以上部位冲刷的泥沙，部分淤积于扁担沙尾部，导致沙尾南扩，部分淤积于主槽，导致河槽形态趋于相对宽浅，从断面图看，淤积主要集中于 -15m 以下的深槽部位。

5.4.5　深泓线变化

图 5.3 - 5 为南支河段近期深泓线变化图。南支主槽段深泓纵向变化大，有以下主要特点。

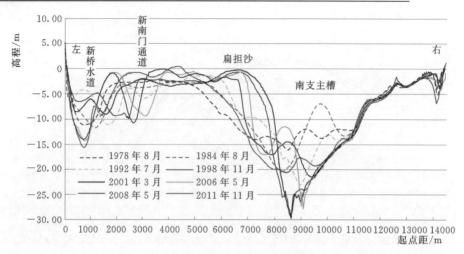

图 5.4-3　浏河口断面变化图

（1）白茆沙南、北水道的汇流点逐年下移，速度先快后慢，1984 年位于七丫口，1992 年位于长江石化码头前沿，下移了 4.4km，此后至 2006 年，在长江石化码头上下游 1.5km 的范围内上下摆动。

（2）南、北港分流段的分流点持续下移，1978—2011 年间累计下移了 12km，中间经历了两个快速下移的时期，分别为 1992—1998 年间和 1998—2001 年间，下移速度分别为 1000m/a 和 810m/a，可见 1998 年大洪水对长江口洲滩的冲刷影响非常显著。

（3）1978—2006 年间，南支主槽段深泓左右摆动较小，但 2011 年与 2006 年相比，白茆沙南水道深泓先于七丫口处向左突变了 1.5km，至长江石化码头下游白茆沙南、北水道汇流处，平均向左移动了 1.7km，至浏河口，又向右移动了 550m，直至下行至新川沙河附近，才顺延原深泓轨迹线趋势。深泓变动如此剧烈，在于深槽淤积，河槽分化，不再有原来稳定的傍靠右岸的深泓。图 5.4-4 和图 5.4-5（以槽中沙埂为中心）清楚地反映了这一点。

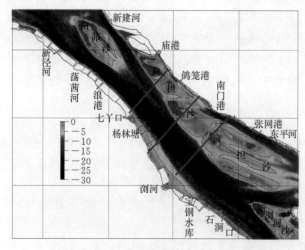

图 5.4-4　南支主槽河势图（2011 年）

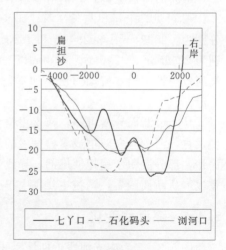

图 5.4-5　南支沿程断面图（2011 年）

5.4.6　河床冲淤变化

根据 1978 年以来的历次地形资料，统计了南支主槽段河床冲淤量，统计范围上起七丫口，下至新川沙河，左侧以扁担沙为界（图 5.3-1）。

表 5.4-3　　　　　　　　　　南支主槽段河床冲淤量统计成果表

项目 时间（年）	冲　淤　量/万 m³						
	0m 以下	0～−5m	−5～−10m	−10～−15m	−15～−20m	−20～−25m	−25m 以下
1978—1984	−426	−1949	1369	5203	−245	−1897	−2907
1984—1992	−4460	4029	2245	−2719	−2598	−1000	−4417
1992—1998	−12377	−2977	−4193	−3217	−3220	−1475	2704
1998—2001	−1334	109	−571	−2112	−773	427	1586
2001—2006	−697	−249	−838	−4568	−1848	2766	4040
2006—2011	−13507	−2056	−4216	−3625	−2212	−951	−448
累计	−32801	−3093	−6204	−11037	−10896	−2130	559

注　"+"为淤积，"−"为冲刷。

表 5.4-3 显示，自 1978 年以来，南支主槽段持续冲刷，30 多年来 0m 以下河床累计冲刷量达 3.28 亿 m³，冲刷下泄的泥沙对南北港分流段及南港、北港河段的河床演变产生了影响。总体看，冲刷的高程区间主要发生在−5～−20m 之间，其中−10～−20m 范围内冲刷尤为剧烈，达 2.19 亿 m³，占 0m 以下冲刷总量的 67%。冲刷强度最大的时期是 1992—1998 年间和 2008—2011 年间，0m 以下冲刷速度分别达 1950 万 m³/a 和 2450 万 m³/a。

南支主槽段虽然总体呈冲刷状态，但冲淤在时间和空间上的分布差异很大，如 1978—1984 年间，−5～−15m 深度区间淤积了 6572 万 m³，而−15m 以下则冲刷了 5049 万 m³；又如−25m 以下的深槽部位，1984—1992 年间冲刷了 4417 万 m³，而 2001—2006 年间又淤积了 4040 万 m³，显示河床的冲淤变化频繁且剧烈。由于河床冲淤大多发生在河槽的深槽部位，因而主槽的平面形态变化较小。

1992 年以来，南支主槽段深槽趋于淤积，至 2006 年，−20m 以下的深槽部位累计淤积了 1.15 亿 m³，但河床整体又呈冲刷状态，因此河槽展宽。由于每天巨大的涨落潮量于河槽内往复运动，由前文分析可知，2006 年后浏河口断面−10m 以下的平均水深依然达 6.6m，因此尚未影响长江口的航运。

由冲淤图 5.3-6 可见，1984—1998 年间，河床淤积部位主要在下扁担沙，其时白茆沙北水道发展，部分冲刷下来的泥沙在下扁担沙右缘堆积，最大淤高在 10m 以上，下扁担沙其他部分也以淤积为主，但幅度较小，大多在 0～2m 之间；1998—2011 年间，七丫口至浏河口之间的南支主槽内，北冲南淤，最大冲淤幅度均在 10m 以上，导致河槽的深槽淤积、扁担沙右缘冲刷、槽宽增大、河槽分化。

5.4.7　水流动力在南支主槽段河床演变中的作用

河床演变的研究对象及目的，主要是揭示挟沙水流与河床之间的相互作用。长江口径流量和泥沙量大、潮汐作用强，在地转效应作用下，宽阔的河床中很容易产生涨、落潮流路的分歧现象。在南支主槽段，南支主槽为落潮槽，新桥水道以涨潮动力为主。涨、落潮流路分歧对河床演变的影响表现在：① 宽阔河床中两流路之间为缓流区，在涨落潮过程中水流挟沙能力降低，泥沙容易落淤，常形成较稳定的泥沙堆积带，以至洲滩充分发育，庞大的扁担沙就是在这种环境下形成的。② 流路之间的横向流作用显著。受科氏力和河床阻力差异影响，在南支主槽段，涨潮时左侧新桥水道高潮位高于主槽，落潮时主槽低潮位又高于新桥水道。同一河槽内，左、右岸或者某一洲滩左右侧之间因潮汐相位不同而产生横向水面比降，对落潮流占优势的南支主槽段，落潮横比降大于涨潮横比降，由落潮横比降形成的横向水流，对于由易冲的细砂组成的扁担沙滩面，就具有较大的冲刷切割能力，于是，一条或多条由主槽至新桥水道的斜向通道产生，并使得局部河床冲淤变化十分强烈。

南支河段是以落潮流为主要造床动力的河道，上游河势变化对下游河道演变产生直接影响。历史上白茆沙汊道河势发生大的变化时，均会对下游南北港分流段甚至南北港河段的演变产生影响。南支主槽段上连白茆沙汊道段，下接南北港分流段，因此白茆沙汊道段河势变化对南北港分流段及其下游的影响，一般通过南支主槽段过渡和传递。南支主槽段河床（特别是深槽河床）冲淤变化较为剧烈，其深槽形态较为复杂，反映出上游河段对下游河段河床演变影响的复杂性。因此，研究南北港分流段以及南北港河段河道演变和整治，应注重对南支主槽段演变和整治的研究。

5.4.8　小结

（1）南支主槽段介于白茆沙南、北水道汇流段与南、北港分流段之间，主流偏南。右岸边滩及边坡历来稳定少变，太仓段岸线调整工程实施后更是固定了河道右边界；左边界扁担沙为近代淤积的沙体，历年冲淤频繁。该河段落潮占优势的动力条件及以粉砂为主的河床边界条件，使冲淤演变呈现自上而下的传递过程。河床多年来总体以冲刷为主，较为强烈的冲淤变化大多发生在河槽的深槽部位，主槽的平面位置变化相对较小。

（2）扁担沙右缘呈周期性冲淤变化，近期呈上冲下淤，沙尾南扩态势，沙体面积略有减小。扁担沙有效缩小了南支主槽段的宽度及其横向变化空间，使该段总体河势未发生大的变化。但需要注意的是，扁担沙右缘"凸点"近 30 年来持续下移，随着"凸点"的下移，沙尾淤涨，使新桥通道略呈逆时针偏转，对北港入流产生不利影响。目前，下游诸护滩工程先后实施，南北港分流段下边界基本固定，但作为上边界的扁担沙尾一直处于不断变化之中，因此，有必要研究扁担沙护滩圈围方案，以进一步稳定南北港分流，进而稳定下游河势。

（3）2006 年前，南支主槽段的深泓线纵向变化大，横向变化小；2006 年后，深泓线于七丫口处向左骤移约 1.7km，原因在于本段主槽槽宽拓展、深槽淤积、河槽分化，断面形态向相对较宽浅的 W 形发展，目前左深槽最深点高程深于右深槽，导致深泓左移。双槽或多槽并存于同一河道内，河道稳定性不如单一河槽，本段河槽分化的发展及其带来的影响，在今后研究中有必要进一步关注。

5.5　南北港分流段

南北港分流段作为长江口的第二级分汊，是长江口历史上洲滩稳定性最差的区域，河槽宽阔，浏河至南门断面宽约 13.5km，中央沙头分汊口处河宽约 15.3km。目前存在着下扁担沙、新浏河沙、中央沙、新桥沙（扁担沙尾切割体）等洲滩，相应的汊道有新宝山水道、南沙头通道、新桥通道、新新桥通道、中央沙南小槽等，是典型的多汊道河段（图 5.5-1）。

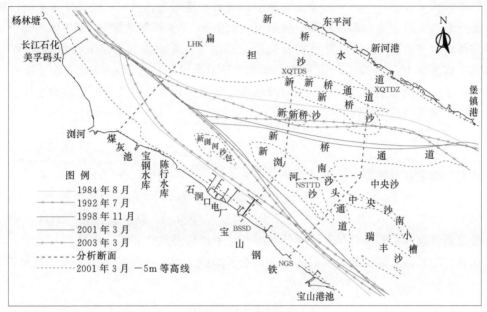

(a)1984—2003 年

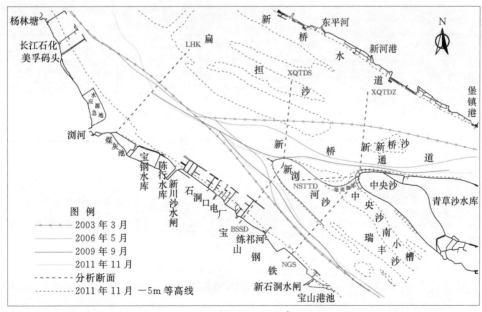

(b)2003—2011 年

图 5.5-1　南北港分流段深泓线变化

南北港分流段径流、潮流作用均较强,各分流通道两侧均为松散易动的沙滩,河床演变复杂,分汊口及分流通道变迁频繁。每一次分汊口的变迁及新通道的产生,不仅直接影响南支下段河势的稳定,而且大量切滩泥沙向下游输移,对南北港河床冲淤带来较大影响。南北港分汊口及分流通道的演变主要表现为以下两种形式:一是由于上游河势变化,主流摆动,大量底沙下泄,导致分流通道上口被潜心滩堵塞,过流不畅,于是水流冲刷分汊口附近潜心滩或潜边滩形成新的分流通道,如 1958 年新崇明水道和 1963 年新宝山水道的形成即属这种情况;二是由于新的分流通道形成后,在水流的作用下,沙嘴受冲下移,通道在下移过程中不断偏转,与主槽交角增大,阻力增加,过流不畅而导致通道逐渐萎缩,横向漫滩水流切割沙体形成新的分流通道,从而导致分汊口及分流通道的变迁,如新桥通道的形成即属这类情况。

5.5.1 深泓线变化

近期,南北港分汊位置呈下移之势(图 5.5 - 1),各洲滩头冲、尾淤(图 5.5 - 2、图 5.5 - 3),洲滩的下移使得整个分汊口位置随之下移,1978—2011 年间累积下移了 12.13km(表 5.5 - 1)。整治工程的建设初步稳定了中央沙、新浏河沙及青草沙,但深泓下移导致新浏河沙护滩堤外侧及青草沙水库北堤上段堤外滩地冲刷,滩槽高差加大,影响整治建筑物的稳定,以至相关部门对其又实施了加护工程,工程简介及平面布置见 5.7.2 小节。

表 5.5 - 1　　　　　　　　　南北港分汊点下移距离的变化　　　　　　　　单位:km

时段(年)	距离	时段(年)	距离
1978—1984	1.21	2001—2003	−1.18
1984—1992	0.66	2003—2006	1.48
1992—1998	6.36	2006—2009	0.80
1998—2001	1.90	2009—2011	1.20
1978—2011	12.13		

注　"−"表示上移。总计与各时段间移动之和的差异在于分汊点在下移过程中存在左右摆动。

5.5.2 沙洲的变化

南北港分流段近期各洲滩的演变分述如下(图 5.5 - 2 和图 5.5 - 3,扁担沙的演变分析见 5.4.1 小节)。

5.5.2.1 中央沙

中央沙位于南北港分流段末端,是西端受落潮流顶冲、东端与长兴岛相连的半固定洲滩。自长江口有测图(约 1870 年)以来,至 20 世纪 80 年代,中央沙沙头曾经历过 3 次后退、2 次上提,上下移动的距离均在 10km 以上,可谓演变剧烈[8]。

20 世纪 90 年代初,南支主流切割新浏河沙头部形成落潮槽,部分下移沙体合并中央沙，使中央沙头上移了约 2km。1984—1992 年间，沙头上提了 0.92km。1998 年、1999年长江发生大洪水，中央沙头持续后退，时快时慢，至 2007 年，共下移了 2.21km。其后，在中央沙圈围工程的守护下，沙头后退受到遏制，2007—2011 年间，总计上提了0.23km（表 5.5 - 2）。

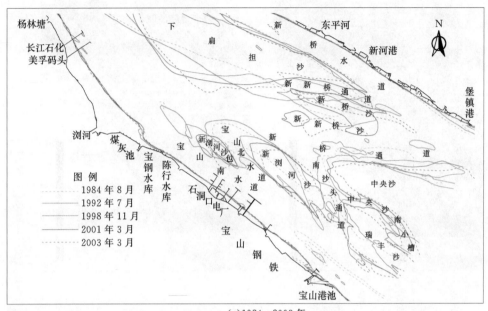

(a)1984—2003 年

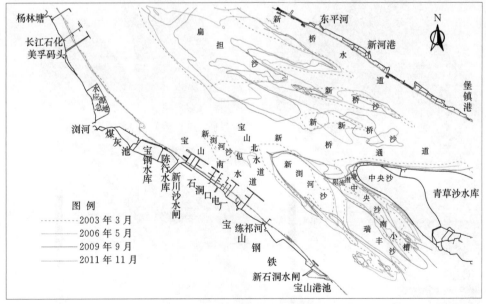

(b)2003—2011 年

图 5.5 - 2　南北港分流段－5m 等高线演变

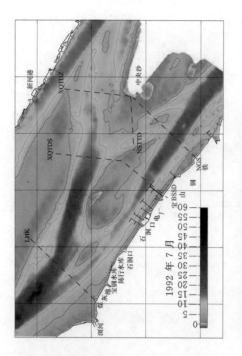
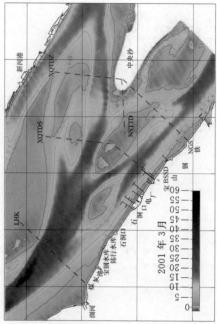
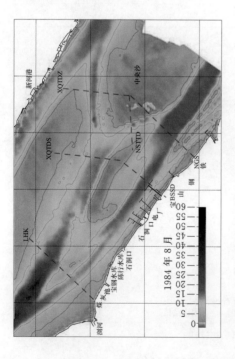
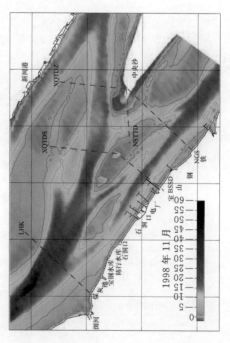

图 5.5 - 3（一）　南北港分流段河床演变过程（1984—2001 年）

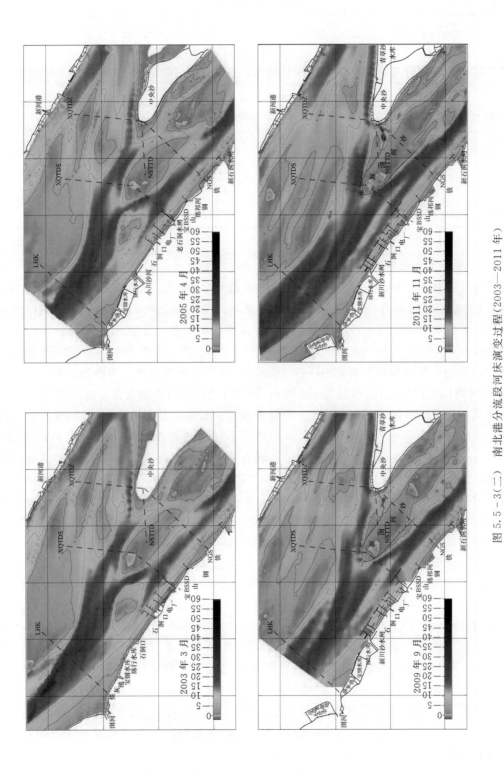

图 5.5 - 3(二)　南北港分流段河床演变过程(2003—2011 年)

表 5.5 - 2　　　　　　　　　　　　　中央沙头移动距离　　　　　　　　　　　　单位：km

时段（年-月）	下移距离	时段（年-月）	下移距离
1984 - 08—1992 - 07	−0.92	2003 - 03—2006 - 05	0.94
1992 - 07—1998 - 11	1.31	2006 - 05—2007 - 11	0.40
1998 - 11—1999 - 12	0.38	2007 - 11—2008 - 11	−0.06
1999 - 12—2001 - 03	0.07	2008 - 11—2009 - 09	−0.10
2001 - 03—2002 - 12	0.42	2009 - 09—2011 - 09	−0.07
2002 - 12—2003 - 03	0.00	1984 - 08—2011 - 11	2.37

注　"—"表示上移。

5.5.2.2　新浏河沙和新浏河沙包

因河道放宽率较大、上下河床抗冲性差和丰富的泥沙来源，导致浏河口外的主槽内时有低滩型沙洲（心滩）存在。现今的新浏河沙及新浏河沙包为进入南港的上下排列的两个浅滩，在强劲落潮流的顶冲下，沙头后退，沙体向东南下移（见图 5.5 - 2，沙体特征值统计见表 5.5 - 3）。

1978 年时，浏河口外有两块小沙包（心滩），分别为新浏河沙与南沙头，至 1982 年，这两块小沙体合并形成新浏河沙（江心洲）。新浏河沙形成后快速发育，由图 5.5 - 2、图 5.5 - 3 及表 5.5 - 3 可见，至 1992 年，沙体的面积、长度、宽度均达到近年来的最大值，洲顶高程亦达到 0.70m；在 1998 年大洪水冲刷下，新浏河沙沙体缩小，至 1999 年底，−5m 面积减小至 12.3km²，与 1992 年相比减小了 33.2%；此后至 2006 年，沙体面积基本稳定，但长度缩小，宽度增加，滩顶高程在 0.10~0.30m 之间变动。

新浏河沙自形成后，除 1992 年沙头曾向上游淤涨了约 0.5km 外，其余时段均为持续下移，1978—2006 年间，累计下移了 8.2km。为控制该段河势，航道部门于 2007 年实施了新浏河沙护滩及南沙头通道限流潜堤工程，稳定了新浏河沙沙头，2006—2011 年间，沙头向上游延伸了近 200m，南北港分流段原局部河势向不利方向发展的趋势得到遏制。随着南沙头通道的限流萎缩，新浏河沙逐渐与瑞丰沙淤连，滩面高程亦略有增加。

新浏河沙包（心滩）约在 1984 年初具雏形（−5m 面积 0.1km²），位于新浏河沙上游右侧，自形成后，新浏河沙包逐年冲刷下移，尤其在 1998 年大洪水作用下，下移速度加快，并导致航道轴线顺时针偏转，航道转向角增大，航宽缩窄，通航条件恶化[9]。为保障通航安全，一方面通过"固滩、限流"的工程措施，稳定新浏河沙沙体，遏制其冲刷后退，削弱南沙头通道下段的水流动力，增强宝山北、南水道的落潮动力；另一方面，在人工采砂干预下（约在 2005 年[10]），新浏河沙包快速缩小，至 2006 年 5 月，仅剩面积约 0.6km² 的不规则状的小块沙体；2007 年 11 月，新浏河沙包最浅点高程达−9.0m（成为潜心滩），至此，新宝山南、北水道几乎合并成一条宽大的水道。

表 5.5 - 3　　　　　　新浏河沙和新浏河沙包沙体特征值统计表（-5m）

沙体	时间 （年-月）	面积/ km²	长度/ km	平均宽度/ km	滩顶高程/ m	沙头距离/ km
新浏河沙	1978 - 08	4.1	5.2	0.8		1.6
	1984 - 08	10.1	8.7	1.2	-0.50	4.9
	1992 - 08	18.4	10.4	1.8	0.70	4.4
	1998 - 11	12.8	9.4	1.4	0.20	6.9
	1999 - 12	12.3	8.7	1.4	0.50	7.4
	2001 - 03	12.3	8.4	1.5	0.20	7.9
	2002 - 12	12.2	7.9	1.5	0.10	8.5
	2003 - 03	12.4	7.7	1.6	0.20	8.7
	2005 - 04	13.5	7.9	1.7	0.20	9.5
	2006 - 05	13.7	7.4	1.8	0.30	9.8
	2007 - 11	13.1	5.0	2.6	0.60	10.2
	2008 - 11	—	—	—	0.30	10.2
	2009 - 09				0.60	10.1
	2011 - 11	—	—	—	0.60	10.0
新浏河沙包	1978 - 08					
	1984 - 08	0.1	0.6	0.2	-4.80	0.6
	1992 - 08	2.1	3.3	0.6	-1.30	0.8
	1998 - 11	4.4	5.1	0.8	-1.10	3.2
	1999 - 12	3.5	4.0	0.9	1.00	3.9
	2001 - 03	3.1	3.8	0.8	-0.30	4.4
	2002 - 12	2.6	2.7	1.0	-0.20	5.0
	2003 - 03	2.4	2.5	1.0	-0.40	5.2
	2005 - 04	1.9	2.8	0.7	-0.90	6.2
	2006 - 05	0.6	1.7	0.4	-2.70	7.6
	2007 - 11	—	—	—	-9.00	
	2008 - 11	—	—	—	-8.60	
	2009 - 09	—	—	—	-9.40	
	2011 - 11	—	—	—	-9.30	

注　沙头距离为沙头至浏河口（LHK）断面的距离，见图 5.5 - 1。

以上分析表明，新浏河沙和新浏河沙包的发展阶段不同步。新浏河沙下游有过流的南沙头通道和瑞丰沙嘴，尾部淤涨的空间受到约束；而新浏河沙包下游无阻碍，沙头冲刷，沙尾淤积，沙体延伸。故新浏河沙于 1998 年前即开始发生冲刷，沙体面积减小；而新浏河沙包的自然冲刷使沙体减小则发生在 1998 年后。

新浏河沙和新浏河沙包的持续下移，带动南北港分流段分流点的同步下移，不利于南北港分流段河势的稳定。

5.5.2.3　新桥沙和新新桥沙

新桥沙和新新桥沙均为扁担沙尾的切割体,新桥沙约形成于 1998 年大洪水前,新新桥沙则形成于 1998 年大洪水后。演变见图 5.5 - 2 和图 5.5 - 3,沙体特征值统计见表 5.5 - 4。

表 5.5 - 4　　　　新桥沙和新新桥沙沙体特征值统计表 (-5m)

沙体	时间 (年-月)	面积/ km²	长度/ km	平均宽度/ km	滩顶高程/ m	沙头下移/ m
新桥沙	1998 - 11	9.0	7.7	1.2	-0.20	0.0
	1999 - 12	9.5	6.9	1.4	-0.70	1.1
	2001 - 03	8.9	7.3	1.2	-1.50	1.0
	2002 - 12	6.9	9.7	0.7	-0.70	1.5
	2003 - 03	6.1	9.7	0.6	-0.70	1.4
	2005 - 04	5.4	9.0	0.6	-0.60	1.4
	2006 - 05	4.6	8.0	0.6	-0.80	1.1
	2009 - 09	1.9	6.9	0.3	-2.70	1.3
	2011 - 11	0.0	1.5	0.0	-4.50	6.2
新新桥沙	1998 - 11	—	—	—	—	—
	1999 - 12	0.7	2.3	0.3	-3.50	0.0
	2001 - 03	1.6	2.1	0.8	-2.60	1.0
	2002 - 12	3.3	6.3	0.5	-2.20	2.1
	2003 - 03	3.4	5.1	0.7	-2.00	2.4
	2005 - 04	4.3	4.4	1.0	-1.10	3.0
	2006 - 05	4.4	3.7	1.2	-0.80	3.5
	2009 - 09	3.5	3.8	0.9	-1.10	5.3
	2011 - 11	2.1	2.9	0.7	-2.50	7.7

1998 年 11 月,新桥沙的面积达 9.0km²,长度达 7.7km,滩顶高程为 -0.20m。1999 年 12 月,新桥沙面积达到近年最大值 9.5km²,长度略有缩减,滩面刷低。1999 年后,沙体面积持续缩小,宽度缩窄,向长条形萎缩,滩顶高程除 2001 年较低为 -1.50m 外,2002—2006 年间,基本稳定在 -0.60~-0.80m。新桥沙沙头位置较为稳定,与 1998 年比较,1999—2009 年间,沙头在 0.5km 的范围内移动 (表 5.5 - 4)。2007 年开始,新桥沙被冲刷成上下两块长条形,面积大幅度缩小,高程降低,至 2009 年,仅剩两块总面积为 1.9km²,总长为 6.9km,滩顶高程为 -2.70m 的细条形心滩。2011 年 11 月,新桥沙 -5m 等高线包围的面积不足 0.02km²,沙头大幅度下移了 6.2km,滩顶高程刷低至 -4.50m,沙体基本消失。

新新桥沙形成于 1999 年,位于新桥沙的上游右侧,初始面积仅 0.7km²,长 2.3km,滩顶高程 -3.5m。其后,新新桥沙在水流冲击下向北港上口下移。下移过程中,先淤涨

后冲刷，2006 年沙体面积达到近年的最大值 4.4km²，滩顶高程也达近年来的最高值
－0.80m，其后沙体又开始缩小，滩顶刷低，至 2011 年 11 月，仅余一块面积 2.1km²，
滩顶高程－2.50m 的指向上游的塔形心滩。预计新新桥沙将继续下移并可能冲散于北港
上段。

新桥沙和新新桥沙的演变，体现了扁担沙尾切割体在水流冲击下的下移、变形、冲散
的完整过程。新桥沙位于新桥通道的左侧，落潮时沙头位于扁担沙右凸部分的掩护区，因
而沙头受冲下移幅度小，而沙尾处于北港涨潮流上溯的顶冲区，故难以大幅度下延，沙体
长时间呈长条状。新新桥沙则处于新桥通道左偏中，在落潮水流顶冲下，沙体持续下移，
因沙头、沙尾下移速度不一致，沙体形状一直处于变化之中。

新桥沙和新新桥沙的生成是其所在河段特定的水流动力条件所致。在扁担沙尾淤涨南
扩过程中，当发展到一定程度，会影响北港通道的过流能力，导致扁担沙尾两侧水位差加
大[11]，发生扁担沙尾的切滩，形成新的通道，随之生成类似于新桥沙或新新桥沙的心滩。
目前，扁担沙尾依然处于自然冲淤状态，其沙尾切割体及相应产生的新生水道，是影响北
港上段稳定的主要因素。

5.5.3　汊道的变化

南北港分流段汊道众多，除扁担沙上的南门通道、扁担沙左侧的新桥水道外，近年来
共有宝山南水道、宝山北水道、新桥通道、新新桥通道、南沙头通道、中央沙南小槽等多
股汊道共同分泄南支主槽的水量。各汊道近期的演变见图 5.5-4。

5.5.3.1　新桥通道

1980 年底，随着南门通道、中央沙北水道的萎缩，为分泄进入北港的水流，在南门

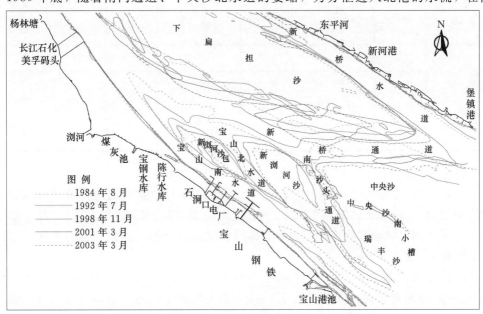

(a)1984—2003 年

图 5.5-4（一）　南北港分流段－10m 等高线演变

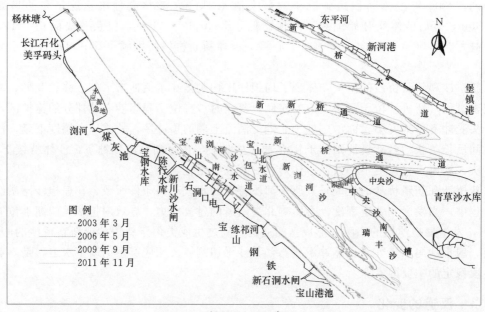

（b）2003—2011 年

图 5.5-4（二）　南北港分流段-10m 等高线演变

通道和中央沙北水道之间的扁担沙上切滩新生一条通往北港的通道——新桥通道。

表 5.5-5　　　　　　　　新桥通道-5m 以下河槽容积变化　　　　　　　　单位：亿 m³

时间 （年-月）	容积	时间 （年-月）	容积	时间 （年-月）	容积	时间 （年-月）	容积
1984-08	2.59	2001-03	4.05	2006-05	3.41	2011-11	2.72
1992-07	3.15	2002-12	4.01	2007-11	2.94		
1998-11	3.54	2003-03	3.99	2008-11	2.86		
1999-12	3.52	2005-04	3.41	2009-09	2.71		

新桥通道自生成后，发展迅猛，-5m 以下的河槽容积，从 1984 年的 2.59 亿 m³，迅速增大至 2001 年的 4.05 亿 m³，增加了 57%。2001 年后，新桥通道持续缓慢衰退，至 2009 年 9 月，-5m 以下河槽容积减为 2.71 亿 m³，比 2001 年减小了 33%（表 5.5-5）。2009—2011 年间，河槽容积变化不大，但深泓位置继续下移，导致新浏河沙和中央沙的头部岸坡变陡，见断面图 5.5-5。

新桥通道在发展过程中，河槽轴线持续平行下移，1984—2011 年间，约下移了 3.7km。河槽走向略有偏转，河槽宽度 2001 年后不断缩窄，通道整体有萎缩的趋势（图 5.5-1）。

新桥通道进口段和中段的断面图见图 5.5-5，断面位置见图 5.5-1，冲淤变化特征见表 5.5-6。

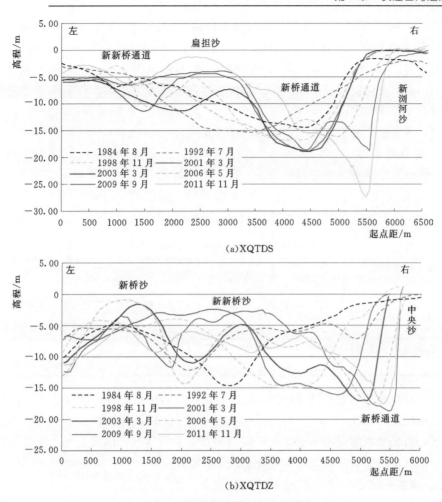

图 5.5－5　新桥通道断面变化图

表 5.5－6　　　　　　　　　　　新桥通道断面特征值统计（－5m 以下）

时间 （年-月）	上断面（XQTDS）				中断面（XQTDZ）			
	宽度/m	面积/m²	深泓点/m		宽度/m	面积/m²	深泓点/m	
			高程	起点距			高程	起点距
1984－08	4460	21212	－14.5	4379	3181	12740	－14.8	2793
1992－07	4065	26129	－15.4	3349	3945	9295	－12.3	2116
1998－11	4046	26401	－16.8	4396	2869	16184	－15.0	3964
1999－12	4132	24533	－17.7	4310	2471	16804	－15.5	4277
2001－03	4040	24192	－19.0	4394	2128	16444	－16.1	4615
2002－12	4776	28748	－18.5	4436	3565	19743	－16.5	4960
2003－03	4767	29989	－18.9	4479	3549	20628	－17.1	5001
2005－04	4836	29556	－17.5	4928	3694	17641	－15.2	5074
2006－05	5078	29872	－16.2	4937	3884	20075	－17.7	5157
2009－09	3796	23604	－18.8	5540	2853	16086	－18.7	5461
2011－11	3292	24657	－27.4	5489	4622	18343	－17.6	5370

注　本表含新新桥通道－5m 以下的面积和宽度。

可见，−5m 以下断面面积，新桥通道上断面（XQTDS）1984—1998 年间以增大为主，1998 年大洪水期间略有缩小，2002—2006 年间基本稳定在 29500m² 左右，2006 年后开始减小，2011 年为 24657m²，比 2002—2006 年间约减小了 16.5%；新桥通道中断面（XQTDZ）面积变化较大，1992—2003 年间总体以增大为主，2003 年后则波动减小。

1992 年后两断面深泓点均向右移动，至 2011 年，上断面（XQTDS）和中断面（XQTDZ）深泓累计分别右移了 2140m、3250m。

5.5.3.2 新新桥通道

新新桥通道伴随着新桥沙而生成。由表 5.5−7 和图 5.5−2、图 5.5−3 可知，新新桥通道形成初期（1998 年 11 月）是一条上宽下窄、长度约 7.8km、−5m 平均槽宽约 500m、−5m 以下容积约 180 万 m³ 的上下通畅的微弯型汊道。

表 5.5−7　　　　　　　　　新新桥通道特征值统计（−5m 以下）

时间（年−月） 特征值	1998−11	1999−12	2001−03	2002−12	2003−03	2005−04	2006−05
容积/(×10⁶m³)	1.8	6.0	12.6	13.1	15.1	16.3	18.0
面积/km²	3.8	4.6	7.1	6.4	6.9	7.4	8.8
长度/km	7.8	6.3	7.4	5.5	5.6	4.9	4.9
最深点/m	−7.1	−8.5	−9.6	−10.9	−10.5	−12.3	−11.6

随着新桥沙的冲刷缩小以及扁担沙尾的冲刷，新新桥通道逐渐增深扩大，长度缩短。与形成之初相比，至 2006 年 5 月，新新桥通道的 −5m 以下容积扩大了 10 倍，面积扩大了 2.3 倍，而长度则缩短至 4.9km。2007 年开始，新桥沙被冲刷成上下两块长条形沙体，面积大幅度缩小，新新桥通道已不具备独立通道的形状。

5.5.3.3 南沙头通道

1979 年汛后，扁担沙下部南缘凸出的沙体在落潮流冲刷下脱离扁担沙，于河槽中形成心滩，称为南沙头，分流至南港的南沙头通道随之生成[10]。

1984 年南沙头通道走势顺畅（图 5.5−2），深泓点高程为 −13.50m，−5m 槽宽近 1.9km，−5m 以下断面面积占当时通往南北港的水道断面面积总和的 16.4%（表 5.5−8）。1998 年大洪水导致新浏河沙冲刷下移，南沙头通道亦随之下移偏转，−5m 以下的断面面积略有减小，在新桥通道、南沙头通道和宝山水道 3 个水道中所占比例亦下降至 14.7%，至 2001 年，−5m 以下面积及其比例达近年来的较小值。2001—2006 年间，随着新浏河沙和中央沙的持续下移，南沙头通道随之下移并有所发展，−5m 以下的过水面积和所占比例逐渐增大，该期间南沙头通道的河槽逐渐向左移动（图 5.5−6 和表 5.5−8）。

表 5.5−8　　　　南沙头通道进口断面（NSTTD）特征值统计（−5m 以下）

时间 （年−月）	宽度/m	面 积		深 泓 点	
		/m²	比例/%	高程/m	起点距/m
1984−08	1883	6883	16.4	−13.5	2641
1992−07	1463	6228	19.0	−12.5	3882
1998−11	1902	6552	14.7	−10.8	2616

时间 （年-月）	宽度/m	面　积		深　泓　点	
		/m²	比例/%	高程/m	起点距/m
1999－12	1932	8218	16.9	−11.7	2873
2001－03	1610	5482	12.0	−13.0	2723
2002－12	2195	6879	13.2	−11.4	2467
2003－03	2247	7173	13.5	−11.9	2495
2005－04	1845	7485	13.6	−11.8	2111
2006－05	2014	9004	15.2	−13.3	1870
2009－09	1692	4188	8.5	−9.8	1011
2011－11	569	884	1.6	−7.7	866

注　面积比例为 NSTTD÷（XQTDZ＋NSTTD＋BSSD），断面代号及位置见图5.5-1。

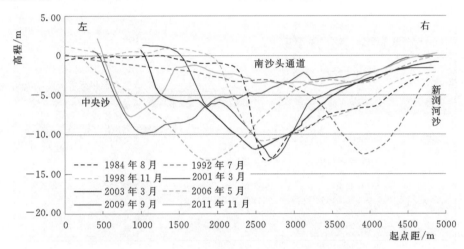

图 5.5-6　南沙头通道（NSTTD）断面演变图

南沙头通道的存在，有利于维持新宝山水道下游河段的水深和南港主流紧贴南岸的河势格局，但过度发展而分流增大，不利于新宝山水道上段水流动力的维持，因此，在《长江口规划》中对该通道规划采取护底但保留通道的整治措施。随着新宝山北水道的缩窄、扭曲，通航条件恶化，局部河势发生了新变化。为削弱南沙头通道的水流动力，增强新宝山南、北水道的落潮动力，经多方比选，长江口航道管理局于2007年9月实施了"新浏河沙护滩及南沙头通道限流潜堤工程"[9]，其中的限流潜堤采用抛石斜坡堤结构，长约2.7km，堤顶标高为吴淞−2.0m（相当于1985国家高程基准−3.63m），于2009年2月完工。

限流潜堤工程实施后，南沙头通道的发展受到遏制，由表5.5-8可知，−5m以下的槽宽和过水面积急剧减小，至2011年11月，过水面积占三水道的比例仅剩1.6%，而从图5.5-2和图5.5-3可知，因南沙头通道的萎缩，2009年9月后，新浏河沙和瑞丰沙已基本联成一体。

5.5.3.4　中央沙南小槽

在1998年大洪水作用下，落潮流在南沙头通道的左侧冲刷出一条新生的汊道，初始为东西走向，遇中央沙护岸工程而折向东南，-5m 以下的河槽容积为 350 万 m³（图 5.5-2）。由表 5.5-9 可知，1999 洪水后（1999 年 12 月），该槽容积扩大 2.6 倍至 910 万 m³。2001 年后中央沙南小槽持续稳定的发展。

表 5.5-9　　　　　　　　中央沙南小槽-5m 以下河槽容积变化　　　　　　单位：×10⁶ m³

时间（年-月）	容积	时间（年-月）	容积	时间（年-月）	容积
1992-07	0.2	2002-12	11.5	2007-11	24.9
1998-11	3.5	2003-03	10.3	2008-11	29.1
1999-12	9.1	2005-04	13.3	2009-09	29.1
2001-03	11.5	2006-05	19.5	2011-11	35.4

注　下边界为 3480966，362821；3479731，361699。

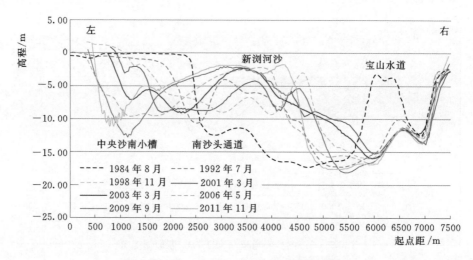

图 5.5-7　南港上（NGS）断面演变图

随着南沙头通道限流潜堤工程的实施，南沙头通道的发展受到抑制，但南港与新桥通道的水流依然通过潜堤进行着交换。在新浏河沙南北两侧护滩潜堤的控制下，新浏河沙尾与瑞丰沙头淤连，越过限流潜堤的落潮流方向发生了变化，由指向南港南岸的宝杨码头转为顺中央沙南侧堤线方向，中央沙南小槽顺势发展，并与长兴水道相通，承担了原南沙头通道分泄水流的部分功能。

由于限流潜堤的作用，南小槽的发展受到一定程度的限制，其分流作用目前尚未对宝山水道产生较大影响，但因与长兴水道衔接顺畅，是近年长兴水道由涨潮槽向落潮槽转变的重要因素。

5.5.3.5　宝山南北水道

1998 年大洪水在新浏河沙上冲刷出串沟，串沟与南支主槽顺畅衔接，发展迅猛，很快成为南支进入南港的主汊（图 5.5-4），称为宝山北水道，与之相应，新浏河沙包与南岸之间的汊道称为宝山南水道。随着宝山北水道的拓宽增深，以及新浏河沙包向南淤宽，导致宝山南水道缩窄，给大型船舶的航行带来隐患，2001 年由双向航道改成单向航道。

为改善南港分流口处的通航条件，2001 年上海海事局以新浏河沙串沟为基础，实施了宝山北水道工程，于 2002 年 1 月 1 日正式开通了 10m（理论最低潮面）的双向通道，航道总长 17km，设标宽度 600m。

随着新浏河沙和新浏河沙包的持续冲刷后退，宝山北水道自形成后不断缩窄及顺时针偏转，航宽减小，航道轴线转角增大。2005 年 11 月长江口 10.5m（理论最低潮面）航道开通至南京，宝山北水道最窄处航宽已减至 480m，至 2006 年 5 月 10.5m 的最小宽度已经小于 350m 的航宽要求。为此，航道和海事部门多次采取局部疏浚、调标、加强航行安全管理及组织在新浏河沙包东侧采砂等措施，以保证宝山北水道的安全通航[9]。前已述及，2007 年 11 月，新浏河沙包最浅点高程达－9.00m，新宝山南、北水道几乎合并成一条宽阔的水道。从图 5.5-4（b）亦可以看出，2009 年 9 月，新浏河沙包－10m 等高线基本消失。

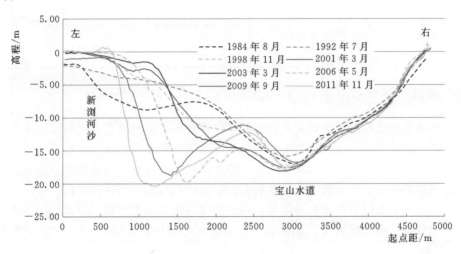

图 5.5-8 宝山水道（BSSD）断面演变图

图 5.5-8 为宝山南北水道汇流段断面图，可见 2003 年前，宝山水道汇流段的断面形态为 V 形，深槽居中；2006 年后，断面呈 W 形，深槽居左，新浏河沙右缘冲刷，究其原因一方面在于该断面处深泓向左偏转 ［图 5.5-1（b）］，另一方面亦是新浏河沙上的护滩工程导致了沿堤冲刷。

由－5m 以下的过水断面面积变化（表 5.5-10）可知，宝山水道与新桥通道基本承接了南支主槽的水流，上游来水量的大小对本段滩槽的演变有较大影响。洪水年，如 1998 年 11 月和 1999 年 12 月两个测次，下游两水道面积之和占浏河口断面 85%，说明有较大部分水量通过滩面下泄，可能会刷低滩面；而枯水年，如 2006 年 5 月测次，下游两水道的面积之和大于浏河口断面，说明有部分滩面水流补给了河槽，洲滩会有所淤积。1992 年后，宝山水道－5m 以下的断面面积持续增大，而其与新桥通道上断面面积之比 2011 年 11 月达到 1.42，其原因一方面与新桥通道萎缩有关，另一方面也可能在于南沙头通道限流后，宝山水道过度发展，导致其过流能力加大。这种现象的出现可能不利于南北港分流段的稳定，应引起注意。

表 5.5－10　　浏河口、宝山水道、新桥通道上三断面－5m 以下面积及比例统计

时间 （年-月）	面积/m²			比例/%	
	LHK	BSSD	XQTDS	(BSSD+XQTDS) /LHK	BSSD/ XQTDS
1984－08	41026	22396	21212	1.06	1.06
1992－07	44828	17170	26129	0.97	0.66
1998－11	56714	21889	26401	0.85	0.83
1999－12	56503	23573	24533	0.85	0.96
2001－03	52450	23858	24192	0.92	0.99
2002－12	51854	25389	28748	1.04	0.88
2003－03	51360	25270	29989	1.08	0.84
2005－04	52270	29946	29556	1.14	1.01
2006－05	52861	30259	29872	1.14	1.01
2011－11	55571	34975	24657	1.07	1.42

5.5.4　小结

（1）南北港分流段河道宽阔，是典型的河口三角洲上多洲滩多汊道河段。涨落潮流路的分歧促进诸多沙洲的淤涨，巨量的涨落水流（含纵向和横向）以及疏松易动的河床边界导致串沟丛生，使本河段成为长江口历史上演变最复杂的区域。与之相邻的上游河段河势的变化、滩槽的冲淤、主流的走向以及特大洪水的作用等是本河段演变的主要影响因素。

（2）南北港分流段的洲滩头冲尾淤，带动分汊口位置随之下移。自 20 世纪 80 年代新桥通道形成以来，南北港分汊点位置始终处于较平稳的下移状态，1984—2011 年累积下移了 12.13km。

（3）南北港分流段各汊道互有关联，此消彼长。新桥通道在发展过程中，河槽轴线持续平行下移，河槽形态略有偏转，河槽宽度缩窄，整体有萎缩的趋势；新新桥通道自生成后逐渐增深扩大，长度缩窄，随着 2007 年新桥沙的冲刷缩小，新新桥通道已不具备独立通道的形状；在限流潜堤的作用下，南沙头通道萎缩，中央沙南小槽发展；宝山水道的断面形态 2006 年后呈 W 形，深槽居左，－5m 以下的过水面积 1992 年后持续增大，尤其是南沙头通道限流后，宝山水道有过度发展之嫌，可能不利于南北港分流段的稳定，应引起注意。

（4）在圈围、固滩、限流等整治工程以及青草沙水库围堤的作用下，南北港分流段的下边界中央沙、新浏河沙、青草沙等活动沙体得以初步稳定，但作为分流通道的上边界扁担沙尾依然处于自然演变之中，沙尾淤涨南扩，并时有切割体向北港进口段输移，影响了南北港分流段的稳定。

5.6　北港河段

新桥水道、横沙通道均为与北港河段有密切关联的水道，与北港河段一并于此分析，

分别见5.6.9节和5.6.10节。

5.6.1　基本情况

北港是长江入海的二级汊道，介于上海市崇明岛与长兴岛和横沙岛之间，上起中央沙头，下至拦门沙外，全长约80km，河道平面形态微弯。目前，河道入口宽约7.1km，团结沙港附近宽约7.5km，河道最窄处在堡镇港附近，宽约4.0km（图5.6-1）。

北港河段上承新桥水道、新新桥通道、新桥通道，下接北港拦门沙河段，自上而下主流由河道的左侧逐渐过渡到右侧。北港形成初期河道顺直，后因崇明岛右缘坍塌而演变为向北微弯的河势。历史上，由于上游河势的变化以及南、北港上提下移等因素的影响，分流至北港的通道频繁变迁，引起底沙冲刷下移，导致北港河槽在单一河槽与复式河槽之间交替变化[12]。

实测水文资料表明，北港落潮量大于涨潮量，大潮期落潮量与涨潮量之比为1.5左右，小潮期在2.0以上[13]，落潮动力是塑造北港河床主槽的主要动力。目前北港落潮分流比在53%左右，具体变化情况参见5.7.3小节。

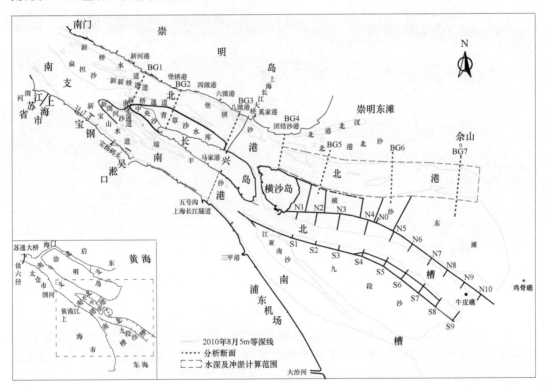

图5.6-1　北港现状河势图

5.6.2　岸线及平面形态

20世纪90年代以前，北港大多处于自然演变状态，人类活动影响较小，90年代以后，随着社会经济的不断发展，人类对土地和港口岸线的需求日益迫切，北港两岸实施了大量的圈围工程（图 5.6-2）。

由图 5.6-2 可知，1973 年以来，北岸八滧港以下岸线变化特点总体为下延和南移。20 世纪 90 年代为崇明东滩快速成陆期，其中 20 世纪 50 年代形成的团结沙，于 1979 年人工筑坝堵塞白港港汊，至 1990 年 11 月—1991 年 2 月围滩 18.27km² 而成陆；1991 年 6 月—1992 年 3 月，东旺沙第一期围滩 44km²，1998 年冬至 1999 年春东旺沙第二期围滩 22.67km²。

随着中央沙、青草沙以及长兴岛东北侧滩地圈围，近期北港右侧中、上段岸线表现为大幅度左移。中央沙圈围及青草沙水库的建设规模见 5.7.2.2 小节，长兴岛北沿促淤圈围工程位于长兴岛东北侧，围堤长约 7.46km，圈围面积约 4.44km²。近期长兴岛周边的相关工程，相当于再造了一个长兴岛，总体看，北港右侧长兴岛的圈围工程符合 2008 年 3 月国务院批准的《长江口综合整治开发规划》中确定的近期整治方案。

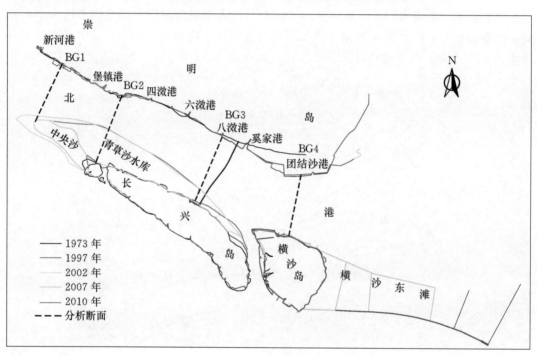

图 5.6-2　近期北港岸线变化图

1998 年以来，长江口北槽深水航道治理工程中双导堤及丁坝工程的实施，使横沙东滩和横沙浅滩连成一体。随着长江口深水航道治理二期、三期工程的实施，在航道疏浚泥土吹填上滩以及人工促淤圈围工程双重影响下，横沙东滩及横沙浅滩的大部分高滩快速淤涨，见第 6 章 6.3 节。

在 1973—2010 年的 37 年间，北港岸线变化的特点为：左岸上段变化较小，出口段下延、右移；右侧进口和出口段分别大幅度上移和下延。北港的平面形态已由过去的顺直微弯演变为现在的上段为缩窄段，中、下段为展宽段的"喇叭"型。随着河道的围垦缩窄，北港两岸的河漫滩逐渐减少。

5.6.3　河宽及河道平均水深变化

随着中央沙、青草沙以及长兴岛东北侧滩地圈围，近期北港上段河宽发生了较大的变化。统计结果显示（统计范围见图 5.6-1，BG2 断面为上边界，BG4 断面为下边界），1973 年北港上段河道堤线包围面积约 227.24km²，2010 年约 169.60km²，累计减少了 57.64km²（−25.4%）。

从北港上段河宽变化看（表 5.6-1），1973 年平均河宽为 8987m，2010 年为 6363m，河宽平均累积减少了约 2624m（−29.2%）。目前，北港进口段为缩窄段（BG1～BG2 断面之间），缩窄率为 370m/km，最窄位置位于 BG2 断面附近（原石头沙断面），宽约 4315m；中段河道（BG2～BG4 断面之间）逐渐放宽，沿程放宽率约 125m/km。北港这种上、下喇叭口形状的河势，使堡镇港—四激港之间的窄段河床产生了明显的冲刷作用，可能影响两岸堤防的稳定，应加以关注。

表 5.6-1　　　　　　　北港中央沙头—团结沙港河宽变化统计　　　　　　单位：m

项目	BG1 断面	BG2 断面	BG3 断面	BG4 断面	平均
1973 年	—	8570	8706	9684	8987
2010 年	7027	4315	6738	7373	6363

从中央沙头—团结沙港历年来河道平均水深看（表 5.6-2），随着河宽的缩窄，总体上水深呈增大之势，平均刷深速度为 0.07m/a，表明近期北港上段河道水深持续得到改善。

表 5.6-2　　　　　　北港中央沙头—团结沙港历年平均水深统计　　　　　单位：m

时间（年-月）	1973	1997-12	2002-12	2007-08	2010-08	平均
水深	7.24	7.45	7.86	8.79	9.89	8.25

在上段水深持续增大的同时，随着横沙东滩串沟的封堵、长江口深水航道北导堤的建成以及一系列促淤圈围工程的实施，北港团结沙港以下出海段主槽平均水深（表 5.6-3，统计范围见图 5.6-1）也呈缓慢增大之势，由 1973 年的 5.29m 增大至 2010 年的 6.36m。

表 5.6-3　　　　　　北港团结沙港以下出海段主槽历年平均水深统计　　　　单位：m

时间（年-月）	1973	1997-12	2002-12	2007-08	2010-08	平均
水深	5.29	6.09	6.17	6.27	6.36	6.03

总体而言，近年来，随着众多开发利用及航道整治工程的实施，北港上下段的水深条件逐步得到了改善。

5.6.4　深泓线变化

由图 5.6-3 可知，近期北港河道进口段深泓线偏右；堡镇港—奚家港段，受河道内心滩（堡镇沙）的影响，深泓分左、右两股，右为主泓，左为副泓；横沙岛以下，左侧副泓偏北，右侧主泓偏南，汇流区域大致位于横沙东滩 N23 潜堤附近。

(a)1973—2002 年

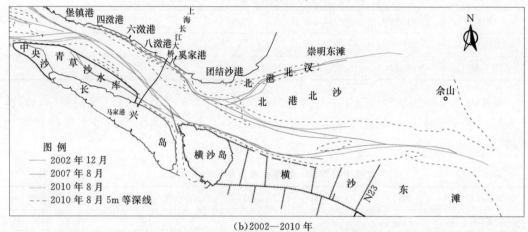

(b)2002—2010 年

图 5.6 - 3　北港河段深泓线变化图

在进口段，受扁担沙尾下淤南扩的影响，新桥通道深泓线不断往中央沙头及青草沙水库逼近，这对新建围堤的稳定构成了较大威胁。青草沙位置建设水库后，在四滧港对岸依附于水库右侧又快速淤涨出一块沙体（图 5.6 - 5），出现新的"外沙内泓"地貌，与之相对应，四滧港至上海长江大桥段深泓线进一步左移。在横沙岛及横沙浅滩围堤北侧，随着北港下段南边界的逐步稳定，深泓一直稳定在右侧。

5.6.5　横断面变化

横断面布置见图 5.6 - 1，断面变化见图 5.6 - 4，可见北港各横断面基本形态均属复式断面。近年来，各断面的演变以深槽展宽、刷深为主。

随着河道整治工程和滩涂围垦工程的不断实施，北港河段断面均有不同程度的缩窄。受中央沙圈围及青草沙水库建设的影响，北港河道右侧固边界向上游延伸了约 7.3km。

BG1 断面位于中央沙头部，为目前北港的进口断面，该断面自左往右有新桥水道、

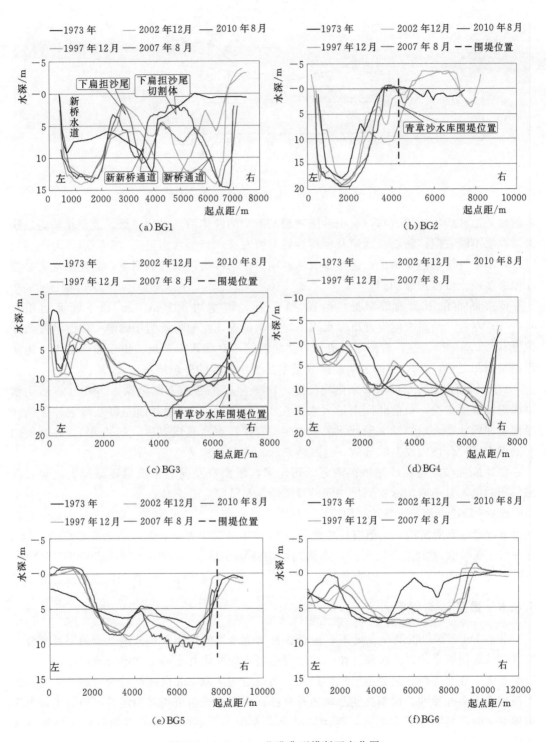

图 5.6-4（一）　北港典型横断面变化图

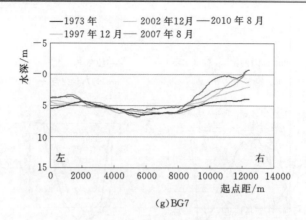

(g) BG7

图 5.6 - 4（二）　北港典型横断面变化图

新新桥通道和新桥通道分布，扁担沙尾被切割下来的沙体活动十分频繁。近期新桥通道刷深，深泓不断右偏；新新桥通道及扁担沙尾有所左移；新桥水道呈扁 "U" 形，河床冲淤互现，基本处于动态平衡中，近左岸有所冲刷；中央沙头前沿冲刷明显，新建围堤有必要在原有基础上继续护滩加固。

BG2 断面位于北港最窄处，呈扁 "U" 形，河宽约 4315m，0m 以下断面面积在 49100m² 左右。断面右侧为青草沙水库围堤凸岸位置，左侧为崇明堡镇港—四滧港段凸岸位置（图 5.6 - 1），左、右凸岸形成了目前北港的一对准人工节点。由于断面缩窄，主槽近期呈刷深之势，2010 年的主槽断面线基本为历年深度的外包络线。

BG3 断面位于青草沙水库东侧堤位置，1973 年以来断面不断刷深，2007 年以后主槽刷深速度有所加快，目前断面上最大水深在 16.6m 左右。近期断面左侧八滧港外堡镇沙滩面呈冲刷状态，堡镇沙夹槽处于淤积之中。青草沙水库建成以后（2009 年），在断面的右侧形成了 "外沙内泓" 的地貌，且沙体淤涨较为迅速。

BG4 断面位于崇明团结沙港附近。历年来，断面自左向右水深呈逐渐加大之势，深槽位于右侧，且不断刷深；河槽中间的浅滩滩顶呈持续左移之势。

BG5～BG7 断面位于北港拦门沙段。其中 BG5 断面位于横沙浅滩一期促淤区附近，近期北港北沙南缘有所淤积，主槽有一定刷深，2010 年断面上有锯齿状，应为采砂所致；BG6 断面位于横沙浅滩拟促淤区附近，主槽内心滩逐渐生成，5m 槽呈向心滩两侧拓展之势；BG7 断面位于佘山附近，主槽冲淤互现，水深变化较小，右侧横沙浅滩呈向左淤涨之势。

5.6.6　青草沙与堡镇沙

北港 5m 等深线近期演变见图 5.6 - 5。在弯道水流的作用下，北港下泄的泥沙部分补给青草沙，使青草沙迅速淤涨。由于北港河道河势的变化受上游南北港分流段通道变化的影响较大，在北港新分流通道形成的初期，通道走向从原东北向逐渐转为东略偏北向，落潮流偏南下泄并顶冲、切割右侧凸岸的青草沙；而当分流通道相对稳定后，通道走向由东略偏北逆时针转为接近东北向，落潮流沿北港左侧凹岸下泄，北港右侧凸岸区的青草沙淤涨。

20 世纪 70 年代，中央沙北水道逐步扭曲而泄水不畅，其上游扁担沙滩面被冲切滩，先后形成南门通道、新桥通道。新桥通道形成后迅速发展成为进入北港的主通道，这一过程大量泥沙下泄进入北港，导致青草沙淤涨明显。1980 年后，由于新桥通道呈东略偏北向冲刷青草沙，使得青草沙凸出部分被切割，下切的沙体逐渐下移北靠，为堡镇沙的淤涨提供了物质基础。随着南北港分流段汊道的更替，扁担沙左侧的新桥水道亦冲刷发展，新桥水道 10m 槽与北港主槽贯通，北港主槽逐渐北偏，紧贴崇明南岸，将原存在于新河港下游的边滩冲刷下移，到 1986 年，与青草沙尾切割体相连，促进了位于主槽左侧的堡镇沙的发育，从而在崇明岛南岸也形成了"外沙内泓"的独特地貌。之后，由于堡镇沙上段位于北港微弯河段的凹岸，下段位于微弯河段的凸岸，受弯道水流的影响，上段沙体右侧呈微冲状态，而下段沙体则不断淤涨，只是淤涨的沙尾过横沙通道后易受北港主槽、横沙通道、北港北汊等多股水流作用而冲散，形成一个个小沙体不断下移。

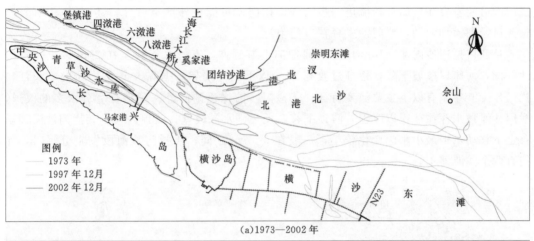

(a)1973—2002 年

(b)2002—2010 年

图 5.6 - 5 北港 5m 等深线变化图

1986 年之后，虽然北港进口通道依然处在不断地变化之中，但由于并未出现大的汊道更替变化，因此，青草沙的变化幅度相对较小。在沿横沙岛北沿和横沙通道进入的涨潮流作用下，始终存在着紧贴长兴岛北沿切入青草沙的涨潮沟（又称青草沙北小泓）。北港上游下泄的泥沙更多的沿青草沙北侧落淤，而对青草沙尾段的长兴岛北侧沿岸影响不大。

1973 年，横沙岛以下的北港拦门沙河段 5m 槽总体呈东偏北方向入海。由于 20 世纪 80—90 年代长江来水偏丰，经过较大径流的塑造，北港拦门沙河段 5m 槽有所展宽，1997 年以后，5m 槽呈顺直微弯的形态，河床总体较为稳定。长江口深水航道治理工程（北导堤）和横沙东滩促淤圈围工程（一～五期）建设以后，北港拦门沙河段的南边界初步固定成形，减少了北港与北槽之间的水沙交换，北港下段河槽稳定性得到增强。

5.6.7 北港拦门沙

河口拦门沙的基础来源于河流带来的物质在河口的淤积，拦门沙滩顶的位置与盐水楔有着密切的关系，河流径流和潮流之间相对强度的差异，导致盐水楔的上下移动，拦门沙的位置亦因此而变化[14]。当径流弱潮流强时，拦门沙可能发育在口内；若径、潮流相当，拦门沙可能发育在口门；径流进一步增强，拦门沙可能被外推至口外，甚至没有拦门沙。长江口径潮流均强劲，拦门沙发育在口门附近。

长江口拦门沙内侧，10m 以下的河槽向上游延伸，有的水深甚至在 20m 以上；拦门沙外侧，河床以缓坡下降，逐渐过渡到 20m 以下的内陆架。据陈吉余等[14]研究，长江口拦门沙 100 年来有以下主要演变特征：①拦门沙前缘逐渐向外海延伸；②分水多的汉道，拦门沙滩顶水深往往得以改善，滩顶下移，反之则水深较差，滩顶内移；③拦门沙滩顶虽有上下移动，但最小水深变化较小，一般在 5～7m 之间；④拦门沙河段发生分汉时，往往有两个浅滩滩顶。

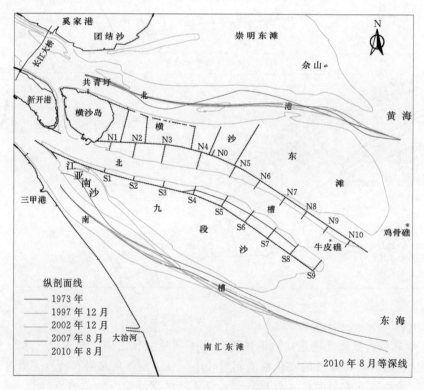

图 5.6-6　北港、南槽纵剖面布置

拦门沙在纵剖面上表现为局部隆起，因此水道纵剖面的变化能较直接地反映拦门沙的演变。为使纵剖面具有可比性，本文以实测水深数据为基础，以 5m 等深线的边界为约束，划定各测次的纵剖面走向见图 5.6-6，统计 5m 等深线边界内各断面的平均水深，并将起点距投影至正东方向，这种方法虽然不能体现拦门沙河段的最浅点水深，但却相对合理，亦利于不同测次之间的比较。北港拦门沙变化见图 5.6-7。

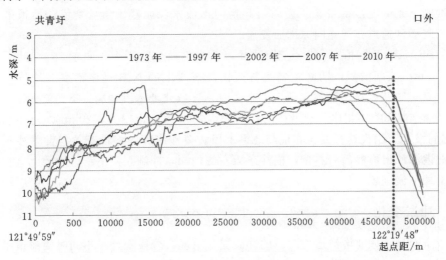

图 5.6-7　北港纵剖面图

由图 5.6-7 可知，北港出横沙岛后，水深逐渐变浅，共青圩正东方向约 47km 后，水深再快速变深，内坡为 0.068‰ 的倒坡，外坡为 1.1‰（2010 年），呈内缓外陡态势，拦门沙外缘位于 122°19′48″。1973 年，北港为通海航道，距共青圩 14.5km 处，为原（203甲）灯浮，约 22.5km 处，为原（203）灯浮，中间深水为疏浚结果。与 1973 年相比，2010 年拦门沙前缘下移了约 5.6km。

表 5.6-4　　　　　　　　　　　　　　北港拦门沙特征值统计

年份	滩　顶				7m 拦门沙			
	经度	纬度	起点距/m	水深/m	起点/m	终点/m	滩长/km	面积①/万 m²
1973	121°59′01″	31°21′05″	14300	5.26	8500	15000	31.7	19.7
					18300	43500		
1997	122°13′10″	31°21′24″	36700	5.51	15100	47000	31.9	20.5
2002	122°16′27″	31°20′07″	41900	5.56	15500	47700	32.2	19.9
2007	122°16′47″	31°19′59″	42500	5.24	13100	48500	35.4	22.1
2010	122°12′02″	31°21′15″	34900	5.24	16000	48500	32.5	19.0

① 表中面积为 7m 拦门沙纵向断面线与 0m 轴之间包含的面积。

统计显示近年来北港拦门沙的长度（水深浅于 7m）一直比较稳定（表 5.6-4），最小为 1973 年的 31.7km，最大为 2007 年的 35.4km，平均 32.7km；滩顶位置虽然上下移动较大，但滩顶水深却比较稳定，最深为 2002 年的 5.56m，最浅为 2007 和 2010 年的

5.24m，平均5.37m。拦门沙（7m）前缘，逐渐向外推移，2002年后，移动幅度减小。

从纵剖面水深沿程变化看，2002年与1997年比较，起点距6km（约位于横沙岛尾下1.5km处）以上平均冲深了约1.2m，其下以淤积为主。出现这种变化应与附近的工程建设有关，长江口深水航道的北导堤和横沙东滩的促淤圈围工程，阻挡了北港沿横沙滩面及串沟向北槽输送的落潮流，增大了北港向东的落潮动力，导致横沙岛北侧的北港水道冲刷，而冲刷下来的泥沙被带至下游，引起拦门沙段水深淤浅。由后文横沙通道的演变可知，此期间横沙通道亦因相同原因而发展。

2007年与2002年相比，起点距25km以西纵剖面变化不大，向东25~38km之间冲刷，38~50km之间淤积，期间主要工程有横沙东滩上的N23促淤潜堤（约位于起点距28km处），进一步拦截了横沙东滩上的滩面流，导致北港本段冲刷，下游淤积。

2010年与2007年相比，北港拦门沙河段纵向水深变化较大，20km以西冲刷，20~40km之间淤积，出现这种变化，应与北港上段青草沙水库的建设有关。青草沙水库的建设，使北港深泓出横沙岛后右偏，横沙东滩左侧刷深，冲刷泥沙下移，导致北港拦门沙河段出现上冲下淤现象。

5.6.8 冲淤变化

为较全面地掌握北港河道各时段的冲淤变化情况，分段统计了不同时段河道不同水深下的容积，其中上段统计范围为中央沙头—团结沙港（BG1~BG4），下段统计范围为团结沙港—佘山，见图5.6-1，结果见图5.6-8。

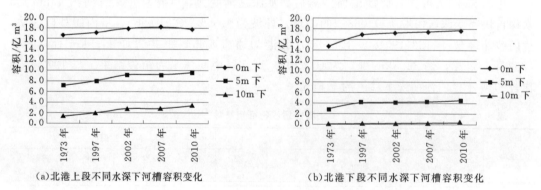

(a)北港上段不同水深下河槽容积变化　　　　(b)北港下段不同水深下河槽容积变化

图5.6-8　近期北港不同水深条件下河槽容积变化图

5.6.8.1 北港上段

北港上段5m、10m水深下河槽容积呈增大之势［图5.6-8（a）］，与1973年相比，2010年5m、10m水深下容积累积分别增大了2.21亿m^3、1.95亿m^3，平均增大速度分别是0.060亿m^3/a、0.053亿m^3/a；0m水深下河槽容积，1973—2007年呈增大之势，2007年以后，受高滩圈围，尤其是青草沙水库建设的影响，0m以下河槽容积有所减少。总体看，1973—2010年间，北港上段各深度区间的冲、淤速度分别为：0~5m平均淤积速度为0.027亿m^3/a，5~10m平均冲刷速度为0.007亿m^3/a，10m以下平均冲刷速度为0.053亿m^3/a。

就不同时期而言，北港上段河床在 1973—2002 年期间，表现为淤滩冲槽，淤积主要发生在 0～5m 之间，而冲刷发生在 5m 水深以下；2002—2010 年期间，河床冲淤出现了一些新变化，其中 0～5m 水深之间仍然表现为淤积状态，而 5～10m 和 10m 以下区间河床冲淤交替出现，2002—2007 年表现为 5～10m 区间冲刷和 10m 以下淤积，2007—2010年却表现为 5～10m 区间淤积和 10m 以下大幅度冲刷（表 5.6-5）。

表 5.6-5　　　　　　　　北港上段各时段不同水深下河床冲淤变化统计

时段（年）	冲淤量/亿 m³				冲淤速度/(亿 m³/a)			
	0m 以下	0～5m	5～10m	10m 以下	0m 以下	0～5m	5～10m	10m 以下
1973—1997	−0.486	0.162	−0.260	−0.388	−0.020	0.007	−0.011	−0.016
1997—2002	−0.949	0.201	−0.231	−0.918	−0.190	0.040	−0.046	−0.184
2002—2007	−0.079	0.008	−0.167	0.081	−0.016	0.002	−0.033	0.016
2007—2010	0.309	0.637	0.394	−0.722	0.103	0.212	0.131	−0.241
1973—2010	−1.204	1.007	−0.264	−1.947	−0.033	0.027	−0.007	−0.053

注　"−"表示冲刷。

以 0m 水深以下容积计，1973 年以来，北港上段淤积最快的时期是 2007—2010 年，该时段 0～10m 区间淤积量达到了 1.031 亿 m³，淤积速度达到 0.344 亿 m³/a，主要是青草沙水库圈围了较大面积的高滩。青草沙水库建设以后，北港上段 10m 以下河槽冲刷速度明显加大，达到了历年来的最大值 0.241 亿 m³/a。

5.6.8.2　北港下段

北港下段上起团结沙港，下至佘山，长约 42km，5m 等深线的平均宽度约 6.6km。该段为北港入海主槽，中间为拦门沙河段。

北港下段 0m、5m、10m 下河槽容积均呈增大之势 [图 5.6-8 (b)]，与 1973 年相比，2010 年 0m、5m、10m 下容积累积分别增大了 2.97 亿 m³、1.28 亿 m³ 和 0.33 亿 m³，平均增大速度分别是 0.080 亿 m³/a、0.035 亿 m³/a 和 0.009 亿 m³/a。

就各时段不同深度区间的河床冲淤（表 5.6-6）情况来看，近期 0～5m 和 5～10m 区间河床冲淤互现，但总体以刷深为主，平均刷深的速度分别为 0.046 亿 m³/a 和 0.026 亿 m³/a。表明，随着北港上段河道整治及圈围工程的实施，以及长江口深水航道治理工程和横沙东滩促淤圈围工程（一～五期）的建设，下段拦门沙河段的水深条件有逐步改善之势。

表 5.6-6　　　　　　　　北港下段各时段不同水深下河床冲淤变化统计

时段（年）	冲淤量/亿 m³				冲淤速度/(亿 m³/a)			
	0m 以下	0～5m	5～10m	10m 以下	0m 以下	0～5m	5～10m	10m 以下
1973—1997	−2.223	−1.070	−1.095	−0.058	−0.093	−0.045	−0.046	−0.002
1997—2002	−0.227	−0.399	0.264	−0.091	−0.045	−0.080	0.053	−0.018
2002—2007	−0.269	0.058	−0.282	−0.045	−0.054	0.012	−0.056	−0.009
2007—2010	−0.247	−0.276	0.162	−0.133	−0.082	−0.092	0.054	−0.044
1973—2010	−2.966	−1.686	−0.952	−0.328	−0.080	−0.046	−0.026	−0.009

注　"−"表示冲刷。

5.6.9 新桥水道

新桥水道是由扁担沙分隔南支主槽而形成，位于扁担沙和崇明岛之间，上起鸽龙港，下至堡镇港，全长约 33km（图 5.6 - 9）。

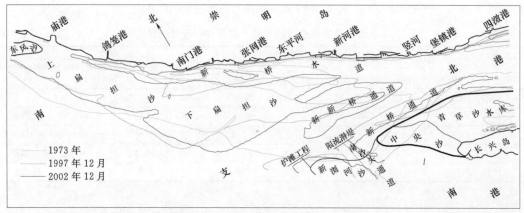

(a)1973—2002 年

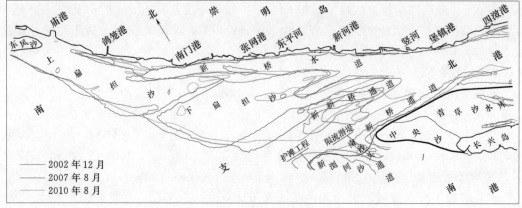

(b)2002—2010 年

图 5.6 - 9 新桥水道及扁担沙 5m 等深线演变图

新桥水道形成以前崇明岛南侧已有护岸丁坝，因此水道左边界较为稳定[12]（图 5.6 - 9、图 5.6 - 10）。由于扁担沙两侧存在水位差和扁担沙沙体沉积物的疏松易冲，在一定的水流条件下，部分沙体被切割，形成浅滩通道，并且这种通道位置上下迁移（图 5.6 - 9），这也是造成南支和南北港河段不稳定的重要因素之一。由于扁担沙左移，上端与崇明岛右缘相接，新桥水道上口被封闭，脱离了南支主槽，1973 年以来，新桥水道 5m 等深线的上端基本维持在南门港—鸽笼港长约 9km 的范围内变动。

新桥水道内洪季以落潮动力为主，枯季以涨潮动力为主，涨落潮流均强劲（见第 3 章 3.2 节）。新桥水道下端与北港相连，受到潮流和径流的双重作用，是演变比较剧烈的区域，但总体上水道深泓偏左岸（图 5.6 - 11），河槽向左缩窄，河道上段淤高，下段相对稳定且有所刷深[15]。从 4 个断面演变看，南门港—堡镇港段河槽断面有偏 "V" 形向偏

"U"形演变之势（见图 5.6－12 及图 5.6－4 中的 BG1 断面）。

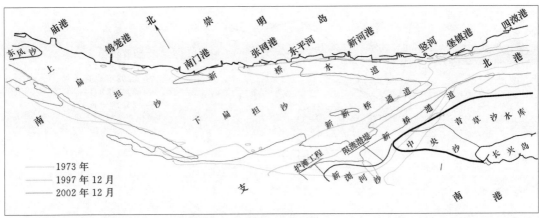

(a)1973—2002 年

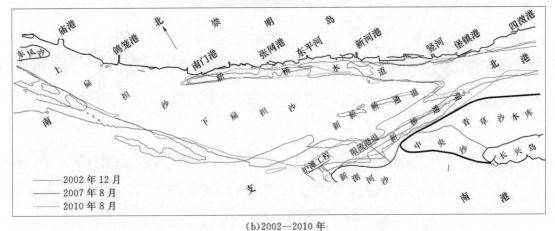

(b)2002—2010 年

图 5.6－10　新桥水道及扁担沙 10m 等深线演变图

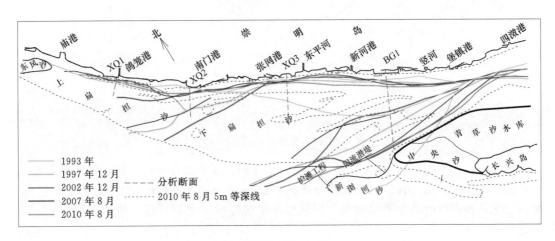

图 5.6－11　新桥水道深泓线演变图（1973—2010 年）

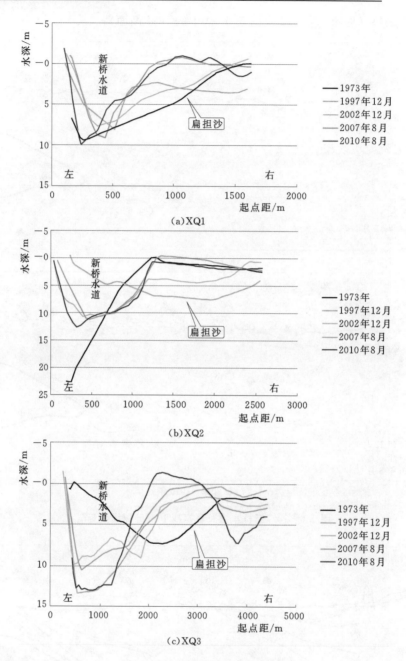

图 5.6 - 12　新桥水道断面演变图

由图 5.6 - 13 可见，自 1973—2010 年的 37 年间，新桥水道平均水深变化范围为 7.15 ～9.82m，5m、10m 等深线以下容积分别在 1.26 亿～2.23 亿 m³ 和 0.11 亿～0.44 亿 m³ 之间变化，各时段内虽有淤积现象，但总体上呈缓慢增大之势；最大值出现在 1997 年，与之相对应是水道内 10m 深槽上、下贯通（图 5.6 - 10）。从分段情况看，水道上、下段河床冲淤略有不同，上段河道平均水深及容积最大值出现在 2010 年，而下段出现在 1997 年，说明新桥水道上段近期出现了明显的刷深现象。从图 6.1 - 4 和图 6.1 - 5 可以看出，

1997—2002 年间，新桥水道冲刷部位位于南门附近，2002—2010 年间，冲刷部位下移至南门以下河段。

新桥水道虽然不属主槽，但由于新桥水道与北港涨潮流方向一致，受北港涨潮流上潮影响及落潮时扁担沙漫滩流归槽的作用，今后较长时期内仍将具有相对稳定的河槽容积，水道也将维持较好的水深条件。

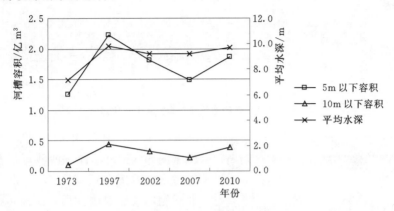

图 5.6 - 13　新桥水道河槽容积及平均水深变化

5.6.10　横沙通道

横沙通道位于长江口长兴岛与横沙岛之间，通道上口与北港相连，下口与北槽进口相交，基本呈南北走向（图 5.6 - 1），该通道是北港与北槽之间水沙交换的重要通道。目前通道自横沙岛头（北）至长兴潜堤（南）长约 8.1km，以两岸堤线计平均宽约 1.7km（表 5.6 - 7），8m 水深（理论最低潮面）全程贯通。

表 5.6 - 7　　　　　　　　　　横沙通道河宽变化统计　　　　　　　　　　单位：m

时间	HS1 断面	HS2 断面	HS3 断面	平均
1973 年	2910	2140	2700	2583
2010 年	1279	1277	2608	1721

横沙通道落潮流为北港汇入北槽方向，涨潮流为北槽流入北港方向，通道两侧涨落潮转流时间不同步（测验断面见图 5.6 - 15），落潮时横沙岛侧先落，涨潮时长兴岛侧先涨，横沙岛侧落潮流占优势，长兴岛侧涨潮流涨优势。实测水文资料表明[16]，横沙通道已经由原先的落潮优势逐渐演变成涨落基本平衡状态，2004—2013 年间，多年落涨潮量比平均为 1.04（图 5.6 - 14）。

横沙通道是由 1954 年特大洪水在口门地区与北槽同期塑造的新生汊道，其后经历了冲刷扩大及束窄加深的演变过程，决定横沙通道演变的根本原因是北港落潮动力的摆移[12]。1958—1965 年，由于北港下段主流右移，青草沙被切割，通道内落潮量增强，上口 5m 槽宽达 800m；通道下口因北槽的形成、发展，涨潮动力增强，5m 平均槽宽达

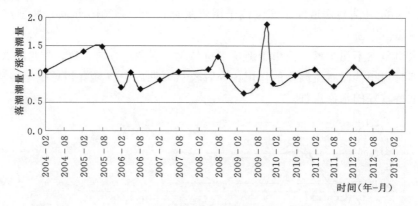

图 5.6－14　横沙通道落/涨潮量比变化过程

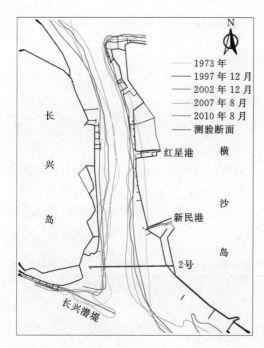

图 5.6－15　横沙通道 5m 等深线演变图

500m。1965—1973 年间，北港下段主流左偏（图 5.6－3），青草沙沙尾淤涨向下延伸越过横沙通道北口（图 5.6－5），长兴岛南北两侧均属涨潮槽性质，潮波传播的位相差减小，致使横沙通道南北两端水面横比降减小，涨落潮流速减缓，导致泥沙淤积，通道萎缩。1973 年后北港承受南支下段下泄的大量底沙，在崇明堡镇港至奚家港之间形成堡镇沙（也称六溆沙脊，见图 5.6－5）。20 世纪 80—90 年代，长江来水偏丰，北港落潮主流切开青草沙中段，水流顶冲横沙通道北口，横沙通道南北两端的水位差又逐渐加大，通道也随之冲刷扩大。2000 年 3 月，长江口深水航道一期工程北导堤建成，封堵了横沙东滩串沟，减少了北港与北槽交换的漫滩流，加上北港堡镇沙淤涨下移，落潮流轴线右偏，通道内落潮动力增强，促进了横沙通道的发展，至 2002 年，通道 10m 深槽贯通（图 5.6－16）。2007—2010 年通道内 10m 槽时断时连，但总体上趋于稳定。

从横沙通道深泓线及典型断面图演变看（图 5.6－17、图 5.6－18），近期通道上、中段主流偏横沙岛侧，下段主流偏长兴岛侧。近年来随着河道整治工程和滩涂圈围工程的不断实施，河段断面宽度均有不同程度的缩窄，2010 年与 1973 年相比，累积平均缩窄了约 33.4％。

从横沙通道容积及平均水深变化看（图 5.6－19），自 1973 年以来，通道河床冲淤互现，但总体呈增大之势。1973—2010 年，通道 0m、5m、10m 以下容积分别增大了约 0.17 亿 m³、0.18 亿 m³、0.06 亿 m³。2010 年 8 月，通道 0m 以下河槽容积约 0.8 亿 m³。

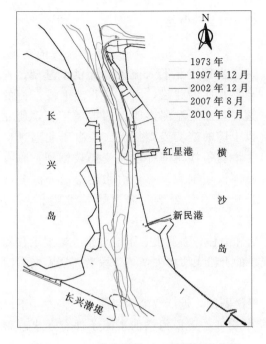

图 5.6 - 16　横沙通道 10m 等深线演变图

图 5.6 - 17　横沙通道深泓线演变图

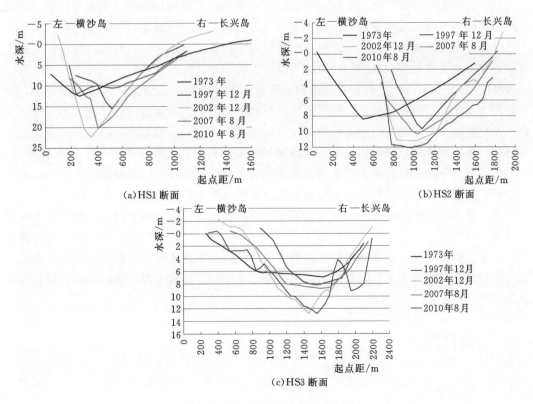

（a）HS1 断面

（b）HS2 断面

（c）HS3 断面

图 5.6 - 18　横沙通道断面演变图

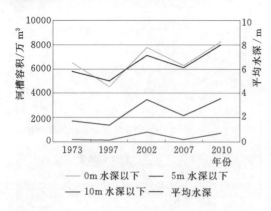

图 5.6-19　横沙通道河槽容积及平均水深变化

5.6.11　小结

（1）南、北港分流段整治工程的实施，为初步稳定北港入流条件提供了基础；青草沙水库的建设，固定了北港上段右侧的边界，加之左侧崇明岛的护岸工程，使北港上段的演变受到控制。但由于北港进口上游扁担沙尾的冲淤演变仍较剧烈，时有沙体被切割后下移，给北港稳定分流分沙造成了不利影响，继而影响北港的河势稳定。

（2）北港两岸近年的变化表现为：左岸下延和南移；右侧上、下端分别大幅度上移和下延，平面形态已由过去的顺直微弯演变为现在的上段束窄向左凹，下段有所展宽向右凹的微弯型。

（3）随着青草沙水库的建设及横沙东滩的促淤圈围，近期北港深泓线上段偏左，下段偏右，形成微弯河势。北港上段河槽表现为滩淤槽冲，下段河槽的水深条件有逐步改善之势。

（4）近期北港进口新桥通道深泓不断向青草沙水库围堤头部逼近；崇明堡镇港—四滧港段与右侧的青草沙水库围堤突出部位束窄了河宽，该两段河床呈强烈刷深之势。

（5）近年来，北港拦门沙河段河槽略有展宽，河床总体稳定。拦门沙前缘逐年向外推移，近年移动速度趋缓，以拦门沙前缘为界，内坡平缓，外坡陡急，纵剖面浅于 7m 的拦门沙长度平均 32.7km，比较稳定；滩顶位置虽上下移动较大，但滩顶水深比较稳定，历年平均为 5.37m，随着北港拦门沙河段的南边界的延展且初步固定成形，北港与北槽之间的水沙交换减少，北港拦门沙河段向归一方向发展，河槽的平面稳定性将进一步增强。

（6）新桥水道涨落潮流均强劲，滩槽冲淤多变，但总的变化是向左缩窄，上端淤高，中上段刷深，下段相对稳定。受北港强劲涨潮流上溯影响及落潮时扁担沙漫滩流归槽的作用，预计今后较长时期内新桥水道也将维持现有的水深条件。

（7）横沙通道近年来的发展受周边工程的影响较大。长江口深水航道一期工程北导堤的建成，封堵了横沙东滩串沟，减少了北港与北槽交换的漫滩流，促进了横沙通道的发展；上游青草沙水库的建设导致北港堡镇沙淤涨下移，落潮流轴线右偏，也有利于落潮流进入横沙通道，这两个主要因素有利于横沙通道的维护。随着工程影响的减弱，横沙通道总体上趋于稳定。

5.7　南港河段

5.7.1　基本情况

长江口南港河段，起于南北港分汊口，止于南北槽分汊口，由于两分汊口周期性的上提下挫，该河段长度在 40～55km 之间变动。

1954 年长江流域的特大洪水，引起南港河段上游南支河段的重大变化。在洪水作用下，南支上段老白茆沙南部切滩，随后老沙体并靠崇明岛，新白茆沙雏形生成，白茆沙中水道发展，白茆沙被冲散的泥沙以及因水道发展而冲刷的泥沙向下游输移，致使南北港分流段发生动乱，具体表现在[17]：南港上口浏河沙被冲下移与中央沙相连，封堵南港上口，迫使长江主流经中央沙北水道入北港，因横向水位差异，在石头沙西侧冲刷出一条南北走向的串沟，并逐渐发展形成新崇明水道，部分水流经该水道补给南港，而冲刷下来的泥沙，在新崇明水道与南港汇流点下游的缓流区落淤，逐渐形成瑞丰沙。

1958 年长江口全测图显示（图 5.7-1），此时的南北港分流段有扁担沙、中央沙；中段自上至下有石头沙、瑞丰沙、潘家沙、鸭窝沙、金带沙和圆圆沙，各沙洲之间又有大小不等的串沟相隔；至南北槽分汊段，圆圆沙至九段沙头部的宽阔水域内尚未形成明显的水下沙洲。主要水道中中央沙北水道为南支主流下泄主通道，南北港的主分汊口位于石头沙头部，新崇明水道为分泄南港的通道之一，10m 等深线贯通南北；次分汊口老宝山水道上口淤积，10m 槽与南支主槽隔断；瑞丰沙与潘家沙之间，有一条规模不大的纵向潮沟相隔，为长兴水道的雏形。

1958—1969 年间，新崇明水道的拓展造成石头沙的冲刷后退，为此对石头沙采取了人工护岸措施，新崇明水道的发展受到限制，并因与主流交角过大而很快发生萎缩，最终于 1968 年消亡[14]。进入南港的水流不畅，导致南支河段与南港河段的纵比降增加，落潮主流在浏河沙与中央沙的结合部切滩，形成新宝山水道（约 1961 年），呈中央沙北水道和新宝山水道均衡分流态势，主流顶冲中央沙头，中央沙头持续后退，冲刷下来的泥沙以边滩或分散的心滩形式向下游移动，南港主槽普遍淤积。

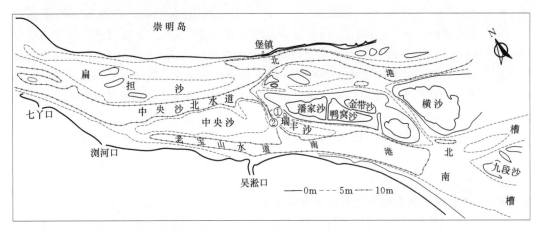

图 5.7-1　1958 年南北港上下游河势图
①—石头沙；②—新崇明水道

1971 年后，瑞丰沙与中央沙合二为一，南北港分流口上提至沙体头部，南北港 10m 水深同时贯通。此时，南港落潮主流偏南，形成南港主槽，涨潮主流偏北，塑造了长兴岛外南小泓（现长兴水道）。涨落潮流路的分离，促进了瑞丰沙的发育，瑞丰沙沙体向下游迅速延伸，成为纵贯南港河槽的一狭长沙带，南港河槽断面向"W"形发展。

长兴岛为隔离南港、北港的江中洲岛。清道光年间就有人在石头沙等小沙洲上陆续围垦，所筑圩堤极为简陋，灾害不断[18]。1958 年后，通过陆续人工堵汊促淤，至 1972 年，南北港之间的鸭窝沙、石头沙、瑞丰沙、潘家沙、金带沙、圆圆沙 6 个沙体合并成长兴岛。在科氏力作用下，长兴南小泓内强劲的涨潮流使长兴岛南沿受到严重侵蚀，护岸工程实施后，稳定了长兴岛岸线。2003 年 11 月 18 日，中船长兴岛基地的前期工程开始启动，此后，中船长兴、振华港机、江南造船等一批国家重点企业落户于长兴岛，加固了长兴岛南侧的堤防，因此，南港河段的北边界基本固定。南港南岸，20 世纪 80 年代后，从上至下，分别建有罗泾港区、宝山港区、外高桥港区，南岸岸线也已稳定。至此，主、次槽及中间的瑞丰沙构成南港河段相对稳定的地貌体系。

5.7.2　近期实施的整治工程

5.7.2.1　新浏河沙护滩和南沙头通道限流潜堤工程

在 2008 年 3 月国务院批复的《长江口综合整治开发规划》中，南北港分流口整治工程包括新浏河沙潜堤工程、南沙头通道护底工程、中央沙及青草沙圈围工程以及下扁担沙头部潜堤固定工程。由于中央沙、新浏河沙以及新浏河沙包沙头持续后退，南北港分汊口的河势趋于恶化，为保障分汊口河势的稳定，改善通航条件，在贯彻《长江口综合整治开发规划》的基础上，长江口航道管理局先期实施了新浏河沙护滩和南沙头通道限流潜堤工程，与基本同期实施的中央沙圈围工程和青草沙水库工程，共同对南、北港分流段的河势控制发挥了关键作用[9,19]。

工程由新浏河沙护滩堤、护滩潜堤和南沙头通道限流潜堤两部分组成（图 5.7 - 2），共建堤长 10.473km。南沙头通道潜堤工程于 2007 年 6 月开始铺设护底结构，新浏河沙护滩工程于 2007 年 9 月开工，至 2009 年 2 月完工。其中新浏河沙护滩堤（堤顶高程 2.00m，吴淞基面，−1.63＝1985 国家高程基准高程，本节同）、新浏河沙沙头护滩潜堤（全线堤身高 2.00m），以及南沙头通道限流潜堤（堤顶标高为−2.00m）。新浏河沙护滩工程建成后，南港入流趋于集中，新宝山南北水道水深均良好，新浏河沙包在冲刷和采砂综合作用下，逐渐成为高程很低的心滩。由于新浏河沙护滩南堤外局部区域冲刷加剧，为防止瑞丰沙上段受冲及下泄泥沙对南港以及北槽深水航道造成不利影响，结合长江口 12.5m 深水航道向上延伸工程，航道部门于 2010 年 9 月开工建设了新浏河沙南导堤延长工程，该工程长 2.7km，堤顶高程 2.00m，与已建新浏河沙护滩南堤东段相衔接，于 2011 年 2 月完工。

5.7.2.2　中央沙圈围工程与青草沙水源地工程

这两个工程虽然功效不同，但在河势控制上是一致的，即稳固中央沙沙头、稳定中央沙和青草沙的边界，理顺北港上口分流通道下边界，改善北港入流条件。

中央沙圈围工程包括：圈围大堤、建设排水建筑物、局部护滩等，围堤总长 18.417km，圈围面积 15.26km^2，南缘设 2 座总设计流量为 14.5m^3/s 的排水涵闸。该工程于 2006 年 11 月开工，2007 年 1 月中旬 4 座龙口合龙。

青草沙水源地工程包括青草沙水库、取输水泵闸工程与岛域输水管线工程等。工程的主要功能是在非咸潮期自流引水入库，在咸潮期通过水库预蓄的调蓄水量和抢补水来满足上海市的原水供应需求。青草沙水库总面积 66.26km²，环库大堤总长 48.41km，设计有效库容 4.38 亿 m³，至 2020 年供水规模达 719 万 m³/d。工程于 2007 年 6 月开工建设，2009 年 1 月水库新建大堤合龙，2010 年 6 月基本建成通水，整体工程于 2011 年 6 月竣工。水库蓄满水时，可在不取水的情况下连续供水 68d，确保咸潮期的原水供应。关于工程布置详见图 9.2-6。

5.7.2.3　深水航道南北槽分流口工程

南北槽分流口鱼嘴工程为长江口北槽深水航道一期工程中的起步工程，1998 年 10 月开工，2000 年 5 月完工。工程由顶高程＋2.00～－2.00m（吴淞基面）的潜堤、南线堤和南导堤上游堤段构成，包括：长 1.6km 的鱼嘴南线堤，长 3.2km 方位角约 307°的鱼嘴潜堤。工程主要功能为：①稳定南北槽天然分流口的良好河势，稳固江亚南沙，阻止沙头的冲刷下移；②稳定北槽上口良好的进流、进沙条件[20]。

为减轻北槽航道淤积，改善北槽进口流态，长江口深水航道治理三期工程中兴建了长兴潜堤，该工程位于长兴岛尾东南角沙嘴滩面上，建设长度 1.84km，堤顶高程＋2.00m，堤根与长兴岛中船基地围堤相连。工程于 2006 年 11 月中旬开工，2007 年 5 月底完成主体工程。

以上工程平面布置见图 5.7-2。由此，南港河段上下分流口段基本为工程所控制，自然演变中分汊口周期性的上提下挫现象将难以再现，加之两侧岸线的固定，南港河段内的滩槽在上游河势不发生大的动荡情况下，今后相当长的时期内应不会有大的变化，唯一的变数在于瑞丰沙的演变及其对本段以及下段南北槽的影响，以下将详细分析。

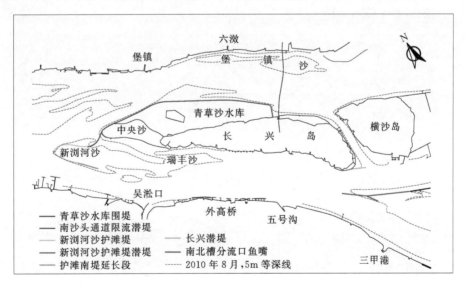

图 5.7-2　南北港河段近期工程平面布置图

5.7.3　分流比的变化

天然情况下来水来沙条件的变化，河流的自然演变，以及人类活动的干预，都可能导致汊道河段主支汊地位的此消彼长，通常，分流少分沙多的支汊将趋于淤积萎缩。影响分流分沙的因素很多，如干流来水来沙条件、干流及支流河道的冲淤变化、支流分流角、分流口口门形状和口门水力要素，以及自然与人为活动等，河道分流分沙正是诸多因素间相互影响、相互调整结果的综合反映[21]。

长江口江面宽阔，洲滩众多，一旦在某洲滩上冲出串沟，流路归一，在巨量径、潮流的影响下，该汉道将快速发展，并与原主流一争雄长，最终可能取而代之。因此，分流汉道的分流比与分沙比，宏观上反映了各分汉水道的发展与衰退的动力条件。随着人类对河流改造活动的加剧，河道的水沙条件可能发生急剧的改变，这些变化有可能使原本缓慢的分流分沙的自然变化加剧，甚至改变原来的分流格局。

由于南北港分流口汉道众多且多变，测验技术落后，历史上该段进行全面的分流分沙比测验较少，然而有限的测次表明：南北港分流段虽然滩槽演变剧烈，然其分流比具有一定的稳定性，1950 年以来，南北港分流比基本维持在 50％左右，变幅小于 8％[1]。南北港分流分沙比存在此消彼长现象，如 1958 年洪季，南港分流分沙比分别为 47.1％和 43.2％；随着新崇明水道的发展，至 1959 年 3 月，南港分流分沙比分别上升至 53.7％和 68.1％；1971—1988 年间，由于南支下段南门通道和新桥通道的发展，北港分流分沙比明显增加；而 1983 年的洪水作用，又导致南港的发展，至 1985 年 7 月，南港分流分沙比又超过了北港，分别达到 52.5％和 50.1％。

1998 年后，得益于长江口深水航道治理工程的开工建设，以及新仪器如多普勒流速剖面仪（ADCP）的应用，南北港分流分沙比现场测验得以长期定期开展。测验断面布置见图 5.7 - 3，成果统计见图 5.7 - 4。需要说明的是，1998 年后南北港分流分沙测验断面，与前人研究的位置可能不一样。

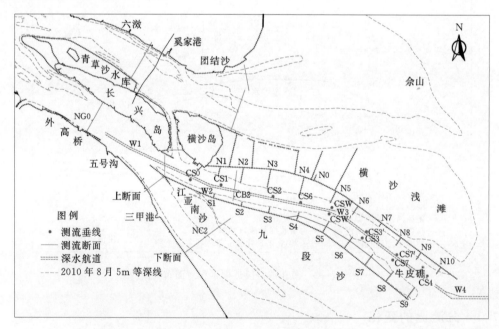

图 5.7 - 3　长江口水文测验布置图

由图 5.7 - 4 可见，1998 年 2 月—2000 年 8 月之间，南港分流比从 45.9％减小至

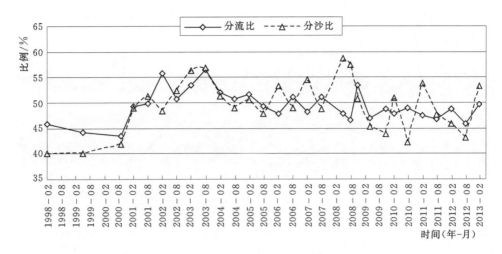

图 5.7-4　南港分流分沙统计

43.5％，分沙比从 40.0％增大至 41.9％，究其原因在于 1998 年和 1999 年的两次洪水，导致新浏河沙与新浏河沙包的整体下移，南港入流不畅，分流比降低，而下移沙体的冲刷，致使南港来沙量增大，南港分沙比略增。在洪水的作用下，新宝山北水道快速发展，南港入流条件改善，分流分沙比同步跳跃增加，至 2001 年 2 月，分别达到 49.3％和 48.9％。此后，南港分流分沙比在 50％上下波动，2001 年 8 月—2013 年 2 月，南港分流比多年平均为 49.9％，最大为 56.5％（2003 年 8 月），最小为 45.9％（2012 年 8 月）；分沙比平均为 50.5％，最大为 58.6％（2008 年 5 月），最小为 42.2％（2010 年 8 月），分沙比波动幅度大于分流比。

可见，南北港分流分沙比相对稳定，期间的波动也是上游河势及局部工程等综合作用所致，下游北槽深水航道治理工程对本段分流分沙影响甚微。2009 年 1 月建成的青草沙水源地工程约增加南港分流比 2％，但 2009 年 2 月建成的新浏河沙护滩工程及南沙头通道限流工程，减小了南港的分流比。2009 年 4 月所测的南港分流分沙首次同步低于 50％，与护滩、限流工程建设前相比，南沙头通道的分流比从 16.7％降至 11.3％，下降了近 5％，而宝山南、北水道分流比均略增[9]。从南北港发展机理看，该影响应该是过程性的，随着工程结束，通过水流与地形的自相调整，短时间内即逐渐恢复，2013 年 2 月南港分流比为 49.7％，接近多年平均值。

5.7.4　深泓线的变化

自上海港开埠以来，南港一直是一条上下贯通的入海航道，受洪水造床作用及上游河势变化的影响，南港在近 160 年中出现过两次较大的淤积期[1]，当上游串沟发展成泄水主通道以及淤积体冲刷、下移后，南港水深即随之恢复，因此，南港河槽水深良好期时段较长。

近期南港深泓线的变化见图 5.7-5。总体看，南港涨落潮流路明显分离，落潮主流从新宝山南、北水道于吴淞口上游汇流后，偏右岸下行，至五号沟处分成两股分入南、北槽；北槽涨潮流过横沙通道后，于南北槽分流鱼嘴处汇合南槽涨潮流，偏左岸上行，形成

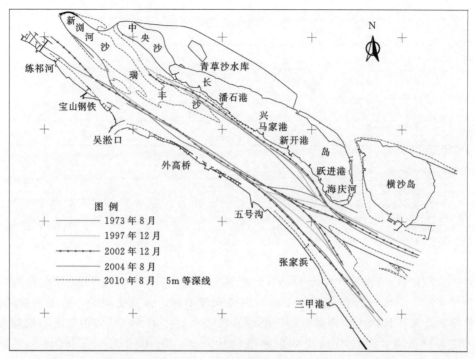

(a)1973—2004 年

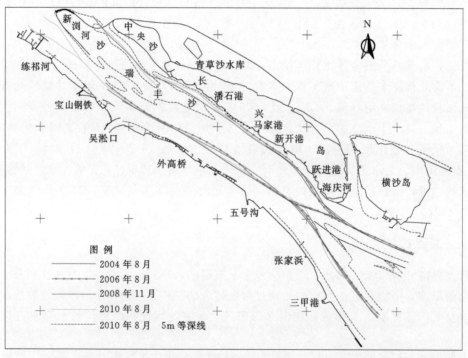

(b)2004—2010 年

图 5.7-5 南港及南北槽分流口深泓线的变化

长兴岛南侧近岸深槽。涨落潮流路的中间地带在局部时段内形成缓流区，利于泥沙沉积。

由于南港主槽水深普遍在 10m 以上，河床形态扁平，有时受疏浚影响，不易区分深泓走向，如 2002 年 12 月，先在外高桥码头附近贴右岸下泄一股次深泓进南槽，后又在距南北槽分流口鱼嘴上游 5.6km 处再分成两股进南北槽。即便如此，南北槽分流点下行是主趋势，1973 年 8 月至 2010 年 8 月，47 年间共下行约 7km，先快后慢，年均约 150m。近年受南、北槽分流口鱼嘴控制，分流点基本稳定在鱼嘴上游 2.3～3.6km 之间。

南港深泓平面摆动受上游汇流影响，若宝山北水道入流强，则落潮动力会直指吴淞口，在黄浦江口上游导流堤挑流作用下，主流偏北角度加大；若宝山南水道入流强，则黄浦江口导流堤挑流作用弱，下泄南槽的动力即增强。近年来，南港上游汇流比较稳定，在吴淞口至南北槽分汊段，南岸主槽深泓平面略有摆动，摆幅最大的时段发生在 2002 年 12 月—2006 年 8 月之间，主泓向左（航槽方向）偏移了约 1km，主流逐渐北偏是外高桥港区近年淤积的原因之一。

长兴水道次深槽在发展的初期，近岸刷槽，深泓向长兴岛岸线靠近，2002 年 12 月后，受护岸工程守护影响，平面摆动减小，近年基本稳定，为长兴岛南侧的岸线利用创造了条件。

5.7.5 典型断面形态

窦国仁认为：如果潮汐河口在某时段内冲淤数量能够相互抵偿，则在此时期内上游来水量和来沙量以及下游口外涨入的水量和沙量之差必然等于同一时期内落潮期间河床断面所能排泄的水量和沙量[22]。因此，决定相对稳定的潮汐河口河床形态的主要因素，在于落潮平均流量及落潮平均含沙量。为了解南港河段断面演变情况，在进口、上、中、下段布置 4 个断面予以分析。进口断面（C19）位于中央沙头与宝山港池之间；上断面（A5）位于长兴岛头与凌桥水厂之间，横跨长兴水道头部与瑞丰沙上部；中断面（A15）位于马家港与外高桥四期码头之间，穿越瑞丰沙串沟；下断面（A19）位于五号沟，横跨原瑞丰沙下沙体。断面位置见图 5.7－6，断面变化见图 5.7－7。

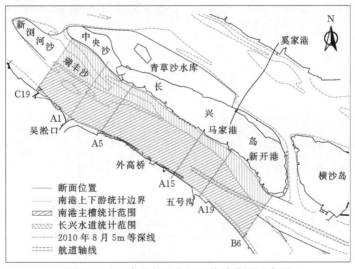

图 5.7－6 南港断面位置及统计范围示意图

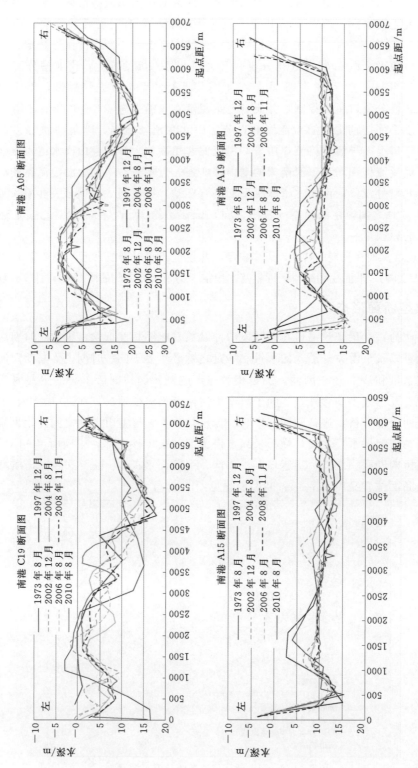

图 5.7-7　南港典型断面形态

C19 断面跨越瑞丰沙、南沙头通道、新浏河沙和南港主槽，变化剧烈且复杂，尤其是断面左侧的滩槽，而右侧的主槽则相对稳定。2007 年后，随着新浏河沙护滩和南沙头通道限流潜堤工程的先后实施，除受工程影响的局部区域冲淤剧烈外，双槽一主一次，中间夹一高滩的断面形态整体上趋于稳定。

上断面 A5 横跨瑞丰沙，断面形态呈偏"W"形，1973 年时，长兴水道处于发展的初期，于本断面的最深点仅为 6.2m，此后发展迅猛，至 1997 年 12 月，最深点已达 13.4m，5m 槽宽拓展至约 700m。2002 年后，水道平面位置左右摆动，深槽刷深但展宽较小，至 2010 年 8 月，最深点已达 18.7m，5m 等深线宽度近 800m。瑞丰沙于本断面处先右冲左淤，至 2002 年 12 月，平面摆动减小，右缘形成冲刷槽，槽外沙体似有割离瑞丰沙体之势。断面主槽曾在 1997 年 12 月时淤浅，随后恢复至 1973 年的水深。近年来，A5 断面最深点稳定在 21m 左右，深于 10m 的宽度在 2km 以上。

中断面 A15（马家港断面）为"U"形，1997 年 12 月前，因瑞丰沙的存在，断面中间有起伏，2002 年 12 月，瑞丰沙中段串沟发展，上下沙体分离，断面形态趋于平坦。近年来，长兴水道于此断面处最深点大于 12m，深于 10m 的宽度在 400m 以上；本断面主槽向左移动，近瑞丰沙侧拓展，右岸外高桥四期码头前沿淤积，2004 年 8 月—2010 年 8 月，水深从 11.8m 淤浅到 8.8m，影响了外高桥港区的正常运行。

下断面 A19，断面形状与上断面类似，介于"W"形与"U"形之间。长兴水道左冲右淤，2004 年后发展趋缓，最深点约在 15m 左右，10m 槽宽约 600m；瑞丰沙下沙体演变剧烈，总体右侧冲刷，左侧稳定，滩顶刷低，且为持续性过程，以 2002 年 12 月为对比，至 2010 年 8 月，右侧边界向左移动约 650m，滩顶平均刷低约 3.5m。

瑞丰沙对维持南港主槽和长兴水道的稳定十分重要。近年来瑞丰沙串沟的形成和下沙体的冲刷，除深泓偏转、水流刷滩外，因人工采砂导致冲淤速率加快的因素不可忽视，尤其是超常开采导致水下沙洲的缺损，必然引起两侧深槽的响应。

4 个典型断面图显示，南港河段断面 0m 水域宽度在 6.0km 以上，断面宽深比较大，水流易分散形成复式河槽。南港河段的河床冲淤，滩槽间的此消彼长，导致了南港河槽在"W"形和"U"形之间的转换，进而影响着河槽的稳定。

5.7.6　主槽的演变

南港原为单一"U"形河槽，瑞丰沙形成后，展宽下延，南港从"U"形河槽向"W"形河槽发展。表 5.7-1 统计了近年南港两个水道的特征值，统计范围为图 5.7-6 中 C19～B6，以瑞丰沙脊分界，未剔除河道疏浚量。

表 5.7-1　　　　　近年南港主槽与长兴水道 5m 以下特征值统计表

时间 (年-月)	容积/亿 m³			面积/km²		平均水深/m		容积比例/%	
	长兴水道	南港主槽	合计	长兴水道	南港主槽	长兴水道	南港主槽	长兴水道	南港主槽
1973-08	1.34	6.30	7.64	30.0	105.8	9.5	11.0	17.5	82.5
1997-12	1.27	6.76	8.03	28.0	111.0	9.5	11.1	15.9	84.1
2002-12	1.30	7.00	8.30	30.2	114.3	9.3	11.1	15.6	84.4

续表

时间 （年-月）	容积/亿 m³			面积/km²		平均水深/m		容积比例/%	
	长兴水道	南港主槽	合计	长兴水道	南港主槽	长兴水道	南港主槽	长兴水道	南港主槽
2003 - 03	1.32	7.27	8.60	29.9	116.4	9.4	11.3	15.4	84.6
2005 - 04	1.30	6.97	8.28	31.3	117.7	9.2	10.9	15.8	84.2
2006 - 02	1.19	7.37	8.56	29.5	118.6	9.0	11.2	13.9	86.1
2006 - 08	1.17	7.50	8.66	31.0	118.7	8.8	11.3	13.5	86.5
2006 - 11	1.21	7.36	8.56	31.3	119.8	8.8	11.1	14.1	85.9
2007 - 02	1.19	7.20	8.39	30.3	118.8	8.9	11.1	14.2	85.8
2007 - 11	1.31	7.45	8.76	32.6	119.8	9.0	11.2	15.0	85.0
2008 - 05	1.40	7.25	8.65	31.5	119.6	9.4	11.1	16.2	83.8
2008 - 11	1.47	7.42	8.88	32.9	120.0	9.5	11.2	16.5	83.5
2009 - 05	1.45	7.35	8.80	33.9	121.0	9.3	11.1	16.4	83.6
2010 - 02	1.49	7.37	8.86	34.7	120.6	9.3	11.1	16.8	83.2
2010 - 08	1.51	7.45	8.96	34.7	121.1	9.4	11.2	16.8	83.2
2011 - 02	1.55	7.50	9.05	35.1	119.9	9.4	11.3	17.2	82.8

南港河段的历史演变表明，南港河槽容积存在着周期性的变化，上游河段沙洲冲刷，下泄泥沙常以底沙形式下移，堆积在南港河段，引起淤积；而在落潮水流的持续作用下，底沙的逐年下移，南港河槽水深将随之恢复。因此，过境泥沙量及滞留时间是南港主槽冲淤变化的主要原因。

从表 5.7-1 可以看出，近年来南港河段 5m 以下河床虽然冲淤互现，但总体以冲刷为主，面积和容积同步增加，平均水深在 10.9～11.3m 之间，变化不大。从变化趋势看，2008 年 11 月后趋缓，至 2011 年 2 月，南港主槽容积从 7.42 增加至 7.50 亿 m³，微增 1%，面积没有变化。

长江口深水航道工程建设以来，针对南港河段，长江口航道管理局每年组织 1～4 次的地形测量，大部分测次的起止范围介于 A1—B6 断面之间[23]。从图 5.7-8 可以看出，

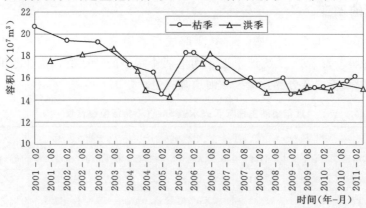

图 5.7-8　南港 10m 以下河槽的容积统计（A1-B6）

2001—2011 年间，南港主槽 10m 以下的河槽容积，洪、枯季平均分别为 1.608 亿 m³ 和 1.671 亿 m³，枯季比洪季平均略大 3.9%。

5.7.7　长兴水道的演变

在宽阔的长江口江面，滩与槽总是既互为依存又互相影响。随着瑞丰沙的形成和发展，20 世纪 60—70 年代，在瑞丰沙和长兴岛之间，形成了一条以涨潮流占优势的涨潮槽[1]，俗称"长兴南小泓"，本文称为"长兴水道"。长兴水道的发展与瑞丰沙的变化密切相关，1965 年时，瑞丰沙尾约位于马家港附近，之后，瑞丰沙不断淤高下延，长兴水道过水面积减小，对水流形成挤压作用，"外沙内泓"效应显现[24]。

瑞丰沙在发展过程中，沙体右冲左淤，整体向左侧移动，在长兴岛护岸工程控制下，长兴水道只能刷深和向上游侵蚀。从表 5.7 - 1 可知，2002 年 12 月与 1973 年 8 月比较，长兴水道的容积、面积以及平均水深均极为相近，说明河槽演变具有往复性，而瑞丰沙的右冲左淤，长兴水道束窄，迫使水道向上游发展，从 5m 等深线的演变看（图 5.7 - 11），1973 年 8 月，长兴水道上部几与长兴岛头部齐平，其后逐年上溯，至 2002 年 12 月，与中央沙南小槽相距仅 200m；2005 年前后，两水道曾短暂相连；南沙头通道限流工程实施后，2008 年 11 月，长兴水道头部后退，与中央沙南小槽连接中断。

从表 5.7 - 1 可知，2006 年 2 月—2007 年 2 月间，长兴水道整体属于萎缩期，平均水深为 8.9m，小于多年平均值 9.3m。此后，长兴水道 5m 以下的容积和面积同步逐渐增大，平均水深恢复到形成之初的 9.4m 左右。

因瑞丰沙中、下沙体的冲刷，长兴水道的潮流特性也发生了改变。据罗小峰等的现场观测与统计[25]：1998 年 2 月，瑞丰沙中部串沟发育之前，长兴水道表现为明显的涨潮优势；2003 年 11 月，位于长兴水道上段、中段的测流垂线依然以涨潮流为优势，而长兴水道下段新开河附近则开始表现为一定的落潮流优势，由前文分析可知，此时段为瑞丰沙串沟发展较快时期，南港主槽与长兴水道下段存在明显的水流交换，导致长兴水道下段开始从涨潮优势向落潮优势转变；2005 年 4 月的测验表明，落潮优势已上延至马家港以上；2009 年 4 月，长兴水道上段的 ZHGJ 垂线（振华港机码头上游约 2km 处），涨落潮动力相对均衡。虽然每测次的流域来水条件与潮汐大小不一致，但可以看出长兴水道从涨潮槽向落潮槽逐渐转换的过程，从这历时约十年的发展看，近期，长兴水道可能已经整体转换成落潮槽了。

从地形演变上也能佐证长兴水道潮汐通道性质的转换。前文分析可知，2002 年 12 月，长兴水道与中央沙南小槽 5m 等深线相距仅 200m，2005 年前后，两水道已相连，南支部分水流通过新桥通道—南沙头通道—中央沙南小槽，直接补给了长兴水道，虽然南沙头通道限流工程实施后，2008 年 11 月，长兴水道头部后退，与中央沙南小槽连接中断（5m 等深线），但水流流路依然存在，径流对长兴水道的补给依然发挥着作用（见 5.5.3.4 小节）。

除以上因素外，北槽上断面涨潮分流比的减小（见图 5.7 - 9，布置见图 5.7 - 3 中的长兴岛尾与分流鱼嘴之间的断面），显示了北槽纳潮量的减小，从而导致上溯长兴水道涨潮动力的减弱，也是长兴水道潮汐性质发生转变的一个重要因素。

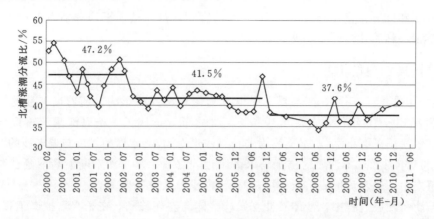

图 5.7 - 9 近年北槽上断面涨潮分流比的变化

从图 5.7 - 9 可以看出北槽涨潮分流比的 3 个变化时段。第一阶段为 2000 年 3 月—2002 年 8 月，期间长江口深水航道一期工程建设完成，北槽分流比起伏度较大，平均约为 47.2%，与南槽基本呈均势，在强劲的涨潮流冲击下，瑞丰沙尾下延之势趋缓，且向右（航槽）方向偏转［见图 5.7 - 11（a）中 1997 年 12 月与 2002 年 12 月的 5m 等深线］，此时，长兴水道涨潮槽特性明显，河槽上溯发展。第二阶段为 2002 年 11 月至 2006 年 11 月，该时间段内深水航道二期工程完成，在丁坝群阻力效应下，北槽纳潮量减小，涨潮分流比减小至 41.5%，减小了 5.7%，其时径流已通过中央沙南小泓补给长兴水道，长兴水道涨潮槽特性转弱。第三个阶段为 2007 年 2 月—2011 年 2 月，此阶段北槽实施了三期工程以及 YH101 减淤工程，北槽平均涨潮分流比进一步减小至 37.6%，但是此期间长兴水道无论面积、容积还是平均水深，均呈增加趋势，说明目前涨潮流对长兴水道的演变已不再是决定因素。

从以上分析可知，鉴于长兴水道受涨潮流的控制作用逐渐减弱、中央沙南小槽的径流和瑞丰沙上段落潮漫滩流归槽对长兴水道的补给以及瑞丰沙中下沙体的冲刷消失导致南港主槽与长兴水道的水沙直接交换这 3 个因素，可以认为目前长兴水道具备了由涨潮槽向落潮槽转变的条件，有利于长兴水道水深条件的维护。

5.7.8 瑞丰沙的演变

5.7.8.1 瑞丰沙演变的动力因素

受科氏力作用，长江口落潮流偏南下泄，南港南岸边滩发展受到限制。瑞丰沙的形成与发展既是上游冲刷泥沙下移沉积的结果，也是南港断面宽阔，左、右侧潮流涨落时刻不一致、涨落潮动力分离、交界处流速趋缓易于泥沙沉积的结果。以图 5.7 - 3 中马家港上 2km 的南港分流分沙比断面为例，2007 年 2 月 5 日，该断面的起涨和起落时刻沿断面分布见图 5.7 - 10。由图可知，南港中段，落转涨（起涨）时，从长兴水道先开始（约 10：40），瑞丰沙和南岸边（约 11：00）随后，最后是南港主槽（约 11：30），同一断面起涨转流时间相差约 50min；涨转落时（起落），左右两侧以及瑞丰沙右侧先落流（约 16：20），其次南港主槽（约 16：45），最后长兴水道（约 17：05），起落转流时间相差约

45min。涨落时刻的不同步，断面上水位差形成横向水流不断冲刷瑞丰沙，导致瑞丰沙中下段江中暗沙始终无法淤露水面。

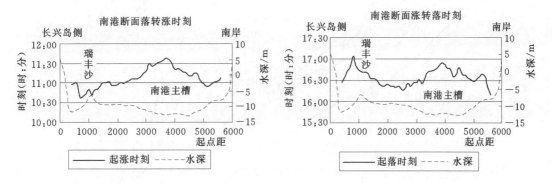

图 5.7 - 10　2007 年 2 月 5 日南港断面转流时刻沿断面分布图

5.7.8.2　沙体的平面变化（5m 等深线）

南港河段两岸水深普遍较深，5m 等深线贴岸，中间 5m 线的演变，实际上为瑞丰沙的演变，见图 5.7 - 11。

如前文所述，20 世纪 50 年代末至 60 年代初，上游新崇明水道和新宝山水道发展过程中，冲刷下来的大量泥沙在新水道与南港汇流区落淤，形成瑞丰沙嘴，其后，中央沙头的受冲后退，为瑞丰沙的发展提供了丰富的沙源，瑞丰沙向下游延展。

1973 年后，南港主槽冲刷，河槽向北展宽，瑞丰沙右缘受水流的侧向淘刷，淘刷下来的泥沙在沙尾堆积，沙体上大下小，吴淞口处瑞丰沙 5m 线宽约 3.2km，马家港处宽仅 0.3km，沙尾指向南槽。1997 年 12 月，因新浏河沙与新浏河沙包的生成与下移，南港入流分成 3 股，分别为新宝山南、北水道及南沙头通道，其时新浏河沙包狭长，宝山南北水道基本平行，与南港主槽顺势衔接，而南沙头通道的水流则压迫南港主流偏南下泄，受吴淞口外导流堤的作用，3 股水流会合后折向瑞丰沙，导致瑞丰沙沙体右冲左淤，整体向左侧移动，其时沙体浅于 5m 的宽度在吴淞口和马家港处分别为 2.2km 与 1.0km。

1998 年、1999 年长江大洪水，南港进口处沙体上冲下淤，沙体横向展宽，南港入流不畅，南沙头通道顺时针偏转，部分泥沙在瑞丰沙上部淤积，而瑞丰沙中下段继续为一股指向腰部的水流冲刷，瑞丰沙中部出现冲刷沟，之后，该冲刷沟继续发展，约 2001 年 6—7 月间，瑞丰沙中部马家港处被冲开，沙体分成上下两块。2002 年 12 月，上下沙体之间的距离为 2.27km（表 5.7 - 2）。此后，上沙体尾部上提，下沙体受冲下移，高程降低，浅于 5m 的沙体逐渐消失，时间约在 2006 年 11 月左右。

南港进口段南沙头通道的发展和偏转，可能导致南港主流持续北偏冲刷瑞丰沙下沙体，直接影响北槽深水航道的维护，而新浏河沙的持续下移，也将可能封堵南港上口，导致南港及其下游南北槽的动荡。因此，2007 年 9 月，长江口航道管理局根据《长江口规划》的精神即时开工了新浏河沙护滩工程和南沙头通道限流工程，工程后南港进口段河势得到了控制，新浏河沙头后退、沙体下延，以及南沙头通道（含中央沙南小槽）冲刷夺流的不利趋势得到扭转，南港河段平稳发展。2007 年 11 月后，新浏河沙与瑞丰沙 5m 线已经连在一起，未来两沙趋于淤连。

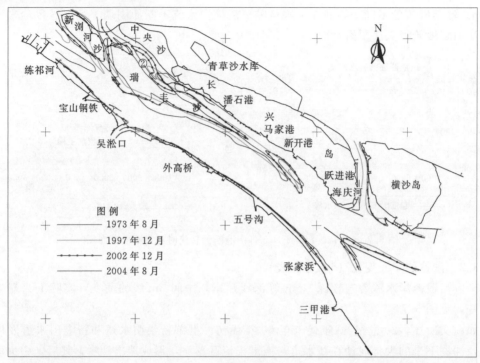

(a)1973—2004 年

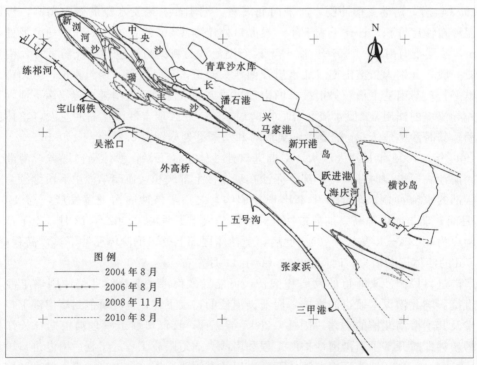

(b)2004—2010 年

图 5.7－11　南港 5m 等深线的演变

①—南沙头通道；②—中央沙南小槽

南港 5m 等深线演变有一个值得注意的地方需要引起重视，即因南沙头通道与长江南支分泄北港的水道－新桥通道之间存在夹角，洪水作用下水流趋直，使得原瑞丰沙与中央沙之间形成中央沙南小槽[19]，其生成与演变见图 5.7－11。中央沙南小槽应为 1998 年、1999 年大洪水作用下生成，1999 年 12 月图中已显现（图 5.5－2 和表 5.5－9），其后持续发展，至 2006 年 8 月，已与长兴水道上口 5m 槽相连，因两水道之间存在夹角，泥沙于此易于沉降，故两槽时断时连，常交错而过，并未迅猛发展，至 2008 年 11 月，该槽深于 5m 的容积约为 1450 万 m³，是生成初期的 9 倍。南沙头通道限流工程实施后，对中央沙南小槽起抑制作用，槽尾略有上提，与 2008 年 11 月相比，2010 年 8 月的槽尾上提了约 1.2km。该小槽的演变见 5.5.3.4 小节。

5.7.8.3　沙体面积与体积的变化

历史上，瑞丰沙以活动性强而著称。瑞丰沙表层沉积物分析表明[24]：沙体表层由细砂组成，D_{50} 在 0.100～0.200mm 之间，80% 以上的泥沙颗粒粒径大于 0.063mm，小于 0.004mm 的黏土比例小于 5%，0.004～0.063mm 之间的粉砂占 2%～18%，沉积物分选良好。松散的颗粒结构易于为水流冲刷，而介于涨、落潮流路之间的泥沙易于于此沉积，使得上游河势的少许变化即能引起瑞丰沙较大幅度的冲淤变化。

因新浏河沙护滩及南沙头通道限流潜堤工程实施后，新浏河沙与瑞丰沙之间 5m 等深线已相连，为便于比较，将 C19～B6 断面之间（宝山港池—南北槽分流口）作为瑞丰沙沙体统计的范围，见图 5.7－6。

表 5.7－2　　　　　　　　近年瑞丰沙的体积与面积统计（5m）

测时 （年-月）	体积 /亿 m³	面积 /km²	上沙体尾部距马家港距离 /km	上下沙体之间间距 /km
1973－08	1.30	35.86	—	—
1997－12	1.29	37.02	—	—
2001－08	—	—	1.06	1.64
2002－12	1.16	33.42	1.67	2.27
2003－03	0.95	31.45	3.21	4.57
2005－04	0.94	27.96	3.05	5.59
2006－02	0.81	28.06	3.45	7.09
2006－08	0.78	26.95	3.61	7.15
2007－02	0.81	26.36	3.93	—
2007－11	0.79	24.79	4.08	—
2008－05	0.81	24.48	3.90	—
2008－11	0.78	24.00	4.16	—
2009－05	0.76	22.91	4.14	—
2010－02	0.72	22.86	4.13	—
2010－08	0.71	23.14	4.87	—
2011－02	0.73	23.14	5.02	—

注　面积与体积包括下沙体。

近年瑞丰沙总体呈逐渐缩小的趋势，2010 年 8 月与 1997 年 12 月相比，近 10 年间，沙体的体积缩小了 45%，面积缩小了 37%（表 5.7-2）。从图 5.7-11 可以看出，以 5m 线判断，1997 年 12 月，瑞丰沙还是一个完整的沙体，2001 年 2 月，上下沙体之间藕断丝连，但 2001 年 8 月，上下沙体之间已经相距 1.6km。此后该距离逐年增加，直至 2006 年底下沙体浅于 5m 部分消失[26]。下沙体的冲刷降低，除受主泓北偏，水流冲击淘刷外，人工大规模采砂也是一个主要原因。

表 5.7-2 和图 5.7-11 还揭示，近年瑞丰沙上沙体沙尾呈逐年上提的趋势，2011 年 2 月，上沙体沙尾至马家港断面的距离已达 5.02km。有的研究认为[17]、[19]、[24—25]，瑞丰沙体的完整对南港河势稳定起着重要作用，当瑞丰沙体发育完好，对两侧水流具有约束作用，有利于维持南港主槽和长兴水道的水深；反之，当瑞丰沙萎缩，过水断面的扩大将导致主槽水流扩散，动力减弱，兼之涨落潮流路不一致，泥沙落淤可能产生新的沙体，从而导致南港主槽和长兴水道沿岸水深条件的恶化，影响两岸的重要工业企业的运营。

5.7.9　小结

5.7.9.1　演变总结

（1）落潮动力是塑造南港河床的主要动力。目前，南港两岸岸线稳定，主、次槽及中间的瑞丰沙构成南港河段三元地貌体系。南港分流比一直比较稳定，基本在 50% 左右波动。近年来南港河段主槽虽然冲淤互现，但总体以冲刷为主，面积和容积同步增加，平均水深在 10.9～11.3m 之间，变化不大。

（2）南港深泓线过吴淞口后偏南岸下行，在五号沟以下再逐渐分流进南北槽。南港深泓平面摆动受上游汇流影响，近年先向左（航槽）偏转，后又逐渐向右（南岸）回摆；南港河段内的南北槽分流点平均以 150m/a 的速度下行，先快后慢，近年，受南北槽分流口鱼嘴工程控制，基本稳定在鱼嘴上游 2.3～3.6km 之间，略偏向北槽。

（3）南港典型断面显示，南港河段断面 0m 水域宽度在 6.0km 以上，断面宽深比大，水流易分散形成复式河槽，断面形态在 "W" 形和 "U" 形之间转换。

（4）瑞丰沙的形成与发展既是上游冲刷泥沙下移沉积的结果，也是南港断面宽阔，涨落潮动力分离，交界处流速趋缓导致泥沙沉积的结果，而涨落时刻的不同步导致断面上水位差形成的横向水流，不断冲刷瑞丰沙，是瑞丰沙中下段始终为江中潜心滩而无法淤露水面的主要原因。近年来瑞丰沙总体呈逐渐缩小的趋势，下沙体高程降低，除受水流冲击淘刷外，人工大规模采砂也是一个重要原因。

（5）受瑞丰沙和长兴岛南岸护岸工程的影响，长兴水道以束窄刷深的方式向上游延伸，2005 年左右，与中央沙南小槽相连。近年，长兴水道 5m 水深以下的容积和面积同步逐渐增大，平均水深在 9.4m 左右。因瑞丰沙中、下沙体的冲蚀，长兴水道的潮流特性也发生了改变。影响长兴水道演变的因素有：①上游中央沙南小槽的径流和瑞丰沙上段落潮漫滩流归槽对长兴水道的直接补给。②北槽纳潮流量减小，导致进入长兴水道的涨潮动力削弱。③瑞丰沙中下沙体的冲蚀导致南港主槽与长兴水道水沙的直接交换。这些动力因素的综合影响，目前似乎并未对长兴水道或南港主槽带来不利影响，"涨潮刷槽，落潮维持"，依然是长兴水道的动力地貌现状。

5.7.9.2　演变趋势预测

流域大型水利工程的实施，使进入河口的径流过程坦化，泥沙量大幅度减少，粒径细化，一定时期内造成了河床冲淤幅度加大，但其长期影响尚难以充分预测。

南港河段的演变深受上游河势变化的影响。近年来，南支河段白茆沙南、北水道呈现明显的"南强北弱"态势，导致南支主流出七丫口后北偏，相应的南支主槽北冲南淤、深槽分化、扁担沙上冲下淤、沙尾淤涨南扩。南、北港分流段，新桥通道与南支主槽的夹角逐渐加大，由稳定发展向缓慢衰退演变；扁担沙尾切割体（又称新桥沙）沙头冲刷、沙尾下延；残留的新浏河沙包明显冲刷缩小，高程降低；新浏河沙头部护滩堤两侧局部冲刷加剧；南沙头通道及中央沙头前沿总体淤积。可见，南港上游河段尚存在较多的不稳定因素。

历史上，长江口南、北港的演变遵循着沙头受冲后退、分流口下移、汊道偏转萎缩、大洪水冲刷切滩形成新的泄流汊道、汊道发展、浅滩形成后受冲后退的周期性自然演变过程。为维护南北港分流口河势，新浏河沙护滩工程和南沙头通道限流潜堤工程、中央沙促淤圈围以及青草沙水源地工程于近年相继实施完成，加上先期建成的长江口深水航道治理工程，初步控制了长江口南北港、南北槽两大分流口的整体河势。

瑞丰沙中、下沙体的冲蚀，长兴水道的潮流特性的转变，目前未见对长兴水道或南港主槽带来明显的不利影响。但过水面积的扩大，水流分散，会导致河床向宽浅方向发展。历史研究表明，当瑞丰沙体发育完好，对两侧水流均具有约束作用，有利于两侧水道主流的稳定，有利于维持南港主槽和长兴水道各自的水深；反之，当瑞丰沙冲刷萎缩，过水断面的扩大将导致主槽水流扩散，动力减弱，在涨落潮流路分歧的缓流区将形成新的淤积体。因此，有必要规划进一步的整治措施，综合考虑长江口深水航道、外高桥港区以及长兴重装备工业基地等多方面的需求，审慎决策。

南港河段另外一个值得关注的地方在于南沙头通道，目前其限流工程顶高程为吴淞－2.0m，仅限制发展，不妨碍过流。工程建成后，略微改变了南港主流轴线的走向。因此，若南港下段（南北槽进口段）河势出现不利变化，可否通过调节南沙头限流潜堤的高度，也是值得研究的课题。

5.8　北槽

5.8.1　基本情况

长江口河槽形成过程中，落潮流起主导作用，洪水是塑造河床地形格局的基本动力。洪水塑造河床的动力因素表现在，洪峰过境，水位显著抬高，落潮时，水面纵比降增大，助长落潮水流将流域来水来沙输移出海的能力，同时，因水体中悬移质含沙量不饱和，增强了水流的局部冲刷能力[27]。

北槽的生成与洪水作用密切相关。1949 年以前，长江口主流沿南槽下泄，1954 年的特大洪水，水流趋直冲开铜沙浅滩，与下段涨潮槽贯通形成长江入海的新生通道——北槽。北槽形成初期，过水面积小于南槽，但由于其进口主轴与南港主槽的夹角仅为 7°，远小于南槽的 21°，水流衔接顺畅，促使其快速发育[28]。1998 年大洪水后，北槽分流比曾达到 63%，北槽顺直微弯的优良河势形成。长江口深水航道治理工程建设前，北槽水流主要通过横沙通道、横沙东滩串沟与北港进行水流交换，通过江亚北槽、九段沙串沟与南槽水流交换。北槽上段由于江亚北槽和九段沙串沟的落潮分流，不利于拦门沙河槽的冲刷；北槽中段，由于横沙东滩串沟落潮水流的注入，主槽局部区域形成深于 10m 的深槽；北槽下段，自然水深一般大于 8m。

1998 年 1 月，长江口深水航道治理工程开工后，南导堤封堵了江亚北槽和九段沙串沟，北导堤封堵了横沙东滩串沟，在丁坝和导堤的共同作用下，北槽水流归顺，辅以疏浚，形成上下平顺衔接、中间微弯的深泓。

5.8.2　长江口深水航道治理简介

长江口深水航道治理工程自 1998 年 1 月 27 日开工以来，经历了三期工程的建设。其主要工程量为：在长江口南港北槽河段共建造导堤、丁坝等整治建筑物 169.165km，完成基建疏浚方量约 3.2 亿 m³，航道通航水深由 7m 逐步增深至 12.5m。2010 年 3 月 14 日，长江口深水航道治理三期工程交工验收，全长 92.2km、宽 350～400m、水深 12.5m 的长江口深水航道建成[29]。

按照国务院"一次规划，分期建设，分期见效"的要求，长江口深水航道治理工程分三期实施。一期工程航道实现 8.5m 水深，航道底宽 300m；二期工程航道水深增深至 10.0m，航道底宽 350～400m；三期工程进一步增深至 12.5m，航道底宽 350～400m。一、二、三期工程平面布置图见图 5.8-1，建设时间段及整治建筑物见表 5.8-1。

长江口深水航道治理效果及评价见第 8 章 8.5 节。

表 5.8-1　　　　　　　长江口深水航道治理工程进度及整治建筑物汇总表

工程阶段	建设时间段	整治建筑物	进度调整情况及原因	主要工程时间节点
一期工程	1998 年 1 月 27 日—2001 年 6 月	共兴建整治建筑物 75.11km。其中鱼嘴及堵堤 5.53km；南、北导堤 57.89km，丁坝 11.19km，其他护滩堤坝 0.5km；开挖 8.5m 水深航槽 51.77km，完成基建疏浚工程量共 4386m³。其中，完善段工程包括延长南北导堤 21.39km，建设丁坝四座共 5.2km	整治建筑物导流、挡沙、减淤的功能未完全形成，整体作用难以体现，因此实施了一期完善段工程	1998 年 10 月，南北导堤开工；1999 年 5 月，封堵江亚北槽；2000 年 4 月，主要整治建筑物完成。完善段 2000 年 10 月开工，2001 年 6 月完成
二期工程	2002 年 4 月 28 日—2005 年 4 月	共兴建整治建筑物 66.374km。其中导堤 39.39km，丁坝 18.9km（新建下游段南北丁坝 9 座，延长上游段北侧丁坝 5 座）；北导堤外促淤潜堤 8.087km，开挖 10.0m 水深航槽 74.471km，完成基建疏浚工程量共 5921 万 m³		2003 年 8 月—2004 年 1 月，加长一期丁坝 5 座；2004 年 1 月—2004 年 11 月，新建丁坝 9 座

续表

工程阶段	建设时间段	整治建筑物	进度调整情况及原因	主要工程时间节点
三期工程	2006 年 9 月 30 日—2010 年 3 月 14 日	共兴建整治建筑物 27.681km。其中导堤（即南坝田挡沙堤、长兴潜堤）23.06km，丁坝 4.621km（延长 N1～N6，S3～S7 共 11 座丁坝），开挖 12.5m 水深航槽 92.2km，完成基建疏浚工程量共 21849 万 m³	航道回淤量超预期、回淤分布高度集中，补充实施了减淤工程 YH101	疏浚为主；2009 年 1 月实施 YH101 减淤措施，当年 4 月完工；南导堤加高工程 2009 年 7 月开工，当年 12 月完工

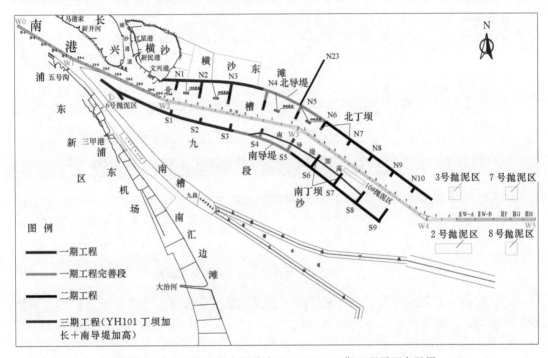

图 5.8-1 长江口深水航道治理一、二、三期工程平面布置图

5.8.3 分汊段深泓线的变化

南北槽分流口入流十分复杂（图 5.7-5），南岸主槽水流下行至外高桥港区后，分泄南北槽。进入北槽的深泓，在长兴岛尾分别与长兴水道、横沙通道的深泓汇合；进入南槽的深泓，在分流鱼嘴附近摆动。南北槽分流鱼嘴工程建设以前，南北槽约在现分流鱼嘴上游 9.1km 的外高桥码头区分流（1973 年 8 月），至 1997 年 12 月，分流点下行约 2.2km。工程后，分流点先上提后快速下挫，2002 年 12 月—2006 年 8 月，共下行约 8.5km 至鱼嘴前沿 2.9km 处，随后在不到 1.5km 的范围内上下移动。由于瑞丰沙下沙体的冲蚀，南港深泓线下段略北偏。

5.8.4 分流分沙比的变化

在长江口深水航道治理工程实施前，南北槽存在二级分汊。第一级位于江亚南沙头部，第二级位于九段沙头部。一期工程实施后，南导堤封堵了江亚北槽，南北槽由二级分汊转为一级分汊，分流口位于江亚南沙头部。

水文测验表明[14]，1964年北槽潮量占南北槽总量约30%，因其时北槽落潮水流通畅，净泄水量达44%；北槽输沙量占南北槽总量23%，净泄沙量占38%，可见，当时北槽处于发展之中。1973年9月，北槽净泄量达到83.33%；1978年8月，北槽除承接了南港全部的净泄量，还承接了部分南槽倒灌量，至1983年3月，北槽分流比超过了50%。

1998年1月，长江口深水航道治理工程开工，为及时准确地掌握工程建设引起的水流、泥沙和地形变化，分析工程实施效果，评估工程影响，长江口航道管理局（前身为长江口航道建设有限公司）十分关注分流比与局部地形的变化，实施了动态跟踪监测。水文测验布置见图5.7-3，南北槽下断面分流、分沙比变化过程见图5.8-2。

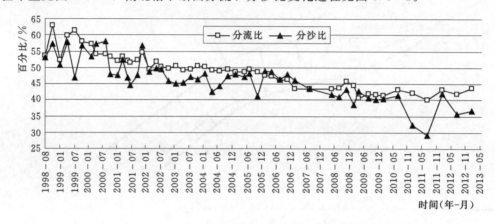

图5.8-2　北槽下断面落潮分流分沙比变化过程

自长江口深水航道治理工程实施以来，北槽下断面分流分沙比（分析数据均为落潮期，本节同）总体呈波动减小的趋势（图5.8-2）。1998年11月，即开工建设后第10月，北槽分流比达到最大至63.0%，随后次第回落，前快后慢，2007年在43.5%左右。YH101减淤工程实施后，河床阻力增大，分流比下降，2009年4月曾降为40.7%，后随着主槽冲刷，河床调整，分流比逐渐回升，至2013年2月达到43.7%。分时段看，一期工程施工初期，北槽分流比变动剧烈，至2000年5月一期整治工程完成，分流比为54.2%；随后的一年半时间至2001年12月，期间经历了完善段工程的建设，分流比在51.4%~54.5%之间窄幅波动，即此期间北槽分流比均大于50%；二期工程2002年4月开始实施，至2005年3月全槽实现10.0m水深，此期间的北槽分流比在48.7%~51.8%之间波动，平均约50%。北槽分流比小于50%的时间段在2004年5月左右，其时一期丁坝加长工程建成不久。YH101减淤工程完成后，至2013年2月，北槽分流比平均为42.1%。

北槽分沙比与分流比变化基本同步，在大部分测次小于分流比，分沙比/分流比多年平均值为0.94（图5.8-3）。略小的分沙比，表明稍多的泥沙从南槽下泄，减少了北槽的泥沙来源，有利于减轻北槽的淤积。

影响汊道落潮分流比变化的主要因素有分汊口上游落潮主泓的摆动、汊道的分流条

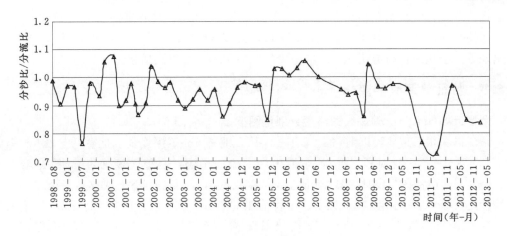

图 5.8-3　北槽落潮分沙比/分流比

件、汊道的阻力以及河槽容积等。工程建设期间南港主泓总体稳定，因此，影响南北槽分流比变化的主要原因在于工程引起的边界条件的变化和河槽容积的变化。工程建设初期，北槽分流比的增加主要在于江亚北槽的封堵，减少了分流。随着丁坝的建设，北槽的河床阻力不断增加，坝田的淤积又导致北槽河槽容积的整体减小，两者共同作用，导致北槽分流比减小。为减少单次测验分流比脉动带来的误差，工程建设前的统计时间段取 1998 年 8 月至 1999 年 11 月（该时段分流比尚未显示出减小的趋势），6 个测次的分流比平均为 58.1%，当前的统计时间段取 2010 年 8 月—2013 年 2 月（波动起伏较小），6 个测次的平均为 42.4%，工程前后对比，北槽分流比平均减小 15.7%。

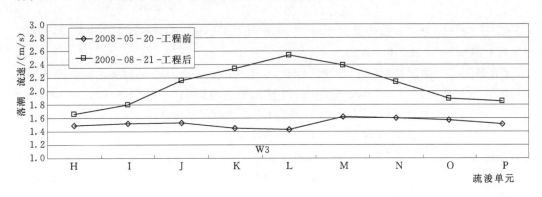

图 5.8-4　YH101 减淤工程前后北槽纵向落潮平均流速比较

分流比的增大或减小，是判断一个水道发展或衰退的重要指标，但河口地区的下泄流量，既有流域来的径流量，又有随涨潮进入上游、在落潮期间下泄的潮流量，且沿程增加，因此分流比的指标意义减弱。北槽分流比的减少，主要在于坝田的淤积导致河槽总容积的减少所致。整治工程调整了北槽动力的断面分布，使深槽区落潮量增加，因此，虽然分流比总体减少，但主槽落潮动力却有所增强[29-31]。

北槽南北丁坝头连线间的河床容积的持续扩大，证明了水流归槽的作用，北槽河槽由宽浅向窄深方向调整。图 5.8-4 为减淤工程 YH101 实施前后准同步测验得到的落潮平均流速纵向分布，测验均在 0.5h 内完成。由图 5.8 - 4 可知，2008 年 5 月，北槽中段 I～L 单元落潮平均流速明显存在一个低谷或平台，而 YH101 工程后（2009 年 8 月），在 I～N 间出现了一个相对较高流速区，北槽中段的纵向水流动力得到增强。

5.8.5　特征等深线的变化

北槽近期 5m、8m 等深线的演变分别见图 5.8 - 5 和图 5.8 - 6。

长江口深水航道建设以前（1997 年 12 月），北槽 5m 等深线全线贯通，上段 5m 等深线宽 3.45km（B18 断面），受横沙东滩串沟入流的影响，至 B31 断面，5m 线宽增大至 5.59km，下行略收缩，中段 B39 断面 5m 等深线宽 4.41km，其下渐次放宽，至北槽出口九段沙尾，5m 线宽已达 12km 以上。工程前北槽 8m 等深线上下中断，上段 8m 深槽的尾部约在 B18 断面以下不足 1km，下段得益于横沙东滩串沟入流的影响，形成一个长 22.4km，平均宽度约 1.8km 的 8m 深槽。

深水航道开工建设后，北槽上段主槽冲刷，坝田淤积，其中北侧淤积远大于南侧；北槽下段水深呈阶段性变化，在建设初期，北槽上段冲刷的泥沙下泄，在下段原深潭处形成一西北——东南走向的淤积带；深水航道整治建筑物完成以后，北槽下段航槽逐渐增深，两侧坝田淤积，其中南侧淤积大于北侧。在等深线变化方面，5m 线宽度先全槽扩大，后分时分段变化。总体而言，南侧上段，即 S4 丁坝以上，5m 线平面摆动较小，南侧下段，5m 线逐渐由坝田向丁坝坝头前沿连线方向移动；北侧上段，2000 年 11 月 5m 等深线达最大宽度，后亦逐渐向丁坝前沿连线后退；至 2010 年 8 月，北槽北侧上段（N5 丁坝以上）5m 等深线几乎与丁坝前沿线重叠，北侧下段，受北导堤与丁坝的影响，坝田淤积，原来水深大于 5m 的地方淤浅，5m 线亦向航槽方向移动。2010 年 8 月，北槽上（B18）、中（B39）、下段（B50）5m 线的宽度分别为：3.1km、3.2km、4.5km，上、中段宽度相近，与下段平顺衔接。2012 年 8 月的 5m 线与 2010 年 8 月基本一致。

8m 等深线，建设初期，上段增深较快，至 2000 年 11 月，上段 8m 深槽整体下延了约 7km，然而中段原 22.4km 长的 8m 深槽几乎全槽淤积，只留下一段长 6.9km，平均宽度不足 600m 的 8m 槽，与工程建设前相比，该槽尾部也下延了约 2km。2001 年 11 月，N7～N9 丁坝之间，尚存在 4 个上下不连通的葫芦串状的 8m 深潭，随着整治工程影响与疏浚作用，至 2002 年 2 月，北槽 8m 线已全槽贯通。2010 年 8 月，北槽全槽（B6～B50）8m 的平均槽宽约为 2.2km，最窄段位于横沙通道出口上、长兴尾潜堤下，宽约 1.3km。

5.8.6　容积变化

从 1997 年 12 月—2010 年 8 月长江口冲淤图可以看出（图 6.1 - 6），13 年间，北槽进口段北侧淤积，上段航槽冲深展宽，下段航槽亦冲刷，但幅度小于上段；南北导堤间坝田淤积，弯顶（W3）上游北侧淤积幅度远大于南侧，弯顶下游南侧淤积大于北侧，弯顶处有一南北走向的淤积带穿越航道，在疏浚作用下中断。

图 5.8 - 7 可见（统计中已扣除航槽 350m 的区域，本节同），2004 年 5 月之前，北槽总容积呈波段起伏，5m 以下总体增大，8m 以下与开工前相比略有减小，平均 0.8 亿 m^3。

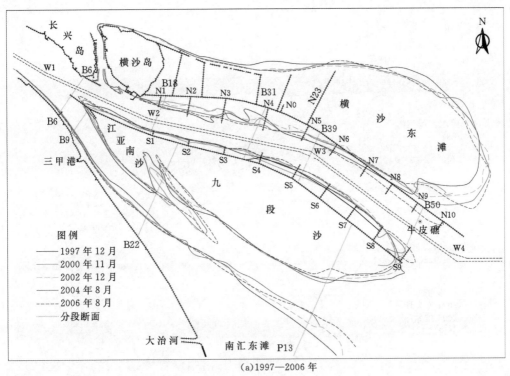

(a)1997—2006 年

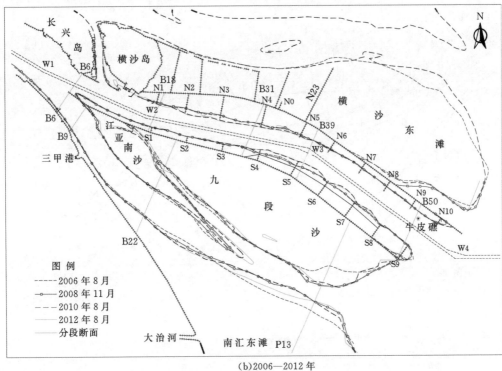

(b)2006—2012 年

图 5.8-5　南北槽 5m 等深线演变图

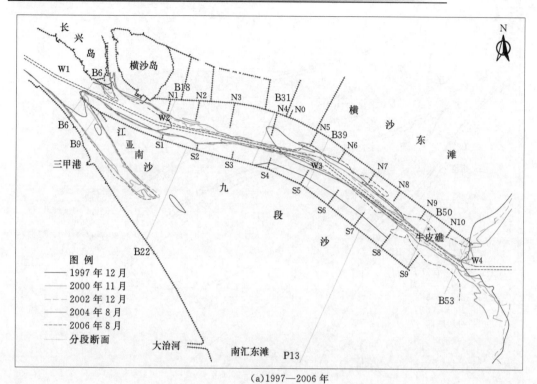

(a)1997—2006 年

(b)2006—2012 年

图 5.8-6 南北槽 8m 等深线演变图

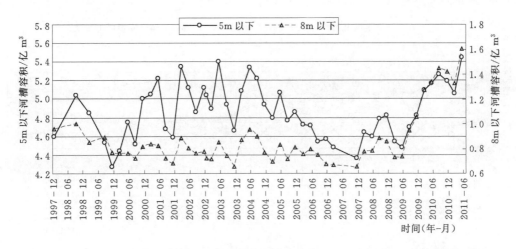

图 5.8-7　北槽全槽河槽容积变化（B6~B50）

三期 YH101 减淤工程于 2009 年 1 月实施，当年 4 月 23 日完工。与之相对应，5m、8m 以下容积快速增大，2009 年 5 月—2010 年 8 月，5m 以下容积从 4.48 亿 m³ 增大至 5.26 亿 m³，增大了 17.4%；8m 以下容积从 0.74 亿 m³ 增大至 1.45 亿 m³，增大了 95.9%。2010 年 8 月至 2011 年 2 月，北槽 5m、8m 以下容积均略有减小，但 2011 年 5 月，又趋于增大。

　　由于深水航道建设分期分阶段进行，所以北槽河槽冲淤演变在时间上和空间上不同步。为了解河槽变化与工程进展之间的相互影响，根据工程建设情况将北槽分成 4 段予以分析（分段区间见表 5.8-2，分段断面示意位置见图 5.8-5）。

表 5.8-2　　　　　　　　　　北槽河槽容积统计分段区间

分段区间	断面范围	长度/km	整治建筑物
一期丁坝上游段	B6~B18	12	潜堤头部~N1-S1 丁坝
一期丁坝段	B18~B31	13	N1-S1~N3-S3 丁坝
完善段	B31~B39	8	N3-S3~N5-S5 丁坝
二期丁坝段	B39~B50	17	N5-S5 丁坝~W4 弯段

　　北槽 5m 以下容积变化（图 5.8-8），基本可以分成两个阶段，即以 2004 年 2—5 月为界，此时，工程建设完成了一期与完善段，完成了一期丁坝的续建工程，二期整治工程开展了一年半。此前，一期丁坝上游段、完善段以及完善段下游段，5m 以下的容积皆变化不大，唯有一期丁坝段震荡上升，上升最快时期为 1999 年 12 月—2001 年 2 月，其时为一期整治工程完成后不到一年，完善段工程尚未开始，5m 以下的容积从 0.74 亿 m³ 上升至 1.30 亿 m³，扩大了 76%，至 2004 年 5 月，该段容积波动变化。2004 年 2 月至 2007 年 11 月，北槽上下段的 5m 以下容积发生了不同变化，一期丁坝上游段、一期丁坝段、完善段均趋势性减小，完善段下游段 2 年内快速增大，从 2004 年 2 月 1.51 亿 m³ 上升至 2005 年 11 月的 2.12 亿 m³，扩大了 40%，随后同其余三段同步变化。趋势性变化直至 2007 年 11 月以后，上游三段 5m 以下容积同步增大，完善段下游段振荡上升。

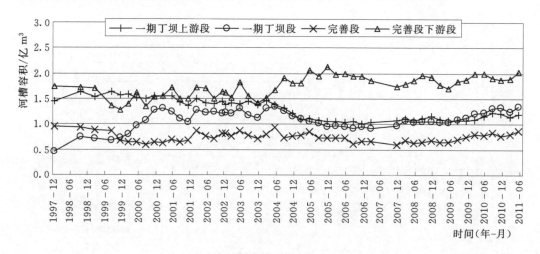

图 5.8-8　北槽各区段 5m 以下河槽容积变化

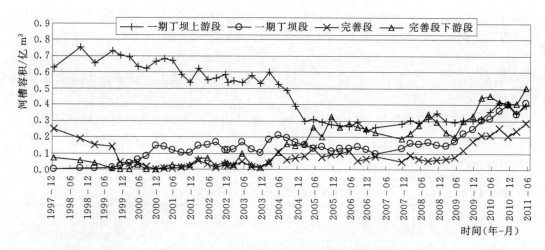

图 5.8-9　北槽各区段 8m 以下河槽容积变化

8m 以下的河槽容积变化与 5m 不同（图 5.8-9）。一期丁坝上游段，工程开工至 2004 年 2 月，8m 以下容积震荡减小，从工程建设前的 0.63 亿 m³ 略减小至 0.60 亿 m³，减小 4.8%，而 2004 年 2 月至 2005 年 2 月，一年内减小至 0.30 亿 m³，减小了 50%，短期内降幅很大，此后逐渐小幅上升至 2011 年 5 月的 0.39 亿 m³。一期丁坝段从开工建设起，8m 以下容积趋势性增大，从 0.002 亿 m³（1997 年 12 月）增大至 0.41 亿 m³（2011 年 5 月）。完善段及其下段，1999 年 11 月前减小，原因在于因工程建设冲刷下来的泥沙在此区间堆积的缘故，随后，该两段同步增大，2009 年 4 月三期 YH101 减淤措施完工后，完善段及其下段，8m 以下容积快速增大。

自然条件下，北槽拦门沙河床对流域来水来沙具有季节性的响应，洪季河槽淤积，枯季河槽冲刷。图 5.8-10 为北槽 5m 以下容积的季节性变化，有夏秋季容积大于春冬季，也有春冬季大于夏秋季，可见长江口深水航道治理工程实施后，北槽河段季节性冲淤变化并不明显。大洪水对北槽河槽有较大影响，如 1998 年大洪水在北槽趋直下

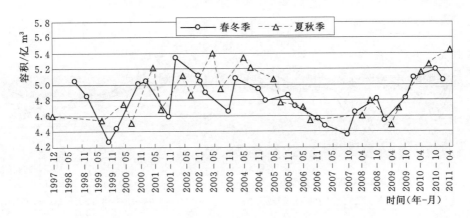

图 5.8-10　北槽全槽 5m 以下河槽容积季节性变化

泄，导致 1998 年 9 月北槽 5m 以下的河槽容积（5.04 亿 m³）较 1997 年 12 月（4.60 亿 m³）增大约 9.6%，其余年份，夏秋季平均略大于春冬季，但趋势不明显。由此可见，北槽治理工程实施后边界条件的变化对河床冲淤演变的影响，大于自然条件下的季节性调整。

5.8.7　断面形态特征

北槽分析断面布置见图 5.8-11，各断面演变见图 5.8-12。

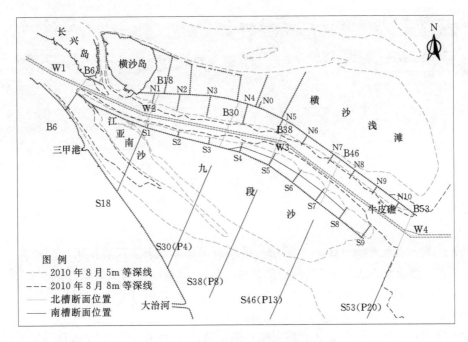

图 5.8-11　南北槽断面编号及位置图

（1）南北槽分流口断面（B6）。工程建设初期断面上北槽河床迅速冲刷，深槽部位也从工程前的 17.0m 迅速增深至 20.5m（2000 年 11 月）。随着工程的进展，分流口断面未

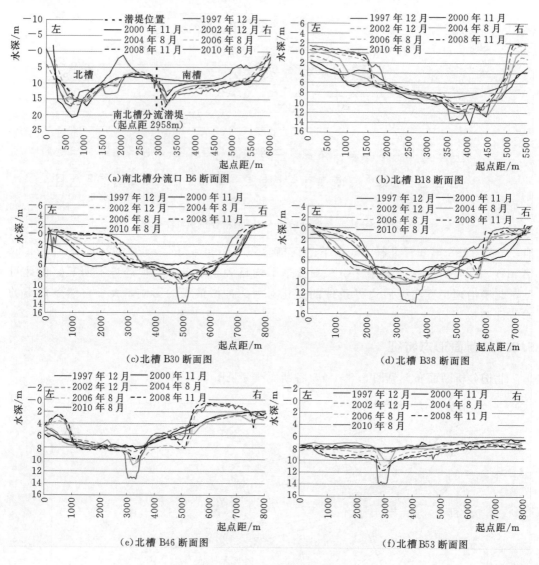

图 5.8-12　北槽断面变化图

进一步发展，深槽逐渐淤浅，至 2010 年 8 月，最深处为 15.3m，与工程前相比，淤浅了 1.7m。

（2）一期工程段断面（B18）。工程后猛烈展宽增深，与工程前相比，2000 年 11 月，深水区平均增深 2m 以上，5m 航槽扩宽约 1.3km。随后，北侧坝田快速淤积，虽然 5m 以下水域宽度变化不大，但 3m 以下与工程前相比，至 2010 年 8 月缩窄了约 2km，滩槽高差增大。

（3）完善段断面（B30）。工程建设前，断面宽浅，5m 线宽近 6km，在经历了自然增深和工程浚深阶段后，2004 年 8 月后航槽水深维持在 10m 以上，两侧边滩扩大，左侧淤积幅度远大于右侧，以 3m 水深边界统计，与工程前相比，2010 年 8 月左侧边滩向航槽方向移动了约 2.5km，右侧向航槽方向移动了约 0.5km。

（4）拐弯段断面（B38）。该断面位于原横沙东滩串沟下游，在串沟水流汇入影响下，北槽于此段形成一个自然深潭。工程前，该断面 1997 年 12 月最深点为 10.5m，远大于上下游。随着北导堤的建设和横沙东滩串沟的封堵，该断面淤积较大，至 2000 年 11 月淤浅到不足 8m，断面 5m 线宽增大。随着工程进展，该段水深恢复，在疏浚的辅助下，分别维持着一期工程的 8.5m 和二期工程的 10m 通航水深，两侧边滩均有所淤浅，滩槽高差增加。因该断面正位于 S5 丁坝上游侧，在丁坝坝前冲刷作用下，断面上右侧边滩可以看到明显的坝前冲刷坑，2009 年 4 月 YH101 减淤工程完工后，该冲刷坑随之向航槽方向移动了约 800m。

（5）北槽下段中部（B46）。断面上天然水深分布为宽浅状，左深右浅。随着工程建设，该断面先淤浅后增深。在南北导堤的作用下，两侧滩地迅速淤高，与北槽中上段相反，断面右侧淤积的宽度大于左侧。从北槽走向看，断面右侧位于凸岸下游，滩地淤积尺度大是正常的。

（6）北槽出口（B53）断面。工程建设以后，整个断面以冲刷为主，除航槽疏浚外，航槽两侧地形普遍增深 1.5m 以上。断面北侧处于北导堤尾部，南侧在南导堤以下 5.5km，因此整个断面受南北导堤的影响较小，尤其是南侧。

5.8.8 深水航道中下段回淤量较大的原因初探

经研究[30-31]，通过调整部分丁坝长度，缩窄北槽中段河宽，可以显著增强中段落潮动力，并使流速增量覆盖上下游一定范围，尽可能减小对上、下段动力的削弱，使纵向动力的变化平缓，横向动力的分布有利于改善河床断面形态，以达到竣深河槽，减小回淤的目的。在此思路指导下，2009 年实施了 YH101 减淤工程（布置见图 5.8-1），长江口 12.5m 深水航道于 2010 年 3 月全槽贯通。

长江口 12.5m 深水航道试通航及验收后，航道回淤量依然较大，且分布特点与二期工程实施后基本相同。本节汇总前人研究成果[31-35]，提出自己的观点。

5.8.8.1 回淤特征

由于整治工程引起的水流、泥沙以及边界条件的变化，北槽成为一条有界条件下的涨落潮流路分歧较小的水道，其淤积特性也随之发生变化。近年来各疏浚单元的年回淤量分布见图 5.8-13（疏浚单元分布见图 5.8-1），水深维护困难段 H～N 单元淤强逐月变化见图 5.8-14[35]。

从图 5.8-13 和图 5.8-14 可以看出，北槽深水航道回淤有以下主要特征：

（1）二期工程（2005 年）后，航道淤积量大幅度增加。

（2）回淤分布集中，H～N 单元 16km 长航道（占航道总长的 22%）内的回淤量占总回淤量的 60%～70%。

（3）回淤量年内分配呈洪季大、枯季小的规律，比例约为 8：2。

5.8.8.2 回淤因素探讨

从回淤特征可知，北槽深水航道回淤是一种有固定时间和固定空间的常态淤积，主要集中在洪季的北槽中段，因此，基本可以排除底沙输移的影响。相关文献均证实[31,35]，进入北槽的底沙是一种周期较长的过程性淤积，而非常态淤积，悬沙落淤是北槽航道回淤

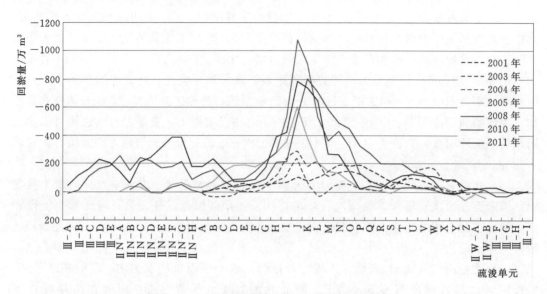

图 5.8-13　北槽航道纵向不同区段回淤强度分布

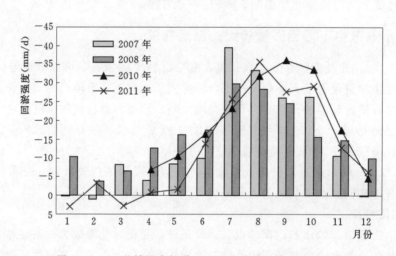

图 5.8-14　北槽深水航道 H～N 疏浚单元淤强逐月变化

的主要因素。

影响悬沙落淤的因素较多，如含沙量、水流动力的大小与纵横向的分配、本地滩槽的高差等；分汊河段，所在河段分流分沙比的变化；潮汐河段，落潮优势流的变化；拦门沙河段，细颗粒泥沙的絮凝条件等。以下摘要简述之。

1. 含沙量的变化

分析表明[36]，随着长江流域来沙量的显著减少，徐六泾河段涨落潮平均含沙量均呈逐年减小趋势，近 10 年间约减小 50%；南港河段，2003—2010 之间，洪季含沙量平均减小了约 32%，枯季变化不明显；北槽拦门沙河段，含沙量在 2003 年前后未见趋势性变化。说明北槽含沙量主要受潮汐动力控制，与该地区泥沙来源丰富、泥沙活动规模大、潮汐动力强以及盐淡水混合等综合影响因素密切相关，受上游来沙量的影响较小。

2．滩槽高差及异常天气的影响

滩槽高差是影响航道回淤的敏感指标，理论上，滩槽高差越大，航道的回淤量也越大。

由前文断面分析可知，随着长江口深水航道南北导堤和丁坝群的建设，航槽竣深，坝田淤积，滩槽高差增大。风浪作用下，坝田区滩面泥沙掀扬，在潮流作用下分选，细颗粒泥沙被带出坝田，以直接或间接的方式增加了航槽的回淤。有研究表明[37]，长江口每年台风造成的航道骤淤量在 200 万～800 万 m³ 左右，引起航道水深回淤 0.3～0.7m，航道骤淤程度会随航道维护水深的增大而有所增强。

台风期间引起本地泥沙强烈再悬浮以及部分高滩泥沙向航槽输运，是一种非常态回淤，无法解释北槽航道回淤时空相对集中的特性，因此，滩槽高差并非长江口深水航道回淤的主要原因。

3．水动力的变化

从图 5.8-15 可以看出，二期工程后，北槽航道中段落潮动力出现了一个相对的"低谷"，导致中段向下游的落潮输沙能力减弱，形成了利于淤积的动力环境[29]。

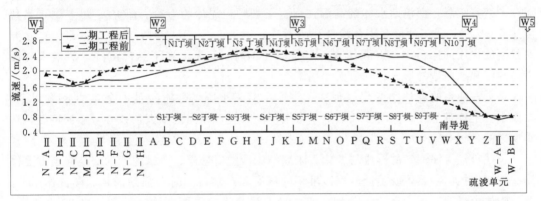

图 5.8-15　二期工程前后北槽航中落急流速比较

从落潮优势看，二期工程后，北槽下段的落潮优势明显增强，而中段则有所减弱，中段流场的变化及与下段落潮优势的反差，导致中段输沙能力降低，加大了中段的回淤量[31]。

基于此认识，实施了通过调整部分丁坝长度，增强中段落潮动力的 YH101 方案，辅以疏浚施工，实现了长江口深水航道 12.5m 通航水深，但该方案未改变北槽航道回淤集中于洪季及中段的时空分布特征。

前文分析表明，YH101 方案实施后，增加了主槽的落潮动力，工程实施初期北槽的分流比有所减少，后逐渐回升。有研究认为[33-34]，长江口为开阔水域，当北槽分流比减小到一定程度，将可能从落潮槽向涨潮槽转化而趋于萎缩，因此有必要研究减少北槽河槽阻力，增大北槽的落潮分流比。

影响北槽航道回淤的因素还有很多，如疏浚土的流失回槽、河道放宽率不均匀、航道中段涨落潮流路分歧、航道轴线与水流走向存在夹角、憩流时间较长等，这些因素都可能在某个方面对航道回淤产生影响，但均无法同时解释回淤分布空间集中（中段）和时间集中（汛期）的现象。因此，一定还存在一个定常因素，影响着北槽航道的回淤。

这里有必要提及"最大浑浊带"和"拦门沙"两个概念。

4. "最大浑浊带"和"拦门沙"

河口最大浑浊带是河口中水体含沙量稳定的高于上下游，且在一定范围内有规律地迁移的浑浊水体。它是河口环境中的一个特殊区段，通常位于河水与海水经常交汇、径流与潮流相互抗衡的地带[38]。最大浑浊带在河口沉积过程中对泥沙，特别是细颗粒泥沙的聚集和沉降起着十分重要的作用。

拦门沙河段是河口海陆相互作用的动力平衡带，拦门沙的形成和演化与最大浑浊带息息相关。长江以其丰富的流域来水来沙，面临宽阔平缓的东海陆架，形成巨大的拦门沙横亘于长江口。长江口拦门沙在纵剖面上局部隆起，长达数十千米，以较浅的平衡水深地形、较强的近底水动力、较高的下层水体含沙量为主要特征。

长江径流汇入东海，在河水水团与海水水团之间是河海过渡带，盐淡水混合，由内向外，盐度增高，形成河口混合水团。长江口盐淡水混合大多为部分混合型，在纵向盐度梯度作用下，于滞流点附近形成上层净流向海，下层净流向陆的纵向重力环流，利于细颗粒泥沙的絮凝沉降，而汛期水体的高温，促进了细颗粒泥沙的絮凝。研究表明[38−39]，当盐度达到 2‰时，拦门沙段底层含沙量开始增高，达到 8‰～15‰时，含沙量值最大；水温对絮凝的作用同样明显，水温越高，絮凝程度越高。絮凝加速了悬沙沉降，对最大浑浊带、浮泥和拦门沙的形成起到重要作用。

最大浑浊带的洪枯季变化表现在：洪季上游来水剧增，输沙量占全年的 80％以上，盐淡水交汇地带下移，因而长江口洪季最大浑浊带呈现纵向范围大，核心下移的特点，枯季反之。

长江口最大浑浊带的形成与变化，未固结床沙的再悬浮、滩槽泥沙的交换起到重要作用。长江口拦门沙系，既是流域来沙堆积的场所和产物，同时在强劲的径、潮流作用下，沉积物的再悬浮、再搬运、再分配，成为最大浑浊带的重要泥沙补给源。以 2011 年洪、枯季水文测验成果为例[40]，枯季大潮（2011 年 2 月），北槽下断面净泄沙量为 −4.42 万t（倒灌），但同期涨潮输沙量为 108 万 t，落潮输沙量为 104 万 t，约为净泄沙量的 24 倍；洪季大潮（2011 年 8 月），北槽下断面净泄沙量为 50.7 万 t，同期涨潮输沙量为 94.3 万t，落潮输沙量为 145 万 t，分别为净泄沙量的 1.9 倍和 2.9 倍，可见长江口本地泥沙再悬浮在最大浑浊带成因中的重要作用。

长江口深水航道中段，位于工程前的拦门沙河段，悬沙平均中值粒径小于0.01mm，盐度在 2‰～13‰之间，是极易产生絮凝的区段，加上洪季水温高，更是促进了絮凝沉降。工程前后的多次水文测验表明，北槽原拦门沙河段的水文、泥沙特性没有明显的改变，而航道回淤"中段大、洪季强"的特点与此密切吻合。因此，可以认为，拦门沙河段的易淤特性，应是长江口深水航道回淤的主要原因，其他因素，如落潮优势减小、输沙不平衡、滩槽高差大、泥沙补给丰富等，只是不同程度地增大了航道的回淤强度。

拦门沙河段的易淤特性，工程措施难以改变。延长丁坝长度，增强落潮动力，结合疏浚等，可以达到设计的通航水深，但较难改变河段的水沙特性。长江口四口入海、同气连枝的格局，也决定了拦门沙的宏观水沙环境，不大可能仅仅通过北槽的治理来解决。在长江口拦门沙河段开通全长 92.2km、底宽 350～400m 深水航道，将不足 7.0m 水深增深至12.5m，是亘古未有的伟大创举。与深水航道带来的巨大经济效益、综合社会效益相比，常年保持一定的疏浚量，是可以接受的[41]。

长江口深水航道的建成，以及近期于长江口开展的大规模的人类涉水工程活动，不可避免地长远影响到长江口的水沙运动和河床演变趋势，为确保深水航道的稳定，有必要加强现场观测，积累资料，深层次探索减淤方法。鉴于分流比对河槽发展的重要性，对可能导致北槽分流比减小的工程措施的必要性应进行充分论证。

5.8.9　小结

长江口深水航道治理工程实施以前，北槽维持着与南港主流顺畅衔接的优良河势。治理工程的建设，改变了北槽的边界，影响了北槽原有水、沙运动环境，限制了邻近汊道水沙运动对北槽的影响，归顺了北槽流态，竣深了河槽，但坝田淤积、分流比下降、中段航槽回淤增大等现象亦随之出现。从冲淤时段看，河床调整滞后于工程建设；从冲淤场所看，主槽流顺，水深增大，坝田动力减弱，成为淤积场所。

北槽分流比的减少，主要在于坝田的淤积导致河槽总容积的减少所致。整治工程调整了北槽动力的分布，使深槽区落潮量增加，河槽冲刷。因此，虽然分流比总体减少，但主槽落潮动力有所增强。

长江口深水航道所在拦门沙河段，其易淤的水沙特性是工程措施难以改变的。因此，常态年维护疏浚、特殊气象条件下加大疏浚是必要的。

5.9　南槽

5.9.1　基本情况

长江口南槽是长江入海四汊道之一。1954 年以前，南槽上口水深在 10m 以上，南岸无边滩。1958 年后，受上游南支河段河槽大量泥沙冲刷下移的影响，南槽进口条件恶化，深于 5m 的槽宽不断缩窄。1983 年，长江大洪水切割南槽进口段的江亚边滩，导致南槽上口演变成双汊分流的格局。1998 年后，因长江口深水航道治理工程南导堤和分流鱼嘴潜堤工程的建设，江亚南沙和九段沙连成一体，南槽上口复归单汊入流。

南槽与北槽相邻，在长江口深水航道治理论证阶段，对工程的可行性曾存在较大分歧，其中一个疑虑即在于：仅在北槽修建治理工程，实施单一汊道治理，会不会导致南槽的发展，进而引起河势的剧烈变化？随着一期工程的实施，南槽边界条件改变，上段水动力增强，河床刷深，深槽展宽，但南槽中、下段未得到同步发展，甚至受南槽上段河床冲刷、底沙下泄的影响，出现了阶段性淤积，这些现象从另外一个侧面证实：不通过整治工程，想在广阔的拦门沙河段得到一定宽度和深度的入海航道是十分困难的。

5.9.2　基本河槽变化

长江口深水航道治理以前，南槽 5m 等深线顺岸而下（图 5.8-5），进口宽 2.9km，江亚南沙尾部最窄 2.1km，下行与江亚北槽汇合后，5m 线逐渐展宽，至 P13 断面，宽 7.2km，随后快速展宽，下行 9km 至九段沙尾时，宽度已达 15km 以上。由于江亚北槽的存在，江亚南沙发展受限制，其尾部距进口段（B9 断面）小于 15km。随着长江口深水航道治理工程的实施，南槽 5m 等深线随之发生变化，具体表现在：中上段受冲向河槽两侧后退，下段淤积向航槽方向移动。中上段受南岸边界条件的限制，5m 线除了工程初期最大后退达约 800m 外（1997 年 12 月—2000 年 11 月），其后平面位置变化较小；而下段，由于江面开阔，水流分散，上游冲刷下泄的泥沙于此堆积，导致南侧 5m 线逐年北移（向航槽方向），近九段沙尾部的最大移动距离达 4.3km（1997 年 12 月—2012 年 8 月）。南槽北侧 5m 线的演变较为复杂，由于江亚北槽的封堵，江亚南沙尾部逐年下延，在不考虑采砂的情况下，江亚南沙尾部的年均下移速度惊人，平均近 1.0km/a（表 5.9-1）。

表 5.9-1　　　　　　　　　　　　　　江亚南沙尾部下移距离

时间（年-月）	1997-12	2000-11	2002-12	2004-08	2006-08	2008-11	2010-08	2012-08
下移距离/km	0	2.6	7.8	8.7	10.8	13.6	15.1	16.7

除江亚南沙外，南槽北侧 5m 等深线的其余部分由九段沙南侧组成。受江亚北槽上口封堵，落潮水流削弱，涨潮动力增强的影响，九段沙上段南侧（原江亚北槽北边界），被涨潮水流冲刷后退，九段沙南侧中段，5m 等深线平面变化甚小，下段则向南展宽，尾部略上提。

值得注意的是，由于江亚北槽上口的封堵，该槽涨潮流逐渐占优，落、涨潮量比例约为 0.6，但由于高潮位时分流鱼嘴与南导堤过水，涨潮流路未断，且因为江亚南沙尾部的下延，使得原江亚北槽尾部纳潮量增大，顺畅的流路及强劲的涨潮动力导致了江亚北槽主槽近期重新发展，至顶端，一路越过南导堤，另一路指向分流鱼嘴南导堤尾部掩护区，若任其发展，将可能导致江亚南沙沙头与分流鱼嘴工程分离，不利于南槽的稳定，应引起足够的重视。

5.9.3　深槽（8m）的发展

长江口深水航道治理工程建设以前，南槽 8m 深槽还只是在槽口上部和原江亚北槽下口局部区域存在（见图 5.8-6，1997 年 12 月），而深于 8m 的面积仅 5.2km²，容积约为 0.01 亿 m³（图 5.9-1）。随着北槽治理工程的开展，南槽落潮分流比逐渐增加，水流动力增强，南槽上段主槽冲深展宽，深槽下延了约 15km，8m 以下的面积和容积同步扩大。发展最快的期间为 1999 年 5 月至 8 月，8m 以下的面积从 12.0km² 扩大至 20.3km²，容积从 0.03 亿 m³ 增大至 0.14 亿 m³，短期内分别扩大了 69% 及 3.7 倍。随后，面积与容积振荡上升，至 2006 年 2 月，分别达到阶段性高点 35.3km² 和 0.64 亿 m³。其后，南槽深槽的发展趋缓，至 2012 年 8 月，8m 槽的面积和容积分别为 39.2km² 和 0.77 亿 m³，比

2006 年 2 月分别又增大了 11％和 20％。

图 5.9-1　南槽 8m 深槽面积和容积统计

5.9.4　容积变化（5m）

从上节可知，北槽深水航道的治理，促进了南槽上段的发展，但对南槽中下段的影响并不同步。图 5.9-2 为近期南槽各段 5m 以下容积的变化，分段范围见表 5.9-2，示意位置见图 5.8-5。

表 5.9-2　　　　　　　　　　　南槽河槽容积统计分段区间

分段区间	断面范围	长度/km	区间
进口段	B6～B9	3	分流鱼嘴段
上段	B9～B22	14	江亚南沙段
下段	B22～P13	25	九段沙段

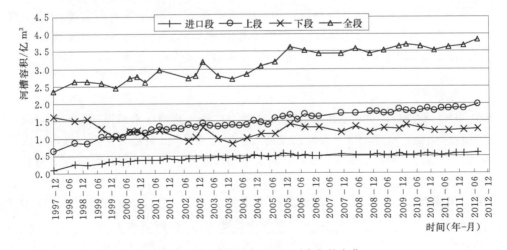

图 5.9-2　南槽近年 5m 以下容积的变化

从图 5.9-2 可以看出，南槽 5m 以下的容积变化，进口段 2000 年 2 月以前发展较快，此阶段属于深水航道一期工程建设阶段，对南槽的影响较大，直接导致了南槽进口段的扩大增深，随后，北槽治理工程转向中下段，对南槽上段的影响逐渐减弱，2005 年 11 月，进口段 5m 以下的容积达到 0.55 亿 m^3，随后逐渐稳定，至 2012 年 8 月略增加到 0.60 亿 m^3。南槽上段近年一直处于发展中，至 2012 年 8 月，5m 以下容积达到 1.97 亿 m^3，是 1997 年 12 月（北槽治理工程前）的 3.1 倍。南槽下段，1997 年 12 月—1999 年 2 月，5m 以下的容积变化不大，此后，上游冲刷而下的泥沙，在下段宽阔地带浅槽淤积，导致容积的逐渐减小，变化最大的时间段为 1999 年 2 月—2000 年 2 月期间，从 1.57 亿 m^3 减小至 1.02 亿 m^3，而此阶段正是江亚北槽封堵阶段，导致南槽下段落潮动力的减弱，加之上游冲刷泥沙来源增加，该段河槽淤积。2000 年 8 月后，南槽下段 5m 以下容积波动变化，至 2012 年 8 月，平均为 1.20 亿 m^3，最大值为 2006 年 2 月的 1.41 亿 m^3，最小值为 2004 年 2 月的 0.85 亿 m^3，最小值对应着北槽一期、完善段以及一期工程续建丁坝的完成，在此时间前后，北槽一期工程段 5m 以下的容积发展到最大值（图 5.8-8）。此后，北槽上段和一期工程段发展停滞，趋于淤积，而南槽下段始而发展，两者之间似有一种内在的关联。

从南槽全槽看，2006 年 2 月是个分水岭，之前，5m 以下容积振荡增大；之后，在 3.59 亿 m^3 左右波动，起伏度很小。

5.9.5　断面形态特征

南槽分析断面布置见图 5.8-11，各断面演变见图 5.9-3。

南北槽分流口断面（B6），南槽左深右浅。分流鱼嘴建成后，近鱼嘴南侧形成冲刷槽，从工程前（1997 年 12 月）的 8.7m 冲深至 2008 年 11 月的 19.0m，此后有所淤浅。断面上的其他部位普遍增深，与工程前相比，南侧边滩冲刷幅度最大，普遍增深在 5m 以上；2000 年 11 月后，边滩趋于稳定，而主槽部分继续刷深，平均总体刷深近 3m。

S18 断面位于江亚南沙中偏下段，为一复式断面。2004 年 8 月与北槽治理工程前相比，副槽（江亚北槽）全面淤浅，南槽主槽普遍增深，深槽从 6.5m 增深至 8.3m；此后，江亚北槽左冲右淤，其深泓向南导堤侧移动，至 2010 年 8 月，六年间，副槽深泓从 3.7m 刷深至 6.9m，平面位置向南导堤方向移动了近 1km，断面主槽平均增深约 1m。

S30（P4）断面位于九段沙上段，江亚北槽出口处。北槽深水航道建设初期，该断面左侧（九段沙南侧）迅速淤涨，滩槽高差增大，2002 年 12 月后趋于稳定；断面中段见证了江亚南沙尾部的发展，2000 年 11 月，断面中间凸起部位向右淤涨，2004 年 8 月后，持续向左移动，至 2010 年 8 月，从一个最浅点约 5m 的隆起小沙体，变成一个浅于 5m 宽度约 400m、最浅点 2.4m 的沙脊。江亚北槽先刷深后缩窄，总体以缩窄为主。断面右侧，原岸外浅滩累积从 1.1m 淤浅至 0.1m，近岸小槽则从 2.7m 淤浅至 1.4m。

S38（P8）断面位于九段沙中部，该断面见证了九段沙南侧的冲刷。从平面图 5m 等深线的变化看，九段沙中部南缘的位置十分稳定，但断面变化显示，九段沙右缘实际上出

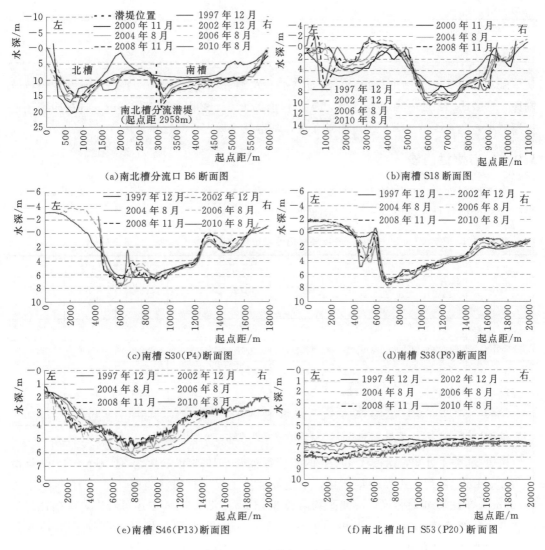

图 5.9-3　南槽断面变化图

现了一个冲刷槽，其深度从北槽治理工程前的 0.5m，刷深至 2010 年 8 月的 4.9m，3m 槽宽约 700m。这种现象在 1997 年 12 月和 2002 年 12 月两测次与 2010 年 8 月的冲淤图上均有所体现（图 6.1-5、图 6.1-6），若任其发展，假以时日可能引起该沙体从九段沙上分割，引起南槽下段的剧烈变化，应引起重视。断面主槽右侧，工程前至 2004 年 8 月，普淤约 0.7m，其后，冲淤互现。

S46（P13）断面位于九段沙尾部，总体变化趋势为左冲右淤。2004 年 8 月前，九段沙侧变化不大，深槽与南岸均淤积，其后，九段沙侧冲刷，深槽与南岸延续淤积态势，不过淤积速度趋缓。该断面演变与上、下断面有明显差异，即 5m 槽宽缩窄。1997 年 12 月，P13 断面 5m 槽宽尚有 7.22km，至 2012 年 8 月，该值降为 2.24km（见表 5.9-3）。南槽中上段的发展，冲刷下来的泥沙在南槽下段堆积，是该段淤积的主要原因。

表 5.9-3   南槽下段 P13 断面 5m 槽宽

时间（年-月）	1997-12	2002-12	2004-08	2006-08	2008-11	2010-08	2012-08
槽宽/km	7.22	6.61	4.40	6.47	2.35	2.32	2.24

S53（P20）为南槽出口断面，断面扁平。左端点在南导堤下 5.7km，断面左侧持续刷深，1997 年 12 月—2010 年 8 月，从工程前的 6.5m 累积冲深至 8.0m，向右冲刷幅度逐渐减小，起点距约 11km 后，冲淤互现，基本处于动态平衡之中。

5.9.6 南槽拦门沙

南槽拦门沙纵剖面布置及计算说明见 5.6.7 小节，各测次的纵剖面走向见图 5.6-6。拦门沙特征值统计见表 5.9-4，纵剖面见图 5.9-4。

表 5.9-4   南槽拦门沙特征值统计

年份	滩顶				拦门沙（7m）			
	位置		起点距/ m	水深/ m	起点/ m	终点/ m	滩长/ km	面积/ 万 m²
	经度	纬度						
1973	122°07′37″	31°03′24″	31700	5.71	11300	42800	31.5	19.6
1997	122°06′43″	31°02′27″	30200	5.78	900	46800	45.9	28.4
2002	122°06′39″	31°03′02″	30100	5.61	6400	43800	37.4	22.5
2007	122°06′14″	31°03′23″	29400	5.38	6500	42200	35.7	21.3
2010	122°05′04″	31°04′03″	27600	5.22	8300	39700	31.4	18.3

注 本表中滩顶为下滩顶；面积为 7m 拦门沙纵向断面线与 0m 轴之间包含的面积。

由表 5.9-4 可知，南槽浅于 7m 的拦门沙滩长，1973 年最短为 31.5km，1997 年最长为 45.9km，随后上边界逐年下移，下边界逐年上提，拦门沙缩短，至 2010 年减小为 31.4km，与 1973 年时相当，多年平均滩长 36.4km。表 5.9-4 中还可看出，南槽拦门沙滩顶有内移的趋势，与 1973 年和 1997 年相比，2010 年滩顶分别向上移动了 4.1km 和 2.6km；滩顶水深有所减小，从 1973 年和 1997 年的 5.71m、5.78m，减小至 2010 年的 5.22m。

由于江亚北槽的存在，南槽拦门沙呈双峰型（图 5.9-4），2002 年、2007 年尤其明显，上下峰之间分别相距 15.7km、12.7km，至 2010 年，由于江亚北槽的萎缩，江亚南沙下延至南槽航槽内，拦门沙中段亦淤积，双峰形态虽然存在，但已不明显，上下峰之间仅相隔约 7.6km。

南槽拦门沙的演变，与北槽深水航道治理工程和南汇东滩促淤圈围工程影响密不可分。深水航道的建设，封堵了江亚北槽，改变了南槽入流条件（落潮）和分流条件（涨潮）；南汇东滩的促淤圈围，岸线外推，缩窄了河槽宽度，归顺了水流。工程后，南槽分流比增加，引起拦门沙河段河床上冲下淤，滩长缩短，滩顶抬高，而入流条件的改变使原江亚北槽的动力大幅度减弱，对南槽的影响减小，拦门沙纵向剖面由双峰向单峰转变。

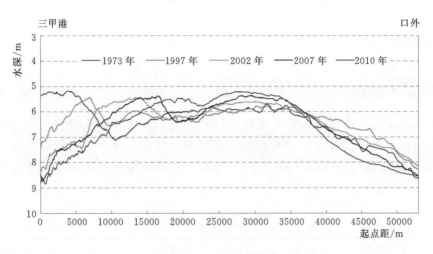

图 5.9-4　南槽纵剖面图

南槽拦门沙的近期演变，显示了边界变化对拦门沙的影响，对拦门沙航道的治理有借鉴意义。

5.9.7　小结

通过对南槽的平面、容积、断面的变化以及冲淤图对比，可以看出南槽在北槽深水航道治理后，发生了新的变化。工程后，南槽上段近 20km 的河槽展宽刷深，冲刷幅度上大下小，上口门最大刷深达 5m 以上，冲刷泥沙在下段宽阔地带沉积；江亚南沙上冲下淤，形成一长条形的淤积带，原沙尾处最大淤高超过 7m；江亚北槽先淤缩后发展，在江亚南沙和九段沙之间形成一冲刷槽，最大冲深达 3m；九段沙上淤下冲，淤积最大处在靠近南导堤的 S1～S4 丁坝之间，S5 以下受南导堤沿堤流的影响，出现了一条 10km 的狭长冲刷带；三甲港和大治河中间的北横河口以下，南岸边滩淤涨，原没冒沙内近岸夹槽消失，淤积体向航槽发展。

南槽各段的演变，除与北槽深水航道治理工程和南汇东滩圈围工程有关外，还与上游主流动力轴线的演变密切相关。南港主泓过吴淞口行至外高桥港区码头后，逐渐北挑，至南北槽分流鱼嘴潜堤分流拐入南槽，至三甲港，又呈现偏离南岸的趋势，结合本段滩进槽出的泥沙运动环境，导致南槽下段南岸边滩向航槽方向淤涨。

北槽的治理导致了南槽中上段的发展，带来了一个近 12km 长，平均宽度大于 1km 的 10m 深槽，为南槽中上段岸线的利用带来契机，但由于主槽走向与南岸岸线之间存在夹角，该深槽从进口距南岸约 1km 逐渐偏离至 2.6km，随着北槽治理工程构筑物影响的减小，南槽入流角度的增大，该深槽如何发展，有待进一步观察。

南槽拦门沙近年来上边界下移，下边界上提，拦门沙滩长缩短，滩顶内移抬高，纵向剖面由双峰向单峰转变。目前南槽没有任何导流设施，下段过度放宽，上游冲刷下来的泥沙在下游堆积，虽然是过程性淤浅，但已经影响了南槽中下段的水深和航宽。如何利用目前南槽的发展趋势，开发利用好南槽，是一个值得探索的问题。

5.10 北支河段

5.10.1 基本情况

历史上北支曾经是长江入海主通道[1]，18 世纪以后，长江主流改道南支，进入北支的径流逐渐减少，导致河道中沙洲大面积淤涨，河宽逐渐缩窄，北支也逐渐演变为支汊。由于北支河床严重淤浅，河床阻力增大，从而使北支涨潮上溯历时增长，20 世纪 50 年代后，南、北支涨潮会潮点从原来位于北支上口外转向北支上段，促进了北支上段的淤积。

北支是长江出海的一级汊道，西起崇明岛头，东至连兴港，全长约 83km，流经上海市崇明县、江苏省海门市、启东市，河道平面形态弯曲，弯顶在大洪河至大新河之间，弯曲系数在 1.19 左右，弯顶上下河道均较顺直，最窄处已由原先的青龙港附近下移至庙港上游 800m 处，宽约 1.6km。北支现状河势见图 2.2-1、图 5.10-6。

5.10.2 近期水文、泥沙特征

北支河道平面形态呈喇叭型，沿程向上游潮波变形剧烈，潮差减小，潮波能量逐渐被消耗，但平均高潮位变化不大[42]。

20 世纪 50 年代始，北支上口分流比逐渐减小，目前洪季涨潮分流比在 10％左右，洪季落潮分流比在 4％左右；枯季涨潮分流比在 7％左右，枯季落潮分流比不足 3％（图 5.10-1）。北支分流比变化主要有以下特点：①枯季明显小于洪季；②涨潮分流比大于同期落潮分流比；③洪季涨潮分流比明显减小，而落潮分流比虽有波动，但总趋势仍为减小；④枯季涨潮分流比有所增大，而落潮分流比依然减小；⑤涨、落潮分流比之差洪季明显大于枯季，但差值有逐渐减小趋势。

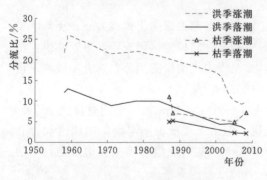

图 5.10-1 北支上口分流比统计

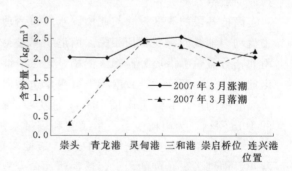

图 5.10-2 大潮期北支主槽沿程潮平均含沙量分布

近年来上游径流进入北支的比例减小（表 5.10-1 和图 5.10-1），潮汐的作用相应增强，北支逐渐演变为涨潮流占优势的河道。北支涨潮流出现比南支早，且涨潮流明显强于南支［表 3.2-3（1）］。目前，北支的会潮点在青龙港附近[42-43]。

表 5.10 - 1　　　　　　　　　　　　北支潮量特征值统计表

测次	断面	施测日期 （年-月-日）	潮型	涨潮量/ 亿 m³	落潮量/ 亿 m³	历时/ h	净泄量/ 亿 m³
1	青龙港	1983 - 10 - 13—14	小潮	0.69	5.03	26.00	4.34
		1983 - 10 - 18—19	中潮	1.66	5.41	24.47	3.75
		1983 - 10 - 23—24	大潮	5.15	6.50	24.82	1.35
	三条港	1983 - 10 - 13—14	小潮	3.62	8.18	25.80	4.56
		1983 - 10 - 18—19	中潮	9.07	13.40	24.58	4.33
		1983 - 10 - 23—24	大潮	14.50	17.07	24.50	2.57
2	青龙港	2001 - 09 - 03—04	大潮	2.52	1.31	24.80	−1.21
		2001 - 09 - 07—08	中潮	2.29	1.26	24.32	−1.03
		2001 - 09 - 11—12	小潮	0.67	1.17	25.40	0.50
	三条港	2001 - 09 - 03—04	大潮	11.83	10.11	24.73	−1.72
		2001 - 09 - 07—08	中潮	12.13	10.92	24.22	−1.21
		2001 - 09 - 11—12	小潮	5.41	5.58	25.50	0.17
3	青龙港	2005 - 08 - 28—29	小潮	0.03	2.10	29.93	2.07
		2005 - 08 - 31—09 - 01	中潮	0.86	2.47	24.63	1.61
		2005 - 09 - 05—06	大潮	3.20	3.95	24.67	0.75
	三条港	2005 - 08 - 28—29	小潮	1.34	3.51	28.90	2.17
		2005 - 08 - 31—09 - 01	中潮	6.04	7.69	24.23	1.65
		2005 - 09 - 05—06	大潮	10.83	11.59	24.30	0.76
4	崇头	2007 - 03 - 04—05	大潮	0.76	0.73	23.92	−0.03
	灵甸港	2007 - 03 - 04—05	大潮	2.16	1.30	24.03	−0.86
	连兴港	2007 - 03 - 06—07	大潮	17.59	18.25	24.28	0.66
5	崇头	2010 - 03 - 17—18	大潮	1.27	0.93	23.47	−0.35
		2010 - 03 - 21—22	中潮	0.68	0.99	24.77	0.31
		2010 - 03 - 25—26	小潮	0.67	0.91	26.13	0.24
	青龙港	2010 - 03 - 17—18	大潮	1.36	1.41	24.35	0.05
		2010 - 03 - 21—22	中潮	1.01	1.39	24.62	0.38
		2010 - 03 - 25—26	小潮	0.69	0.97	25.47	0.28
	三条港	2010 - 03 - 17—18	大潮	9.47	9.12	24.28	−0.35
		2010 - 03 - 21—22	中潮	6.88	7.52	24.35	0.64
		2010 - 03 - 25—26	小潮	5.18	5.91	25.48	0.73
	连兴港	2010 - 03 - 17—18	大潮	16.4	15.61	24.30	−0.79
		2010 - 03 - 21—22	中潮	11.05	12.03	24.17	0.98
		2010 - 03 - 25—26	小潮	8.86	10.37	25.37	1.51

续表

测次	断面	施测日期 （年-月-日）	潮型	涨潮量/ 亿 m³	落潮量/ 亿 m³	历时/ h	净泄量/ 亿 m³
6	崇头	2011-5-19—20	大潮	2.12	1.45	24.90	-0.67
		2011-5-22—23	中潮	1.31	1.14	23.98	-0.18
		2011-5-26—27	小潮	0.64	0.86	25.18	0.22
	三条港	2011-5-19—20	大潮	9.93	9.02	22.47	-0.91
		2011-5-22—23	中潮	6.79	5.97	22.58	-0.82
		2011-5-26—27	小潮	4.36	4.26	23.35	-0.10
	连兴港	2011-5-19—20	大潮	17.91	16.70	23.13	-1.21
		2011-5-22—23	中潮	12.17	10.28	22.67	-1.89
		2011-5-26—27	小潮	8.16	8.01	23.88	-0.15

2002 年 9 月 22—30 日的北支、北港、南港的同步水文测验资料显示，当时北支的戮溇港断面进潮量占长江口总进潮量的 25％左右[44]（断面位置见图 5.10-3）。

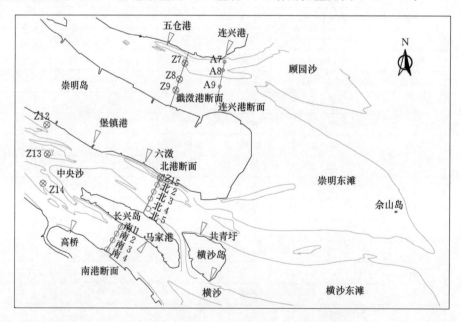

图 5.10-3　水文测验断面布置图

近年于北支下口连兴港、北港、南港 3 个断面开展的非同步水文测验涨潮量统计见表 5.10-2。

表 5.10 - 2　　　　　　　　北支下口、北港、南港实测涨潮量　　　　　　　单位：亿 m³

河段	施测日期 （年-月-日）	潮型	断面	涨潮量	总计	平均	比例/%
南北港	2010 - 08 - 10—11	大潮	北港	17.93	41.87	47.56	73.0
			南港	23.94			
	2011 - 02 - 19—20		北港	24.76	50.95		
			南港	26.19			
	2012 - 12 - 14—15		北港	24.18	49.85		
			南港	25.67			
北支	2010 - 03 - 17—18		戳浚港	16.40		17.55	27.0
	2011 - 05 - 19—20			17.91			
	2012 - 12 - 14—15		连兴港	18.35			
南北港	2012 - 12 - 08—09	小潮	北港	9.54	21.21		69.4
			南港	11.67			
北支			连兴港	9.37	9.37		30.6

由表 5.10 - 2 可知，北支的纳潮量大潮期平均在 17.55 亿 m³ 左右，约占整个长江口纳潮量约 27%，小潮期的比例甚至超过 30%，表明北支的进潮量仍是一个很大的量，对维持北支河槽的水深起重要作用。

北支含沙量涨潮大于落潮，在灵甸港—三和港区段，潮平均含沙量明显较北支其他区域大（图 5.10 - 2）。北支含沙量以受潮流影响为主，存在泥沙随水流一起倒灌入南支的现象[45-46]。近期南北支输沙量及分沙比见表 5.10 - 3。

表 5.10 - 3　　　　　　　　南、北支实测涨、落输沙量及分沙比

施测日期 （年-月-日）	潮型	南北支总输沙量/ 万 t	南支占/ %	北支占/ %	南北支净输沙量/ 万 t	南支占/ %	北支占/ %
1978 - 08 - 05—07	涨	124.8	43.1	56.9	57.6	133.4	−33.4
	落	182.4	71.6	28.4			
1984 - 08 - 28— 09 - 04	涨	1191.1	62.3	37.7	1082.9	108.1	−8.1
	落	2274.0	84.1	15.9			
1988 - 03 - 03—11	涨	303.0	70.9	29.1	191.8	124.3	−24.3
	落	494.8	91.6	8.4			
2002 - 09 - 22—31	涨（大潮）	52.7	52.2	47.8	59.3	120.9	−20.9
	落（大潮）	112.0	88.6	11.4			
	涨（中潮）	25.2	57.6	42.4	45.7	104.5	−4.5
	落（中潮）	70.9	87.8	12.2			
	涨（小潮）	4.9	84.7	15.3	25.3	92.7	7.3
	落（小潮）	30.2	91.4	8.6			

续表

施测日期 （年-月-日）	潮型	南北支总输沙量/ 万t	南支占/ %	北支占/ %	南北支净输沙量/ 万t	南支占/ %	北支占/ %
2007-07-16—25	涨（大潮）	51.1	72.8	27.2	157.8	99.4	0.6
	落（大潮）	208.9	92.9	7.1			
	涨（小潮）	0.2	92.8	7.2	83.2	96.1	3.9
	落（小潮）	83.4	96.1	3.9			
2009-05-09—10	涨（大潮）	31.5	59.4	40.6	39.9	112.0	-12.0
	落（大潮）	71.4	88.8	11.2			
2010-04-14—15	涨（大潮）	30.8	62.0	38.0	25.4	124.4	-24.4
	落（大潮）	56.2	90.2	9.8			

注　北支断面位于青龙港附近，南支断面约位于白茆沙中部。

北支含盐度由外海沿程向上游减小，这一趋势在洪季尤为显著，而在枯季青龙港—连兴港段盐度较大且变幅较小。枯季崇头的平均含盐度约是出海口连兴港的50%（图5.10-4），而在洪季约是1‰（图5.10-5）。近期，北支含盐度有所减小，说明北支下段的缩窄工程对抑制盐水的上溯起到了一定的作用[43]。

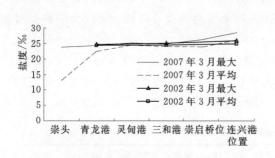

图5.10-4　枯季北支含盐度沿程变化

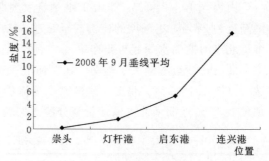

图5.10-5　洪季北支含盐度沿程变化

5.10.3　岸线及平面形态变化

根据河道形态和水动力特性，可将北支分为上、中、下3个河段：上段崇头—青龙港，属涌潮消能段；中段青龙港—头兴港（启东港上游1.4km），是北支河宽明显缩窄的涌潮河段，泥沙运动活跃，滩槽交替多变；下段头兴港—连兴港，是典型的喇叭型河口，该段在潮流作用下易形成脊槽相间的地貌。

1984—1991年，北支两岸岸线基本无变化[46]。20世纪90年代以来，北支两岸岸线的变化分述如下（图5.10-6）：

左岸：1991—1998年，有两处地段岸线变化较大，一处是进口段海门港至青龙港的圩角沙的圈围，另一处是灵甸港至三和港老灵甸沙的圈围并岸，面积分别为17.4km²和14.3km²，两处岸线最大外移分别为2.2km和1.3km；此期间，右岸新跃沙、永隆沙以下的崇明北缘边滩也实施了圈围。2004年前后，左岸灵甸港上游及灯杆港附近实施了圈围，面积为6.79km²。2006—2007年，海门港附近实施了岸线调整工程，圈围面积约为

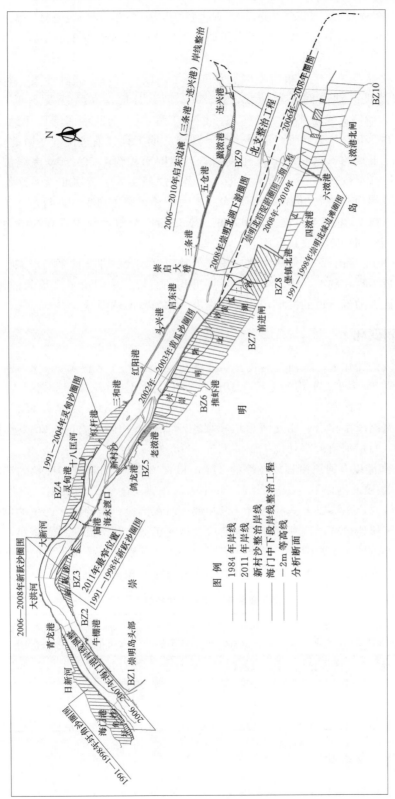

图 5.10 - 6 北支岸线变化图

1.63km²，崇头对岸岸线外移了140m，北支进口进一步缩窄。2006—2010年，三条港—连兴港长约18km的范围内逐步实施了岸线调整工程，圈围面积约2.66km²，岸线平均外推约150m。

右岸：2002年冬季，上海市在崇明北沿实施了圈围工程，在兴隆沙头、黄瓜二沙尾以及兴隆沙与黄瓜二沙之间筑坝堵汊，至2003年6月底，兴隆沙及黄瓜二沙并岸。2006—2008年，崇明北缘主要有3处实施了圈围工程：① 新跃沙圈围面积约1.45km²，岸线平均外移约350m；② 崇明北沿滩涂促淤圈围二期工程（前进闸—堡镇北港），面积约13.3km²，上下长约4.5km；③ 八滧港附近，圈围面积约1.59km²，岸线最大外移距离有1km之多。2008—2010年，在六滧港—八滧港之间实施了崇明北沿滩涂促淤圈围三期工程，此次圈围面积约7.36km²，局部岸线最大外移距离达到2km。目前，崇明北沿促淤圈围工程基本按2008年3月国务院批准的《长江口综合整治开发规划》中确定的北支近期整治方案—中缩窄方案逐步实施。

在1984—2011年的近27年间，北支岸线外移幅度较大，北支的平面形态已由过去的沿程展宽缩窄成为现在的上、中段为宽度不同的均匀直段，中间由宽度均匀的弯段连接，下段则为展宽段。随着河道的缩窄，北支两岸堤外的河漫滩逐渐减少[47]。

5.10.4 河宽变化

以两岸堤线的变化来反映河宽变化。从北支河宽变化看（见表5.10-4，断面布置见图5.10-6），1984年北支平均河宽约6219m，2011年为3951m，累积减小了36.5%。北支河道堤线间水域面积1984年约537.6km²，2011年约346.8km²，累积减少了约35.5%，与河宽缩减率相当。北支河道最窄段位于青龙港—庙港之间，2011年该段平均宽度为2014m，目前河道最窄处位于庙港上游800m处，宽约1600m。

1984年三和港以下河道沿程放宽率约243m/km，2011年启东港—堡镇北港段放宽率为349m/km，堡镇北港以下为90m/km。近年来启东港—堡镇北港段喇叭口形状有所加强，大潮涨潮流对启东港以上一定范围（三和港—启东港段）内的河床产生冲刷作用，而启东港以下河道快速放宽，落潮流过启东港后会迅速扩散，落潮流速显著减小，加之堡镇北港以下崇明北沿处于上游围垦工程掩护范围内，因此落潮水流挟带下来的泥沙因动力减弱而在掩护区内逐渐落淤，堡镇北港以下崇明北沿边滩淤积速度加快。

表5.10-4　　　　　　　　　　北支分段平均河宽变化统计　　　　　　　　　　单位：m

时间	崇头—青龙港	青龙港—庙港	庙港—三和港	三和港—启东港	启东港—堡镇北港	堡镇北港—连兴港	平均
1984年	3633	3123	4256	6174	8222	11905	6219
2011年	2428	2014	2415	2698	4963	9188	3951
缩窄	33.2%	35.5%	43.3%	56.3%	39.6%	22.8%	36.5%

5.10.5 平均水深变化

从历年来各断面0m以下平均水深变化图看［图5.10-7（a）］，北支河段自上而下总体上呈增加之势。由于灯杆港附近涨落潮流路分歧，河道内心滩发育旺盛，因此该段水深变幅较大。从历年来整个河道的平均水深看 [图 5.10 - 7 （b）]，可分为 3 个阶段，其中，1984—2003 年缓慢增大，2003—2008 年逐渐减小；2008 年至今，随着北支河道中下段逐渐缩窄，整个河道水深又有所增大。

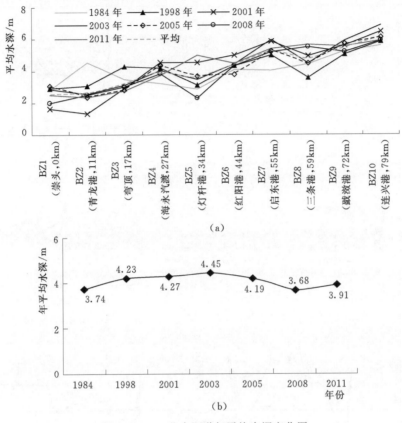

（a）

（b）

图 5.10 - 7　北支河道年平均水深变化图

5.10.6　断面形态特征

选取的横断面布置见图 5.10 - 6，各断面变化见图 5.10 - 8。北支除弯道断面（BZ3）形态属偏 "V" 形外，其余位置横断面基本形态均属宽浅型复式断面。近年来各断面演变的主要特点是缩窄、淤浅，岸滩圈围对断面缩窄的影响显著。

20 世纪 80 年代以前，北支河段断面普遍呈不同程度的左移，随着左岸部分河段的圈围以及护岸工程的不断加强，断面左移受到了限制。近期，本河段大部分水面宽（0m 等高线计）均有不同程度的缩窄，缩窄率在 20%～59% 之间，变幅最大和最小的断面分别为进、出口断面。

由于海门港附近圩角沙的围垦和崇头边滩的不断淤积，北支进口断面（BZ1）不断向河道内收缩，且深槽淤浅。1984—2001 年，主流靠崇头一侧进入北支，深槽位于南岸，2001 年后，落潮主槽由南岸移至北岸，崇头边滩大幅度向外淤涨。

在保滩护岸工程的守护下，弯道处（BZ3）左岸较为稳定，右岸不断左移，该段深槽贴左岸。20 世纪 90 年代初期河槽冲淤幅度较大，近期有所趋缓。

灵甸港—灯杆港河段左岸为北支近年来圈围面积较大区域，灯杆港断面（BZ5）左侧表现为大幅度右移。河道内新村沙不断淤高，滩顶高程达 2.80m。河道被新村沙分为左、

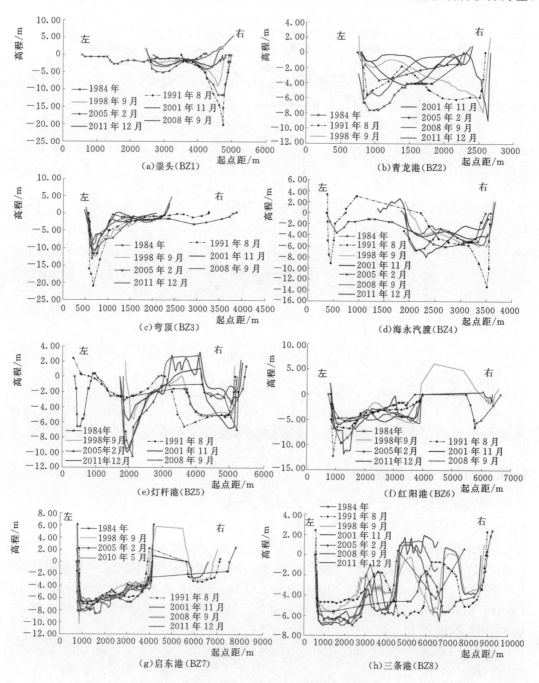

图 5.10-8（一）　北支典型横断面变化图

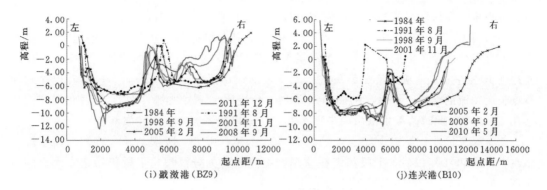

图 5.10 - 8（二）　北支典型横断面变化图

右两汊，近期左汊发展，右汊淤积萎缩。2011 年 11 月后，随着新村沙综合整治工程的实施，右汊上、下游新建了节制闸工程，水域仍保留。目前，该断面左汊两岸堤线间宽度在 1900m 左右。

受兴隆沙、黄瓜沙圈围并崇明北岸的影响，启东港断面（BZ7）右侧汊道消失，历年数据显示，该段左侧主河槽较为稳定。

随着堡镇北港上游一系列圈围、促淤工程的实施，下游河道内黄瓜沙群不断生成小沙并向下游淤积延伸，在连兴港断面（BZ10）变化图上表现为南岸边坡不断左移，北主槽及心滩沙脊线位置相对稳定，南副槽呈淤积之势。

随着水面宽的缩窄，北支河道横断面面积（0m 以下）出现了不同程度的减少（图 5.10 - 9），且减小幅度自下而上呈增大之势，可见北支历年来淤积最快的部位在中上段，其中崇头断面（BZ1）减少最多达到了 60%，红阳港断面（BZ6）减小最少为 14%。

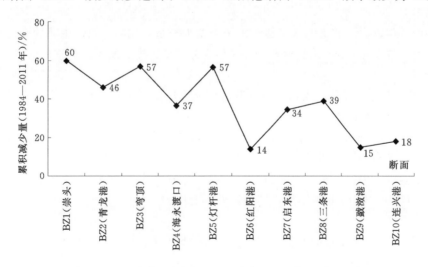

图 5.10 - 9　北支 0m 高程之下河床断面面积累积减小幅度

5.10.7　深泓线的变化

近期北支河道绝大部分深泓线都偏靠左岸（图 5.10 - 10）。在灵甸港—启东港段，受河道内心滩（新村沙）的影响，水流被分成了左右两股，左为主汊，右为支汊。

1984 年以来，北支进口深泓线经历了由右岸向左岸的转换过程。20 世纪 70—80 年代，上游出徐六泾节点的长江主流正对崇头，进入北支的径流量有所增加，落潮分流比一度达到 10％左右，落潮主流贴崇头进入北支，形成深泓位于南岸的局面；随着出徐六泾节点长江主流的南偏、圩角沙的圈围以及北支分流比呈下降之势，2001 年后北支分流比已在 5％以下，此时落潮主槽由南岸移至北岸，南岸边滩大幅度向左淤涨。

北支深泓线变化有以下特点：①1984—2001 年，中、上段摆动较为剧烈，而下段稳靠左岸；②2001 年以后，上段稳定在左岸，中段过渡为分汊型，下段仍稳定左靠。随着河宽大幅度缩窄，北支深泓线趋于稳定。

5.10.8　洲滩的演变

20 世纪 90 年代之前，北支两岸有着丰富的滩涂资源。根据北支的水文特性，大致以 0m 为界，将 0m 以上的滩涂划分为高滩（即河漫滩），0m 以下的滩涂划分为低滩（较低的河漫滩和边滩）。经过多年的圈围，两岸的高滩资源已大幅减少，现存的多是中、低滩。北支河段 0m 洲滩演变见图 5.10 - 11（本节统计的洲滩面积，若无特殊说明，皆指 0m 等高线以上的面积）。北支的洲滩演变分述如下。

1. 江心沙

由图 5.2 - 1 可知，江心沙原位于北支进口左侧。1907 年前后，在北支上口口门外左侧牛洪港附近的岸边形成了两个小沙包（心滩），此为江心沙雏形，以后逐渐发展，至 1958 年已发展为大沙洲（江心洲），其与左岸之间的夹槽最深点高程达 −15.6m，同年对江心沙实施了围垦，随着夹槽的淤积，1970 年于其进口筑立新坝进行了封堵，江心沙从此并入北岸。

江心沙并岸以后，北支的入流通道由两条变为一条，北支与长江主流的交角加大，导致北支进流条件恶化，从而使 1958—1978 年成为北支历史上淤积最严重的时期。

2. 圩角沙

1958 年，江心沙发展壮大以后，在其右侧又形成了圩角沙（心滩，见图 5.2 - 1），该沙 1960 年并入崇明岛头边滩，1974 年崇明边滩被水流切割再次形成圩角沙，之后该沙不断左移，至 1978 年形成上起口门边，下至青龙港靠左岸的大边滩。1981 年在边滩头部又淤涨出一块新的高滩地，即新圩角沙（河漫滩），至 1991 年圩角沙形成上起立新闸，下至青龙港，由西沙、中沙、东沙组成的大沙洲群。海门市从 1990 年 2 月开始对圩角沙从西向东实施了圈围，至 1996 年结束，圩角沙并入北岸。

3. 永隆沙

永隆沙 1907—1914 年间只是江中的一个小沙包（心滩），面积约 4.2km²。至 1958 年，永隆沙出水发展成一个大沙洲（江心洲），面积达 12.7km²，当时永隆沙右汊最深点高程达 −9.0m。1958—1970 年，由于北支口门实施堵汊工程和人工圈围，口门缩窄，导致北支河床大幅淤积萎缩，0m 以下的容积减小了近 1/3。这一时期，永隆沙滩面高程增加，生长出大片芦苇，导致沙体进一步淤积，面积也同时扩大，永隆沙右汊也迅速淤积萎缩，部分江段的 0m 线与右岸相连，为永隆沙并入右岸创造了有利条件。20 世纪 60 年代

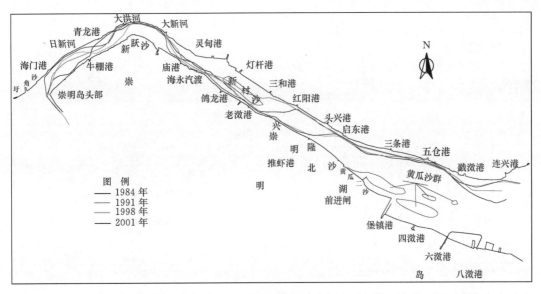

(a)1984—2001 年

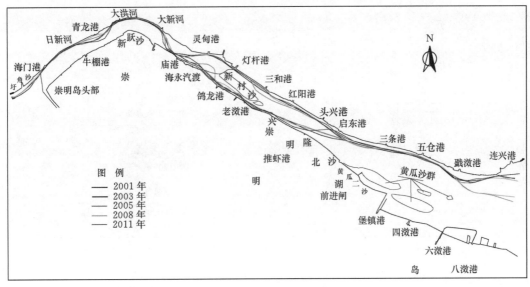

(b)2001—2011 年

图 5.10-10　北支河段近期深泓线变化图

末期，启东、海门开始对永隆沙进行围垦，1975 年在右汊筑堤，该堤与长沙围垦大堤相连。从此，永隆沙并入崇明岛。

4. 黄瓜沙（兴隆沙）

黄瓜沙又称兴隆沙，位于永隆沙下游靠右岸的位置，是永隆沙并岸后新淤涨的沙体。1958 年该沙只是推虾港附近江中的两块小暗沙（心滩），面积约 1.11km²。1958—1978 年，由于北支整体大幅萎缩，沙体不断向上、下游淤涨，沙体发展为长 12.4km，最大宽度达 3.15km 的江心洲，面积达 23.2km²，较 1958 年扩大 20 倍，高程也有较大的提高，

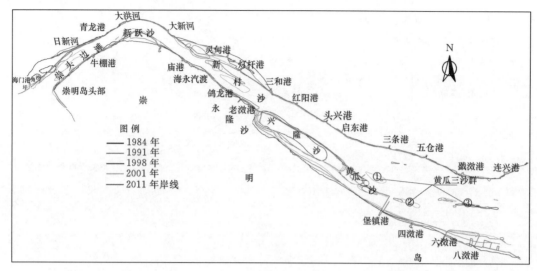

(a)1984—2001 年

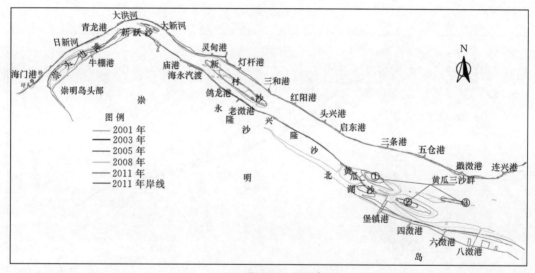

(b)2001—2011 年

图 5.10-11　近期北支河段洲滩演变图 (0m)

沙体芦苇面积达 5.0km²。

　　1978—1991 年，黄瓜沙继续发展，长度达 21.7km，宽 2.59km，面积 40.4km²，同时黄瓜沙下游的两块条形暗沙（心滩）发展为现在的黄瓜二沙、三沙（江心洲），总长度达 5.8km。黄瓜二沙不断向上游淤涨，与黄瓜沙相连（-2m 等高线），同时黄瓜二沙左侧正对三条港的江中涨出一块新暗沙（心滩），面积约 2.61km²。

　　1991 年以后，黄瓜沙右汊迅速萎缩，至 1998 年-2m 等高线中断，黄瓜二沙沙头（0m）继续向上游发展并与黄瓜沙相连，沙头较 1991 年上伸 1500m，同时在黄瓜二沙的下游又有两块相距约 2500m 的沙体出水，这两块沙现称为黄瓜四沙、黄瓜五沙（均为江心洲）。原黄瓜二沙左侧的沙体面积增大至 3.42km²。由一块发展为两块，另一块在三条港至五仓港之间，靠近左岸。

1998—2001 年，黄瓜二沙的大小及位置变化较小，但其左侧沙体的面积继续增大至 5.1km²。黄瓜三沙出水部分仍然分为两块，但间距缩小为 1500m，面积继续扩大，上沙体头部（0m）继续向上游发展，与黄瓜二沙尾部几乎相连，最窄处仅 130m，水下 -2m 等高线已与黄瓜二沙相连。

2002 年冬季，上海市在崇明北沿实施了圈围工程，在兴隆沙头、黄瓜二沙尾以及兴隆沙与黄瓜二沙之间筑坝堵汊，至 2003 年 6 月底，兴隆沙及黄瓜二沙并岸，原右汊形成了崇明北湖（图 5.10 - 11）。

5. 灵甸沙

灵甸沙 1958 年为灵甸港至三和港之间江中的一个小暗沙（心滩），当时长度仅 2810m，宽度仅 1280m，面积约 1.8km²。1958—1978 年，灵甸沙不断向四周拓展，至 1978 年，灵甸沙发展为开口向东南方向的"凹"字形江心洲，长 9400m，宽 3300m，-2m 以上面积为 16.2km²，0m 以上的面积为 0.17km²。

1978—1984 年，由于大新河至三和港一线主流由左岸转到右岸，灵甸沙被水流切为左、右并列的两块，靠左的一块就是通常所说的老灵甸沙。右沙体演变为头部依附左岸的大边滩，沙体与左岸之间的汊道演变为涨潮沟，灵甸沙分涨潮沟为左、右两槽，其中左深槽即老灵甸沙左汊，其时灵甸沙 0m 以上的面积达到 0.57km²。由于这一时期主流南移，右沙体右缘大幅受冲，导致右汊发展，面积、容积均有所增加。

1984—1991 年，涨潮沟内左深槽淤浅，灵甸港以上淤死，最深点高程由 1984 年的 -4.70m 淤浅至 1991 年的 -1.00m 左右，灵甸沙与左岸连为一体，涨槽沟由复式河槽演变为单一河槽，呈继续萎缩趋势，同时右沙体继续向南岸淤涨，并开始出水，面积达 6.5km²。

1991 年以后，老灵甸沙左汊继续淤浅，海门市、启东市从灵甸港上游 4200m 位置至三和港之间实施了圈围，从此，灵甸沙完全并入北岸。

6. 新村沙

由于进口圩角沙的围垦，使北支进流条件更为不利，北支上段河床继续淤积，河道下泄径流的能力减弱，潮流的作用进一步增强，导致灵甸港下游附近的左边滩被水流冲开，江中沙体称作新村沙，面积约 2.9km²，河道在此分为左、右两汊，右汊仍然为主汊。由于水流冲刷，新村沙一度演变为暗沙（心滩），至 1998 年面积仅约 0.2km²，同时在下游的三和港至红阳港之间又淤涨出一块新暗沙（心滩），与新村沙呈上、下顺直排列。新村沙继续呈南移趋势，南移幅度从沙头至沙尾逐渐加大，右汊则逐渐萎缩，面积及容积分别减少 11.8%、31.3%。

1998—2001 年，新村沙沙体迅速淤涨，并分成上、下两块，上沙体长约 2.5km，面积约 1.9km²；下沙体长约 5.1km，面积约 3.5km²。随着沙体继续大幅向右发展，导致右汊的面积、容积又分别减少 29.6%、7.0%。2003 年，新村沙上、下两块沙体连为一体，沙体长度达到了 11.3km，面积达到了 9.9km²，均为历年来最大（表 5.10 - 5）。2003 年以后，沙头、沙尾均有所冲刷，沙体南北两侧趋于稳定。目前洲顶高程在 2.8m 左右，洲上长有芦苇，见图 5.10 - 12。

2011 年 11 月新村沙综合整治工程实施以后，其沙体右部大部分被圈围成陆，而整治工程北堤左缘的沙体依据"占补基本平衡"的原则进行了疏挖，以尽量减小整治工程对河道过流能力的影响。

图 5.10-12　新村沙滩面现状图

表 5.10-5　　　　　　　　新村沙形态特征统计表（0m 等高线）

年份	面积/km²	洲长/m		洲宽/m		洲顶高程/m	沙体个数
		最大	平均	最大	平均		
1991	2.885	6791	3963	728	425	1.1	2
1998	0.164	503	373	440	326	0.4	1
2001	5.379	7560	4803	1120	712	1.8	2
2003	9.945	11342	9364	1062	877		1
2005	6.525	8507	6941	940	767		1
2008	7.492	7302	5904	1269	1026	2.8	1
2011	7.225	8042	5927	1219	898	2.8	2
最大值	9.945	11342	9364	1145	997	2.8	
最小值	0.164	503	373	440	326		
多年平均	5.659	7150	5325	968	719		

7. 新跃沙

新跃沙位于大洪河对岸，是依附于右岸的边滩，1978 年以来一直存在，该处正好是北支由东北方向向东南方向的转折处，为河道的凸岸。1978 年，新跃沙上起右岸牛棚港，向下滩宽逐渐增加，滩尾不断向左岸发展，到达大新河以上的左岸水域，之后又重新向右岸回折。1978—1984 年，受径流较丰的影响，新跃沙左缘全线冲刷。1984—1991 年，沙尾较 1978 年下延约 1km，略为回折后继续向下游发展，在灵甸港对岸与右岸相连，整个沙体向下游发展，面积约 5.8km²。1991—1998 年，边滩上、下位置变化不大，但大洪河—大新河之间淤涨明显，凸岸处最大向左淤涨了 1km 左右。1998—2001 年，大洪河对岸的边滩继续向外淤涨约 0.9km。2001—2003 年，伴随着口门崇头边滩大幅度淤涨，新跃沙上游侧边滩也出现了大幅度的淤涨，且与崇头滩连为一体。近期，新跃沙边滩冲淤互现，变化较小，以大洪河为界，其上、下游 0m 等高线变化范围的外包络线分别为 2003

年和 2001 年的 0m 等高线。

新跃沙曾经历过多次圈围[48-49]。1968—1969 年，新跃沙圈围形成崇明县新村乡；1991—1998 年新跃沙圈围 4.8km²，导致大洪港断面的江面宽度由 3.5km 缩窄至 2.5km。

8. 崇头边滩

1998 年大洪水之后，北支进口右侧崇头—牛棚港段内边滩淤涨，至 2001 年生成了一个长约 6.4km、面积达 4.6km² 的舌状堆积体（图 5.10-11）。2001 年之后，崇头—新跃沙边滩迅速淤涨、扩大。近期崇头边滩面积在 12.2km² 左右，呈冲淤互现状态，变化较小。

9. 崇明北缘边滩

这里所称的崇明北缘边滩是指兴隆沙和黄瓜二沙并岸后下游所形成的沙体。

2003 年 6 月，兴隆沙和黄瓜二沙并岸后，下游河道内黄瓜三沙群不断发展并往下游淤积、延伸，堡镇北港下游的边滩也快速向外淤涨（图 5.10-11）。近期，上海市正有计划地按 2008 年 3 月国务院批准的《长江口综合整治开发规划》中确定的北支近期中缩窄整治方案逐步实施崇明北缘促淤圈围工程。

5.10.9　冲淤变化

为较全面地掌握北支河道各段的冲淤变化情况，根据河道特点，将北支分成 6 个区段（图 5.10-13）进行分析，这 6 个区段分别是：Ⅰ区海门港—青龙港、Ⅱ区青龙港—大新河、Ⅲ区大新河—三和港、Ⅳ区三和港—三条港、Ⅴ区兴隆沙右汊、Ⅵ区三条港—连兴港。

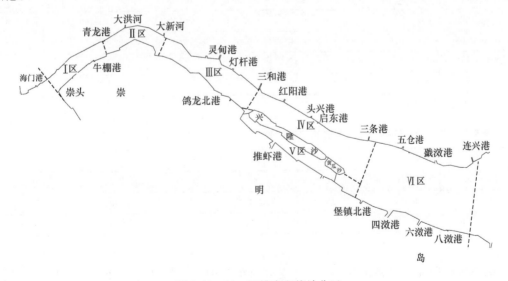

图 5.10-13　河槽容积统计分区

结果显示，近年来，北支全河段 0m、-2m 高程下河槽容积（图 5.10-14）变化虽有增有减，但总趋势是减小的，而-5m 高程下河槽容积有所增加。1984 年，北支 0m、

−2m、−5m 以下河槽容积分别为 18.84 亿 m³、10.67 亿 m³、2.26 亿 m³，到 2011 年，0m、−2m 高程下容积累积分别减少了 6.72 亿 m³、3.22 亿 m³，缩减率分别是 35.7％、30.2％；而 −5m 高程下河槽容积累积增加了 0.05 亿 m³，增加率约 2.2％。

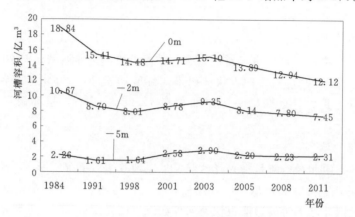

图 5.10 − 14　全河段不同高程下容积变化

表 5.10 − 6　　　　　　　　北支各时段不同高程下河床冲淤变化统计

时段（年）　　　项目	冲淤量/亿 m³				冲淤速度/（亿 m³/a）			
	0m 以下	0～−2m	−2～−5m	−5m 以下	0m 以下	0～−2m	−2～−5m	−5m 以下
1984—1991	3.43	1.46	1.32	0.65	0.490	0.209	0.189	0.093
1991—1998	0.93	0.24	0.72	−0.03	0.131	0.034	0.101	−0.004
1998—2001	−0.23	0.54	0.17	−0.94	−0.073	0.170	0.054	−0.297
2001—2003	−0.39	0.18	−0.16	−0.41	−0.260	0.120	−0.107	−0.273
2003—2005	1.21	0	0.5	0.71	0.691	0	0.286	0.406
2005—2008	0.95	0.61	0.29	0.05	0.265	0.170	0.081	0.014
2008—2011	0.82	0.47	0.44	−0.08	0.273	0.157	0.147	−0.027
1984—2011	6.72	3.50	3.27	−0.05	0.249	0.130	0.121	−0.002

注　正值为淤积量，负值为冲刷量。

表 5.10 − 7　北支不同区段不同高程下河床累积冲淤变化统计（1984—2011 年）　　　单位：亿 m³

项目	Ⅰ区	Ⅱ区	Ⅲ区	Ⅳ区	Ⅴ区	Ⅵ区
0～−2m	0.337	0.223	0.489	0.409	0.690	1.362
−2～−5m	0.215	0.161	0.341	0.356	0.433	1.757
−5m 以下	0.102	0.102	0.032	0.005	0.030	−0.318

注　正值为淤积量，负值为冲刷量。

就不同时段而言（表 5.10 − 6），北支河床在 1991—2003 年以及 2008—2011 年期间，表现为滩淤槽冲：1991—2001 年，淤积主要发生在 0～−5m 高程之间，冲刷发生在 −5m 高程以下；2001—2003 年，淤积主要发生在 0～−2m 高程之间，冲刷发生在 −2m 高程以下；2008—2011 年，淤积主要发生在 0～−5m 高程之间，冲刷发生在 −5m 高程以下。

1984—1991 年以及 2003—2008 年，北支河床各高程下普遍发生了淤积。以 0m 以下河槽容积统计，1984 年以来，北支淤积最快的时期是 2003—2005 年，淤积速度达到 0.691 亿 m³/a；冲刷最快的时期是 2001—2003 年，冲刷速度达到 0.260 亿 m³/a。1984—2011 年间，北支各高程以下累积冲淤速度是：0m 以下为 0.249 亿 m³/a，0～－2m 为 0.130 亿 m³/a，－2～－5m 为 0.121 亿 m³/a，－5m 以下为－0.002 亿 m³/a。

就不同区段而言（图 5.10－15），北支上段的 Ⅰ 区和 Ⅱ 区总体呈淤积萎缩趋势，特别

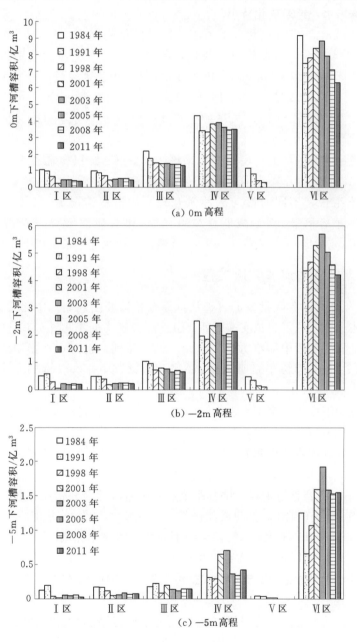

图 5.10－15　不同区段各高程下容积变化

是 1991—2001 年，圩角沙圈围后，这两个区段大幅度淤积，0m、−2m、−5m 高程以下容积 Ⅰ 区分别减少了 75.2%、93.1%、99.8%，Ⅱ 区分别减少了 44.8%、61.2%、75.0%。2001 年以后，随着崇头边滩的淤涨出水，Ⅰ 区河床过水断面形态逐渐调整，涨落潮流路归一，Ⅰ、Ⅱ 区河槽容积有所增加。

Ⅲ 区存在涨、落潮流路分离，涨潮流偏北，落潮流偏南，分离区形成缓流区，泥沙易于淤积，新村沙形成并不断发育。1984—2011 年，0m 高程以下河槽容积呈减小之势，随着新村沙的淤涨出水，近期变化减小。

Ⅳ 区 0m、−2m、−5m 高程以下河床的冲淤变化趋势是一致的。1984—1998 年河槽普遍淤积，1984—1991 年淤积速度较快，各高程以下淤积速度分别为 0.124 亿 m³/a、0.077 亿 m³、0.017 亿 m³/a；1991—1998 年淤积速度较慢，分别为 0.011 亿 m³/a、0.019 亿 m³/a、0.004 亿 m³/a；1998—2003 年河床普遍冲刷，冲刷的速度分别为 0.110 亿 m³/a、0.120 亿 m³/a、0.084 亿 m³/a；2003—2008 年河床又呈淤积状态，而最近河床有所刷深。

Ⅴ 区为兴隆沙南侧的汊道，1984 年以来该区域呈不断淤积萎缩之势，2003 年 6 月底，兴隆沙及黄瓜二沙正式并岸，中间的汊道形成咸水湖——北湖。

Ⅵ 区为北支下段，不同时段河床冲淤互现。从累积情况看，1984—2011 年，0m、−2m 高程以下河槽容积累积分别减小了 2.80 亿 m³ 和 1.44 亿 m³，−5m 高程以下河槽容积累计却增加了 0.31 亿 m³（表 5.10 − 7），显然，近期北支三条港以下表现为滩淤槽冲。

5.10.10　近期实施的河道整治工程

依据 2008 年 3 月国务院批复的《长江口综合整治开发规划》中北支河道整治方案，上海市和江苏省最近实施了和拟实施下列河道整治工程（布置见图 5.10 − 6）：

（1）根据北支中下段中缩窄方案，2008—2010 年间，上海市在崇明北缘实施了第三期滩涂圈围工程，该工程位于崇明六滧港—八滧港之间，岸线长度约 4.6km，圈围面积约 1.1 万亩。

（2）在北支中下段中缩窄工程逐步实施的大环境下，新村沙左汊的淤积萎缩速率有加快的迹象，为顺应河道演变趋势，归顺涨落潮流路，改善局部河势，达到延缓河道淤积萎缩的整治目标，江苏省启东市和海门市有关部门实施了新村沙水域河道综合整治工程。该工程位于北支中段新村沙水域，由北堤（16.91km）工程、北堤北缘疏浚工程（22.00km）和右汊综合整治工程 3 部分组成，其中右汊综合整治工程包括新村沙右汊保留水域上、下游新建节制闸工程和成陆区域（总面积 14.26km²）南缘南堤（11.63km）工程。工程于 2011 年 11 月开工，2012 年 9 月围堤工程基本完成。

（3）2006—2010 年期间，为满足岸线开发的需要，启东市有关部门在三条港—连兴港之间长约 18km 范围内逐步实施了岸线整治工程，圈围面积约 2.66km²，岸线平均外推约 150m。

（4）为进一步改善北支上中段河道形态，策应新村沙整治工程，促进地方经济社会的可持续发展，海门市实施了北支海门中下段岸线整治工程，工程位于海门市大新河至启东交界处之间，岸线总长 11.26km，其中海门临永渡口以上段岸线基本沿 −1.0m 等高线布置，以下至启东交界段岸线基本沿高滩坎边线布置。

5.10.11 滩涂圈围对北支潮位变化的影响

北支近 40 年来并岸的洲滩主要包括江心沙、圩角沙、新跃沙、永隆沙、兴隆沙和灵甸沙，并岸时间统计见表 5.10－8 和图 5.10－6。

表 5.10－8　　　　　　　　　　北支近年来并岸的洲滩统计

序号	洲滩	所处位置	并岸时间
1	江心沙	北支进口左岸	1970 年
2	圩角沙	北支上段左岸	1990—1996 年
3	新跃沙	北支上段右岸	1991—1998 年
4	永隆沙	北支中段右岸	1975 年
5	灵甸沙	北支中段左岸	20 世纪 90 年代
6	兴隆沙及其下黄瓜诸沙	北支中下段右岸	2001—2003 年

滩涂圈围引起北支河段河势及河床发生明显变化，由此影响河段潮水位的变化规律。自 20 世纪 50 年代起，北支河段就为高含沙量涨潮优势流所控制，在自然淤积和人工圈围的双重作用下，河床演变总体以淤积为主，河槽容积大幅减少，河道缩窄，河床抬高，河道过水断面面积明显减小，这一变化在进口段及上段尤为明显。由于河槽容积和过水断面面积减小，使得河段内潮水位有所抬高。

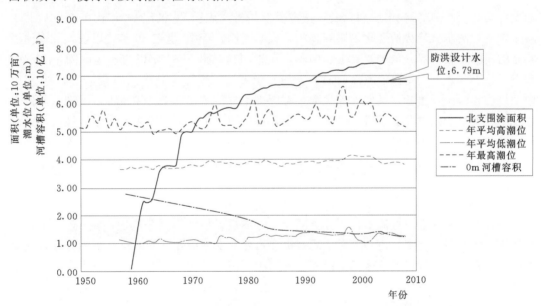

图 5.10－16　青龙港站特征潮位与北支滩涂圈围面积变化过程线图

由图 5.10－16 和图 5.10－17 可以看出，北支河段潮水位年平均值的变化与滩涂围垦面积的变化存在一定的关系，滩涂围垦使河槽容积减小，引起潮水位抬高。1959—2008 年，青龙港站高潮位年平均值累计增大约 10～20cm，低潮位年平均值累计增大约 20cm；

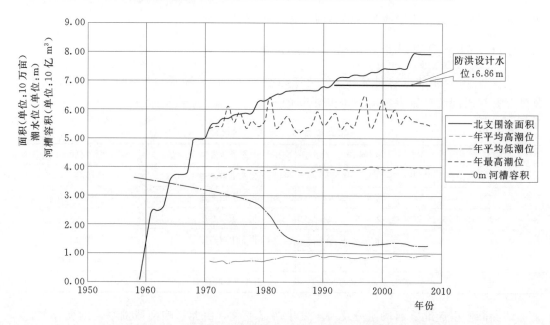

图 5.10 - 17　三条港站特征潮位与北支滩涂圈围面积变化过程线图

1971—2008 年，三条港站高潮位年平均值累计增大约 25cm，低潮位年平均值累计增大约 20cm，统计时段内潮水位年平均值有小幅波动。

进一步分析可见，北支河段年平均高、低潮位的抬升主要出现在 20 世纪 50—80 年代初期之间，而在 80 年代中后期以后，基本没有抬升，表明 20 世纪 80 年代中期以后北支滩涂围垦对潮水位趋势性变化的影响较小，究其原因在于 20 世纪 80 年代以前，北支河段实施的圈围工程大部分位于北支上、中段，从崇明岛北沿 1984 年以前实施的圈围工程分布看，位于北支上、中段的滩涂圈围面积约占全部 61.25 万亩总面积的 64.7%。80 年代中期以后，除了圩角沙、灵甸沙等少数小型圈围工程位于北支上、中段外，大部分圈围工程位于北支下段。对北支下段滩涂进行圈围，可以减少下段河槽宽度及浅水区域的河槽容积，减少北支河道喇叭型形态的放宽率，有助于减小北支的纳潮量和随涨潮进入北支的沙量，减轻北支河槽的淤积，延缓其淤积萎缩的速度，对抬高北支河段的潮位影响较小。

5.10.12　小结

（1）由于北支上口进流不畅，分流减少，近期洪、枯季落潮分流比都在 5% 以下，导致河床不断淤浅、缩窄，河槽容积不断减少。虽然北支河床在不同时段、不同区段可能会发生一定程度的冲刷，但总体仍以淤积萎缩为主。由于目前北支的进潮量仍占长江口总量 25% 以上，-2m 等高线以下的容积仍有约 8 亿 m³，而且影响北支演变的因素较多，因此北支衰亡将是复杂而漫长的过程。

（2）北支主流线反复多变、滩槽变化频繁。随着护岸工程和圈围工程的实施，河宽大幅度缩窄，使部分水域的主流线保持了较长时间的稳定，如涨落潮流路归一的大新弯道以及涨潮流一直占绝对主导地位的启东港至连兴港水域。但涨落潮流的交汇区主流的稳定性仍较差，如崇头至青龙港水域、三和港水域。

（3）北支上段总体呈淤积萎缩趋势。在现有河岸边界条件下，北支的入流条件得到改善的可能性较小，因此，在自然演变状态下，南、北支会潮区将在较长时期内稳定在北支上段，该段仍将是北支的主要淤积区域。随着新村沙综合整治工程以及海门中下段岸线整治工程的逐步实施，北支中段涨、落潮流路分离的现象将会有所改善，水深条件将有所好转。北支下段三条港以下河床虽冲淤互现，但滩淤槽冲的趋势不会改变。

（4）北支部分不合理的滩涂围垦加快了河槽的淤积萎缩，河槽容积减小引起潮水位抬高，近 50 年来，北支高、低潮位年平均值抬升了约 20cm。北支高、低潮位年平均值的抬升集中在 20 世纪 50 年代至 80 年代初期，80 年代中后期以后变化甚微。其原因在于 80 年代中期以后，对北支下段滩涂进行较大规模圈围，使北支的纳潮量和随涨潮进入北支的沙量减少，相应减轻了北支河槽的淤积，对抬高北支河段的潮位影响较小。

（5）崇明北沿促淤圈围工程正在按《长江口规划》中确定的北支近期整治方案——中缩窄方案逐步实施。在目前河势条件下，堡镇北港以下崇明北沿呈单向淤涨趋势，预计黄瓜沙群的下延和南靠速度将会加快。

（6）为维持北支主槽靠北岸的河势并使河槽具有一定的水深，保障河道一定的航运功能，满足沿江两岸有关县市的引、排水需要，应采取科学的发展观来指导北支的全面整治。在维持（一定程度上有所改善）北支上口的径流及输沙条件下，在规划指导下通过圈围获得合理放宽率的平面形态，通过下口缩窄措施减少进潮量，应能改善北支局部水深条件，延缓北支的萎缩。

<h2 style="text-align:center">主 要 参 考 文 献</h2>

［1］　恽才兴．长江河口近期演变基本规律［M］．北京：海洋出版社，2004．

［2］　江苏省地方志编纂委员会．江苏省志·水利志［M］．南京：江苏古籍出版社，2001．

［3］　长江水利委员会水文局．长江口水文泥沙研究成果汇编·河床演变部分［R］．1990．

［4］　盛家宝．江苏抗御"9711"号台风的启示［J］．中国防汛抗旱，1998（1）：18－20．

［5］　长江口水文水资源勘测局．长江澄通河段通州沙西水道河道整治一期工程后评估分析［R］．2012．

［6］　孙英，阮文杰．长江口南支下段河床演变特征［J］．浙江大学学报（理学版），1988，15（4）：504－514．

［7］　上海市地方志办公室．上海通志：第二十八卷交通运输（上）．［EB/OL］．http：//www.shtong.gov.cn/node2/node2247/index.html．

［8］　应铭，李九发，虞志英，等．长江河口中央沙位移变化与南北港分流口稳定性研究［J］．长江流域资源与环境，2007，16（4）：476－481．

［9］　郑文燕，赵德招．长江口南北港分汊口河段护滩限流工程效果分析［J］．中国港湾建设，2010，5：10－14．

［10］　茅志昌，郭建强．长江口南支新浏河沙的演变过程［J］．泥沙研究，2009（1）：33－38．

［11］　楼飞，肖烈兵．长江口南支河势演变模式［J］．水运工程，2012（1）：93－98．

［12］　余文畴，卢金友．长江河道演变与治理［M］．北京：中国水利水电出版社，2005．

［13］　李伯昌，王珏，唐敏炯．长江口北港近期河床演变分析与治理对策［M］．人民长江，2012，43（3）：12－15．

［14］　陈吉余，沈焕庭，恽才兴，等．长江河口动力过程和地貌演变［M］．上海：上海科学技术出版社，1988．

[15]　王永红，沈焕庭，李广雪，等．长江口南支涨潮槽新桥水道冲淤变化的定量计算［J］．海洋学报，2005，27（5）：145－150.

[16]　长江口水文水资源勘测局．长江口深水航道治理工程分流分沙比水文测验分析报告（2004 年 2 月至 2013 年 2 月）［R］.2011.

[17]　孙英，阮文杰．长江口南支下段河床演变特征［J］．浙江大学学报（理学版），1988，15（4）：504－514.

[18]　《上海水利志》编纂委员会．上海市水利志［M］．上海：上海社会科学院出版社，1997.

[19]　张志林，胡国栋，朱培华，等．长江南港近期的演变及其与重大工程之间的关系［J］．长江流域资源与环境，2010，19（12）：1433－1441.

[20]　范期锦，高敏．长江口深水航道治理工程的设计与施工［J］．人民长江，2009，40（8）：26－30.

[21]　余新明，谈广鸣．河道冲淤变化对分流分沙比的影响［J］．武汉大学学报（工学版），2005，38（1）：44－48.

[22]　窦国仁．平原冲积河流及潮汐河口的河床形态［J］．水利学报，1964（2）：1－13.

[23]　上海河口海岸科学研究中心．"南港南北槽河床冲淤变化"简报［R］．第一期～第十五期，2006～2011.

[24]　郭建强，茅志昌．长江口瑞丰沙嘴演变分析［J］．海洋湖沼通报，2008（1）：17－24.

[25]　罗小峰，陈志昌，路川藤，等．长江口南港河段近期潮流性质变化分析［M］//第十四届中国海洋（岸）工程学术讨论会论文集．北京：海洋出版社，2009：931－934.

[26]　上海河口海岸科学研究中心．长江口三期工程河床演变动态跟踪分析研究之一［R］//南港南北槽河床冲淤变化（第三期），2009.

[27]　巩彩兰，恽才兴．长江河口洪水造床作用［J］．海洋工程，2002，20（3）：94－97.

[28]　严以新，高进，褚裕良，等．长江口深水航道治理与河床演变关系初探［J］．河海大学学报，2001，29（5）：7－12.

[29]　交通运输部长江口航道管理局．长江口深水航道治理工程项目自我总结评价报告［R］.2011.

[30]　杨婷，陶建峰，张长宽，等．长江口整治工程对分水分沙年际变化的影响分析［J］．人民长江，2012，43（5）：84－88.

[31]　谈泽炜，范期锦，郑文燕，等．长江口北槽回淤原因分析［J］．水运工程，2011，（1）：29－40.

[32]　刘杰．长江口深水航道河床演变与航道回淤研究［D］．上海：华东师范大学，2005.

[33]　金镠，虞志英，何青．深水航道的河势控制和航道回淤问题［J］．中国港湾建设，2012，178（1）：1－8.

[34]　金镠，虞志英，张志林，等．对长江口深水航道治理工程中若干问题的思考［J］．长江科学院院报，2011，28（4）：5－15.

[35]　中交上海航道勘察设计研究院有限公司．流域来水来沙量变化对长江口航道的影响研究综合分析报告［R］.2012.

[36]　长江口水文水资源勘测局．流域来水来沙量变化对长江口水沙盐场的影响及现场实测资料分析［R］.2012.

[37]　赵德招，刘杰，吴华林．近十年来台风诱发长江口航道骤淤的初步分析［J］．泥沙研究，2012（2）：54－60.

[38]　沈焕庭，贺松林，潘定安，等．长江河口最大浑浊带研究［J］．地理学报，1992，47（5）：472－479.

[39]　蒋国俊，姚炎明，唐子文．长江口细颗粒泥沙絮凝沉降影响因素分析［J］．海洋学报，2002：24（4）：51－57.

[40]　长江口水文水资源勘测局．长江口深水航道治理工程分流分沙比水文测验（2011 年 2 月、2011 年

8 月）[R].2011.

[41]　中国工程院长江口深水航道治理工程评估组.长江口深水航道治理工程评估报告 [R].2011.

[42]　曹民雄,高正荣,胡金义.长江口北支水道水沙特性分析 [J].人民长江,2003,34（12）：34
　　　-36.

[43]　李伯昌,余文畴,陈鹏,徐骏.长江口北支近期水流泥沙输移及含盐度的变化特性 [J].水资源
　　　保护,2011,27（4）：31-34.

[44]　水利部长江水利委员会.长江口综合整治开发规划要点报告（2004 年修订）[R].2005：128
　　　-130.

[45]　刘载生.长江口北支河段河床演变分析 [C] //长江口水文泥沙研究成果汇编.武汉：长江水利
　　　委员会水文局.1990：57-83.

[46]　李伯昌.1984 年以来长江口北支演变分析 [J].水利水运工程学报,2006（3）：9-17.

[47]　李伯昌,余文畴,郭忠良,等.长江口北支近期河床演变分析 [J].人民长江,2010,41（14）：
　　　23-27.

[48]　茅志昌,郭建强,陈庆强,等.长江口北支河槽演变与滩涂资源利用 [J].人民长江,2008,39
　　　（3）：36-47.

[49]　恽才兴.图说长江河口演变 [M].北京：海洋出版社,2010.

第6章 长江口口门湿地演变

6.1 长江口湿地概况

《关于特别是水禽栖息地的国际重要湿地公约》认为："湿地是指天然或人工的、永久性或暂时性的沼泽地、泥炭地和水域，蓄有静止或流动、淡水或咸水水体，包括低潮时水深浅于6m的海水区"。按照这个定义，湿地包括沼泽、泥炭地、湿草甸、湖泊、河流、滞蓄洪区、河口三角洲、滩涂、水库、池塘、水稻田以及低潮时水深浅于6m的海域地带等[1]。

作为世界第三大河的长江，丰水多沙，为长江口提供了丰富的水土资源，巨量的泥沙在宽浅的河口区沉积，形成了长江口沙洲罗列、多汊入海的现状，也造就了众多的滩涂和湿地。长江口湿地资源主要为自然湿地，包括海岸及浅海、河流湿地，据统计[2]，长江口湿地（亦说潮滩）总面积约3052km²（不含人工湿地），其中近海及海岸湿地约2506km²，口内主要有崇明北边沿、白茆沙、扁担沙、新浏河沙、瑞丰沙、中央沙与青草沙等，口门主要有顾园沙、崇明东滩、横沙东滩、九段沙和南汇东滩（图6.1-1）。现就口门段5个主要湿地演变进行分析，以了解长江口口门滩涂的自然淤涨情况，以及长江口深水航道工程、诸多促淤圈围工程等对湿地演变的影响。本章高程系统为当地理论最低潮面，以5m等深线作为长江口湿地的边界。资料中1979—1981年为海图数字化资料，测点较稀，南

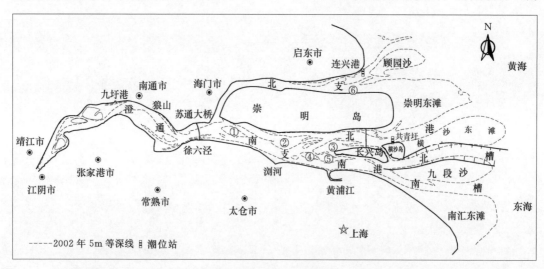

图6.1-1 长江口湿地现状
①—白茆沙；②—扁担沙；③—中央沙十青草沙；④—新浏河沙；⑤—瑞丰沙；⑥—崇明北边沿

汇东滩不全；其余4测次均为比例不等的间隔时间不长的实测资料。

长江口历史演变过程可概括为以下几个方面[3]：①南岸边滩推展；②北岸沙岛并岸；③河口束窄；④河道成形；⑤河槽加深。与之对应，长江口湿地演变的基本规律为：湿地整体向东偏南方向延伸，沿岸边滩不断外推，三岛由小变大，江心沙洲逐步淤高合并（或并岸），陆域面积逐步扩大。长江口五大湿地 2m 等深线近年演变见图 6.1-2（1980 年前后的测图测点较稀，不能很好地反映 2m 等深线的变化，故未勾绘该测次），5m 等深线演变见图 6.1-3。

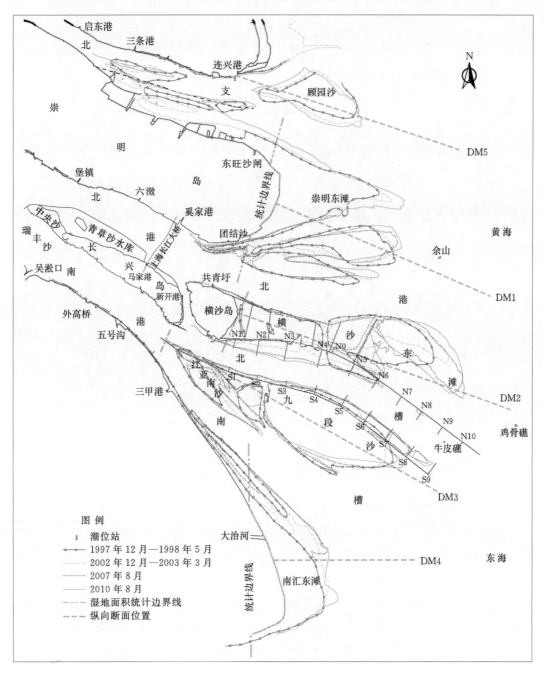

图 6.1-2　长江口湿地 2m 等深线近期演变

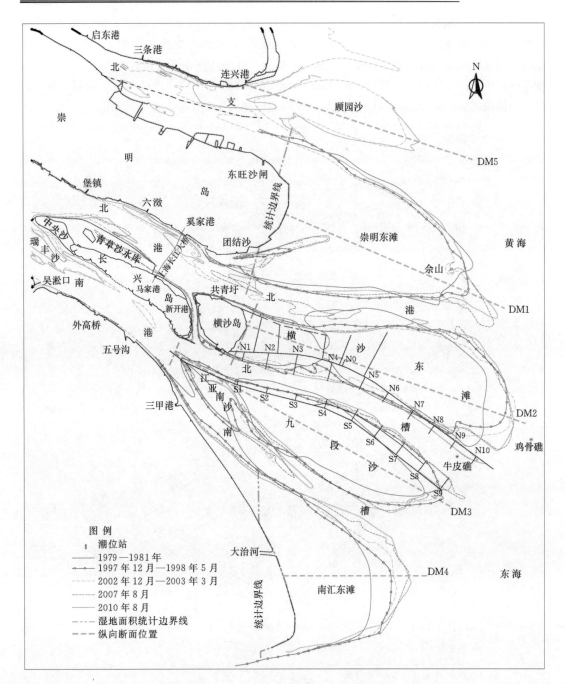

图 6.1-3　长江口湿地 5m 等深线近期演变

　　因横沙东滩上促淤围滩工程较多，九段沙受长江口深水航道南导堤的影响，为有相同的比较基础，划定统计边界线（图 6.1-2），向东为统计区域，高滩空白区以 +1m 填充。因 5m 等深线受工程影响稍小，以 5m 来统计湿地的特征，见表 6.1-1；2m 等深线包围的面积见表 6.1-2。1997—2010 年间的地形冲淤图见图 6.1-4～图 6.1-6。

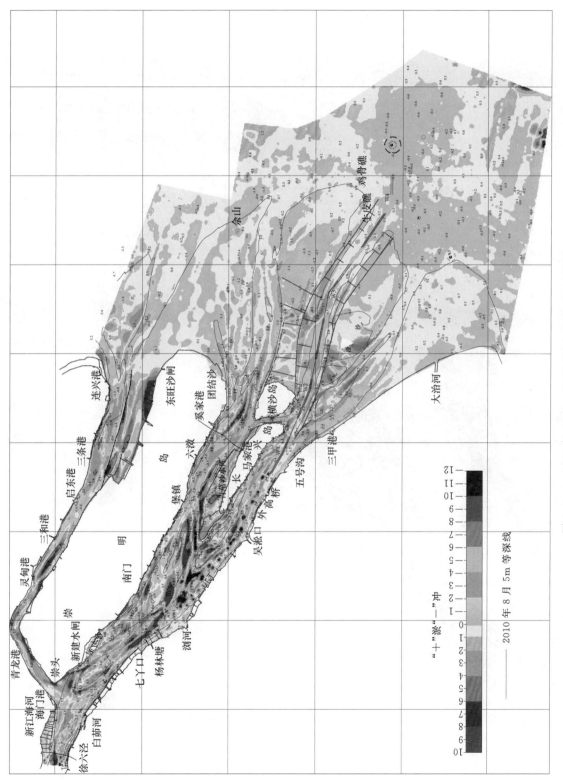

图 6.1-4　1997 年 12 月—2002 年 12 月长江口冲淤图

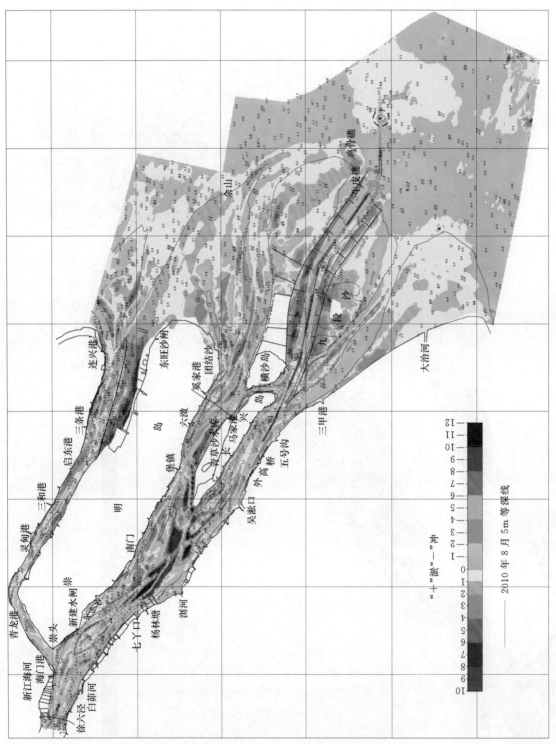

图 6.1-5　2002 年 12 月—2010 年 8 月长江口冲淤图

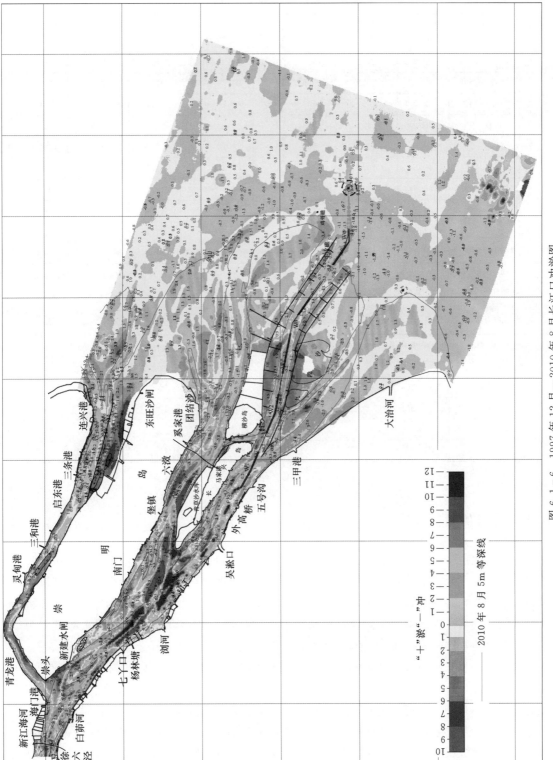

图 6.1-6　1997 年 12 月—2010 年 8 月长江口冲淤图

表 6.1-1　　　　　　　　　　　　长江口湿地特征值统计（5m）

湿地	时间（年-月）	东西长/km	南北均宽/km	面积/km²	湿地	时间（年-月）	东西长/km	南北均宽/km	面积/km²
崇明东滩	1979—1981	32.2	17.3	557	九段沙	1979—1981①	36.1	7.4	268
	1997—1998	32.8	16.9	556		1997—1998	49.1	8.0	391
	2002—2003	33.5	16.2	543		2002—2003	46.8	8.5	396
	2007-08	38.9	14.2	553		2007-08	53.5	7.8	417
	2010-08	39.0	14.7	572		2010-08	50.5	8.1	412
横沙东滩	1979—1981	42.6	10.6	452	南汇东滩	1979—1981	14.7	23.0	338
	1997—1998	45.4	10.0	454		1997—1998	18.1	20.5	370
	2002—2003	46.4	9.2	429		2002—2003	18.9	20.5	387
	2007-08	47.4	10.4	492		2007-08	21.0	20.6	432
	2010-08	47.1	10.5	495		2010-08	21.3	20.1	429

① 1979—1981 年间，江亚南沙与九段沙未连，统计中不含江亚南沙，若加上局部江亚南沙 34km²，该时间段九段沙的面积为 302km²。其余测次统计含江亚南沙。

表 6.1-2　　　　　　　　　　长江口湿地 2m 等深线包络面积　　　　　　　　单位：km²

时间（年-月）	崇明东滩	横沙东滩	九段沙①	南汇东滩	顾园沙
1979—1981	155	140	158	—	—
1997—1998	254	197	241	109	67.5
2002—2003	251	166	248	138	73.7
2007-08	—	251	289	—	—
2010-08	289	276	263	171	81.2

① 含江亚南沙。

6.2　崇明东滩

　　崇明东滩位于崇明岛的东端，为长江口北支和北港口门之间的自然淤涨滩地，也是长江口规模最大、发育最完善的河口型潮汐湿地。崇明东滩呈向东南展布的三角状，高滩地被芦苇、蘑草和海三棱蘑草覆盖，中低潮滩大部分为裸露滩地，拥有丰富的底栖动物和植被资源，是候鸟迁徙途中的集散地，也是水禽的越冬地。2002 年 1 月，崇明东滩被列为国际重要湿地，2005 年 7 月，经国务院批准晋升为国家级自然保护区。

　　崇明东滩上开展的水文测验成果表明[4]：崇明东滩涨潮初期，潮流有很强的加速度，流速一般较大，含沙量达到平均值的 2～3 倍；落潮时水位回落中期，流速达到最大值，此时含沙量亦有峰值出现，表明崇明东滩上含沙量的大小由流速主导。因泥沙再悬浮，外侧光滩滩面上存在频繁的水沙交换，进入有植被地带后，再悬浮减少，水体含沙量降低，因此，外光滩沉积物偏粗、砂质、粉砂质居多，光滩向内及植被带，沉积物颗粒细、黏土、粉砂居多；植被区域流速衰减较大，含沙量也迅速降低，起"缓流滞沙"作用。

根据 1920—1981 年间实测水下地形图比较[2]，崇明东滩的泥沙淤积部位主要发生在浅于 5m 的区域，20 世纪 80—90 年代期间是崇明东滩自然淤涨和人工围滩速率最快的年代，平均每年外伸约 100m。20 世纪 90 年代后，崇明东滩的淤涨速率减缓。由表 6.1 - 1 和表 6.1 - 2 可知，2010 年 8 月，崇明东滩海堤外浅于 2m 的面积为 289km^2；浅于 5m 的湿地总面积为 572km^2，东西长为 39.0km，南北平均宽度为 14.7km。

6.2.1　平面变化

崇明东滩总体依然处于缓慢增长中（表 6.1 - 1、表 6.1 - 2、图 6.1 - 2、图 6.1 - 3），5m 前缘向东南方向延伸，从 20 世纪 80 年代的 32.2km 延伸至 2010 年的 39.0km，对应的面积分别为 557km^2 和 572km^2，略有增加，但不同时段的冲淤变化、不同部位的演变速度是不一致的，呈现浅水部分淤高速度快，水深较大处演变缓慢，沙体中部偏西南以冲刷为主，偏东及偏北以淤积为主的态势。下文分别以 2m、5m 等深线的包络面积，以及 1997—2002 年、2002—2010 年和 1997—2010 年冲淤图予以说明。

从 1997—2010 年的冲淤图（图 6.1 - 6）看，近年来崇明东滩总体上以淤积为主，但亦存在局部冲刷。此期间崇明东滩上有 3 个较大的变化，分别为：①沙尾向东南淤涨，淤积带已至北导堤尾部以下约 10km；② 沙体北侧淤积；③沙体南侧及中间滩面局部冲刷。从时间段看，1997—2002 年间，崇明东滩冲淤幅度较小，崇明北边沿的促淤圈围工程，因历时尚短，对崇明东滩的影响较小（图 6.1 - 4）；2002—2010 年间，崇明北边沿促淤圈围工程对崇明东滩北侧的影响显现，导致北侧淤积面积和厚度同步大幅增大，而此时南侧略有冲刷（图 6.1 - 5）。

从崇明东滩浅于 2m 的面积统计可以看出，1980—1997 年间崇明东滩淤涨迅速，面积从 155km^2 扩展到 254km^2，扩大了 64%；其后，在 1997—2002 之间，面积变化不大，至 2010 年，再次扩大到 289km^2。从 2m 等深线的演变看，主要在于北港北汊以北沙体向东方向的持续淤涨，这一方面跟崇明北沿北湖以下的圈围及人工促淤导致淤积体下延有关，另一方面也跟崇明东滩南冲北淤的大趋势有关。从 5m 等深线看，1980—1997 年间，崇明东滩呈现"北冲南淤"的特色，整体向南移动约 1km，面积变化较小；其后，沙体呈"南冲北淤"态势，至 2002 年，面积略减；目前，崇明东滩呈发展趋势，表现在沙体面积和长度均同步增大，沙体尾部由椭圆变细长。

北港北汊为崇明东滩东南角新团结沙与崇明岛大堤之间一个潮沟，呈逐年扩大的趋势，2m 等深线已横贯崇明东滩。2m、5m 等深线的变化以及表 6.2 - 1 显示，1997—2007 年为其快速发展期，虽然深于 2m 的面积略有缩小，但容积扩大了 45%，深于 5m 的面积和容积分别扩大了 2.3 倍和 1 倍。若任由北港北汊发展，可能会冲刷成一条贯穿整个崇明东滩的东偏北的深水通道，将崇明东滩分裂成两部分，在上游来沙减小的宏观环境下，对湿地保护极其不利。由于上游青草沙水库的开工建设，北港上段主流偏北，下段主流偏南，堡镇沙上冲下淤，沙尾下延[5]，逐渐影响到北港北汊的入流条件，因此，近 3 年来，该汊道 5m 以下的面积和容积减小较快，可暂保崇明东滩无分裂之忧，但堡镇沙下段（又称奚家港沙脊）是因为工程的影响切割下移的，随着时间的推移，正逐渐向下游移动，兼之目前于其上的采砂活动较多，估计很快将消失，那时北港北汊的入流条件亦将恢复，应密切注意其发展动态。

表 6.2 - 1 　　　　　　　　　　　北港北汊面积与容积的统计

时间 （年-月）	深于 2m		深于 5m	
	面积/km²	容积/(×10⁶m³)	面积/km²	容积/(×10⁶m³)
1979—1981	69.8	55.2	—	—
1997—1998	75.6	83.9	4.3	4.9
2002—2003	80.7	104.1	7.7	6.4
2007 - 08	65.2	121.9	14.3	9.9
2010 - 08	65.5	96.2	8.1	6.5

6.2.2　纵向变化

崇明东滩的纵向断面布置见图 6.1 - 2，断面形态见图 6.2 - 1。

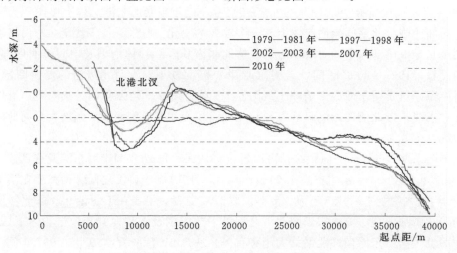

图 6.2 - 1　崇明东滩纵断面图（DM1）

从纵断面可见崇明东滩内侧冲刷、外侧淤涨的持续性。1980 年前后，纵剖面尚为内平外逐渐增深的缓坡，现大堤 21km 外的坡比为 0.24 ‰，内侧的北港北汊尚未冲深；1997 年底，北港北汊已成槽，2m 槽宽约 4.4km，最深点达 2.6m，槽东外侧淤高至 0m，外滩坡比略增；2007 年，纵断面发生了较大变化，北港北汊 2m 槽宽已增至 5.3km，近岛侧稳定，远岛侧拓展，最深点已达 4.7m，滩外先淤高展平后下降，现大堤 34km 外的坡比增大为 1.11‰。2010 年与 2007 年相比，北港北汊略缩，滩外坡比略增。

6.2.3　近期演变小结

目前，崇明东滩总体依然处于缓慢增长中，但不同时段的冲淤变化、不同部位的演变速度是不一致的，呈现浅滩部分淤高速度快，水深较大处演变缓慢。沙体中部偏西南以冲刷为主，偏东及偏北以淤积为主。

北港北汊呈逐年扩大的趋势，1997 年以前，2m 等深线已横贯崇明东滩，若任由北港北汉发展，可能会冲刷成一条贯穿整个崇明东滩的东偏北深水通道，将崇明东滩分裂成两部分，对湿地保护极其不利，应密切关注该汉道的发展动态。

影响崇明东滩演变的因素主要有以下几点：

（1）潮流影响。崇明东滩南、北两侧分别为北港、北支。北港落潮流占优，不利于泥沙落淤，崇明东滩南侧常受冲刷；北支涨潮流占优，利于泥沙落淤，且涨落潮含沙量均高，为崇明东滩北部淤涨提供了充足的泥沙来源。

（2）风浪影响。崇明东滩直面东海，常受北、东、南 3 个主要方向的风、浪侵袭。外海风浪传入浅水区后，受地形影响发生破碎，形成破波带，扰动浅滩沉积物，泥沙再悬浮，随潮输运。

（3）植被影响。植物具有缓流消能作用，利于泥沙淤积。崇明东滩高滩部分多有芦苇，中滩部分有海三棱藨草，低滩则为光滩，涨潮流带来的泥沙，多在中高滩淤积，使滩面淤高，并不断向海发展。

（4）人类活动。滩涂圈围是影响崇明东滩演变的重要因素。20 世纪 90 年代是崇明东滩围垦工程进展较快的阶段，据统计[2]，1990—1999 年间，崇明东滩团结沙、东旺沙以及东旺沙外共计围垦了 84.94km²，崇明东滩 2.5m 等深线的淤涨速率由围垦前的 112m/a 增加到 342m/a。2003 年后崇明北湖促淤圈围，以及后期对黄瓜诸沙的生物促淤，致崇明北边沿淤积速度加快，其下成缓流区，进而也促进了崇明东滩北部的淤积。另外，流域来沙的减少，虽然目前尚未使崇明东滩前缘产生明显蚀退（图 6.1 - 3），但长期看，来沙减少使口门沙洲发生侵蚀应是大概率趋势。

6.3　横沙东滩

1842 年，横沙岛为出露水面的小岛，1880 年开始围垦，1908 年成陆，因常年受东海 SE 向风浪的冲击及潮滩上涨潮优势流的作用，整个沙岛呈东南塌、西北涨的迁移规律，通过对历史海图的比较，这一态势一直持续到 20 世纪 50 年代。1954 年长江大洪水塑造了北槽及横沙通道，守护工程造就了横沙岛的西边界和南边界，1958 年海塘的全面加固及 1960—1965 年间的护岸工程，使其岸线及潮滩稳定至今[2]。

横沙东滩位于横沙岛尾的东端，处于长江口北港与北槽两股水流的交汇扩散区，泥沙容易落淤而成广阔的滩地；另外，天然条件下，横沙东滩两侧河槽－北港与北槽之间因潮波的相位差产生横比降，在横比降作用下存在着较强的漫滩横向水流，使得滩面难以大幅淤高。

20 世纪 80 年代以前，位于中部的横沙串沟将横沙东滩分成两部分（见图 6.1 - 3 中 1979—1981 年 5m 等深线，图 6.1 - 2 中 1997 年底 2m 等深线尤其明显），其西称横沙东滩，其东称横沙浅滩或铜沙浅滩。1998 年，长江口深水航道治理工程南北双导堤、丁坝工程实施，北导堤堵汉、挡沙、导流致横沙东滩流场发生较大的改变，横沙东滩串沟消失，横沙东滩和横沙浅滩连成一体，统称为横沙东滩。

6.3.1　平面变化

横沙东滩 5m 等深线包围的面积虽然以增大为主，但总体比较稳定，1980—2010 年间，从 452km² 增大至 495km²，扩大了 9.5%（表 6.1-1），而同期 2m 包围的区域则从 140km²增大至 276km²，扩大了 97%（表 6.1-2），横沙东滩高滩淤积较多，但平面变形不大。

近年，横沙东滩总体北冲南淤，沙尾下延（图 6.1-3）。横沙东滩的这种演变离不开所处的地理环境。"北冲"源于北港进口段中央沙圈围、青草沙水库建成后，北港形成上段深槽偏北、下段深槽偏南的微弯河势[5]，即北港主流过堡镇后，折向横沙东滩中上部，顶冲沙体所致。"南淤"源于长江口深水航道北导堤的建设，限制了横向水流的发展，而丁坝间的坝田，成为泥沙落淤的场所。所以，近年横沙东滩摆脱了历史上受风浪冲刷的"南坍北淤"现象，在新的边界条件下呈现新的冲淤态势。

从表 6.1-1 和图 6.1-3 还可以看出，横沙东滩沙尾总体向外海伸展，近年稳定在北导堤北侧掩护区内。2010 年与 2007 年比较，沙尾内缩了 0.3km，是趋势性的还是间隙性的，暂时还不能下结论，但伸展趋势变缓是确定的。

相对于 5m 等深线的演变，2m 受工程因素的影响更大。原横沙东滩沙体上的横向串沟均已不复存在（图 6.1-2），北港、北槽的水沙交换减弱。从表 6.1-2 可知，横沙东滩2m 包围的面积总体快速增长，但并非单向淤涨，期间也存在着冲刷，如 1997—2002 年间，2m 面积减少了约 31km²，从该时间段的冲淤图可以看出，横沙东滩上段及北导堤南侧局部淤积，中下段大片冲刷。究其原因主要在于工程的影响，其时长江口深水航道治理一期工程于 2001 年 6 月竣工，2002 年 4 月实施二期工程，至 2002 年 12 月，基本建成的北导堤改变了横沙东滩的水流结构，原流向北槽的水流被拦截，顺导堤方向沿横沙东滩滩面下泄，因而造成浅于 2m 的高滩的冲刷；另外长江 1998 年、1999 年连续两年的洪水，也导致长江口沙洲普遍发生冲刷，同期口外的崇明东滩、口内的白茆沙、新浏河沙均有此现象（不同之处在于口内沙体沙头冲刷、沙尾下延，而口外沙体冲刷，泥沙被带出海外），而同位置的九段沙和南汇东滩，因受长江口深水航道建设的影响，未发生大范围冲刷现象。

6.3.2　纵向变化

从图 6.3-2 可以看出横沙东滩先后建有 5 道横贯沙体的促淤堤，促淤堤的位置在纵断面图上有表示（图 6.3-1，断面布置见图 6.1-2）。从纵断面可看出横沙东滩经历的剧烈演变过程，尤以 2002 年年底，3 号隔堤以外区域冲刷甚烈。其后，随着 2003 年12 月 5 号隔堤 N23 的建设，以 N23 为界，以内除局部沿堤冲刷槽外，全线淤积，但高程不高，依然过流；以下形成马鞍状，近冲远淤，但未破坏 5m 等深线的整体形状，离横沙岛尾大堤东 50km 处，1997 年后诸测次的水深几乎趋同于 8.5m，前缘剖面坡度趋陡。

6.3.3　工程影响

近期横沙东滩上已实施和拟实施的促淤圈围工程平面布置见图 6.3-2 和表 6.3-1。横沙东滩促淤工程开工前后水深见图 6.3-3（a）、（b），冲淤图见图 6.3-3（c）。

从图 6.3-3（a）可知，促淤圈围工程建设以前，虽然有北导堤堵汊挡沙、北槽大量疏浚土吹泥上滩，但横沙东滩滩面水深大多依然在 0m 以下，与深水航道建设以前相比，

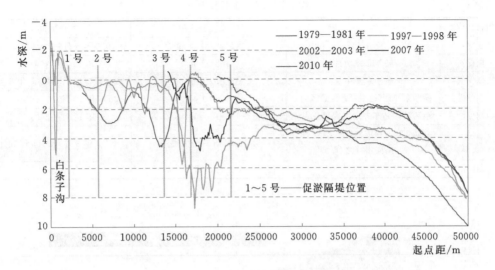

图 6.3-1　横沙东滩（DM2）纵断面图

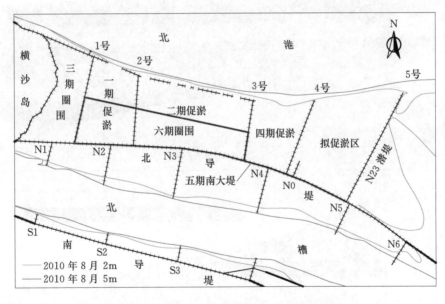

图 6.3-2　横沙东滩促淤圈围平面布置图

淤积面积和幅度均未体现吹泥的效果。工程实施后，促淤效果明显，至 2009 年 7 月，四期促淤工程均完工，从图 6.3-3（b）可以看出，除局部淤高至 2m 以上外，3 号隔堤以西大部分在 +1m 左右，北导堤北侧、隔堤两侧与纳潮口等局部区域均剧烈冲刷，部分刷深了 10m 以上，3～4 号隔堤之间的拟促淤区滩面，水深介于 −0.5～+0.5m 之间。从冲淤图 6.3-3（c）可以看出，2002 年 12 月—2009 年 7 月之间，横沙东滩大范围淤积，一般淤厚小于 1.5m，淤积最大的地方在北导堤后方，普遍在 3m 以上，而带纳潮口的北线堤与隔堤两侧均冲刷。

表 6.3－1   横沙东滩现状工程统计表

项目名称	工 程 位 置	主要工程规模	实施时间
N23 潜堤	N5 丁坝北，东滩腰际	约 8.1km 潜堤	2003 年 6 月—2004 年 8 月
一期促淤	横沙东滩西片	5.31 万亩	2003 年 10 月—2004 年 5 月
二期促淤	横沙东滩中片	7.20 万亩	2004 年 10 月—2005 年 5 月
三期圈围	横沙东滩西片（一期促淤区内）	5.00 万亩	2005 年 10 月—2006 年 5 月
四期促淤	距离横沙岛东端一线海塘 15km	1.12 万亩	2007 年 12 月—2009 年 6 月
五期 南大堤	三期圈围工程南侧堤堤根到 N23 护滩潜坝之间	19.2km 的南大堤	2009 年 3 月—2011 年 1 月
六期圈围	五期南大堤北侧	促淤 4.7 万亩，圈围 3.7 万亩	在建

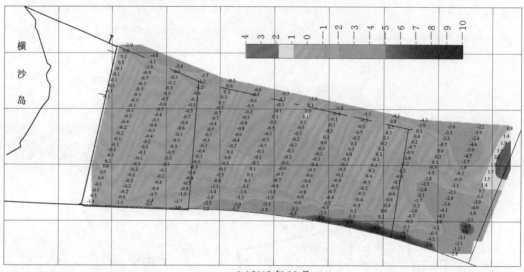

(a)2002 年 12 月

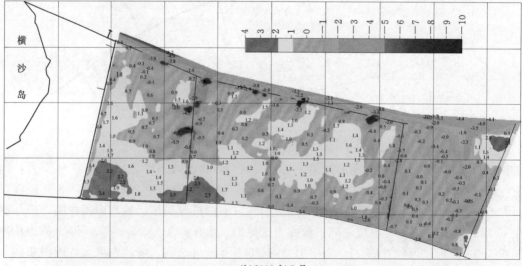

(b)2009 年 7 月

图 6.3－3（一）　横沙东滩 1～4 号隔堤之间水深图

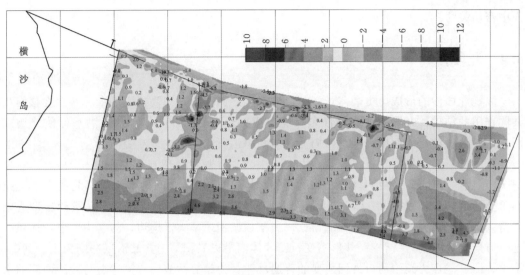

(c)2002 年 12 月—2009 年 7 月

图 6.3-3（二）　横沙东滩 1～4 号隔堤之间冲淤图

从横沙东滩促淤堤的效果看，一般建设初期淤积明显，但完工后，滩涂进一步淤高困难[8]。其原因在于：第一，横沙东滩沉积物颗粒细，多粉土、粉砂，抗冲刷能力差，而目前深水航道北导堤下段外侧滩面高程不足，虽能削弱一部分外海传入的波能，但在潮流和风浪作用下仍然能掀起泥沙，随潮输移；第二，纳潮口入流以及沿堤流、越堤流与绕堤流产生的强烈冲刷作用，导致整体促淤效果不理想。基于此两点，横沙东滩在促淤工程下，虽然高滩淤积，但淤高有限，必须采取新的工程措施，如圈围吹填，方能成陆。

6.3.4　近期演变小结

横沙东滩位于涨潮分流、落潮合流的缓流区，易于泥沙落淤，而流域来沙为滩地的淤涨提供了物质基础，但由于横向漫滩流的存在，天然条件下横沙东滩滩面难以大幅淤高。近年 5m 等深线包围的面积总体比较稳定，但同期 2m 包围的区域则增大较多，主要集中在高滩部位，平面位置变化不大。

近年横沙东滩总体北冲南淤，沙尾下延。长江口深水航道治理工程的实施，致横沙东滩流场发生较大的改变，滩面串沟消失，横沙东滩和横沙浅滩连成一体，但滩面大多依然在 0m 以下。促淤工程实施后，促淤效果明显，而带纳潮口的北线堤与隔堤两侧均为水流冲刷。从横沙东滩促淤堤的效果看，一般建设初期淤积明显，但完工后，滩涂进一步淤高较难。基于此，必须采取新的工程措施，如圈围吹填，并结合生物促淤，方能有效成陆。

从发展趋势看，由于横沙东滩南侧边界基本固定，北侧上游也为促淤堤固定，沙体的平面位置不会摆动；近年深水航道吹泥上滩的部分泥沙，随水流在下游就地堆积，5m 等深线包围的范围，在若干年内应不至减小。因此，在疏浚土继续吹泥上滩以及继续促淤的情况下[9]，横沙东滩会向东南方向继续延伸，越过北导堤尾部，削弱北导堤尾部挡沙功能。当然，流域来沙的减少已对长江口三角洲前缘产生影响，岸滩剖面下部侵蚀内移的现象已有所显现，因此，横沙东滩及其两侧河槽的冲淤变化以及相互影响，还需在以后的工作中密切关注。

6.4 九段沙

纵观九段沙的形成历史，与长江河口的众多沙洲一致，即为特大洪水和底沙推移堆积共同作用的结果。九段沙原为横沙东滩的组成部分[6-7]，1954 年长江大洪水促使北槽成形，九段沙脱离母体而成为一个四周为河槽和串沟所隔离的大型江心洲。

九段沙形成之初形状极不规则，由上、中、下 3 块沙体组成，呈东西排列，至 20 世纪 70 年代，沙体基本定型呈纺梭状，位置相对稳定，沙体之间的串沟是南北槽水沙交换的重要通道。分析表明[2,6-7]，自然条件下九段沙的演变有如下特点：①九段沙自形成以来持续扩大，但为冲淤不平衡下的增长；②滩顶淤积速率大于周边；③沙头后退，沙尾下延，方向均为东南，"纺梭"外形不变；④沙体南沿以淤积为主，北沿以冲刷为主。其中，第①、②、③点为潮汐河口沙洲演变的普遍规律，为趋势性演变，第④点与沙洲两侧的水道演变有关，是一种互相制约的因素，为间隙性演变。

2000 年 3 月 8 日上海市人民政府批准建立"上海市九段沙湿地自然保护区"，2005 年 7 月 23 日，国务院批准建立"上海九段沙湿地国家级自然保护区"，九段沙所拥有的丰富动植物资源以及以原生态存在的湿地得到法律的保护，为保持长江口地区的生物多样性起到重要作用。

1998 年 1 月长江口深水航道治理工程开工以来，九段沙冲淤演变的边界条件和水文条件均发生了变化，以下着重分析九段沙近年的演变特性，因目前江亚南沙已与九段沙相连，九段沙特征统计中含江亚南沙，见表 6.1-1。

6.4.1 平面变化

以长江口深水航道治理工程开工建设为界，九段沙的近期演变分两部分。

工程建设以前，九段沙属自然演变状态。从 2m 等深线可见（图 6.1-2），1997 年底，九段沙尚分成面积分别为约 10km²、19km² 和 190km² 的上、中、下 3 块沙体，中间分别以约 250m、750m 宽的串沟相隔，江亚南沙独立于九段沙西南侧。工程后，九段沙上中下 3 块沙体相连，但与江亚南沙之间的 2m 小槽始终存在。2007 年 8 月，九段沙浅于 2m 的面积达到最大 289km²，2010 年 8 月，缩小至 263km²。从等深线的演变看，主要是九段沙尾部发生了冲刷。

以 5m 等深线分析（图 6.1-3），1980 年前后，江亚南沙与南岸相连，与九段沙之间存在一条平均宽度约为 3.5km 的江亚北槽（南槽上段），至 1997—1998 年间（分流鱼嘴建设前），江亚北槽萎缩，5m 槽上下隔断，江亚南沙和九段沙已有一部分连成一体，南槽傍南岸下泄；随着分流鱼嘴和南导堤的相继建设，对江亚北槽进行了封堵，江亚南沙与九段沙相连，使九段沙体长大，沙头上提，1997—2010 年间，5m 沙头累计上提约 1.3km。

九段沙 2m 等深线的演变有一个值得注意的地方，即沙体中下部两侧均有明显的冲刷，尤以南侧次级沟槽发展为甚，1997—2010 年间，该小槽上溯了约 6.4km，说明南槽内涨潮动力偏北，强劲的涨潮流导致了九段沙南沿的冲刷。而北侧次级沟槽应为南导堤建设后沿堤流冲刷所致，2007—2010 年间，该次级槽上溯约 2km。

表 6.1-1 因为测次较少，仅能反映九段沙大致的演变趋势，但不能给出具体变化的时间节点。得益于长江口深水航道建设期间该段丰富的实测地形资料，将历次浅于 5m 的面积变化统计于表 6.4-1。

表 6.4-1		九段沙 5m 等深线以上面积变化						单位：km²	
时间（年-月）	面积	时间（年-月）	面积	时间（年-月）	面积	时间（年-月）	面积		
19 世纪 80 年代	302	2004-08	392	2007-08	417	2010-08	412		
1997-12	391	2005-02	391	2007-11	399	2011-02	414		
2002-12	396	2005-08	396	2008-05	400	2011-08	408		
2003-02	393	2006-02	395	2008-11	410	2012-02	411		
2003-08	400	2006-08	398	2009-05	412	2012-08	412		
2004-02	396	2007-02	398	2010-02	414				

注　含江亚南沙。

由表 6.4-1 可见，1997—2012 年间，九段沙面积介于 391～417km² 之间，平均为 403km²。从这些测次 5m 等深线的演变分析，可知近年来九段沙沙体十分稳定，除江亚南沙沙尾逐年下延、九段沙沙体北侧南导堤 S4～S8 之间随导堤加高、丁坝延伸同步向北槽淤涨外，其余位置少有变动，沙头 2005 年 2 月后在南北槽分流口鱼嘴下 1km 处约 250m 极窄范围内变动，沙尾除 2007 年 8 月成指状下延约 2km 外，其余测次基本位于南导堤下端以下约 1.3km 处。九段沙的稳定淤涨，一方面与长江口深水航道南导堤的建设，固定了九段沙的北边界，导致九段上沙（江亚南沙）和中、下沙之间的深泓消亡，促使九段沙淤积有关；另一方面还与九段沙 1997 年 5 月实施的种青促淤工程有关[2]。

6.4.2　纵向变化

虽然近年来九段沙平面变化不大（图 6.1-3），但纵断面却显示九段沙上存在着十分强烈的冲淤变化，见图 6.4-1，断面布置见图 6.1-2。

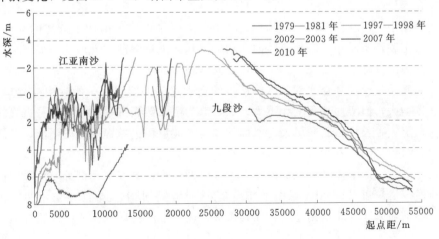

图 6.4-1　九段沙纵断面图（DM3）

由图 6.4-1 可见，九段沙冲淤变化最大的地方发生在原江亚南沙北侧（即现在的南导堤北侧），南导堤建成的初期，常有 1～2m 的冲刷槽出现，目前依然存在，导致剖面形状极不光滑；原九段沙上、中、下沙体之间的串沟淤浅，但形状仍在，这点从 2m 等深线的演变图也可以看出（图 6.1-2）；九段沙滩顶附近，虽然缺乏地形数据，不能准确说明九段沙滩顶的变化程度，但从纵剖面上依然可以看出滩顶总体淤高的趋势；出滩顶后，浅于 4m 的部位继续淤高，深于 4m 的部分开始冲刷，滩顶至 4m 水深的坡比，从 1997 年底的 0.33‰ 增大至 0.42‰，有变陡的趋势。结合上节分析的平面形态，总体而言，九段沙近十多年的演变可表示为"淤高不长大"。

从冲淤图上看，1997—2010 年间，九段沙总体淤积，淤强最大的部位在九段沙滩顶及临近的上游段，南导堤北侧丁坝坝田普遍淤积，江亚南沙沙头冲刷下延，沙尾淤涨，淤积带成长条状。九段沙上冲刷的部位主要在南侧，普遍冲深 1～3m 不等，南侧次级沟槽冲刷形状清晰可见；其次在原江亚南沙头部，最大冲深达 6m 以上，冲刷槽与江亚北槽相连；另一处冲刷较大的区域位于南导堤北侧，介于丁坝 S5～S8 之间，约 10km 长，成指状。

6.4.3　近期演变小结

九段沙的近期演变离不开其所在的地理位置及边界条件的影响。从九段沙的形成条件看，一方面是长江口地区径、潮流与风浪相互作用，悬沙落淤形成宽阔的潮滩，近岸底质发育成沙坝；另一方面也是河口水域宽阔，受科氏力影响，涨落潮流路分歧，悬沙易于落淤，受两股水流的驱动至中间的缓流区堆积发育而成。因此，自然演变下，九段沙总体表现为沙头冲刷下移，沙尾淤涨下延，沙体顺时针偏转，沙体增大，滩面增高，潮沟发育。当自然条件不变，在长江大洪水作用下，九段沙将会发生切滩、冲散、集聚、发育等循环往复的过程，再生成的地点将在现位置以下。

长江口深水航道治理工程的建设，改变了九段沙北侧的自然边界条件。首先，南导堤切断了九段沙上的潮沟，阻止了北槽与南槽以及九段沙之间的水沙交换，使九段沙向上游收缩，这在冲淤图和 2m 等深线的演变上得到验证；其次，从动力条件看，长江口潮波的运动方向为东南—西北向，南导堤的建设，不但增强了九段沙南侧中低滩的涨潮流优势，使泥沙上滩沉积，也减小了南槽水沙向北槽的输送，大量泥沙在九段沙滩面滞留落淤，是近期九段沙高滩淤涨的主要原因；最后，九段沙位于开阔的河口地带，常受不同方向的风浪影响，尤其是强台风和强寒潮对沙体产生的强烈扰动冲刷作用，导致南导堤建设以前，九段沙沙体增大，但滩面高程变化不大，以光滩为主，滩面沉积物较粗，分选良好，南导堤建成后，阻挡了长江口北向风浪对滩面的作用，波浪经过导堤而破碎消能，兼之植物消浪、滞流、滞沙作用，九段沙近年得以淤高。

目前，九段沙上沙体（原江亚南沙）沙头受冲严重，虽有南北槽分流鱼嘴的掩护，但因分流口南线堤较短（1.6km），作用并不充分，堤尾一股水流指向正东，冲刷江亚南沙头部，且逐渐与原江亚北槽相连，若任其发展扩大，可能会导致江亚南沙脱离掩护区，向南槽下移，并最终可能并靠南汇东滩，对南槽航道产生重大的负面影响，对九段沙中下段也可能产生一定的影响。因此，应研究延长分流口南线堤，阻止江亚南沙下移的工程措施，并对沙尾下延部分采取适当的采砂以维持南槽航道与两侧沙体的相对稳定。

另外一个需要注意的地方是九段沙下部南侧次级沟槽的发展，若无工程措施，从演变趋势看，在涨潮流的作用下，该次级沟槽将自下而上切割九段沙体，切割体将可能在落潮水流的冲刷下向南汇东滩并靠，也可能在南槽中形成新的江心滩，影响该段河势的稳定。

6.5　南汇东滩

南汇东滩是长江口和杭州湾北部近岸水沙交汇的地带，长江口泥沙净向杭州湾的输移，决定着南汇东滩向东南伸展的演变趋势[10]。除受到上游来水来沙的影响外，南汇东滩还受口外波浪和潮流的双重影响，近岸滩地水深变浅，波浪作用相应增强。南汇东滩滩坡平缓，波浪在潮间带内较易破碎，岸线及 0m 以上的滩地受波浪影响强烈，而水下槽滩则主要受潮流动力控制。长江口波浪以风浪为主，NNE 向的波浪使岸线南偏，而涨、落潮水流使岸线东偏。以上因素共同制约着南汇东滩岸线、滩坡和滩地的走向[11]。

已有分析成果表明[2]、[12]，南汇东滩近 100 年来一直存在着冲刷—淤积的轮回，长江主流走南港则冲刷，走北港则淤积，冲刷时呈现时间短、幅度大的特点，而淤积期则时间较长。冲淤时段内，南汇边滩各部位不同步，冲刷时呈"高滩冲刷、低滩淤积"以及"南冲北淤"的特点，淤积时段则相反。近年，南槽中上段发展，冲刷下来的泥沙主要在南槽下段淤积，南汇边滩弯顶以北以淤积为主，以南则微冲。

6.5.1　平面变化

南汇边滩中上段的演变与南槽的发展息息相关。1954 年以前，南槽上口水深在 10m 以上，南岸无边滩；1958 年后，受上游南支河段河槽大量泥沙冲刷下移的影响，南槽上口进口条件恶化，深于 5m 的槽宽不断缩窄，至 1980 年左右，江亚边滩与南岸连成一体（图 6.1-3）；1983 年，长江大洪水切割南槽进口段的江亚边滩，导致南槽上口演变成双汊分流的格局，至 1997 年底，江亚边滩与南岸分离，形成江亚南沙，其北部与九段沙相连；2001 年 6 月，长江口深水航道治理工程一期工程建成，江亚南沙和九段沙连成一体，南槽上口复归单汊入流，分流点上提至江亚南沙头部；工程建成后，尽管南槽下断面分流比总体上变化不大，但上断面的分流比却有明显的增加，致使南槽上段发生明显冲刷，5m 等深线向岸靠近，中段淤积，等深线相应外推，淤涨最大段对应于九段沙尾部南侧，1997—2010 年间，5m 等深线向九段沙侧推移了约 3.5km，而南汇嘴南侧，5m 线多年来几乎贴合在一起，平面变化极小。总体看，南汇边滩 5m 线总体向东北方向推移，南槽喇叭形口门放宽率减小，南槽河道加长。关于南槽的分析，详见第 5 章 5.9 节。

2m 等深线的平面变化与 5m 线略有不同。从图 6.1-2 可以看出，1997 年底，南汇边滩上段近岸有一个上窄下宽的夹槽，槽口 2m 宽度约 430m，槽尾约 1.7km，外为长23.6km，平均宽度约 900m 的没冒沙；至 2002 年底，没冒沙沙头下移 2.6km，沙尾与南汇东滩相连，夹槽呈淤积态势；2007 年，没冒沙上下沙体皆与南汇边滩相连，原狭长夹槽仍在，但仅有 13.7km 长，平均宽度 522m，上下口皆淤积，入流不畅，淤废为迟早之事；至 2010 年，该槽已不复存在。陈吉余院士建议的大型河口边滩水库的建设条件发生了较大变化[13]。而南汇东滩南侧，2m 与 5m 等深线的演变几乎一致，即多线贴合，平面少变。

从表 6.1 - 1、表 6.1 - 2 可见，南汇东滩东西向的长度与面积历年稳步淤涨，而通过 1997—1998 年、2002—2003 年以及 2010 年 3 个完整的测次，比较南汇东滩 2m 和 5m 等深线之间的面积和体积的变化，结论稍有差异，见表 6.5 - 1。

表 6.5 - 1　　　　　　　南汇东滩特征等深线的面积和体积统计

时间 （年-月）	2m		5m		2～5m	
	面积/km²	体积/亿 m³	面积/km²	体积/亿 m³	面积/km²	体积/亿 m³
1997—1998	109	1.35	391	8.11	282	6.76
2002—2003	138	1.28	396	8.93	258	7.65
2010 - 08	169	1.81	412	10.21	243	8.40

从表 6.5 - 1 可见，1997—1998 年至 2002—2003 年之间，南汇东滩 2～5m 之间的体积虽然增加了 0.89 亿 m³，面积却缩小了 24km²；2002—2010 年间，2～5m 体积增加了 0.75 亿 m³，面积又缩小了 15km²，这与南汇东滩近岸高滩的促淤围垦密切相关（见表 6.5 - 2[14]，促淤围垦位置示意见图 6.5 - 1）。自 1996 年始，南汇东滩南起石皮勒、北至浦东国际机场全线 33km 海岸 0m 以上的滩涂，共计促淤围垦了 25.78 万亩（约 172km²），近岸地形成陆，高滩部分面积减小，迫使等深线外推，因此表 6.5 - 1 中，2～5m 之间的面积不增反减。

表 6.5 - 2　　　　　　　南汇东滩促淤围垦工程统计表

项目名称	工程位置	工程规模/万亩	实施时间（年-月）
浦东机场促淤工程	三甲港以南 4～17km	1.5	1996 - 01—1996 - 08
一期促淤	南汇石皮勒—大治河口	6.0	1999 - 11—2000 - 05
二期促淤	大治河口—浦东国际机场	5.08	2000 - 10—2001 - 05
三期促淤圈围	南汇石皮勒—大治河口	2.27	2001 - 10—2002 - 12
四期促淤圈围	南汇石皮勒—大治河口	3.63	2003 - 09—2005 - 05
五期促淤圈围	大治河北—浦东国际机场南	5.0	2004 - 09—2005 - 12
浦东机场外侧促淤	薛家泓泵闸北—白龙港顺堤南	2.3	2007 - 12—2009 - 04

6.5.2　纵向变化

南汇东滩纵剖面呈单一线，向外逐渐增深，坡比约 0.26‰，比较平缓，后期虽有淤高，但坡比变化甚小。5 个测次的纵剖面显示了南汇东滩持续淤积的过程，总体看起终点变化小，中间淤积大，现大堤外 15km 处淤高约 1.7m。该纵断面的变化与南槽的演变密不可分，长江口深水航道工程建设后，南槽中上段冲刷，冲刷下来的泥沙在下段堆积，促进了南汇东滩的淤涨。分析表明，该现象为过程性淤积，随着时间的推移，淤积体的逐渐下移冲散，淤积断面形状将可能逐渐恢复至 1997 年前后的形状。DM4 断

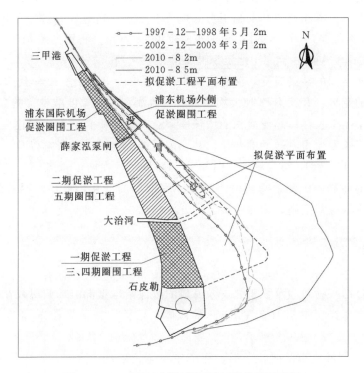

图 6.5-1 南汇东滩促淤圈围工程位置示意图

面布置见图 6.1-2。

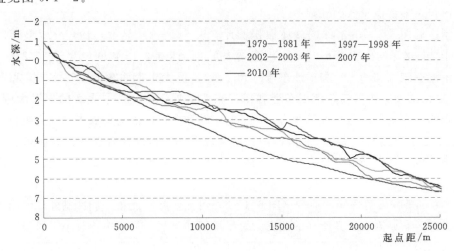

图 6.5-2 南汇东滩纵断面图 （DM4）

6.5.3 近期演变小结

近十多年，南汇东滩的演变深受上游南槽发展、泥沙下泄和近岸促淤圈围、岸线外推的影响。南槽上段冲刷的影响是短暂的，随着时间的推移，沉积的泥沙将逐渐冲刷下移消失；岸线外移的影响是长久的，虽然目前高、低滩均淤积，但 2～5m 之间的面积却逐渐减小。按照《上海市滩涂资源开发利用与保护"十二五"规划》，至 2015 年，上海市拟促淤 28 万亩，圈围成陆 19 万亩，其中南汇东滩促淤 22 万亩（布置见图 6.5－1），圈围成陆 6.6 万亩，可见南汇东滩是上海土地资源储备的主要场所。

长江口诸多沙洲的冲淤演变，深受流域来沙的影响。20 世纪 60 年代末始，长江入海泥沙已呈减小的趋势，2003 年三峡大坝蓄水后，入海泥沙大幅度减少（图 2.5－3）。有研究表明，近几十年来长江口潮滩面积的增长速率已明显下降，有的区域已发生了侵蚀[15]。虽然南汇东滩尚未发生由淤转冲的变化，其原因可能因为工程的影响以及入海泥沙变化的滞后效应，但 1997—2010 年冲淤图（图 6.1－6）显示，在南汇东滩外长江泥沙汇聚地已发生了大范围的冲刷。因此，密切关注湿地外围地形的变化，可预测湿地的冲淤转换时间，以利及时采取应对措施，为滩涂资源的开发与保护提供科学支撑。

6.6 顾园沙

顾园沙又称启兴沙，为沉积于北支入海口的卧保龄球型洲滩，归属权在江苏省与上海市之间存在争议。2010 年 8 月，浅于 5m 的沙体东西长约 29.5km，南北宽约 9.1km（图 6.1－3）。

1971 年，顾园沙为东西向长条形，西窄东宽，长度约 22km，面积达 50km² （0m 等深线）；1971—1990 年间，顾园沙被水流从中部冲开，形成东、中、西 3 个沙体，西部的沙体成为黄瓜沙的一部分，东部沙体成为主沙体，东西向长度大为减小，南北向宽度开始增加，由长条形逐步发展成椭圆形[16]。

顾园沙近期浅于 2m 水深的沙体面积统计（表 6.1－2）显示，1997—2010 年间，顾园沙浅于 2m 水深的面积由 67.5km² 逐渐增大至 81.2km²，13 年间增大了 20.3%，增大比小于南汇东滩（56.9%）和横沙东滩（40.1%），但大于崇明东滩（13.8%）和九段沙（9.1%）。由前文分析可知，南汇东滩和横沙东滩上近年均开展了大量的促淤圈围工程，高滩面积的增大绝大部分是人工所为，而崇明东滩和九段沙因为均属于"国家级自然保护区"，基本处于自然演变状态。顾园沙因自然条件限制，目前仅有部分江苏启东渔民在沙洲上养殖，也基本属于自然演变状态。因此，顾园沙的自然淤涨速率大于长江口口门其他湿地。

顾园沙近期 2m 等深线的演变（图 6.1－2）可知，除东北角一侧冲刷外，顾园沙其他方向均淤涨，其原因在于其所在的北支为缓慢淤积的支汊，径流影响较小，风浪影响程度增加。根据附近吕四海洋站风浪观测资料统计（1960—2001 年），该地区东到东北方向的风的频率为 40%，最大风速出现在 NNE～N 向。顾园沙东北方向缺乏掩护，风浪掀沙，导致东北方向冲刷。

图 6.6－1 为起点自连兴港穿过顾园沙的纵断面图，断面布置见图 6.1－2。由纵断面图可知，顾园沙近连兴港侧持续淤积，滩顶淤高，过滩顶向外，坡度变化很小，平均 0.43‰，比口门其他湿地前缘坡度陡峭，但十分稳定。

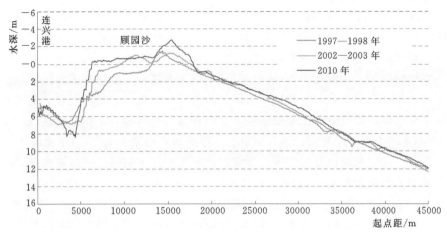

图 6.6-1　顾园沙纵断面图

6.7　长江口湿地存在的问题及保护

　　世界著名的大都市，如伦敦、纽约、东京、香港，周边均有大面积的湿地。湿地不仅仅是土地资源来源，还是淡水资源的载体、鸟类和水生生物的栖息地，具有调蓄水量、净化水体、调节气候、消浪护岸、防风减灾、维护区域生物多样性等多种功能。因此，在经济社会发展中，实现湿地保护和水土资源可持续利用成为人与自然和谐共处的重要保障。近年来，虽然长江口主要湿地依然呈现向外海淤涨的态势，但随着海平面上升、流域来沙减少、入海汊道水沙分配的调整、人工促淤圈围等因素，湿地资源面临减少的趋势。

　　（1）海平面上升，湿地遭受威胁。海面上升对沿海低地的威胁是全球热点问题之一。海平面上升将加剧海岸侵蚀、咸潮上溯，引发风暴潮灾害，使滨海湿地生态系统恶化，湿地植被覆盖面积减少。联合国政府间气候变化专门委员会（IPCC）等国际机构预估 21 世纪全球海面上升达 0.66m[17]，国家海洋局发布的《2010 年中国海平面公报》显示，受气候变化的影响，近 30 年来，中国沿海海平面总体呈波动上升趋势，平均上升速率为 2.6mm/a，高于全球平均值。长江口北支连兴港站和北港共青圩站近年年均潮位统计（表 3.3-2）显示，近 20 年来，长江口平均潮位整体以超过 10mm/a 的速率上升。据预测[18]，未来 30 年内（相对于 2010 年），上海地区海平面将上升 91～143mm，约 3.03～4.77mm/a，高于全国平均水平。海平面上升将对长江三角洲产生巨大影响，经类比预估[19]，潮滩损失将超过 10%，因此，海平面上升对长江口湿地的威胁是巨大的。

　　（2）上游来沙减少，湿地淤涨趋缓。长江入海泥沙是控制长江口潮滩发育的主导因素[3]，水土保持、大坝建设等人类活动导致长江入海泥沙大幅减少。据大通站资料统计，长江多年平均年径流量为 8965 亿 m³（1950—2010），近 10 年（2001—2010 年，本节同）平均为 8525 亿 m³，近 5 年（2006—2010 年，本节同）平均为 8184 亿 m³，近 10 年降幅 4.9%，近 5 年降幅 8.7%；与之对应的输沙量，多年平均为 3.90 亿 t（1951—2010），近 10 年平均为 1.77 亿 t，近 5 年平均为 1.30 亿 t，减小幅度分别达到 55% 和 67%，尤以三峡工程蓄水后降幅明显。长江口悬沙浓度无明显变化，其主要原因可能在于长江口内外巨大的"泥沙库"的泥沙再悬浮和平流输送对长江口水体的补给。从分析看,虽然长江口湿地目前尚未出现明显的侵蚀现象,但以前 100m/a 的湿地淤涨速率已不复存在,湿地新生速率的减小是可以预见的必然现象。

(3) 环境污染加重,湿地生态受损。湿地是海洋、淡水、陆地的过渡区域,处于生态系统交错带,生物资源丰富,生存着许多珍稀濒危物种。长江口地区特殊的地理环境、温暖湿润的季风气候,以及上游江水带来的丰富营养盐、有机物等,使该地区成为 250 种鱼类、153 种底栖生物、147 种湿地水鸟、261 种浮游动物的栖息地[20]。工业废水和生活污水的大量排放、过度捕捞以及工程项目的建设,导致长江河口区生态环境失衡,湿地生态系统呈现衰退和恶化的趋势。监测数据显示[21],1982 年,长江河口监测到 93 种浮游生物,1998 年下降为 29 种;1992 年底,监测到底栖生物 153 种,1999 年底锐减到 24 种。

(4) 滩涂圈围不当,湿地资源减少。随着经济快速增长和城镇化进程的加快,对土地的需求量加大,圈围滩涂造地成为解决日益突出的土地紧缺矛盾的有效途经。通过几十年来的快速圈围,长江口高滩资源大都已经圈围,对中、低滩的进一步圈围,必将影响到湿地资源。

圈围主要从两个方面对岸滩的发育产生影响:第一,破坏了潮滩水沙和地形之间长期调整形成的均衡状态,引起水流速度、悬沙浓度的时空变化,从而导致潮滩剖面的剧烈调整,使近岸潮滩坡度加大,增加海岸侵蚀风险;第二,圈围使潮滩植被覆盖减少,降低了潮滩缓流消浪,稳定岸滩的作用。

鉴于湿地具有巨大的生态功能以及目前面临的艰难挑战,长江水利委员会在《长江口综合整治开发规划要点报告》(2004 年修订) 中提出如下应对措施:① 对湿地自然保护区实施重点保护;② 开发与保护并重,维护合理的湿地结构;③ 遵循河口自然演变规律,实施动态开发;④ 加强滩涂资源的开发管理,并制定"适度开发利用,统筹考虑圈围的社会效益、经济效益和生态效益"的原则,以满足经济社会可持续发展的需求。

6.8　小结

湿地是地球的重要生态系统之一,具有"生物超市"、"物种基因库"、"地球之肾"等多种称谓,湿地保护对人类生存具有重要的意义。

从以上分析可知,在流域来沙减少的情况下,长江口五大主要湿地,近 30 年来依然延续着淤涨态势,呈现高滩淤积,低滩微冲的特征。崇明东滩属自然保护区,开发较少,自然演变下,淤涨速率减小,宽度变窄,长度增加,北港北汊有分裂湿地的趋势;横沙东滩受促淤圈围及吹泥上滩的影响较大,30 年间,5m 等深线的平均宽度变化较小,长度向东南方向延伸了约 4.5km,面积变化最大的部位在浅于 2m 的高滩;九段沙稳定淤涨,一方面与长江口深水航道南导堤堵汊固沙有关,另一方面与种青促淤有关,近年江亚南沙夹槽冲刷,沙尾下延,九段沙尾次级槽发展,均对九段沙的稳定造成不利影响;南汇东滩面积和长度均增长,与横沙东滩一样,浅于 2m 的高滩均被促淤圈围,2～5m 之间的面积有所缩小;顾园沙东北侧受风浪影响冲刷,其余方向淤积,自然淤涨速率大于口门其他湿地,滩顶向外的坡度十分稳定。长江口 5 个主要湿地的演变表明湿地蚀退尚不明显,但工程的影响大于自然演变的影响，尤其是横沙东滩和南汇东滩，且深于 5m 的区域已经发生侵蚀现象。长江口滩涂是否与深水区泥沙存在交换，流域减沙会否导致目前口门高含沙量减小等问题，尚需加强后续观测研究。

　　新中国成立以来，随着经济的高速发展和农村产业结构的不断调整，非农业用地不断增加，长江口地区土地紧缺的矛盾日益突出，滩涂圈围成为增加土地资源的重要来源。海平面上升、滩涂湿地的过度圈围、湿地污染加重、湿地保护和协调机制的不健全等问题，将对湿地生态系统平衡产生深远的不利影响。因此，建立湿地自然保护区，实行分级和分类保护显得尤其重要而迫切。可喜的是，崇明东滩自然保护区和九段沙湿地自然保护区均上升到国家级保护层面，横沙东滩和南汇东滩的促淤圈围基本上符合因势利导，适度开发的原则，兼顾了湿地保护的要求和社会经济发展的需要，对长江口湿地资源的负面影响目前尚不明显。

　　为尽可能减少滩涂圈围对湿地生态环境可能带来的不利影响，有效实现"在保护中开发，在开发中保护"的湿地保护目标，真正实现湿地生态环境的动态平衡，需深入开展长江口湿地生态环境保护专题研究工作，本着统筹兼顾的原则，将湿地生态环境保护要求具体化，有效地指导滩涂资源的合理开发利用。

主 要 参 考 文 献

[1]　马广仁. 攸关人类生存和发展的湿地生态系统 [N]. 中国绿色时报，2007.

[2]　恽才兴. 长江河口近期演变基本规律 [M]. 北京：海洋出版社，2004.

[3]　陈吉余，沈焕庭，恽才兴，等. 长江河口动力过程和地貌演变 [M]. 上海：上海科学技术出版社，1988.

[4]　吉晓强，何青，刘红，等. 崇明东滩水文泥沙过程分析 [J]. 泥沙研究，2010，(1)：46-57.

[5]　刘玮祎，唐建华，缪世强. 长江口北港河势演变趋势及工程影响分析 [J]. 人民长江，2011，42 (11)：39-43.

[6]　杨世伦，杜景龙，邰昂，等. 近半个世纪长江口九段沙湿地的冲淤演变 [J]. 地理科学，2006，26 (3)：335-339.

[7]　李九发，万新宁，应铭，等. 长江河口九段沙沙洲形成和演变过程研究 [J]. 泥沙研究，2006 (6)：44-49.

[8]　沈正潮，尹畅安. 主堤先行 整体策划——横沙东滩滩涂资源开发利用设想 [J]. 水利规划与设计，2009，(4)：47-50.

[9]　上海市水务 (海洋) 局规划设计院. 长江中下游干流河道采砂规划上海段实施方案 (2011—2015) [R]，2011.

[10]　陈吉余，陈沈良，丁平兴. 长江口南汇沙咀的泥沙输移途 [J]. 长江流域资源与环境，2001，10 (2)：166-172.

[11]　刘杰，陈吉余，陈沈良. 长江口南汇东滩滩地地貌演变分析 [J]. 泥沙研究，2007 (6)：47-52.

[12]　火苗，范代读，陆琦，等. 长江口南汇边滩冲淤变化规则与机制 [J]. 海洋学报，2010，32 (5)：41-50.

[13]　陈吉余，曹勇，刘杰. 建设没冒沙生态水库，开拓上海市的新水源 [J]. 华东师范大学学报 (自然科学版)，2004 (3)：82-86.

[14]　沈正潮，崔冬. 南汇东滩区域促淤工程淤积效果定量分析 [J]. 上海水务，2008，24 (3)：45

－47.

[15]　杨世伦，朱骏，李鹏．长江口前沿潮滩对来沙锐减和海平面上升的响应 [J]．海洋科学进展，2005，23 (2)：152－158.

[16]　张志强，蒋俊杰，詹文欢，等．长江口北支河口地貌特征及演变趋势分析 [J]．海洋测绘，2010，30 (3)：37－40.

[17]　SCOR Working Group 89. The response of beaches to sea-level changes：A review of predictive models [J]．Journal Coastal Research，1991，7 (3)：895－921.

[18]　国家海洋局．2010 年中国海平面公报 [R]．2011.

[19]　朱季文，季子修，蒋自巽，等．海平面上升对长江三角洲及邻近地区的影响 [J]．地理科学，1994，14 (2)：109－117.

[20]　马涛，傅萃长，陈家宽．上海城市发展中的湿地保护与可持续利用 [J]．城市问题，2006，(12)：29－32.

[21]　陈亚瞿，叶维均．长江口滨海湿地生态系统修复工程 [EB/OL]．http：//www. hjxf. net/case/2008/1114/article _ 23. html，2008－11－14.

第7章　长江口河道演变特征和发展趋势

7.1　长江口河道演变特征

7.1.1　澄通河段

7.1.1.1　福姜沙河段

福姜沙汊道形成以来，河道逐渐发展为向南弯曲的鹅头型汊道。受进口对峙节点的控制，以及护岸工程的控制作用，20 世纪 70 年代以后，福姜沙河段两岸岸线逐渐稳定。近 30 年，福姜沙汊道河道演变有以下主要特征：

（1）福姜沙平面位置及大小处于相对稳定状态，福姜沙汊道分汊段南岸岸滩稳定，北岸边滩淤涨。

（2）福姜沙水道左右汊分流比大致稳定在 4：1 左右。近年福姜沙头部南偏，右汊进口河槽宽度缩窄，总体向窄深型发展，由于右汊河道弯曲度大，水流动力相对较弱，河床总体表现为缓慢淤积。福姜沙左汊一直处于主汊地位，河道宽浅顺直，主流摆动范围较大，河床中心滩等成形淤积体活动频繁，是影响福北、福中水道稳定及下游邻近汊道分流比变化的主要原因之一。

7.1.1.2　如皋沙群段

经过了 20 世纪 50～70 年代沙洲频繁冲淤分合、主流大幅摆动的河势变化调整之后，如皋沙群段总体河势逐渐趋向稳定。随着沙洲的并岸，河道宽度逐渐缩窄，在护岸工程控制下，北岸岸线后退的趋势基本受到遏制。江中分散的沙洲逐渐合并，围垦工程使沙洲平面形态基本稳定，河道分汊逐渐减少。近 30 年，如皋沙群段河道演变主要表现为：

（1）双铜沙尾部下移、头部上延、滩面淤高，双铜沙水道衰亡。

（2）如皋中汊发展，成为双汊河段中分流比稳定在 30％ 左右的支汊。

（3）经过长期的自然演变及不断守护，浏海沙水道成为向南微弯、分流比基本稳定的主汊；右岸岸线崩退受到遏制。

（4）长青沙东南部淤涨生成泓北沙，2004 年 5 月，泓北沙与长青沙之间的串沟被筑坝封堵，两沙连为一体。横港沙右缘及尾部在如皋中汊发展之初冲刷，现逐渐趋于稳定。

（5）天生港水道上口与如皋中汊形成垂直相交的态势，进流条件恶化，逐渐演变为涨潮流占优的水道，泥沙总体呈向上输移态势。河势及水流动力条件限制了天生港水道上、中段的发展，受横港沙大量漫滩流汇入影响，天生港水道下段水深条件有所改善。

7.1.1.3　通州沙汊道段

1958 年以后，通州沙出口处徐六泾形成人工节点，通州沙水道主流一直稳定在东水道。近年演变主要表现在：

（1）通州沙沙体平面位置处于相对稳定状态，滩面总体有所淤高，但－5m 以上面积 1993 年后缓慢减小，2011 年为 83.4km²。

（2）通州沙东水道顺直微弯，近期一直处于主汊地位，分流比稳定在 90% 以上，左边界在护岸工程守护下，总体较为稳定，右边界为通州沙与狼山沙的左缘，稳定性较差。

（3）通州沙西水道上口入流不畅，分流比与过水面积逐年减小，河槽容积不断萎缩。大潮期，西水道上、中段涨潮流速大于落潮流速，但全程依然为落潮流占优势。

（4）狼山沙不断下移、西偏，近年已位于通州沙尾部，两沙趋于淤连，沙体左缘仍然处于受冲后退状态。

（5）新开沙夹槽形成后，新开沙沙体上伸下延，目前仍未完全稳定。新开沙沙头的上延，影响到夹槽进流，夹槽上段河槽容积有所淤减。受新通海沙圈围以及人工采砂量较大等因素影响，新开沙沙尾近 5 年（2006—2011 年）上提了 4.6km，而沙体中部出现的切滩串沟，致使中、下段呈冲刷趋势，这也是沙尾上提的原因之一。

（6）福山水道为靠涨潮流维持水深的河槽，以漫滩水流的形式与大江进行水沙交换，落潮分流比在 2% 左右，总体呈现缓慢淤积萎缩的趋势。铁黄沙左缘总体呈冲刷后退态势，右缘保持相对稳定状态。

7.1.2 南支河段

1958 年后，徐六泾对岸通海沙和江心沙陆续圈围，徐六泾河宽由 13km 缩窄至 5.7km，形成人工节点。徐六泾节点的形成对本段及下游河势起到了较好的控制作用。

7.1.2.1 徐六泾河段

（1）徐六泾节点形成以后，河宽缩窄，水流集中，主流归顺，河势得到初步控制，有利于下游南支白茆沙汊道段的稳定。

（2）主流稳定南靠，主泓平面变化幅度减小，随着上游汇流点的逐渐上提和下游分流点的逐渐下移，徐六泾节点段形成一段长约 10km 的较为稳定的水流集中段。

（3）2007 年后，徐六泾节点河段开始分阶段实施综合整治工程，河宽进一步缩窄，主流动力轴线继续南靠，白茆小沙下沙体受到强烈冲刷，而白茆小沙夹槽有进一步发展的可能。

7.1.2.2 白茆沙河段

（1）白茆沙形成后快速淤大，至 1992 年达到最大值 33.8km²，1998 年大洪水后，白茆沙总体呈冲刷态势，沙体面积明显减小，沙头后退，沙尾上提，但演变速度趋缓。

（2）白茆沙河段总体维持主泓在南水道的双分汊河段；白茆沙水道南（水道）强北（水道）弱的局面持续，已引起下游河势的不利变化。

7.1.2.3 南支主槽段

（1）南支主槽段河势总体稳定，局部河床特别是深槽区域河床冲淤变化较为强烈。近年，北冲南淤，主槽向北拓展，深泓水深变浅，主槽断面形态已逐步由窄深向宽浅发展，浏河口断面的深泓高程已由－40m 淤浅至－20m。

（2）扁担沙总体形状不变，左缘南门港以上以淤积为主，右缘上段冲刷后退，下段淤涨南扩。上、下扁担沙之间的南门通道经历了发育发展和逐渐偏转淤积萎缩的过程。

（3）南岸太仓段围滩后逐渐成为新的稳固岸线。

7.1.3 南北港河段

7.1.3.1 南北港分流段

（1）南北港分流段一系列的护滩、圈围、限流等工程，遏制了多个沙头后退和分流口下移的态势，初步控制了长江口第二级分汊的总体河势。

（2）南北港分流段下边界基本稳定，但其上边界扁担沙尚未采取工程措施，冲刷下移南扩的趋势依然延续，导致扁担沙与新浏河沙及中央沙之间的新桥通道缩窄、增深、扭曲，并时有切割体向北港进口段位移，影响南北港分流段的稳定。

（3）南北港分流段各汊道互有关联，此消彼长。南沙头通道限流后，宝山水道有过度发展之嫌，可能影响南北港分流段的稳定，应引起注意。

7.1.3.2 南港河段

（1）南港主槽偏南，分流比基本在 50% 左右变动，河势相对稳定，河床总体以冲刷为主。因瑞丰沙的存在，南港河槽上段为"W"形；随着瑞丰沙中下沙体的冲刷，南港中下段河槽呈偏"U"形。

（2）瑞丰沙总体呈逐渐缩小的趋势，下沙体的冲刷消失，除受主泓北偏，水流冲击淘刷外，人工采砂也是一个重要原因。

（3）受瑞丰沙上段与新浏河沙淤连以及长兴岛南岸护岸工程的影响，长兴水道以缩窄刷深的方式向上游侵蚀延伸，因瑞丰沙中、下沙体的冲刷、消失，长兴水道的潮流特性也发生改变，从历时约 10 年的现场监测资料看，长兴水道近期可能已整体转变为落潮槽。

7.1.3.3 北港河段

（1）南、北港分流口诸整治工程实施以后，分流状态初步得到了控制，分流口下游附近的滩槽由自然演变状态转入有界条件下的可控状态。总体上，北港近年呈现"滩淤槽冲"的特性。

（2）因青草沙水库建设，北港上段深泓偏北，堡镇沙上段受到较为严重的冲刷，其下段沙体不断淤涨下延，并被水流切割下移，迫使北港下段主槽南偏，北港河段形成两反向微弯态势。

（3）北港下段入海河槽的水深条件有逐步改善之势。

7.1.3.4 新桥水道

新桥水道形成以前崇明岛侧已有护岸丁坝，因此水道左边界较为稳定；右侧扁担沙左移，新桥水道上口与南支水沙交换减少，中段受扁担沙过滩水流落水归槽的影响，略有发展，下段受扁担沙尾冲刷底沙下移影响，略有淤积。总体看，新桥水道近年呈向左缩窄、上段淤高、中段刷深、下段相对稳定的态势。

7.1.3.5 横沙通道

横沙通道是连接北港与北槽的主要通道，近期周边实施的北槽深水航道治理工程、横沙东滩促淤圈围工程和横沙通道内侧的岸线圈围工程，在一定程度上改变了横沙通道的水沙条件和河床边界条件。横沙通道经历了 1998—2004 年的冲刷发展期，2004 年后渐趋稳定。

7.1.4　南北槽河段

南、北槽分汊格局形成后，尤其是长江口深水航道治理工程建设后，演变特征主要表现如下：

（1）北槽经历了发展、稳定及萎缩期。深水航道建设前，北槽维持着与南港主流顺畅衔接的优良河势，北槽分流分沙比逐步增大，至 1983 年 3 月，北槽分流比超过了 50%；深水航道建设后，北槽分流分沙比先增后减，总体呈减小趋势。

（2）深水航道治理工程的建设，改变了北槽的边界，影响了北槽原水、沙运动环境，导致分流比下降、主槽冲刷、坝田淤积等现象。北槽的束窄，使主槽动力集中，断面水深条件好转。若无新工程建设，预计北槽持续调整的时间约 5 年。

（3）北槽深水航道的建设，导致南槽一系列变化：工程后，南槽上段近 20km 的河槽展宽刷深，冲刷幅度上段大下段小，冲刷泥沙在下段宽阔地带沉积；江亚南沙上冲下淤，形成一长条形的沙坝；江亚北槽先淤缩后发展，在江亚南沙和九段沙之间形成一冲刷槽；南岸边滩淤涨，原没冒沙内近岸夹槽消失，淤积体横向发展。

7.1.5　北支河段

1958 年后，在进口及北支上段围垦工程的影响下，北支径流条件进一步恶化，北支河道淤积萎缩，近年其演变特征主要表现如下：

（1）北支分流比进一步减小，除局部区域或个别时段有冲刷外，北支河槽总体呈淤积态势，河道断面面积减小幅度自下而上递增。北支上段为历年来淤积速度最快的水域，2003 年以后，主要的淤积区域发生在三和港以下。

（2）受入流角度的影响，北支上段深泓线摆动较大且规律性差，至大洪河—大新河弯道段及启东港以下，深泓线逐渐近左岸下行，为北岸沿江岸线开发利用创造了条件。

（3）北支河段受径流影响逐渐减小，主要受潮流作用，随着北支下段中缩窄方案的逐步实施，近年来进潮量有所减小，加速了北支的淤积，但对抑制盐水上溯起到了积极的作用，水沙盐倒灌南支现象减弱。

7.1.6　长江口湿地

在流域来沙减少的情况下，近 30 年，长江口五大主要湿地依然延续着淤涨态势，呈现高滩多淤，低滩微冲的特征。

（1）崇明东滩属自然保护区，开发较少，自然演变下，淤涨速率减小，宽度变窄，长度增加，北港北汊有分裂湿地的趋势。

（2）横沙东滩受促淤圈围的影响较大，30 年间，5m 等深线的平均宽度变化较小，长度向东南方向延伸了约 4.5km，面积变化最大的部位在 2m 等深线以上的高滩。

（3）九段沙稳定淤涨，一方面与长江口深水航道南导堤堵汊固沙有关，另一方面与种青促淤有关，近年江亚南沙沙尾下延，九段沙尾次级槽有所发展，对九段沙的稳定造成不利影响。

（4）南汇东滩面积和长度均增加，因高滩促淤圈围，2～5m 之间的面积有所缩小。

（5）顾园沙由长条形发展成椭圆形，沙体西北角冲刷，其余方位淤积，自然淤涨速率大于长江口的其他口门湿地。

7.2　长江口河道演变趋势

7.2.1　澄通河段

（1）20 世纪 70 年代以来，澄通河段河床总体呈冲刷态势，2006—2011 年间，冲刷量达到 1.2 亿 m³。在流域来沙量处于持续较低水平情况下，澄通河段仍将以冲刷为主。

（2）受河道进口鹅鼻嘴—炮台圩对峙节点以及两岸护岸工程的控制作用，预计福姜沙汊道段将在较长时段维持左汊为主汊、双汊分流相对稳定的格局。

（3）福姜沙右汊实施的护岸工程，基本控制了岸线崩退的趋势，但由于河道阻力大，右汊仍将呈现缓慢萎缩的趋势。左汊由于河床宽浅，过渡段较长，主流多年来平面摆幅较大，双铜沙冲淤频繁，因而左汊滩槽仍将为不稳定状态。

（4）如皋沙群段由于多年的演变调整加上人工守护，已从多分汊河型向双分汊河型演化。边缘化的天生港水道，中上段趋于萎缩，下段略有冲刷发展。在不发生特殊变化的前提下，如皋中汊分流比将稳定在 30% 左右。自然状态下，浏海沙水道将长期维持主汊地位；九龙港以上主流偏靠水道左侧，九龙港—十二圩段主流紧贴右岸的局面不会发生大的改变。如皋中汊与浏海沙水道的汇流点（顶冲点）有下移的趋势。

（5）通州沙水道将长期维持东水道为主汊的分汊河势格局，西水道淤积进一步趋缓；狼山沙的下移趋势受到遏制，但其左缘仍呈小幅崩退的趋势，与通州沙之间的中水道渐趋萎缩，两沙趋于淤连；福山水道靠涨潮流维持，总体仍将呈现缓慢萎缩的趋势。

（6）通州沙汊道段目前还存在诸多影响河势稳定的不利因素，通州沙左缘上段的切割体有可能影响下游河段河势的稳定；龙爪岩单侧节点对河势的控制有限；新开沙尾部受局部河势变化的影响，在自然演变下，仍然呈现上提、下延的不稳定状态。

（7）澄通河段即将实施的一系列整治工程，福姜沙航道治理工程对整体河势产生多大的影响，横港沙圈围是否会引起天生港水道的淤废并岸，通州沙西水道整治工程对上下游的影响，通州沙东水道深水航道治理工程会否引起主流的变迁从而对下游河势造成影响，以及铁黄沙圈围对福山水道和望虞河引排水的影响等，均是需要密切关注、深入研究的课题。

7.2.2　南支河段

（1）随着近期徐六泾河段的进一步缩窄，节点作用得到加强，断面形态趋于稳定，上游河势的变化对南支河段的影响逐步减弱。

（2）白茆沙汊道段已出现不利于下游河势稳定的变化。由于白茆沙头位置不稳定，南北水道过于"南强北弱"，汇流出七丫口后北偏，致南支主槽南淤北拓，扁担沙上冲下淤，沙尾南扩，影响南支中下段河势的稳定。应抓紧实施相关规划中的白茆沙治理及扁担沙护滩工程，稳定目前仍相对较好的河势。

（3）七丫口存在向节点方向进一步发展的条件。白茆沙南北水道汇流区在 20 世纪 90 年代就基本稳定在七丫口附近，已呈节点雏形，但由于该段江面依然过于宽阔、左边界未固定以及扁担沙滩面高程较低，通过河道的自然演变形成较稳定的节点还需经历一段较长的时间。

（4）随着流域来沙量的减小，南支河段含沙量随之减小，水流挟沙能力增大，河床活动性增加，河床总体上呈冲刷状态，江中主要沙洲均冲刷缩小态势[6]，滩槽地形的变化主要体现为"滩冲槽淤"，河道呈向相对宽浅发展的趋势。

7.2.3　南北港河段

（1）在新浏河沙护滩、南沙头通道限流、中央沙圈围、青草沙水库等工程实施后，南北港分流段下边界得以固定，但分流通道的上边界—扁担沙尾依然处于自然演变中，若无工程措施，扁担沙尾下延、过流通道扭曲、切滩再生成新的汊道等，将如历史上曾经多次出现的那样再次上演。为维护目前南、北港分流段的河势条件，加强扁担沙南缘及尾部的固滩整治工程刻不容缓。

（2）在自然演变和人工采砂共同作用下，瑞丰沙中、下沙体冲刷、消失，南港河槽淤积，中下段河槽断面形态从 W 形向 U 形转变。历史演变表明，完整的瑞丰沙体，有利于南港河槽与长兴水道的稳定，因此，实施瑞丰沙治理工程，缩窄河宽，有利于抑制南港主流北偏，但要统筹考虑长江口深水航道、长兴水道水深的维护以及外高桥港区减淤等多方面的需求。

（3）随着北港河宽的缩窄，水深条件持续得到改善。青草沙水库中、下段的外侧淤积和堡镇沙南沿的冲刷态势仍将继续。

（4）新桥水道与北港涨潮流方向一致，受北港涨潮流和扁担沙落潮漫滩水流的作用，今后较长时期内仍将具有足够的河槽容积，水道也将维持尚好的水深条件。

（5）横沙通道的演变与周边工程的兴建密切相关。随着未来横沙东滩促淤圈围工程的持续实施，横沙东滩成陆范围将进一步扩大，加上横沙通道两侧高滩圈围，横沙通道水动力增强，可以维持较好的水深条件。

7.2.4　南北槽河段

（1）随着长江口深水航道整治建筑物的建设，北槽两侧边界固定，为北槽的稳定创造了条件。虽然目前北槽分流比较工程前减小，但主深槽部位水流能量集中，有利于航槽水深的维护。鉴于目前 12.5m 航道维护疏浚量仍然较大，且时空分布集中，需进一步深化研究减淤措施。

（2）随着深水航道治理工程的实施，南槽分流比增大，南槽上段河床冲刷，拦门沙浅段缩短下移。随着工程建设完成，南槽上冲下淤的态势也将逐渐停止，而淤积于下段的泥沙，将在落潮水流的带动下，逐渐向外海冲刷扩散。

（3）随着南北槽分流格局的稳定以及南岸圈围工程的实施，未来南槽河宽将逐步缩窄，航道水深条件将有望得到改善。需要注意的地方有 3 处：一是江亚北槽的发展，可能导致江亚南沙脱离南北槽分流口工程的掩护而向下游冲刷后退，对长江口深水航道和南槽的稳定带来影响；二是江亚南沙尾部细长下延，影响南槽的局部水深，不但对通航造成不利影响，且加剧了涨落潮流路的分离；三是九段沙南侧下部目前有涨潮次级槽发展，存在切割九段沙的可能，对南槽的稳定产生潜在影响。

7.2.5　北支河段

（1）北支由于上口进流不畅，已逐渐发展为涨潮流占优势的河段；落潮分流比减少，近期洪、枯季均在 5% 以下；河床不断淤浅、缩窄，河槽容积不断减少。总体上，今后北支河道仍以淤积萎缩为主。但由于北支河槽容积仍较大，且中下段近年发生冲刷上溯，因此，北支的自然衰亡过程将经历较长时期。

（2）北支下段围垦缩窄工程的实施，限制了主流摆动的范围，深槽靠北岸的河势条件将得以延续。

（3）崇明北沿促淤圈围工程正在按国务院批准的《长江口综合整治开发规划》中确定的北支近期整治方案——中缩窄方案逐步实施，在目前河势条件下，崇明北沿堡镇北港以下边滩淤积速度将会加快。

7.2.6　长江口湿地

（1）因深水航道北导堤的掩护，以及促淤圈围及疏浚土吹泥上滩工程的实施，横沙东滩将进一步淤高扩大延伸；九段沙受风浪和强劲涨潮流的影响，沙尾已现侵蚀现象，若不加守护，南侧可能会发生切滩，导致沙体不稳；南汇东滩，受持续促淤圈围影响，岸线将进一步外推，高滩淤高，滩涂面积将会减小；受崇明北沿促淤圈围、北港主流上段偏北下段偏南的影响，崇明东滩处于缓流区，南北向可能淤涨，但因流域来沙减少，向外海延伸可能受到一定的遏制。

（2）长江口 5 个主要湿地，近年或多或少均受到工程的影响，流域减沙尚未造成湿地的侵蚀，但深于 5m 的区域已经发生冲刷现象。长江口滩涂是否与深水区泥沙存在交换，口门高含沙能维持多久，以及上游输沙量影响长江口湿地侵蚀的阈值是多少等问题，均需在以后的工作中密切关注。

主 要 参 考 文 献

[1]　江苏省水利厅，长江水利委员会长江勘测规划设计研究院．长江澄通河段河道综合整治规划报告，[R]．2012．

[2]　仲志余，王永忠．论长江澄通河段的综合治理与开发 [J]．人民长江，2009，40（11）：1-4．

[3]　恽才兴．长江河口近期演变规律 [M]．北京：海洋出版社，2004．

[4]　余文畴，卢金友．长江河道演变与治理 [M]．北京：中国水利水电出版社，2005．

[5]　王永忠，陈肃利．长江口演变趋势研究与长远整治方向探讨 [J]．人民长江，2009，40（8）：21-29．

[6]　金镠，虞志英，何青．关于长江口深水航道维护条件与流域来水来沙关系的初步分析 [J]．水运工程，2009，423（1）：91-96．

第 3 篇

长江口整治开发

第8章 长江口整治工程

历史上，长江口的治理主要限于对灾害的抗御和防护，直到 19 世纪至 20 世纪上半叶，才有少量积极的治理工程和航道增深试验。新中国成立后，对长江口的治理做了大量的工作，主要反映在具体的工程实践和制定长江口综合治理总体规划方案两个方面。20 世纪中叶通过整治，在长江口形成了徐六泾节点，整个长江河口形成了比较稳定的防护边界，长江口三级分汊、四口入海的平面格局得以基本稳定。另外，通过几十年来系统的研究，对长江河口的水文泥沙特性以及河口的自然演变规律有了更深一步的认识，同时进一步明确了国民经济发展对长江口治理的不同需求，在此基础上，提出了"长江口综合整治开发规划"并获得国务院的批准，相关规划研究成果见第 10 章。

自 20 世纪 50 年代至今，长江口整治走过了 60 余年奋斗历程。长江口整治工程包括四大部分：一是堤防（海塘）工程，二是保滩护岸工程，三是围垦堵汊工程[1-5]，四是航道整治工程[6-8]。本章分五节叙述。第一、二节分别是堤防（海塘）工程和保滩护岸工程。需要说明的是，在长江口不同地区对于保滩护岸工程的定位是不同的，有的地区将保滩护岸看作海塘的组成部分，与堤防工程一起称为海塘工程；有的地区则将二者分开。本文鉴于堤防和海塘的堤防部分主要作用都是抗御洪水和风暴潮，确保防洪安全，属于高潮位下的洪水河床整治，称之为堤防（海塘）工程；而保滩护岸工程主要是保护滩岸不被潮流和风浪冲刷，维护河势的稳定，属于平滩河床整治。因此，将上述二者分开较为恰当。第三节是围垦堵汊工程，分为三种情况：一是对边滩不断淤积形成的河漫滩实施围垦，仅仅兴建围堤工程即可；二是使江心洲并岸的围垦，就需修建包括堵汊工程在内的围堤工程；三是仅仅使江心洲并洲或并岸，暂不实施围垦，则仅修建堵塞支汊的锁坝工程。由于一般的围堤工程与堤防（海塘）工程的技术要求相类似，只是其标准低于堤防（海塘）工程的标准，所以在第三节中，只介绍堵汊工程。第四节阐述保滩护岸和堵汊工程的效益及其在整治中的作用。第五节着重介绍长江口深水航道近期治理和远期规划。

8.1 堤防（海塘）工程

长江口的堤防（海塘）工程，是以土堤为基础在迎水坡面构筑岸墙护坡或种植生物而组成的防洪工程。新中国刚成立时，堤身低矮单薄，岸墙护坡大多为桩石工程，较具规模的如常熟野猫口桩石海塘工程，在上海市沿岸和江苏省常熟、太仓也零星分布一些桩石工程。桩石工程用木料多，易腐烂，桩间夹有石料，易遭受破坏，维修工作量很大。新中国成立初期，在长江口堤防（海塘）工程建设中摒弃了传统的桩石工程，较多采用浆砌块石、干砌块石和混凝土板护坡形式。经验表明，浆砌块石整体性强，抗御风浪相对好于干砌块石，混凝土板过于单薄，在强风浪作用下易遭受破坏。半个世纪来，长江口各地区对堤防（海塘）工程技术进行了许多研究和改进，总结了丰富的实践经验。

长江口江苏段比较著名的江堤防护工程为苏南海塘。苏南海塘位于太仓、常熟两地，始建于宋乾道六年（1170 年），历来修建频繁。据《江苏水利志》记载，新中国成立后，苏南海塘进行了全面的修复和加高加固，较大规模的整修加固工程有 1949 年冬和 1974 年冬两次，经过多年连续的治理，建成塘顶高 8.8m，顶宽 6m，外坡 1∶3，内坡 1∶2，全长 68.5km 的海塘，且为提高海塘的抗灾能力，还在该段增建了各种石工护砌工程，并在险工段建成护岸丁坝 7 条。以上工程经过巩固和新建，成为苏州地区的主要防洪挡潮屏障，对战胜长江洪水、海潮，保护人民生命财产和工农业生产，发挥了巨大作用。

上海市江堤（海塘）长 464.4km。其中，崇明、长兴、横沙 3 岛共 293.6km，南岸自与江苏交界的浏河口起，至与浙江交界的金丝娘桥（杭州湾）止，陆域堤长 170.8km。实践表明，当堤前有 300m 左右宽的旺盛芦苇滩，波浪传递到堤前基本消失；如有 100m 左右旺盛芦苇滩，波浪传递到堤前约衰减一半，堤坡仅需种植芦竹、杞柳等防浪作物，基本上不需修筑护坡工程；若有 50m 旺盛芦滩，对于土堤的防护可采用工程措施和生物措施相结合而尽可能采用生物措施的原则进行，既节省工程投资，又有利于管理。在滩窄、流急、浪大地段则需修建保滩护岸工程（在 8.2 节中叙述）。截至 20 世纪 90 年代，上海市共建岸墙护坡长 250km，其中斜坡式为 224km，直立式为 26km；筑有反浪墙的有 62km，初步形成了上海市堤防（海塘）工程体系。

8.1.1　土堤

上海市堤防（海塘）工程的土堤有单一断面和复式断面两种型式。其中，绝大部分为单一断面，复式断面因占用土地多而较少采用。单一断面的土堤设计，堤顶高程按堤前滩地高程、设计潮位和设计风力、风向、吹程而定。根据 20 世纪 50 年代所定"100 年一遇高潮位加十二级台风"的标准估算，在堤前滩面高程 3.5m 以上及面向西南或偏西方向的堤段，所需堤顶高程一般在 8.0m；在水深浪大的堤段，波峰一般在 8.0m 左右，因而土堤顶高程定为 8.0m 左右，并在堤顶设置防浪墙。结合防汛通道要求，堤顶宽度一般为8.0m。堤身内坡 1∶2，外坡 1∶3。

8.1.2　岸墙护坡工程

8.1.2.1　斜坡式护坡型式

20 世纪 70 年代，为了寻求护坡中较为经济的工程型式，上海市水利部门曾对芦潮港 5 种护坡型式进行比较（图 8.1-1）。

（1）护坡到堤顶。按最大波浪上卷高度超高 1m 加高土堤并全部砌筑护坡。

（2）护坡加平台。在最大波浪的波峰附近设置 4m 宽的平台，平台以下为浆砌护坡，平台和平台以上的顶坡种植防浪作物，堤顶高于平台 1m。

（3）护坡加防浪墙。护坡砌筑到最大波浪的波峰附近，上设 1m 高的弧形防浪墙。

（4）直面重力墙。墙顶基本与最大波浪的波峰在墙前提升高度相平。

（5）弧形反浪墙。墙顶高程与直面重力墙相同。

比较结果表明，在上述 5 种型式中，以第三种型式即护坡加弧形防浪墙较为合理，该

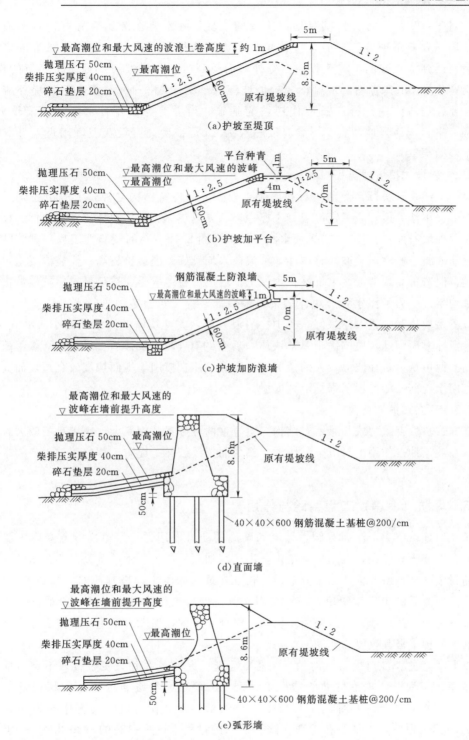

图 8.1-1　芦潮港 5 种护坡型式

型式既经济，施工又简易方便。

护坡一定要修建在质量达到要求的土堤上。砌筑前整修坡面时，只能铲削，不宜填土还坡。对于围垦的土堤，特别是堵汊工程的土堤，一定要在沉实后方可进行护坡。如在沉实前需要修筑护坡防浪时，按传统方法先用柴排压石作为过渡防止风浪冲刷，待沉实后再改建为正式的护坡工程。当堤外滩面较高时，在堤坡坡脚处由于底流的作用，一般会产生 0.5m 深左右的冲刷槽，护坡坡脚的基础深度按 1m 考虑；但当堤外滩面较低时，要在坡脚前用柴排压石取代护坡的基础。当堤前为低滩且水深和风浪较大时，可增加一平台成为复坡型式。平台高度一般为 4m，平台高程设在波峰附近，可取得较好的消浪效果。

8.1.2.2　斜坡式护坡结构

除了上述浆砌块石、干砌块石和混凝土板护坡的传统结构之外，上海市还先后在崇明、南汇、川沙等地实施了钢筋混凝土栅栏板、翼形块体、蛙式块体、螺母块体、模袋混凝土、浆砌块石加"石笋"、粉煤灰水泥土护坡（图 8.1-2）的试验性工程。试验结果表明，钢筋混凝土栅栏板护坡的整体性和消浪效果均较好，但造价较高；模袋混凝土可在水下施工，但造价高，消浪效果不好；水泥土护坡虽可就地取土，造价低，但抗浪冲击和消浪效果均不好。为了探索异形块体的抗风浪性能，曾在实验室内进行水槽试验，结果表明，以翼型块体和蛙式块体最好；其中在消浪方面，翼型块体的波浪爬高小于蛙式块体，但在稳定性方面则蛙式块体优于翼型块体，后者约有 1‰ 的块体有 20cm 的位移，而且造价较高。似可认为，在波浪较大的情况下，蛙式块体直接用于堤面护坡较合适，而翼形块体则宜用于堤前低滩潜坝工程消浪和促淤。

8.1.2.3　直立式护坡结构

直立式护坡有重力式和悬臂式结构。鉴于这两种型式结构复杂，施工难度较大，造价也高，在波浪冲击作用下易沉陷、倾斜、倒伏而招致破坏，堤防工程应用较少，故本文不作介绍。

8.1.3　堤防（海塘）工程实践与作用

长江口地域广大，江面宽阔，径流和潮流的动力作用强，河道内洲滩众多，汊道交织，河床演变十分复杂，滩岸极不稳定，洪、潮和风暴灾害非常严重。需要指出的是，在漫长的封建社会，由于生产力十分落后，长江口地区防洪工程极其薄弱，基础条件很差；在新中国成立后的半个世纪里，长江口堤防（海塘）工程建设走过了一段艰苦奋斗的历程，取得了很大的成绩。实践证明，堤防（海塘）工程在保障人民生命财产安全和社会经济发展中发挥了极其重要的作用。

以上所述的长江口堤防（海塘）工程的经验，是在国家建设资金投入不足，且无堤防（海塘）工程设计规范可循的情况下，沿江人民群众发扬自力更生的精神，在地方政府的支持下和各级水利部门工程技术人员的指导下，在与自然灾害作斗争的实践中取得的，其工程技术水平是在不断实践和认识的过程中逐步提高的。20 世纪 50 年代以来逐步建立起来的长江口堤防（海塘）工程体系，为新世纪防洪减灾工程建设提供了物质基础，长江口堤防（海塘）工程的实践经验也为今天的工程技术水平的新发展提供了借鉴。

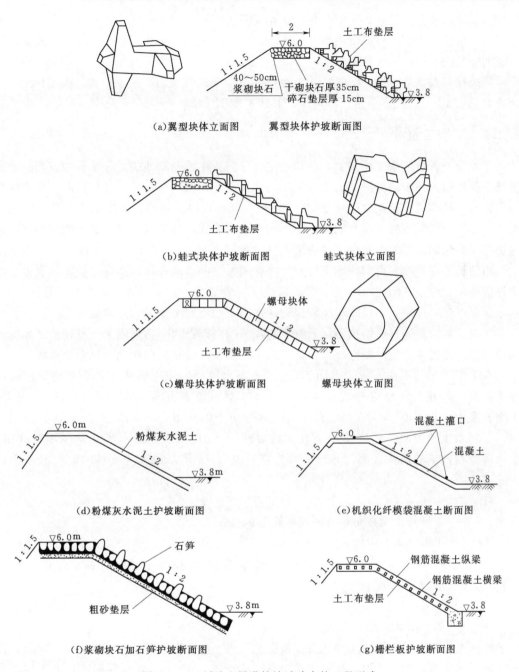

图 8.1-2　川沙七甲港护坡试验中的工程型式

8.2　保滩护岸工程

长江口保滩护岸工程的作用是防止滩岸被潮流和波浪冲蚀，是堤防（海塘）工程的屏障，也是河势控制工程的重要组成部分。长江口保滩护岸工程形式包括丁坝、勾坝、顺坝

371

和平顺护岸以及生物措施。长江口保滩护岸工程分布在：南岸有江苏省常熟、太仓，上海市宝山、川沙、南汇（杭州湾内也有一部分），北岸有江苏通州、海门、启东等地区，以及崇明、长兴、横沙三大江心洲上。

据统计，截至 20 世纪 90 年代，上海市共建丁坝、勾坝 503 条，总长 62km，顺坝 40 余处，总长 43km；江苏启东、海门地区共建丁坝 191 条。

8.2.1　丁坝工程

丁坝是一种挑流水工建筑物，其功能主要是防止岸坡及滩地的进一步侵蚀，同时通过消浪、截沙起到促淤的效果，由于造价相对低廉而且效果明显，是长江口保滩护岸中应用最广泛的一种型式。长江口岸滩防护，20 世纪 50 年代初在海门青龙港采用的是连续沉排型式，止坍效果并不好，后改用间距较小的短矶头形式，效果也不好，都不能起到有效地保护岸滩的作用，工程本身也往往为潮流冲蚀殆尽。自 60 年代始，长江口各地区均采用大间距的长丁坝，坝头局部冲刷部位和丁坝两侧上下游边坡外均以柴排保护，都取得了非常好的效果。由于江面宽阔，近岸水深较浅（一般都在 10m 以下），在长丁坝的作用下，近岸潮流可远离江岸，不仅滩岸受到保护，而且丁坝之间淤成了大片滩地。

丁坝工程按坝体材料结构不同而有堆石坝、土心砌石坝、钢筋混凝土桩栏式坝和沉箱坝等类型。也曾进行过尼龙网坝试验，但效果不明显，且在风浪作用下易招致破坏。

在丁坝规划的平面布置中（图 8.2-1），要求坝群的坝头联成一条平顺曲线，以控导水流离开岸线。坝址应布置在较高滩基上，尽可能避开深槽部位并利用岸边突嘴。丁坝长度大多为 100～200m，也有相当一部分小于但接近 100m 的，200m 以上的则较少；丁坝角度偏向涨、落潮中流速较大的方向 5°～15°，以顺应水流并减轻坝头冲刷；丁坝间距在江苏省启东、海门地区一般为坝长的 5～6 倍，最大为 8 倍，而上海市则以下式表达：

$$L = KD + S$$

式中　L——丁坝与水流方向垂直的投影长度；

　　　D——丁坝之间的距离；

　　　S——丁坝间需要淤积的滩宽，据水深条件和生物促淤要求而定，一般取 50～100m；

　　　K——与滩涂横向坡度有关的参数，当该坡度陡于 1/50 时，取 1/2～1/3；缓于 1/50 时，取 1/3～1/5。

堆石坝或砌石坝坝体尺寸设计为：顶宽 1.5～2m，丁坝根部（接滩岸部位）坝顶高程与汛期平均高潮位相近，坝头高程按平均高潮位下的 1/4～1/2 倍水深确定，上下游边坡为 1:1.5～1:2，坝头前坡为 1:3，坝头周围和上下游边坡外以厚度为 0.6m 的轻型柴排并压石护底，防护范围伸出坡脚线 15～20m；坝间滩坎以厚度小于 0.6m 抛石防护，在丁坝长度较大时岸坎也可不予防护，但对于堤外无滩或窄滩抗御风浪侵蚀时护坎是必不可少的。

当滩地需要进一步开发利用，滩沿需改为围堤工程时，丁坝较易拆除。但在拆除丁坝时，一般需要对其上下游实施平顺防护工程。

8.2.2　勾坝工程

在水流动力轴距岸较近而风浪又大的地区，兴建勾坝保滩效果较好。勾坝实际上是勾头丁坝，勾头部分与水流方向一致，其作用是既防止沿岸潮流对岸的冲蚀，减轻坝头附近的局部冲刷，又防止垂直岸线方向的波浪对岸滩的冲蚀，使泥沙更有效地在坝田内淤积。设 a 与 b 在同一坝田内上、下勾头长度，$(a+b)$ 与坝头之间距离 D 之比 $\dfrac{a+b}{D}$ 称作垄口封闭度（图 8.2-1）。实践表明，促淤效果与垄口封闭度有密切的关系。当 $\dfrac{a+b}{D} = 25\%$ 时，勾头丁坝可起保滩护岸作用；当 $\dfrac{a+b}{D} = 45\% \sim 70\%$ 时，其淤积效果甚好。勾坝的规划布置及结构设计与丁坝类似（图 8.2-1）。

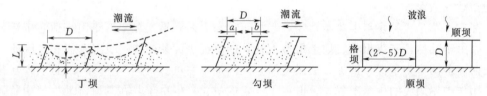

图 8.2-1　长江口保滩护岸工程布置图

8.2.3　平顺护岸工程

在长江口滩岸也有一些因潮流量十分集中主泓迫岸的部位，近岸水深一般大于 20m，水下岸坡陡至 1:4～1:5，就不宜采用丁坝护岸了。这是因为：①深水丁坝局部冲刷严重，工程不易稳固，险情较多，甚至发生冲断坝根的后果。②由于近岸水深坡陡，丁坝断面尺寸很大，工程量庞大，而且必须经常维修加固。在这种情况下，应与江阴以上的长江干流河道一样，采取平顺护岸形式。若采用平顺抛石护岸的型式，工程设计一般为：枯水位以下抛石厚度为 0.8～1.0m，重点地段 1.0～1.5m，抛石范围视深泓靠岸的程度而定，长江口地区标准可适当提高；护坡工程以厚度不小于 0.35m 的浆砌块石或混凝土灌砌石护坡为宜。

8.2.4　顺坝工程

顺坝坝轴线基本与岸滩线大致平行。在水流动力轴线距岸较远、但风浪大、近岸滩地冲蚀严重的地区，需设置顺坝工程，由于顺坝直接阻浪，波浪越坝后衰减显著，随潮进坝泥沙沉积明显。在平面布置上，顺坝与岸滩之间距离（D）视滩面高程而定，一般为 100m 左右防浪促淤效果比较显著；中间有时布置垂直的格坝，格坝间距为（2～5）D；有时两端封闭或一端封闭（图 8.2-1）。

堆石顺坝断面尺寸同于丁坝。坝顶高程为平均高潮位加半个波高；护底柴排伸出坡脚 0.75～1.0 倍波长；中水位以上坝面以混凝土灌砌，中水位以下迎浪面宜采用 1～2t 重的异形体保护。

8.2.5　生物措施

在长江口地区，保滩护岸工程是与生物措施并举的。除了在堤防种植芦竹、杞柳、紫穗槐等作物直接抗御风浪外，堤外还视滩面不同情况，大力种植芦苇、互花米草和水杨柳等作物。经长期野外观察，若滩地上有 300m 以上宽的旺盛芦苇，波浪传至堤前基本消失，而 100m 左右的旺盛芦苇可消浪半个波高，因此，植物护滩护堤是值得提倡的经济有效的生物促淤措施。

芦苇群落是长江口滩涂最主要的一类植被，分布部位主要在高滩地带，一般生长宽度为 200～300m，宽者可达 1700～2000m；海三棱藨草是生长在中潮滩上部的多年生草本植物，植被群落的前沿水深为 2.0～2.5m，是长江河口区潮滩的先锋植物，可作为潮滩冲淤的生物判别标志；长江口低潮滩由于潮水淹没时间较长，潮滩植被不易生长，滩地物质组成为粉砂或淤泥。

互花米草是一种多年生草本植物，起源于美洲大西洋沿岸和墨西哥湾，适宜生活于潮间带。由于其秸秆密集粗壮、地下根茎发达，能够促进泥沙的快速沉降和淤积，因此，20世纪初许多国家为了保滩护堤、促淤造滩，先后加以引进。我国 1979 年 12 月引入互花米草，用作护岸固堤的生态工程，曾取得了一定的效益，但由于其在潮滩湿地生境中超强的繁殖力，威胁着海滨湿地土著物种，近年来在一些地方变成了害草。2003 年，我国公布了第一批 16 种外来入侵物种名单，互花米草名列其中，位居第六。

生物防护有利于环境，今后应继续大力提倡。应该注意的是，对引进非土著物种需经充分的论证和实践才宜推广，避免对本地生态系统造成危害。

8.3　堵汊工程

长江口是一个汊道交织、洲滩众多的潮流河段。历史演变表明，长江口及其近河口段能演化成今天的河道形态，是通过江心洲并洲并岸过程实现的。洲与洲的合并或洲与岸的合并，既有河道自然淤积的作用，更有人类为开发利用的目的实施围垦堵汊工程而使然的。

堵汊工程能使河道的支汊减少、河宽缩窄、深度增加，总体上增强了河道的稳定性，为进一步控制河势奠定基础。同时，堵汊往往是围垦工程的一部分，对增加河口地区的土地面积有积极作用。然而，一些堵汊工程会对河势带来较大的影响。如 1957 年在通海沙夹槽实施堵汊工程和 1967 年江心沙的堵汊工程，一方面使徐六泾节点宽度由 13.0km 大幅缩窄到 5.7km，为徐六泾节点加强河势控制的作用创造了条件；另一方面又极大地改变了进入北支的水流条件，促进了北支的淤积萎缩。因此，对于采用堵汊工程进行整治必须充分研究其对河势可能带来的有利和不利的影响。一般来说，对于长江口河段一些具有淤积萎缩趋势，汊内存在滩岸冲蚀而影响堤防（海塘）防洪安全的支汊，或在江心洲之间有必要缩短防洪保滩岸线的支汊，或有利于航道，或为其他发展目的需因势利导"塞支强干"的支汊，可以研究采用堵汊工程实施整治。堵汊工程分为堵坝和锁坝。堵坝用于完全堵塞支汊，与两侧堤防相连接，一般都为土坝坝体、坝面防护结构；锁坝一般为过流或透水结构，高程为平滩或低于河漫滩滩面，常用于促淤堵塞支汊。堵坝工程与锁坝工程均需因地制宜进行设计。通海沙夹槽和江心洲支汊均采用土坝工程，团结沙并崇明岛先是采用锁坝工程，然后实施围垦。以下介绍团结沙锁坝工程。

崇明岛与团结沙之间的汊道，虽然属萎缩支汊，但涨落潮流仍然集中冲刷崇明滩岸，威胁着堤防工程防洪安全。当时若按保滩护岸工程设计，工程经费需要数百万元。后来借鉴江苏省镇江市沉梢坝工程促淤经验，设计了沉梢、沉排、抛石相结合的透水锁坝工程，于 1979 年至 1982 年施工，工程投资仅为数十万元。

锁坝工程长 2500m，坝址在接近汊道上口河床较高部位，坝顶高程取平均高潮位加一个波高定为 4m。坝的主体段为抛石、柴排和系石梢屏的组合结构，即 0m 高程以下的河槽为透水的系石梢屏坝，0～2m 之间为厚 1m 的两层柴排，2m 高程以上为抛石，抛至 4.00m 高程。顶宽 2m，高程 0～4m 间上、下游边坡均为 1：1.5。坝体两侧高程 0m 处设置 2m 宽的系石梢屏平台，0m 以下边坡为 1：3。坝基沉排在上游伸出坡脚长 1.5 倍坝高，下游为 3 倍坝高。坝两端与堤防相接，与崇明岛连接的 350m 坝段以纵坡为 1/100 坡度升高，在坝根连接处高程为 5.6m，堤身为块石护面的土堤；位于团结沙一侧的坝段，为滩面上用塑料编织袋就地装土筑成的土坝。

工程兴建后，槽内淤积效果非常显著。随着工程的进展，淤积量一年比一年多，到 1982 年坝顶达 4.00m 高程时，一年淤积量达 800 万 m^3。从而，汊内崩岸险情消除，大大节省了投资，取得了防洪、增加土地（6.5 万亩），并对航道有利的综合效果。

8.4　保滩护岸和堵汊工程的效益及其在整治中的作用

（1）在长江口河段，大部分江岸主要是受潮汐水流的往复作用而发生侵蚀。实践表明，采用大间距的长丁坝进行保滩护岸，效果非常显著。丁坝促使泥沙大量淤积，实质上是长江口一种大规模的造滩作用，从而使堤防（海塘）工程受到前沿滩地增宽后强有力的保护，保障了人民安居乐业，促进了社会经济的发展。由于工程造价低，防洪效果好，在过去国力不强、经济较为困难的岁月里，许多地区都能依靠自己的力量，自筹经费实施保滩护岸，使得自 20 世纪 60 年代后期以来，长江口护岸工程建设呈现蓬勃发展的景象。目前，长江口两岸和大多数江心洲堤防工程建设基本达标，岸滩基本稳定，这标志着长江口河道基本达到堤防安全和岸滩稳定的初步整治目的。

（2）在主要受风浪作用的滨海岸滩，顺坝不仅破浪消波，直接保护堤防（海塘）安全，而且当坝后淤积达到潮间带高程后，滩面逐渐固结，开始生长植物，使波浪进一步破碎衰减，从而大大节省海堤工程的投资。因此，顺坝在发展沿海工业的围海造地中是一项基础性的工程措施。

（3）目前在长江口地区，只要滩面能生长芦苇，就意味着该段外滩比较稳定。芦苇茂盛不仅加速泥沙落淤，使河口地区赢得大量土地，而且可使堤防（海塘）工程维修经费大大减小。芦苇是优良的造纸工业原料，是维护管理的经费来源之一。因此，滩上种植芦苇是一举数得的生物措施。1986 年，上海市水利部门引进互花米草种于潮间带，并在 80～90 年代期间，曾研究在滩面较低的潮间带种植互花米草促淤消浪，结合为奶牛提供饲料来源，进行了营养成分化验和青储饲料加工试验，后因作为饲料并不理想而停止试验。但是需要指出，虽然互花米草因为影响土著物种的生产，已不再采用，但这种兼顾工程效果和经济效益并有利于环境的综合性生物措施整治思路和尝试精神，今后仍应大力提倡。

（4）长江口河段随着泥沙不断堆积和河口缓慢延伸，必然要朝着洲滩合并及并岸、由多汊变为少汊的方向发展，在这个造床过程中，人为的堵汊起了重要的作用。这就是说，堵汊工程在长江口河道整治中应是一项重要的工程措施。在因势利导的前提下和规划的指导下，采用堵汊工程堵塞一些处于淤积趋势的支汊将会促使河道形态的转化；一些节点和有利河势轮廓的形成，治导线穿越支汊、串沟以及圈围土地，都将以有效的堵汊工程为基础。

（5）整治长江口的伟大壮举都必须在规划的指导下进行，要兼顾上下游、左右岸、滩与槽之间的关系，兼顾局部利益和全局利益，兼顾近期需要与长远需求，才能达到防洪、稳定河势和综合利用的治理目标，使长江口地区经济建设和社会进步长期持续地发展。

8.5　航道整治工程

建设内容及布置图见第5章5.8.2小节长江口深水航道治理简介。

长江口是巨型丰水多沙河口，经过长期的历史演变和近半个世纪的治理，形成了目前三级分汊、四口入海的河势格局，每条入海汊道均存在东西长达40～60km的"拦门沙"区段，最小滩顶水深为5.5～6.0m（理论最低潮面下）。长江口平均潮差2.66m（中浚站），属中等潮差河口，潮量巨大，强大的径流和巨大的潮汐动力相互作用，使潮流既有季节性的明显差异，又随月周期、日周期呈复杂变化；长江口泥沙来源为陆、海双相来沙，泥沙具有易冲易淤的特性，在潮流作用下来回输运，泥沙运动十分复杂。在实施整治工程时，又有滩面物质易冲蚀、地基承载力低、浪大流急、工况条件差、施工难度等不利条件，长江口深水航道治理工程的难度显而易见。

8.5.1　工程治理效果

长江口深水航道治理工程在选定"南港北槽"方案后，确定了以下治理原则：①有利于长江口的综合治理。②维持分汊河型，保持邻汊的自然功能。③整治与疏浚相结合。④疏浚与围垦造地相结合。⑤因势利导，稳定河势。⑥体现"动态分析"观念。⑦分期实施，分期见效。

工程建筑物的总体布置旨在稳定南、北槽分流口的河势，稳定北槽的南、北边界，归顺调整北槽流场，保持或增加北槽的落潮流输沙优势，充分发挥"导流、挡沙、减淤"的作用。工程主要达到了以下效果。

（1）分流口工程实施后，江亚南沙头部冲刷后退的局势被遏止，分流口鱼嘴头部和潜堤两侧由冲转淤，南、北槽分流口河势得以稳定。

（2）导堤封堵了串沟，拦截了北槽进入其他汊道的落潮分流，并通过丁坝进一步归集漫滩落潮水流进入主槽，增大了航槽的单宽流量和落潮流优势，断面形态向窄深方向调整。

（3）南、北导堤形成了北槽上段两侧的稳定边界，减少了本段北槽两侧滩地风浪掀沙对航槽回淤的直接影响，为航道维护创造了良好条件。

（4）二期工程后，北槽形成了上、下衔接，具有相当宽度并覆盖航道的微弯深泓，通航水深达到 10.0m。

（5）减淤工程实施后，北槽中段航槽增深，结合疏浚，长江口 12.5m 航道于 2010 年 3 月全槽贯通。

8.5.2　工程评估

治理长江口，打通拦门沙，是中国人的百年梦想。经过 13 年的努力，共建造导堤、丁坝等整治建筑物 169.2km，完成基建疏浚量约 3.2 亿 m³，完成了一、二、三期国家批准的建设任务，实现了航道水深由 7.0m 逐步增深到 12.5m 的巨大跨越，各项整理目标顺利实现。

长江口深水航道治理工程实施后，南、北港分汊口工程初步控制了南、北港分流口，深水航道分流口工程稳定了南、北槽分流口，结合因徐六泾节点作用而基本稳定的南、北支分汊，长江口河势在总体上形成了一个相对稳定的格局。

长江口深水航道治理工程的实施过程，也是逐步加深对长江口水沙运动规律和河床演变规律认识的过程。工程的前期研究和建设全过程中，解决了一系列重大技术难题，丰富了我国河口治理的经验，《长江口深水航道治理工程成套技术》成果，获得了 2007 年国家科技进步一等奖。

工程的成功实施，使得航道水深增加，取得了显著的经济效益和社会效益，促进了沿江国民经济的快速发展、产业结构的调整，不仅在上海国际航运中心建设中发挥了巨大的作用，也对西部大开发、中部崛起、皖江开发和长江黄金水道建设等国家重大战略决策的推进起到积极的作用。

深水航道工程对河口生态系统负面影响不明显。工程的实施大大提高了长江口航道大型船舶的通过能力，水运具有运力大、节约能源、占地少、污染小等优点，因此，相较其他运输方式，长江口深水航道的建设，对降低能耗、减少环境污染、实现可持续发展具有积极作用。

存在的问题在于，航槽每年的回淤量依然较大，且时空分布相对集中。鉴于影响长江口拦门沙的淤积因素较多，减淤依然是个长期的课题。

8.5.3　航道规划简介

长江口航道发展规划的主要目标是争取利用 10～20 年的时间，建成以长江口主航道为主体，与北港、南槽和北支等航道共同组成的"一主、二辅、一支"的长江口航道体系，确保长江口主航道 12.5m 水深畅通并进一步向上延伸，北港、南槽和北支等航道资源得到合理开发利用和有效保护，规划标准见表 8.5-1。根据此规划，尚待实施的航道整治工程主要包括白茆沙护滩工程、扁担沙治理工程、瑞丰沙治理工程和北港航道治理工程等。

8.5.3.1 主航道

主航道上起徐六泾下至长江口灯船，包括南支航道、南港航道和北槽航道3段。全长约181.8km。主航道是大型集装箱船、干散货船和油轮进出长江口的主通道，是长江下游铁矿石、原油等大宗散货海进江中转系统和南京以下港口江海物资转运系统的重要基础设施。主航道的规划标准为满足5万t级集装箱船（实载吃水11.5m）全潮、5万t级散货船满载乘潮双向通航，兼顾10万t级集装箱船和10万t级散货船及20万t级散货船减载乘潮通航。

表8.5-1 长江口航道规划标准表

航道名称	里程/km	规划标准/(m×m)	通航代表船型	备注
主航道	181.8	12.5×(350~460)	5万t级集装箱船	局部航段航道尺度可适当加宽
北港航道	90.0	10.0×300	3万t级集装箱船	
南槽航道	75.0	8.0×250	1万t级散货船	
北支航道	85.0	根据河势演变情况和经济发展需要，进一步研究其发展目标		

8.5.3.2 北港航道

北港航道上接南支航道，下至长江口外，全长约90km，是长江口航道的重要组成部分。北港航道是南北港分汊口以上沿江港口船舶进出长江的重要通道，主要为5万t级以下大中型船舶进出长江服务。规划标准为满足3万t级集装箱船（实载吃水11m）乘潮及5万t级散货船减载乘潮通航。

8.5.3.3 南槽航道

南槽航道上接南港航道，下至南槽灯船，全长约75km，也是长江口航道的重要组成部分。南槽航道是船舶进出长江的重要通道，主要为小型船舶、空载大型船舶服务。规划标准为满足万吨级船舶趁潮通航。

8.5.3.4 北支航道

北支航道上接南支航道上段，下至长江口外，全长约85km。北支航道主要为海门、启东和崇明等地临港工业和经济发展服务。北支航道近期利用自然水深通航；远期要根据河势变化情况，根据需要和可能的原则，逐步开展航道建设。

8.5.3.5 横沙航道

横沙航道位于横沙通道内，是北港与主航道之间的联络和应急通道。

主要参考文献

[1] 长江流域规划办公室. 长江中下游护岸工程经验选编 [M]. 北京：科学出版社，1978.

[2] 长江流域规划办公室长江水利水电科学研究院. 长江中下游护岸工程论文集（第二集）[C]，1981.

[3] 长江流域规划办公室长江水利水电科学研究院. 长江中下游护岸工程论文集（第三集）[C]，1985.

[4] 水利部长江水利委员会. 长江中下游护岸工程论文集（第四集）[C]，1990.

［5］　水利部长江水利委员会 . 长江中下游河道整治和管理经验论文集（第五集）［C］, 1993.

［6］　交通运输部长江口航道管理局 . 长江口深水航道治理工程项目自我总结评价报告 ［R］, 2011.

［7］　中国工程院长江口深水航道治理工程评估组 . 长江口深水航道治理工程评估报告 ［R］, 2011.

［8］　交通运输部长江口航道管理局 . 长江口航道发展规划 ［R］, 2010.

第9章 综合开发利用工程及其影响

长江口地区的可持续发展，与长江口水土资源和水生态环境的可持续利用有着十分密切的关系，因此，贯彻维护健康长江、促进人水和谐的治江思路，是做好长江口综合开发，保障长江口地区经济社会可持续发展的关键，其中最重要的是处理好与长江口地区可持续发展息息相关的水资源、岸线资源、滩涂资源、水生态环境的可持续利用等相关战略问题，界定长江口沿岸产业功能区划、水功能区划、岸线功能区划、滩涂功能区划等。

长江口的整治与开发涉及防洪、航运、淡水资源利用、岸线开发、滩涂圈围、沿江供排水、生态环境保护等诸多方面的要求，从而涉及水利、交通、国土资源、环保、农业、林业、城建、海洋等众多部门以及上海市与江苏省之间的区域关系，不仅牵涉面广，而且自然条件与社会因素均十分复杂。因此，综合整治开发，要充分兼顾不同地区、不同部门及不同行业领域的开发要求，协调好上下游、左右岸之间的关系。可以说，长江口的整治开发是一项十分庞大而复杂的系统工程，只有统筹兼顾各方利益，才能更好地实现长江口规划确定的各项目标。本章主要论述岸线利用、滩涂圈围、桥隧穿越等综合开发利用工程以及采砂活动与长江口河势稳定之间的关系。

9.1 岸线开发利用

9.1.1 岸线开发利用现状

长江为我国第一、世界第三大河流，不仅拥有约占全国总量2/5的淡水资源和2/3以上的可开发水能资源，而且还拥有巨大的航运能力和可供港口码头和电力、石化、物流等产业布局的宝贵岸线资源。岸线资源是一种特殊的自然资源和国土资源，是陆地部分及水域部分的自然综合体，具有陆域和水域一体性的特征，在利用上具有特殊的目的性、重要性和综合性，它的价值通过岸线利用的诸多形式得以体现。长江口地区临江濒海，海陆兼备，地处我国沿海经济带和沿江经济带的结合部，区内交通便利，开发历史悠久，是我国社会经济发展最快的地区之一，对长江流域乃至全国经济发展的带动作用十分明显。目前，长江江阴以下岸线开发利用程度较高，尚未开发利用的岸线资源，尤其是深水岸线资源已不多，岸线资源作为一种稀缺和不可再生资源的重要性更加突出。从岸线开发利用类型看[1]，大致可分为港口（指码头等）、仓储（占用岸线的各类石油、液化气、化工原料储罐场，粮食、食物油仓库等及附属码头）、工业（沿江火电、钢铁、化工、建材等基础工业以及其他造纸、拆船、修造船等）、生活（包括城镇、城市取排水口和濒江风景区等）、过江通道（包括长江大桥、汽渡、桥隧位预留等）和特殊用途占用（专指军用和过江电缆保护等）六大类[1]。

9.1.1.1　江苏段岸线开发利用状况

长江自江阴鹅鼻嘴以下，江苏段岸线总长约 265km（不含江心洲岸线），分属无锡、苏州、泰州、南通 4 市所有。20 世纪 90 年代以前，长江口江苏段岸线开发利用水平较低，随着长江口沿江经济的快速发展，岸线开发利用速度逐步加快，具体情况如下。

（1）江阴段岸线。江阴段岸线自黄田港口至张家港界（长山），长约 11.4km。沿岸分布有鹅鼻嘴公园、长江大桥公园、江阴市港务局、韭菜港汽渡码头、过江通信电缆、振华港机码头、九五码头、区域水厂（肖山）取水口、滨江粮库码头、火车轮渡码头等。

（2）张家港段岸线。张家港段长江岸线自长山至福山闸，长达 63.6km。张家港港区包含 6 大港口作业区，112 座码头，其中 65 个万吨级泊位。6 大港口作业区为：①长山作业区。②张家港作业区。③化工园作业区。④新港作业区。⑤冶金工业园作业区。⑥东沙作业区。

（3）常熟段岸线。常熟段长江岸线自福山闸至白茆河口，长 33.9km。常熟港区已建43 个码头泊位，其中万吨级码头泊位 20 个，千吨级码头泊位 23 个，苏通长江公路大桥位于该江段徐六泾附近。

（4）太仓段岸线。太仓段长江岸线自白茆河口至江苏省与上海市分界线（浏河口下游约 1.5km），长约 38.8km。太仓港区有四大作业区，分别为新泾作业区（综合性港区）、荡茜作业区（大型散货作业区）、浮桥作业区（太仓港区集装箱运输专用作业区）、茜泾作业区（石化、电力、造纸等临港工业）。已建有太仓港区一期、二期、三期工程，以及武港矿石码头、华能太仓电厂码头、玖龙纸业、环保电厂一期、二期码头、江苏石化码头、阳鸿石化码头、美孚码头等，共有各类大小泊位 56 个，包括万吨级以上泊位 29 个。

（5）靖江段岸线。江阴以下北岸自老十圩港至靖如界（四号港闸）为靖江段岸线，岸线长度为 28.1km，规划布置有新城区和新港园区两个港区。新城区现有码头泊位 6 个，其中 4 个为千吨级生产性码头泊位；新港园区现有码头泊位 66 个（含在建），其中生产性码头泊位 52 个、船厂泊位 14 个，其中万吨级以上泊位 17 个、千吨级泊位 31 个。

（6）南通段岸线[2]。长江南通段岸线上起如皋市四号港闸，下至启东圆陀角，岸线长166km，其中港口岸线 38.8km。南通长江沿线已基本形成工业走廊，沿线自上而下已开发建设了 8 个港区，分别为如皋港区、天生港区、南通港区、任港港区、狼山港区、富民港区、江海港区、通海港区和启海港区，已建成千吨级以上码头 72 座，其中万吨级以上泊位 29 个、5 万吨级以上泊位 8 个。沿江形成了国内先进的大型远洋船舶修造、电力、现代纺织以及精细化工基地产业群。另有皋张汽渡、通沙汽渡、苏通大桥、通常汽渡、海太汽渡等沟通长江南北交通与经济往来，促进两岸经济的交流与互补。主要港区情况如下：

1）如皋港区。如皋港区岸线自四号港闸出口左岸起，至下游泓北沙沙头，全长约13.3km，被如皋港闸、如皋沙群北汊（天生港水道上口）分成上、中、下 3 段，长度分别为 660m、4100m 和 8500m。上段建有一座千吨级码头泊位；中段建有一座 5 万 t 级石化码头，1 个 3000t 及 1 个 5000t 级码头泊位。

2）天生港区。上界自九圩港，下界至通吕运河口，主要为南通天生港发电厂、华能电厂、新兴热电厂及港闸开发区临港工业服务。

3）南通港区。上界自通吕运河口，下界至南通粮油进出口接运公司与中远南通船厂的分界线，港区后方以龙潭路和任港路为界。它是南通港客货运发展的综合港区，以杂货运输为主，兼顾客运。

4）任港港区。上界自南通粮油进出口接运公司下游侧，下界至中远川崎船厂下游侧。主要为中远船务公司和中远川崎船舶有限公司造修船服务的工业港区。

5）狼山港区。上界自中远川崎船厂下游侧，下界至狼山龙爪岩取水口上游1km处，港区后方以长江路为界。它是为南通市和腹地大宗散货、集装箱以及散杂货服务的外贸综合性港区。

6）富民港区。上界自裤子港河口，下界至老洪港河口。港区后方为南通经济技术开发区，为国家级南通经济技术开发区服务。

7）江海港区。上界自老洪港河口，下界至南通港德公司码头，它是南通港区散装液体石化产品主要作业区域。

8）通海港区。上界自东方红农场小闸（通常汽渡），下界至海门新港闸，苏通大桥保护区位于其中。

9）启海港区。启海港区西起海门港闸，东至连兴港下游3.5km圆陀角风景区。根据规划，启海港区主要服务于长江北支北岸沿江工业园区和临港工业，是具有运输、中转、仓储、物流等多功能的区域性沿江工业港。启海港区划分为三厂作业区、寅阳作业区及远景预留港口岸线，目前已有20家左右的船舶工业企业坐落于此。

9.1.1.2 上海段岸线开发利用状况

上海市港口岸线包括黄浦江、长江口南岸、杭州湾北岸以及崇明、长兴、横沙等江心洲沿岸，共有岸线594km，其中长江段岸线461km。长江口南岸自浏河口至南汇嘴111km；杭州湾北岸金丝娘桥至南汇嘴63km；崇明、长兴、横沙江心洲和大金山、小金山和乌龟山等岛屿周边长度为283km，其中已经利用的岸线为186km，岸线利用率为25.47%。长江口南岸岸线的利用率由内向外呈递减状态，已利用岸线48km，其中浏河口至吴淞口江段有罗泾煤码头、宝山钢铁厂及其码头、石洞口电厂及其码头等大型企业的生产专用码头，该段深水岸线已基本用尽；吴淞口以下岸线由外高桥港区、外高桥电厂、上海救捞局、上海市污水处理厂等企业所用。外高桥港区包括高桥嘴作业区和五号沟作业区，规划码头岸线长度19.6km，外高桥港区共可建设49个万吨级以上的泊位和若干个中小泊位[3]。外高桥港区一至四期工程已建成，其中一至三期工程位于高桥嘴作业区，四期集装箱码头工程位于五号沟作业区。外高桥电厂1.8km长江岸线紧邻外高桥高桥嘴港区，由西向东依次布置外高桥电厂一期、二期、三期工程专用卸煤码头。

崇明岛南侧南门至堡镇岸段主要有南门码头（车、客货运）、新河港车客渡码头、堡镇电厂煤码头及堡镇码头（车、客、货运）等小型码头。

长兴岛南沿主要涉水工程有上海振华重工码头、马家港车客渡客运码头、粤海长兴船务码头、中海修船基地码头、长兴电厂煤码头、中船长兴造船基地、沪东中华造船厂等。

横沙岛岸线包括横沙北岸线和新民岸线。横沙北岸线位于横沙轮渡码头以北，长3.8km；新民岸线位于横沙岛红星港北0.5km至新民港南0.8km，长3.2km，主要使用单位有客运、海事等。

9.1.2　岸线开发利用在稳定河势中的作用

由上所述，长江口及近河口段的岸线开发利用中最常见的是各类港口码头和造、拆船厂工程，其次是桥梁、轮渡等过江工程。从长江口已经实施的各类岸线开发利用情况看，尚未出现对河势造成严重影响的情况。在港口、码头建设中，码头多为顺岸布置，码头前沿线一般控制在港区规划线以内，其接岸引桥一般跨越堤外河漫滩和岸坡，远远小于河道宽度，对工程位置主泓区域的水流动力条件一般影响较小，因而对河势没有大的影响。为防止水流冲刷造成码头出现安全问题，码头建设均要对桩基及岸坡进行防护处理，码头建成后，其后方桩群区域河床多数情况下会出现一定程度的淤积，因此，港口及码头工程建设对于工程附近的岸坡稳定是有利的。20 世纪 90 年代以来，保滩护岸工程及以港口码头工程为主的岸线开发利用，使长江河口段河势保持了基本稳定。

在开发利用岸线时，建设单位根据水行政主管部门的要求以及港口、码头及陆域配套设施安全运行的需要，承担岸线占用范围内长江堤防达标建设任务及防洪工程的维修养护任务，确保长江堤防道路畅通和防汛安全。在加强岸坡防护工作的同时，定期进行工程位置水下地形及水文流场监测，及时分析工程影响，对岸线及河势的稳定也发挥了重要作用。

由此可见，在保滩护岸工程建设的基础上，以港口、码头、桥梁建设等为主的岸线开发利用，对长江河口段的岸线和河势稳定起到了重要的积极作用。

9.1.3　岸线开发利用过程中存在的问题

20 世纪 90 年代，长江口地区经济进入快速发展阶段，经济实力显著增强，外向型经济得到了迅猛发展，对外贸易和吸引外资快速增加，经济发展对岸线的需求日益加大，导致长江江苏段沿江各地掀起了长江岸线开发热潮，不同占用部门或单位通过各自的途径上报不同职能部门审批，有的甚至干脆先占后报，或占而不报，致使岸线开发利用一度监管困难。岸线多占少用和岸稳水深的宝贵优良岸线被对岸线并无特殊需求的单位随意占用现象十分普遍。

长江江阴以下河段，以弯曲分汊型河道居多，河道内汊道多，洲滩多，水流动力及河床复杂多变，局部江段沙洲及江岸冲淤变化频繁，而岸线开发和整治是一项投资巨大，且涉及上下游、左右岸关系和利益的复杂系统工程，一旦占用或整治不当，将很难改变，并可能导致巨额经济损失和对河势有较大影响。有些项目立项和开工建设前未经严格的科学论证，或只考虑局地现状条件，未从全面和发展的角度加以周密的考察和研究，致使项目建成后无法正常发挥设计功效，或引起局部河床发生较大变化，严重影响上下游、左右岸已建项目的正常运转。如南通的江海港区，汇集了宁汇、千红、佳民和汇丰四家石化储运公司，是当时全国最大的石油、液化气和化工原料的仓储转运基地，港区内已建 4 个设计规模为万吨级的液体化工专用码头。由于开工前论证不足，最先建设的宁汇 1.3 万吨级和千红 2 万吨级码头，竣工时的前沿水深由开工之初的 11.4m 和 12.5m 降至 5.5m 左右，建成后只能停靠 3～5 千吨级油轮；随后建设的佳民和汇丰码头位于新开沙夹槽内，码头前沿水域处于涨潮流的上溯通道内，水深条件较好，但建成后由于其下游企业码头工程建设围堰过于外凸,导致原贴岸上溯潮流离岸,加速泥沙在港区原先的潮流上溯通道附近回淤,致使 2 个刚建成不久的万吨级码头的靠驳能力下降[4]。

2000 年以后,为杜绝岸线开发利用中的随意占用、先占后报、占而不报、多占少用、占而不用、深水浅用以及科学论证不足等无序状态,在有关法律法规的指导下,长江口沿江各市根据社会经济发展对岸线的不同需求,综合协调工业、港口、过江通道与水利、水源保护、城镇建设、旅游、农业等对岸线的近、远期需求,按照"统一规划、远近结合、合理布置、分期实施"和"深水深用、浅水浅用、综合开发、合理使用"的原则,制定了岸线开发利用规划。之后,在规划的指导下,逐步使有限的长江岸线的开发利用走上了有序管理的轨道。

9.2　滩涂开发利用

史料记载,2000 多年前,古长江口在今镇江、扬州一带,镇扬以下为一喇叭形的大河口海湾[5]。随着从上、中游下泄的大量泥沙在河口及海湾上段淤积,形成众多边滩和沙洲,在自然和人类治江活动共同作用下,洲滩并岸,河宽不断缩窄,河口不断向东延伸,海湾也逐渐东退,北岸岸线逐渐南移,约在唐宋时古长江口一线逐渐由海湾演变成河流。长江口历史变迁见图 4.1-1。围滩造地作为开发利用江海滩涂资源的重要形式之一,已经伴随着长江口的变迁走过了 2000 多年的历史。上海市现有土地面积 6900 多 km²,其中 62% 的土地是两千年来围垦滩涂形成的[6];南通海门市的一部分由东洲、布洲并岸而成,启东市的一部分由米太沙并岸而成;苏州张家港市大部分区域由历史上的南沙、偏南沙、浏海沙及常阴沙并岸而成。

9.2.1　滩涂开发利用的必要性

长江口河道宽阔,平面形态呈扇形分汊,边滩、沙洲和水下潜心滩众多,使长江口河段主流频繁摆动,造成河势动荡。经过长期的演变,长江口已从漏斗状的河口湾演变成现在的分汊河口,口门宽度也缩窄到 90km 左右,但现在的长江口河道还过于宽阔,南北支、南北港和南北槽仍分布着众多的水下成型淤积体,这些游移不定的暗沙常常导致河势产生程度不同的变化。因此,通过适当的滩涂圈围,逐步合理缩窄河宽,既符合长江口的自然演变规律,也是长江口河势控制工程的组成部分。

历史上长兴岛水域为一大片水下心滩,经过 200 多年冲淤变迁,至 20 世纪中叶形成石头沙、瑞丰沙、潘家沙、鸭窝沙、金带沙、圆圆沙等 6 洲并存的局面,水流仍然分散,河势变化不定。到了 20 世纪 60、70 年代,通过抛石筑坝封堵沙体之间的汊道,同时对边界圈围成陆,宏观上形成南、北港分流,使河势变化幅度大大减小。经过 1958 年海塘的全面加固及 1960~1965 年间修筑的保滩护岸工程,横沙岛的边界也得到固定,南、北港下边界下延,从而南、北港河段的河势稳定性得到了加强。

20 世纪 50 年代以前,徐六泾段河宽达 13km,北岸阴沙遍布,沟汊交错。由于受上游澄通河段河势变化的影响,主流在白茆沙南、北水道之间大幅度摆动,遭遇大洪水时发生过白茆沙体被冲散的情况,如 1921 年、1954 年等,这些变化均导致大量被冲刷的泥沙下泄,使南港或北港大幅度淤积。1958 年以后，通海沙、江心沙相继圈围，徐六泾段河宽缩窄至 5.7km，同时老白茆沙的并岸圈围也使河宽缩窄，水流动力相对集中，主流摆动幅度减小。自此以后，徐六泾段主流始终保持贴南岸的格局。上游通州沙水道虽然经历了主流更迭以及狼山沙大幅下移的变化，但狼山沙尾一直未能越过浒浦，为白茆沙河段河势的相对稳定创造了有利条件。1998 年、1999 年长江发生大洪水，白茆沙也未重蹈历史上被水流冲散的覆辙，沙体基本保持完整。可见，徐六泾河段北岸的圈围起到了很好的河势控制作用。

长江口地区人口稠密，人均耕地面积仅 0.9 亩。新中国成立以来，随着经济的高速发展和农村产业结构的不断调整，非农用地不断增加，长江口地区土地紧缺的矛盾日益突出。以上海市为例，据统计，上海市 1987—1995 年城市建设用地每年高达 9.2 万亩，随着经济的发展及浦东开发的深入，目前的年均用地在 10 万亩以上，即使采取利用存量土地，进行土地置换以及将农村居民点归并集中等措施，土地供应仍存在较大缺口，需要通过滩涂围垦来弥补。

因此，无论是从河势控制的角度出发，还是为解决经济发展与土地紧缺之间的矛盾，在长江口适度开展滩涂圈围是十分必要的。

9.2.2 滩涂开发利用现状

随着长江三角洲地区经济和社会的飞速发展，土地资源短缺的矛盾日益突出，迫切需要开发新的土地资源以支撑社会经济的快速和可持续发展，围滩造地成为解决长江口沿江地区土地资源不足的一条最主要而有效的途径。

据统计[7]，1949—2005 年，长江口地区圈围的滩涂主要有：南支的江心沙、通海沙、老白茆沙、东风沙、崇明北沿、崇明东滩、中央沙、青草沙、长兴岛、横沙岛、南汇边滩、杭州湾北岸滩涂，北支的圩角沙、老灵甸沙、永隆沙、崇明北沿及北岸边滩等。其中上海市共圈围滩涂 993km²，使上海陆域面积扩大了 18%，在这些圈围的滩涂上建立了 15 个国营农场、3 个军垦农场、4 个垦区乡、3 个县属场、30 多个分属垦区村场。南通的通州、海门、启东 3 市通过对徐六泾北岸、北支边滩圈围以及封堵支汊促使沙洲并岸等形式增加土地面积总计约 33.5 万亩。上海的浦东国际机场、临港新城、金山化学工业园区等的建设用地也是由滩涂圈围形成，滩涂资源的利用从传统的粗放式开发利用步入了现代高附加值开发利用的新阶段。

近年来，随着长江口地区社会经济进入新一轮高速发展期，社会经济的发展迫切需要结合系统的河道整治工程，通过滩涂圈围，开发新的土地资源、宜港岸线、优质水源地等。其中，上海市实施了东风西沙圈围工程、横沙东滩促淤圈围工程、南汇嘴人工半岛、浦东机场外侧促淤圈围工程、崇明北沿一期圈围工程，在长兴岛北侧建成国内最大的江心水库——青草沙水库；江苏省太仓市在其辖区白茆河—七丫口江段共实施了六期岸线调整边滩圈围工程，南通市在徐六泾节点北岸实施了新通海沙圈围工程，常熟市在徐六泾节点南岸实施了常熟边滩整治工程。

9.2.3 太仓港岸线调整围滩工程对河势稳定的作用

9.2.3.1 岸线调整围滩工程概况

太仓市位于江苏省东部，长江口南岸，处在长江流域与东南沿海开放地带"T"形结构的交汇点附近，滨江临海，拥有长江岸线 38.8km，其中深水岸线 25km。太仓东临长江，西与苏、锡、常毗邻，南与上海市接壤，有良好的集疏运系统和发达的经济腹地作依托，区位优势明显。太仓港 1996 年 11 月 8 日正式对外国籍船舶开放，成为国家一类开放口岸。

太仓港深水岸线资源丰富，但堤外滩地宽达 1km 左右，滩地高程一般在－3m 以上。太仓江段江面宽阔，最宽处有 13km，最窄处也有近 9km 宽，具备对岸线进行适当调整的河道条件，若将堤岸外推 1km 左右，新岸线内的滩地吹填成陆，则不仅能够缩短港口、码头工程的离岸距离和引桥长度，降低工程建设及运行成本，同时还可以增加土地资源，形成良好的后方陆域条件，为港口的建设发展及建成后的运营创造更好的岸线、水域及陆域条件。

1997 年，太仓实施了第一期岸线调整工程，至 2010 年，太仓段岸线调整工程共进行了六期，另有"荣文"、"华能太仓电厂"等规模相对较小的岸线调整围滩吹填工程，除一期工程外，其余五期工程在 2002—2006 年之间先后建设完成。太仓段岸线调整工程共圈围滩地面积约 2.1 万亩，顺岸纵向围堤总长约为 15.7km，各期工程侧堤平均长度约为 1km。太仓段岸线调整工程布置见图 9.2－1。

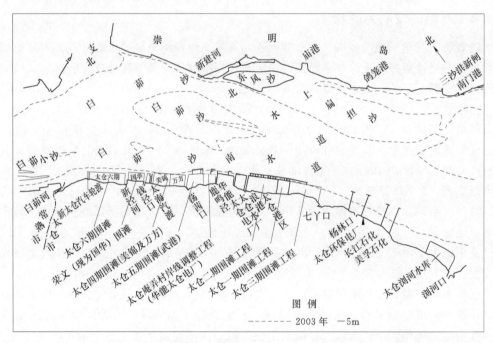

图 9.2－1　太仓段岸线调整工程布置

9.2.3.2　岸线调整围滩工程前期研究工作

太仓港岸线调整工程位于长江口南支河段白茆沙右汊南岸。历史上白茆沙河段复杂多变，对河势稳定起着重要作用的白茆沙曾多次被冲散或并岸，从而引发下游南北港分流段河势的动荡。为科学稳妥地开展岸线调整工作，20 世纪 90 年代初期，太仓市邀请长江委长江科学院、长江设计院、江务局、长江口水文水资源勘测局及南京水利科学研究院等单位，对长江太仓段岸线调整工程开展了勘测、科研、规划等前期研究工作。1994 年委托长江科学院河流所进行大型物理模型试验，2003 年委托南科院河港所对一至六期岸线调整工程进行物理模型试验和数学模型计算，前者对江苏太仓市境内长江岸线调整工程的可行性进行研究分析，确定正堤驳岸线的大致位置和走向，后者就太仓港已经实施和将要实施的岸线调整工程对河势、防洪、通航等可能产生的影响进行分析、评价。整个太仓港岸线调整工程前期研究工作共计投入 1000 多万元。

2004 年，南京水利科学研究院利用长江十二圩—吴淞口整体物理模型，研究太仓岸线调整和港区码头建设规划实施后，工程河段上下游潮位、流场的变化及潮位的壅高、沿岸流速变化及对行洪的影响，分析工程对白茆沙南、北水道分流比的影响。研究表明[8]，岸线调整工程实施后，对河道主槽流态、白茆沙左右汊分流比影响较小，对河势的影响甚微；同时，工程岸段内白茆河口、新泾河口、钱泾口、荡茜口、鹿鸣泾、浪港口、七丫口等通江口门处，将形成缓流和回流，使口门附近淤积区外延，低潮位时水位壅高可能影响口门排水。

9.2.3.3 对河势的影响

1. 深泓线及岸线平面位置变化

河道深泓线和岸线位置变化是河势变化的重要形式之一。太仓段岸线调整工程实施后，工程河段深泓线平面位置略有右移，但移动幅度不大，深泓线最大移动距离位于二期岸线调整工程一带，深泓向右岸移动了 390m，见图 5.3-5。深泓位置向右岸偏移的主要原因是出徐六泾的主流指向白茆沙南水道，使得南水道一直处于水流动力增强，河床总体冲刷的动力环境下，和右岸岸线调整工程没有直接关系，因为圈围工程实施后，右岸岸线外推，深泓线移动方向和右岸岸线调整方向相反，故深泓线向右移动并非由岸线调整所引起。

工程实施后，右岸岸线平均外推 1km，工程位置河道宽度相应缩窄 1km 左右，因此，工程对河势的影响主要体现在右岸岸线位置及河道宽度发生了明显变化。从河势稳定的角度考虑，适当缩窄宽阔水域河道的宽度，对河势稳定总体上是有利的。

2. 白茆沙汊道河道尺度变化分析

长江口河道宽阔，洲滩众多，水流动力条件复杂，河道冲淤多变，自然条件下河床处于不断变化之中。为详细反映太仓港岸线调整围滩工程实施后工程河段河势的变化，根据近年来工程河段实测地形资料，比较工程前后主河槽尺度的变化，分析工程对河势的影响。

对本河段而言，−10m 等高线及 −10m 河槽的变化及其可能的影响对河势及航道稳定都非常重要。因此，河道尺度分析以 −10m 主槽的宽度、断面面积、平均水深、河槽中心位置等量值作为其主要的尺度表征。

（1）−10m 主槽宽度沿程变化。由图 9.2-2 可见，1992—1998 年，除新建河—鹿鸣泾附近局部江段 −10m 主槽宽度有所减小外，白茆沙南水道 −10m 主河槽宽度总体呈扩大发展态势，1998 年以后，南水道 −10m 主河槽宽度继续呈扩大态势，特别是南水道进口段——白茆河—新泾河，−10m 槽宽度大幅增加，表明太仓港岸线调整及围滩工程没有改变工程前已经形成的南水道主槽的冲刷发展趋势。

（2）−10m 主槽断面面积沿程变化。由图 9.2-3 可见，1992—1998 年，以鹿鸣泾下

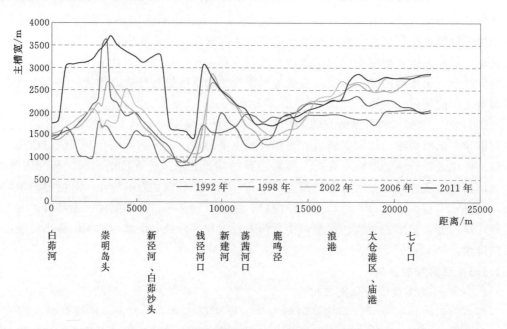

图 9.2-2　白茆沙南水道−10m 主槽宽度沿程变化

游约 1.0km 为界，上游−10m 主槽断面面积以冲刷扩大为主，下游−10m 主槽断面面积呈减小趋势，显示−10m 主河槽存在上冲下淤现象，这一变化态势延续至 2002 年；2002 年以后，整个白茆沙南水道−10m 主槽断面面积均冲刷扩大，表明 1992 年之后，白茆沙南水道−10m 主槽总体以冲刷发展为主。

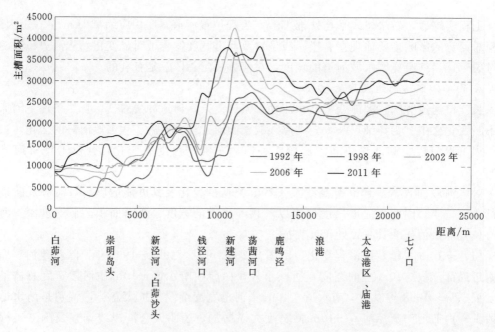

图 9.2-3　白茆沙南水道−10m 主槽断面面积沿程变化

（3）−10m 主槽平均水深沿程变化（−10m 以下）。由图 9.2−4 可见，1992—1998
年，白茆沙南水道自新泾河上游 500m 往下，−10m 主槽平均水深变化较大，其中新建河
—鹿鸣泾下游 2km 处增大，鹿鸣泾下游 2km 以下减小；1998 年以后，新泾河—钱泾河口
上游 500m 一带 −10m 主槽平均水深减小，荡茜河口下游 1km 以下则有所增加。平均水
深减小一般是由于 −10m 河槽宽度扩大，河槽断面形态由窄深型调整为相对宽深型所致，
表现为主槽断面宽度增大，深槽底部高程有所抬高。

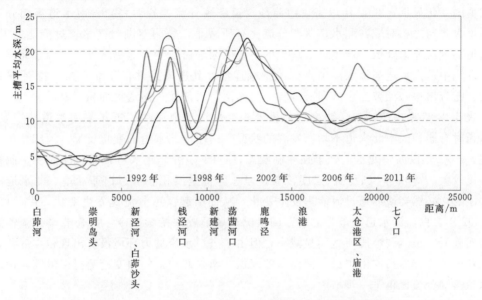

图 9.2−4　白茆沙南水道−10m 主槽平均水深沿程变化

（4）−10m 主槽位置变化。由图 9.2−5 可见，1992 年以来，南水道−10m 主槽位置
（以南水道左侧边界为起算点）变化总体以向右移动为主，基本与深泓线的移动方向一致，

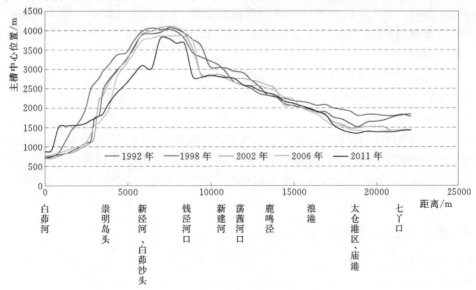

图 9.2−5　白茆沙南水道−10m 主槽中心位置沿程变化过程线图

但向右移动幅度不大，－10m 主槽右移幅度最大处位于崇明岛头—钱泾河口一带，移动距离近 1km。

9.2.3.4　对白茆沙汊道分流比的影响分析

分流比是衡量汊道河段河势及其稳定与否的重要依据之一。白茆沙南、北水道实测分流比成果见表 5.3 - 2。

由表 5.3 - 2 可知，各种水情下，白茆沙南水道的分流量均远大于白茆沙北水道。分流比值的变化显示，2002 年以来，白茆沙汊道涨潮分流比相对稳定，南水道落潮分流比有所增大，与之相对应，北水道落潮分流比有所减小，表明落潮时南水道过流能力增大，北水道的过流能力降低。产生这一现象的主要原因是白茆沙水道仍然处在"南强北弱"的动力环境中，南水道与徐六泾节点深泓平顺连接，其进流条件优于北水道，特别是 1992 年后，随着出徐六泾节点主流向右偏转，自然河势条件使其河道更加易于发展。

表 5.3 - 3 中白茆沙南、北水道河槽容积变化清楚地反映了近年来南水道持续发展，北水道时有淤积的南北水道不均衡发展的状况。白茆沙北水道的变化反复，河床变化冲淤互现，1992 年以前，北水道处于强冲刷状态；1992 年后，北水道转为总体淤积，前期淤积强度较大，2002 年以后淤积强度转弱，但总体仍呈淤积态势。白茆沙南、北水道河床的冲淤变化必然会使河道过流能力发生变化，从而引起汊道分流比发生变化。由此可见，自 1992 年，白茆沙水道"南强北弱"的状况开始形成并持续至今，太仓港岸线调整围滩工程实施后，虽然调整段河宽明显减小，但由于进口水流动力环境没有出现根本变化，出徐六泾的主流仍然指向南水道，使白茆沙汊道"南强北弱"的演变趋势得以继续，白茆沙南水道落潮分流比也进一步增大。

通过以上分析可见，太仓港岸线调整和圈围工程实施以后，白茆沙南水道－10m 主河槽尺度及平面位置总体延续工程前冲刷扩大和向右移动发展的态势，变化趋势没有出现大的变化，由此可以认为，岸线调整和圈围工程没有改变原河床演变的固有格局，未对河势造成明显影响。由于岸线调整后右岸岸线向左平推 1km，河宽缩窄，缩小了该段主河槽向右冲刷发展的空间，对稳定白茆沙汊道段的河势有积极作用。

9.2.3.5　小结

（1）太仓港岸线调整围滩工程总长度达 15.7km（至 2010 年），工程实施后，河宽缩减，右岸岸线向外平均推移 1km，深泓位置总体变化不大。由于工程河段江面较宽，河宽缩窄对约束水流摆动、控制稳定河势起积极作用。

（2）近期白茆沙水道"南强北弱"的演变趋势形成于 20 世纪 90 年代初期，其形成原因主要是徐六泾节点右岸顶冲点位置发生变化后，出徐六泾的主流偏向白茆沙南水道，使白茆沙南水道水流动力增强所致。太仓港岸线调整围滩工程实施后，虽然白茆沙南水道河宽明显减小，但南、北水道水流动力环境没有出现根本变化，也没有影响白茆沙汊道的分流形势。

9.2.4　青草沙水库工程对河势影响

9.2.4.1　青草沙水库工程

青草沙水库位于长江口南北港分流段下方北港长兴岛左侧（图 5.7 - 2），包括长兴岛头部和北部外侧的中央沙、青草沙以及北小泓、东北小泓等水域，工程主要由中央沙库区、青草沙库区、水库弃泥区、取排水泵闸（包括上游泵闸和下游水闸）以及输水泵闸等组成[9]。

青草沙水库是目前世界上最大的边滩水库，也是国内最大的江心水库，总面积 66.26km²，其中中央沙库区面积 14.28km²，青草沙库区面积 51.98km²，紧邻水库东堤下游设弃泥区 4.60km²。青草沙水库环湖大堤设计标高 8.50m（吴淞高程），总长 48.41km，其中青草沙库区新建北堤、东堤 22.99km，加高加固中央沙南堤、西堤 10.47km，加高加固长兴岛海塘 15.96km。另外，按照水库隔堤标准改造了中央沙北围堤 7.13km。水库堤线及取输水泵闸工程平面布置见图 9.2－6。

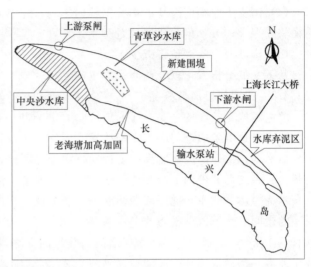

图 9.2－6　青草沙水库及取输水泵闸工程平面布置图

青草沙水库为蓄淡避咸型水库，至 2020 年，日供水规模 719 万 m³，水库设计有效库容 4.38 亿 m³，水库蓄满水时，可在不取水的情况下连续供水 68d，可确保咸潮期的原水供应。水库咸潮期最高蓄水位 7.00m，运行常水位 6.20m，死水位－1.5m；非咸潮期运行高水位 4.00m，运行低水位 2.00m。工程于 2007 年 6 月 5 日开工建设，2009 年 1 月水库新建围堤合龙，整体工程于 2011 年 6 月竣工。

9.2.4.2　前期研究工作

长江是上海境内最大的过境河流，其总体水质满足国家一级水源保护区水质标准要求。20 世纪 90 年代，有关专家提出"在长兴岛北侧青草沙建造水库，从长江江心取水"的设想，上海市科学技术委员会、建设委员会等有关部门联合国内数十家研究单位开始进行系统研究，历时 15 年，研究成果表明：开发青草沙水源地是上海充分利用长江水源的最佳选择。2005 年 12 月，由中国工程院、水利部等中央部委和上海市建设和交通委员会、规划局、复旦大学等单位和部门的专家组成的专家组，评审通过了上海城投总公司提交的《青草沙水源地原水工程研究成果报告》。2006 年 1 月，工程被正式列入上海"十一五"规划。

为预测青草沙水库工程建设后对长江口河势的影响，建设单位——上海青草沙投资建设发展有限公司委托南京水利科学研究院、华东师范大学、上海河口海岸科学研究中心等单位同步开展了 4 个数学模型和 2 个物理模型研究，背靠背互相印证，主要研究结论如下[9]：

（1）总体看，工程后南北港南北槽的分流比有变化，但变化不大，河势的基本格局不会发生根本变化。

（2）潮位变化不大，对防洪、防涝不会产生明显影响。

（3）分流口通道的涨潮流和落潮流有增有减，中央沙沙头冲蚀态势将得到有效控制，有利于分流段河势的稳定。

（4）南支下段和南港基本不受工程的影响，北港局部范围流场和流速变化较大，北港主槽将冲深 2～3m，但深泓线位置基本不变。

（5）横沙通道落潮量将减少 13%，涨潮量减少 8%，水深将淤积 0.5m。

从下文的分析看，以上预测基本正确。

9.2.4.3　工程河段河道概况

北港河段是长江的主要入海通道之一，上与新桥水道、新桥通道、新新桥通道相连，并主要通过这 3 条通道与南支主槽相通，向下进入北港拦门沙河段。北港为一微弯河道，主槽偏靠北侧凹岸，因而北岸一度冲蚀坍塌十分严重，依靠丁坝等护岸工程控制了江岸的坍势。长兴岛西北侧因上游沙体的切割下移和弯道水流的作用，泥沙大量淤积，形成了以青草沙为主体的凸岸，并因涨潮沟的楔入和分汊，形成长条形涨潮沟与沙脊交错分布的格局。在崇明岛堡镇以下的近岸地带发育了几乎纵贯北港中段的堡镇沙（又称六滧沙脊），沙长约 17km，堡镇沙与崇明南岸之间为狭长的涨潮沟。北港主槽与南北两侧的涨潮沟构成了北港一槽两沟的复式河槽型式（图 9.2-7）。随着北港开发潜力日趋显露和中央沙圈围、青草沙水库等重大工程的实施，对比工程前后北港河段河势及动力条件的变化，对工程本身的安全运行，以及长江口滩涂资源的开发与保护具有指导意义。

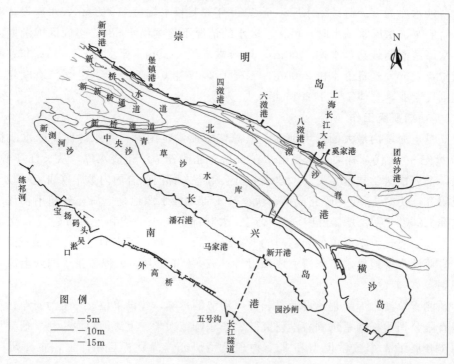

图 9.2-7　北港上段 2009 年河势

北港河段多数年份是长江入海输水输沙的主汊道。1860—1927 年期间，北港港阔水深，河口拦门沙浅滩的滩长和滩顶水深状况优于南港，一度成为上海港通海的主航道，通过老崇明水道与南港连接[10]；1927 年老崇明水道淤死，长江主泓改走南港，北港主槽恶化；1931 年，长江大洪水导致扁担沙切滩，中央沙北水道形成，北港分流比逐渐增大，河道下段水深得到一些恢复，但北港整体河势没有显著的改变；经过 1949 年、1954 年大洪水作用，中央沙北水道得到进一步发展；1958 年，南支主泓改走北港，北港水道分流量变大，引起河床冲刷；1963 年中央沙上冲出一条进入南港的新宝山水道，使得进入北港的水量减少，中央沙冲刷后退，大量泥沙进入北港，大部分沉积在青草沙附近。

近年北港的演变，主要有以下特点：①新浏河沙及中央沙头部护滩工程的实施，初步稳定了北港的入流条件。②北岸下延和南移，因工程作用，北港南侧上、下端分别大幅度上移和下延，平面形态已由过去的顺直微弯演变为现在的上段为缩窄段，中、下段为展宽段。③随着青草沙水库的建设及横沙东滩的促淤圈围，近期北港上段深泓线偏北，下段深泓偏南，形成微弯河势。北港上段河槽表现为滩淤槽冲，下段河槽的水深条件呈逐步改善之势。详细分析内容见第 5 章 5.6 节。

北港河段河床演变与上游来水来沙、南北港分流口变化以及本地底沙输移密切相关，当南支主泓指向北港水道，北港发展；反之则北港淤积。北港的发展或淤积存在一个自上而下的过程，当上游来水增大，首先北港上段发生冲刷，冲刷下来的泥沙往下游移动，促使北港下段淤积。青草沙水库的建设，导致北港上段河道缩窄，水流动力增加，河槽刷深，本节着重分析工程建设对上下游河势及河床的影响。

9.2.4.4　对河势的影响

1. 河道平面变化

北港 5m 等深线近期变化见图 5.6 - 5，北港河段近期深泓线变化见图 5.6 - 3。图 9.2 - 8、图 9.2 - 9 是青草沙水库建设前后北港上段 -5m、-10m 等高线变化图。由图可见，1973—1997 年，北港河段河槽平面变化非常明显，主要由左、右两岸近岸沙脊（近岸侧狭长沙洲）的变化所引起。1973 年，北侧的堡镇沙尚未形成，而南侧的青草沙 -5m 沙脊发育充分，长达 24km，沙脊尾部越过横沙通道，与团结沙港隔江相望，沙脊与青草沙及长兴岛之间的涨潮沟长达 18km，由于沙脊的阻隔，横沙通道的发展及通航条件受到影响。1984 年以后，左岸一侧堡镇沙开始形成，到 1997 年，堡镇沙头部位于四滧港上游侧，尾部延伸至奚家港下游约 4km，-5m 沙体长度达到 18.6km；北港上段右侧，青草沙沙脊受到明显冲刷，沙脊尾部大幅上提 11.3km，沙脊与青草沙体之间的涨潮沟也大大缩短。1997 年以后，堡镇沙长度变化相对不大，但其上中段的平面位置向左偏移，与此同时，青草沙上端北侧水域出现新的沙体，到 2007 年，该沙体演变成上与青草沙头部相连，下至六滧港对岸的新的沙脊，左、右两岸沙脊的变化构成了北港河道及河势变化的主体，也是北港河床调整变化的主要原因之一。

1997 年，北港 -10m 河槽受青草沙沙脊及四滧港以下大面积水下低边滩发育的影响，-10m 河槽下段出口并不顺畅，但到 2002 年，北港 -10m 河槽又重新恢复至上下顺畅贯通。由图中还可以看到，1973 年新桥水道的水深条件尚不理想，北港与新桥水道之间 -10m 河槽未贯通，北港 -10m 河槽主要通过新桥通道与南支相连。1997 年开始，新桥水道得到一定的发展，使得北港上段主流南偏，引起下游北港河段河势出现前述变化。之后由于扁担沙尾被切，新新桥通道形成，北港进口同时有新桥水道、新桥通道和新新桥通道 3 条通道与南支相连。青草沙水库建设期间及建成后，北港进口水流动力有明显增大迹象，新桥通道 −10m 槽宽扩大，各通道之间 −5m 沙洲明显冲刷缩小。

　　北港河段近期深泓线变化总体向右偏移。由图 5.6 − 3 可以看出，1973 年时，北港深泓线居中偏北，随着堡镇沙的出现以及新桥水道的发展，北港四滧港—团结沙港主深泓线开始向右偏移；到 1997 年，该江段主深泓线已经移至居中偏右位置，此后继续向右偏移，同时，由于中、下段河道两岸近岸河床均为外沙里泓形态，两岸近岸都有次深槽存在。2002 年，随着新桥通道进一步发展并向中央沙头一侧靠近，使得中央沙头—四滧港深泓位置继续右偏，而四滧港—八滧港深泓转而向左偏移。根据青草沙水库围堤建成前后的地形资料对比，工程后北港主槽深泓平面位置除四滧港一带因右岸围堤使得主深槽向左略有偏移，引起深泓位置亦向左略有调整外，总体未出现大的变化，表明目前北港深泓平面位置总体基本稳定，这是因为青草沙水库圈围区域以洲滩为主，虽然局部河宽大幅缩减，但对主槽位置及过水断面面积的影响并不大。

　　青草沙水库库区最宽处近 4.3km，水库建成后，工程位置河道宽度大幅缩窄，在长兴岛头部附近，河宽从原来的 9.2km，缩减为现在的 4.9km 左右，水库区域河道宽度大幅减小是工程对河势影响最大的地方。长江口地区过于宽阔的河道不利于河势的稳定，青草沙水库的建设缩窄了河宽，归顺了流路，总体上有利于北港河势的稳定。

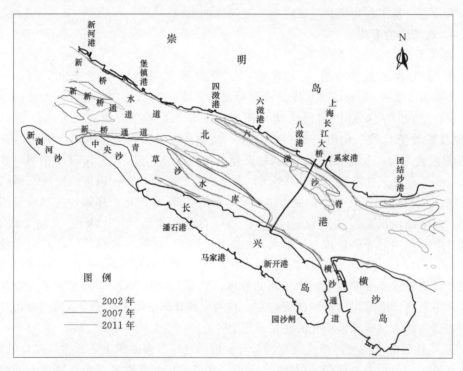

图 9.2 − 8　北港上段工程前后 −5m 等高线变化图

　　2. 河槽断面变化

　　根据北港上段河床形态特点，自上而下布置 6 个分析断面，分析青草沙水库建设前后河床断面形态及断面面积的变化。各断面位置见图 9.2 − 10，断面主要特征值见表 9.2 −

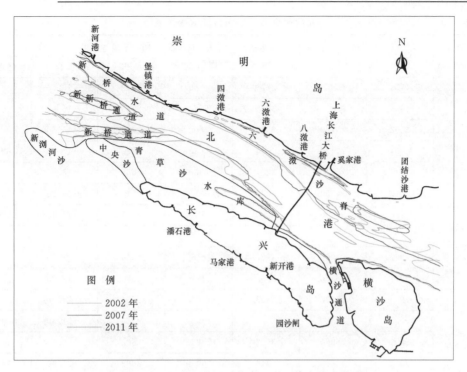

图 9.2－9　北港上段工程前后－10m 等高线变化图

1，断面形态变化见图 9.2－11。

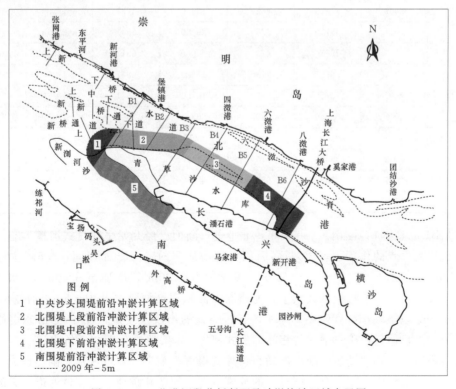

图 9.2－10　北港河段分析断面及冲淤统计区域布置图

395

表 9.2-1　　　　　　　　　　　北港河段河床断面特征值统计表

断面编号	年 份	−5m 主槽断面积/m²	−5m 主槽宽/m	−10m 主槽断面积/m²	−10m 主槽宽/m	最深点/m	
						高程	起点距
B1 （北港进口）	1973	16950	3776	1880	1045	−13.60	3466
	1998	37610	5519	6840	2049	−15.60	4472
	2002	20170	3312	7500	2097	−15.60	964
	2007	21420	4244	5680	1630	−17.10	6245
	2011	20440	3207	6530	1656	−18.00	6387
B2 （堡镇港）	1973	34550	5026	5810	2218	−15.20	2306
	1998	32490	3795	15540	2925	−17.40	1700
	2002	37980	4489	17570	3548	−17.80	1379
	2007	39660	4786	16160	4614	−17.70	1228
	2011	28650	3352	12810	2956	−18.30	1236
B3 （堡镇港与 四滧港之间）	1973	27600	2893	14690	2254	−19.60	1307
	2002	32520	3548	18920	2243	−21.30	301
	2007	36960	3123	22260	2802	−20.10	1190
	2011	45630	3816	26930	3662	−21.00	1350
B4 （四滧港）	1973	30690	3675	14910	2716	−19.00	1993
	2002	34010	4284	16390	2548	−19.50	2389
	2007	34320	3529	18610	2731	−19.50	1952
	2011	35180	3289	20480	2541	−20.30	1709
B5 （六滧港）	1973	29650	4292	9950	3313	−14.30	2506
	2002	35760	4198	15620	3843	−19.90	3536
	2007	28750	3239	14780	2501	−18.70	2722
	2011	38750	4499	20260	2996	−19.60	3570
B6 （八滧港）	1973	23710	3705	6870	2899	−14.00	993
	2002	39300	6159	11110	3961	−16.30	4596
	2007	37380	6824	9380	3373	−15.70	4537
	2011	38870	5188	14120	3112	−17.60	3383

（1）B1（北港进口断面）。1973 年，北港进口断面已经开始呈现复式河槽形态；1998 年，在长江大洪水的作用下，B1 断面面积大幅增加，1973—1998 年间，−5m 主槽面积由 16950m²，增加至 37610m²，−10m 主槽面积由 1230m²，增加至 6840m²，1999 年以后，长江没有再发生全流域性大洪水，河槽断面面积逐渐调整，其中−5m 以下减小幅度较大，−10m 以下减小幅度较小。随着新新桥通道的出现及发展，B1 断面形态由原来的双河槽演变为目前近似于三槽两脊相间的复式河槽，3 条河槽分别与新桥水道、新新桥通道和新桥通道相连，北港进口断面的动力条件变得更为复杂。青草沙水库围堤建成后，北港进口 3 条河槽河床底部均有不同程度的冲刷下切，而新新桥通道与新桥通道之间的心滩

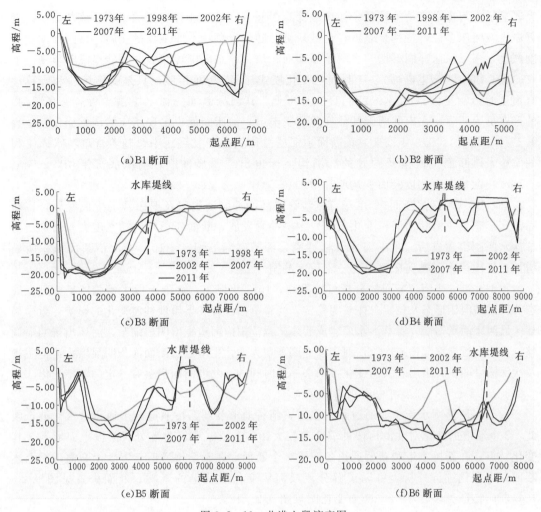

图 9.2-11 北港上段演变图

顶部高程明显抬高。从主河槽过水断面面积变化看，水库建成后，－5m 以下面积有所减小，－10m 以下面积有所增加。

（2）B2（堡镇港断面）。该断面距离上游南北港分汊口河段相对较远，基本脱离了上游分汊水道的直接影响，因此其河槽断面面积及断面形态变化均较小。青草沙水库围堤建成后，由于流场的调整，近右侧深槽河床出现明显冲刷，最大冲刷深度近 5m。由于靠青草沙水库一侧沙脊明显淤高，导致－5m、－10m 主河槽宽度锐减，相应的断面面积也大幅减小。

（3）B3（堡镇港与四滧港之间）。该断面位于海豚形青草沙水库的胸部，此处河道宽度最窄，水流动力较强，河床断面形态也基本保持单一河槽形态。1973 年以来，该断面断面面积及－5m、－10m 主河槽宽度一直呈增加态势，青草沙水库围堤建成后，断面宽度大幅度减小。但由于主河槽明显冲刷，－5m、－10m 主河槽过水断面面积均明显增加。

（4）B4（四滧港断面）。该断面位于北边的堡镇沙和南边的青草沙脊变化及活动范围内，河床断面形态呈现一槽（主槽）两沟（涨潮沟，有时甚至出现 3 条涨潮沟）的复杂形态。由表 9.2-1 中可见，1973 年以来，该断面主河槽面积一直增大，而主槽宽度变化不大，显示主河槽水流动力较强，河床刷深。受左右侧近岸沙脊变化的影响，该断面及附近近岸水域河床多变，特别是靠近青草沙一侧。随着青草沙水库工程的实施，该断面河道宽度减小，主泓河床冲刷下切，主河槽断面面积增大，水库围堤北侧"外沙里泓"显现。

（5）B5（六滧港断面）。该断面的变化模式与B4断面相似，只是受堡镇沙和青草沙脊演变的影响更大。由图9.2-11（e）可见，其河床断面一槽（主槽）两沟（涨潮沟）的形态更为明显，在南北两侧沙体变化的影响下，河床断面也出现相应的调整变化。由表9.2-1中可见，1973年以来，该断面主河槽总体上处于发展之中。随着青草沙水库工程的实施，该断面主河槽及两侧的涨潮沟河床也出现明显冲刷，河槽底部下切，−5m、−10m主河槽断面宽度及面积均明显增加。

（6）B6（八滧港断面）。由于青草沙脊尾部的冲刷消失以及堡镇沙的生成发展，该断面河床形态及主槽断面面积变化较大，主槽冲刷发展，断面面积及河槽宽度大幅增加。青草沙水库围堤建成后，主泓河床大幅冲刷，深槽底部下切，−10m主河槽断面面积明显增加，近南岸次深槽河床也出现一定程度冲刷。

根据北港6个河道断面的分析可以发现，1973年以来，北港上段主槽总体呈冲刷发展态势，主槽河床形态及位置总体较为稳定，受青草沙沙脊和堡镇沙冲淤变化的影响，近岸局部区域河床活跃多变。青草沙水库建成后，工程范围内河道宽度明显缩窄，河床出现明显调整，主槽及近岸涨潮槽或次深槽河床以冲刷下切为主，主槽过水断面面积明显增大，但主槽及次深槽平面位置未出现大的变化。未来一段时间内，北港河床仍会有一定的调整变化。

3. 北港进口分流段河床变化及其影响

南支河段落潮水流主要通过新桥水道、新桥通道及新新桥通道3个通道进入北港，因此，3个通道的变化对北港河段的演变有较大影响。根据南、北港分汊河段平面形态及其变化特点，在新桥水道和新桥通道各布置2个断面，在新新桥通道布置3个断面，对上述断面河床变化进行分析，可以了解分流段河床变化对北港的影响。断面位置见图9.2-10，断面特征见表9.2-2，断面变化图见图9.2-12。

表9.2-2　　　　　　　　　　北港进口分流段河床断面特征值统计表

水道	断面编号	年份	−5m		−10m		最深点/m	
			断面积/m²	宽/m	断面积/m²	宽/m	高程	起点距
新桥水道	上断面	1992	9030	1724	1370	1253	−14.80	0
		1998	9080	1698	1620	1248	−13.70	79
		2002	7570	2100	170	409	−10.80	391
		2006	8420	1607	1660	1056	−13.50	328
		2011	9470	1361	3540	982	−15.20	320
	下断面	1992	11660	1967	3690	1274	−14.40	437
		1998	13290	1944	4600	1453	−14.90	803
		2002	12140	1653	4390	1427	−16.00	297
		2006	10550	2034	2550	1317	−13.50	284
		2011	9160	2037	860	924	−11.40	1286

续表

水道	断面编号	年份	-5m		-10m		最深点/m	
			断面积/m²	宽/m	断面积/m²	宽/m	高程	起点距
新新桥通道	上断面	1992	7910	1962	1280	782	-13.80	2144
		1998	3870	912	50	123	-10.80	1524
		2002	5360	1220	860	742	-11.60	898
		2006	5820	1868	40	240	-10.30	1341
		2011	870	1009	—	—	-6.50	805
	中断面	1992	12360	2091	3340	1192	-14.50	2069
		1998	70	322	—	—	-9.20	2271
		2002	3890	1004	640	350	-13.10	1225
		2006	4640	930	1090	494	-13.50	1130
		2011	2870	2203	—	—	-8.60	156
	下断面	1992	7930	1988	1550	738	-12.70	794
		1998	3120	880	360	272	-12.70	2012
		2002	3830	1202	20	208	-10.20	1193
		2006	5730	1100	1390	666	-14.50	935
		2011	5850	2088	13	40	-10.40	2088
新桥通道	上断面	1992	8250	1427	2430	933	-13.50	358
		1998	20710	2461	8800	2238	-17.20	2041
		2002	16370	2836	4060	930	-18.20	2661
		2006	17090	2941	6350	1478	-16.90	2759
		2011	20290	3315	5560	2533	-14.20	2073
	下断面	1992	16600	3764	1840	953	-12.70	3421
		1998	18130	3221	5250	1621	-15.30	1751
		2002	16890	2895	5460	1907	-14.80	2203
		2006	20570	3824	1690	1046	-13.50	3444
		2011	11460	1571	4760	1117	-16.40	3976

由表 9.2-2 和图 9.2-12 可见，1992—2011 年，新桥水道上断面 -5m 河槽断面面积略有减小，总体变化不大，而 -10m 河槽变化较大，具体为：1998—2002 年呈明显萎缩状态，2002 年以后断面面积逐渐增加，2011 年 -10m 河槽面积达到 3540m²，较之 2006 年增加了 1 倍多，说明近期新桥水道与南支主槽之间的过流能力明显增强，河床出现明显的冲刷发展。新桥水道下断面河槽断面面积总体呈淤积减小态势，特别是 -10m 河槽，断面面积减小幅度较大。新桥水道上、下两个断面变化显示了近期新桥水道呈上冲下淤的特点。

1998 年以来，新新桥通道变化总体呈淤积萎缩态势，特别是 -10m 河槽断面面积淤减幅度较大，显示其落潮流动力减弱。

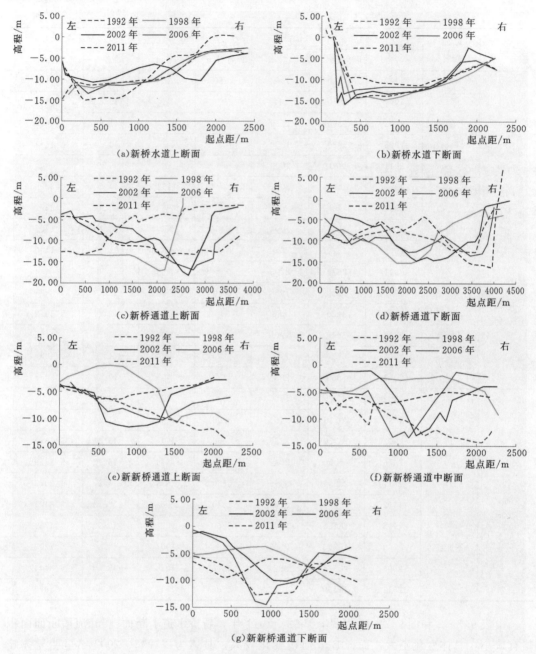

图 9.2－12　新桥通道断面演变图

1992 年以来，新桥通道总体则呈冲刷发展态势，－5m、－10m 河槽断面面积大幅增加，目前其－5m、－10m 河槽断面积远大于新桥水道和新新桥通道下断面面积之和，表明现阶段新桥通道是对北港河段上段影响最大的水流通道。

表 9.2－2 显示，1998 年的大洪水对南北港分流段产生了明显的影响，其中新桥通道和新新桥通道洪水后的结果完全不同，洪水使新新桥通道出现明显的淤积萎缩，而新桥通道则出现大强度冲刷。2006 年以后，新桥通道下断面－10m 河槽断面面积再次大幅增加，

深槽冲刷,这是南北港分流段整治工程之一——南沙头通道限流工程发挥作用的结果。未来北港进口分流段各汊道的变化仍将是影响北港河段河床变化的主要因素,而青草沙水库对河床变化的影响在河床调整期结束后将逐渐减弱。

4. 围堤前沿河床冲淤变化

青草沙水库建成后,北港上段右侧边界发生明显变化,河道缩窄,河床形态及尺度出现响应性调整,特别是水库围堤前沿,河床调整幅度较大。根据工程前后多次大比例尺地形监测资料,即水库工程建设初期(2007 年 12 月)至水库新建围堤建成后 9 个月(2009 年 10 月)的 5 次地形资料,统计水库围堤前沿区域河床冲淤量,分青草沙头部、青草沙北围堤上、中、下段和青草沙南围堤前沿水域 5 个区域统计,见图 9.2-10。

统计结果表明[表 9.2-3(1)],青草沙水库围堤工程实施以后,其头部围堤前沿河床冲淤总体基本平衡,淤积量略大于冲刷量,0m 以下河床总的淤积量为 21 万 m³。从河床冲淤变化的时间看,围堤建设期间河床淤积,2008 年 10 月围堤基本建成后,河床则呈冲刷状态;从河床冲淤部位看,淤积主要位于 -3~-10m 区间内,而 -10m 以下的深水区域则呈冲刷状态,统计期间累积冲刷量达到 116 万 m³。

表 9.2-3(1)　　　　青草沙水库头部围堤前沿水域河床冲淤量统计表

项目 时段（年-月）	冲淤量/万 m³					
	0m 以下	0~-3m	-3~-5m	-5~-10m	-10~-15m	-15m 以下
2007-12—2008-04	28	18	16	-17	10	2
2008-04—2008-10	182	1	22	87	33	40
2008-10—2009-04	-101	34	23	-5	-109	-44
2009-04—2009-10	-88	-69	-39	67	30	-77
累计	21	-16	20	133	-37	-79

青草沙水库北围堤上段前沿水域河床总体呈明显冲刷状态,统计期间 0m 以下河床总的冲刷量超过 1000 万 m³[表 9.2-3(2)]。从河床冲淤变化的时间看,围堤建设初期河床有小幅淤积,2008 年 4 月—2008 年 10 月,河床出现大强度冲刷,冲刷量超过 1000 万 m³;从河床冲淤部位看,冲刷主要出现在 -10m 以下的深水区域,而淤积主要位于 0~-3m 的浅水区间。

表 9.2-3(2)　　　　青草沙水库北围堤上段前沿水域河床冲淤量统计表

项目 时段（年-月）	冲淤量/万 m³					
	0m 以下	0~-3m	-3~-5m	-5~-10m	-10~-15m	-15m 以下
2007-12—2008-04	245	49	49	99	91	68
2008-04—2008-10	-1003	-177	-173	-200	-343	-85
2008-10—2009-04	546	270	100	239	26	50
2009-04—2009-10	-809	-63	-72	-114	-412	-134
累计	-1022	79	-96	24	-639	-102

青草沙水库北围堤中段前沿水域河床总体呈明显淤积状态[表 9.2-3(3)],0m 以下河床总的淤积量达到 1430 万 m³。从河床冲淤变化的时间看,在整个围堤建设期间河床

基本都处于淤积状态，只是在 2009 年 4 月以后，在 0～－10m 深度区间内出现小幅冲刷。北围堤中段前沿区域河床淤积和上段河床的冲刷有很大关系，两者之间存在上冲下淤的变化特点。

表 9.2-3 (3)　　青草沙水库北围堤中段前沿水域河床冲淤量统计表

项目 时段（年-月）	冲淤量/万 m³					
	0m 以下	0～－3m	－3～－5m	－5～－10m	－10～－15m	－15m 以下
2007－12—2008－04	382	46	36	164	120	49
2008－04—2008－10	583	2	64	252	233	86
2008－10—2009－04	481	331	40	40	98	79
2009－04—2009－10	－14	－5	－55	－53	78	39
累计	1432	374	85	403	529	253

青草沙水库北围堤下段前沿水域河床变化较大，特别是 2008 年 10 月—2009 年 4 月期间，统计区域 0m 以下河床容积淤积了 1820 万 m³ [表 9.2-3 (4)]。2009 年 4 月河床容积大幅减少的主要原因在于新建围堤建成后，统计区域内的一部分浅水区进入库区不再参加计算所致。2009 年 4 月后，该段围堤前沿河床出现明显冲刷，冲刷主要出现在－10m 以下的深水区域内。

表 9.2-3 (4)　　青草沙水库北围堤下段前沿水域河床冲淤量统计表

项目 时段（年-月）	冲淤量/万 m³					
	0m 以下	0～－3m	－3～－5m	－5～－10m	－10～－15m	－15m 以下
2007－12—2008－04	171	87	39	77	3	77
2008－04—2008－10	－323	－151	－97	－123	68	50
2008－10—2009－04	1820	472	290	630	400	177
2009－04—2009－10	－987	－127	－95	－73	－519	－113
累计	681	282	138	511	－47	191

青草沙水库南围堤前沿水域河床冲淤互现，冲刷量明显大于淤积量 [表 9.2-3 (5)]。2007 年 12 月—2009 年 10 月，统计区域 0m 以下河床累计冲刷 513 万 m³。冲刷主要出现在－5m 以下的区域，而淤积部位主要出现在 0～－5m 浅水区间内。

表 9.2-3 (5)　　青草沙水库南围堤下段前沿水域河床冲淤量统计表

项目 时段（年-月）	冲淤量/万 m³					
	0m 以下	0～－3m	－3～－5m	－5～－10m	－10～－15m	－15m 以下
2007－12—2008－04	－314	－50	0	－177	－72	－41
2008－04—2008－10	147	115	36	34	－45	－52
2008－10—2009－04	－358	－33	7	－172	－131	－92
2009－04—2009－10	12	192	15	－77	－104	－75
累计	－513	224	57	－392	－353	－259

5. 工程建设前后分流比变化

青草沙水库建成后，北港涨潮分流比变化不大，而落潮分流比和净泄量分流比有所增大［表9.2-4］。分析其原因，主要与南北港分流段实施的新浏河沙护滩工程与南沙头通道限流工程有关，新浏河沙护滩及南沙头通道限流工程的目的是稳定新浏河沙，限制南沙头通道的过流能力，限制南沙头通道进一步发展。青草沙水库工程对北港河段的分流形势及水流动力有一定的影响，但由于水库建于青草沙上，原始水深普遍较小，其对北港分流能力的影响有限，因水库建设失去的过水断面面积在随后的河床冲刷调整中又基本得到恢复。因此，青草沙水库工程对北港河段的分流形势影响较小。

表9.2-4 南、北港河段实测涨、落潮量及分流比成果

施测日期 （年-月-日）	潮别	南北港总潮量 /亿 m³	南港占比 /%	北港占比 /%	净泄量 /亿 m³	南港占比 /%	北港占比 /%
2002-9- 22—9-31	涨	38.81	52.2	47.8	33.74	43.3	56.7
	落	72.55	48.1	51.9			
	涨	12.86	56.0	44.0	30.55	41.8	58.2
	落	43.41	46.0	54.0			
2007-8-16— 8-17	涨	18.19	57.4	42.6	27.25	46.8	53.2
	落	45.44	50.0	50.0			
2010-8-10— 8-11	涨	41.87	57.2	42.8	42.20	40.8	59.2
	落	84.07	48.9	51.1			

9.2.4.5 小结

就原始河型而言，北港河段上段是一条顺直微弯、通航条件优良的河道，其上弯段位于崇明岛堡镇港至六滧港，下弯段位于横沙岛北侧，主槽水深一般为8～15m，上段凸岸为青草沙水库水域，下段凸岸为堡镇沙—团结沙水域。河床演变分析表明，在南支进入北港的3条水流通道中，新桥通道是过水断面面积最大、落潮流动力最强的主要通道，其对青草沙水库北围堤上段的影响最为明显。北港河段主要受落潮流控制，其河势及河床演变主要受上游南北港分流段河势、各通道分流形势及其水流动力变化的影响，目前，北港进口分流能力及水流动力强于南港，青草沙水库建成后，虽然北港上段河道宽度减小幅度较大，但由于北港河段原有尺度大，具有可供岸线调整的河道条件，加之水库围堤建于沙洲边缘，占用主河槽宽度较少，因此工程后北港河床调整主要以河槽冲刷下切为主，而深泓平面位置变化则相对较小，其径流分流能力也未受河宽减小的影响。

由于青草沙水库工程建成不久，工程区域河床仍在调整变化之中，预计未来一段时间内，其河势变化仍将主要受南北港分流段各通道分流形势的影响，而北港上段河床变化仍将以河槽冲刷下切为主。根据河床演变的一般规律以及河道整治的基本原则，过于宽阔的河道其河床变化的空间大，水流动力多变，主泓稳定性较弱，河势稳定性较差。因此，青草沙水库建设使北港上段河宽尺度减小，对于北港河段河势稳定及北港的进一步开发利用是有利的。

9.2.5　徐六泾节点整治工程对河势影响分析

徐六泾节点段左岸新通海沙水域岸线长达 14km 多，隶属于南通市；右岸常熟边滩水域位于金泾塘与白茆河之间。随着南北两岸港口经济和临港产业的快速发展，迫切需要结合系统的河道整治工程，圈围两岸边滩，开发新的宜港岸线。对新通海沙和常熟边滩的圈围，既可以缩窄河宽、归顺水流、稳定河势，又可以缓解两岸经济发展中岸线资源紧缺的矛盾，一举多得。因此，在国务院 2008 年 3 月批准的《长江口综合整治开发规划》中，徐六泾河段的整治列入"近期整治工程"部分。

徐六泾节点段左、右岸的岸线综合整治工程始于 2007 年后，因此本节以 2006 年资料为本底，对比工程前后徐六泾河段的变化。工程简介见第 5 章 5.2.2 小节。

9.2.5.1　河道边界变化

由图 5.2-2 可见，新通海沙岸线综合整治工程和常熟边滩整治工程实施后，左岸岸线向右大幅推移，最大右移达 2.8km，原向左弯曲的岸线形态调整成近乎直线状；南岸金泾塘—白茆河一段岸线则向左推移，但推移幅度不大，最大移动距离约为 460m。工程后，节点段河宽进一步缩窄，其中海门市和通州市分界处河道宽度减小幅度最大，减小了约 2.8km，河宽缩减至 4.9km，而最窄处河宽约为 4.7km，位于团结闸上游约 400m 处，徐六泾节点对河势的控制作用得到进一步加强。

由表 5.2-3 可知，受两岸岸线整治工程的直接影响，CK70、CK72、CK73 断面 0m 河宽大幅度缩小，与工程前相比，分别缩小了 962m、2069m 和 1480m，与历年 0m 平均河宽相比分别减小了 17%、27.1% 和 19.6%；未直接圈围的断面 CK70、CK71，0m 河宽则变化甚微，甚至还稍有扩大，CK74 虽然左岸新通海沙进行了圈围，但圈围部分处于 0m 以上的高滩，对 0m 河宽影响很小。

由前文表 5.2-1 和表 5.2-2 可知，徐六泾节点段 -5m 河槽的宽度从上游向下游逐渐增大，-5m 以下的断面面积则均于 2011 年达到近年的最大值，尤以近苏通大桥下游增大为最。因此，徐六泾节点段的岸线整治工程，缩窄了 0m 河宽，但 -5m 的河槽宽度和过水面积却有所增加。

9.2.5.2　深泓位置变化

徐六泾节点深泓线位置近期变化见图 5.2-5。在狼山沙形成初期及形成前，徐六泾节点段深泓变化主要受通州沙东、西水道变化的影响。狼山沙在淤积增大的同时不断下移西偏，最终使主流从狼山沙西水道转移至狼山沙东水道，这一变化对徐六泾节点及其下游河段产生了重要影响，使得狼山沙东、西水道的汇流点向下（东）移至徐六泾标附近，并使徐六泾节点段主流动力轴线进一步南靠，主深槽头部向右偏移，从而影响到白茆沙南、北水道的分流格局。

前文分析表明，与 2006 年相比，2011 年徐六泾节点段深泓线于苏通大桥处北移了近 500m，但下行至白茆河口附近又以原有的轨道分泄入白茆沙南北水道，未对下游分流区产生较大影响。

9.2.5.3　河床断面变化

徐六泾节点段的断面布置见图 5.2-2，工程前后断面对比见图 9.2-13，-10m 主河槽（不含小白茆沙内夹槽）以下的断面面积、宽度以及深泓点的平均水深分见表 9.2 - 5、表 9.2 - 6。

表 9.2 - 5　　　　　　徐六泾节点段主槽断面－10m 以下面积及宽度变化表

断面	面积/m²				宽度（m）			
	2006 - 05	2008 - 05	2011 - 11	平均	2006 - 05	2008 - 05	2011 - 11	平均
CK69	31998	29781	37256	33012	1850	2290	3187	2443
CK70	35483	34260	35392	35045	2208	2273	2332	2271
CK71	29725	30348	32945	31006	2736	2698	2658	2697
CK72	29206	28818	29330	29118	2960	2947	3088	2999
CK73	24985	23835	25452	24758	3324	3462	3584	3457
CK74	19708	18039	19468	19071	4004	4295	4321	4207

表 9.2 - 6　　　　　　　　徐六泾节点段主槽深泓点的变化

断面	高程/m				起点距/m			
	2006 - 05	2008 - 05	2011 - 11	平均	2006 - 05	2008 - 05	2011 - 11	平均
CK69	－57.0	－46.3	－50.4	－51.2	4170	4262	4245	4226
CK70	－38.8	－40.2	－36.6	－38.5	4230	4215	3689	4045
CK71	－34.2	－37.1	－36.6	－36.0	4625	4668	4654	4649
CK72	－29.2	－31.4	－30.0	－30.2	4269	4094	4238	4200
CK73	－20.9	－20.6	－22.0	－21.2	4299	4124	4268	4230
CK74	－17.3	－15.3	－16.2	－16.3	4732	5333	3415	4493

（1）CK69（南通围区Ⅰ）。工程前后对比，本断面深槽有冲有淤，－10m 以下的面积先小后大，－10m 槽宽逐渐增大，但平面位置在不到 100m 的范围内摆动，十分稳定。新通海沙上段 2010 年圈围后，围堤外 200～2200m 范围内剧烈冲刷，最大冲深达 11.5m，由图 9.4 - 1 可知，该处为采砂区。

（2）CK70（苏通大桥下约 400m）。工程前后对比，－10m 以下的断面面积变化不大，－10m 槽宽略有增大。深槽部位隆起的淤积体冲刷，深槽向"V"形转换，深泓点向左移动。主槽右侧变化不大，左侧以冲刷为主。近左岸原新通海沙内次深槽，因为上下两侧均圈围而呈淤积状态。

（3）CK71（金泾塘断面）。工程前后对比，本断面变化很小，深泓点十分稳定，－10m 以下面积稳定增大，－10m 槽宽略有减小。断面右侧白茆小沙略冲，断面左侧新通海沙内夹槽淤积。总体而言，工程建设对本断面的影响较小。

（4）CK72（海门上段围堤中部）。工程前后对比，本断面主槽比较稳定，－10m 以下面积及槽宽变化甚微，深泓点在不足 200m 的范围内摆动，右侧白茆小沙冲刷。

（5）CK73（新江海河下 500m）。工程前后对比，本断面 0m 以下的河宽由工程前的

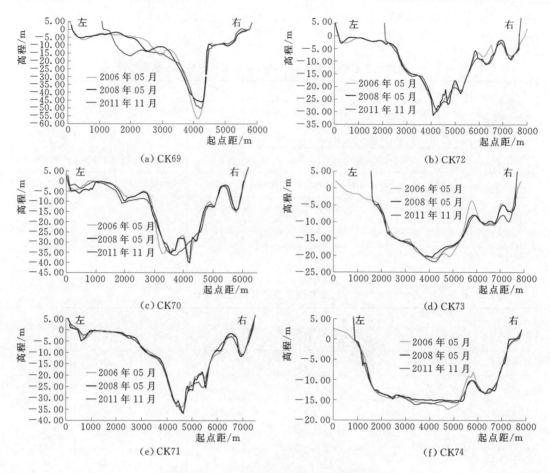

图 9.2－13　工程前后徐六泾节点段断面变化

平均 7550m 缩窄至 6070m，减小了近 20%，但－10m 河槽的宽度却稳定增加，由工程前的 3324m（2006 年）增大至工程后的 3584m（2011 年），增大了 7.8%。－10m 以下的面积略有增大。深泓点位置基本不变。断面右侧白茆小沙冲刷幅度较大。总体而言，本断面主槽稳定。

（6）CK74（白茆河下 700m）。工程前后对比，0m 以下的河宽由工程前的平均 7200m 缩窄至 6720m，减小了近 7%。－10m 以下的面积基本不变，－10m 槽宽略有增加。因本断面河槽扁平，深泓点的平面位置摆动较大，但断面形状基本不变。

断面分析表明：工程实施后，节点段 0m 河宽有不同程度的缩减，但－10m 以下的面积和槽宽整体以增大为主，深泓点摆动较小，主槽的断面形态基本不变。相对而言，苏通大桥的建设对本段河槽断面的影响稍大，详见第 9 章 9.3 节穿越工程（桥、隧）。

9.2.5.4　河床冲淤变化

由第 5 章 5.2.8 小节中表 5.2－6 可知，2001 年后，徐六泾节点段处于持续冲刷状态，冲刷量及冲刷强度较大的时期为 2006—2011 年，0m 以下河床冲刷速度达 1360 万 m^3/a。从河床冲淤变化分布看，冲刷主要出现－5～－15m 深度区域及－25m 以下的深槽水域，而在－15～－25m 的深度区间，河床冲淤基本平衡。由于徐六泾节点附近近年来实施的岸线调整圈围工程，其围堤内陆域形成的填充材料大多采用工程附近的江砂，因此，表中反映的河床冲刷量有相当部分是由采砂活动所贡献，统计时未扣减。

9.2.5.5　小结

（1）由于上游狼山沙下移、西偏，顶冲点下移，徐六泾节点段主泓有一定程度的右靠，水流动力分布向右增强，进入白茆沙汊道段的主流亦略向右偏移，促进了白茆沙水道"南强北弱"局面的形成，这些现象是节点段上游河势变化的结果，跟本段工程建设相关度不大。

（2）徐六泾节点段两岸整治工程实施以来，0m 河宽有不同程度的缩减，但－10m 以下的面积和槽宽整体以增大为主，主泓平面位置总体变化不大，主槽断面形态基本不变。

（3）本段河床冲淤变化总体延续 1998 年以来的变化趋势，即河床总体以冲刷为主，但冲刷主要出现在－5～－15m 深度区间内及－25m 以下的深槽水域，而在－15～－25m 的深度区间，河床冲淤基本平衡。相对而言，大洪水对本段河床的冲淤影响较显著。

9.2.6　滩涂开发利用中存在的主要问题

近 50 年来，长江口圈围造地近 150 万亩，这些工程促进了江中沙岛的合并，减少了河道的分汊，对长江口的河势稳定起到了积极的作用。但由于滩涂圈围与河势稳定之间的关系较为密切，若全面考虑滩涂圈围所带来的影响，有些圈围工程明显不利于河势的稳定，如徐六泾对岸江心沙北水道的封堵进一步恶化了北支的进流条件，加剧了北支的淤积萎缩趋势。20 世纪 90 年代中期，北支上段海门一侧圩角沙的圈围使江面宽度从 4.0km 缩窄到 2.5km 左右，导致北支上、下过水断面面积比由 1984 年的 1∶4 缩减为 2001 年的 1∶16，强化了北支喇叭型的河道形态，导致枯季大潮期青龙港涌潮加剧，涌潮掀起的底沙一部分在会潮区落淤，致使北支上段河槽持续淤积萎缩，北支的进流条件进一步恶化；另一部分泥沙倒灌进入南支，主要经由白茆沙北水道下泄，为该水道近年的缓慢淤积萎缩提供了物质基础。

通过近几十年来的圈围，长江口高滩大都已经围垦，今后中、低滩涂资源的促淤圈围，与河势变化之间的关系更加密切，不合理的圈围对河势稳定的影响也将更为严重。因此，滩涂圈围应在满足长江口综合整治要求的基础上，顺应河道演变发展的趋势，弄清哪些滩涂不能圈围，哪些可以圈围、在什么时候圈围及采用什么方式圈围等，使滩涂圈围与河道整治及河势控制有机结合，尽可能减小滩涂圈围对河势稳定带来的不利影响。

9.2.7　总结

长江口存在着丰富的滩涂资源且开发利用由来已久，上海市 2/3 的土地面积即来源于对滩涂的有序开垦。长江口历史上实施的大部分圈围工程对河势起到了积极的稳定作用，但也有个别工程对局部河势产生了不利影响。本节选择了近年来长江口地区规模较大的 3 个滩涂综合利用工程，从多方位详细分析了每个工程的影响，结论如下：

（1）太仓段岸线调整工程完成后，右岸岸线平均外推约 1km。工程实施后，工程河段深泓线平面位置略向右偏，主要原因在于出徐六泾的主流指向白茆沙南水道，使得南水道一直处于水流动力增强，河床总体冲刷的动力环境下，和右岸岸线调整工程没有直接关系。因此，工程对河势的影响主要体现在工程后，右岸岸线位置及河道宽度发生了明显变化，河势演变仍延续着工程前的变化趋势。

（2）青草沙水库建成后，虽然北港上段河道宽度减小幅度较大，但由于北港原有尺度大，具有可供岸线调整的河道空间，加之水库围堤建于沙洲边缘，较少占用主河槽宽度，因此工程后北港河床调整主要以河槽冲刷下切为主，而深泓平面位置变化则相对较小，其分流能力也未受河宽减小的影响。

（3）徐六泾节点段两岸边滩圈围及整治工程实施后，0m 河宽有不同程度的缩减，但−10m 以下的面积和槽宽整体以增大为主，主槽的断面形态基本不变，主泓平面位置总体变化不大，水流动力分布向右有所增强，出口段主流略向右偏移，促进了白茆沙水道"南强北弱"局面的形成，这些现象是节点段上游河势变化的结果，跟本段工程建设相关度不大。

从以上长江口近期实施的 3 个重大滩涂开发利用工程影响看，短期内工程建设未对工程河段河势产生明显不利的影响，各河段延续着以前的演变格局。对工程下游河势的影响，因时效尚短有待观察，如近期扁担沙上冲下淤、沙尾下延南压，南支主槽向宽浅型发展是否与太仓段岸线调整围滩工程有关，北港上段深泓线偏左，下段深泓偏右，拦门沙河段上冲下淤的近期演变特征是否与青草沙水库工程建设有关等，均需要在以后的工作中进一步重点关注。

滩涂圈围改变了河道边界，缩窄了河道，减小了主流摆动的空间，对河势稳定是有利的。从基础资料中可以看到，这 3 个工程有个共同的特点，即在工程建设前后，均有全面的规划、详细的调查、深入的研究、审慎的设计、紧密的跟踪，乃至于科学的后评估，因此，在长江口地区开展合理、适度、科学的滩涂圈围工作，不仅是解决经济发展与土地资源紧缺之间的矛盾的有效途径，而且能成为长江口河势控制工程的重要组成部分。

9.3　穿越工程（桥、隧）

9.3.1　桥隧的特殊性

天然河道是水流、泥沙、土质、地质等自然因素长期演变的产物，它们之间一般是互相适应的。但是河道会随着制约其变化的自然因素的改变而变化，如流量大小和水位涨落，引起河床冲淤、深泓摆动、地貌游移等，因此天然河流都处于不停地变化运动之中[11]。随着经济建设的不断发展，人类对河流的影响越来越大，如兴建跨河桥梁、隧道、港口码头、圈围工程等，这些活动改变了河道原有的边界条件，从而使河床演变出现新的特点。

以修筑跨河桥梁为例，由于墩、台等建筑物的挤压、干扰作用，桥梁上游常产生壅水，水位升高，流速减缓，水流挟运泥沙能力有所降低，建桥前原有的边滩、心滩等成型堆积体，建桥后淤积范围可能进一步扩大，滩面高程可能会有所抬高，这些又会对水流起反作用，使主流及河势随之发生变迁。在桥位处，由于桥墩的兴建压缩了河道，缩小了桥位断面的过水面积，因此桥下流速会加大，从而加剧了河床冲刷的程度；另外，由于桥梁墩台的局部阻水作用，使桥梁墩台处的水流产生复杂的变化，如产生绕流、涡流、尾流等水流紊乱现象，从而造成对桥梁墩台附近的局部冲刷。桥梁下游，由于桥梁附近加大了的水面比降和流速要经过一段距离的重新调整才能逐步过渡到更下游的河流的自然形态，因此桥梁下游一定范围内河床仍会有不同程度的冲刷。此后，水流逐渐扩散，流速渐减，最后又恢复到自然情况，上游冲刷的泥沙一部分也可能在适当地方淤停下来[12]。应该引起注意的是，耸立于主流中的桥墩，特别是多跨桥墩犹如一排人工导流墩，它们与主流交角的大小常对下游河床演变带来一定的影响，严重者甚至会改变桥孔出流后的主泓方向，由此波及下游的河床变迁。因为不同水情下来流方向不尽相同，所以桥墩与主流的交角也不一样，交角愈大，水流条件愈复杂，这不仅会导致河床冲淤多变，而且在某些情况下还可能使船舶难以安全地通过桥孔。隧道和其他管线，虽然都置于河床以下，但必须考虑河床历来的冲淤变化和未来的冲淤趋势，预判对其安全运行可能产生的影响，同时，除工程本身必要的防护外，还要考虑岸线堤防及其防护工程对其安全可能产生的影响。

长江江阴至出海口河段已建的大型跨江桥梁和隧道有：江阴长江公路大桥（已建）、苏通长江公路大桥（已建，下文简称苏通大桥）、崇启长江公路大桥（已建）、上海崇明越江通道南隧北桥工程（已建）；拟建的有：沪通铁路长江大桥、崇海长江公路大桥。江阴大桥在长江中没有布置墩台，且南、北两塔位于岸边，因此大桥建设不占用所在位置过水断面面积，对河势、行洪、航道几乎没有影响；上海南港隧道，未在南港航道上造成障碍，不会对南港河势及行洪造成影响。

苏通大桥、崇启大桥和上海北港长江大桥分别在长江徐六泾节点段、北支中下段及北港建有大量墩、台，这些涉水工程的建设对所在河段的航运、行洪及河势都带来不同程度的影响。由于苏通大桥所处位置水深、流急，且桥位下游还有 3 个分汊口，水文条件十分复杂，设计资料显示，水位 3m 时，苏通大桥墩台阻水面积占整个断面面积的 8.78%，因此其影响相对较大。本节以苏通大桥为例，分析长江口大型跨河桥梁工程对附近流场和地形的影响等。

9.3.2　苏通大桥简介

9.3.2.1　桥梁基本情况

苏通大桥位于江苏省东部的南通市和苏州（常熟）市之间，是交通部规划的国家高速公路沈阳至海口通道和江苏省公路主骨架的重要组成部分，是我国建桥史上综合建设条件最复杂、建设标准最高、科技含量最高的现代化特大型桥梁工程之一。工程于 2003 年 6 月 27 日开工，于 2008 年 6 月 30 日建成通车。主要参数如下[13-14]：

苏通大桥工程起于通启高速公路的小海互通立交，终于苏嘉杭高速公路董浜互通立交，线路全长 32.4km，主要由北岸接线工程、跨江大桥和南岸接线工程 3 部分组成，其中跨江大桥长 8.146km，北接线长约 15.1km，南接线长约 9.2km。

苏通大桥跨河桥墩共有113排。主桥采用总长2088m的双塔双索面钢箱梁斜拉桥，主孔跨度1088m，列世界第二（目前最大斜拉桥主跨是俄罗斯的跨东博斯鲁斯海峡的俄罗斯岛大桥，其主跨1104m）；主塔高度300.4m，列世界第二（第一同样是俄罗斯岛大桥，超过320m）。4号（北）和5号（南）主墩基础各由131根长约120m、直径2.5～2.85m的钻孔灌注桩组成，承台长114m、宽48m，承台厚度由边缘的5m变化到最厚处为13.32m，每墩灌注混凝土达5万m³，是世界规模最大、入土最深的桥梁桩基础。大桥主桥通航净空高62m，宽891m，可满足5万t级集装箱货轮和4.8万t船队通航需要。

9.3.2.2　主塔墩基础永久性冲刷防护措施

苏通大桥所处长江徐六泾节点段，水文条件复杂，桥位江面宽约5.7km，主桥墩处水深超过30m，浪高1～3m，桥位处最大流速达4.47m/s。根据南京水利科学研究院研究成果[15]，在考虑了潮汐水流对局部冲刷的影响后，300年一遇的流速条件下，北主墩（4号主墩）落潮流侧最大冲刷深度为22.49m，涨潮流侧最大冲刷深度为18.43m；南主墩（5号主墩）落潮流侧最大冲刷深度为23.66m，涨潮流侧最大冲刷深度为19.38m。由于冲刷深度较大，为了加强南、北主墩基础的安全性，针对其采用了冲刷防护措施。

苏通大桥主塔墩基础冲刷防护工程为永久性工程，以塔墩为中心，每个防护区东西向长380m，南北向宽280m。工程从2003年7月底开始，至2004年5月底完成。南、北主墩累计抛投袋装砂、级配碎石和块石109万m³，防护面积21万m²。施工期和长期监测结果显示防护工程区及周边河床总体稳定，为保证基础及上部结构安全奠定了基础。

9.3.3 苏通大桥所在河段河势及建设条件概况

苏通大桥附近河势见图 9.3-1,长江口现状河势见图 2.2-1。

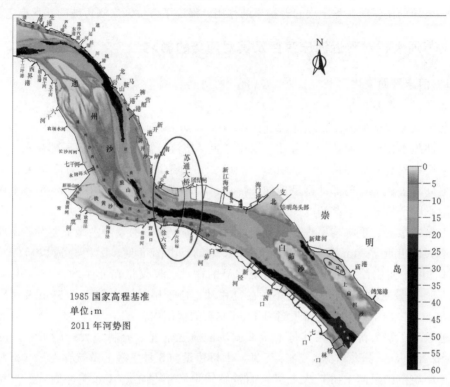

图 9.3-1 苏通大桥所在河段河势图

影响徐六泾节点段水流动力变化的河段,大致从长江澄通段的十二圩开始,到崇明岛的崇头止。长江澄通段十二圩以下,深槽开始偏离南岸,逐渐向横港沙一侧过渡至通州沙水道。通州沙东水道为主汊,近年来主汊分流比在90%以上,河床主槽紧靠左岸(任港—龙爪岩),断面深槽呈偏北的"V"形;西水道为支汊,水道宽浅,滩槽易变,局部冲淤频繁。

长江主流出龙爪岩后进入狼山沙东水道。狼山沙东水道河势顺直,主深槽紧靠狼山沙东侧,沙头略有后退。近年来,狼山沙尾部已逼近徐六泾节点段的深槽,并渐趋稳定。在狼山沙东侧受冲的同时,新开沙西侧向外扩展,并向下延伸。狼山沙东、西水道和通州沙西水道三股水流汇合后,于徐六泾节点段偏南下泄,导致节点段河床断面呈偏南的 V 形。

双向水、沙的运动是徐六径节点的动力特征。桥位断面,处于洪水期潮流界以下,是长江口外潮波向内上溯的咽喉,虽然断面总体构架变化不大,但处于不断的冲、淤变化过程之中,相对而言,断面北岸滩地的冲淤变化大于偏南的深槽的变化。

从主流动力轴线历年变化可以看出,作用于徐六泾节点段的水动力方向均为由北向南,因此南侧边坡的抗冲性能是保证主槽稳定的关键。地质勘测资料显示,桥位附近南侧区域普遍分布有淤泥质黏土,范围在−24～−10m 之间。

根据桥区河床抗冲性能试验成果,淤泥质亚黏土抗冲性能较强,平均起动流速为 2.2m/

s（垂线平均），粉砂抗冲性能较弱，平均起动流速为 0.61m/s。统计资料显示，徐六泾节点段落潮平均流速常年在 2.0m/s 以下，一年中洪季大潮落潮流速超过 2.2m/s 的时间一般占全年 1/30～1/40 之间，表明桥位附近南侧边坡稳定中略有冲刷的特点。目前覆盖在桥区南侧的 6～9m 厚的淤泥质亚黏土层起着护岸的作用，保证了桥位区南侧边坡的基本稳定。

9.3.4 苏通大桥对附近河床演变及其对河势的影响

9.3.4.1 河床平面变化

苏通大桥主桥基础于 2003 年 6 月正式开工，2005 年 8 月完工。大桥桩基施工之前，主通航孔中间偏北区域河床平整纾缓［图 9.3-2（a）］，而桩基施工完成之后，由于桥梁墩台的局部阻水作用，使桥梁墩台处的水流产生了绕流、涡流、尾流等局部流态，从而造成了桥梁墩台附近的局部冲刷［图 9.3-2（b）］。由于徐六泾节点段潮流量大，主流偏南，且落潮流占优势，局部冲刷呈现如下特点：①冲刷范围主要集中在 3～5 号主墩的下游，下游影响至桥轴线下游约 3.5km 处。上游影响至桥轴线上游仅约 0.8km 处。②位于南侧的 5 号主墩上、下游均出现了明显的冲刷，而位于北侧的 4 号主墩上游冲刷不明显。

苏通大桥附近－20m 深槽的演变见图 9.3-3，由图可见，大桥建成以后，其附近－20m 深槽的平面位置总体上并没有出现明显的摆动，仅仅是在北主墩（1～4 号主墩）、南主墩（5～8 号主墩）附近有些较小的往复移动，位于桥轴线上游约 0.5km 及桥轴线下游约 2.5km，横向上两侧移动幅度各 0.5km 左右的范围内。

为进一步了解大桥附近尤其是下游冲刷坑的演变情况，绘制了大桥附近－40m 等高线变化图（图 9.3-4）。由图 9.3-4 可见，大桥建设前 5 号主墩上游就存在－40m 槽冲刷坑，且冲刷坑范围呈现向上游扩大之势，而桥轴线下游不存在－40m 槽冲刷坑。大桥基础建设完成以后，2005 年 10 月实测水下地形图显示，大桥北主墩下游约 3.5km 的范围内依次出现了 3 个－40m 槽冲刷坑，其中上游位于 3～4 号主墩之间的最小，中间的和下游的面积均约 0.3km²、最大长度约 1km，最大宽度约 350m。至 2010 年 10 月，各冲刷坑虽有冲淤，但其位置、大小基本稳定。在一系列防冲刷措施的作用下，因大桥建设对其附近河床所带来的冲刷影响，目前已基本稳定下来。

从大桥位置深泓线的变化看（图 9.3-5），大桥桩基建设前过主通航孔的深泓线就有自徐六泾标附近逐渐往 4 号主墩前沿移动的趋势，随着主通航孔北侧 4 号主墩及其防冲措施建设完成，深泓线北移之势得到遏制，2005 年 10 月之后，过主通航孔的深泓线渐趋稳定下来；但从 5 号主墩上游深泓线的变化看，近期过徐六泾标的深泓线有向其靠近之势，应密切关注其变化可能对大桥南主墩带来的不利影响。

由大桥建设前后深泓线的演变可知（图 9.3-5），苏通大桥的建设对白茆沙南、北水道分流区变化的影响较小。

9.3.4.2 河床断面变化

为详细了解苏通大桥建设前后附近河床断面的演变情况，在其上、下游各 2km 范围内布置了 11 个分析断面，各断面距大桥的距离分别为 100m、250m、500m、1000m、2000m，断面布置见图 9.3-6，各断面演变情况见图 9.3-7。

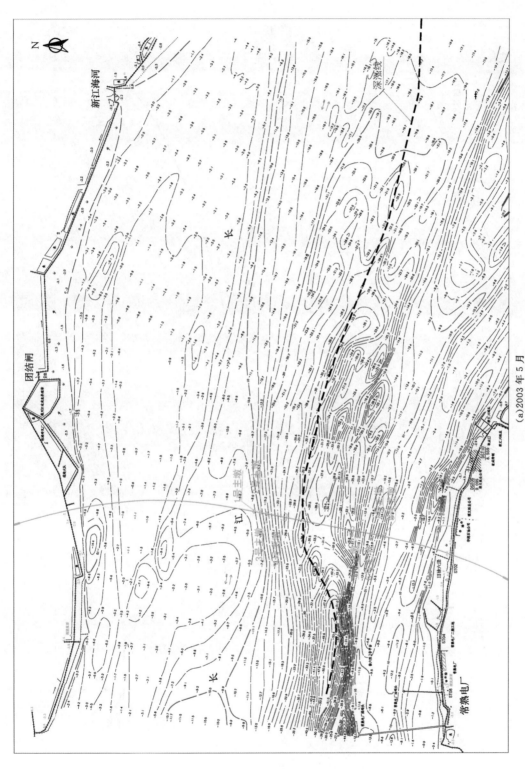

（a）2003 年 5 月

图 9.3 - 2（一） 苏通大桥附近实测水下地形图

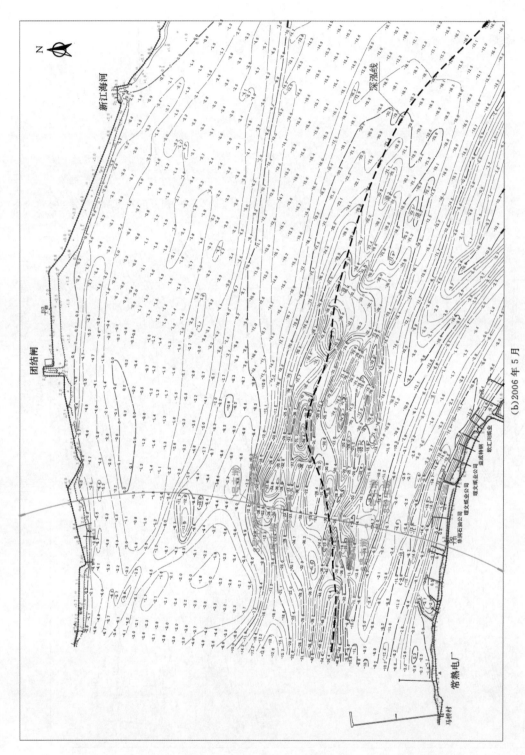

（b）2006 年 5 月

图 9.3-2（二）　苏通大桥附近实测水下地形图

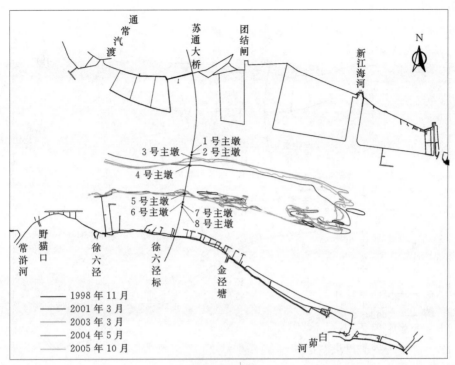

(a)1998—2005 年

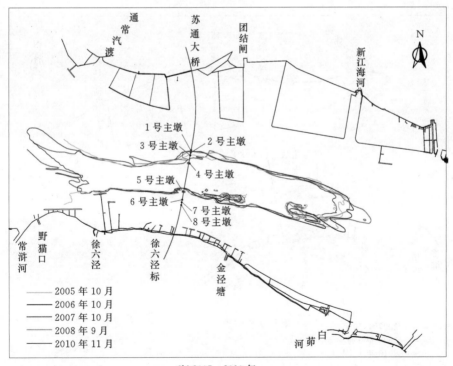

(b)2005—2010 年

图 9.3-3　建桥前后附近－20m 深槽演变图

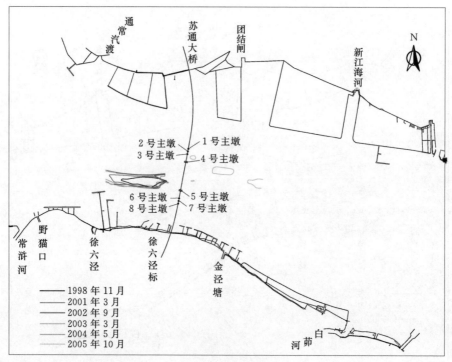

(a)1998—2005 年

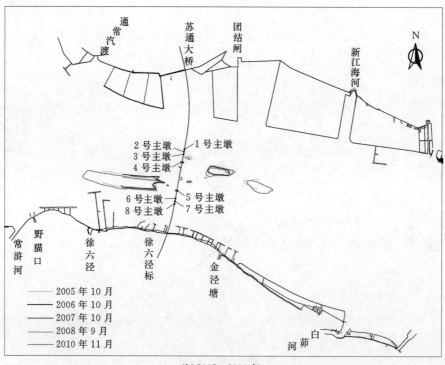

(b)2005—2010 年

图 9.3-4 建桥前后附近-40m 深槽演变图

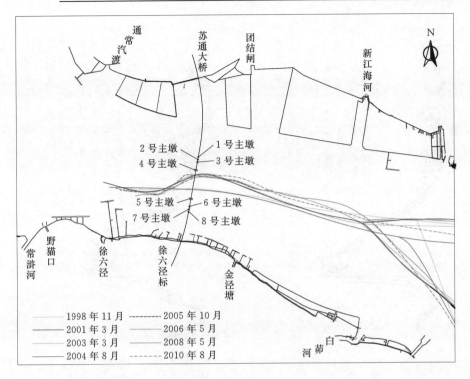

图 9.3-5　建桥前后徐六泾至白茆河口段深泓线演变图

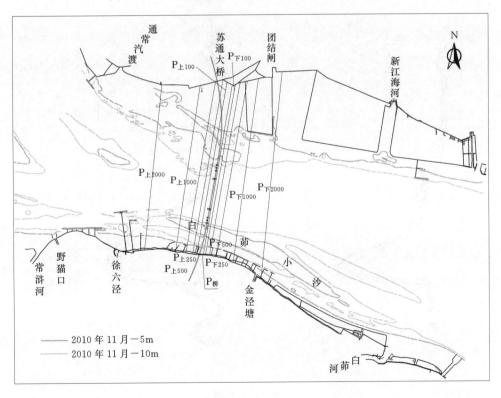

图 9.3-6　苏通大桥附近分析断面布置图

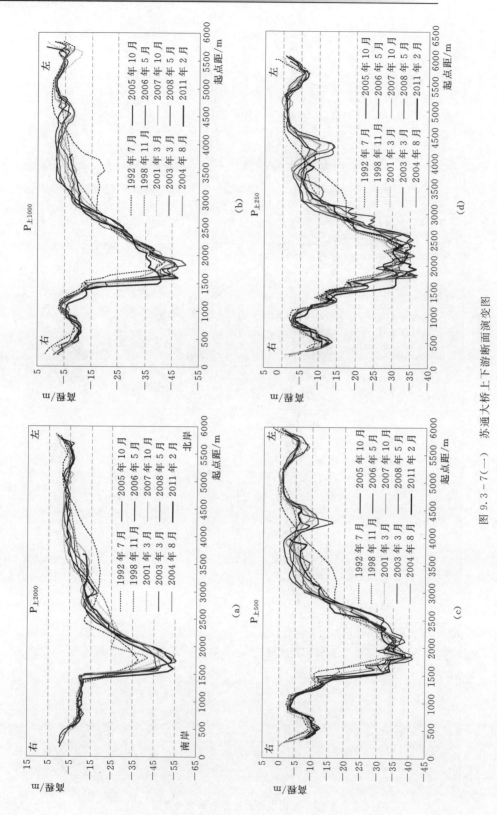

图 9.3 - 7(一)　苏通大桥上下游断面演变图

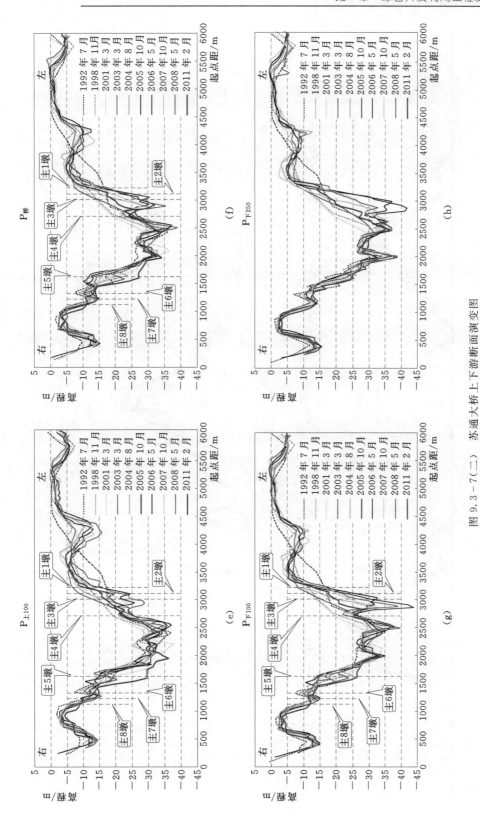

图 9.3-7(二) 苏通大桥上下游断面演变图

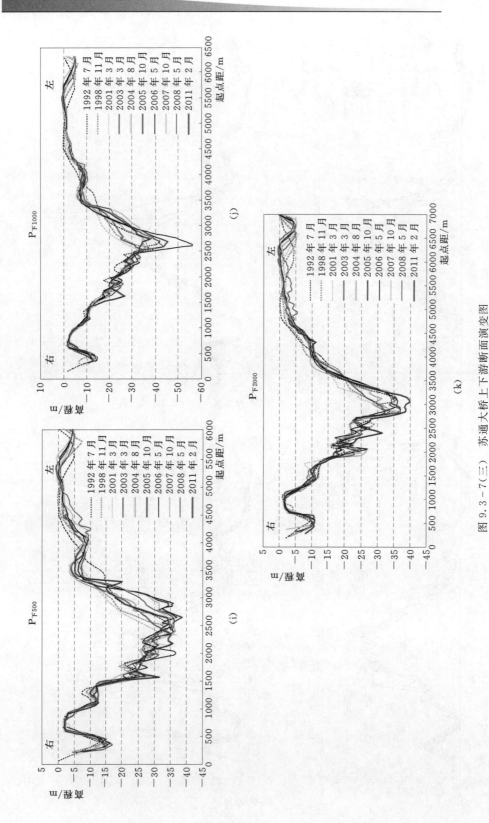

图 9.3-7(三)　苏通大桥上下游断面演变图

由图 9.3-7 可见，大桥上游 2km、1km 河床已基本不受桥墩的影响，河床断面的演变基本处于自然状况。从大桥上游 500m 至下游 2km 范围以内河床断面演变图来看，越接近于大桥位置，各断面演变受桥墩的影响就越剧烈。由于桥墩的兴建压缩了河道，缩小了桥位断面的过水面积，因此大桥附近上、下游涨、落潮流速会加大，从而加剧了河床冲刷的程度，主要表现为河床断面呈锯齿状。从横向上来看，3 号主墩和 4 号主墩周边河床受桩基影响演变最为剧烈，这与其处于水流顶冲位置有关（图 9.3-5）。经统计，桥位断面、桥位下游的 100m、250m、500m、1000m 以及 2000m 断面处 3 号主墩和 4 号主墩之间河床最大冲深分别达到了约 17m、24m、20m、12m、25m 和 11m。

上述分析表明，苏通大桥建成以后河床的最大冲深位于大桥 3 号主墩和 4 号主墩下游约 2km 范围内，量值在 25m 以内。

由图 9.3-8 桥位上、下游 2km 范围内深泓纵断面变化图可见，历年来大桥附近河床呈上低、下高的态势。虽然大桥建设以后上游 500m、下游 3km 范围内河床出现了不同程度的冲刷，但上述态势并没有因为大桥的建设而改变。

9.3.4.3 工程前后附近河床冲淤变化

为定量了解苏通大桥建设前后附近河床的冲淤变化情况，统计了大桥附近-20m 槽历年的槽蓄量情况。统计范围上至大桥上游 2km，下至大桥下游-20m 槽末端，结果见图 9.3-9。

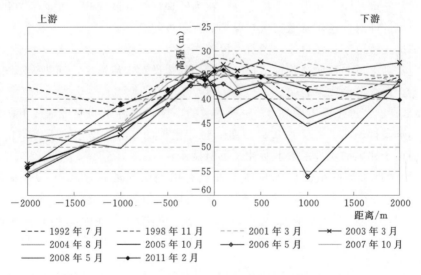

图 9.3-8 桥位上、下游 2000m 范围内深泓纵断面变化图

结果显示，自 1998 年以来，苏通大桥附近-20m 槽槽蓄量在 0.36 亿～1.01 亿 m^3 之间变化。受大桥桩基建设引起局部河床冲刷的影响，最大槽蓄量出现在 2006 年，为 1.01 亿 m^3。在 2003 年 7 月—2004 年 5 月期间，有关方面实施了大桥主塔墩基础冲刷防护永久性工程，受此影响，2003—2004 年-20m 槽槽蓄量维持在 0.78 亿～0.77 亿 m^3 之间，几乎未变。2004 年之后，河槽继续刷深，至 2006 年-20m 槽槽蓄量达到最大值。至今，-20m 河槽虽有冲淤，但槽蓄量基本维持在 1.0 亿 m^3 左右，渐趋稳定。

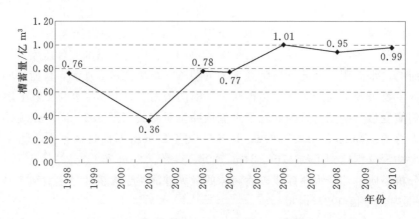

图 9.3 - 9　桥位上下游 -20m 高程以下槽蓄量变化图

9.3.5　小结

（1）随着长江口地区国民经济的持续发展，人们对交通的需求日益迫切，今后本地区大型跨江桥梁的建设会不断增多。桥墩的建设打破了天然河道局部区域水流泥沙运动和地形之间的平衡，可能引起局部河床的冲淤变形，也可能对河势的稳定带来影响。因此，必须本着科学的态度，深入地进行分析论证，在为管理部门开展堤防、航道维护和治理措施提供科学依据的同时，也对桥墩安全与保护具有积极的意义。

（2）苏通大桥位于长江口徐六泾节点段，水流呈往复流，潮流量大，主流偏南岸，且落潮流占优势。大桥主通航孔跨过了长江主槽，其建设对水流流场、河势等影响的范围和程度均较小。跟踪监测成果表明：

1）局部冲刷范围主要集中在 3～5 号主墩的下游，下游影响至桥轴线下游约 3.5km 处，上游影响至桥轴线上游仅约 0.8km 处；位于南侧的 5 号主墩上、下游均出现了明显的冲刷，而位于北侧的 4 号主墩上游冲刷不明显。

2）大桥附近主流的平面位置总体上并没有出现明显的摆动。-20m 深槽仅仅是在北主墩（1～4 号主墩）、南主墩（5～8 号主墩）附近有些较小的往复移动，影响范围纵向上约 3km，其中桥轴线上游约 0.5km，桥轴线下游约 2.5km；横向上两侧移动幅度各 0.5km 左右。受局部河床冲刷的影响，-20m 槽蓄量有所增加，但近期已趋稳定。

3）大桥建成后，下游白茆沙南、北水道分流变化较小。

4）河床的最大冲深位于大桥 3 号主墩和 4 号主墩下游约 2km 范围内，最大冲刷深度在 25m 以内。

（3）大桥桩基建设前过主通航孔的深泓线是自徐六泾标附近渐往左经 4 号主墩前沿，随着主通航孔北侧 4 号主墩及其防冲措施建设完成，深泓线的走势得到控制，2005 年 10 月后，过主通航孔的深泓线渐趋稳定下来；但从 5 号主墩上游深泓线的变化看，近期过徐六泾标的深泓线有向其靠近之势，相关部门应密切关注其可能的变化以及对大桥南主墩带来的影响。

9.4 采砂活动

长江采砂必须在保证河势稳定、防洪安全、通航安全,满足生态与环境保护要求等前提下进行。采砂对河势的影响程度与采砂部位、采砂量及采砂时间等密切相关,有些影响要在采砂过后数年甚至更长时间才会显现。河床具有一定的自我修复能力,在非敏感区域采砂或采砂量较少一般不会对河势稳定产生明显不利影响,但不受限制的无序采砂会严重影响河势的稳定。长江口河段采砂量大,采砂区域和采砂时间相对集中,随着长江口地区经济社会的进一步发展,沿江吹填造地、堤防建设、河道及航道整治、填塘固基等工程对江砂的需求还将持续相当长的时间。采砂对局部河段河床影响程度如何,对河势稳定有无影响,采砂后河床恢复情况如何,以往采砂存在哪些问题,分析研究上述问题,对长江口今后更好地按照依法、科学、有序的原则进行采砂活动,以及进一步加强江砂资源利用管理工作都具有重要意义。

9.4.1 长江口河道采砂状况

长江口主要为工程类采砂,基于人多地少的基本国情和土地资源的不可再生性,我国实行了最严格的耕地保护政策,对于填筑土方量需求较大的工程,从陆域取土作为建筑基础的充填材料非常困难,不仅成本高,对土地资源及环境的不利影响也很大。从长江河道采砂具有施工方便、周期短、投资省、对环境影响相对较小等诸多优点,因此,江砂成为长江口地区建设用砂的主要来源。

长江口人工采砂活动始于 20 世纪 80 年代,到 90 年代后期逐渐形成一定规模。2000 年以后,随着沿江一批河道及航道整治、岸线调整、围滩造地等工程的实施以及沿江码头港口和临江产业的迅速发展,作为陆域形成和地基处理主要填充料的江砂需求量也逐年增大。近年来实施的太仓港岸线调整围滩、常熟边滩圈围、新通海沙岸线调整围滩、上海浦东国际机场、洋山深水港、上海芦潮港海港新城、上海临港新城、金山漕泾上海化学工业园区、崇明东滩促淤圈围、南汇边滩促淤圈围、横沙东滩促淤圈围等工程,其吹填用沙均来自长江。

长江口江苏段采砂量较大的采砂区主要位于通州沙河段下段、徐六泾至七丫口之间的南支河段上段、北支进口口门附近水域、北支中下段,上游福姜沙河段及如皋沙群河段的采砂总量较小。据统计,自 20 世纪 90 年代至 2012 年,长江口江苏段经批准许可的采砂总量近 2.0 亿 m^3,若加上违规采砂,实际采砂量在 2.5 亿 m^3 左右。图 9.4 - 1 为长江口徐六泾附近河段部分采砂区分布图,其中太仓港岸线调整围滩吹填一~六期工程和"荣文"围滩吹填工程许可采砂总量达 6149 万 m^3,新通海沙综合整治工程许可采砂总量达 5700 万 m^3,常熟边滩圈围工程许可采砂总量为 680 万 m^3,部分采砂区开采控制指标见表 9.4 - 1、表 9.4 - 2。徐六泾节点附近河段采砂总量大,采砂区较为集中,前文分析可知(表 5.2 - 6、表 5.3 - 5),徐六泾河段采砂量已远远大于同期自然状态下的河床冲刷量。

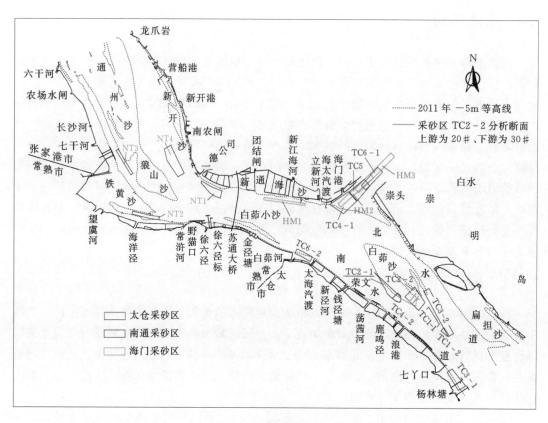

图 9.4-1　长江口徐六泾附近河段部分采砂区分布图

表 9.4-1　　　　　　　新通海沙岸线调整围滩工程采砂区开采控制指标

作业 时间段	采砂区编号	采量 /万 m³	控制高程 /m	面积 /万 m²	平均采深 /m
第一年度	海门采砂区一（HM1）	600	−15.0	120	5.0
	海门采砂区二（HM2）	1100	−8.0	260	4.2
	南通采砂区一（NT1）	700	−10.0	167	4.3
	南通采砂区二（NT2）	300	−12.0	110	2.7
	南通采砂区三（NT3）	400	−10.0	95	4.2
第二年度	海门采砂区三（HM3）	1500			
	南通采砂区四（NT4）	1100			

表 9.4-2　　　　　　　太仓港岸线调整围滩工程采砂区开采控制指标

采砂区编号	采量 /万 m³	控制高程 /m	面积 /万 m²	平均采深 /m
TC1-1 TC1-2	600			

采砂区编号	采量 /万 m³	控制高程 /m	面积 /万 m²	平均采深 /m
TC2-1	200	−8.8		
TC2-2	570	−8.8	294	1.9
TC3-1	520	−10.0	200	2.6
TC3-2	900	−13.0	406	2.2
TC4-1	880	−8.0	406	2.2
TC4-2	100	−7.0	61.1	1.6
TC5	650	−5.5	260	2.0
TC6-1	920	−5.5	210	4.4
TC6-2	400	−9.7	108	3.7
TC-荣文	369	−8.0	205	1.8

　　上海市围涂造地规模较大，对江砂的需求量也大。据统计，仅 2004—2005 年，经许可从长江上海段河道采砂用于圈围造地的砂量就达 7800 多万 m³。据估算[16]，"十二五"期间上海共需砂 3.3 亿 m³，其中筑堤砂约 0.4 亿 m³，吹填和堆载砂约 2.9 亿 m³，而未来横沙东滩促淤圈围工程约需江砂 3.27 亿 m³，崇明北沿促淤圈围工程约需江砂 6.0 亿 m³，南汇嘴控制工程约需江砂 5.0 亿 m³，因此，上海市仅完成横沙东滩、崇明北沿、南汇嘴控制三大促淤圈围工程就至少需要 14.0 亿 m³ 的长江泥沙[17]。

　　在工程建设规模大、周期短、砂源区至用砂区距离一般不宜太远的条件下，长江口采砂活动呈现两个明显特点，一是采砂量大，单一项目采砂量可达数百万甚至上千万立方米；二是在时间和空间上相对较为集中，2003—2010 年，仅徐六泾附近河段采砂总量就达 1.2 亿 m³ 左右，其中北支口门、白茆沙沙体右侧等位置曾先后多次作为不同项目的采砂区。长江口的采砂活动对河床的影响大，采砂造成的河床变化一般大于自然状态下的变化，因此，及时开展采砂对河床及河势影响的分析研究工作是非常必要的。

9.4.2　采砂对河床演变的影响

　　采砂对河床的影响是显而易见的。河床物质主要由泥沙组成，采砂是直接作用于河床的一种人为活动，短期内对河床变形的作用远大于自然演变的作用。长江口泥沙以细砂为主，采砂作业大多采用绞吸式挖泥船。采砂作业完成后，河床形态发生明显改变，床面形成线状或面状的采砂坑。以太仓港二期围滩工程为例，该工程批准采砂量 770 万 m³，其中 2 号采砂区位于白茆沙下段右侧，批准总采砂量 570 万 m³，控制开采高程 −8.80m，见图 9.4-1 和表 9.4-2。该项目采砂作业于 2003 年 2 月开工，2003 年 10 月结束，6—9月为禁采期停止作业。根据监管要求，在采砂作业前、作业中和作业完成后对该采区地形进行了大比例尺跟踪监测，采砂前后采砂区河床变化见表 9.4-3，图 9.4-2 为采砂前后河床断面变化图，断面布置见图 9.4-1。表 9.4-3 显示，采砂后采区沙体体积减少了815 万 m³，大于控制开采量，除可能的超采外，还因为采砂活动破坏了河床原有结构形态，河床密实度下降，降低了河床的抗冲刷能力，导致河床冲刷量增大。

表 9.4-3　　　　太仓港二期围滩工程 2 号采砂区采砂前后河床变化量　　　　单位：万 m³

时　间　段	0m 以下	0～−3m	−3～−5m	−5～−8m	−8m 以下
1998—2002 年	−48.1	9.7	−21.5	−43.4	7.1
2002 年—2003 年 1 月	−20.2	38.7	−15.3	−43.9	0.3
2003 年 1 月—2003 年 6 月	−395.7	−120.1	−138.4	−133.8	−3.4
2003 年 6 月—2003 年 11 月	−419.4	−75.9	−156.6	−190.1	3.2
2003 年 11 月—2004 年 6 月	62.5	−2.4	−3.9	68.4	0.4
2004 年 6 月—2005 年 4 月	52.3	—	−6.6	59.5	−0.6
2005 年 4 月—2006 年	121.8	−0.1	25.4	97.2	−0.7
2006—2008 年	44.2	—	19.3	26.3	−1.4
2008—2011 年	99.5	0.8	30.6	64.7	3.4
总计	−503.1	−149.3	−267	−95.1	8.3

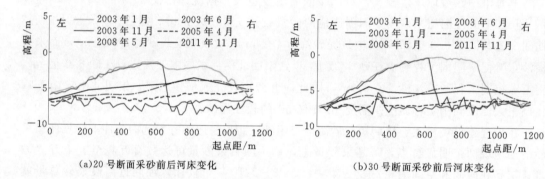

(a) 20 号断面采砂前后河床变化　　　　　　(b) 30 号断面采砂前后河床变化

图 9.4-2　太仓港二期围滩 2 号采砂区（TC2-2）采砂前后河床变化

图 9.4-2 显示了从右向左的采砂掘进过程，采砂后床面高程大多在 −8m 以上，−8m 以下变化不大，表明采砂控制开采高程符合要求。采砂坑使河床断面形态由平滑的曲面变成凹凸不平的锯齿状，采砂后河床进入自我调整恢复期，在水沙动力的作用下，凹凸不平的床面逐渐向平滑方向调整，河床高程也有所抬高。

试验表明，采砂后河床调整从溯源冲刷开始，在线状或面状采砂坑的影响下，床面上的水流运动类似于"跌水"，采砂坑上下游边缘水流向下跌落呈弯曲状，水流运动明显加速，水流的挟沙能力提高，冲刷能力增强。因缘口部位遭受水流冲蚀，上缘口水流的弯曲点逐渐向上游移动，下缘口水流的弯曲点逐渐向下游移动，床面不断冲蚀，采砂坑的范围向上下游延展[18]。同时，横向次生流不断淘刷采砂坑之间的突出部位，使冲刷范围不断扩大，水流挟带和冲刷的泥沙容易落入采砂坑而逐渐淤积，河床床面向平滑方向调整。河床调整是将河床突出部位冲刷回淤至低洼处、采砂坑横断面不断展宽、范围不断扩大的过程，最终使河床重回平顺状态。这一调整过程在洪水的作用下会明显加快，特别是采砂坑宽度的变化。

采砂后河床恢复情况如何，是判断泥沙补给状况的重要依据，也是分析采砂对河床演变影响程度的关键因素。由表 9.4-3 和图 9.4-2 可见，在采砂活动结束后的前 3 年里，太仓港二期围滩工程 2 号采砂区泥沙回淤较为明显，床面采砂坑基本消失，河床断面形态调整至平滑状态，河床淤高；之后泥沙回淤速度降低，床面高程抬升缓慢。根据 2011 年 11 月地形监测资料统计，2 号采砂区泥沙回淤总量为 380 万 m^3，床面高程恢复至 -5m 左右。可见，经过近 8 年的调整和演变，河床形态及高程与采砂前相比仍有较大的差距，实际泥沙补给及河床恢复情况未达项目论证时的预期。该采砂区泥沙补给不足主要有 3 个方面原因：一是太仓港岸线调整后，河宽明显缩窄，水流动力有所加强，泥沙回淤难度加大；二是白茆沙南水道近年处于持续发展过程中，采区位于白茆沙南水道的下段左侧，近年处在整体冲刷的大环境下；三是长江流域来沙量减小，尤其是 2003 年长江三峡水库蓄水运行后，导致长江口地区泥沙供给不足，统计显示，2003 年、2004 年大通站年输沙量分别为 2.06 亿 t 和 1.47 亿 t，仅为多年平均值的 45% 和 40% 左右，流域来沙量剧减。这 3 个因素，导致本采区河床调整未达预期效果。

9.4.3　采砂对河势的影响

9.4.3.1　采砂后河势总体保持稳定

采砂对河势的影响，可从河道平面形态、深泓线和岸线位置、汊道分流比及河床冲淤等方面的变化进行分析。徐六泾节点对上下游河势稳定具有重要的控制作用，其附近河段近年来采砂活动较为集中、短期内采砂量巨大，分析该河段采砂对河势变化的影响有一定的代表性。根据第 5 章 5.1.7 小节、5.2 节、5.3 节以及本章 9.2 节等章节的分析成果看，采砂后河势总体未出现大的变化，主泓位置仍保持在通州沙东水道、狼山沙东水道、徐六泾节点段南侧和白茆沙南水道一线，深泓线平面位置总体变化不大（图 5.2-5、图 5.3-5），各汊道主支汊格局没有发生变化，主要汊道分流比没有因为采砂活动而出现趋势性调整，沿江堤岸没有因采砂引起堤岸崩塌出险等现象。

分析亦显示，采砂前后局部河床变化较大，特别是狼山沙东水道中段、徐六泾节点段左侧及白茆沙左、右汊，见断面 5.1-22、图 5.2-3、图 5.3-3、图 5.3-4 以及 -5m、-10m 等高线变化图 5.2-4 和图 5.2-6。究其原因既有采砂的作用，也有局部水域水流动力趋势性变化的作用——如狼山沙东水道水流动力增强，导致狼山沙左冲右淤，沙体西偏；白茆沙汊道持续南强北弱，右汊冲刷发展，左汊缓慢淤积，加之近期实施的岸线调整工程，引起局部水流流场变化，河床相应作出调整。因此，局部河床变化较大是由多种因素共同作用的结果。

近年来，因新通海沙圈围整治工程及常熟边滩圈围整治工程建设，徐六泾节点河段河道平面形态发生明显变化，两岸岸线分别向对岸方向调整，河宽缩窄，局部河床断面形态随之调整；白茆沙汊道段也因太仓港岸线调整围滩工程而出现右岸岸线外移、河宽缩小等变化。两岸的圈围工程改变了岸线位置及河道宽度，从而引起河道平面形态发生变化，与采砂活动关系不大。

9.4.3.2　违规采砂对局部河势造成不利影响

为了加强长江河道采砂管理，维护长江河势稳定，保障防洪和通航安全，2002 年 1 月 1 日，由国务院发布的《长江河道采砂管理条例》正式施行（以下简称《条例》）。2003

年 7 月 15 日水利部发布施行的《长江河道采砂管理条例实施办法》（后于 2010 年 5 月 1 日修改）中对长江采砂许可实施办法进一步明确规定：长江采砂实行可行性论证报告制度，并按采砂许可方式进行有序管理。《条例》为规范和建立正常的采砂管理秩序，加大对非法采砂行为的打击力度提供了有力的法律支撑。此后，按照《条例》的要求，各级人民政府和水行政主管部门对采砂活动加强监管，长江的采砂活动走上了依法、科学、有序的轨道。因此，长江口近年来虽然采砂量巨大，但并未对总体河势产生明显不利影响。

由于长江口水域宽广，且采砂区隶属不同的行政市、县，管理难度大，违规采砂时有发生。长江口违规采砂主要有以下几种情形：①越界开采；②超量、超控制高程开采；③非法采砂；④禁采期开采，其中第①和第②条是违规采砂较常采用的手法。违规采砂给局部河势造成了不利影响。例如：2006 年，因越界违规采砂，白茆小沙下沙体迅速消失（-5m 沙体消失殆尽、-10m 沙体仅剩余一点残体），见图 5.2-3（f）、图 5.3-1（b），使《长江口综合整治开发规划》中提出的"白茆小沙圈围工程"方案的实施条件遭受严重损害；白茆小沙下沙体消失也是 2006 年以后白茆沙南汊落潮分流比进一步加大的原因之一（表 5.3-2），白茆沙汊道业已存在的"南强北弱"的不平衡发展状况进一步增强，加大了实现白茆沙南北水道平衡发展治理目标的难度。越界采砂也是近期新开沙尾大幅上提的主要原因：2006—2009 年，新开沙-5m 沙体尾部上提 3.9km，由一德公司码头下游 1.1km 上提至其上游 2.8km，2009—2011 年，-5m 沙尾又上提 1.0km；与此同时，-10m 沙体下段从一德公司码头一带被切割开，切口长度达 2.3km，使-10m 沙尾上提 5.9km，残留的切割体演变为心滩并向右侧航道方向移动变化，给深水航道的运行维护带来不利影响，见图 5.2-6（b）。

由于对河势稳定起着重要作用，2006 年以后一直禁止在通州沙、狼山沙及白茆沙等沙洲上设置采砂区，但受利益驱动，时常有违规采砂船在这些沙洲上盗采。图 9.4-3 是狼山沙 2011—2012 年-5m 等高线变化图，图中显示，2011 年 11 月—2012 年 7 月，狼山沙右缘上部沙体缺失严重，经统计缺失量达 780 万 m³，其缺失部分主要位于 0～-10m 深度区间，即沙体的主体部分，给狼山沙的稳定带来不利影响，而狼山沙的稳定对于狼山沙东、西水道以及下游南支河段上段的稳定至关重要。根据狼山沙周边水流动力强度分布及沙体多年来的变化规律，其沙体缺失不可能是水流自然冲刷的结果，应是违规采砂所致。

此外，超量采砂对局部河势稳定的不利影响也应予以重视。例如：长江口南港水道是长江出海的主要通道，瑞丰沙将南港分隔为复式河槽，瑞丰沙左侧为长兴水道，长兴岛南岸的造船基地、港口码头等企业的船舶均依靠其进出；瑞丰沙右侧为南港主槽，是江、海轮进江出海的主要通道，瑞丰沙沙体对维护其左右侧航槽的稳定具有重要作用。1998—2006 年，因有关工程建设用砂需要，于南港河道开展了大量采砂活动，其中很大一部分是在瑞丰沙上进行[19]，采砂及采砂导致的冲刷加剧，使瑞丰沙体积减少了 3720 万 m³，沙体被拦腰切开，见图 5.7-11（2），导致长兴水道河槽中上游淤积，下游冲刷，而南港主槽则相反，上游冲刷，中下游淤积。沙体切开处主槽和副槽（即长兴水道）拓宽，底部高程抬高，给航槽维护及河势稳定带来不利影响。

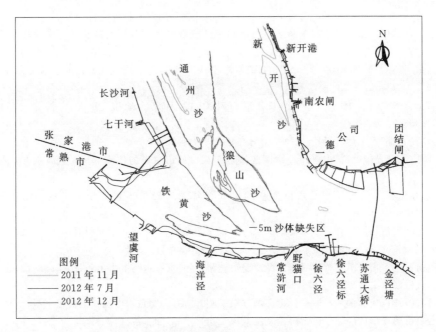

图 9.4-3 狼山沙-5m 等高线变化图

9.4.4 小结

（1）长江口采砂以工程类采砂为主，主要用于围滩造地、堤防建设、河道及航道整治等，具有采砂量大和在时间及空间上较为集中的特点，采砂对局部河床的影响作用明显。由于实行了严格的采砂可行性论证及许可制度，有专职的执法队伍和科学、完整的监管体系对采砂活动进行监督管理，长江口采砂活动总体处于依法、科学、有序状态下。迄今为止，长江河口段采砂对整体河势的影响较小。

（2）由于上游来沙量减少，泥沙补给总体呈减小趋势，部分采砂区泥沙回淤及河床恢复速度低于预期。对于靠近河道敏感区域且泥沙回淤及河床恢复速度较慢的采砂区，应控制采量，以尽可能减轻采砂活动对河床的影响。

（3）目前，长江口河段违规采砂时有出现。分析表明，违规采砂对局部河势造成了不利影响，有些不利影响甚至会持续较长时间，应按照《条例》的要求，进一步加强长江口河道采砂的管理工作，加大对违规采砂行为的监管和打击力度，杜绝违规采砂行为，消除违规采砂对河势稳定的威胁。

（4）随着长江口地区经济社会的进一步发展，工程建设对江砂的需求还将持续较长时间。应按照科学发展观的要求，进一步提升采砂可行性论证的科学性、针对性，加强对采砂活动的指导，切实安排采砂对河势及河床影响的跟踪监测、分析和评价工作，使采砂影响处于可控状态，维护长江口河势稳定，保障防洪安全和通航安全。

主 要 参 考 文 献

［1］ 江苏省人民政府. 江苏省长江岸线开发利用布局总体规划纲要（1999—2020 年）［R］. 1999.

［2］ 喻福涛，张东华，陆建平. 南通市长江岸线整治开发利用调研报告［R］. 2008.

［3］ 李建丽，真虹，张婕姝. 浦东新区沿海港口岸线资源规划与利用的现状及不足［J］. 港口经济，2010（3）：46－49.

［4］ 杨桂山，施少华，王传胜，等. 长江江苏段岸线利用与港口布局［J］. 长江流域资源与环境，1999，8（1）：17－22.

［5］ 陈吉余，沈焕庭，恽才兴，等. 长江河口动力过程和动力地貌［M］. 上海：上海科技出版社，1988.

［6］ 胡昌新. 上海水史话［M］. 上海：上海交通大学出版社，2006.

［7］ 谢新勇，徐美耀. 浅析上海市滩涂圈围造地工程对城市建设的作用［J］. 上海水务，2007，S2：22－23.

［8］ 南京水利科学研究院. 苏州市太仓港岸线调整规划码头布置潮汐河工模型试验研究报告［R］，2004.

［9］ 顾金山. 上海长江口青草沙水源地原水工程论文集［M］. 上海：上海科技出版社，2011.

［10］ 恽才兴. 长江河口近期演变规律［M］. 北京：海洋出版社，2004.

［11］ 谢鉴衡，丁君松，王运辉. 河床演变及整治［M］. 北京：水利电力出版社，1993（2）.

［12］ 薛明. 桥涵水文［M］. 上海：同济大学出版社，2002.

［13］ 苏通大桥建设指挥部. 苏通大桥论文集（第一集）［M］. 北京：中国科学技术出版社，2005.

［14］ 苏通大桥建设指挥部. 苏通大桥论文集（第二集）［M］. 北京：中国科学技术出版社，2005.

［15］ 高正荣，黄建维，卢中一. 长江河口跨江大桥桥墩局部冲刷及防护研究［M］. 北京：海洋出版社，2007.

［16］ 上海市水务（海洋）局规划设计院. 长江中下游干流河道采砂规划上海段实施方案（2011—2015）［R］. 2011.

［17］ 陈吉余. 21世纪的长江河口初探［M］. 北京：海洋出版社，2009：101－102.

［18］ 毛野. 初论采沙对河床的影响及控制［J］. 河海大学学报，2000（4）：92－96.

［19］ 李茂田，程和琴，周丰年，等. 长江河口南港采砂对河床稳定性的影响［J］. 海洋测绘，2011（1）：50－53.

第10章　长江口整治中河势控制若干问题

10.1　澄通河段河势控制规划

澄通河段河道宽阔，沙洲众多，在复杂的径流和潮流交互作用下，河道冲淤变化复杂。同时，三峡工程的蓄水运行以及长江口各河段综合整治工程的陆续实施，使得本河段的来水来沙条件和边界条件发生了较大变化，致使近年来局部水域出现了一些不利于河势稳定的新变化。澄通河段位于长三角地区，两岸社会经济发达，对河势稳定、防洪安全、航道畅通以及水土资源的开发利用的要求更高，南北两岸地区希望通过河道综合治理创造可资开发利用的深水岸线，改善局部水域的不利河势，支撑区域经济的可持续发展。交通运输部规划在"十二五"期间将12.5m深水航道上延至南京，充分发挥长江"黄金水道"的航运功能，带动沿江产业带的发展。鉴于此，江苏省水利厅和长江水利委员会长江勘测设计规划研究院于2010年底完成了《长江澄通河段河道综合整治规划》（征求意见稿），长江水利委员会于2011年3月初对该规划进行了审查，在征求了长江航务管理局、长江航道局、太湖流域管理局、江苏省发展和改革委员会以及两岸地方政府的意见后，于2012年9月正式出具了审查意见。本节主要内容来自修改完善后的规划报告[1]。相关河势控制工程见图10.1-1。

10.1.1　河势控制目标

10.1.1.1　近期目标

（1）在加强鹅鼻嘴～炮台圩对峙节点对河势控制作用的基础上，维持福姜沙汊道分汊段主流偏靠南岸、分流比相对稳定的河势格局，适当增加福南水道分流比。

（2）稳定双铜沙沙体。

（3）适当改善天生港水道进流条件，延缓其淤积萎缩速率。

（4）稳定浏海沙水道下段南岸顶冲点位置及南、北两岸岸坡，结合横港沙的合理圈围使九龙港附近形成较稳定的人工节点，为通州沙汊道提供稳定的入流条件。

（5）改善通州沙西水道的水域条件，逐步使通州沙汊道向稳定的双分汊河道转化。

（6）稳定新开沙沙体及其夹槽的水域条件。

（7）维持福山水道水深条件，结合太湖流域治理相关工程改善望虞河口引排能力。

10.1.1.2　远期目标

在实现近期河势控制目标的基础上，逐步使龙爪岩段向节点转化；进一步加强澄通河段进口对峙节点对河势的控制作用，适当改善福南水道进流条件；结合航道整治，进一步稳定福姜沙左汊河势，维护福中（或福北）深水航槽的长期稳定；进一步采取有效措施长期维持天生港水道的通航、引排水等功能；结合天生港水道的进一步整治，使如皋沙群汊

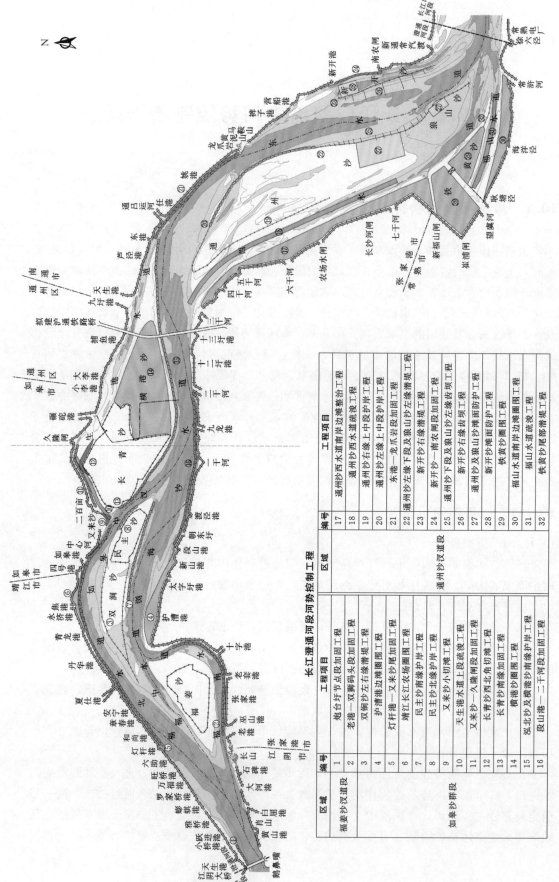

图10.1－1 长江澄通河段河势控制工程总体布置示意图

道转化为稳定的双分汊河道；稳定横港沙右缘，稳定通州沙河段进流条件，为岸线开发利用创造条件；结合进一步的航道整治工程和岸滩守护工程，贯通通州沙东水道 12.5m 深水航道，使通州沙汊道形成稳定的双分汊河道。

10.1.2　河势控制总体规划

10.1.2.1　治导线规划

治导线是河道经综合整治后平面形态的轮廓线，也是布置整治建筑物及滩涂圈围等开发利用项目的规划边界线。治导线的确定应以河道演变规律及发展趋势为基础，因势利导，控制河势，以满足河势稳定、防洪（潮）安全、航运发展、生态建设以及沿江地区国民经济各部门对河道整治的要求。根据规划研究成果，澄通河段浏海沙水道九龙港、通州沙东水道南农闸、通州沙西水道上段等断面的合理河宽（或整治河宽）分别为 2100m、2600m 和 1600m。以此为依据，澄通河段各段治导线工程规划如下。

1. 福姜沙汊道段

维持目前的滩槽格局，逐步稳定福姜沙水道的河势，通过整治维持双铜沙的完整，为下阶段该河段的进一步整治奠定基础。

2. 如皋沙群段

北岸靖江长江农场段治导线基本沿江堤外滩岸布置；双铜沙治导线基本沿双铜沙南、北两侧−4m 等高线布置；护漕港边滩治导线基本沿 0m 等高线布置；横港沙南缘二干河以上治导线基本沿+1m 等高线布置，二干河以下至九圩港上游治导线基本沿−2m 等高线布置，北缘治导线基本沿−2m 等高线后退 200m 布置，以保持天生港水道最窄处河宽在 800m 以上，横港沙尾部治导线在九圩港上游 500m 附近。

3. 通州沙汊道段

通州沙右缘治导线基本沿−2m 等高线布置，通州沙左缘治导线基本沿−5m 等高线布置；狼山沙左缘治导线基本沿−3 等高线布置；新开沙治导线基本沿沙体右缘−3m 等高线布置；西水道南岸边滩治导线基本沿−2m 等高线后退 200m 布置；铁黄沙北缘治导线与通州沙西水道南岸边滩治导线平顺衔接，基本沿−2m 等高线布置，南侧治导线基本沿 0～1m 等高线布置；福山水道南岸边滩治导线基本沿 0m 等高线布置。

10.1.2.2　河势控制工程规划

根据确定的河势控制目标以及治导线规划，结合经济社会发展的趋势，提出河势控制工程规划，主要包括河道整治工程及护岸工程。

1. 河道整治工程

与河势控制有关的河道整治工程包括双铜沙双顺堤护滩工程、护漕港边滩整治工程、横港沙整治工程、天生港水道整治工程、新开沙护滩工程、通州沙左缘中下段及狼山沙左缘护滩工程、通州沙西水道整治工程等。

（1）双铜沙双顺堤护滩工程。工程目的在于封堵沙体滩面串沟，稳定双铜沙沙体，改善福中水道水动力条件，适当增大福南、福北水道分流比，适当改善福南水道水动力条件，并为开辟福中（或福北）深水航道创造条件。

（2）护漕港边滩整治工程。工程目的在于缩窄浏海沙水道上段河宽，使浏海沙水道上段形成向北微弯的河道形态，减轻双铜沙航道整治工程实施后福中水道分流比减小可能对浏海沙水道上段水深条件带来的不利影响，稳定南岸边界。

（3）横港沙整治工程。工程目的在于固定横港沙右缘边界，稳定通州沙西水道入流条件及东水道南通江岸的顶冲点，加强龙爪岩对东水道河势的控制作用，同时顺应澄通河段内沙洲淤高的趋势，对横港沙九圩港以上部分圈围出水。该工程实施后，九龙港段将形成具有一定长度的人工节点，对控制下游河势将起到重要作用。同时，该沙圈围出水后，将与上游的长青沙、泓北沙连为一体，形成江中大洲岛，为土地资源及岸线的开发利用创造有利条件。

（4）天生港水道整治工程。工程目的在于改善天生港水道上口进流条件，维持天生港水道的航运及引排水功能，为开发水道两岸的岸线资源创造条件。

主要工程措施为，结合横港沙的圈围，将又来沙及长青沙北角切滩，同时对水道上段进行疏浚，改善入流条件。远景根据进一步的研究及经济社会的发展需求，将天生港水道整治成受人工控制、两岸水域条件良好、引排通畅的河道，初步考虑在天生港水道上口及九圩港上游建闸，并根据需要对水道及闸前水域进行维护性疏浚。

（5）新开沙右缘护滩潜堤工程。工程目的在于稳定新开沙沙体，封堵中下段串沟，稳定新开沙夹槽中段以下水动力条件，保障新开沙夹槽内已建码头等设施的安全运行，并为通州沙东水道下阶段的航道整治工程奠定基础。

（6）通州沙左缘中下段及狼山沙左缘潜堤工程。工程目的在于稳定通州沙左缘中下段及狼山沙左缘滩岸，避免其受冲后退导致河道展宽、航槽淤浅以及对下游长江口南支河段河势稳定产生不利影响，为实施通州沙水道深水航道全面整治奠定基础。

（7）通州沙西水道整治工程。工程目的在于稳定通州沙头部及右缘，在不影响东水道主航道的前提下，拦截通州沙滩面漫滩流，将其归顺到西水道主河槽内，增强西水道水流动力，为通州沙汊道向稳定的双分汊河道转化创造条件；改善西水道水域条件，开发西水道南岸岸线和土地资源。主要工程措施包括西水道南岸边滩整治工程、通州沙右缘上段潜堤工程、通州沙西水道疏浚工程等。

2. 护岸工程

为维护澄通河段总体河势的稳定，考虑三峡工程等蓄水运行后，上游来沙量减少对下游河段造成的不利影响，一方面需对目前处于迎流顶冲和深槽贴岸冲刷的老险工段进行加固；另一方面需考虑澄通河段河道综合整治工程实施后，由于水流动力条件的改变，局部岸段近岸流速增大可能造成堤前滩岸发生冲蚀，影响河势稳定及防洪安全，需对可能产生冲刷、影响河势稳定和防洪安全的岸段进行守护，包括：炮台圩节点加固工程、老港—双狮码头段护岸工程、灯杆港—又来沙尾护岸加固工程、又来沙中部—久隆闸段护岸加固工程、长青沙西南缘护岸加固工程、友谊沙北缘护岸工程、民主沙南缘护岸工程、段山港—十二圩港段护岸加固工程、泓北沙及横港沙南缘护岸工程、东港—龙爪岩段护岸加固工程、通州沙左缘上段保滩工程、新开港—南农闸段护岸加固工程等。

10.1.3 河势控制工程总体安排

根据澄通河段目前河势存在问题的严重程度以及社会经济发展对河道整治、航道建设提出的治理要求的迫切性，确定了以下工程为澄通河段近期河势控制工程：靖江长江农场边滩圈围工程、双铜沙双顺堤护滩工程、护漕港边滩圈围工程、天生港水道疏浚工程、长青沙北角切滩工程、横港沙圈围工程、通州沙西水道整治工程、铁黄沙及福山水道整治工程、通州沙左缘中下段及狼山沙左缘潜堤工程，以及老港—双狮码头、灯杆港—又来沙尾、长青沙西南缘、民主沙南缘、段山港—十二圩港段、泓北沙及横港沙南缘、东港—龙爪岩等七段护岸（加固）工程；远期河势控制工程主要有又来沙小切滩工程、新开沙右缘潜堤工程以及炮台圩节点、友谊沙北缘、又来沙中部—久隆闸、通州沙左缘上段以及新开港—南农闸段等五段护岸（加固）工程。

10.2　长江口河势控制规划

20 世纪 80 年代初至 90 年代，水利电力部上海勘测设计研究院根据国家计委批复的《长江口综合开发整治前期工作任务书》的要求，对长江口的综合整治进行了较为系统的研究，并于 1997 年完成了《长江口综合开发整治规划要点报告》（1997 年版）。1998 年、1999 年大洪水后，长江口的河势出现了较大变化，同时，长江口深水航道治理工程、三峡工程等重大工程的实施，长江口的水沙条件发生了一定程度的变化，沿岸社会经济高速发展对航运发展、淡水资源、岸线资源及滩涂资源的开发利用也提出了新的更高的要求，原有规划已不能充分适应长江口自然条件的变化及社会经济发展的要求，有许多问题仍需要深入研究。

长江口自然条件的复杂性和社会经济不断发展的态势，决定了长江口的综合治理必将是一个长期的、不断认识的过程，其治理规划也是一个动态的、不断深化的过程。因此，为了进一步加快长江口治理开发，加强长江口管理，统筹协调防洪、供水、航运和生态保护等方面的工作，按照国家发展和改革委员会的要求，长江水利委员会对《长江口综合开发整治规划要点报告》（1997 年版）进行修订。2004 年 4 月，长江水利委员会完成了《长江口综合整治开发规划要点报告（2004 年修订）》（简称《长江口规划》），2004 年 9 月，水利部水利水电规划设计总院组织审查了该规划报告[2]，2008 年 3 月，国务院对审查修订后的《长江口规划》进行了批复。本节内容取自《长江口规划》。

10.2.1　河势控制目标

10.2.1.1　近期目标

在维持长江口目前三级分汊、四口入海的基本格局前提下，加强徐六泾节点的束流、导流作用，长期维持白茆沙河段南北水道—10m 槽皆贯通、南水道为主汊的河势，控制并稳定南北港分流口及分流通道，维持南港为主汊的河势格局，为南北港两岸岸线的开发利用及南港北槽深水航道的安全运行创造有利条件。减轻北支水、沙、盐倒灌南支，为沿江淡水资源的开发利用创造有利条件。减缓北支淤积萎缩速率，维持北支引排水功能，适当改善北支航道条件。

10.2.1.2　远期目标

进一步稳定长江口河段的整体河势，在保证南港为主汊的条件下，使北港朝微弯单

一、上段主流偏北、下段主流偏南的河道形态方向发展，为北港的岸线利用和北港航运条件的改善创造有利条件。改善南槽水深条件，为南槽的航运发展和南汇岸线的开发利用创造有利条件。结合远期治理，进一步减轻或逐步消除北支水、沙、盐倒灌南支，进一步改善北支航运条件。

10.2.2 河势控制总体规划

长江口南支主槽多偏靠南岸，靠南岸的汊道的稳定性也高于靠北岸的汊道，且大型的厂矿企业、主要的国民经济设施均位于南岸。因此，长江口的总体河势格局应与这一基本形势相适应，即近期维持南支主槽靠南岸，南港为主汊、入海深水航道保持通畅的河势格局。远景根据经济社会发展的需要，通过进一步的河道整治工程及航道整治工程，使北港形成岸线和滩槽稳定、能乘潮通航 30000～50000t 级海轮，使南槽达到乘潮通过 10000～20000t 级海轮的通航标准，同时具备开发南汇边滩岸线的河势条件。

白茆沙河段应加强进口徐六泾节点的控制作用，使主流过徐六泾节点后适当北偏，以适当增加北水道的分流比，并维持南、北水道－10m 深槽长期贯通、南水道为主汊的双分汊河势格局。

加强七丫口段两岸的防护，使其逐步形成新的人工节点，发挥其对河势的控制作用。长期维持主流偏靠南岸，稳固下游的分流口及分流通道使其有利于南、北港稳定分流，并保持南港为主汊的河势格局。

北港的河势正在向良性的方向转化，目前上段主流靠北岸、下段主流靠南岸的河势格局应予以维持。南港应稳定进口分流通道，维持瑞丰沙体的完整，保持主流偏靠南岸。

尽管北支河道处于淤积萎缩状态，但考虑到北支沿岸地区引排水系现状以及国民经济发展对航运、岸线利用和淡水资源开发利用的要求，应采取措施，减轻或消除北支咸潮倒灌南支，减缓北支的淤积萎缩速率，维持其引排水功能。

河势控制总体规划包括治导线规划、河道整治工程规划、滩涂圈围规划及护岸保滩工程规划等。

10.2.2.1 治导线规划

长江口仍处于河宽不断缩窄的过程之中，河道的成形与稳定将经历较长时期。随着河道整治工程和滩涂圈围工程的实施，长江口的纳潮量将相应减小，河道随之产生调整，河宽将进一步缩窄，直至达到纳潮量与河道断面形态相对平衡的状态，加之沿岸社会经济发展对河道整治与水土资源开发将不断提出新的要求，长江口的治导线规划必将是一个动态的、不断深化的过程。鉴于长江口整治开发任务的复杂性和长期性，本次治导线规划主要是根据河势控制的总体原则、目标以及河道整治方案和滩涂圈围方案的研究成果，提出阶段性的治导线规划，以指导规划期内的河道整治和滩涂开发利用，见表 10.2-1。

10.2.2.2 河道整治工程规划

河道整治工程主要包括徐六泾节点及白茆沙河段整治工程、南北港分流口整治工程、南北港整治工程、深水航道治理工程、北支河道整治工程。

表 10.2－1　　　　　　　　　　　　　　　长江口治导线总体布置

河段	位置	地段	治导线布置的主导因素	工程型式	工程 布 置
南支	徐六泾至白茆沙河段	北岸	新通海沙	加强徐六泾节点束流、导流作用，缩窄河宽；同时考虑南通、海门对深水岸线的需求	圈围工程	基本沿－2m 等高线左右布置，上游端与水山围堤平顺衔接，下游与海太汽渡平顺衔接
		江中沙洲	白茆小沙	加强徐六泾节点束流、导流功能，缩窄河宽，同时维持白茆小沙副槽水深	上沙体右缘采用潜堤固定右缘边界，下沙体圈围出水	上沙体右缘基本沿－2m 等高线左右布置；下沙体治导线跨上、下沙体，南缘基本沿－5m 等高线左右布置，北缘基本沿－2m 等高线左右布置
			白茆沙	白茆沙河段河势控制的需要，固定沙头	潜堤工程	沙头左缘治导线跨白茆沙与右侧切割体之间的串沟，基本沿 0m 等高线左右布置，右缘治导线基本沿切割体沙脊线布置
			上扁担沙	固定北水道下边界，维持新桥水道中下段水深	潜堤工程	基本沿－2m 等高线左右布置
			下扁担沙	固定北港分流通道，整治两岸边界，维持新桥水道中下段水深	潜堤工程	治导线跨越下扁担沙与新南沙头之间的串沟，串沟以上基本沿－5m 等高线左右布置，串沟以下基本沿新南沙头沙脊布置
		南岸	常熟边滩	减少整治工程导致白茆小沙副槽流速降低的影响，同时考虑常熟对深水岸线的需求	圈围工程	基本沿－3m 等高线左右布置
			太仓边滩	减少整治工程导致南水道分流减少给南岸岸线开发利用带来的影响	圈围工程	基本沿－3m 等高线左右布置
	南北港河段	北港北岸	堡镇沙、外团结沙	使北港形成上段主流偏北、下段主流偏南的微弯单一河道形态的需要以及稳定北港大桥主通航孔位置的需要	圈围并北岸	沿堡镇沙脊线布置至八滧，八滧以下基本沿－5m 等高线左右布置，至团结沙港向东北转折与崇明东滩围堤相连
		江中沙洲	中央沙	固定北港分流通道两岸边界的需要	圈围工程	基本沿 0m 等高线左右布置
			新浏河沙	固定南北港分流口的需要	潜堤工程	基本沿－5m 等高线左右布置
			瑞丰沙	维护长兴岛涨潮沟及北槽进口水深的需要	潜堤工程	上段基本沿－2m 等高线左右布置，中间顺串沟中轴线至下沙体，沿下沙体沙脊线往下延伸至沙尾
		北港南岸	青草沙	北港河势控制的需要以及水源地建设的需要	圈围工程	上段基本沿青草沙上沙体－2m 等高线左右布置，下段基本沿下沙体沙脊线布置与长兴岛东侧堤相连
			横沙东滩北缘	控制北港河势、维护北槽航道水深的需要	部分圈围，部分促淤	北缘圈围线基本沿－2m 等高线左右向东延伸，跨越横沙东滩串沟止，串沟以东只促淤，不圈围
	南北槽	北槽北岸	横沙东滩南缘	北槽水深增深的需要	近期潜堤，远期出水	深水航道北导堤
		北槽南岸	九段沙北缘	北槽水深增深的需要	潜堤工程	深水航道南导堤
		南槽南岸	南汇边滩	满足上海市对土地资源的需求以及远期增深南槽航槽的需要	圈围工程	近期工程基本沿－2m 等高线左右布置至芦潮港，远期圈围线根据没冒沙水库方案再行确定

续表

河段	位置	地段	治导线布置的主导因素	工程型式	工 程 布 置
北支	北支河段	中段 大新港—灵甸港	理顺向内凹进的岸线，归顺北支涨落潮流路的需要	圈围工程	与上下游堤线平顺衔接，基本沿2.5m等高线左右布置
		下段 新隆沙群	减轻北支咸潮倒灌及延缓北支淤积萎缩速率的需要，大致沿省市边界线后退 300m 缩窄河宽，连兴港断面河宽缩窄至约 6km	圈围工程	上段基本沿黄瓜二沙左侧新形成的心滩沙脊布置，中下段基本沿黄瓜三沙外侧，无名沙内侧－2m等高线左右布置，至口外向南转折与崇明东滩围堤相接
		连兴港边滩	减轻北支咸潮倒灌及延缓北支淤积萎缩速率的需要	圈围工程	基本沿连兴港东端大堤向下沿－5m 等高线左右延伸，然后向东北方向转折与大堤相连

1. 徐六泾节点及白茆沙河段整治工程

工程目的在于增强徐六泾河段的束流、导流作用，使得徐六泾的主流能较为稳定地居中北偏，从而有利于形成白茆沙河段南北水道－10m 深槽皆贯通、南水道为主汊的河势，同时为沿江地区的水土资源开发利用创造条件。主要工程措施包括新通海沙圈围工程、常熟边滩圈围工程、白茆小沙上沙体潜堤工程、白茆小沙下沙体圈围工程、白茆沙头部潜堤工程、上扁担沙右缘潜堤工程。

2. 南北港分流口整治工程

工程目的在于稳定南北港分流口的位置，同时结合南北港的整治，合理束窄河宽，固定洲滩，为南北港的综合整治创造有利条件。主要工程措施包括新浏河沙潜堤工程、南沙头通道护底工程、中央沙圈围工程以及下扁担沙右缘潜堤工程。

3. 南北港整治工程

北港的整治是通过实施青草沙圈围工程、堡镇沙圈围工程，束窄河宽，使北港逐步形成主槽上段偏北、下段偏南的微弯型河势。

南港整治工程是通过实施瑞丰沙潜堤工程，稳定沙体，维持长兴岛南小泓水域条件和北槽进口航槽的稳定。

4. 长江口深水航道治理工程

深水航道治理工程由北导堤工程、南导堤工程、分流口导堤工程及与其相连的潜堤工程、南导堤与北导堤间的束水丁坝工程及人工挖槽等五项工程组成。工程的主要目的是导流、减淤，使长江口深水航道最终形成水深达到 12.5m 的入海航槽。

5. 北支河道整治工程

近期通过实施崇明北缘边滩中缩窄圈围工程，将北支中下段河道束窄到合理的宽度，减小河道的放宽率，从而减少北支的纳潮量，减轻北支水、沙、盐对南支的倒灌，为南支的淡水资源开发利用及河势稳定创造有利条件；通过对北支中段河槽形态的改造，逐步使北支涨落潮流路趋于一致，尽可能减少因涨落潮流路分离引起的河床淤积；对北支上段进行疏浚，改善北支进流条件，适当扩大北支落潮分流比。

远期在北支缩窄的基础上，继续深入研究建闸及顾园沙潜堤等口外拦沙措施的工程效果、相关影响及调度运行方式。

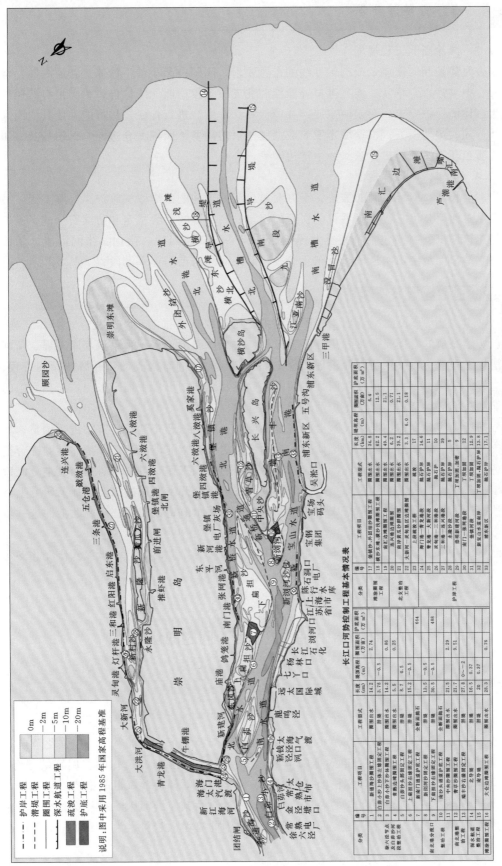

图 10.2 - 1　长江口河势控制工程总体布置示意图

10.2.2.3　滩涂圈围工程规划

结合河势控制的需要，根据治导线的布置要求，圈围白茆小沙下沙体、新通海沙、常熟边滩、中央沙、青草沙、连兴港口外滩涂和北支中下段崇明北缘沙群；为满足自然保护区的生态环境保护要求，对崇明东滩、九段沙和江亚南沙进行促淤，尽可能补偿其他圈围工程所造成的湿地损失；根据城市发展或港区建设的需要，圈围太仓边滩、堡镇沙及外团结沙、浦东新区边滩、横沙东滩、南汇边滩等。

10.2.2.4　护岸保滩工程规划

为满足长江口河势控制的需要，一方面对目前处于冲刷的岸段实施护岸保滩工程，另一方面需对河道整治工程实施后可能引起的江岸冲刷、影响河势稳定和防洪安全的岸段进行守护。护岸工程主要包括：南支北岸的崇明崇头—新建河段、南门—张网港段、堡镇段，南支南岸的新宝山水道段、浦东新区段；北岸的海门港—连兴港段。

10.2.3　河势控制总体安排

2008 年 3 月，《长江口规划》经国务院批复后，规划安排的整治工程逐步开始实施，目前已实施完成的有南支的常熟边滩圈围工程、中央沙圈围工程、青草沙水库工程、新浏河沙潜堤工程、南沙头通道限流潜堤工程，部分实施完成的有南支的新通海沙圈围工程、南汇边滩促淤圈围工程、横沙东滩促淤圈围工程以及北支中下段中缩窄工程，正在实施的有白茆沙头部潜堤工程、北支中段河道形态改善工程。

根据近年河势变化情况以及社会经济发展要求，应对白茆小沙整治方案进行调整；加强南支上段整治对南支下段的影响研究，为尽快全面实施南北港分流口及南北港的综合整治创造有利条件；抓紧开展南北港分流口整治工程的前期工作，进一步研究南北港分流口整治工程措施；结合南北港分流口的整治以及上海市土地开发利用的需要，抓紧研究上下扁担沙的进一步治理方案；结合未来北港开通第二条深水航道的需要，研究北港的进一步治理方案。

北支拟在中下段缩窄的基础上，对上段进行适当疏浚。同时，进一步深入研究北支建闸及顾园沙潜堤等口门整治措施及相关影响。

长江口河势控制工程总体布置见图 10.2 - 1。

10.3　关于长江口综合整治中河势控制若干问题的认识

10.3.1　澄通河段河势控制工程

10.3.1.1　福姜沙汊道段

河势控制工程中炮台圩加固是必要的，控制其河势及水下河床的宽度，以强化节点对下游河势的控制作用。鉴于近年鹅鼻嘴节点以下 -20m 深槽有下延并向右偏转的趋势，在工程实施时，还需要研究该深槽演变的原因、趋势及其对福姜沙汊道的影响。

由于近年福姜沙进口段水流的右偏，导致福姜沙头及其左缘河床冲刷、双铜沙头部冲刷后退以及福中水道发展；同时，左汊河道宽度也因此有增大趋势。为了不使左岸进口边滩下移并遏制汊道中部河槽内心滩可能拓展的空间，在福北、福中水道整治时需考虑对福姜沙头及其左缘的防护，研究其治导线和整治工程的布置。

灯杆港～夏仕港护岸加固应予逐步开展，以使左岸形成稳定的河道边界。

右岸岸线通过历年的护岸工程的实施和码头工程的建设已基本稳定，规划中拟定的老港至双狮码头护岸加固工程是必要的，但具体加固部位和长度应在加强河道观测的基础上，根据河床冲淤变化情况进一步研究确定，并力求防止右汊内产生新的水流阻力。

10.3.1.2　如皋沙群段

通过双铜沙左、右缘潜堤工程稳定双铜沙，并使之与民主沙连为一体，从而使如皋沙群逐步成为相对稳定的汊道，这一整治思路是合理的。

如皋沙群右汊（即浏海沙水道）的民主沙右缘，实施护岸工程是必要的，特别是控制民主沙尾顶冲下移是当务之急，在此基础上再实施护漕港边滩圈围。否则，右岸太子圩港以下近岸水域将自上而下沦为边滩下移的淤积区。

如皋中汊上段夏仕港—又来沙尾护岸加固、靖江长江农场圈围、长青沙西南缘护岸加固都是必要的。泓北沙～横港沙南缘护岸应抓紧实施，以稳定并强化九龙港—十二圩节点的控制作用。横港沙圈围工程宜在其基本稳定的情况下实施。

天生港水道的整治，包括进口段又来沙切滩、上段疏浚、长青沙北角切滩，宜根据该水道的发展趋势，因势利导，适时实施。

10.3.1.3　通州沙汊道段

通过通州沙头部和右缘上段潜堤工程以及左缘上中段护滩工程，拦截通州沙滩面涨落潮流和串沟水流，逐步使通州沙汊道成为相对稳定的汊道，对左、右两汊岸线利用和航道运行安全均较有利。这一整治思路是合理的。

当前，通州沙滩面上的串沟，特别是左侧纵向串沟，应采取缓流促淤措施予以阻塞。洲头采取何种整治措施需进一步研究。

在东水道 12.5m 深水航道整治中，由于新开沙外沙嘴发育，倒套冲刷上溯，使得东水道河势正朝复杂的不利方向发展，除当前正在实施的通州沙左缘齿坝护滩工程外，新开沙右缘齿坝工程也应该加强研究。同时，还应加强研究龙爪岩附近的演变趋势及其影响。

通州沙汊道尾部与徐六泾节点的关系及其河势的衔接需进一步开展研究工作。

10.3.2　徐六泾节点段和白茆沙汊道整治

在《长江口规划》中，提出了徐六泾节点控制河势的重要性，同时又指出其控制作用还不够充分，要结合岸线利用，对新通海沙和白茆小沙实施圈围，通过束窄河宽，增强对下游白茆沙汊道河势的控制，以稳定其南、北水道的分流态势。近年来，由于上游狼山沙左缘冲刷后退、新通海沙圈围以及其他因素的影响，白茆小沙下沙体基本冲失，白茆沙头后退，白茆沙南水道进口向宽浅方向发展，白茆小沙夹槽也相应有所发展。这一趋势性变化应引起足够的重视，需抓紧研究该变化对白茆沙汊道段以及下游河段的影响。

应当说，已实施的新通海沙部分圈围工程是必要的，有利于缩窄河宽以增强徐六泾节点的稳定性。对于白茆小沙下沙体的冲刷以及白茆沙右汊的迅速发展，主要还在于河势变化的影响，因而，继续实施新通海沙剩余部位的圈围工程以构成左侧边界完整平顺是必要的。目前，白茆小沙下沙体已难以按规划实施圈围工程，但在该部位有淤积趋势的条件下，应因势利导进一步采取促淤工程措施，促使下沙体形态的塑造。现有情况下，若考虑在上沙体洲尾部位布置一座向下游延伸的导流坝是否能调整流势，值得研究。

白茆沙汊道的演变及整治与徐六泾节点段的演变及整治密切相关，同时又影响到七丫口至浏河口之间南支主槽的河势稳定。受徐六泾节点处演变的影响，近期南水道口门增宽，分流显著增加；另外，北水道分流减小，口门形成拦门沙浅滩。从《长江口规划》目标来看，需要维持白茆沙汊道南北水道深槽皆贯通的河势。正在实施的南京以下 12.5m 深水航道整治工程，在白茆沙头布置了潜坝和导流坝，基本符合《长江口规划》的整治思路，有利于洲头的稳定和遏制右汊的发展，也为白茆沙汊道的进一步整治提供了基础。

同时，由于白茆沙水道出口上扁担沙束窄段具有控制下游河势的作用，但 1998 年以来该段有拓宽态势，南深槽还有左移趋势，河床中淤长出沙埂，说明已经出现一些不稳定的因素，因而，扁担沙束窄段的整治也是十分必要和迫切的，以维护七丫口—浏河口现有河势的稳定，为南北港分流段的进一步整治提供有利条件。

从以上阐述可以看出，徐六泾节点、白茆沙汊道和上扁担沙束窄段三者的演变是密切相关的，它们的整治应作为一个整体来研究。鉴于目前河势变化的特点和趋势，要深入分析三者河床演变的相互影响及其与上游通州沙、狼山沙水道和下游南北港分流段河势的相互关系，为河势进一步控制提供依据。

10.3.3　南北港分流口整治

南北港分流口区域水流泥沙运动与河床冲淤变化十分复杂。近年来，南支主槽的深泓出七丫口后向左偏转，下扁担沙右缘上部受冲，下部淤积，浏河口以下的扁担沙体上出现了两个纵向长串沟，新桥通道中下段出现一块大于 $2km^2$ 的切割沙体，有向北港入口下移之势，而南港进口段原新浏河沙包则受水流冲刷，加之大量采砂而成为高程很低的潜心滩，南港进口河宽大幅度展宽。目前，中央沙圈围工程、青草沙水库工程、新浏河沙护滩潜堤工程和南沙头潜坝限流工程已经实施，对于抑制中央沙头后退、稳定青草沙、稳定新浏河沙头都具有积极作用，初步稳定了南北港分流段的下边界，为控制南北港的河势奠定了基础。

需要深入研究的问题主要是：

（1）在河势控制方面如何进一步采取措施，调整和控制南北港分流比，使得南北港的岸线资源近期和长远均能得到合理利用，南北港航道通过治理均能够达到规划标准。

（2）对扁担沙如何圈围并滩（尤其是扁担沙中下段），归顺北港入口流路，稳定分流口的上边界；从对维护新桥水道出发，上下扁担沙分隔圈围并保留新南门通道是合理的。

（3）目前南港河势格局是一主一支进入南港，它们之间应是何种关系？限制南沙头通道的发展，是否会影响长兴水道（南小泓）的涨落潮流的畅通也应予以研究。总之，南北港分流口整治仍然是一项十分艰巨的任务。

10.3.4　南港河势控制问题

南港河段的入口有新浏河沙和新浏河沙包。其中新浏河沙与中央沙之间为南沙头通道，新浏河沙包又将宝山水道一分为二。近年来，新浏河沙包不断冲刷，高程降低，新浏河沙与瑞丰沙上沙体有相连态势，使南港进口成为 2 条通道。南沙头通道入口实施的限流潜堤工程，抑制了该通道的冲刷发展，但也有可能限制长兴岛南小泓潮流流路的畅通。目前，南港的主要流路为自宝山南、北水道，经南港主槽，至南槽通道及部分北槽通道入海；另一条从南沙头通道分流入中央沙南小槽，经长兴岛南小泓，至北槽通道入海。鉴于北槽整治工程束流的作用，其分流逐渐减小，南、北槽入海将可能变成一主（南槽）一支（北槽）的态势。从目前的整体河势来看，能较长期地稳定这一河势总体上还是比较有利的。需要进一步研究的问题是，宝山南、北水道发展的趋势如何，新浏河沙包的冲刷与上游河势的变化有何关系？有无再生其他沙包的基础条件，瑞丰沙上段已与新浏河沙连为一体，它是否有下延的趋势，南港中下段能否恢复以前主流偏南的 W 形较为有利的河槽，南港末端的外高桥附近从河势看处于凸岸部位，有无继续淤积成边滩乃至河漫滩的趋势，这些问题都关系到南港河势的控制和整治工程的布置。

北槽深水航道的治理，布置了 2 条长导堤以及 19 条丁坝，长导堤在北槽口门处拦截了部分涨潮水流，当然这对落潮流也是一个阻碍，加之两侧丁坝群施加的阻力，无疑会减小北槽整体的涨落潮动力，造成河床淤积。在这种条件下使航深增至 10m 又增到 12.5m，是依靠增加主槽的水流动力与疏浚相结合来维持正常运行。2009 年又加长了部分丁坝和加建了南促淤导堤，进一步束窄了河槽，这对改善局部流场应是有效的。需要进一步研究的是：其一，原本淤积在航槽中段的泥沙是怎样输移的和输移到何处，会产生怎样的影响（有利的和不利的），自然条件下工程上、下游纵剖面会作怎样调整；其二，北槽持续减小潮汐动力作用（即潮汐上溯质量和能量的减弱）对河口段总体上会带来什么影响，在近河口段有些依赖涨潮流动力作用而存在的支槽或夹槽是否会萎缩，这都需要开展更广范围内的深入研究。

10.3.5 北港河势控制问题

按照上述长江口洲滩历史演变的规律和中央沙整治、青草沙水库兴建和固滩限流工程的实施，从宏观上看，中央沙、青草沙、长兴岛、横沙将可能成为"第二崇明岛"。因此，除重视南北港分流口河势稳定的整治之外，还要重视北港的河势控制要有利于涨落潮流的畅通，并保持落潮分流比的稳定。

北港进口条件因下扁担沙尾被水流切割而呈现不稳定状态，需对下扁担沙尾散乱的沙体进行归并，只保持一条稳定、畅通的过流通道。中央沙头整治和青草沙水库的实施有利于北港分流口的稳定，同时也有利于北港上段形成向北微弯的河势；北岸堡镇以下的洲滩已相对稳定，外团结沙的淤涨将可能削弱北港下口吸纳涨潮流的动力。因此，在北港河势控制中，堡镇沙的圈围工程不宜较早实施，也不宜较早对外团结沙实施堵汊围垦，以保证北港仍具备较强的涨落潮流的动力。同时，北港在堡镇以下向北弯曲并有顶冲点向下调整的趋势，如果青草沙尾向下淤涨，有可能导致横沙通道淤积。因此，北港内的河势宜在进一步规划好的治导线下适度自行调整，使北港成为涨落潮流路畅通的入海通道，以利于崇明岸线长远利用和部分滩涂因势利导合理圈围。另外，尽可能保持北港的涨潮流动力，对新桥水道的维护也是有利的，同时也要求新桥水道与上、下扁担沙之间的通道保持畅通，并保证有部分落潮漫滩水流归纳于新桥水道,为此,扁担沙似不宜作大范围的堵塞通道的圈围,以实施保持现有通道的各小圈围方案为宜。如果堵塞了这些通道,就可能会增大新桥水道涨潮流阻力,既不利于崇明一侧岸线的利用,长远来说,对北港的维护也是不利的。

总之,长江口南北港应保持北港、北槽、南槽三口通畅入海的大河势格局,同时也应维护长兴水道、新桥水道畅通的局部河势格局。

10.3.6 关于维持北支的河势问题

据分析,在1984—2008年共24年间,北支两岸实施了大量的圈围工程,河宽大幅束窄,北支的平面形态目前已变成上、中段为宽度分别不同的均匀段,下段为展宽段,但随着中缩窄方案的实施,下段也将成为展宽率不大而接近均匀段,只有出口处呈喇叭型放宽段。在北支进口条件恶化和下段大幅束窄的情况下,咸潮倒灌南支的影响将减弱,但北支海域来沙量及纳潮量的减少将导致北支河道断面向何种方向调整,对北支河道生命力的维持到底是弊大于利,还是利大于弊仍需要进一步开展研究。

在河势控制方面,要进一步研究北支进口段的疏浚和出口中缩窄的组合整治方案对北支淤积过程的影响;进一步研究北支口门治导线如何布置更有利于北支出口缩窄的情况下降低涨潮量的减少幅度,有利于涨落潮流的通畅从而相对减缓北支河床的淤积速率,以尽可能较长时段维持北支的河槽尺度;研究如何保持深槽靠北岸的河势的稳定;对出口顾园沙暂不宜采取圈围或并岸工程措施,需深入研究北支口门的治理方案。

10.3.7 浅议南槽开发利用的设想

南槽治导线规划见表10.2-1。

10.3.7.1 深水岸线利用

由前文分析可知,长江口深水航道治理工程的建设,导致了南槽落潮分流分沙比的增加,南槽中上段冲刷发展,形成了一个近12km长,平均宽度大于1km的10m深槽,为南槽深水岸线的利用带来机遇。目前南港进入南槽的深泓逐渐北偏,从图10.3-1可以看出,该深槽从进口距南岸约1km,逐渐偏离至2.6km。

上海市深水岸线资源缺乏由来已久,虽然南槽上段10m槽长仅12km(2010年8月,从南北槽分流口鱼嘴起算),但亦弥足珍贵。随着南北槽分汊口的稳定,以及南槽分流比的增加且稳定,本段深槽的未来趋势应是发展的。又因该槽与南港外高桥港区深槽顺连,实则是同一深槽。目前槽主轴方向与南岸存在夹角,下行有脱离南岸的趋势,因此,需采取江亚南沙(九段沙上段)守护工程,遏制深槽向北偏转而使其靠近南岸发展,为深水岸线利用创造条件。

10.3.7.2 航道开发

1. 南槽航道现状

南槽航道目前为自然水深航道,航道轴线见图10.3-1。南槽航道是来往南方沿海的较小船舶和吃水较浅的空载大型船舶进出长江的主要航道,主要通航万吨级以下船舶。南槽航道上段接外高桥沿岸航道,航槽深度为10.0m;下段受拦门沙浅滩影响,自然水深仅

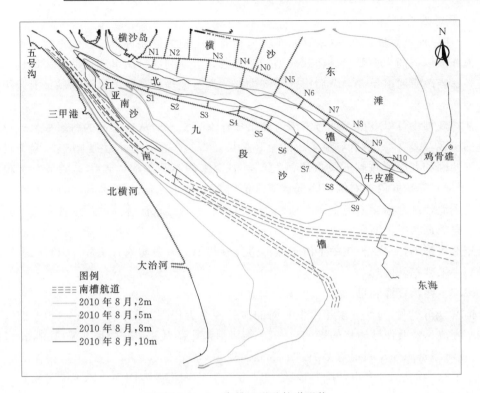

图 10.3－1　南槽地形及航道现状

5.5m 左右，受局部冲淤变化的影响，局部航段存在不足 5m 的浅点。

根据 2011 年 1 月的进出南槽的船舶流量统计[3]，从南槽出口的大中型船舶较进口的多，这部分船舶重载走北槽深水航道进口，卸货后由南槽航道出口，约占北槽深水航道船舶通航数量的 30%，很大程度上缓解了北槽航道的通航压力。因此，改善南槽航道的通航环境，必将直接提升北槽深水航道的通航效率。

2. 南槽拦门沙特征

关于长江口拦门沙的形态特征与结构、形成原因与治理等，有关科研单位和学者做了大量的工作，取得的成果均有效地指导了北槽深水航道的治理。

研究表明[4-6]，1916—1931 年，南槽有两个拦门沙滩顶，呈双峰型，上游滩顶水深为 6.1m，下游滩顶水深为 7m，小于 10m 滩长为 66.9km。到 1958 年南槽拦门沙滩顶呈多峰型，滩顶深度自上而下分别是 7.5m、6.7m、6.9m，小于 10m 滩长为 66.5km。1958—1996 年间，南槽整体处于淤积趋势，滩顶水深变浅，滩顶减少至 1 个，小于 10m 滩长增加了 8.4km。总体上，100 年来南槽的拦门沙滩顶呈双峰型—多峰型—单峰型变化趋势。

由第 5 章 5.9.6 小节分析可知，深水航道整治工程后，南槽中上段冲刷发展，下段淤积。近 10 多年来，南槽浅于 7m 的拦门沙上边界逐年下移，下边界逐年上移，滩长缩短，2010 年为 31.4km；拦门沙滩顶有内移的趋势，滩顶水深减小，2010 年平均为 5.22m。

目前南槽没有任何导流建筑，下段过度放宽，上游冲刷下来的泥沙在南槽下游堆积，虽然是过程性淤浅，但若不采取工程措施，水深条件短期内难以好转。

3. 航道发展规划

《长江口航道发展规划》（2010）中将南槽航道定位为船舶进出长江的重要通道，主要为 1 万吨级以下的小型船舶、空载大型船舶服务。近期利用自然水深通航，采取局部疏浚措施，适当改善通航条件，今后根据经济发展的需要逐步提高航道水深，满足万吨级船舶乘潮通航的要求。

从本规划中可以看出，目前南槽航道维护标准较低。而从各方面的科研成果以及北槽治理的实践经验看，"整治与疏浚相结合"是长江口拦门沙治理的主要措施。鉴于目前江亚北槽冲刷和九段沙右侧下段次级槽发展可能带来的不利影响，建议先期采取工程措施（如短丁坝）守护九段沙右侧，降低越滩水流流速，防止沙体冲刷变形，调整南槽主流使其偏南下泄，结合南岸南汇东滩滩涂圈围工程，利用自然水流逐渐冲深南槽主槽，至一定程度，再根据情况全面研究南槽航道整治工程。至于江亚南沙沙尾淤涨延伸，对目前的南槽航道造成影响，在《长江中下游干流河道采砂规划上海段实施方案》（2011—2015）中，已经划为采砂挖除区。

10.3.7.3　滩涂资源利用

前文分析表明，近 10 多年南汇东滩的演变深受近岸促淤圈围、岸线不断外推以及南槽涨落潮流运动及泥沙输移的影响。2010 年，南汇东滩浅于 2m 的面积有 169km²。按照《上海市滩涂资源开发利用与保护"十二五"规划》，至 2015 年，上海市拟促淤 28 万亩，其中南汇东滩促淤 22 万亩，圈围成陆 19 万亩，其中南汇东滩圈围成陆 6.6 万亩。

长江流域入海泥沙的减少已是不可逆转的事实，虽然长江口滩涂资源的侵蚀后退在目前阶段尚不明显，但 8m 以下的深水区即原长江泥沙汇聚地已发生了大范围的冲刷（见第 6 章）。因此，如何阻止滩涂侵蚀和加快滩涂淤涨，已成为目前较为迫切的课题，促淤圈围是一种必要的工程措施，而未来南槽航道建设与维护中产生的疏浚土也能就近处理，既增深航道，又上滩造地，缓解了上海市砂土资源紧缺的矛盾。

10.3.7.4　湿地保护

前文湿地演变分析表明，近年来流域来沙减少，长江口五大主要湿地，呈现高滩多淤，低滩微冲的特征。九段沙虽然稳定淤涨，但上沙体（原江亚南沙）沙头受冲严重，若任其发展扩大，可能会导致江亚南沙脱离工程掩护区，向南槽槽中移动，并使南槽内新生江心洲汊道，对南槽河势产生较大的负面影响；下沙体右侧次级沟槽的发展，若无工程措施，从演变趋势看，在涨潮流的作用下，该次级沟槽将自下而上切割九段沙体，切割体将在落潮水流的冲刷下可能成为江心滩，或向南汇东滩并靠，影响本段河势的稳定，对航道也极为不利。因此，近期应采取措施保证九段沙完整，避免南槽发生动荡，采取丁坝或轻型锁坝护滩是当务之急，这一点务必引起足够的重视。

未来随着南汇东滩促淤圈围、岸线外推的影响，九段沙有可能受冲严重，因此，有必要在九段沙南侧采取低导堤的形式，一方面抵御侵蚀，促进湿地保护，优化生态环境，另一方面束水冲槽，以期获得南槽的深水岸线、深水航道和土地资源。

10.3.7.5　小结

在《长江口规划》中，对南槽的远期规划目标为"结合河道整治及滩涂圈围，辅以航道整治工程措施，进一步改善北港、南槽及北支的航道条件，达到远期航道建设标准"，河势控制目标为"改善南槽水深条件，为南槽的航运发展和南汇岸线的开发利用创造有利条件"，治导线工程布置的主导因素为"满足上海市对土地资源的需求以及远期增深南槽航槽的需要"，圈围工程"近期工程基本沿 －2m 等高线布置至芦潮港，远期圈围线根据没冒沙水库方案再行确定"。

从第 6 章 6.5 节和第 5 章 5.9 节的分析可知，南汇边滩的圈围已经逐步展开，南槽河道得到一定的缩窄，但南槽"航道水深可能有一定的加大"的目标没有同步实现，究其原因在于，长江口拦门沙河段有其独特的水沙运动特性，在丰富的滩槽水沙交换、盐淡水交汇处细颗粒泥沙的絮凝沉降、河道不均匀放宽导致的水流动力非均衡输沙等因素作用下，长江口拦门沙河段在滩面上缩窄河宽未必能达到增大水深的目的。因此，有必要继续深入开展南槽综合治理的研究，分析南汇东滩圈围工程的影响，研究南槽深水岸线和湿地保护的布局，探讨拦门沙航道治理的理论和方法，以达到逐步增深南槽航道，改善通航条件，以全面支撑长江口地区社会经济的可持续发展。

主 要 参 考 文 献

［1］　江苏省水利厅，长江水利委员会长江勘测规划设计研究院. 长江澄通河段河道综合整治规划报告［R］. 2012.

［2］　长江水利委员会. 长江口综合整治开发规划要点报告（2004 年修订）［R］. 2005.

［3］　赵玉，马谋雄. 对提升长江口航道体系通航效率的思考和建议［J］. 港口与航运. 2011（1）：54 -58.

［4］　种修成，任苹. 长江口拦门沙航道（北槽）回淤分析［J］. 河海大学学报，1988，16（6）：50 -57.

［5］　李九发，何青，张琛. 长江河口拦门沙河床淤积和泥沙再悬浮过程［J］. 2000，31（1）：101 -109.

［6］　和玉芳，程和琴，陈吉余. 近百年来长江河口航道拦门沙的形态演变特征［J］. 地理学报，2011，66（3）：305 - 312.